21 世纪高等院校系列教材

工程材料及成形工艺

王爱珍 编著

机 械 工 业 出 版 社

本教材是根据当前高等学校机械类各专业学科内容及课堂学时的调整以及课程教学的基本要求而编写，并以广用材料和毛坯成形工艺为主，以必需和够用为度，精简教材内容体系，重点突出金属材料组织及力学性能、热处理原理及工艺、金属材料及新材料、金属材料坯件的液固成形方法、工艺拟定及结构设计。

本书主要内容包括金属结构及性能、金属结晶及相图、金属热处理原理及工艺、钢铁材料及性能、非铁金属及非金属材料、金属铸造成形、金属锻压成形、金属焊接成形、零件坯料及工艺选择共九章，各章前设有重点、难点和要点内容导读，章后附有以培养技能为主的思考练习题，并另配有电子教案供参考。

本教材可作为高等工科院校机械类各专业本科通用教材，也可作为高等职业技术院校或工业专科院校机械类各专业教材，还可供教师及机械类工程技术人员与职业技能培训参考教材。

图书在版编目（CIP）数据

工程材料及成形工艺/王爱珍编著．—北京：机械工业出版社，2010.9（2026.1 重印）

21 世纪高等院校系列教材

ISBN 978-7-111-32024-1

Ⅰ.①工…　Ⅱ.①王…　Ⅲ.①工程材料-成型-工艺　Ⅳ.①TB3

中国版本图书馆 CIP 数据核字（2010）第 188578 号

机械工业出版社（北京市百万庄大街 22 号　邮政编码 100037）

策划编辑：侯宪国　责任编辑：侯宪国　版式设计：张世琴

责任校对：李秋荣　封面设计：路恩中　责任印制：单爱军

北京盛通数码印刷有限公司印刷

2026 年 1 月第 1 版第 9 次印刷

184mm×260mm · 20.25 印张 · 498 千字

标准书号：ISBN 978-7-111-32024-1

定价：45.00 元

电话服务　　　　网络服务

客服电话：010-88361066　　机　工　官　网：www.cmpbook.com

010-88379833　　机　工　官　博：weibo.com/cmp1952

010-68326294　　金　书　网：www.golden-book.com

　机工教育服务网：www.cmpedu.com

前　言

随着科学技术的快速发展和各行业对高技能创新人才的急需，结合高校机械类各专业学时压缩的现状，以广用材料和毛坯成形工艺为主，以必需和够用为度，精简教材内容体系，重点突出金属材料组织及力学性能、金属热处理原理及工艺、常用金属材料及新材料、金属材料坯件液固成形方法、工艺拟定及结构设计。

在编写过程中立足目前机械类各专业少学时、宽口径、重技能的教学要求，侧重于应用技术，由浅入深、循序渐进、突出重点，以掌握基本概念、强化应用、扩大知识面为教学重点，以注重能力培养为宗旨，尽量多列举常见的典型机械零件选材及工艺为例，并增加实际生产所用的图表资料等，以便于查阅使用。

同时在各个工艺环节编写中，既注意增加生产中急需解决的实际问题，又注意拓宽并加深解决问题的思路与方法，还注意新材料、先进技术的应用与发展趋势，以便培养学生对新技术的兴趣，从而提高其科技创新能力。

本书包括金属结构及性能、金属结晶及相图、金属热处理原理及工艺、钢铁材料及性能、非铁金属及非金属、金属铸造成形、金属锻压成形、金属焊接成形、零件坯料及工艺选择等内容，各章前设有重点、难点和要点内容导读，章后附有以培养技能为主的思考练习题，并另配有电子教案，以方便教学需要。

本书可作为高等工科院校机械类各专业本科通用教材，也可作为民办高校机械类或近机械类专业本科教材及高等工业专科院校机械类各专业教材，还可供教师及机械类工程技术人员与职业技能培训参考教材。

本书由郑州轻工业学院王爱珍教授编著，在编写过程中参考了诸多国内外相关教材，得到了有关企业提供的多种实例，同时还采纳了李烁、刘翔、王兵、王静、郑冰丽、王世军、李明清、郑兵岩、王莹、李维海、王世杰、李俊霞等帮助绘制的图表，在此一并表示感谢。

本书在编写过程中，尽管征求了有关同仁的见解和建议，但由于编者水平有限，编写时间仓促，难免有不适之处，敬请广大读者和专家批评指教，不胜感谢。

编　者

目　录

前言

绪论 …… 1

第1章　金属结构及性能 …… 3

1.1　金属的晶体结构 …… 3

1.1.1　单晶体的晶格结构 …… 3

1.1.2　多晶体的晶体缺陷 …… 7

1.1.3　合金组成及相结构 …… 8

1.2　金属的力学性能 …… 13

1.2.1　强度与刚度 …… 13

1.2.2　塑性与韧性 …… 17

1.2.3　硬度与耐磨性 …… 19

1.3　金属的其他性能 …… 22

1.3.1　金属的物理性能 …… 22

1.3.2　金属的化学性能 …… 25

1.3.3　金属的加工性能 …… 25

思考练习题 …… 27

第2章　金属结晶及相图 …… 28

2.1　金属结晶及相变 …… 28

2.1.1　纯金属的结晶组织 …… 28

2.1.2　晶粒细化的途径 …… 31

2.1.3　金属同素异构转变 …… 33

2.2　合金结晶及相图 …… 34

2.2.1　相图概念及建立方法 …… 34

2.2.2　二元合金相图的类型 …… 35

2.2.3　相图与合金性能的关系 …… 42

2.3　铁碳合金及其相图 …… 43

2.3.1　铁碳合金组成 …… 44

2.3.2　铁碳合金相图 …… 46

2.3.3　相图在机制中的应用 …… 53

思考练习题 …… 56

第3章　金属热处理及工艺 …… 58

3.1　热处理基本原理 …… 58

3.1.1　钢在加热时的组织转变 …… 58

3.1.2　钢在冷却时的过冷组织 …… 61

3.1.3　过冷奥氏体的等温转变 …… 62

3.1.4　过冷奥氏体的连续转变 …… 68

3.2　热处理工艺方法 …… 69

3.2.1　钢的普通热处理 …… 69

3.2.2　钢的表面淬火处理 …… 81

3.2.3　钢的表面扩渗处理 …… 85

3.3　热处理新技术及应用 …… 93

3.3.1　热处理新技术方法 …… 93

3.3.2　计算机辅助热处理 …… 97

3.3.3　热处理图样标注方法 …… 97

思考练习题 …… 100

第4章　钢铁材料及性能 …… 103

4.1　碳素钢及其性能 …… 103

4.1.1　碳素钢成分及影响 …… 103

4.1.2　碳素钢分类及牌号 …… 104

4.1.3　碳素钢牌号及用途 …… 106

4.2　合金钢及其性能 …… 108

4.2.1　合金元素在钢中的作用 …… 108

4.2.2　合金钢分类及牌号 …… 112

4.2.3　合金结构钢及性能 …… 114

4.3　铸铁合金及性能 …… 125

4.3.1　铸铁石墨化及组织 …… 125

4.3.2　常用铸铁及性能 …… 129

4.3.3　合金铸铁及性能 …… 135

思考练习题 …… 137

第5章　非铁金属与非金属材料 …… 138

5.1　非铁金属及性能 …… 138

5.1.1　铝及铝合金 …… 138

5.1.2　铜及铜合金 …… 143

5.1.3　轴承合金及类型 …… 148

5.2　非金属材料及性能 …… 150

5.2.1　工程塑料 …… 150

5.2.2　工业橡胶 …… 155

5.2.3　工业陶瓷 …… 157

5.3　复合材料及新材料 …… 159

5.3.1　复合材料 …… 159

5.3.2　新型材料 …… 162

思考练习题 …… 167

第6章　金属铸造成形 …… 168
6.1　铸造工艺方法 …… 168
6.1.1　砂型铸造 …… 168
6.1.2　特种铸造 …… 172
6.1.3　新型铸造 …… 176
6.2　铸造工艺原理 …… 179
6.2.1　液态金属流动性 …… 179
6.2.2　凝固金属收缩性 …… 182
6.2.3　铸造应力及其危害 …… 184
6.2.4　常用金属件的铸造 …… 187
6.3　砂型铸造工艺 …… 192
6.3.1　铸造工艺方案拟定 …… 192
6.3.2　铸造工艺参数确定 …… 197
6.3.3　铸造工艺文件编制 …… 199
6.4　铸件结构设计 …… 201
6.4.1　铸造工艺对铸件结构的要求 …… 201
6.4.2　铸造性能对铸件结构的要求 …… 205
6.4.3　组合铸件的结构设计 …… 209
思考练习题 …… 210
第7章　金属锻压成形 …… 212
7.1　锻压成形原理 …… 212
7.1.1　金属形变基本理论 …… 212
7.1.2　金属形变组织和性能 …… 213
7.1.3　金属的可变形性能 …… 217
7.2　自由锻成形 …… 219
7.2.1　自由锻方法及应用 …… 219
7.2.2　自由锻件工艺拟定 …… 220
7.2.3　自由锻件结构设计 …… 227
7.3　模锻成形 …… 229
7.3.1　模锻方法及锻模 …… 229
7.3.2　模锻件工艺拟定 …… 234
7.3.3　模锻件结构设计 …… 240
7.4　锻压新技术 …… 242
7.4.1　模锻新工艺 …… 242
7.4.2　高速锤锻造 …… 243
7.4.3　超塑性锻压 …… 244
思考练习题 …… 245
第8章　金属焊接成形 …… 247
8.1　焊接成形方法 …… 247
8.1.1　常用熔焊方法 …… 247
8.1.2　高能束熔焊方法 …… 254
8.1.3　压焊与钎焊方法 …… 257
8.2　熔焊工艺基础 …… 262
8.2.1　熔焊冶金与质量 …… 262
8.2.2　熔焊组织与性能 …… 263
8.2.3　熔焊应力与变形 …… 265
8.2.4　焊接材料与性能 …… 268
8.3　焊接工艺拟定 …… 273
8.3.1　接头形式确定 …… 273
8.3.2　焊接方法选择 …… 274
8.3.3　焊接材料选择 …… 276
8.3.4　焊接参数确定 …… 277
8.4　焊接结构设计 …… 280
8.4.1　焊件材料选择 …… 280
8.4.2　焊缝位置设计 …… 281
8.4.3　焊接接头设计 …… 284
8.4.4　机械焊接结构 …… 289
思考练习题 …… 292
第9章　机械零件材料及工艺选择 …… 293
9.1　零件种类及材料选择 …… 293
9.1.1　零件毛坯种类及分析 …… 293
9.1.2　零件选材原则及依据 …… 296
9.1.3　各类零件的坯料选择 …… 300
9.2　典型零件材料及工艺选择 …… 303
9.2.1　带轮材料及工艺 …… 303
9.2.2　圆柱齿轮材料及工艺 …… 305
9.3　零件热处理工艺拟定 …… 307
9.3.1　热处理工序确定 …… 307
9.3.2　改性工艺路线确定 …… 309
9.4　常用机器零件材料及工艺选择 …… 311
9.4.1　螺旋起重器零件材料及工艺 …… 311
9.4.2　汽油发动机零件材料及工艺 …… 312
9.4.3　承压液压缸缸体材料及工艺 …… 313
思考练习题 …… 314
参考文献 …… 316

绪　　论

1　本课程在工业生产中的地位

工程材料主要包括金属材料、非金属材料和复合材料等，其中金属材料是国民经济和现代制造机械的支柱材料，也是构成各种机械设备、化工设备、交通车辆、建筑框架、电器仪表、轻纺设备等的基础。成形工艺主要包括金属材料的铸造工艺、锻造工艺、热处理工艺和焊接工艺等，一般机械制造工艺流程如下框图所示。

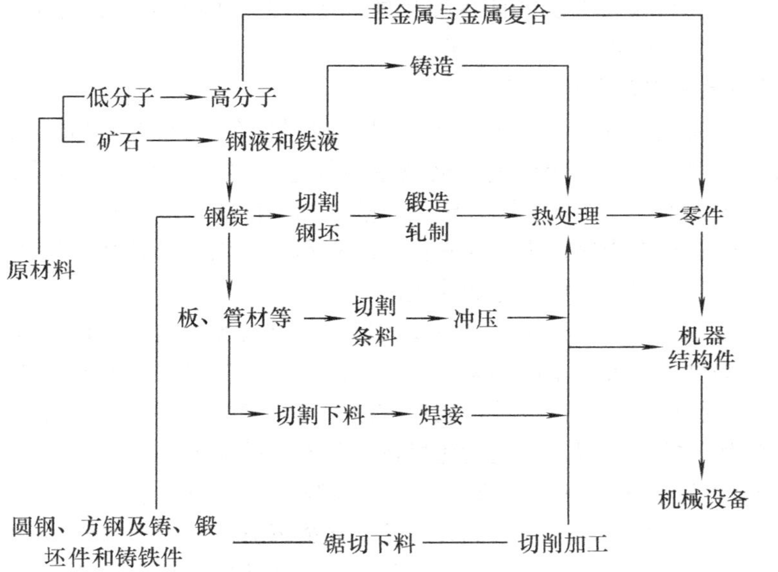

工程材料的性能包括使用性能和工艺性能，使用性能包括力学性能、物理性能和化学性能，其中力学性能主要取决于材料的微观结构及组织状态，例如，金属微粒呈规则排列为晶体以呈现各向异性，而金刚石、石蜡等微粒则呈无序堆积为非晶体而呈现各向同性。因此只有首先认识材料组织、成分和性能差异，才能合理选择材料及改性工艺、合理制定毛坯成形工艺，以保证获得优质机械零件。

其次，还必须了解材料的成形工艺性能，即铸造性能、锻造性能、热处理性能和焊接性能。由于成形工艺是机械制造生产过程的重要组成部分，机械制造就是将各种原材料经过各种成形、改性、拼接等工艺转变为机器的过程，机器类型不同，零件尺寸及要求不同，选择相应材料和工艺过程也不同。

本课程既论述了主要金属材料的结构及性能、结晶组织及细化工艺措施、改性处理工艺及性能、常用金属材料成分组织性能及型号、高分子和复合材料的性能等，又论述了金属毛坯件的各种成形工艺方法及坯件结构工艺性。因此，本课程是研究各种机器设备选材、设计和改性处理的一门重要技术课。

2　本课程在培养人才中的地位

工程材料及成形工艺是机械类各专业一门重要的综合性技术学科。对于从事机械工程的技术人员而言，无论是设计、制造、运行、维护等都必然要面对机械零件的材料选择、改性工艺拟定及坯件成形结构工艺性等问题，因此掌握工程材料尤其是钢铁材料的组织性能、改性及成形是工程岗位要求所不可缺少的必要知识。

在工程设计过程中，不仅要确定各种零部件的结构形状，还必须确定材料、工艺及成形方法，在设计、选材、制造三者间拟定多种方案，经分析比较择优确定。由于每种结构均需选择相应成分的材料来满足性能要求，而每种材料的性能又取决于其组织结构和成形方法，因此结构设计、选材及改性、选择毛坯及成形方法，不仅成了相互关联的综合技术问题，还是机械设计的重要基础。

在机械制造过程中，由于工艺过程十分复杂，加工工序繁多，不仅有液态成形、塑变成形、熔接成形，还有切削加工及穿插各种热处理等工艺。因此合理选择成形方法及工艺路线，是保证获得优质机械零件的重要依据。

3　本课程体系重点及主导思想

本课程体系是建立在材料科学基础上，以“材料成分、组织及性能、成形方法、工艺设计、结构设计”为主线，系统概述了机械毛坯制造全过程，关联性地描述了金属晶体结构、使用性能及工艺性能、结晶相图及组织、热处理及性能、液态成形、塑性成形、连接成形等工艺，精选传统经典内容并吸收新知识，既有利于深化学者对材料及多种成形本质以及相互内在联系的认识，又起到触类旁通作用。

本课程较清楚地表达了各种工程材料及成形工艺以及各工艺环节间的相互联系。为学习机械制造技术者提供了必要的基础知识及工艺方法以及新材料和新工艺，可使学者掌握工程材料类型及成分、组织及性能、改性及成形方法，又可初步具有选材、选方法、分析制定工艺及设计零件结构的能力，以适应现代化机械工程发展的需要。

本课程的教学主导思想是紧抓课程主线，围绕典型重点材料和工艺，如常用钢、铁、铜、铝等材料的组织性能、用途、改性处理及毛坯成形方法，讲透本质及内在联系，并重点介绍各种常用型号、特点及应用范围，这也是本教材相比同类教材的独到之处，特别适用于机械类、化工类等专业学生学习使用。

4　本课程主要特点及教学方法

针对本课程技术性强、实践性强、实用性强等特点，注意密切联系实际，尽量联系实验和生产，多列举大多企业常生产产品及常用材料型号，以便进行多样化教学。在编写过程中，注意总结国内重点院校教改实践经验，同时吸取国外同类教材的优点，既注意提高课程实用性，特意增加生产所用图表资料，以拓宽和加深课程内容而便于查用，又着重能力培养，重点突出选材、工艺方法及结构设计等。

本教材中通过大量图表、附表、框图、流程图等对各种材料及工艺作系统性、原理性、纵横向分析比较，使学生对各种材料作出合理评价和选择，对各种工艺可能性与局限性作出正确判断，以便选出最佳材料及工艺。同时还注意先进技术应用与发展趋势，从而培养学生对新材料、新工艺的研究兴趣，提高学生科技创新能力。

另外，针对本课程学术名词和基本概念多、综合性强、技术含量高、工艺方法多且路线繁杂等特点，特在每章前面设有导读、每章后面安排有思考训练习题，并在教学中利用 CAI 课件及开放型实验配合直观教学。

第 1 章　金属结构及性能

导读　本章主要介绍纯金属的晶体结构，合金的相结构，金属的各种力学性能指标、拉伸实验、硬度及冲击试验等测定方法，以及金属的物理化学性能及冷热加工工艺性能等。

本章重点是金属及其合金的微观结构状态和金属材料的弹性、塑性、强度、刚度、硬度及韧性等力学性能指标，难点是金属的晶体结构及合金的相结构，要点是常见的三种晶体结构及金属的力学性能指标。

1.1　金属的晶体结构

金属的晶体结构均由一种或多种元素结晶而成，在不同的条件下具有气态、液态、固态等不同形式的聚合状态，并且可以随条件的改变而互相转化，不仅具有固定熔点、结晶规律及组织相变，还具有典型的晶格结构、晶体缺陷及性能。

1.1.1　单晶体的晶格结构

1.1.1.1　理想晶体的基本概念

（1）晶体及点阵　金属晶体是由无数个金属原子或离子，在空间按一定几何规则有序排列而成（见图 1-1a），如钢、铁、铜、铝等材料，反之则为非晶体，如玻璃、沥青、石蜡或松香等。

为了便于研究各种晶体内部原子排列的规律及几何形状，可以将每一个原子抽象为原子中心的一个阵点，则原子排列的方式可由这些阵点在空间分布的规律表现出来，这种空间点的排列方式就称为晶体点阵。

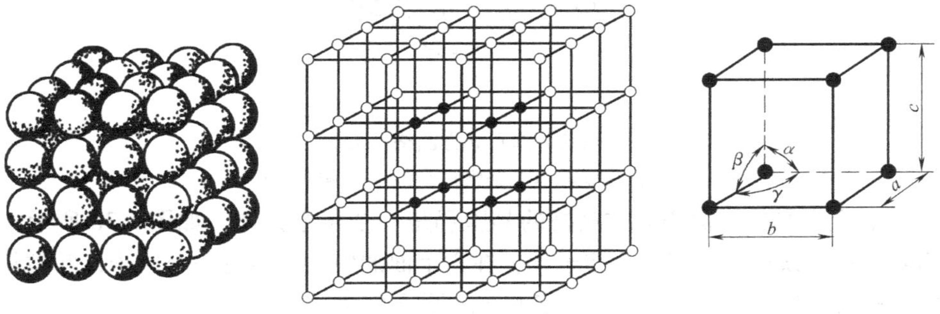

a)　　b)　　c)

图 1-1　晶格结构示意图

a）晶体模型　b）晶格　c）晶胞

（2）晶格与晶胞　抽象地用直线连接各阵点所形成的空间立体格子称为晶格（见图 1-1b），晶格的最小几何单元称为晶胞（见图 1-1c），连接各阵点所形成的平面称为晶面，阵点组成的任一直线均能代表晶体空间的一个方向称为晶向。

晶体是由许多个晶胞堆积而成，晶胞各棱边长度 a、b、c 称为晶格常数或点阵常数，以 Å 为计量单位（$1Å = 1 \times 10^{-8}cm$），且各棱边夹角用 α、β、γ 表示（见图 1-1c）。大多数金属晶胞的几何形状为立方体，且 $a = b = c$，$\alpha = \beta = \gamma = 90°$。

晶胞中原子排列的规律能完全代表整个晶格，晶胞是构成晶格的细胞，可反映晶体中原子排列的规律性及其不同结构所具有的不同性能。相同晶胞类型若有不同的晶格常数，也使金属具有不同的性能。

1.1.1.2　单晶体的晶格形式

单晶体晶格是指金属原子具有紧密排列趋向，并构成少数几种具有高对称性和简单几何形状的晶体结构。大约 90% 以上的金属晶体均具有常见的体心立方晶格、面心立方晶格和密排六方晶格三种形式。

（1）体心立方体晶格　体心立方晶格的每个晶胞均是一个正立方体（见图 1-2a），八个顶点上均有一个原子同时被相邻八个晶胞所共有，且每个晶胞实际上只占有 1/8 个原子，而立方体中心还有一个原子却为每个晶胞所独有（见图 1-2b），即每个晶胞的原子数为

$$\frac{1}{8} \times 8 + 1 = 2$$

体心立方晶胞的各棱边长度相等且三个晶轴互相垂直，即晶格常数 $a = b = c$，轴间夹角 $\alpha = \beta = \gamma = 90°$，故常用一个常数 a 表示，如图 1-2c 所示。

常用金属中具有体心立方晶格结构的有 α-Fe（912℃以下的纯铁）、α－Cr、β－Ti、Mo、W、V、Nb 等二十余种。

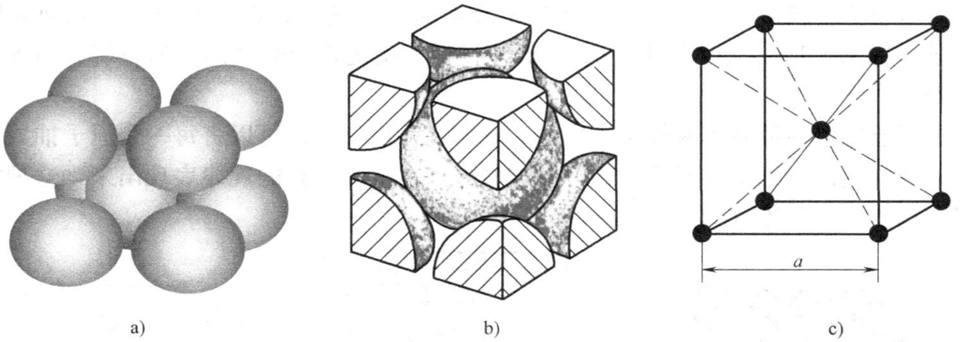

图 1-2　体心立方晶格及参数
a）晶胞形式　b）晶胞原子数　c）晶格常数

（2）面心立方晶格　面心立方晶格的晶胞仍是一个正立方体，如图 1-3a 所示，除与体心立方相同的八个顶点上均有一个原子外，在六个面的中心还各有一个原子，并被每相邻两个晶胞所共有（见图 1-3b），故每个晶胞的实际原子数为

$$\frac{1}{8} \times 8 + \frac{1}{2} \times 6 = 4$$

面心立方晶胞的晶格常数和轴间夹角与体心立方晶胞相同（见图 1-3c）。但同一种固态金属在不同温度下，具有体心和面心晶格结构时，晶格常数值并不相等。晶格常数并非是原子间最近距离，但原子半径是最近原子间距的一半（见表 1-1）。

例如工业纯铁，在 912℃以下的 α-Fe 晶格常数 $a = 2.8664Å$，但在 912℃以上的 γ-Fe 晶

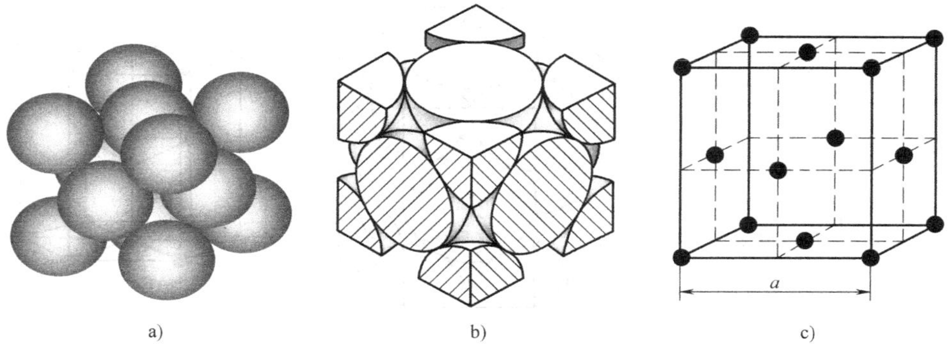

图 1-3　面心立方晶格及参数

a）晶胞形式　b）晶胞原子数　c）晶格常数

格常数 $a=3.6468$Å，且最近原子间距 $d=2.482$Å，相比晶格常数数值差别很大。

常见金属中，具有面心立方结构的有 γ-Fe（912～1394℃之间的纯铁）、γ-Mn、Al、Cu、Ni、Au、Ag、Pb、β-Co 等二十余种，它们大多具有较高的塑性。

表 1-1　三种典型金属晶格的有关参数

晶格类型	原子数/个	原子最近间距/Å	原子半径/mm	配位数①/个	致密度②/mm
体心立方	2	$d=\frac{\sqrt{3}}{2}a$	$r=\frac{\sqrt{3}}{4}a$	8	0.681
面心立方	4	$d=\frac{\sqrt{2}}{2}a$	$r=\frac{\sqrt{2}}{4}a$	12	0.7401
密排六方	6	$d=a$	$r=\frac{1}{2}a$	12	0.7401

①　配位数是指晶体结构中与任一原子最近邻、等距离的原子数目。

②　致密度是晶胞中原子排列的紧密程度。

（3）密排六方晶格　密排六方晶格的晶胞是个六棱柱体，如图 1-4a 所示，在六棱柱体十二个角上各有一个原子并被相邻六个晶胞所共有，但在上下底面中心各有一个原子而被相邻两个晶胞所共有，同时在晶胞中间还有三个原子却被每个晶胞所独有（见图 1-4b），因此每个晶胞的原子数为

$$\frac{1}{6}\times 12+3+\frac{1}{2}\times 3=6$$

密排六方晶格的晶胞需要二个晶格常数才能衡量其尺寸大小，如图 1-4c 所示，通常用六边底面的边长 a 和上下两底面的间距 c（即晶胞高度）表示晶格常数，c 与 a 之比称为轴比，即

$$\frac{c}{a}=\sqrt{\frac{8}{3}}\approx 1.633$$

若轴比介于 1.57～1.64 之间时，其上下两底面的原子才与中心三个原子紧密接触，才是真正的密排六方结构见表 1-2。

常见金属中具有密排六方结构的有 Mg、Zn、Be、α-Ti、α-Co、β-Cr、Cd 等 30 余种，它们大多具有较大的脆性，塑性较差。

上述三种晶体结构中，Al、Cu、Pb、Zn、Au、Ag 等金属在固态只具有一种晶体结构，

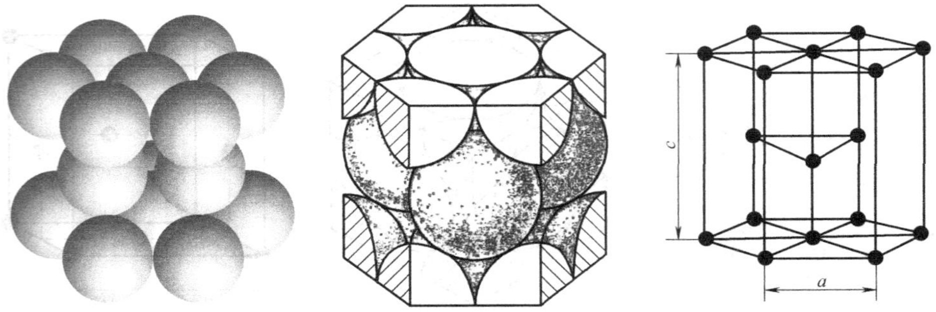

a)　　b)　　c)

图 1-4　密排六方晶格及参数

a）晶胞形式　b）晶胞原子数　c）晶格常数

而 Fe、Mn、Ti、Co、Sn 等金属则在不同温度或压力下，会呈现不同的晶体结构。

表 1-2　某些密排六方结构金属的轴比

金属		Be	α-Ti	α-Zr	α-Co	Mg	β-Cr	Zn	Cd
晶格常数/Å	a	2. 2856	2. 9506	3. 2312	2. 506	3. 2094	3. 988	2. 6649	2. 9788
	c	3. 5832	4. 6788	5. 1477	4. 069	5. 2105	6. 533	4. 9468	5. 6167
c/a		1. 5682	1. 5873	1. 592	1. 623	1. 6235	1. 638	1. 8563	1. 8858

1. 1. 1. 3　单晶体与多晶体

（1）单晶体及其性能　原子排列规律相同、晶格位向完全一致的理想晶体称为单晶体，如图 1-5a 所示，单晶体具有各向异性的特征，即在同一晶体各晶面和各晶向上的原子排列密度不同，导致原子间距不同，原子间的作用力强弱也不同，因而在晶体的各个方向上具有不同的物理、化学和力学性能。

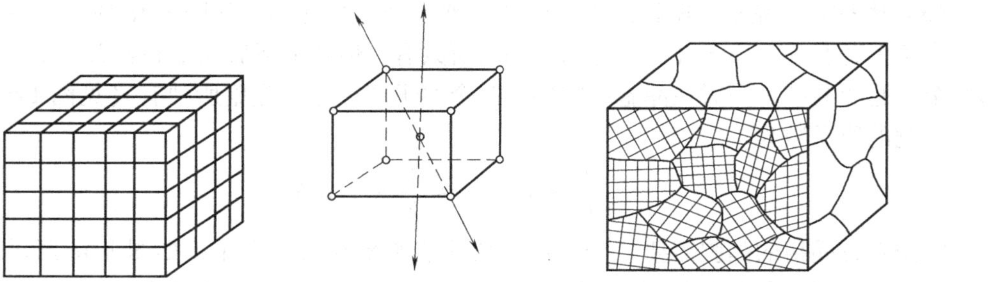

a)　　b)　　c)

图 1-5　单晶体与多晶体

a）单晶体　b）单晶体各方向上弹性模量　c）多晶体

各向异性是区别晶体与非晶体的重要特征之一。例如，α-Fe 的理想单晶体，由于不同晶向上的原子密度和结合力不同，则弹性模量 E 也不同，在体对角线方向上 $E = 290000\text{MPa}$，而沿立方体一边方向上 $E = 135000\text{MPa}$，如图 1-5b 所示。

单晶体还具有较高的强度、耐蚀性、导电性和其他性能，目前已在半导体元件、磁性材料、高温合金材料等方面得到开发和应用，并且单晶体金属材料是今后新型金属材料的发展方向之一。

（2）多晶体及其性能　实际金属晶体中均包含着许多单晶体，每个单晶体内的晶格方位一致，但各单晶体间的彼此方位却不同。每个单晶体均具有不规则颗粒状外形，通称为“晶粒”且直径为 0.001～1.0mm，如图 1-5c 所示。

晶粒与晶粒间的界面称为晶界，晶界为两相邻晶粒间不同晶格位向的过渡区且原子排列不规则。因此实际金属晶体均是由多晶粒、多晶界和许多偏离理想晶体的微观区域等组成的多晶体结构。

在实际生产中，除专门制作材料是单晶体结构外，应用的大多金属材料均属于多晶体结构，一般不具有各向异性的特征。例如，α-Fe 的多晶体结构，从其任何方向上取样测定，其弹性模量 E 均为 210000MPa。

1.1.2　多晶体的晶体缺陷

多晶体金属中各个晶粒位向紊乱，一般不显示各向异性而呈现各向同性，并在晶界和微观处存在有原子排列不完整性，即为晶体缺陷。通常按晶体缺陷的几何形态分为点缺陷、线缺陷和面缺陷三类。

1.1.2.1　点缺陷

点缺陷是晶格中三维空间各方向上尺寸都很小的缺陷，包括空位、置换原子和间隙原子等，空位是未被原子占有的晶格结点，置换原子是占据晶格结点的异类原子，间隙原子是处于晶格间隙的原子，如图 1-6 所示。

点缺陷形成是由于个别原子或异类原子在热运动过程中具有较高能量，能摆脱晶格束缚脱离平衡位置，而跳跃到晶格结点上形成置换原子，或跳跃到晶格间隙处形成间隙原子，并在原来位置上形成空位。

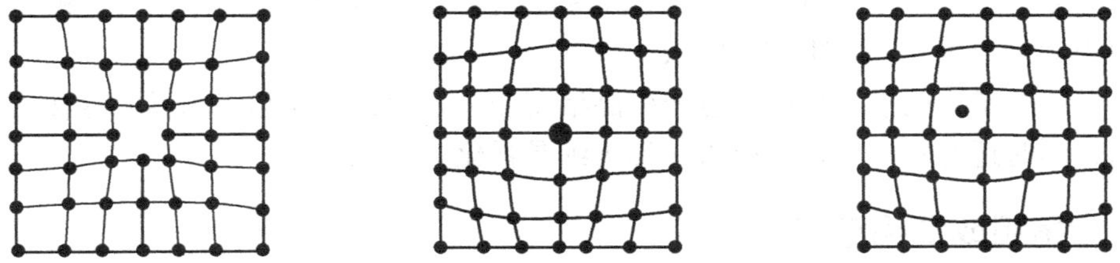

a)　　b)　　c)

图 1-6　点缺陷示意图

a）空位　b）置换原子　c）间隙原子

点缺陷的数目会随温度升高、原子跳动加剧、塑性加工或离子轰击等因素而增加，如铝在室温时，1cm^2 中有 8×10^{10}个空位，当温度升高到 600℃时，其空位可剧增至 8×10^{19}个。点缺陷使晶格发生畸变，并使金属强度及硬度升高，电阻增大。

1.1.2.2　线缺陷

线缺陷是指晶体三维尺寸上某一方向尺寸较大，而另两方向尺寸均很小并呈线状分布的缺陷，如图 1-7a 所示。晶体中某个晶面的上下两部分原子排列数目不等，如同沿着某个晶面插入一个多余的原子面，使上下两部分原子发生相对滑动而错排，故称为“刃型位错”。位错附近区域产生晶格畸变而使金属强度升高。

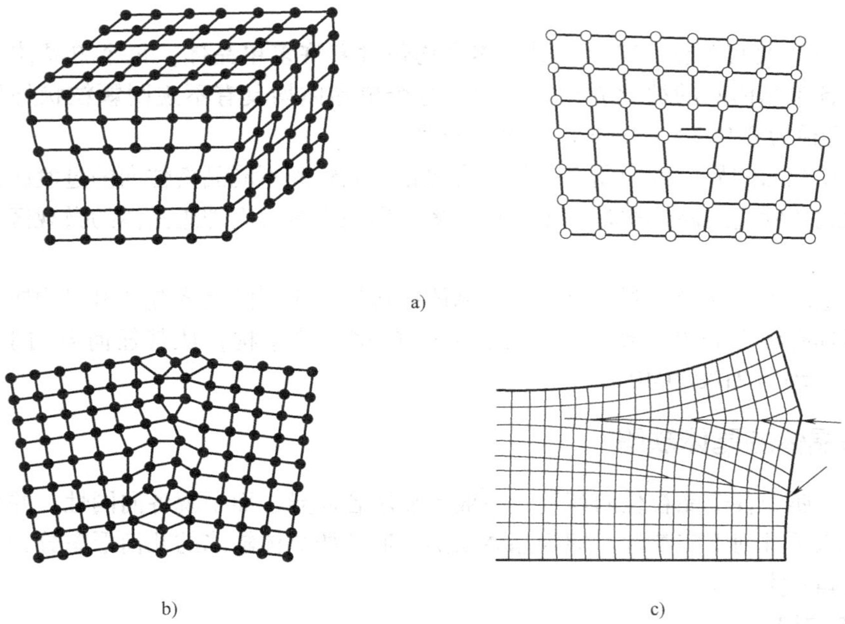

图 1-7 线缺陷与面缺陷示意图

a）刃型位错 b）晶界 c）亚晶界

1.1.2.3 面缺陷

面缺陷主要是指金属中的晶界和亚晶界。晶界区域的原子排列不规则整齐而偏离其平衡位置，并产生晶格畸变，从而使多数晶粒间存在有一定的位向差，如图 1-7b 所示。

在晶体中每个晶粒内部的原子排列只是大体上整齐一致，实际上晶粒内还存在许多小尺寸、小位向差（一般几十分到 1 ~ 2°）的镶嵌晶块，即称为“亚晶粒”，两个相邻亚晶粒间的边界即为“亚晶界”，如图 1-7c 所示。

亚晶界的原子排列也不规则，也产生晶格畸变。因此，晶界和亚晶界的存在均会使金属强度提高，同时还使塑性、韧性改善，称为细晶强化。

1.1.3 合金组成及相结构

合金是由两种或两种以上的金属元素或金属与非金属元素相互熔合，并结晶而成具有一定金属特性的物质体系。例如，黄铜是由铜与锌相互结晶成的铜合金，钢和铸铁是由铁与碳等相互结晶成的铁碳合金。

1.1.3.1 相结构的基本概念

（1）体系与组元 体系是指所研究对象的物质总和，例如，研究铁和碳的合金即为 Fe-C 合金系，研究铁、碳、铬合金即为 Fe-C-Cr 合金系。

组元是指组成合金体系的各个独立的最基本的元素或化合物，简称为元。给定组元可以按不同配比制成一系列不同成分的合金，构成一个合金系，例如，$Fe\text{-}Fe_3C$ 系中，给定组元 Fe 和 Fe_3C 的配比，即可组成 $Fe\text{-}Fe_3C$ 系 。

由两种组元构成的合金系，称为二元合金，如 Pb-Sn 系、Cu-Ni 系等；由三种组元构成的合金系，称为三元合金等，如 Fe-C-Cr 系、Al-Si-Mg 系等，以此类推。

（2）相及其结构　合金的相是指合金体系中具有相同化学成分、晶体结构、液体或固体状态、性质并与周围物质以明显界面分开组成的均匀部分。

纯金属在熔点时呈固态和液态并存，但固态和液态各是一个相，即液相与固相并存，两相被相界面分开，并具有不同的晶体结构。合金因各元素间相互作用不同，在固态时既可相互溶解，形成固溶体结构，又可相互反应，形成金属化合物结构，还可以两种或几种晶体混合在一起形成混合物结构。

液态合金通常都是单相，而固态合金则由一个以上的相组成，由一个相组成的合金称为单相合金，由两个以上的相组成的合金称为两相合金或多相合金。

（3）相平衡与相变　相平衡是指体系内各组成相的性质处于平衡且不随时间而变化的状态，但当合金由一相转变为另一相时，化学成分、内部结构和性能均将随温度发生突变，即液态结晶为固态，固态转变为另一固态，统称为相变。

例如，工业纯铁，若被加热到 912℃以上时，将由体心立方晶格的 α-Fe 转变为面心立方晶格的 γ-Fe；若再被加热到 1394℃以上时，将由面心立方晶格的 γ-Fe 再转变为体心立方晶格的 δ-Fe。

（4）合金形成状态与组织　合金形成状态是指合金在某种条件下以哪几个相存在，其状态比纯金属复杂得多，例如，碳的质量分数为 0.45% 的碳素钢在 850℃以上以单相奥氏体存在，在 727℃以下则以双相铁素体和珠光体混合在一起存在。

组织是合金的微观形态并由合金中各相的形态所构成。当材料成分一定时，相同的相在不同处理条件下形成大小、方向、排列状况等各种不同的形态，从而构成不同的显微组织，且一个相可构成一种或一种以上的组织。

工业生产中通常采用改变处理条件而获得不同的组织，以改善材料的力学、物理和化学性能，并采用金相显微镜观察法，分析金属内各晶粒相的大小、方向、形状、排列状况及显微组织缺陷等组成关系与构造情况。

1.1.3.2　固溶体与固溶强化

（1）固溶体及其分类　当合金由液态结晶为固态时，组成元素之间像液态合金一样相互溶解，形成一种与合金中某一组元晶格结构相同的新相称为固溶体。固溶体中晶格结构保持不变的组元称为溶剂，晶格结构消失的组元称为溶质。

溶质原子溶入固溶体的量称为固溶体的浓度，一般用质量百分比或原子百分比表示，在一定条件下，溶质元素在固溶体中的极限浓度称为溶解度，其大小主要取决于溶质与溶剂的晶格类型、原子直径及其在元素周期表中的相互位置。

根据溶质原子在溶剂晶格结构中所占位置的不同，分为置换固溶体与间隙固溶体。按溶质原子溶入溶剂晶格结构中的溶解度不同，又分为有限固溶体（溶质原子的浓度有一定限度）和无限固溶体（溶质原子能以任意比例溶入）。

（2）置换固溶体　置换固溶体是指溶质原子取代部分溶剂原子而占据溶剂晶格结点位置所形成的固溶体（见图 1-8a），一般在溶剂晶格中呈任意、无规则分布，有时在特定情况下也会占据溶剂晶格的一定位置。

溶质原子 Mn、Ni、Cr、Si、Mo 等元素，均可与溶剂 Fe 原子形成置换固溶体。一般溶剂和溶质原子半径差别越小，溶解度越大。

若溶剂和溶质元素晶格类型相同，原子半径相近，在元素周期表中的位置越靠近，则溶解度越大，甚至在任何比例下均能互溶而形成无限置换固溶体。反之，则溶质在溶剂中的溶解度是有限的，只能形成有限置换固溶体。

例如，Cu 和 Ni 均为面心立方晶格，二者原子半径（Cu 为 2.55Å，Ni 为 2.49Å）相近，并在元素周期表中位置靠近，可形成无限置换固溶体。然而 Cu 和 Zn 合金，由于溶质原子 Zn 为密排六方晶格，故 Zn 仅能在 Cu 中形成有限置换固溶体。

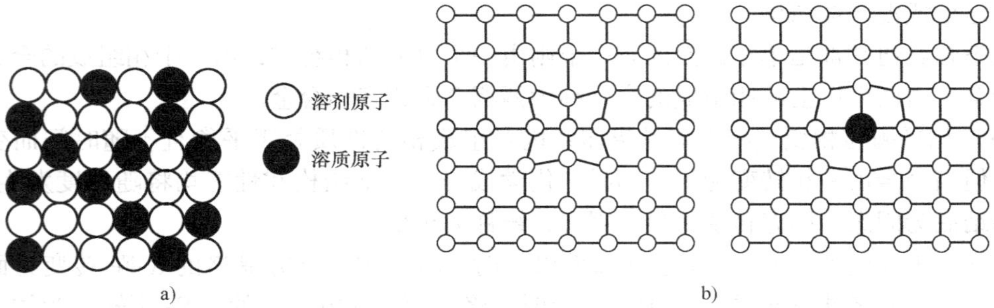

图 1-8 置换固溶体结构及畸变
a）置换固溶体结构 b）置换固溶体晶格畸变

（3）间隙固溶体 间隙固溶体是溶质原子溶入溶剂晶格间隙形成的固溶体（见图 1-9a），如钢中的碳溶于 α-Fe 或 γ-Fe 中即可形成间隙固溶体。

间隙固溶体中金属原子排列紧密，晶格间隙很小，并只有当原子半径很小的非金属元素 H、O、C、B、N 作溶质，且能满足溶质原子与溶剂原子半径之比 $r_{质}/r_{剂} \leqslant 0.59$ 时，才能溶入以过渡族金属为溶剂的晶格间隙中而形成。

间隙固溶体只能是有限固溶体，而且溶解度也不会很大，并随溶质原子的半径及溶剂的晶格类型不同而不同，如碳在 α-Fe 中的最大溶解度为 0.0218%（727℃时），而在 γ-Fe 中的最大溶解度则为 2.11%（1148℃时）。

（4）固溶强化 随固溶体中溶质原子浓度的增加，晶格畸变度增大，使变形时位错移动困难，从而使固溶体强度和硬度升高，物理性能也发生变化，这种现象称为固溶强化。固溶强化是提高合金力学性能的重要方法之一。

当溶质原子溶入成置换固溶体时，将会导致晶格畸变（见图 1-8b），若溶质原子小于溶剂原子，将会引起晶格常数减小，反之增加。在同等条件下，间隙固溶体所产生的固溶强化效果要远大于置换固溶体。

当溶质原子溶入溶剂晶格间隙后，更使合金晶格结构畸变、晶格常数增大（见图 1-9b）、合金强度及硬度增加，并且溶质原子溶入越多，引起的晶格畸变越大，当畸变达到某一程度后，溶剂晶格结构将变得不稳定。

（5）固溶体性能特点 实践证明，适当控制固溶体中溶质的种类、配合和含量，可以在显著提高金属材料强度、硬度的同时，仍能保持或改善其良好的塑性和韧性，所以固溶强化是金属材料改性处理的重要途径之一。

工业生产中，通常将单相固溶体合金用于制作各种冷成形件，而将复相合金材料的固溶体作为合金材料的基本相，以保证合金材料的韧性。

1.1.3.3 金属化合物与弥散强化

（1）金属化合物及种类 当溶质含量超过溶剂的溶解度时，溶质元素同溶剂元素相互

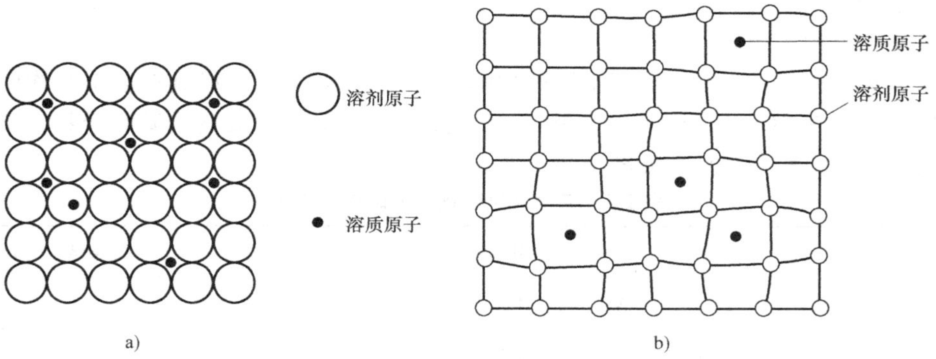

图 1-9　间隙固溶体结构及畸变
a）间隙固溶体结构　b）间隙固溶体晶格畸变

作用形成一种不同于任一组元晶格的新物质，称为金属化合物。金属化合物按形成条件及结构特点，可分为正常价化合物、电子化合物和间隙化合物。

正常价化合物是指符合一般化合物原子价规律的化合物，通常由金属元素与周期表中第Ⅳ、Ⅴ、Ⅵ族非金属元素或类金属元素组成，成分固定且能弥散分布于固溶体中起强化相作用而使合金强化，并具有很高的硬度和脆性。这类化合物可用化学式表示，如 Al-Mg-Si 等合金中的强化相 Mg_2Si、Mg_2Sn、Mg_2Pb 等。

电子化合物是由第一族或过渡族元素与第Ⅱ至第Ⅴ族元素形成的化合物，它们不遵循原子价规律，是因为形成这类化合物的主导因素是合金具有一定的电子浓度（化合物中价电子数与原子数之比），如 CuZn、Cu_3Al、Cu_3Sn 等。

电子化合物可溶解一定量的组元而形成以电子化合物为基、金属键结合的固溶体，熔点和硬度很高，塑性差。但晶体结构与电子浓度有一定对应关系（见表 1-3），且成分可在一定范围内变动，如 Cu-Zn 合金中 Zn 的质量分数可从 36.8% 变动到 56.5% 。

表 1-3　电子化合物及其结构

合金系	电子浓度		
	3/2，21/14	21/13	7/4，21/12
	β 相	γ 相	ε 相
	晶体结构		
	体心立方晶格	复杂立方晶格	密排六方晶格
Cu-Zn	CuZn	Cu_5Zn_8	$CuZn_3$
Cu-Sn	Cu_5Sn	$Cu_{31}Sn_8$	Cu_3Sn
Cu-Al	Cu_3Al	Cu_9Al_4	Cu_5Al_3
Cu-Si	Cu_5Si	$Cu_{31}Si_8$	Cu_3Si

（2）间隙化合物及结构　间隙化合物是由过渡族金属元素与原子半径较小的 C、N、H、B 等非金属元素形成的化合物。当非金属原子半径与金属原子半径的比值小于 0.59 时，将形成具有简单晶格的间隙化合物，称为间隙相。

间隙相成分可在一定范围内变化，一般可用分子式表示组成，但不符合化合价规律，如

VC、W_2C、Nb_4C 等均具有简单晶体结构（见图 1-10a），并具有很高的熔点和硬度（见表 1-4），但韧性差，很少单独使用。

当非金属原子半径与金属原子半径的比值大于 0.59 时，可形成具有复杂结构的间隙化合物，如 Fe_3C、Mo_3C、$Cr_{23}C_6$ 等。其中 Fe_3C 是钢铁中一种最重要的间隙化合物，又称为渗碳体，具有复杂的斜方晶格，如图 1-10b 所示。

表 1-4　钢中常见碳化物的硬度和熔点

类别	间隙相							复杂结构的间隙化合物	
成分	TiC	ZrC	VC	NbC	TaC	WC	MoC	$Cr_{23}C_6$	Fe_3C
硬度 HV	2850	2840	2.10	2.50	1550	1730	1480	1650	860
熔点/℃	3410	3472	3023	3770	4150	2876	2960	1577	1227

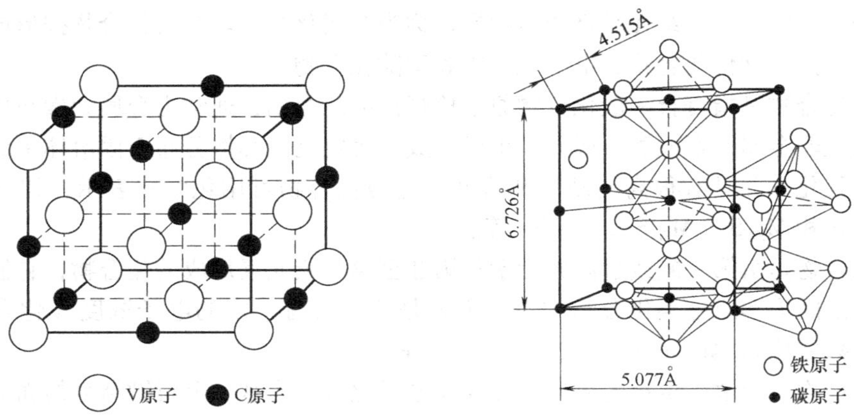

a)　　b)

图 1-10　金属化合物晶体结构示意图

a）VC 的间隙相结构　b）Fe_3C 的斜方晶格结构

（图中，1Å = 1nm）

（3）金属化合物的弥散强化　金属化合物是高合金工具钢的重要组成相，如斜方晶格的渗碳体中铁原子可部分被其他金属原子所置换，形成以渗碳体为基的固溶体，如 $(Fe、Mn)_3C$、$(Fe、Cr)_3C$ 等，这类化合物称为合金渗碳体。

生产中常利用将金属化合物相分布在固溶体相的基体上来提高合金的强度、硬度，从而达到强化金属材料的目的，称为第二相强化，其效果主要取决于化合物的大小、形状、分布状况等形态。

若化合物分布在固溶体晶界上呈不连续或连续的网状，其强度、塑性和韧性均大大降低。若化合物在固溶体晶粒内呈片状或层状分布，可明显提高合金材料的强度和硬度，而塑性和韧性有所下降，如钢中的片状珠光体组织。

若化合物在固溶体晶粒内呈弥散质点或粒状分布，则既可显著提高合金强度和硬度，又可使塑性和韧性下降不大，并且颗粒越细小，越呈弥散均匀分布，强化效果越好，故工程上常对合金材料进行“弥散强化”或“颗粒强化”。

1.2　金属的力学性能[⊖]

1.2.1　强度与刚度

强度是指材料在外力作用下抵抗变形和断裂的能力，按材料受力性质不同分为屈服强度、抗拉强度、抗压强度和抗弯强度等。其中，屈服强度和抗拉强度是工程上最常用的强度，这两个强度指标和刚度均可通过拉伸试验来测定。

1.2.1.1　拉伸试验

拉伸试验是先将被测材料按 GB6397—1986 中的规定制成标准试样（见图 1-11a），再将它安装在拉伸试验机的上下夹头间，然后缓慢地对试样两端施加轴向拉力 F，观察并测定由所加拉力引起的长度变化，直到试样拉断为止。

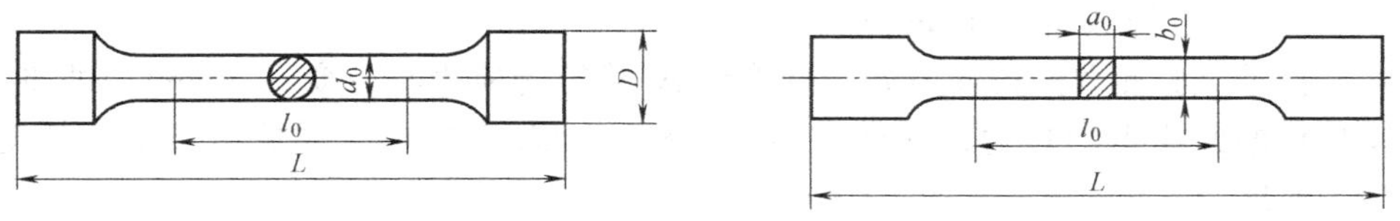

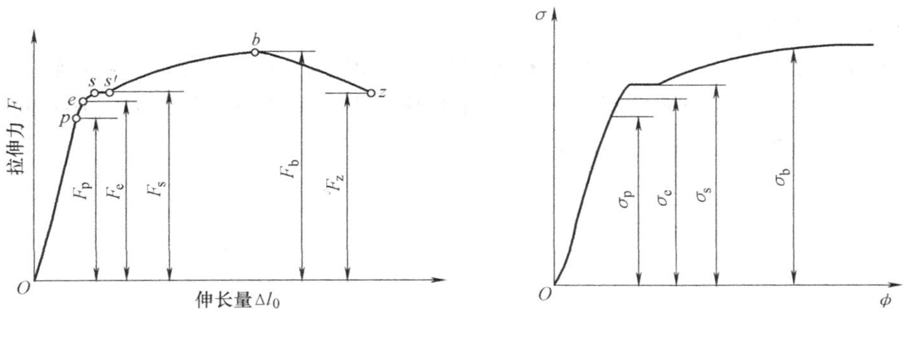

图 1-11　拉伸试验过程

a）标准拉伸试样示意图　b）低碳钢的拉伸曲线　c）低碳钢的 σ-ε 曲线

l_0—试样原始标距，mm　d_0—圆柱试样的原始直径，mm

a_0、b_0—矩形试样的厚度和宽度，mm　A_0—试样的原始横截面积，mm^2

（1）低碳钢的拉伸曲线　图 1-11b 所示为低碳钢试样的拉力与试样伸长量的对应关系曲线。由图 1-11b 可知，当拉力较小时，试样的伸长量与拉力成正比增加，保持直线关系。拉力除去后试样恢复原状，这种变形称为弹性变形。

当拉力超过 F_e 点后则进入“弹—塑”性变形阶段，在这一阶段若除去拉力，试样不能完全恢复原状而产生永久变形，即称之为塑性变形。

⊖ 由于力学性能新标准符号与旧标准符号不能完全对应，故本书暂沿用旧标准符号。部分常用新旧标准符号对照如下（括号内为旧符号）：抗拉强度 R_m（σ_b）；断后伸长率 A（δ）；断面收缩率 Z（ψ）。

当拉力增加到 F_s，拉伸曲线上出现平台，即拉力虽不增加，但试样还继续产生塑性变形而伸长，这种现象称为屈服，s 点称为屈服点。金属材料屈服后，开始产生均匀的塑性变形（plastic deformaton），且随拉力的增加而增加。

当拉力达到最大值 F_b 后，变形集中在试样某段并产生局部缩颈现象，随后卸掉拉力但试样却继续伸长直至在缩颈处产生断裂。

（2）低碳钢的应力-应变曲线　试样在拉伸过程中，材料受到拉力 F 作用时，其单位面积上的拉力称为应力（stress），用“σ”来表示，即

$$\sigma = \frac{F}{A}$$

式中　σ——应力（Pa），$1\text{Pa} = 1\text{N/m}^2$，与工程制单位换算关系：

$$1\text{kgf/mm}^2 = 10^7\text{Pa} = 10\text{MPa};$$

F——拉力（或压缩力）（N）；

A——试样的横截面积（mm^2）。

同时将拉伸试验测取的拉伸力 F 与变形量 Δl 换算为应力与应变（strain），即将 F 变换成试样单位横断面积上的拉力，亦即应力 $\sigma = F/A$，Δl_0 变换成试样单位长度上的变形量，亦即应变 $\varepsilon = \Delta l_0 / l_0$。

然后，分别标示在应力和应变坐标上，则得到应力-应变（σ-ε）曲线，如图 1-11c 所示，应力-应变曲线上的各点代表各个变形阶段的抗力和相应变形量，因此它是衡量金属材料力学性能的重要曲线。

低碳钢的应力-应变（σ-ε）曲线与拉伸曲线形状相似，含碳及合金元素量较高的碳素钢和合金钢，因塑性稍差而 σ-ε 曲线上无平台且上升较快，并且塑性差的铸铁 σ-ε 曲线上升更快且突然断裂，如图 1-12a 和图 1-12b 所示。

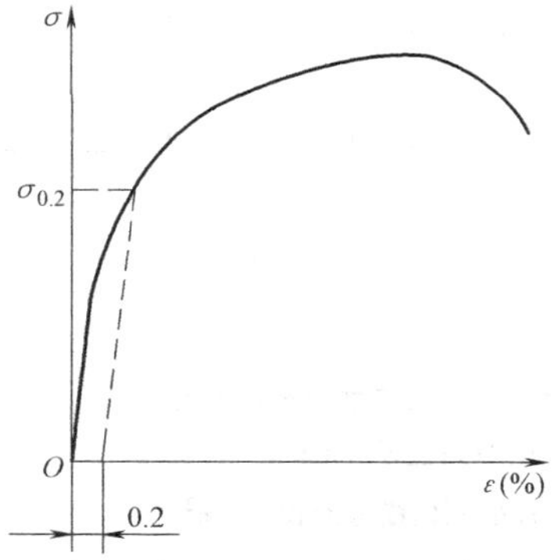

a)

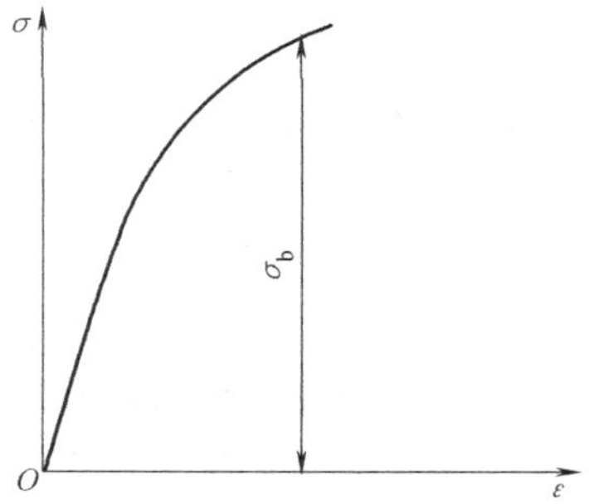

b)

图 1-12　各种金属材料的 σ-ε 曲线图

a）塑性材料的 σ-ε 曲线　b）脆性材料的 σ-ε 曲线

1.2.1.2　弹性与刚度

（1）弹性极限及计算　弹性极限（elastic limit）是指试样材料产生完全弹性变形（elastic deformation）时所能承受的最大应力值，以 σ_e 表示且单位为 MPa。σ_e 在 σ-ε 曲线上的位置如图 1-11c 所示，其计算公式为：

$$\sigma_e = \frac{F_e}{A_0}$$

式中 F_e——试样产生最大弹性应变时的拉力，单位为 N；

A_0——试样原始横截面积，单位为 mm^2。

（2）弹性模量与刚度 在弹性变形范围内，应力与应变（σ_e/ε_e）的比值称为材料的弹性模量 E，它相当于产生单位弹性应变所需要的应力值，单位为 MPa，即

$$E = \frac{\sigma_e}{\varepsilon_e}$$

弹性模量 E 是衡量材料产生弹性变形难易程度的指标，材料的弹性模量 E 值越大，则使其产生一定量弹性变形的应力值也越大。

机械工程上通常将金属材料的弹性模量称作刚度，金属材料的弹性模量越大，则其刚度越大，在一定应力下产生的弹性变形则越小。

机器零件和结构件一般均需有刚度要求，在工作条件下不允许其产生过量的弹性变形，否则将影响其精度，如镗床的镗杆、板架结构的床身、桥梁等均需有刚度要求。因此刚度是零件和结构设计的重要参数之一。

（3）刚度的影响因素 弹性模量 E 的大小主要取决于金属材料的本身性质，它是金属材料最稳定的性能之一，材料的合金化处理、热处理、冷加工成形和局部焊接等均对弹性模量 E 的影响很小。

据资料介绍，在室温下钢铁的 E 为 214000 ~ 220000MPa，铜的 E 为 121000MPa，铝的 E 为 72000MPa，各种金属材料的 E 随温度的升高而逐渐降低。

1.2.1.3 静载强度及指标

（1）屈服点 屈服点是指试样在静止状态下被加载至单位面积上产生屈服点 s 时的拉力，或在拉伸曲线图和 σ-ε 曲线上出现屈服平台现象时的应力，以 σ_s 表示且单位为 MPa，屈服点 s 的位置如图 1-11b 和图 1-11c 所示，其计算公式为：

$$\sigma_s = \frac{F_s}{A_0}$$

式中 F_s——产生屈服现象时的拉力，单位为 N。

（2）屈服强度 金属材料中只有低碳钢和中碳钢等少数金属的拉伸或应力-应变曲线存在屈服现象，而大多数金属材料则无明显屈服点，如调质合金钢、退火铝合金等。因此，对这些金属材料，规定以产生 0.2% 残余伸长的应力作为屈服强度（见图 1-12a），又称为条件屈服强度，以 $\sigma_{0.2}$表示且单位为 MPa。

屈服强度（yield strength）是材料在外力作用下开始产生塑性变形的最低应力值，当材料的实际工作应力大于其屈服强度时，将可能产生过量塑性变形而失效，因此 σ_s 和 $\sigma_{0.2}$是绝大多数机械零件设计时的重要指标参数。

然而，灰铸铁等脆性材料拉伸时，几乎不发生塑性变形而发生突然断裂（见图 1-12b），其最大外力就是断裂外力，如珠光体基体的灰铸铁 HT250 等。所以灰铸铁在常用的工程材料手册中没有屈服强度指标，仅有抗拉强度指标。

（3）抗拉强度 抗拉强度是指试样在静止状态下被拉断前加载至最大力时单位面积上所能承受的最大拉力，或拉伸曲线和应力-应变（σ-ε）曲线上最高位置点 b 对应的应力，以

σ_b 表示且单位为 MPa，如图 1-11b 和图 1-11c 所示，其计算公式为：

$$\sigma_b = \frac{F_b}{A_0}$$

式中 F_b——试样拉断前的最大拉力，单位为 N。

抗拉强度反映试样最大的均匀变形的抗力，是设计机械零件和选择金属材料的主要参数之一，也是评价金属材料的主要指标。

σ_s 与 σ_b 的比值称为屈强比，屈强比越小，工程构件的可靠性越高，但屈强比太小，则材料强度的有效利用率太低，并且材料性质、晶格类型及晶粒大小、固溶强化及合金化、热处理及冷热加工等均会对材料的 σ_s、σ_b 数值产生很大的影响。

1.2.1.4 变载强度及指标

（1）疲劳强度 疲劳强度（fatigue strength）是指材料抵抗无数次重复交变外力作用而不破坏的能力，通常用疲劳曲线来描述，如图 1-13a 所示，它是最常用的变载强度。

由图中可以看出，随着应力循环次数 N 的不断增大，材料所能承受的最大交变应力 σ_{max} 不断减小，当交变应力循环次数 N 达到无限次时，材料仍不发生破坏的应力即可确定为其疲劳强度，以 σ_r 表示，r 表示交变应力循环系数，单位为 MPa。

若为交变对称应力循环时，其疲劳强度则以 σ_{-1} 表示，单位为 MPa。实际上试验规定，钢在经受 $10^6 \sim 10^7$ 次、有色金属经受 $10^7 \sim 10^8$ 次交变应力作用，而不断裂的最大应力则为其疲劳强度，如图 1-13b 所示。

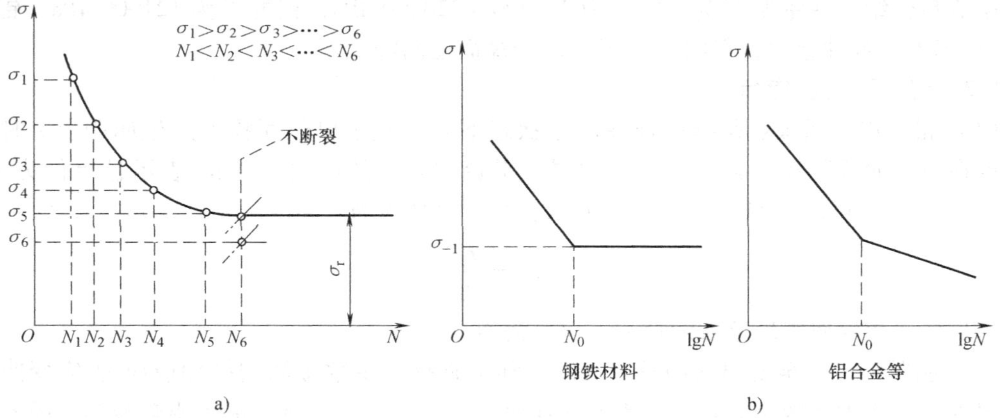

图 1-13 材料的疲劳曲线

a）疲劳曲线示意图 b）几种材料的实测疲劳曲线

（2）高温强度 当零件在较高温度下工作时，应通过高温拉伸试验而测定其高温强度。高温强度包括高温瞬时强度、高温蠕变强度和高温持久强度。高温持久强度是用来衡量材料在高温下长期承受外力作用时，抵抗变形和破坏的能力。

在高温下短时间工作的零件，通常需采用高温瞬时强度作为其强度指标，在规定的试验温度下，按照一般加载速度作拉伸试验，并将试样在高温下瞬间抵抗外力和内应力而不断裂的能力作为其高温瞬时强度值。例如，冶金厂的冶炼炉、铸造化铁炉、热处理炉以及焊接预热装置等使用的热电偶测温计，通常都需考虑其电阻丝的高温瞬时强度。

在高温下长时期工作的零件，尽管所受的应力值很小（即使小于其 σ_s），也会随着时间的延长，持续而缓慢地产生塑性变形，即产生高温蠕变变形，因此其选用材料必须作高温蠕变强度试验。

高温蠕变强度是指在规定的略高于最高工作温度的试验温度和时间（如 100000h）内，试样所产生的蠕变变形量不超过规定值（如 1%）时的最大应力。如果温度升高，金属材料的蠕变强度将会大大降低。

普通钢材在 350℃以上温度工作时，将能观察到材料的蠕变现象，并且在 400℃时蠕变强度为 800MPa，但当温度升至 500℃时则降为 200MPa。至于温度、时间和变形量的数值，应根据零件的工作条件来规定。

1.2.2 塑性与韧性

1.2.2.1 塑性及其评定

（1）塑性概念及其指标　塑性（plasticity）是指金属材料在外力作用下产生塑性变形而不破坏的能力，许多零件或毛坯需通过塑性变形成形而要求材料有较高的塑性。为防止零件工作时脆断，也要求材料有一定的塑性，塑性也是金属材料的主要力学性能指标之一。

低碳钢经常温拉伸试验也可测定其塑性大小，如图 1-14a 所示，其塑性大小用断后伸长率 δ（elongation）和断面收缩率 ψ（contraction of cross sectional area）两个指标进行衡量，即

$$\delta = \frac{L_1 - L_0}{L_0} \times 100\% \quad \psi = \frac{A_0 - A_1}{A_0} \times 100\%$$

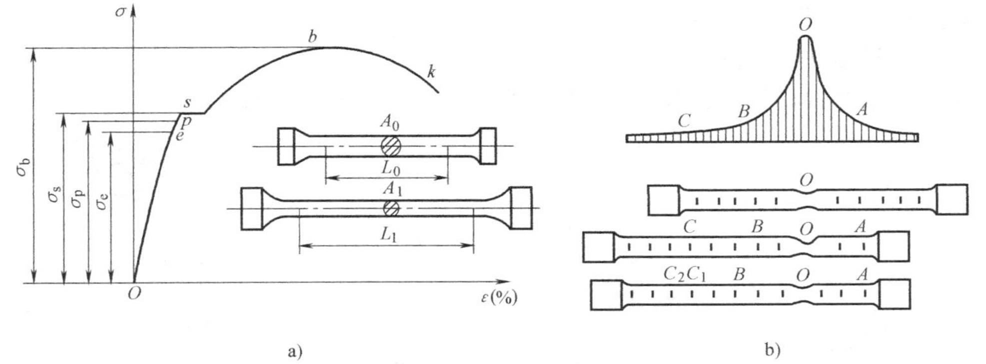

图 1-14　低碳钢的拉伸应力与变形过程

a）应力与应变　b）试样伸长断裂过程

式中，L_0 和 L_1 分别为试样的原始标距长度和拉断后的对应标距长度（mm）；A_0 和 A_1 分别为试样原始横截面积和拉断处的横截面积（mm^2）。由图 1-14b 可知，从 A_0 到 A_1 的断裂过程中，截面随应力增加而逐渐变小直至拉断。

（2）塑性评定方法　断后伸长率 δ 和断面收缩率 ψ 的数值越大，表示金属材料的塑性越好。由于断后伸长率 δ 值与试样尺寸有关，所以在制备试样时，一般规定试样规格选为 $L_0 = 5d_0$ 或 $L_0 = 10d_0$（d_0 为试样原始直径，单位为 mm；L_0 为试样原始长度，单位为 mm）。

当试样的长径比 $L_0/d_0 = 5$ 时，金属材料断后伸长率用 δ_5 表示；当试样的长径比 $L_0/d_0 = 10$ 时，则金属材料断后伸长率用 δ_{10} 或 δ 表示。同一种金属材料测得的 δ_5 一般比 δ_{10} 应大些，

并且同种材料的 δ_5 和 δ 不能直接比较。

通常将 $\delta \geqslant 5\%$ 的材料称为塑性材料，而 $\delta < 5\%$ 的材料称为脆性材料，如灰铸铁是典型的脆性材料，低碳钢是黑色金属中塑性最好的材料，它既能保证压力加工和焊接的顺利进行，又能保证零件工作时的安全可靠，防止突然断裂。

1.2.2.2 韧性及其评定

金属材料抵抗冲击载荷的能力称为冲击韧性（impact toughness）。许多机器零件如火车挂钩、锻锤锤头、冲床连杆、曲轴等，在工作时均要承受冲击载荷，且冲击所引起的变形和应力比静载时大得多，若仍只用静载荷作用下的抗拉强度来设计计算，将不能保证零件工作时的安全性，因此必须同时考虑金属材料的冲击韧性。

夏比冲击试验是用于测定金属材料的冲击韧性值 a_K。测试前先将被测金属材料制成一定形状和尺寸的试样，并按照 GB/T229—2007 规定制成 U 形缺口试样尺寸，或按照 GB/T2106—1980 规定制成 V 形缺口试样尺寸，如图 1-15a 所示。

测试时将冲击试样安放在冲击试验机上（见图 1-15b），并将具有一定重量 G 的摆锤提到 H 高度，然后使摆锤自由下落（见图 1-15c）并冲击试样缺口处背面，待冲断试样后落至 h 高度，其位能的变化值即为摆锤对试样所作的冲击功，即

$$A_k = G(H - h)$$

将冲击功再除以冲击试样缺口处初始截面积，即为冲击韧性 a_K，即

$$a_K = \frac{A_K}{A_0}$$

式中 a_K——冲击韧性，单位为 J/cm^2；

A_K——冲击功，单位为 J；

A_0——试样缺口处初始截面积，单位为 cm^2，$1J = 1N \cdot m = 0.1kgf \cdot m$。

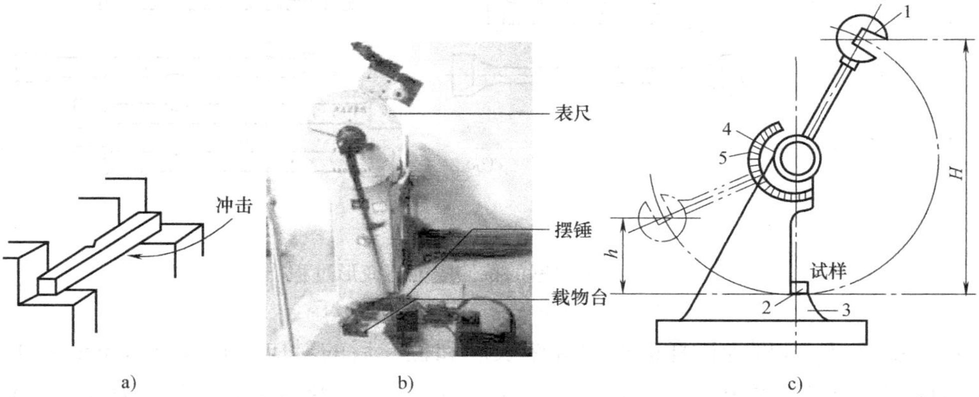

图 1-15 常温冲击试验

a）试样放置状态 b）冲击试验机 c）冲击试验过程

1—试验机 2—U 形缺口冲击试样 3—指针 4—刻度盘 5—摆锤

冲击韧性是在大能量一次冲击下获得，且 a_K 值越大，金属材料的冲击韧性越好，对于工作中承受大能量冲击载荷的重要零件，在选材时必须考虑冲击韧性，以免发生突然断裂造成严重事故，因此一般要求 $a_K > 50J/cm^2$。

1.2.3　硬度与耐磨性

硬度（hardness）是指金属材料局部抵抗硬物压入其表面的能力，可用硬度试验机测定。常用的硬度有布氏硬度、洛氏硬度和维氏硬度等。

1.2.3.1　布氏硬度测试及标注

（1）测试方法　布氏硬度（Brinell hardness）试验通常是以一定的压力 F，将直径为 D 的硬质合金钢球压入被测材料表面，经过规定的保持载荷时间后卸除载荷，即得到一直径为 d 的压痕，如图 1-16a 所示。

将试验载荷除以压痕表面积所得之值即为布氏硬度，以 HBW 表示且单位为 MPa，但习惯上不标出，从几何关系可求得：

$$HB = \frac{F}{A} = \frac{2F}{\pi D(D - \sqrt{D^2 - d^2})}$$

$$A = \frac{1}{2}\pi D(D - \sqrt{D^2 - d^2})$$

当试验压力的单位为牛顿（N）时，则

$$HB = 0.102\frac{F}{A} = \frac{2F}{\pi D(D - \sqrt{D^2 - d^2})}$$

式中　F——试验压力，单位为 kgf 或 N，1kgf = 9.807N；

A——压痕表面积，单位为 mm^2；

D——钢球直径，单位为 mm；

d——压痕直径，单位为 mm。

在测定布氏硬度时，由于试验力 F 和直径 D 均为定值，实际上并不需要进行上述计算，只要先测得压痕直径 d，再根据 d 值查有关表格即可确定 HBW 值。

按照 GB/T231.1—2009 规定的布氏硬度符号，硬度机压头（见图 1-16b）为硬质合金钢球时用 HBW 表示。

由于布氏硬度压痕较深且面积大，故不适宜测试太薄的试样和成品零件的硬度。

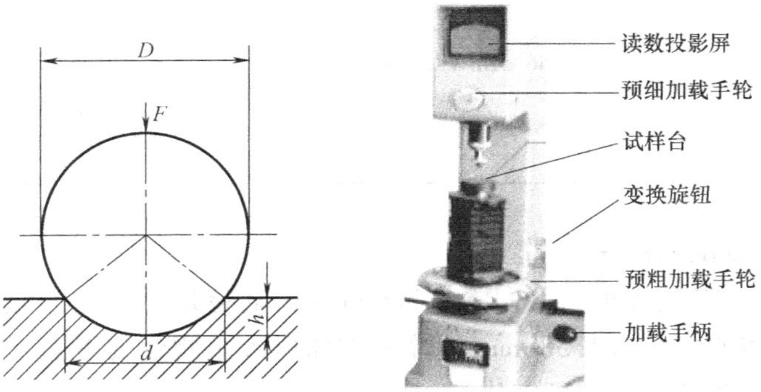

a)　　b)

图 1-16　布氏硬度试验

a）试验过程　b）布氏硬度机

（2）标注方法　生产中常用布氏硬度法测定经退火、正火和调质的钢件，以及铸铁、有色金属、低合金结构钢等毛坯或半成品件的硬度。

标注布氏硬度时，符号“HBW”之前写硬度值，符号后面用数值按顺序依次表示球体直径、试验力和试验力保持时间（10～15s 不标注），并用斜分线分别隔开。硬度值在图样资料中的标注方法如下：

硬度值 硬度代号 球径 D/试验力/试验力保持时间

例如，170HBW10/3000/30，表示用直径 10mm 的硬质合金钢球（以前使用淬火钢球压头，现在统一使用硬质合金钢球）压头，在 3000kgf 试验力作用下保持 30s，测得布氏硬度值为 170；500HBW5/750，表示用直径 5mm 的硬质合金钢球，在 750kgf 试验力作用下保持 10～15s，测得布氏硬度值为 500。

（3）硬度与强度的关系　通过试验发现，硬度值与抗拉强度 σ_b 之间有近似关系，见表 1-5 所列。硬度反映材料的耐磨性，也是金属材料的一项重要性能指标。

表 1-5　硬度与抗拉强度的换算（部分摘自 GB/T1172—1999）

金属材料	硬度范围	换算经验公式（$\sigma_b \approx kHBW$）
低碳钢及中碳钢	HBW≤140 140＜HBW＜450 60≤HRB≤100	$\sigma_b \approx 3.68 \sim 3.76HBW$ $\sigma_b \approx 3.40 \sim 3.51HBW$ $\sigma_b \approx (2.64 \sim 2.36) \times 10^4 / (130 - HRB)$
高碳钢及合金钢	450＜HBW＜650 20≤HRC≤60	$\sigma_b \approx 3.19HBW \sim 3.33HBW$ $\sigma_b \approx 3.36 \sim 4.08HBW$
铸钢 （碳钢铸件）	HRC＜40 HRC＞40	$\sigma_b \approx (3 \sim 4)\ HBW$ $\sigma_b \approx 8.61 \times 10^4 / (100 - HRC)$
灰铸铁	40＞HRC＞10	$\sigma_b \approx (HBW - 40) / 0.6$　$\sigma_b \approx 0.98HBW$ $\sigma_b \approx 4.89 \times 10^6 / (100 - HRC)^2$
高强铸铁	40＞HRC＞10	$\sigma_b \approx 3.04HBW \pm 50$
铝合金铸件	HBW≤140 60≤HRB≤100	$\sigma_b \approx 2.5 \sim 2.8HBW$
硬铝		$\sigma_b \approx 3.4 \sim 3.8HBW$
退火铝合金		$\sigma_b \approx 4.70HBW$
纯铜	140＜HBW＜450	$\sigma_b \approx 5.5HBW$
黄铜（H90、H80）		$\sigma_b \approx 3.5HBW$
黄铜（H68、H62）		$\sigma_b \approx 4.3 \sim 4.6HBW$
冷变形黄铜及青铜		$\sigma_b \approx 4.0HBW$
Cu-Zn-Al 合金		$\sigma_b \approx 4.8HBW$

1.2.3.2　洛氏硬度测试及标注

（1）测试方法　洛氏硬度（Rockwell hardness）试验是用一定的试验力 F，将顶角为 120°的金刚石圆锥体或直径为 1.588mm 的淬火钢球压入被测金属表面（见图 1-17a），然后根据压痕的深度确定被测材料的硬度值。

若测得的压痕越深，说明材料的硬度越低，反之材料的硬度则越高。在试验材料的洛氏硬度时，被测材料的硬度值一般不用靠测量压痕深度测得，而可在硬度机的刻度盘上由指针指示直接读出。

洛氏硬度试验时，根据所加试验压力的大小和压头类型不同，可将洛氏硬度分为 HRA、

HRB、HRC 和 HRD 四种类型（见表 1-6），并且各类型的测试材料和应用范围均不相同。

表 1-6　洛氏硬度试验力及应用范围（GB/T230—1991）

符号	应用范围	压头类型	总试验力/N（kgf）	适用的材料
HRA	60～85HRA	120°金刚石圆锥	588.4（60）	硬质合金、表面淬硬层或渗碳层
HRB	25～100HRB	直径为 1.588mm 钢球	980.7（100）	有色金属或退火、正火钢等
HRC	20～67HRC	120°金刚石圆锥	1471（150）	调质钢、淬火钢等
HRD	40　～77HRD	120°金刚石圆锥	980.7（100）	薄钢板、中等厚度的表面硬化零件

（2）标注方法　洛氏硬度的标注方法比布氏硬度简单，但仍是硬度值在硬度代号的前面，如 60HRC 表示用 C 标尺所测得的洛氏硬度值为 60，其单位为 MPa，但习惯上仍不用标出。

洛氏硬度压痕小，可测较薄的材料和硬的材料或成品件的硬度，一般生产中以 HRC 用得最多，HRC 与 HBW 的数值关系（当 HBW＞220 时）约为 1∶10。

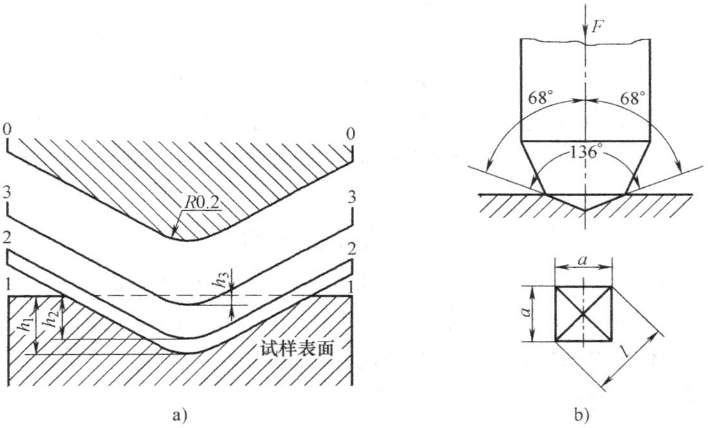

图 1-17　洛氏及维氏硬度试验

a）洛氏硬度试验示意图　b）维氏硬度试验示意图

1.2.3.3　维氏硬度测试及标注

（1）测试方法　维氏硬度（Vickers hardness）的测试方法和技术条件可参阅 GB/T4340.1—1999。测试时用一定的试验力 F，将金刚石的正四棱锥体在被测金属表面压出一个四方锥形的压痕，如图 1-17b 所示。

然后测量出压痕对角线长度 d，并计算出压痕的表面积 A，再将试验力除以压痕表面积即可得出维氏硬度值，以 HV 表示且单位为 MPa，即

$$\mathrm{HV} = \frac{F}{A}$$

（2）标注方法　与布氏硬度的标注方法一样，习惯上也只写出其硬度数值而不标出单位。在硬度符号 HV 之前的数值为硬度值，HV 后面的数值依次表示试验力和试验力保持时间，并且试验力保持时间为 10～15s 时不标注。

例如，645HV30 表示在 294.3N（30kgf）试验力作用下，保持 10～15s，测得的维氏硬度值为 645，而 640HV30/20 表示在 294.3N（30kgf）试验力作用下，保持 20s 测得的维氏硬

度值为640。

维氏硬度试验既无布氏硬度试验钢球变形问题，又无洛氏硬度试验各种类型不统一问题，还可用对角线长度精确计量，并与洛氏硬度数值关系约为13.6∶1。所以这种试验更适于测量零件表面极薄硬化层、镀层及薄片材料的硬度。

然而维氏硬度试验效率低，不适宜于成批大量生产的常规检验，而仅适宜于材料性能的试验研究或新产品、新工艺及新材料试验研制。

1.2.3.4 耐磨性及其评定

（1）耐磨性的分类　耐磨性分为相对耐磨性和绝对耐磨性两种。相对耐磨性是指两种材料A与B在相同的磨损条件下磨损量的比值，其中材料A是参考试样，并且仅表示所试验材料与参考材料A的耐磨性比值相差多少倍。

$$相对耐磨性 = \frac{试验试样磨损量}{参考试样磨损量}$$

绝对耐磨性简称为耐磨性，通常在试验研究中用磨损量或磨损率的倒数表示，并且使用最多的是体积磨损量或体积磨损率的倒数。

（2）耐磨性评定方法　耐磨性主要受材料的成分、硬度、摩擦系数和弹性模量的影响，通常以体积磨损量、质量磨损量和长度磨损量作为评定材料的三个基本参量。

体积磨损量和质量磨损量是指在磨损过程中，由于磨损量而造成零件或试样体积、质量的改变量。在试验研究测试中，首先测量试样的质量磨损量，然后再换算成体积磨损量进行比较或研究。

长度磨损量是指磨损过程中，由于磨损量而造成的零件表面尺寸的改变量，多在实际设备的磨损检测中使用。此外，还有磨损率和比磨损率等指标应用也较多。

耐磨性与磨损量均是指一定试验条件下的相对指标，不同试验条件下所得到的值不可直接比较，相同试验条件下的值越大，则说明耐磨性越好。

（3）各种材料的耐磨性　通常塑料、橡胶、陶瓷等非金属材料的摩擦磨损性能远远优于金属材料。如聚四氟乙烯和尼龙等具有自润滑性能，可制造轴承、活塞环、动密封滑块等摩擦磨损零件，在各种液体介质或干摩擦条件下有效工作。

橡胶制品的相对分子质量越大交联越多，强度也越高，但当其强度一定时，制品所受机械力作用产生摩擦就越大，则橡胶大分子链产生断裂而引起表面损失，并使小块橡胶从损坏表面相继被撕裂而增大磨损量，使耐磨性变差。

若选用合适的塑料与钢构成的复合材料时，钢具有较高的强度和硬度，而塑料具有较低的摩擦系数，并具有良好的吸油性和自润滑性能，使这样形成的复合材料具有塑料与钢的共同优点。

例如，聚四氟乙烯或聚甲醛和多孔青铜层、钢板组成的三层复合材料，便具有聚四氟乙烯的自润滑性、钢及青铜的高强度和高耐磨性等性能，成为滑动轴承的良好材料。

1.3 金属的其他性能

1.3.1 金属的物理性能

金属的物理性能主要指密度与熔点、热性能、电性能、磁性能及光性能等。这些性能多数取决于材料的原子结构、原子排列和晶体结构。

1.3.1.1　密度与熔点

金属材料的密度 ρ 用单位体积的质量（g/cm^3）来衡量。不同性质的金属元素密度不同（见表 1-7），不同种类的金属材料密度更不同（见表 1-8），在体积相同时金属材料的密度越大其质量越大。

表 1-7　常用金属元素的密度 ρ（20℃）

金属元素	ρ/（g/cm^3）	金属元素	ρ/（g/cm^3）	金属元素	ρ/（g/cm^3）
Mg	1.74	Cr	7.20	Ni	8.90
Al	2.70	Sn	7.31	Cu	8.96
Ti	4.51	Mn	7.48	Mo	10.22
V	6.10	Fe	7.87	Ag	10.50
Zr	6.53	Nb	8.57	Pb	11.35
Zn	7.13	Co	8.90	W	19.30

表 1-8　常用金属材料的密度

材料名称	ρ/（g/cm^3）	材料名称	ρ/（g/cm^3）	材料名称	ρ/（g/cm^3）
低碳钢	7.80	高速钢	8.30 ~ 8.70	无锡青铜	7.50 ~ 8.20
低合金钢	7.85	铬镍奥氏体钢	7.90	工业用铝	2.70
灰铸铁	6.80 ~ 7.20	纯铜	8.90	镁合金	1.74 ~ 1.81
可锻铸铁	7.20 ~ 7.40	黄铜	8.40 ~ 8.85	铝合金	2.74
硬质合金	13.90 ~ 14.90	锡青铜	8.70 ~ 8.90	锡基轴承合金	7.34 ~ 7.75

不同用途的机器零件，对金属材料的密度要求也不同。例如，飞机和航天器上的许多零件和构件，要选用密度比较小的铝、镁合金与钛合金制造。然而卡车、轮船等重型机器上的许多构件，则必须选用密度较大的钢铁材料来制造。

复合材料的强度与密度之比（比强度）和弹性模量与密度之比（比模量）均较大，如碳纤维-环氧树脂复合材料的比强度高达 1.03×10^5MPa，比模量可达 0.97×10^7MPa，超过一般的钢材和铝合金。因此，复合材料的这些特性将为某些要求自重轻和刚度好的零件提供了理想的材料。

金属的熔点 T_m 用温度（℃或 K）来衡量，金属的选材和制造与熔点密切相关，例如，金属的铸造温度、熔焊温度均必须高于其熔点，而热处理温度则必须低于其熔点温度。

熔点低的铅、锡金属可以制造熔丝等，而熔点高的钨、钼则用于制造灯丝、加热元件、耐高温零件等，常用金属的熔点见表 1-9。

表 1-9　常用金属元素的熔点 T_m

金属元素	T_m/℃	金属元素	T_m/℃	金属元素	T_m/℃
Sn	232	Cu	1083	Zr	1852
Pb	327.5	Mn	1244	Cr	1860
Zn	419.5	Ni	1453	V	1900
Mg	650	Co	1495	Nb	2467
Al	660	Fe	1538	Mo	2620
Ag	961	Ti	1670	W	3400

1.3.1.2　热性能与光性能

（1）热性能　热性能包括热容、导热性和热膨胀性等，热容包括摩尔热容和比热容，摩尔热容是指 1mol（摩尔）的材料温度升高 1K 所需的能量，而比热容则是指单位质量材料的温度升高 1K 所需的能量，二者之间的关系为：

$$比热容\ c = 摩尔热容 / 摩尔质量$$

在多数工程计算中，使用比热容更为方便。

导热性是指材料传导热的性能，一般用热导率（或导热系数）λ 来衡量材料导热性能的好坏。λ 值越大，导热性越好。金属中 Ag 的导热性最好，Cu、Al 次之，纯金属的导热性比合金好。

热膨胀性用线（膨）胀系数 α 表示，其单位是 1/℃或 1/K，即每当温度升高 1℃，其单位长度膨胀收缩量。α 值越大，金属材料尺寸或体积随温度变化而变化的程度就越大。具有高熔点的材料一般具有较低的线膨胀系数。然而，铅和聚乙烯这类的材料，与金刚石、钨或陶瓷相比，其热膨胀性要大得多，见表 1-10。

表 1-10　常用材料的线膨胀系数 α/（1/K）

试验温度为 100～500K						试验温度为 293K	
材料	$\alpha/(\times10^{-6}/K)$	材料	$\alpha/(\times10^{-6}/K)$	材料	$\alpha/(\times10^{-6}/K)$	材料	$\alpha/(\times10^{-6}/K)$
钨	2.7～4.6	纯铁	6.0～14.5	纯铝	12.5～27.0	聚乙烯	1.00×10^3
钼	3.0～5.5	纯镍	6.5～15.5	镁	15.0～29.0	6.6-尼龙	8.0×10^2
铬	3.5～9.5	纯铜	10.5～18.0	锡	15.5～27.5	熔融石英	5.5
钒	4.0～8.0 （300～500K）	低碳钢 低合金钢	11.0～12.0	铬镍钢	16.0～17.0	聚乙烯-30% 玻璃纤维	4.8×10^2
				黄铜	17.5～18.9		
纯钛	4.4～9.8	锰	11.5～28.0	锌	23.0～32.0	6.6-尼龙-33% 玻璃纤维	2.0×10^2
铌	5.0～7.5	灰铸铁	12.0～13.0	纯铅	25.0～32.0		

（2）光性能　光性能是指材料受到光波或能量粒子的辐射时所能呈现出的反应特性。由光子、X 射线和光电效应来衡量，光子在与材料的电子结构或晶体结构发生交互作用时，能产生各种光学现象，包括吸收、透射、折射和衍射。

1.3.1.3　电性能与磁性能

（1）电性能　电性能主要表现在导电性能和介电性能两个方面。导电性能是指材料传导电流的能力。导电性能大小的量度通常用电导率 σ 表示，电导率 σ 为电阻率 ρ 的倒数，即 $1/\rho$，单位为 1/（$\Omega\cdot m$）。电导率越大，导电性能越好。金属材料的导电性能以银为最好，铜、铝次之。

介电性能是指介电体（电绝缘体和电容器等）在无电流传输时，虽然没有电荷（或电流）的传输，但材料仍对电场表现出的某些响应特性，其单位为法特 F，常用较小的单位微法特 μF 和皮法特 pF 表示，$1F = 10^6\mu F = 10^{12}pF$。

介电常数 K 为材料的电容率与真空电容率的比值，即 $K = e/e_0$，表示材料极化和储存电荷的相对能力，常用绝缘材料的 K 值见表 1-11。一般要求电绝缘体和电容器等介电体，必须具有高电阻率、高的介电强度、低的损耗系数和较小的介电常数。

（2）磁性能　磁性能是指材料被磁场吸引或磁化的性能，不同金属材料被磁场吸引和磁化的性质不同，所使用的场合也不同，如计算机存储器使用的是硬磁材料，而电动机和变压器使用的却是软磁材料，这些都与材料的磁导率和受磁化性能有关。

表 1-11　常用绝缘材料的介电常数 K 值

绝缘材料	介电常数 K 值	绝缘材料	介电常数 K 值
石英	4.2	硬橡胶	3.5
云母	7.0	聚苯乙烯	2.2
三氧化二铝	8.5	无线电瓷	6.5
五氧化二钽	11.6	超高频瓷	8.0

在实际应用中，通常用相对磁导率描述金属材料受磁化的性能，并选用高相对磁导率的材料来实现高磁感应强度或高磁化强度。

1.3.2　金属的化学性能

在实际生产中，电炉丝、炉底板、盛酸碱介质的化工设备、医疗器械等，由于是在高温或腐蚀性介质中工作，金属材料表面极易氧化或腐蚀，可严重影响零件的表面质量和精度，甚至还会使零件产生破坏。因此在设计和制造时，必须考虑材料的化学性能。

材料的化学性能是指材料在室温或高温下抵抗各种介质化学作用的能力，主要包括抗氧化性和耐蚀性等。

金属的抗氧化性是指金属材料在高温下抵抗氧气氧化作用的能力，亦即金属在高温下迅速氧化后形成一层致密的氧化膜，覆盖在金属表面，使金属不再继续被氧化。

金属的耐蚀性是指材料抵抗因环境而造成的化学或电化学反应所引起损坏的能力。金属材料在常温下抵抗氧、水蒸气、有害气体及酸、碱、盐等化学介质侵蚀破坏作用的能力称为金属的耐蚀性。

钢铁在潮湿的空气中生锈是最常见的腐蚀现象，一般采用改变金属材料的成分，或采用表面转化膜、表面涂膜、表面镀膜和着色等来增强金属材料的耐蚀性。

1.3.3　金属的加工性能

金属的加工性能是指在保证金属材料加工质量的前提下，金属加工过程的难易程度。各种金属结构的制造通常是先经铸造、轧制成各种型材，再经切割和塑性加工等方法制成毛坯或零件，然后进行机加工和焊接组装成形等，期间为了改善某些工艺性能和获得使用性能，需要进行热处理，最后制成合格的零件。

金属的加工性能按其冷热加工方法的不同，可分为铸造性能、锻压性能、焊接性能、切削加工性能及热处理工艺性能等，见表 1-12。

在设计机械零件和选择加工方法时，都要考虑材料的工艺性能，如灰铸铁具有优良的铸造性能和切削性能，常用来铸造机械零件，但其锻造性能差，不能锻造；焊接性能也较差。低碳钢的锻造性能和焊接性能都很好。热处理工艺通常因能改善切削加工性能或使零件得到所要求的最终性能而被安排在有关工序之间。

各种热加工性能详细内容将在第 6 章至第 8 章中叙述。

表 1-12 金属材料的工艺性能

性能	指标	定义	特点
铸造性能	流动性	流动性是指液态金属充满铸型型腔的能力。钢的流动性比铸铁差，其收缩和偏析都比铸铁大，故其铸造性能比铸铁差	流动性越好，充满铸型的能力越强，越有利于金属渣中的气体和夹杂物上浮，越易浇铸出细薄精致的铸件
	收缩性	收缩性是指铸件凝固时体积收缩和固态时铸件外形尺寸减小的程度	金属材料的收缩性不仅影响其尺寸，同时还会使铸件产生缩孔、缩松、变形、内应力和裂纹等缺陷
	偏析性	偏析性是指铸件在凝固后，内部化学成分和组织的不均匀现象	偏析越严重，铸件各部位的性能越不均匀，铸件质量的可靠性越小
	吸气性	吸气性是指液态金属从型砂或空气中吸收气体的能力	吸气性大的铸件容易产生气孔等缺陷
塑性加工	塑性变形能力	塑性变形能力是指金属材料在冷或热状态的压力作用下，产生塑性变形的能力	金属材料的塑性越大，变形抗力越小，则其塑性加工性能越好；低碳钢、低合金钢比高碳钢、高合金钢的塑性加工性能好，纯金属比合金的塑性加工好；各种铸铁属于脆性材料，不能承受压力加工
	塑性变形抗力	塑性变形抗力是指金属材料在塑性变形过程中，由金属本质和变形条件对变形过程造成的阻力	
焊接性能	工艺焊接性	工艺焊接性是指在常用焊接方法和焊接工艺条件下，焊接接头中出现各种裂纹、气孔、夹渣等缺陷的可能性	工艺焊接性好的金属材料焊接时，不易形成裂纹、气孔和夹渣等缺陷，焊后其接头强度与母材相近
	使用焊接性	使用焊接性是指金属材料焊接接头在使用过程中的可靠性，包括其力学性能、耐热性、耐蚀性及耐低温性等	使用焊接性好的结构在使用中应具有与母材相近的使用性能，各构件及设备在使用条件下安全运行
	理论焊接性	各种金属材料的焊接性能差异很大，导热性过高或过低、热膨胀性大、塑性低或焊接时容易淬硬、氧化、吸气的金属，其焊接性能一般较差。焊后焊缝塑性低，容易开裂	铝合金极易氧化，需在氧气保护中焊接，其焊接性能不好；铜与铜合金导热性极高，不易焊接；铸铁基本上不能焊接，能用镍基焊条修补
机加工性能	切削性	机加工性能是指金属材料被机床刀具切削加工的难易程度，是相对于另一种金属材料的切削加工性好坏而言的 金属材料硬度过大、过小或韧性过大，其切削性都不好	金属材料的加工难易程度取决于加工条件及不同的要求，如有色金属和正火钢是易切削材料，而奥氏体不锈钢和钛合金等是难切削材料
热处理性能	淬硬性、淬透性等	金属材料在热处理过程中所呈现的性能称为热处理工艺性，包括淬硬性、淬透性、淬火变形、开裂倾向、过热敏感性、回火脆性倾向、氧化脱碳倾向、冷脆性等 不同的金属材料可以通过不同的热处理方法得到所需要的性能，避免产生热处理缺陷，详细内容见后述介绍	设计结构形状复杂的零件时，应选用淬透性较好的钢材，如油淬钢，其变形小；设计大截面、形状复杂和高强度的淬火零件，应选用淬透性好、强度高的合金钢；碳钢的强度较低，淬透性较差

思考练习题

1. 常见金属的晶格结构有哪几种？其原子排列和晶格常数有何不同？Fe、Ti、Al、Cu、Cr、Ni、Mo、W、V、Mg、Zn 等金属各具有哪种晶格结构？

2. 单晶体与多晶体的结构有何差别？固溶体和金属化合物在结构和性能上有什么主要区别？常见的晶体缺陷有哪几种？它们对金属材料的性能有何影响？

3. 指出下列名词的主要区别：

（1）置换固溶体与间隙固溶体。

（2）有限固溶体与无限固溶体。

（3）间隙固溶体与间隙化合物。

（4）相组成物与组织组成物。

4. 置换原子与间隙原子的固溶强化效果哪个大些，为什么？常见的金属间隙化合物有哪两类？它们对合金的性能有何影响？

5. 固溶体、化合物和机械混合物的晶格特征有何不同？

6. 金属材料常用的力学性能主要指哪六种性能？在机械工程中，衡量金属材料强度、塑性及韧性的指标是什么？各用什么符号和单位表示？

7. σ_s 和 $\sigma_{0.2}$ 在测定对象及表达意义上有什么不同？设计刚度好的零件，应根据何种指标选择材料？什么情况下易产生疲劳断裂？什么叫疲劳极限？

8. 分析比较哪种材料的弹性模量最好？材料的 E 越大，其塑性越差，这种说法是否正确，为什么？a_K 代表什么指标？这一指标的意义是什么？

9. 硬度可反映金属材料的什么能力？有三种材料的硬度分别为 449HV、291HBW、62HRC，试比较这三种材料的硬度高低。

10. 有两种材料的硬度分别为 45HRC 和 200HBW，试问哪一种材料较硬？

11. 下列说法是否准确？若不准确，应如何改正？

（1）机器零件在工作时，材料强度高的不会变形，而强度低的一定会变形。

（2）材料的强度高，其塑性就低；材料的硬度高，其塑性就大。

（3）材料的弹性极限高，所产生的弹性变形量就比较大。

12. 硬度和抗拉强度之间有没有一定的关系，为什么？

13. 材料的比强度和比模量是什么含义？常用于制作飞机结构件和轿车仪表中电阻元件的材料各应该具有什么性能？

14. 金属材料的耐热性、导电性和耐蚀性各用哪些指标来衡量？

15. 金属材料的加工性能按加工方法不同，可分为哪五种性能？其中，铸造性能又包括哪四种指标？

第 2 章　金属结晶及相图

导读　本章主要介绍纯金属的结晶组织、性能、细化途径及同素异构相变，二元合金结晶相图、铁碳合金结晶相图及组织，相图与合金成分的关系及其在机械制造中的应用。

本章重点是金属及其合金的微观结晶组织、相变过程及性能变化，难点是纯金属及合金的结晶过程、规律及同素异构特点，要点是二元合金结晶相图及组织和铁碳合金结晶相图及组织结构与性能。

2.1　金属结晶及相变

金属结晶（crystallization）是指液态金属转变成固态晶体的过程，且液态转变成固态称为一次结晶，而固态再转变成另一种固态称为二次结晶或重结晶（recrystallization）。结晶形成的组织将直接影响金属的性能。

2.1.1　纯金属的结晶组织

2.1.1.1　纯金属的结晶温度及过程

（1）结晶温度与时间曲线　纯金属结晶的过程通常采用热分析法测试，先将其加热熔化成液态，再在坩埚内随炉缓慢冷却，并每隔一定时间测一次温度，最后描绘成温度—时间坐标图，便可得到纯金属的冷却曲线，如图 2-1 所示。

由图 2-1 曲线 a 可知，当液体金属热量散失而冷却到 T_0 温度时，液体开始结晶，并由于结晶潜热释放而补偿了冷却散失的热量，所以曲线出现水平台阶，使结晶在恒温下进行且在一段时间内完成，其对应温度 T_0 即为金属理论结晶温度。

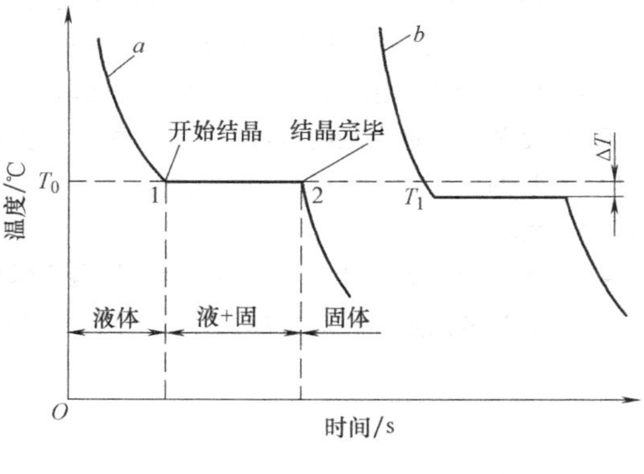

图 2-1　纯金属结晶测试方法及冷却曲线
a—理论结晶温度曲线
b—实际结晶温度曲线

纯金属在水平阶段时间内，液体中原子结晶成固态晶体的速度与晶体上原子熔入液体的速度相等，即固态和液态瞬间处于平衡状态。随后恒温结晶终止，固体金属温度继续下降直至室温，冷却曲线相应连续下降。

（2）金属结晶的过冷度　在实际生产中，金属自液体冷却时，不可能极其缓慢而需加快冷却速度，使液体金属冷却到 T_0 以下 T_1 温度时开始结晶（见图 2-1 中 b 曲线），T_0 与 T_1 之差称为过冷度（degree of supercooling），用 ΔT 表示，即 $\Delta T = T_0 - T_1$。

ΔT 的大小与冷却速度、金属性质和纯度有关，冷却速度越大，则过冷度越大，实际金属的结晶温度越低。反之，若冷却速度无限小、即散热无限慢时，则实际结晶温度与平衡结晶温度趋于一致。实践证明，金属总是在过冷条件下进行结晶，所以过冷度是金属结晶的必要条件。

(3) 纯金属的结晶过程　在液态金属中存在着大量尺寸不同、短程有序且不稳定的原子集团。当液体金属过冷到一定温度时，首先在液体中某些局部微小的体积内出现一些尺寸较大的原子集团，并呈不稳定时聚时散状态，某些呈稳定聚合态时便成为结晶的核心，称为晶核，如图 2-2 所示。

随着温度的降低，晶核按各自方向不断吸收周围液体中的金属原子自由长大，同时又有许多新的晶核不断从液体中产生与长大，液态金属不断减少，新的晶核逐渐增多，并且一个晶核长大成为一个晶粒。

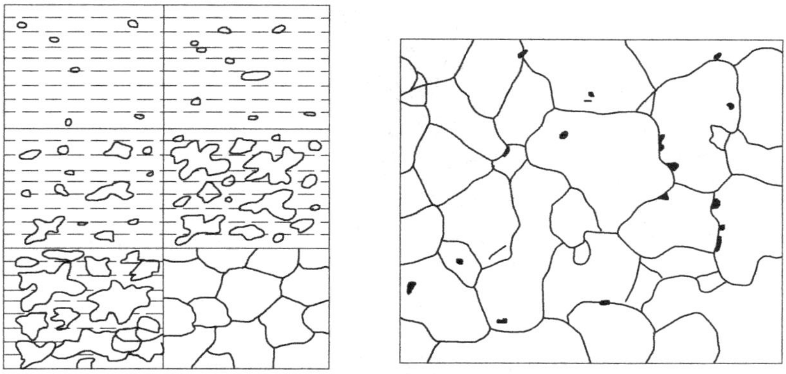

a)　　b)

图 2-2　纯金属结晶过程及组织

a) 结晶过程　b) 纯铁显微组织

当相邻晶粒彼此接触时，被迫停止长大，且只能向尚未凝固的液体部分伸展，直到全部液体转变为固态晶粒为止，全部结晶完毕。最后形成的是由许多外形不规则、位向不同、大小不等的晶粒所组成的晶体。

2.1.1.2　纯金属结晶及长大规律

(1) 纯金属的形核规律　在金属结晶过程中，按照金属结晶条件的不同，可将形核方式分为自发均质形核（homogeneous nucleation）与非自发异质形核（hetero-geneous nucleation）两种方式。

自发均质形核是指晶体核心是从液体结构内部自发均匀长出的。对于很纯净的液体金属，加快其冷却速度，使其在具有足够大的过冷度下（纯铁的过冷度可达 259K），不断产生许多类似晶体中原子排列的小集团，形成结晶核心。

非自发异质形核是指晶核依附于外来杂质而生成。实际金属中往往存在异类固相质点，并且在冷却时金属总会要与铸型内壁接触，因此这些已有的固体颗粒或表面被优先依附，从而形成晶核。

通常自发形核和非自发形核是同时存在的，在实际金属和合金中，非自发形核比自发形核更重要，往往起优先和主导的作用。

(2) 结晶晶核的长大规律　晶核形成后，液相原子不断迁移到晶核表面，并且必须在过冷的液相中，促使晶核长大而结晶成晶粒。亦即晶核长大程度取决于液体金属的过冷度，当过冷度很小时，晶核在长大过程中保持规则外形，直至长成晶粒并相互接触时，规则外形才破坏，如图 2-3a、图 2-3b 所示。

树枝晶长成的原因是随过冷度增大，具有规则外形的晶核长大时，需要将更多的结晶潜热散发掉，而其棱角部位具有最优的散热条件，因而便得到优先生长，如树枝一样先长出枝干，再长出分枝，最后把晶间填满。

晶体通常是以树枝晶形态长大（见图 2-3c），先在晶核的棱角处以较快生长速度形成枝晶的主干Ⅰ，称为一次晶轴，再在主干的生长过程中，又不断地生长出二次、三次分枝晶轴，从而形成枝状晶。

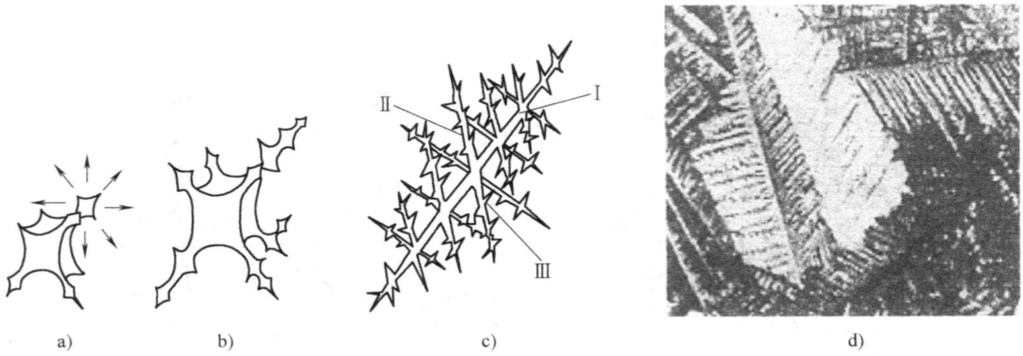

图 2-3 枝晶生长过程及显微组织（microstructure）
a）散热方向 b）规则外形被破坏 c）树枝晶 d）锑锭表面枝状晶

晶核之所以能够按枝晶生长，主要是因为晶核棱角处具有最优的散热条件，而且缺陷多，易于固定转移来的原子，再加上枝晶结构表面积大，便于从周围液体获得生长所需的原子，因而便得到优先生长。

若在结晶过程中有足够的液态金属填满各枝晶间的空隙，则结晶完毕后枝晶形态就不会显露出来。因此，往往是在金属铸锭表面上才有可能看到枝晶的形态，如图 2-3d 所示。

2.1.1.3 纯金属铸锭结晶组织

（1）铸锭或铸件结晶组织 液态金属或合金在铸锭模中可结晶为铸锭，在铸型中可结晶为铸件。二者的结晶组织（crystallization structure）均可分为细等轴晶、柱状晶和粗大等轴晶三个特征晶区，如图 2-4 所示。

细等轴晶的形成与模壁温度有关。当液态金属注入锭模后，锭模内壁温度较低，液态金属冷却结晶最快，可以粗糙模壁为质点形成大量晶核而结晶成具有等轴细晶粒的外层。并且模壁温度越低、冷却速度越快则晶粒越细。

当表面细晶粒层形成后，锭模温度逐渐升高，散热速度变慢，从而使液态金属的冷却速度降低、形核数目减少。同时由于垂直于模壁方向的散热比较容易，而且相邻晶粒间的长大余地很小，互相抵触而生长成柱状晶。

在柱状晶长成过程中，主晶轴与模壁垂直的已有晶粒，还可沿着散热反方向继续向液体中长大，而枝晶轴与模壁平行的晶粒，长大到一定程度时则可遇到其他相邻晶粒的阻碍而停止长大，从而形成彼此平行粗大且密集的柱状晶粒区。

随着柱状晶粒的不断长大及散热越来越慢，液态金属的冷却速度也越来越慢，而且柱状晶前沿液态金属由于结晶潜热的释放而温度升高，而致使中心剩余液态金属温度高且无明显散热方向，使晶核向各方向等速长大。

同时由于中心部分的过冷度较小，晶核的形核数目、杂质及折断晶枝等非自发形核数目均较少，所以在铸锭中心形成一个粗大等轴晶区。并且合金铸锭的三晶区组织状态将更加明显，且等轴细晶区和中心粗大等轴晶区均较宽。

由于铸锭可看作是一个大铸件，故铸件的结晶状态基本类似于铸锭。但由于大多数铸件尺寸较小、形状复杂且各部分结晶条件差异较大，因而铸件的结晶组织并不一致，或者三晶区均有，或者仅有其中两区或者混合等。

（2）铸锭或铸件结晶特点　由于柱状晶平行向中心长大且彼此互相限制，故晶粒间组织较致密，显微空隙及气孔较少，但晶粒较粗大且脆性较大，并在两晶粒交界面处存在有低熔点和非金属杂质聚集成的脆弱面。

为避免后续压力加工时沿脆弱界面产生开裂，对于熔点较高、塑性较差的钢铁材料，一般不希望获得粗大的柱状晶粒。但对于熔点较低、塑性较好且受单向载荷的有色金属及合金件，如汽轮机叶片等，则希望获得发达致密且方向性高的柱状晶。

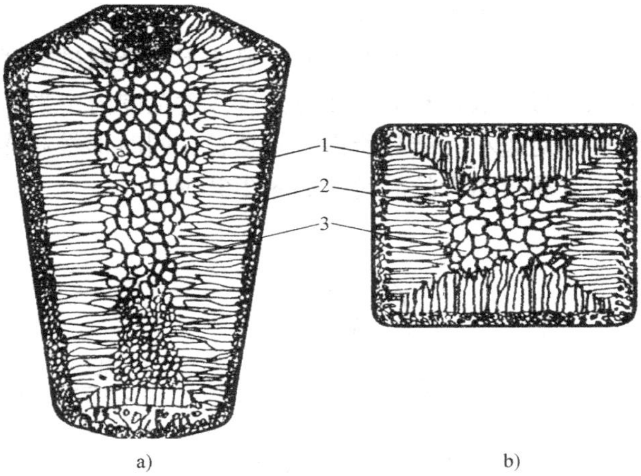

图 2-4　铸锭组织的示意图

a）立断面图　b）横断面图

1—表面细晶粒层　2—柱状晶粒层　3—心部粗大等轴晶粒层

铸锭中心粗大等轴晶区的各个晶粒在长大时，由于彼此交叉、结合牢固、使裂纹不易扩展，故不存在明显的脆弱区，并且铸件的性能没有方向性，因而一般情况下此晶区是钢铁及其合金等铸件所要求的铸态组织。

2.1.2　晶粒细化的途径

由于金属内每一个晶粒均由一个晶核长成，并在一定体积内形核数目越多，结晶后晶粒越细小，则晶界越多，随之造成的晶格畸变也越大，从而使金属强度、硬度升高，塑性、韧性良好，见表 2-1。

生产实践中通常采用增加金属液过冷度 ΔT、外加微粒变质处理（inoculation）、附加振动处理等方法，获得细晶粒金属以改善其力学性能。

表 2-1　纯铁的晶粒度与力学性能的关系

晶粒度 （每 mm^2 中的晶粒数）	σ_b /MPa	σ_S /MPa	δ （%）
6.3	237	46	35.3
51	274	70	44.8
194	294	108	47.5

2.1.2.1 过冷细化方法

过冷细化方法是采用提高金属液的冷却速度，增大过冷度 ΔT，使液态金属过冷到较低的温度，以增强液态金属的结晶能力与形核数目，从而获得细晶粒金属的方法。

金属结晶时过冷度 ΔT 与形核率 N（晶核数/s · cm^3）和长大速度 G（cm/s）的关系，如图 2-5a 所示。当过冷度 ΔT 较小时，由于形核率 N 比 G 增长速度较慢，所以刚开始金属晶核数也增加较少。

但当过冷度 ΔT 较大时，则 N 比 G 增长速度较快。并且，当过冷度 ΔT 增大到温度 T 时，N 与 G 均增加到一个最大峰值，随之形成的金属晶核数也大大增加，以至于达到了最大值（图中右边曲线不实用）。

在实际生产中，液态金属一般达不到极限过冷度，并且结晶后晶粒大小与单位时间、单位体积内形核数目有关。在最大过冷度范围内，当晶核形成速率很大且保持不变时，晶核长大速度相对越小，结晶所需时间越长，同时形核越多，晶粒越细小，从而获得很细的晶粒。反之，则获得粗大的晶粒，如图 2-5b 所示。

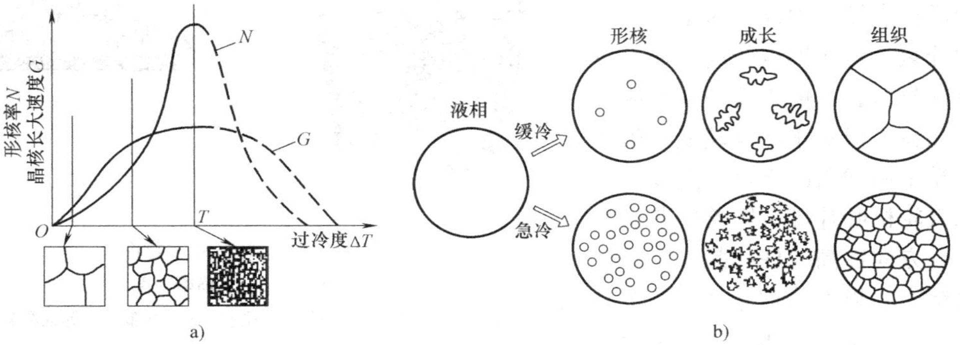

图 2-5 过冷度的影响
a) 形核率和长大率与 ΔT 的关系 b) 缓急冷后的晶粒度示意图

提高液态金属的冷却速度是增大过冷度的主要方法，但是液态金属冷却速度的增大是有一定限度的，如大型铸件冷却速度过大会引起金属内铸造应力的增加，给金属铸件带来各种缺陷。因此，在工业生产中常采用其他细化晶粒的方法。

2.1.2.2 变质细化方法

变质细化是指生产中通常采用的变质处理方法，即有意向液态金属中加入多种难熔质点的变质剂，促使非自发形核来提高核心数目，以提高形核率而抑制晶核成长速度，从而达到获得细化晶粒和改善组织的方法。

由于任何液体金属中难免有未熔杂质，当其晶体结构在某种程度上与金属相近时，便可沿着这些固体质点表面快速非自发形核。因此，若将变质剂加入液态金属后，能直接增加形核核心，这一类变质剂称为孕育剂，相应处理称为孕育处理。如在铁液中加入硅铁、硅钙合金；向钢液中加入 Ti、B、Al 等均能细化晶粒。

变质剂加入液态金属后，不能提供结晶核心，但能改变晶核的生长条件，强烈地阻碍晶核的长大或改善组织形态。如在铝硅合金中加入钠盐，钠能在硅表面上富集，从而降低硅的长大速度，阻碍粗大硅晶体形成，仍可细化组织。

2.1.2.3　振动细化方法

在金属结晶过程中，采用机械振动、超声波振动、电磁搅拌等方法，可使正在生长的树枝晶被打断，破碎的细小晶体成为新的晶核，增大了晶核的形成速率，从而细化晶粒。

2.1.3　金属同素异构转变

2.1.3.1　金属的同素异构性

金属经过结晶后均具有一定的晶格结构，且多数不再发生晶格变化，而只有一种晶格结构。但有些金属材料则随着温度和压力等外界条件的变化，从而具有不同类型的晶体结构，如图 2-6 所示。

通常将一种金属具有两种或两种以上的晶格结构称为“同素异构性”，这种金属的晶格结构随温度和压力变化而改变的现象称为“同素异构转变”（allotropic transformation），如 Fe、Co、Ti、Mn、Sn 等金属元素均具有同素异构性。

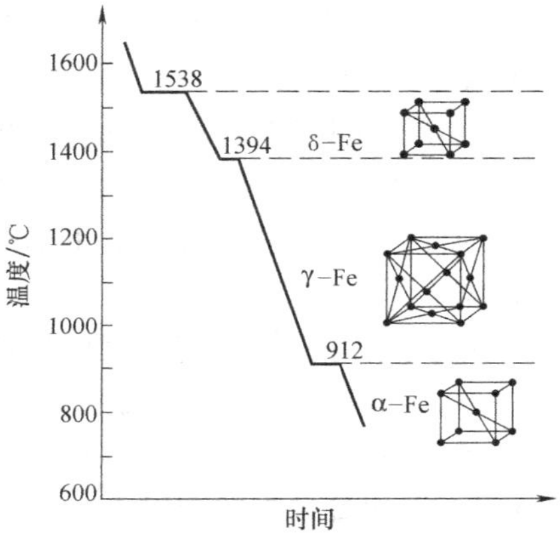

图 2-6　纯铁的同素异构转变曲线及晶格变化

2.1.3.2　金属的同素异构转变

金属同素异构转变是原子重新排列的过程，也是金属在固态下由一种晶体结构转变成另一种晶体结构的过程，常称为重结晶（recrystallization）。

金属固态下重结晶与液态下结晶相似，仍遵循晶体结晶的一般规律，转变时晶界处能量较高，新晶核往往在原晶界上形成，并在恒温下形核与长大，但是固态下原子扩散较困难，需在较大的过冷度下完成转变。

同时，由于晶格重组时产生的体积变化，会在热处理时产生较大的内应力，而导致金属变形或开裂。例如，纯铁由 γ-Fe 转变为 α-Fe 时，体积约增大 1%，因此必须采取适当的工艺措施予以防止。

2.1.3.3　纯铁的同素异构转变

纯铁的同素异构转变尤为重要，不仅是钢铁能够进行热处理的内因和依据，也是钢铁材料性能多种多样、用途广泛的主要原因之一。如图 2-6 所示的冷却曲线表明，纯铁在结晶后，继续冷却至室温过程中，还会发生两次晶格结构转变，其转变过程如下：

$$\underset{\text{体心立方晶格}}{\delta\text{-Fe}} \xrightleftharpoons{1394℃} \underset{\text{面心立方晶格}}{\gamma\text{-Fe}} \xrightleftharpoons{912℃} \underset{\text{体心立方晶格}}{\alpha\text{-Fe}}$$

铁在 1538℃结晶后呈体心立方晶格，称为 δ-Fe，当其冷却至 1394℃时，将转变为面心立方晶格，称为 γ-Fe，再继续冷却至 912℃时，又转变为体心立方晶格，称为 α-Fe，随后一直冷却至室温，晶格类型不再发生变化。

当 γ-Fe 向 α-Fe 转变开始时，α-Fe 晶核将首先产生在 γ-Fe 的晶界处，然后晶核长大，直到全部 γ-Fe 晶粒被 α-Fe 晶粒所取代，纯铁的同素异构转变过程结束。

2.2 合金结晶及相图

合金是由两种或两种以上的金属元素或金属与非金属元素相互熔合，并结晶形成具有一定金属特性的物质体系。例如，黄铜是由铜与锌相互结晶形成的铜合金，钢和铸铁是由铁与碳等相互结晶形成的铁碳合金。

2.2.1 相图概念及建立方法

2.2.1.1 相图概念及其作用

相图是表示在平衡条件下，合金的状态与温度和成分之间关系的一种图形，是用于表明合金系中不同成分的合金，在不同温度下所存在的相结构以及相与相之间关系的图形。因此，相图也称为平衡状态图。

根据相图可以知道，各种成分的合金在不同温度时存在哪些平衡相、其间的平衡关系及其所构成的组织，以及在何种温度下发生结晶和相变，从而了解合金系成分、组织与性能的关系。因此，合金相图（phase diagram）是制订合金铸造、锻压、焊接及热处理工艺的重要理论依据。

二元合金相图是表示两种组元构成的具有不同比例的合金，在极缓慢加热或冷却平衡状态条件下，随着温度、成分发生变化的平衡状态图。由该图可了解二元合金的结晶过程以及合金中各种组织的形成及变化规律。

2.2.1.2 二元合金相图的建立

在生产中所用的相图，几乎都是通过实验测得建立的，并大多采用热分析实验法或金相实验法测得。例如，Cu-Ni 二元合金相图的建立即是采用最常用的热分析实验法测得，其实验步骤大致分为以下三步：

第一步：配制出一系列成分不同的 Cu-Ni 合金，用热分析法测出所配制的各组合金的相变开始和结束临界温度，并将各组合金的相变开始和结束温度点连接成曲线，如图 2-7a 和图 2-7c 所示。配制的合金越多，作出的相图越精确。

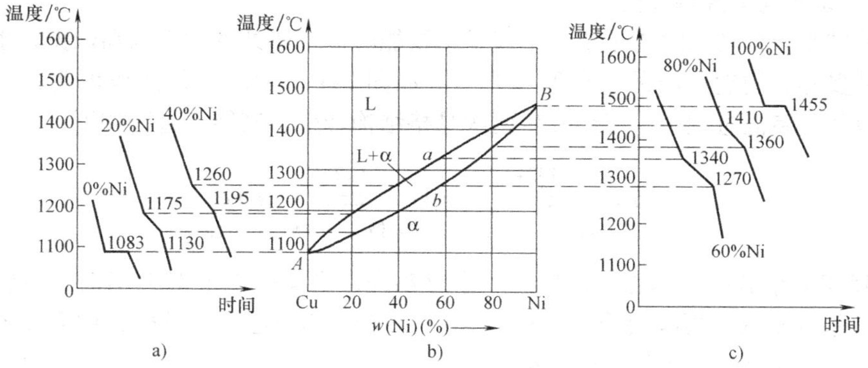

图 2-7 Cu-Ni 二元合金相图绘制过程示意图

a）部分合金冷却曲线 b）合金结晶相图 c）部分合金冷却曲线

第二步：找出各冷却曲线上的临界温度点（即温度转折点和平台），将各临界点对应标在以温度为纵坐标，成分为横坐标的图中，并在各组合金成分垂线上相应的坐标点标出临界点，且列于表 2-2。

第三步：在成分-温度坐标上，将物理意义相同的临界点连成曲线，即成为 Cu-Ni 合金相图或状态图，如图 2-7b 所示。

表 2-2　Cu-Ni 合金的结晶成分和临界点

合金成分（Ni 的质量分数,%）	0	20	40	60	80	100
结晶开始温度（上临界点,℃）	1083	1175	1260	1340	1410	1455
结晶终了温度（下临界点,℃）	1083	1130	1195	1270	1360	1455

2.2.1.3　二元合金相图的物理意义

图 2-7b 中纵坐标表示加热和结晶的温度，一般采用摄氏温度（℃）；而横坐标表示二元合金的成分，一般采用质量百分数，在某些情况下也可采用原子百分数。

若以 Cu-Ni 合金为例时，横坐标的两个端点分别代表两组元 Cu 和 Ni，中间分为 100 等分，每一等分为百分之一，则中间的任一点均表示一个合金的成分。

2.2.2　二元合金相图的类型

2.2.2.1　二元匀晶相图

两组元在液态和固态均能无限互溶所构成的相图称为二元匀晶相图（binary uniform grain-type diagram）。生产中具有这类相图的合金系有 Cu-Ni、Cu-Au、Au-Ag、Fe-Ni、Fe-Cr、W-Mo、Bi-Sb 等。

（1）相图分析　仍以图 2-7 所示的 Cu-Ni 合金相图为例进行分析，这个相图比较简单，图中的 A 点为纯铜的熔点 1083℃，B 点为纯镍的熔点 1455℃，AaB 上弧线为上临界点的连线，表示合金开始结晶的温度称为液相线，AbB 下弧线为下临界点的连线，表示合金结晶终了的温度称为固相线。

在液相线以上所有的合金均处于液态，成单相液相区，在固相线以下所有合金均结晶完毕，成单相固相区，在液相线与固相线之间合金正在结晶而处于液、固两相共存区。

（2）结晶过程　以 Cu-Ni 合金相图为例进行分析。如图 2-8 所示，设任一成分合金 K 的垂线 KK'与液相线、固相线交于 1、3 两点。当合金缓慢冷却到 t_1 点时，合金 K 开始从液态合金中结晶出 α 相固溶体。

随着冷却温度继续降低，液态合金中继续结晶析出 α 固溶体，α 相不断增多，剩余液相不断减少。同时，液相和固相的成分也将通过原子扩散不断变化，任一温度下液、固两相的成分则是该温度水平线与液、固相线交点的横坐标值。

在 t_1℃时，液、固两相的成分分别为 1 与 1′点的横坐标值，且沿着液相线和固相线朝着低温方向，分别由 1→3、1′→3′变化。当温度分别降至 t_2℃、t_3℃时，液、固两相的成分分别变为 2 与 2′点和 3 与 3′点的横坐标值。

当过冷至 t_3℃以下时，结晶完毕并全部转变成成分均匀的 α 相，直至室温不再有相和成分的变化，合金 K 得到的晶粒为颗粒状组织。

（3）杠杆定律　如上所述，合金在结晶过程中，液、固两相成分的相对量，将会随温度

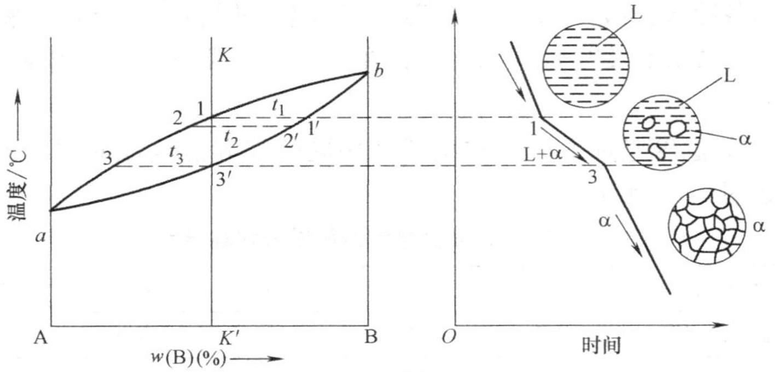

图 2-8　匀晶相图合金的结晶过程

的降低而逐渐变化，若想知道合金在某温度 t_x℃时的液、固两相成分相对量，则可借助杠杆定律（lever rule）来确定。

如图 2-9 所示，可作一条代表 t_x℃的水平线，令其与液相线、固相线分别交于 x 及 x'，且 x 及 x'的横坐标值则代表液、固两相的成分，同时设合金的含 Ni 量为 K、质量为 1。在某温度 t_x℃时，液相的相对量为 Q_L，固相的相对量为 Q_α。

已知液相的含 Ni 量为 x，固相的含 Ni 量为 x'，合金中的含 Ni 量为 K。根据质量守恒定律得出下列方程：

$$Q_L + Q_\alpha = 1$$

$$Q_L \cdot x + Q_\alpha \cdot x' = K$$

解方程组得

$$Q_L = \frac{x' - K}{x' - x}$$

$$Q_\alpha = \frac{K - x}{x' - x}$$

从图 2-9b 的线段关系，可将上式改写成

$$Q_L = \frac{Kx'}{x'x} \qquad Q_\alpha = \frac{xK}{x'x}$$

又可得公式

$$\frac{Q_\alpha}{Q_L} = \frac{xK}{Kx'}$$

由图 2-9b 可见，液、固两相的相对量关系，如同力学中的杠杆定律，因此在相平衡的计算中也称该公式为杠杆定律，它适用于二元合金平衡相图中的任何两相区。

（4）枝晶偏析　在上述结晶过程中，所形成的成分为 K 的 α 相合金，是在非常缓慢的冷却条件下转变的合金，并且是在固、液两相内部和界面间原子扩散充分的条件下才能实现。

但在实际铸造条件下，一般冷却速度较快，原子扩散来不及充分进行，导致先结晶出的晶粒含高熔点组元量较高，同一个晶粒中先结晶的枝干与后结晶的枝间成分不均匀，这种现象称为成分偏析或枝晶偏析。

枝晶偏析的存在会严重地影响合金的力学性能，因此，在生产上可采用扩散退火法

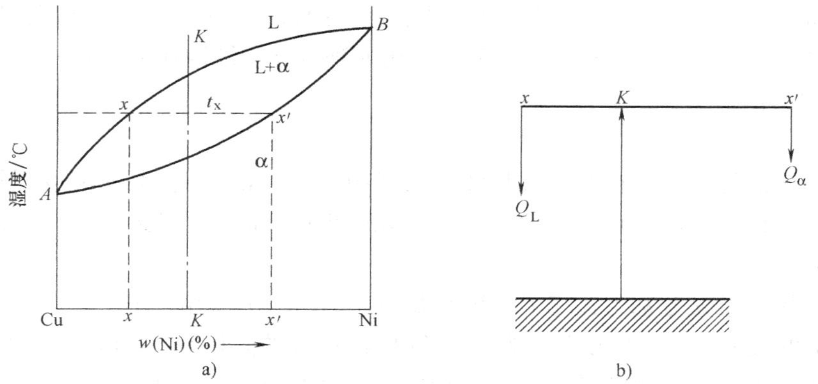

图 2-9　合金结晶的杠杆定律

a) 杠杆定律指导示意图　b) 杠杆定律力学示意图

（亦称均匀化退火）予以消除，即将铸件加热到低于固相线 100 ~ 200℃ 的温度，进行较长时间的保温，使偏析元素进行充分扩散，以达到成分均匀的目的。

Cu-Ni 合金被广泛应用于电阻器、热电偶及其补偿导线等的制造材料。

2.2.2.2　二元共晶相图

两组元在液态时无限互溶，在固态时有限溶解或不溶，并且在结晶时发生共晶转变，此时所构成的相图称为二元共晶相图（binary eutectic-type phase diagram）。如 Pb-Sn、Pb-Sb、Ag-Cu、Al-Si 等合金系，均具有这种类型的相图。下面以 Pb-Sn 合金相图为例，对二元共晶相图进行分析研究，如图 2-10 所示。

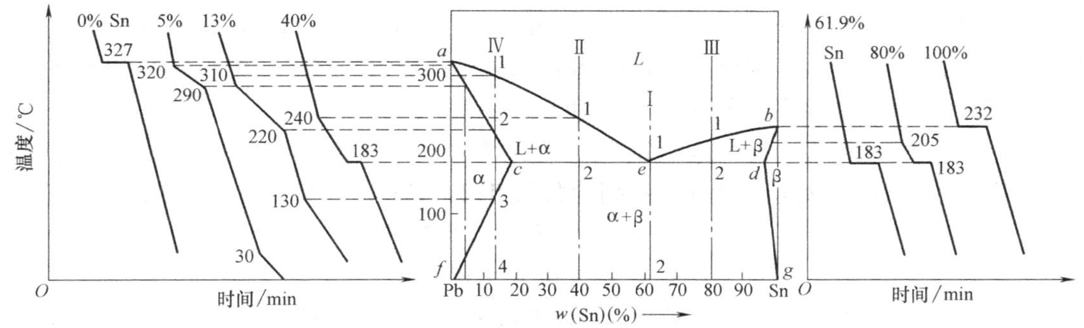

图 2-10　Pb-Sn 二元合金相图及其绘制过程

（1）相图分析　Pb-Sn 合金系是典型的共晶相图，有五个特性点、五条特性线、六个特性区、五种典型合金。在 Pb 中溶入 Sn 可形成 α 固溶体，Sn 中溶入 Pb 则形成 β 固溶体，α、β 均为有限固溶体，其饱和溶解度随温度下降而减小。

五个特性点及意义分别为：*a*、*b* 两点分别为 Pb、Sn 两组元的熔点（327℃、232℃），*c*、*d* 两点分别为 Sn 在 Pb 中及 Pb 在 Sn 中的最大溶解度点，*e* 点为共晶点，即 α 与 β 两固相的共同结晶温度点及室温化学成分点。

五条特性线及意义分别为：*aeb* 线为液相线，表示结晶开始线；*acedb* 线为固相线，表示结晶终了线；*cf* 线和 *dg* 线分别为 Sn 在 Pb 中和 Pb 在 Sn 中的溶解度曲线，又称为固溶线；*ced* 线为共晶线，也称为 L、α、β 的三相共存线。

相图中成分在 *cd* 线之间的所有合金，结晶过程中都要经过 *ced* 线发生共晶反应，如成分为 I 的液相 L 冷却到一定温度，将同时结晶出两种成分和结构互不相同的固相 α 和 β，恒温下转变过程为：

$$L_e \rightarrow \alpha_c + \beta_d$$

这种转变形式称为共晶转变，共晶转变的产物（$\alpha_c + \beta_d$）为两固相的机械混合物，称为共晶体或共晶组织（eutectic mixture）。共晶体的组织特征是两相交替分布、细小分散，如图 2-11a 所示。

六个特性区及意义分别为：三个单相区 L、α、β，三个双相区 L + α、L + β、α + β。L 为 *aeb* 线以上的液相区，α 和 β 分别为 *acfa* 和 *bdgb* 围成的固相区，L + α、L + β 分别为 *acea* 和 *bedb* 线围成的液相与固相混合区，α + β 为 *cfgdc* 线围成的两固相混合区。此外还有一个三相（L、α、β）共存区，即 *ced* 线上。

五种典型结晶合金分别为：共晶成分合金（即对应于 *e* 点的合金）、亚共晶成分合金（即对应于 *ce* 线之间的合金）、过共晶成分合金（即对应于 *ed* 线之间的合金）、工业纯铅（对应 *c* 点以左的合金）和工业纯锡（对应 *c* 点以右的合金）。

（2）共晶合金结晶过程　图 2-10 中合金 I 在 1 点以上的溶液为均匀冷却，当冷却至 1 点时，由于 1 点是液相线 *aeb* 和固相线 *acedb* 上的一点，将在 *e* 点（1 点）开始结晶出初生相 α、β 或一次相 α_{I}、β_{I}，并在 *e* 点以下结晶完毕。

由于 *e* 点是两段液相线 *ae* 和 *eb* 的交点，既在 *ae* 线上又在 *eb* 线上，故在 *e* 点将同时结晶出 α 相和 β 相，亦即发生共同结晶，并且结晶是在恒温下进行，即冷却曲线上会出现一个水平台阶，如图 2-11a 所示。

当共晶转变结束后，合金 I 进入 α + β 两相区。随温度缓慢下降，α 相和 β 相的成分分别沿它们各自的溶解度曲线变化，自 α 相和 β 相中分别析出一些尺寸更小的 β 相小晶体和 α 相小晶体，称为次生相或二次相，以 α_{II} 和 β_{II} 表示。

次生相与初生相混在一起，难以分辨，且其量很少，一般可不予考虑，因此合金 I 的室温组织可认为是（$\alpha_c + \beta_d$）彼此相间排列的共晶组织，其相对量可用杠杆定律计算，即

$$\alpha_c = (ed/cd) \times 100\%$$

$$\beta_d = (1 - \alpha_c) \times 100\%$$

合金系不同，可得到层片状、粒状、针状等细密均匀的两相机械混合物，其显微组织如

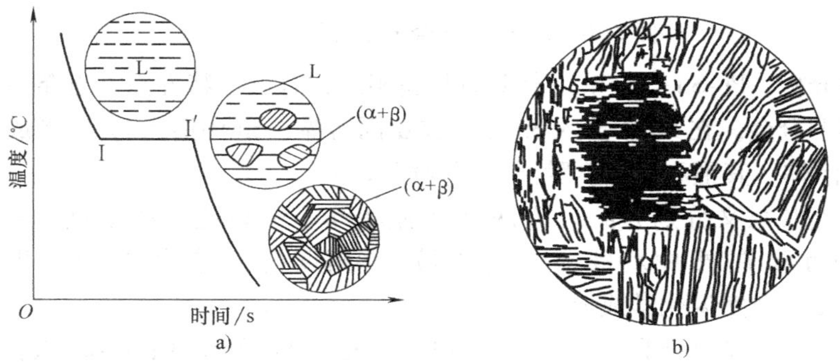

图 2-11　共晶合金冷却结晶组织

a）合金 I 的冷却曲线及结晶过程　b）Pb-Sn 共晶合金显微组织示意图

图 2-11b 所示。若次生相以小颗粒弥散分布，可提高合金强度与硬度；若次生相为脆性相且沿晶界呈网状分布，则会使合金的塑性大大降低。

(3) 亚共晶合金结晶过程　图 2-10 中合金Ⅱ的冷却曲线及结晶过程，如图 2-12a 所示。当液相冷却到 1 点时，开始结晶出 α 相，随温度继续下降，α 相数量不断增加，剩余液相数量不断减少，液相成分沿 *ae* 线变化，α 相成分沿 *ac* 线变化。

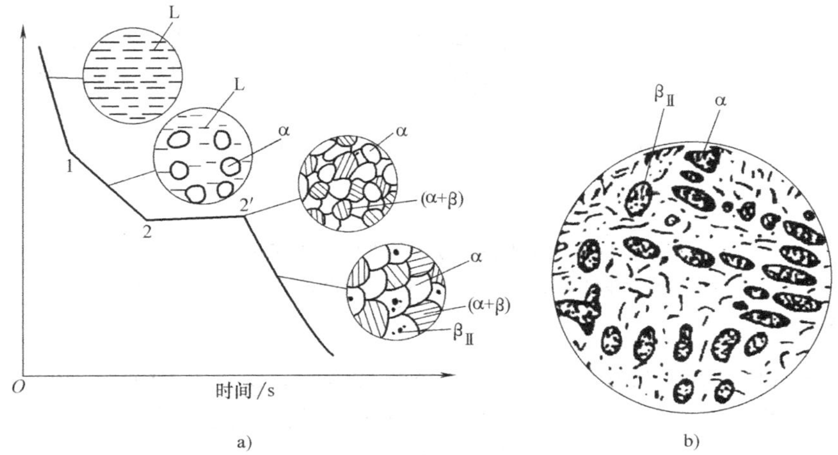

图 2-12　亚共晶合金冷却结晶组织

a) 合金Ⅱ冷却曲线及结晶过程　b) Pb-Sn 亚共晶合金的显微组织

当温度降到 2 点共晶温度时，α 相成分变为 *c* 点成分，液相成分变为 *e* 点成分，于是剩余液相便发生共晶转变，结晶为 ($α_c + β_d$) 共晶体，在冷却曲线上也相应出现了代表共晶转变的水平台阶 2—2′，2′表示共晶转变结束，这时得到先共晶 α 固溶体和共晶体 ($α_c$ + $β_d$) 共存的固态组织。

在 2′以下，初生 α 相的溶解度沿着 *cf* 线变化，将会析出 $β_Ⅱ$，最终室温下的结晶组织为 α + (α + β) + $β_Ⅱ$，其转变过程为：

$$L \rightarrow L + α \rightarrow α + (α + β) \rightarrow α + β_Ⅱ + (α + β)$$

由显微镜下可以看到，次生相 $β_Ⅱ$ 和初生相 β 虽然成分和结构完全相同，但形貌特征不同，次生相 $β_Ⅱ$ 则由于形成温度较低、固相中原子扩散较困难等，大多以小粒状弥散分布于 α 相内或形核于 α 相界面上。

由液相中直接析出的初生相 β 晶粒较粗大，且大多成长为树枝状晶粒，并与初生相 α 呈片间交替叠层分布，如图 2-11b 所示，黑白色片状相间为 (α + β) 共晶体，而白色椭圆块状为初生相 α 固溶体，其上分布的黑色颗粒状为次生相 $β_Ⅱ$。

(4) 过共晶合金结晶过程　图 2-10 中过共晶合金Ⅲ的结晶过程分析方法与合金Ⅱ基本相同，只是先共晶相为 β 相，如图 2-13a 所示，合金最终的室温组织为 β + (α + β) + $α_Ⅱ$，其转变过程为：

$$L \rightarrow L + β \rightarrow β + (α + β) \rightarrow β + (α + β) + α_Ⅱ$$

(5) 工业纯铅结晶过程　工业纯铅是含 Sn 量小于 *c* 点的合金，其冷却曲线及结晶过程如图 2-13b 所示。合金Ⅳ在 2 点以上的结晶过程与匀晶系结晶规律基本相同，结晶终了将获

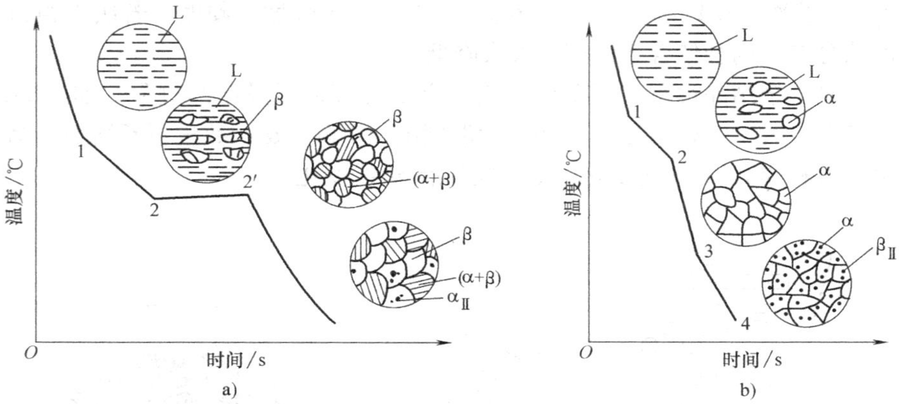

图 2-13　过共晶合金与工业纯铅的结晶组织

a）合金Ⅲ的冷却曲线及其结晶过程　b）合金Ⅳ的冷却曲线及其结晶过程

得均匀的 α 固溶体。

在 2～3 点之间组织不发生变化，自 3 点继续冷却时，由于 α 固溶体中的溶 Sn 量减少，从 α 固溶体中将析出次生相 $β_{Ⅱ}$，最终组织为 $α+β_{Ⅱ}$，其转变过程为：

$$L \rightarrow L+α \rightarrow α \rightarrow α+β_{Ⅱ}$$

工业纯锡即为含 Sn 量大于 *d* 点的合金，其结晶分析过程与合金Ⅳ相同，室温下的组织为 β 固溶体（*gB* 段）和 $β+α_{Ⅱ}$（*hg* 段），如图 2-14 所示。

以上各成分范围的合金在室温下的平衡组织可归纳在图 2-14 中，通常将显微镜下看到的具有一定形态特征的组成部分，称为组织组成物或组织。组织组成物可以是一种相，也可由几种相复合组成，如 α、$α_{Ⅱ}$、β、$β_{Ⅱ}$、(α+β) 都是组织组成物。

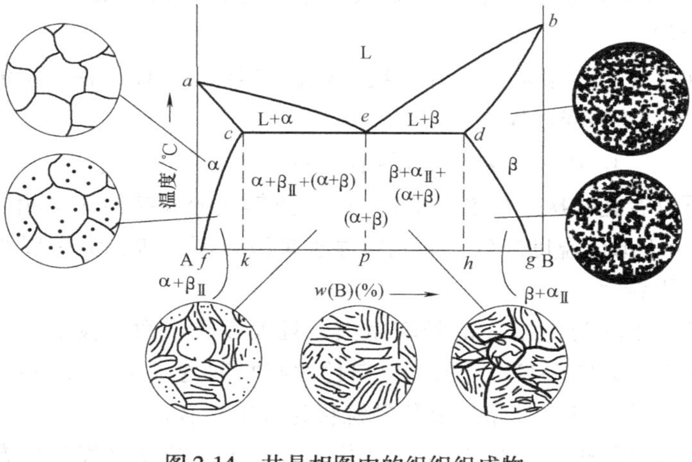

图 2-14　共晶相图中的组织组成物

2.2.2.3　二元包晶相图

两组元在液态下相互无限溶解，在固态下相互有限溶解，并在结晶时发生包晶转变的相图称为包晶相图，具有这种相图的合金系多为 Fe-C、Cu-Zn、Fe-Ni、Sn-Sb、Ag-Sn、Pt-Ag 等二元合金。

（1）相图分析　如图 2-15a 所示的铁碳合金相图中的包晶部分，其相图主要特点是具有三个单相区 L、δ 及 A，三个两相区 L + δ、δ + A、L + A，还具有一条三相 L、δ、A 共存的水平包晶线，即 *HJB* 线。

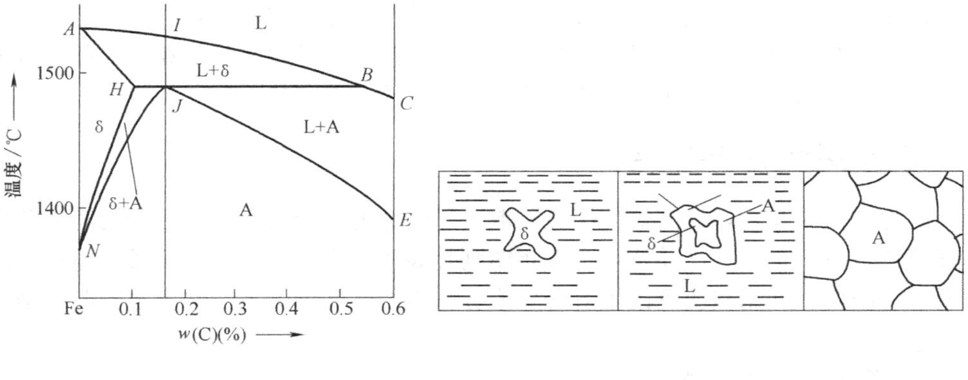

a)　　b)

图 2-15　包晶相图及其转变

a）铁碳相图的包晶部分　b）包晶转变示意图

所有成分的合金冷至 *HJB* 线时，将或多或少地发生包晶转变，均由一定成分的液相（L_B）与一定成分的固相（δ_H），在恒温下转变成另一种成分的新固相（A_J），即

$$L_B + \delta_H \rightarrow A_J$$

由于新固相 A_J 首先在 L 相与 δ 相的界面上形核，并包着 δ_H 相一起长大，故称为包晶转变，如图 2-15b 所示。

（2）典型合金结晶过程　当图 2-15a 所示的合金 Ⅰ 冷至 *AB* 线时，将从液相中结晶出初生相 δ，随着温度逐渐降低，液相不断减少，δ 相将不断增多。

同时，δ 相和剩余液相的部分将分别沿着 *AH* 和 *AB* 线，朝着 *H* 点和 *B* 点变化。当温度继续降至包晶线 *HJB* 线时，δ 相和剩余液相的部分将分别到达 *H* 和 *B* 点，从而发生包晶转变生成新固相 A_J。

依次类推，其他成分的结晶过程也与上述分析方法相同，不再详述。

2.2.2.4　二元共析相图

共析是指由某种成分均匀一致的固相中同时析出两种化学成分和晶格结构完全不同新固相的转变过程，仍是在恒温下进行并称为共析转变。

共析相图是由上层的匀晶相图与下层的类似共晶相图构成（见图 2-16），图中 A、B 为二组元，二元合金凝固后获得 γ 固溶体，γ_c 在恒温下进行共析转变，*c* 点为共析点，*dce* 线为共析线，（$\alpha_d + \beta_e$）为共析体转变产物，即

$$\gamma_c \rightarrow \alpha_d + \beta_e$$

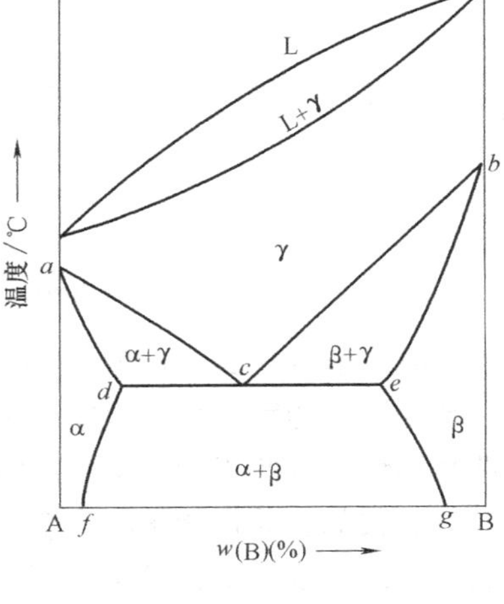

图 2-16　共析相图

由于共析转变是在固态合金中进行，转变温度较低，原子扩散困难，容易获得较大的过冷度。因此，其显微组织形态尽管与共晶体相同，呈两相交替均匀分布

的复相混合物，但要比共晶组织细小均匀得多，且普遍存在于碳钢组织。

综上所述，相图中每一点都代表一定成分的合金在一定温度下所处的状态。在单相区中表示合金由单相组成，相的成分即合金的成分，且两个单相区之间必定存在一个双相区。在双相区中，通过某点合金的两个平衡相的成分，由通过该点的水平线与相应单相区分界线的交点确定。三相平衡共存表现为一条水平线，如共晶线和共析线。

2.2.3 相图与合金性能的关系

合金的力学性能及物理性能等使用性能取决于合金的成分及组织，合金的铸造和热处理等工艺性能还取决于合金的结晶特点，而相图则是表明合金的结晶特点、成分与组织间对应关系的图解。因此，利用相图可以了解合金成分与性能之间的关系，并大致判断合金的使用性能或工艺性能。

2.2.3.1 相图与使用性能的关系

(1) 匀晶相图与合金使用性能 匀晶系单相固溶体合金的力学性能和物理性能随成分变化的一般规律如图 2-17a 所示，固溶体的性能与组成元素的性质及溶质元素的溶入数量有关。

对于一定成分的溶剂和溶质，溶质的溶入数量越多，则合金晶体中的点缺陷越多，晶格畸变越严重，合金的强度和硬度越高，电阻率 ρ 越大，电导率 σ 和电阻温度系数 α 越小，即性能与成分将出现曲线关系。

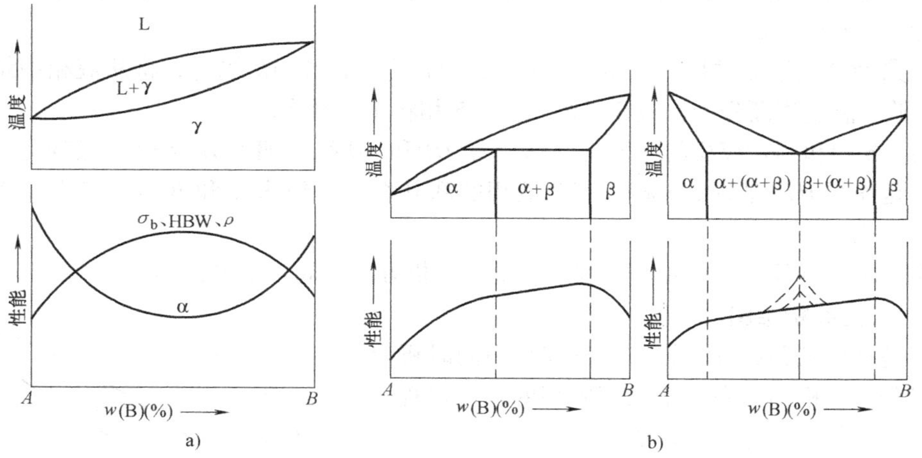

图 2-17 合金成分与使用性能的关系

a) 固溶体合金成分与性能变化规律 b) 两相混合物成分与性能变化规律

当溶质浓度达到一定值（约 50%）时，上述性能达到极大值或极小值。由于固溶体强度、硬度提高的固溶强化效应，单相固溶体的强度、硬度比纯金属高得多，并能保持较好的塑性和韧性，因此工程上常将固溶体作为合金的基体。

(2) 共晶、共析相图与合金使用性能 共晶转变、共析转变和稳定化合物转变产物均会形成两相混合物合金，且两相混合物组织的使用性能与成分基本呈线性关系变化，如图 2-17b 所示。

在单相 α 固溶体和 β 固溶体区间，性能随成分变化呈曲线升降关系，而随成分增加至双相区间时，则性能呈线性增加并为两个单相性能的平均值，且两相混合物组织越细密，合金的强度、硬度则越高。

同时，只有当两个单相为均匀分布的粗晶时，性能与成分才会呈现直线关系，而当两相为细小的共晶体或共析体时，性能与成分将偏离直线关系，出现图中虚线所示的高峰。

2.2.3.2 相图与工艺性能的关系

匀晶相图、共晶相图、共析相图等相图与合金铸造性能的关系，如图 2-18 所示，相图中液相线和固相线之间距离越小，合金结晶的温度范围越窄，则流动性越好，缩孔越倾向于集中，对铸件质量越有利。

若合金的液、固相线温度间隔越大，则树枝晶越发达，形成枝晶偏析的倾向也越大。并且由于先结晶出的树枝晶阻碍未结晶液体的流动，则将金属液分割成许多分散的小封闭区域，从而造成流动性下降，增加分散缩孔。

由于纯金属和共晶合金的熔点相对较低，并在一定温度下结晶，其流动性较好，而其他合金的结晶温度范围较宽，初生的树枝晶阻碍剩余液体的流动，其流动性较差。所以铸造时为保证液态金属具有良好的流动性，多使用纯金属或选用共晶点附近的合金，以便获得组织致密、形状复杂的优质铸件。

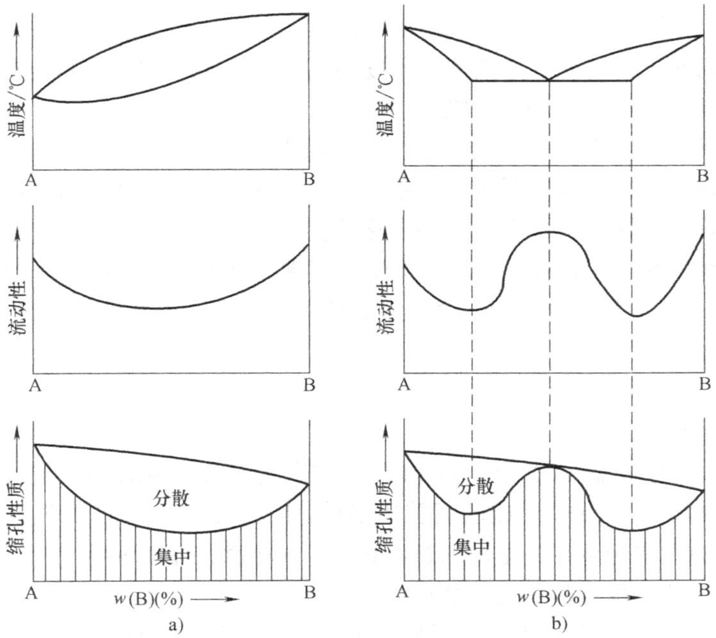

图 2-18　相图与铸造性能的关系

a) 匀晶相图与铸造性能　b) 共晶、共析相图与铸造性能

2.3 铁碳合金及其相图

工业中广泛应用的碳钢和铸铁属于铁碳合金（ferro-carbon alloy），其铁与碳的相互作

用、平衡结晶组织及碳量和温度变化的一般规律相图，是研究钢铁成分组织及性能间关系的理论基础，也是制定铸造、锻压、焊接和热处理工艺的重要依据。

2.3.1 铁碳合金组成

铁碳合金是由固溶体纯铁和化合物渗碳体组成，亦即 $Fe\text{-}Fe_3C$ 合金。二者以不同的数量、大小和形态组成不同的组织结构，并且在特定条件下碳还能以游离态的石墨 G 存在（炼灰铸铁时），并与 Fe 作用构成 Fe-G 合金。

2.3.1.1 铁碳合金的组元

（1）纯铁的成分及性能　生产中应用的纯铁“Fe”，一般含有质量分数为 0.01% ~ 0.02% 的杂质，通常称之为工业纯铁，其熔点为 1538℃，在 1394℃和 912℃温度下将会发生两次同素异构转变，如图 2-6b 所示。

工业纯铁在 770℃以下具有磁性为铁磁性物质，而在 770℃以上磁性消失成为顺磁性物质。770℃为铁的磁性转变温度，通称为居里点温度，用 A_2 表示。在室温时形成由黑色晶界围成的白色晶粒和极少量点状杂质，如图 2-6b 所示。

工业纯铁的塑性、韧性好，易于加工变形，但强度、硬度较低，所以很少用它制造机械零件，主要用于电工及仪器仪表行业。

（2）渗碳体的成分及性能　渗碳体（cementite）是铁和碳相互作用而形成的一种具有复杂晶格结构的金属化合物，常用化学式 Fe_3C 表示，碳的质量分数为 6.69%，熔点为 1227℃，不发生同素异构转变。渗碳体的硬度很高，约为 800HBW，能轻易地刻划玻璃，但其塑性、韧性极低（$\delta \approx 0$，$a_k \approx 0$），脆性很大。

在室温平衡状态下，当合金含碳量超过碳在铁中的溶解度时，多余碳将以 Fe_3C 形式存在于组织中，并以片状、粒状、网状或板条状等形态存在，且形状、大小和分布状态对合金性能产生很大影响，是铁碳合金中的重要强化相。

渗碳体是亚稳定化合物，Fe、C 原子不仅可被 Mn、Cr 和 N、B 等原子替代，形成（Fe、Mn)$_3$C、(Fe、Cr)$_3$C 或 Fe_3（C、N）合金渗碳体，还可在一定条件下分解成 Fe 和石墨态的自由 C（用 G 表示），即

$$Fe_3C \rightarrow 3Fe + G$$

2.3.1.2 铁碳合金的组成相

（1）液相（L）与高温（δ）相　液相 L 是铁碳合金在熔化温度以上形成的均匀液体，而高温 δ 相则是碳溶入 δ-Fe 中形成的间隙固溶体，称为 δ 固溶体或高温铁素体，是碳质量分数小于 0.06% 的铁碳合金在高温时的过渡组织。δ 相存在于 1394℃以上呈体心立方晶格，并在 1495℃时的溶碳质量分数最大为 0.09%。

（2）固相（α）或铁素体（F）　固相 α 是碳溶于 α-Fe 中形成的间隙固溶体，也称为铁素体（ferrite），用符号 F 或 α 表示，具有体心立方晶格。铁素体的显微组织形态如图 2-19a 所示，其晶粒显示出边界比较平缓的多边形特征。

由于 α-Fe 体心立方晶格间隙很小，铁素体溶碳能力很差，在 770℃时碳的质量分数最大为 0.0218%，室温时仅为 0.0008%，因含碳量低而致使固溶强化效果不明显，力学性能与纯铁相近，即强度和硬度较低（$\sigma_b = 180 \sim 280$MPa，50 ~ 80HBW）、塑性和韧性较好（$\delta = 30\% \sim 50\%$，$a_k = 160 \sim 200 J/cm^2$），适于形变加工。

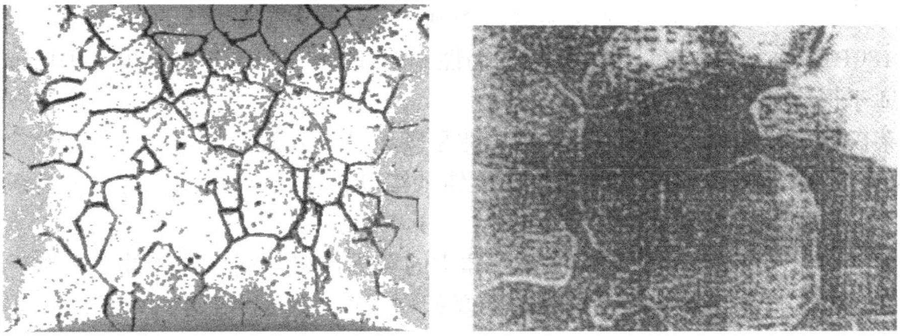

a)　　b)

图 2-19　铁素体与奥氏体的显微组织形态

a）铁素体显微组织　b）奥氏体显微组织

（3）固相（γ）或奥氏体（A）　固相 γ 是碳溶于 γ-Fe 中形成的间隙固溶体，也称为奥氏体（austenite），用符号 A 或 γ 表示，具有面心立方晶格，其显微组织形态如图 2-19b 所示，晶粒显示出边界比较平直的多边形特征。

γ-Fe 溶碳能力比 α-Fe 大得多，在 1148℃时碳的质量分数最大可达 2.11%，在 727℃时碳的质量分数为 0.77%，在 727℃以上存在是高温组织，强度、硬度一般随含碳量增加而提高（σ_b = 400 ~ 800MPa，170 ~ 220HBW），塑性和韧性因面心立方晶格结构而很高（δ = 40% ~ 50%），因此钢材在高温下变形加工易于进行。

（4）渗碳体（Fe_3C）　化合物 Fe_3C 相是除 Fe 以外的另一组元，亦称为渗碳体，其组织及性能特点同前述，通常作为强化相以片状、粒状、网状分布在铁素体基体上。

2.3.1.3　铁碳合金的组织

（1）珠光体（P）（pearlite）　奥氏体从高温稳定状态缓慢冷却至 727℃时，将分解为铁素体和渗碳体呈均匀分布的层状混合物组织，称为珠光体，用符号 P 表示，其立体形态为铁素体薄层和渗碳体薄层呈交替重叠分布，如图 2-20a 所示。

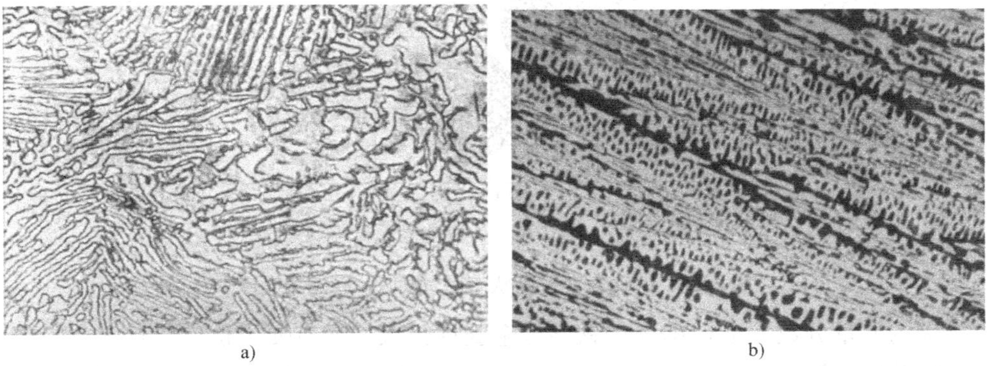

a)　　b)

图 2-20　珠光体与莱氏体的显微组织形态

a）珠光体显微组织　b）莱氏体显微组织

完全的珠光体组织是由碳的质量分数为 0.77% 的奥氏体分解获得，其组织特征可以看成是在铁素体的基体上均匀分布着薄片间层强化相渗碳体。

完全珠光体的力学性能介于铁素体和渗碳体之间，具有较高的强度和硬度（$\sigma_b \approx$ 770MPa，180HBW），还具有一定的塑性和韧性（$\delta = 20\% \sim 30\%$，$a_k = 30 \sim 40 J/cm^2$），珠光体组织也适于形变加工。

（2）莱氏体（Ld）（ledeburite）　莱氏体是碳质量分数大于2.11%的铁碳合金从液态缓冷至1148℃时，从液相中将同时结晶出奥氏体和渗碳体呈均匀分布的混合物组织，称为高温莱氏体，用符号“Ld”表示。

随后再缓冷至727℃以下时，高温莱氏体中的奥氏体将转变为珠光体，且莱氏体的组织特征也转变为珠光体和渗碳体呈均匀分布的复相物，称为低温莱氏体，用符号Ld′表示，如图2-20b所示。

莱氏体的组织可以看成是在渗碳体的基体上分布着颗粒状的奥氏体（或珠光体），低温莱氏体的性能与渗碳体相似，硬度很高，塑性和韧性极差。

2.3.2 铁碳合金相图

为了掌握铁碳合金的成分、组织与性能之间的关系，首先必须了解具有各种铁与碳含量的铁碳合金，在各种不同温度下所具有的相以及相与相之间的关系，即铁碳合金相图（equibrium diagram），如图2-21所示。

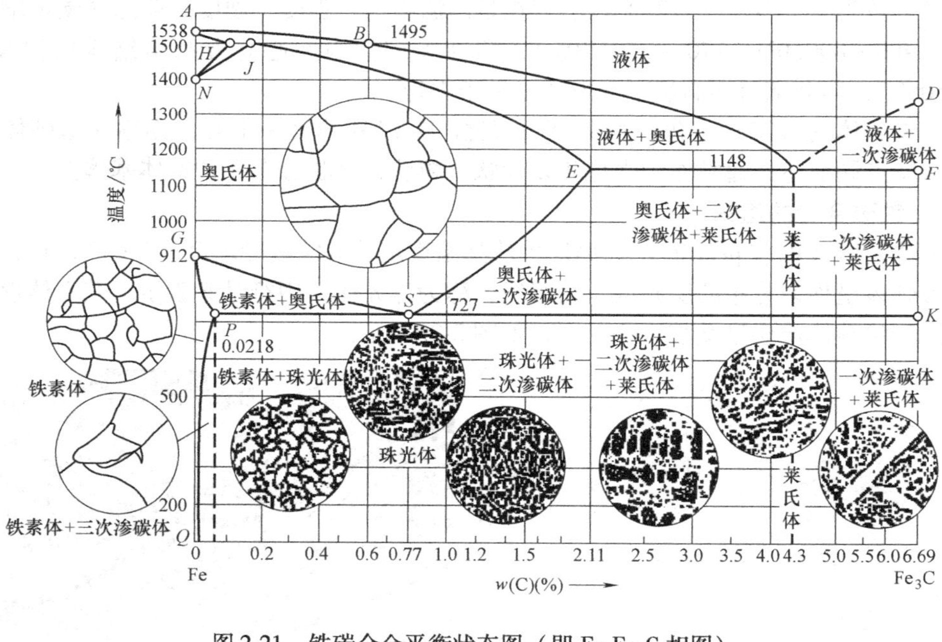

图2-21　铁碳合金平衡状态图（即Fe-Fe_3C相图）

由于碳的质量分数大于6.69%的铁碳合金脆性极大，没有使用价值，且Fe_3C是一稳定化合物，因此所了解的Fe-C相图实际上是将Fe_3C作为一独立组元与Fe构成的Fe-Fe_3C相图，也称为铁碳合金平衡状态图，是液态合金在极其缓慢冷却条件下各种成分组织状态随温度变化的图解。

2.3.2.1 Fe-Fe_3C相图分析

（1）相图中的重要特性点　Fe-Fe_3C相图中各特性点的符号、温度、含碳量及物理意义均列于表 2-3 中。

表 2-3　$Fe-Fe_3C$ 相图中各重要特性点及其意义

点的代号	温度 /℃	碳的质量分数 [w (C),%]	物理意义
A	1538	0	纯铁的熔点
G	912	0	同素异构转变点，即 α-Fe→γ-Fe，亦称为重结晶点
P	727	0.0218	碳在 α-Fe 中的最大溶解度点，工业纯铁与碳钢的分界点
Q	室温	0.0008	铁素体具有的饱和碳浓度，碳在铁素体中的溶解度点
S	727	0.77	共析转变点，发生 A→P（$F+Fe_3C$）转变
E	1148	2.11	碳在 γ-Fe 中的最大溶解度点，碳钢与生铁的分界点
C	1148	4.3	共晶转变点，发生 L→Ld（$A+Fe_3C$）转变
D	1227	6.69	渗碳体的熔点

（2）相图中的重要特性线　$Fe-Fe_3C$ 相图中的线条是若干合金发生组织转变的临界线，即不同成分合金相变点的连线。各重要特性线的代号、物理意义均列于表 2-4。

（3）相图中的重要相区　由图 2-21 可以看出，相图上有四个单相区域，即液相区 L、奥氏体相区 A、铁素体相区 F 和渗碳体相区 Fe_3C（指 *DFK* 垂线区域）；五个双相区域，即分别为 L + A 区、$L+Fe_3C_{\mathrm{I}}$ 区、A + F 区、$A+Fe_3C_{\mathrm{II}}$ 区和 $F+Fe_3C$ 区，这些区域分别存在于相邻两单相区域之间。

同时，还具有两条三相共存线，亦即在共晶线 *ECF* 上 L、A 和 Fe_3C 三相共存，在共析线 *PSK* 上 A、F 和 Fe_3C 三相共存，各相区组织如图 2-21 所示。

表 2-4　相图中各重要特性线及其意义

线条代号	物理意义
ACD	液相线，是液态向固态转变的开始线或固态向液态转变的结束线，*ACD* 线以上为液相区，其中 DC 线是液相脱溶线，液相冷至该线开始脱溶出 Fe_3C_{I}
AECF	固相线，是液态向固态转变的终止线，*AECF* 线以下为固相区
ECF	共晶线，是液态合金冷至该线发生液相向莱氏体的共晶转变线，即 L→Ld（$A+Fe_3C$）
PSK	共析线，是奥氏体冷至该线发生奥氏体向珠光体的共析转变线，即 A→P（$F+Fe_3C$），又称 A_1 线
GS	先析线，是奥氏体向铁素体转变开始析出先析铁素体线，又称 A_3 线
ES	先析线，是奥氏体向渗碳体转变开始析出（或脱溶出）先析渗碳体（Fe_3C_{II}）线，又称 A_{cm}线
PQ	铁素体脱溶线，铁素体冷至该线开始脱溶出 Fe_3C_{III}
GP	奥氏体全部转变为铁素体的终了线

（4）相图中的典型合金　根据相图上的 *P*、*E* 两点，可将铁碳合金分为工业纯铁、碳钢和生铁三类，碳的质量分数小于 0.0218% 是工业纯铁，大于 0.0218% 并小于 2.11% 是钢，大于 2.11% 是生铁。其中碳钢和生铁又可各分为三种，因此相图上共有七种典型合金，其各自的碳含量和室温组织见表 2-5。

表 2-5 七种典型铁碳合金

类型	名称	碳的质量分数 [w (C),%]	室温组织	硬度 (HBW)
工业纯铁	工业纯铁	<0.0218	F	80 (100% F)
碳钢	亚共析钢	0.0218~0.77	F+P	140 (44% F+56% P)
	共析钢	0.77	P	180 (100% P)
	过共析钢	0.77~2.11	P+Fe_3C_{II}	260 (93% P+7% Fe_3C_{II})
生铁	亚共晶白口铁	2.11~4.3	P+Ld′+Fe_3C_{II}	—
	共晶白口铁	4.3	Ld′	
	过共晶白口铁	4.3~6.69	Ld′+ Fe_3C_{I}	

2.3.2.2 典型合金平衡结晶过程及组织

(1) 共析钢的结晶 图 2-22 所示的合金①为共析钢 (eutectoid steel)，其结晶过程示意图如图 2-23a 所示。

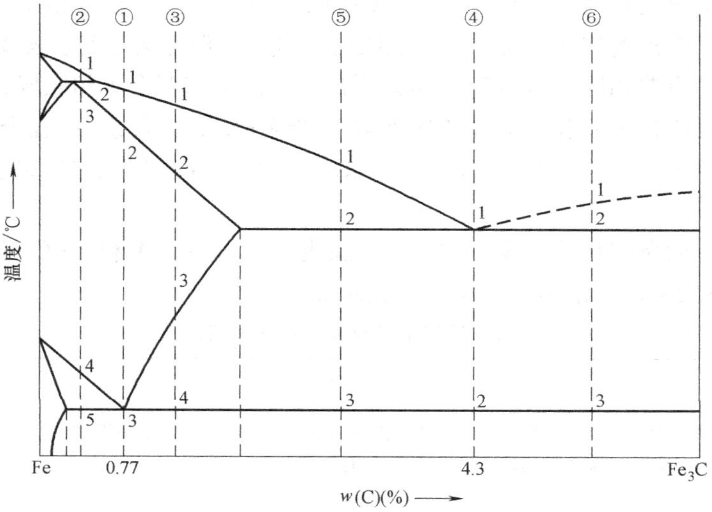

图 2-22 典型铁碳合金结晶过程分析

合金①在液相线以上处于液体状态，缓冷至 1 点时，液相 L 开始结晶出奥氏体晶粒，在 1~2 点区间为 L+A，冷至 2 点时，全部液相 L 结晶为均匀的单相奥氏体晶粒。奥氏体再冷至 3 点 727℃时，将发生共析转变而形成珠光体，即

$$A_{0.77\%C} \rightarrow P\ (Fe_{0.0218\%C} + Fe_3C)$$

珠光体中的渗碳体称为共析渗碳体，当温度由 727℃继续降低时，铁素体中析出 Fe_3C_{III}，并与共析渗碳体混在一起不易分辨，所以共析钢的室温平衡组织为珠光体，其室温金相显微组织如图 2-20a 所示。

珠光体中铁素体与渗碳体的相对量可用杠杆定律计算，即

$$Q_F = (SK/PK) \times 100\%$$
$$= (6.69 - 0.77)/(6.69 - 0.0218) \times 100\% \approx 88.8\%$$

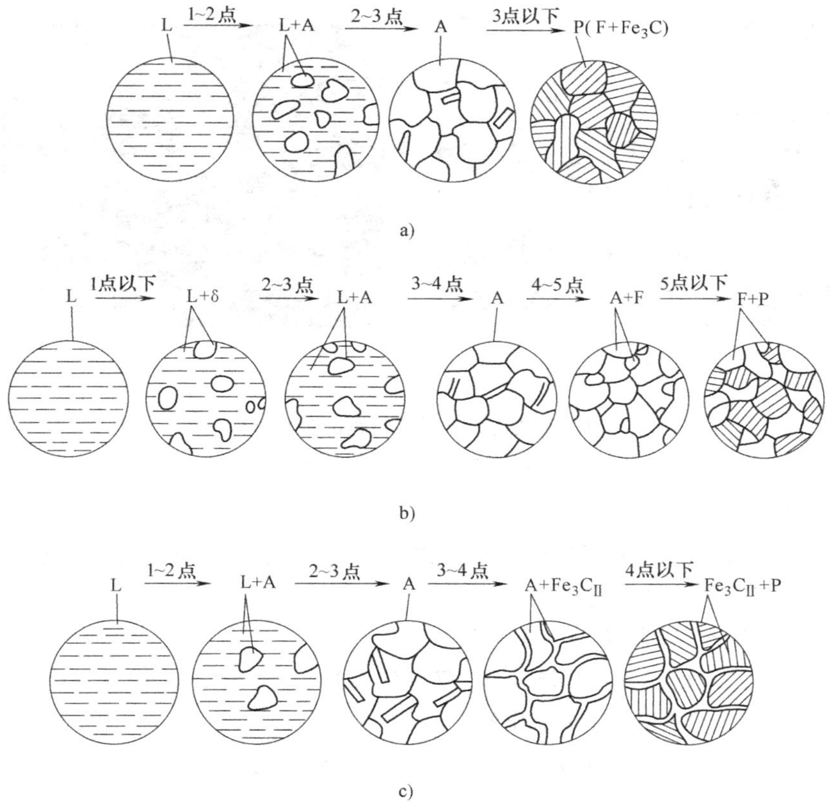

图 2-23　各种碳钢的结晶过程示意图

a）共析钢结晶过程示意图　b）亚共析钢结晶过程示意图

c）过共析钢结晶过程示意图

$$
\begin{aligned}
Q_{Fe_3C} &= (PS/PK) \times 100\% \\
&= (0.77 - 0.0218)/(6.69 - 0.0218) \times 100\% \\
&\approx 11.2\%
\end{aligned}
$$

（2）亚共析钢的结晶　图 2-22 所示合金②为亚共析钢（hypoeutectoid），其结晶过程如图 2-23b 所示。合金②在 1 点以上为液相 L，随着温度降低至 1 点后开始从液相中结晶出 δ 相，在 1 ~ 2 点之间为 L + δ。

当降温至 *HJB* 包晶线上的 2 点（1459℃）时，开始发生包晶反应而析出奥氏体（A）晶核，即 $L_{0.53\%C} + \delta_{0.09\%C} \rightarrow A_{0.17\%C}$。

当降温至 3 点时，将会全部转变为单相奥氏体。但同时又会从奥氏体边界上开始生成先共析铁素体小核心，并随温度继续降低，其晶核逐渐长大，含碳量也沿 *GP* 线逐渐增加，而未转变奥氏体中的含碳量则沿 *GS* 线不断增加。

当温度降至 4 点时，未转变奥氏体中的碳的质量分数增加到 0.77%，将发生共析转变而形成珠光体组织，如图 2-24a 所示（白色组织为 F，黑色组织为 P）。

亚共析钢室温平衡组织为铁素体和珠光体，并且所有的亚共析钢室温时的组织都是由铁素体与珠光体组成，其差别仅是铁素体与珠光体的相对量不同而已，含碳量越高，珠光体越

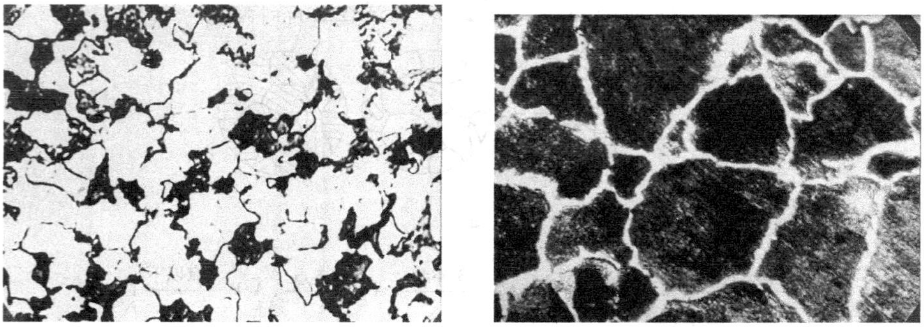

a) b)

图 2-24 亚共析钢和过共析钢的金相显微组织
a）亚共析钢显微组织 b）过共析钢显微组织

多，铁素体则越少。

例如，碳的质量分数为 0.45% 的亚共析钢，在 727℃ 以下至室温时的铁素体与珠光体组织相对量，可用杠杆定律计算为：

$$Q_{F} = (\text{②}5/PS) \times 100\%$$
$$= (0.77 - 0.45)/(0.77 - 0.0218) \times 100\% = 42.8\%$$
$$Q_{Fe_3C} = (P5/PS) \times 100\%$$
$$= (0.45 - 0.0218)/(0.77 - 0.0218) \times 100\% = 57.2\%$$

（3）过共析钢的结晶 如图 2-22 所示合金③为过共析钢（hypereutectoid steel），其结晶过程如图 2-23c 所示。合金③冷到 1 点，开始从液相中结晶出奥氏体，直至 2 点凝固完毕，形成单相奥氏体（A）。

当降温至 3 点时，开始从奥氏体中沿晶界先析出二次渗碳体（Fe_3C_{II}），呈网状分布。且随温度降低，Fe_3C_{II} 量逐渐增加，而未转变奥氏体中碳含量沿 A_{cm} 线不断减少，至 4 点时剩余奥氏体中碳的质量分数达到 0.77%，并发生共析转变形成珠光体。

最终室温组织为珠光体与二次渗碳体组成的共析体，其金相显微组织如图 2-24b 所示（图中晶界上白色组织为 Fe_3C_{II}，黑色组织为 P）。

例如，碳的质量分数为 1.2% 的过共析钢在 727℃ 以下至室温时的珠光体和二次渗碳体组织的相对量，可用杠杆定律计算为：

$$Q_{P} = (\text{③}4K/SK) \times 100\%$$
$$= (6.69 - 1.2)/(6.69 - 0.77) \times 100\%$$
$$= 92.7\%$$
$$Q_{Fe_3C} = (S4/SK) \times 100\%$$
$$= (1.2 - 0.77)/(6.69 - 0.77) \times 100\%$$
$$= 7.3\%$$

（4）共晶白口铸铁的结晶过程 图 2-22 中合金④为共晶白口铸铁（eutectic white cast iron），其结晶过程如图 2-25a 所示。合金④在 1 点以上为均匀液相，冷至 1 点（1148℃）时，发生共晶转变结晶出奥氏体和渗碳体（称共晶奥氏体和共晶渗碳体）的混合物，从而

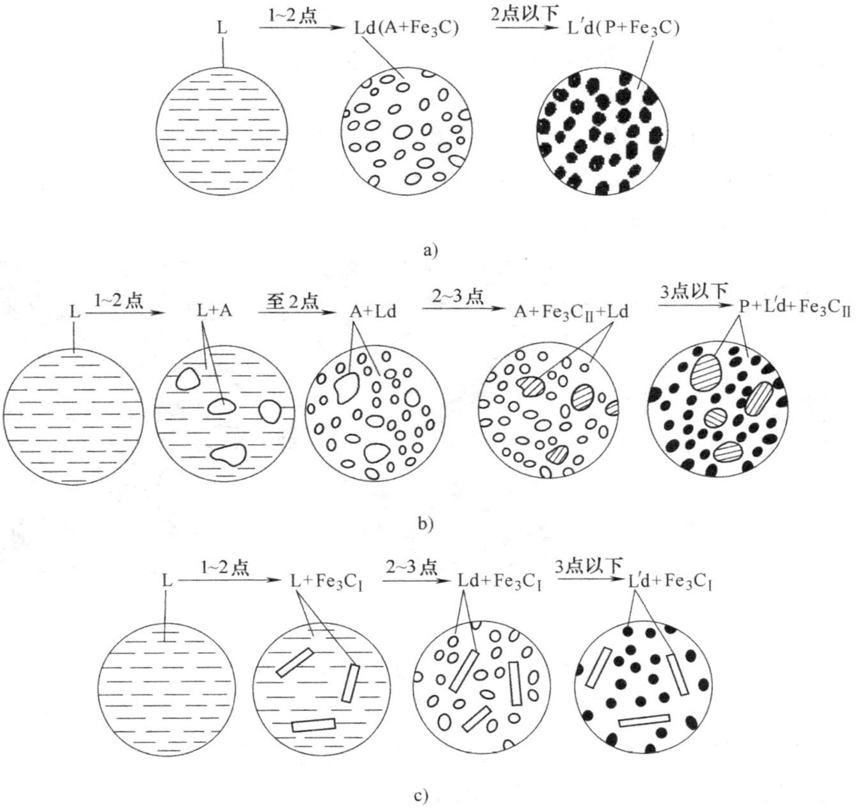

图 2-25　各种白口铸铁的结晶过程示意图

a）共晶白口铸铁的结晶过程　b）亚共晶白口铸铁的结晶过程

c）过共晶白口铸铁结晶过程

形成高温莱氏体组织，即

$$L_{4.3\%C} \rightarrow Ld\ (A_{2.11\%C} + Fe_3C)$$

当继续冷却至 1 ~2 点区间时，从共晶奥氏体中开始析出微量的 Fe_3C_{II}，Fe_3C_{II} 与共晶渗碳体混合在一起，在金相显微镜下不易分辨开来。继续冷却至 2 点（727℃）时，共晶奥氏体的碳的质量分数降到 0.77%，发生共析转变而形成珠光体组织，即

$$Ld \rightarrow L'd\ (P + Fe_3C)$$

最终冷却至室温时，共晶白口铁的组织是由珠光体与共晶渗碳体组成的低温莱氏体，其金相显微组织如图 2-26a 所示，图中白色基体组织为共晶渗碳体（$Fe_3C_{共}$），而黑色颗粒状组织为珠光体（P）。

（5）亚共晶白口铸铁的结晶　图 2-22 中合金⑤为亚共晶白口铸铁（hypoeutectic white cast iron），其结晶过程如图 2-25b 所示。

合金⑤由液态冷却至 1 点时开始结晶出先共晶奥氏体，在 1 ~2 点温度区间，随着温度下降，先共晶奥氏体含量不断增加，液相不断减少。

当温度降至 2 点时，先共晶奥氏体碳的质量分数为 2.11%，液相中碳的质量分数达到 4.3%，发生共晶转变，形成高温莱氏体。在共晶转变时，先共晶奥氏体保持不变，共晶转变结束，合金⑤在2点的组织为先共晶奥氏体和高温莱氏体。

继续降低温度时，从先共晶奥氏体和共晶奥氏体中都要结晶出二次渗碳体，使得奥氏体中含碳量不断降低，高温莱氏体保持成分不变。至3点时奥氏体中碳的质量分数降到0.77%，发生共析转变为珠光体，高温莱氏体Ld转变为低温莱氏体L′d。

再继续冷至室温时，亚共晶白口铁所得组织为珠光体、二次渗碳体和低温莱氏体L′d。其室温金相显微组织如图2-26b所示。

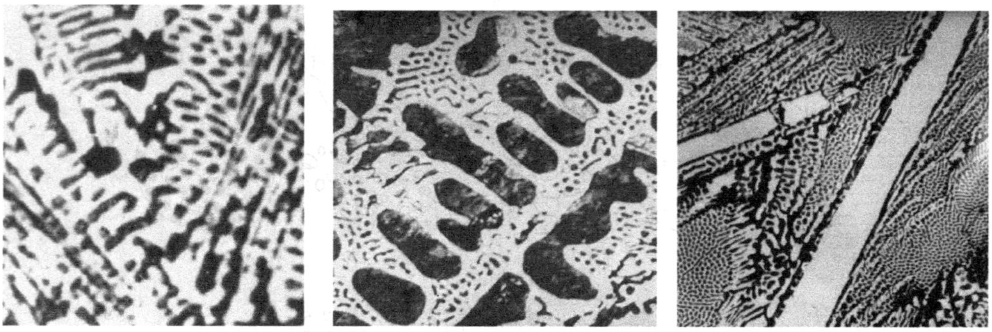

a) b) c)

图2-26 亚共晶白口铸铁和过共晶白口铸铁显微组织

a）共晶白口铁显微组织 b）亚共晶白口铁显微组织 c）过共晶白口铸铁显微组织

（6）过共晶白口铸铁的结晶 图2-22中合金⑥为过共晶白口铸铁（hypereutectic white cast iron），其结晶过程示意图如图2-25c所示。

当合金⑥冷却至1点时，开始从液相中结晶出先共晶渗碳体，亦称为一次板条状渗碳体（Fe_3C_{I}），它在合金继续冷却过程中不再发生变化。

当温度继续下降到2点时，剩余液相中碳的质量分数达到4.3%，发生共晶转变，形成高温莱氏体。当冷却至室温时，过共晶白口铸铁的组织为一次渗碳体和低温莱氏体。其室温金相显微组织如图2-26c所示。

2.3.2.3 含碳量对铁碳合金组织性能的影响

（1）含碳量对合金平衡组织的影响 通过对典型铁碳合金组织转变过程分析，可了解铁碳合金的含碳量与其室温组织的关系，钢与生铁的根本区别在于钢的基体组织为铁素体，而铁的基体组织为渗碳体并有硬而脆的莱氏体。

当碳的质量分数小于0.01%时，室温组织几乎为100%的铁素体（可能还有极少量的Fe_3C_{III}）；当碳的质量分数为0.77%时，室温组织为100%的珠光体；当碳的质量分数为4.3%时，室温组织为100%的莱氏体；当碳的质量分数为6.69%时，室温组织为100%的一次渗碳体；碳的质量分数不大于2.11%时组织中没有莱氏体。

由此可见，钢与生铁的相组成物和组织组成物的相对量，可根据$Fe-Fe_3C$相图并运用杠杆定律进行计算，计算的结果可绘制成以各种成分为横坐标、以相对百分比为纵坐标的图表上，如图2-27所示。

铁碳合金的室温基本组织有铁素体、珠光体、莱氏体以及一次渗碳体、二次渗碳体和三次渗碳体，其中莱氏体是珠光体与渗碳体的两相混合物，珠光体又是铁素体与渗碳体的两相混合物，无论一次渗碳体还是二次渗碳体均为渗碳体，并无本质区别。

铁碳合金的室温组织均是由铁素体和渗碳体两种基本相组成的。当碳的质量分数为零时，有 100% 的铁素体而渗碳体为零，当碳的质量分数为 6.69% 时，有 100% 的渗碳体而铁素体为零。并且，随碳的质量分数的增加，铁素体不断减少而渗碳体不断增加。

由此可见，铁碳合金成分与其室温相组成的关系，又可绘制成图 2-27 所示的图解。

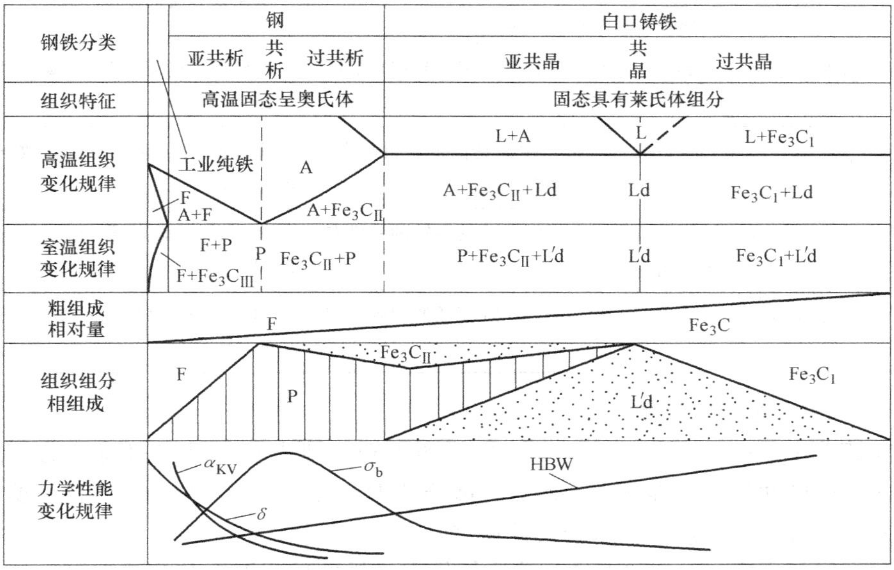

图 2-27　铁碳合金的组织、性能变化规律

（2）碳含量对铁碳合金力学性能的影响　由图 2-27 可知，随着碳的质量分数不断增加，铁碳合金中软质相铁素体量（F）逐渐减少，而硬质相渗碳体（Fe_3C）逐渐增多。因此铁碳合金的硬度随碳的质量分数的增加而提高，其塑性和韧性随碳的质量分数的增加而降低，其强度随碳的质量分数的增加而逐渐升高。

但是，当碳的质量分数大于 0.77% 时，由于 Fe_3C_{II} 沿晶界析出，使强度的增加趋势减缓。并且，当碳的质量分数大于 1.0% 时，Fe_3C_{II} 沿晶界形成完整的网状形态，使强度从最大值呈迅速降低的趋势。因此，生产中常用钢的碳的质量分数一般不超过 1.4%，否则不适于形变加工，而且无法直接使用。

2.3.3　相图在机制中的应用

2.3.3.1　在零件选材中的应用

由相图可知，合金中碳的质量分数不同，其组织和性能也不同，因此可根据机制件的用途和性能要求，选用适当碳的质量分数的合金，见表 2-6。

若需要塑性好、韧性高的钢材，可选用碳的质量分数低的碳钢，以便制造冲压件和焊接件等。若需要强度、塑性及韧性均较好的钢材，宜选用碳的质量分数适中的碳钢，以便制造轴、齿轮、连杆等机械零件。若要求强度、硬度及耐磨性好的钢材，则宜选用碳的质量分数高的碳钢，以适于制造各种工具、模具等。

纯铁的强度低，但导磁率高，矫顽力低，可作软磁材料，如各种电机铁芯、变压器硅钢片等。白口铸铁硬而脆不受冲击，不易切削加工和塑性加工，但其铸造性能优良，且耐磨性好，可用于制造冷轧辊、犁铧等复杂形铸件。

表 2-6　根据铁碳合金的含碳量选择材料

零件用途	零件性能要求	材料选择
冲压件、焊接件、抗冲击结构件等	塑性好、韧性高，工艺性能良好，还可渗碳淬火提高表面硬度	低碳钢（碳的质量分数≤2.5%）
轴、齿轮、连杆、活塞销等	强度、塑性及韧性均较好，具有良好的综合力学性能	中碳钢（调质处理）（碳的质量分数 = 0.25% ~0.55%）
各种弹性元件	保证高的强度，主要是高的弹性极限、屈服点、屈强比和疲劳强度	中高碳钢（碳的质量分数 = 0.45% ~0.85%）
各种工具和高铬钢冷作模具	保证高硬度和耐磨性以及足够的韧性和耐冲击性能	高碳钢（碳的质量分数 = 0.95% ~2.30%）
电机铁心、仪器仪表元件等	强度低、磁导率高、矫顽低的软磁性材料	纯铁（碳的质量分数 = 0.0008% ~0.0218%）

2.3.3.2　在机制工艺中的应用

（1）在铸造工艺中的应用　由 $Fe\text{-}Fe_3C$ 相图可知，纯铁和共晶白口铸铁的凝固温度最低，且结晶温度区间最小，即流动性好、分散缩孔少，可获得高质量的铸铁件，所以生产中常采用近共晶成分的亚共晶生铁来浇注铸铁件。

同时还可以依据 $Fe\text{-}Fe_3C$ 状态图，确定铸钢和铸铁的熔化温度和浇注温度，一般将浇注温度定在液相线以上 50 ~100℃之间（见图 2-28）。

从相图中还可看到，铸钢的凝固温度比铸铁高得多，结晶温度范围也宽得多，因而铸钢的铸造性能较差。然而，在碳的质量分数为 0.15% ~0.6% 之间的铸钢，结晶温度区间较小，铸造性能相对较好。

（2）在锻轧工艺中的应用　由于奥氏体具有面心立方晶格，所以处于奥氏体状态的钢强度低、塑性好，便于塑性变形，所以一般钢材的锻造或轧制加工，就是选择加热到铁碳相图上奥氏体区中的适当温度范围内（见表 2-7），获得高塑性后才得以实现的。

对于不同成分的铁碳合金，可以从铁碳相图上选择正确的锻轧温度（见图 2-28）。一般要求开始轧制或锻造温度不宜过高，以免钢材氧化、烧损严重。一般将始锻（或轧制）温度控制在固相线以下 100 ~200℃范围内，通常为 1150 ~1250℃。

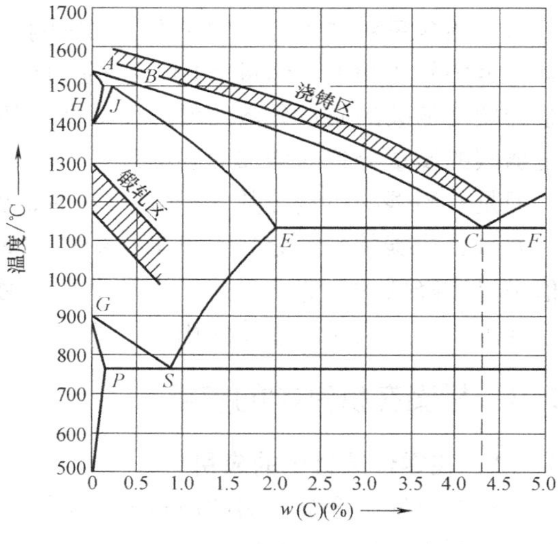

图 2-28　$Fe\text{-}Fe_3C$ 相图与热加工工艺的关系

终止轧制或锻造温度不能过低，以免钢材因塑性差导致锻造（或轧制）开裂。亚共析钢的终锻（或轧制）温度多控制在略高于 *GS* 线，过共析钢控制在略高于 *PSK* 线，所以终锻（或轧制）温度一般为 750 ~850℃。

表 2-7 根据铁碳合金状态图制定成形工艺

分类	工艺种类	确定规范	选择原则
铸造	选择铸造合金	状态图中接近共晶成分的灰铸铁	铸造性能好，易实现
	确定熔化或浇注温度	状态图中液相线以上 50～100℃	提高流动性，以防止浇不足、冷隔等缺陷
锻轧	确定锻轧温度范围	始轧温度在状态图中固相线以下约 200℃；终轧温度则在共析线附近约 800℃左右	始轧温度不能过高，以免钢材氧化严重；终轧温度不能过低，以免钢材塑性差而开裂
焊接	选择焊接材料	状态图中纯铁与钢的分界点（P 点垂线）右侧附近成分的钢材	塑性及韧性好，焊接性好，质量高
	制定焊后热处理工艺	选正火时在状态图中 GS 线以上 30℃选退火时则在 PSK 线以下约 100℃	正火时能细化晶粒、提高力学性能；退火时可消除内应力，以减小变形
热处理	制定热处理工艺，更要依据 $Fe\text{-}Fe_3C$ 相图，如退火、正火、淬火的加热温度、保留时间和冷却速度等参数选定		各种参数的选择要合理（详见下节）

（3）在热处理工艺中的应用 铁碳相图是热处理工艺制定的最重要的依据之一，大多数热处理工艺的加热参数，如退火、正火、淬火等，均是依据铁碳相图确定的。相图能够表明合金可能进行何种热处理，并能为制定热处理工艺提供参数依据。

对于没有固态相变的合金，只能进行消除枝晶偏析的扩散退火，其加热温度应选在固相线以下尽可能高的温度。

对于单相固溶体且具有同素异构的合金，可以通过重结晶退火或正火，使合金的晶粒变细，一般加热到同素异构转变线（如铁碳相图的 *GS* 线）以上一定温度，又如 Co 合金的重结晶退火工艺，如图 2-29a 所示。

对于 A 与 B 两相混合物合金，当合金中的固溶体在加热时有溶解度变化时，则所有含 B 量在 α 区右侧（大于 α 的含 B 量）的合金均可淬火，如图 2-29b 所示。将 B 在 α 中过饱和，

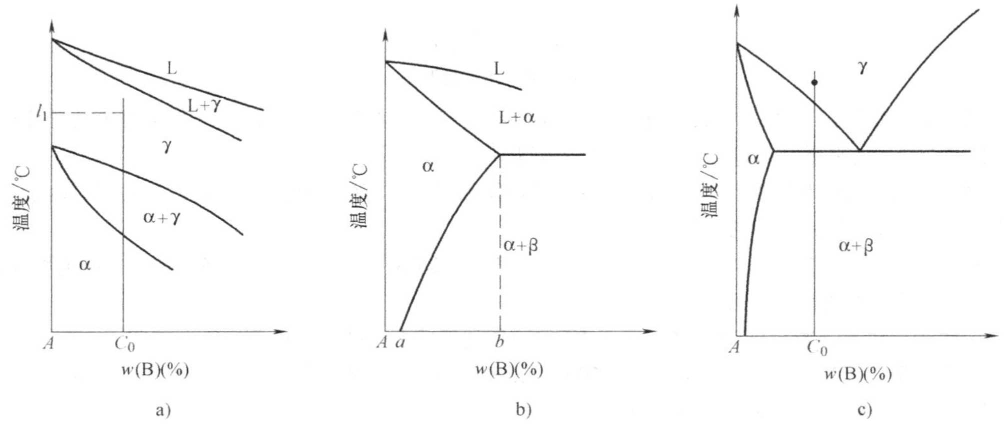

图 2-29 热处理工艺与相图的关系

a）重结晶退火与相图的关系 b）淬火时效与相图的关系

c）共析转变及合金的淬火处理

然后在室温或一定温度下停留，使B原子集聚或析出，以提高合金强度，这种处理称为淬火时效。

如图2-29c所示，对于具有共析转变的合金先经加热形成γ相、再快速冷却，则γ相可发生性质与共析转变完全不同的亚稳定转变，亦即钢淬火时所发生的转变。因此凡具有共析转变的合金，原则上均可进行淬火处理。

（4）在焊接工艺中的应用　铁碳相图可以指导焊接的选材及焊后热处理等工艺措施，如焊后正火、退火工艺的制定，从而改善焊缝组织，提高力学性能以获得优质的焊缝。

思考练习题

1. 晶粒大小对材料力学性能指标有哪些影响？细化晶粒的方法有哪些？何谓金属的同素异构转变（以纯铁为例进行说明）？

2. 如图2-30a所示为A、B两组元形成的二元合金状态图。若以α表示B溶于A的固溶体，β_{II}表示自α中析出的次生相，（α+β）表示形成的共晶体。

请填出各相区的组织，并分别写出成分各为①、②、③、④的四种合金自液态缓冷至常温时的组织变化过程。

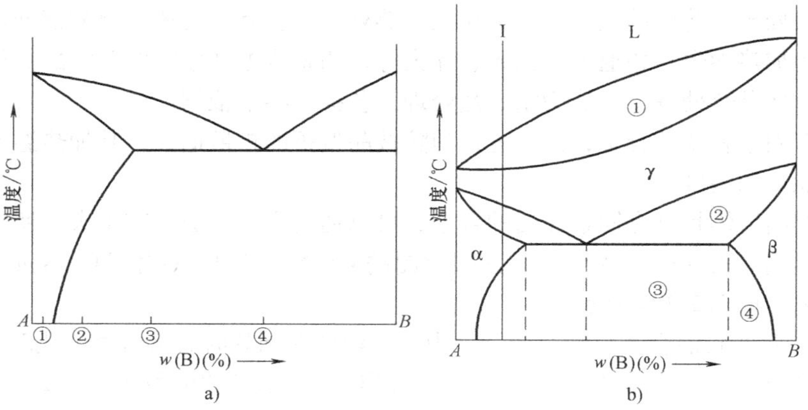

图2-30　题图

a）题2图　b）题3图

3. 某合金相图如图2-30b所示，试标注①～④空白区域中存在相的名称；指出此相图包括哪几种转变类型；说明合金I的平衡结晶过程及室温下的显微组织。

4. 共析相图与共晶相图有什么区别和联系？共析体和共晶体有什么区别和联系？在共析线附近反复加热和冷却，能否获得特别细密的组织。

5. 画出$Fe\text{-}Fe_3C$合金相图，指出图中*S*、*C*、*E*、*P*、*G*及*GS*、*SE*、*PQ*、*PSK*各几何点、线的物理意义，并指出各相区的相组成物和组织成物。

6. 说明碳的质量分数分别为3.2%、4.3%和4.7%的铁碳合金的结晶过程和室温组织。

7. 碳的质量分数为0.20%、0.40%、0.80%、1.30%的碳钢分别自液态缓冷至室温后所得的组织有何不同？试定性地比较这四种钢的σ_b和HBW。

8. 试分析说明碳的质量分数为0.20%、0.80%、1.20%的碳钢，说明它们在下列两种温度下达到平衡状态时的组织分别是什么？

（1）0.20%的碳钢在770℃和900℃。

（2）0.80%的碳钢在680℃和770℃。

(3) 1.20% 的碳钢在 700℃和 770℃。

9. 经过金相分析一批混杂的钢材，发现未退火碳钢组织为珠光体 + 铁素体，其中珠光体占 93%；已退火碳钢组织为铁素体 + 渗碳体（粒状），其中渗碳体占 18%，问两种钢材的含碳量各大约是多少？

10. 根据 $Fe\text{-}Fe_3C$ 相图，说明产生下列现象的原因是什么？

(1) 碳的质量分数为 1.0% 的钢比碳的质量分数为 0.50% 的钢硬度高。

(2) 在室温下碳的质量分数为 0.80% 的钢其强度比碳的质量分数为 1.20% 的钢高。

(3) 低温莱氏体的塑性比珠光体的塑性差。

(4) 在 1100℃温度下，碳的质量分数为 0.40% 的钢能进行锻造，碳的质量分数为 4.0% 的生铁不能锻造。

第 3 章　金属热处理及工艺

导读　本章主要介绍热处理（heat treatment）基本原理、钢的普通热处理方法、钢的表面淬火处理方法、钢的表面扩渗处理方法以及热处理技术和进展等内容。

本章重点是钢的热处理基本原理、普通热处理方法、表面热处理方法及机械零件热处理方法与工艺确定，难点是钢的淬透性和淬硬性等工艺性能判断，要点是掌握各种热处理工艺方法并学会合理选择和确定工艺及有关参数。

3.1　热处理基本原理

热处理是指将固态金属或合金以一定加热速度加热到预定温度，保温一定时间，再以预定转变方式及冷却速度冷却（见图 3-1a），从而改变整体或表面组织及性能的工艺方法。它可使钢件获得新性能并充分发挥潜力，以满足使用性能要求。

3.1.1　钢在加热时的组织转变

3.1.1.1　加热时的临界温度线

钢在热处理和锻造过程中均需加热转变组织，以获得所需的奥氏体及形变性能。由 $Fe-Fe_3C$ 相图（见图 3-1b）可知，共析钢加热到 *PSK* 线以上，可全部转变为奥氏体，而亚共析钢和过共析钢则需分别加热到 *GS* 线和 *ES* 线以上才能获得单相奥氏体。

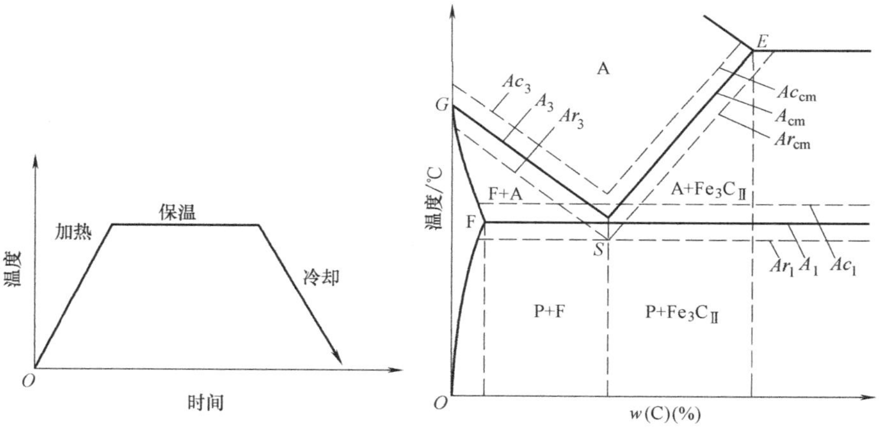

a)　　b)

图 3-1　热处理工艺及钢组织转变点温度变化

a）热处理工艺　b）钢在热处理时的加热和冷却转变点

PSK 线、*GS* 线和 *ES* 线所表达的临界温度，如前所述分别用 A_1、A_3、A_{cm} 表示，相图上临界温度是在极其缓慢加热和冷却条件下的平衡转变温度，而钢在实际热处理时的加热和冷却总是在一定速度下进行，实际相变并不严格按相图所示的临界温度进行，而总有不同程度

的滞后现象产生。

通常加热时相变温度因过热现象而偏高，冷却时则因过冷现象而偏低，随着加热和冷却速度增加，偏离现象越加严重，故将加热时的实际临界温度用 Ac_1、Ac_3、Ac_{cm}表示（见图 3-1b），且加热速度越快，实际临界温度升高越多。

相应将冷却时的实际临界温度用 Ar_1、Ar_3、Ar_{cm}表示，冷却速度越大，实际临界温度降低越多，它与平衡临界温度之差值，在冷却时称为“过冷度”（degree of undercooling），在加热时则称为“过热度”（degree of underheating）。

3.1.1.2 共析钢奥氏体化形成原理

将共析钢加热到稍高于 Ac_1 线以上温度时，其内部组织将发生变化，原来在室温时的珠光体组织（P）将转变为碳的质量分数为 0.77% 的奥氏体组织（A），即

$$F_{0.0218\%} + Fe_3C \rightarrow A_{0.77\%}$$

奥氏体的形成过程是一个形核、晶核长大和均匀化的过程，该过程仍符合结晶过程的普遍规律，也称为“奥氏体化”，可由以下几个阶段进行，如图 3-2 所示。

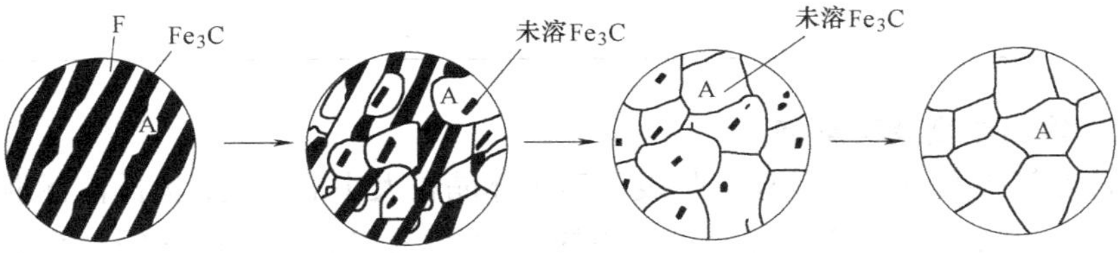

图 3-2 共析钢的奥氏体化过程示意图

a）形核 b）长大 c）残余 Fe_3C 溶解 d）A 均匀化

（1）奥氏体开始形核 由于铁素体的含碳量很低，而渗碳体的含碳量却很高，造成二者的碳浓度差很大，使界面处原子的位错和空位密度及能量较高，晶核形成所需功较少、易形核，所以奥氏体晶核优先在铁素体与渗碳体交界面上形成。

（2）奥氏体晶核长大 奥氏体晶核长大是依靠珠光体中相邻铁素体合并，铁素体继续向奥氏体转变，渗碳体中铁原子与碳原子继续扩散并不断溶入奥氏体等过程逐渐实现，其中铁素体晶格改变比渗碳体溶解速度快。

（3）残余渗碳体溶解 当铁素体消失后，因组织中仍有部分残余渗碳体存在，并随着保温时间的延长，残余渗碳体不断溶入奥氏体中，奥氏体晶粒逐渐增多，直到渗碳体全部溶解完毕。

（4）奥氏体成分均匀化 残余渗碳体完全溶解后，奥氏体中碳的浓度仍不均匀，原渗碳体处碳浓度高，原铁素体处碳浓度低，为此必须继续保温一段时间，通过碳原子的充分扩散，才能形成成分均匀的奥氏体。

由此可见，钢在加热过程中均需要一定的保温时间，以便使工件充分地热透，并获得成分均匀的奥氏体晶粒，同时还获得均匀组织与性能。

3.1.1.3 亚共析钢或过共析钢奥氏体形成

将碳的质量分数小于或大于 0.77% 的亚共析钢或过共析钢加热时，其奥氏体形成过程虽与共析钢相似，但当加热到 Ac_1 线时，钢中只有原珠光体转变为奥氏体，而先共析铁素体

或渗碳体仍不发生变化，只有随着加热温度进而升高，才会向奥氏体转变。

通常当加热温度直至超过 Ac_3 或 Ac_{cm} 以上并保温足够时间时，才会使先共析铁素体完全消失，先共析渗碳体逐渐溶解于奥氏体中，并且全部组织均转变为细而均匀的单一奥氏体（见表 3-1）。但随含碳量的增加，使过共析钢奥氏体晶粒较粗大。

表 3-1 钢的奥氏体组织转变过程

种类	室温组织	加热温度/℃	转变组织	转变过程
共析钢	珠光体 P	Ac_1 以上	奥氏体 A	F 与 Fe_3C 交界面上形成 A 核，A 核不断合并相邻的 F，Fe_3C 不断溶解于 A 中，以供给碳，A 晶粒逐渐增多并长大全部为 A
亚共析钢	铁素体 + 珠光体 F + P	Ac_3 以上	奥氏体 A	加热至 Ac_1 以上时，P 转变为 A，此时组织为 F + A，再升温过 Ac_3 时，F 完全消失，渐变为 A，全部变为细而均匀的 A
过共析钢	珠光体 + 渗碳体 $P + Fe_3C_{II}$	Ac_{cm} 以上	奥氏体 A	与上述类似，只是在 Ac_1 至 Ac_{cm} 的升温过程中，是二次渗碳体逐渐溶入 A 中，超过 Ac_{cm} 时，全部组织变为粗化的 A

3.1.1.4 奥氏体晶粒度及其影响

（1）晶粒度等级及分类 晶粒度是表示奥氏体晶粒大小的尺度，奥氏体标准晶粒度可分为 00，0，1，2，…，10 等 12 个等级，常用的 1 ~ 4 级为粗晶粒，5 ~ 8 级为细晶粒，如图 3-3 所示。通常采用这些标准晶粒度等级，对比测定钢的奥氏体晶粒大小。

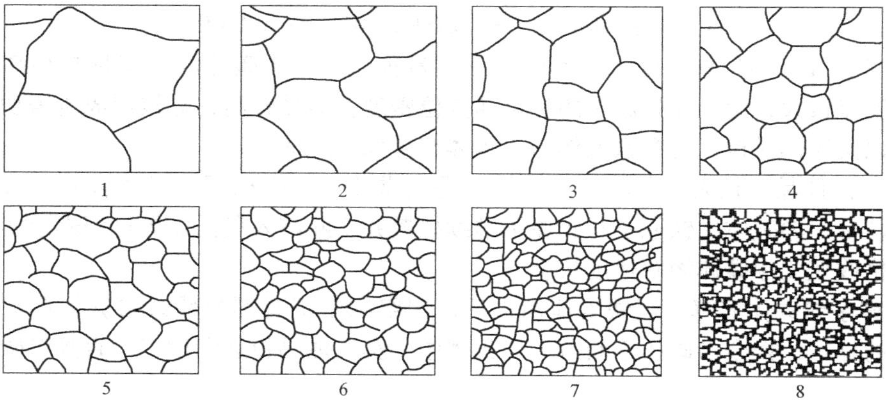

图 3-3 金属平均晶粒度标准等级图

实践表明，奥氏体的本质晶粒度不是晶粒大小的实际量度，而是表示钢在特定加热条件下，奥氏体晶粒长大的倾向程度。通常不同成分的钢进行加热时，奥氏体晶粒长大倾向各不相同，如图 3-4a 所示。

有些钢的奥氏体晶粒会随着加热温度的升高而迅速长大，这类钢常称为本质粗晶粒钢，而有些钢的奥氏体晶粒则不容易长大，只有加热到较高温度时，奥氏体晶粒才会急剧长大，这类钢则称为本质细晶粒钢。

（2）晶粒度对性能的影响　奥氏体晶粒大小直接影响到冷却后的组织和性能，如果加热时获得的奥氏体晶粒细小，则冷却后转变组织的晶粒也细小（见图3-4b），其强度、塑性和韧性也较好。否则，粗大的奥氏体晶粒冷却后转变组织也粗大，强度、塑性较差，特别是冲击韧度显著降低。因此一定要严格控制奥氏体的晶粒度。

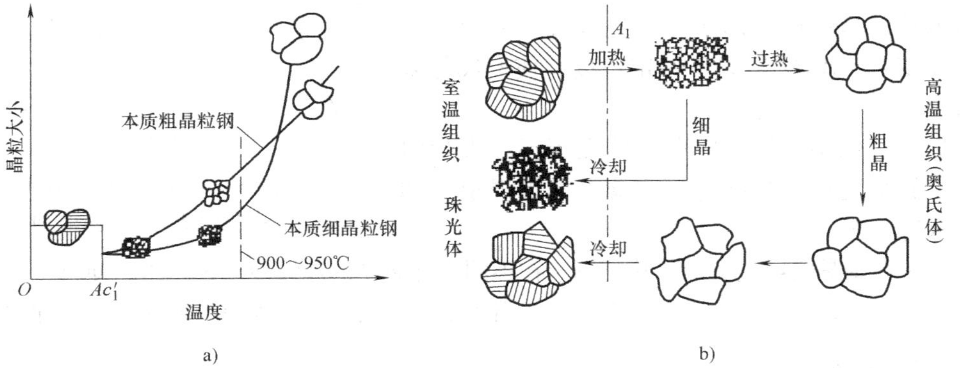

图3-4　钢在加热和冷却时的晶粒度及其变化
a）本质晶粒度　b）晶粒大小的热冷变化

（3）影响晶粒度的因素　钢的室温组织晶粒度主要取决于钢的加热温度、保温时间、成分及奥氏体晶粒大小等。当加热温度确定后，加热速度越快，保温时间越短，奥氏体晶粒越细小，获得的室温组织越细小。

通常珠光体转变为奥氏体后的初期，奥氏体晶粒较细小，但随加热温度升高，奥氏体晶粒自发长大，并使转变终了温度提高、转变温度范围扩大，从而缩短奥氏体形成时间，使高温下形成的奥氏体晶粒较粗大。

钢的成分也影响奥氏体晶粒，当含碳量增加时铁、碳原子的扩散速度增大，奥氏体晶粒长大倾向增加。但当超过奥氏体饱和碳浓度以后，由于出现残余渗碳体，产生机械阻碍作用，使晶粒长大倾向性减小。

在钢中加入能形成稳定碳化物元素Ti、V、Nb、W、Mo等，以及能形成氧化物或氮化物的Al元素均可弥散分布于奥氏体晶界上，能阻碍奥氏体晶粒的长大，有利于获得细晶粒，所以合金钢加热温度比碳素钢高，加热时间可以延长。但需注意Mn、P则能促进奥氏体晶粒的长大。

3.1.2　钢在冷却时的过冷组织

钢在奥氏体化后的冷却过程，将决定着钢的室温组织及性能。$Fe-Fe_3C$相图中钢的组织转变规律是在无限缓慢冷却条件下测得，而实际生产中则有不同的冷却方式和冷却速度，并且冷却方式及冷却速度对钢的转变组织及性能有很大影响。

3.1.2.1　过冷组织及形成特点

奥氏体在无限缓冷条件下时，在A_1线温度将发生共析转变，但在一定冷却速度的条件下，则会过冷到A_1线温度以下才能发生转变。被过冷到A_1线温度以下尚未发生转变的奥氏体，称为过冷奥氏体。

过冷奥氏体亦称为残余奥氏体，一般采用与奥氏体A有区别的A′表示，它是一种不稳定组织，将会在一定条件下自发转变为其他较稳定组织。

3.1.2.2 过冷奥氏体转变方式

生产中热处理钢件冷却时，通常采用等温冷却（isothermal cooling）和连续冷却（continuous cooling）两种方式，如图3-5所示。

等温冷却是将奥氏体化的钢先以较快的冷却速度冷到相变点（A_1 线）以下一定温度，使奥氏体来不及转变而成为过冷奥氏体。

随后进行保温，使过冷奥氏体在等温下发生组织转变，转变完成后再冷却到室温，如等温退火和等温淬火冷却等。

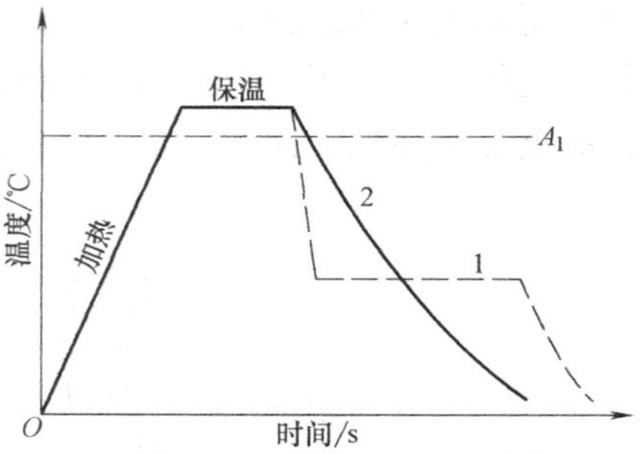

图3-5 钢的两种冷却方式
1—等温冷却 2—连续冷却

连续冷却则是将经过奥氏体化的钢，在不同冷却速度的连续冷却过程中，使过冷奥氏体发生组织转变。例如，在热处理生产中经常使用的水中、油中或空气中冷却等均为这种方式。

3.1.3 过冷奥氏体的等温转变

3.1.3.1 等温转变曲线及图解

（1）等温转变曲线的建立（undercooled isothermal transformation curve） 以共析碳素钢为例，先将若干个共析碳素钢试样经加热奥氏体化处理，然后再分别迅速投入到 A_1 以下不同温度的等温槽中进行等温冷却。

等温冷却过程中，测出各试样不同温度下过冷奥氏体转变开始和转变终了的时间，并将其描绘在温度—时间坐标图上，再用光滑曲线分别连接各转变开始点和转变终了点，即得共析碳素钢过冷奥氏体等温转变曲线，如图3-6所示。

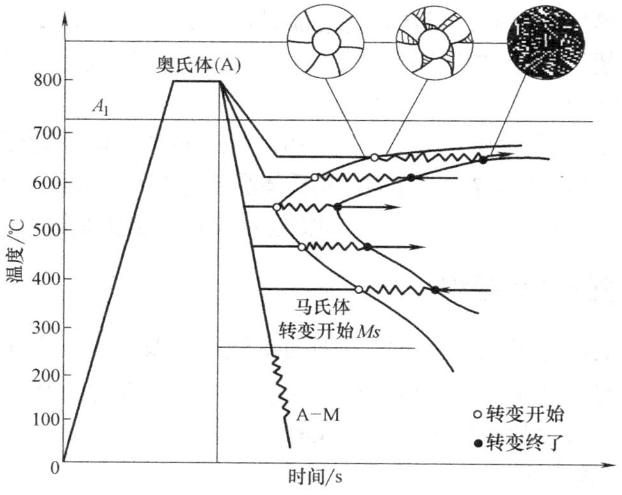

图3-6 共析碳钢过冷奥氏体等温转变曲线

（2）等温转变图分析 过冷奥氏体在不同过冷度下的等温过程中，转变温度、转变时间与转变产物量的关系曲线，称为等温转变图（undercooled isothermal transformation diagram)，形状颇似字母“C”，简称为 C 曲线或 TTT 曲线，如图 3-7 所示。

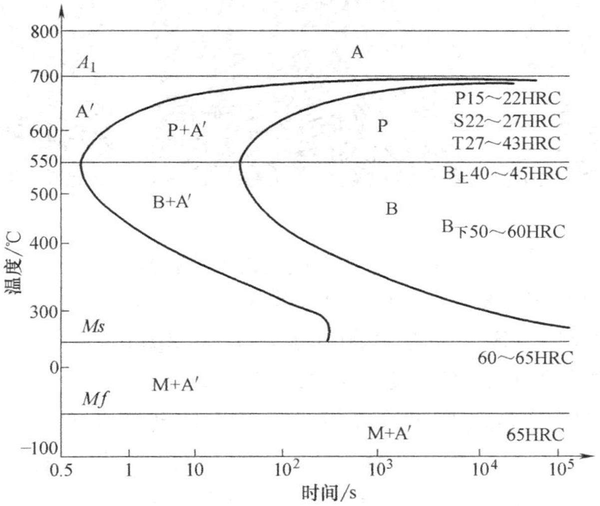

图 3-7　共析碳钢过冷奥氏体等温转变图

等温转变图由五条曲线和五个区域组成，五条曲线包括钢的共析转变线 A_1、过冷奥氏体等温转变开始线 A'_s、过冷奥氏体等温转变终了线 A'_f、马氏体转变开始线 *Ms* 和马氏体转变终了线 *Mf*。

A_1、*Ms* 两条温度线将等温转变图划分为上中下三大部分、五个区域，A_1 线以上是稳定奥氏体区，A_1 和 *Ms* 线之间左侧是过冷奥氏体区、中部是过冷奥氏体等温转变区、右侧是转变产物区，*Ms* 线以下是马氏体转变区。过冷奥氏体等温转变区也是过冷奥氏体与转变产物的共存区。

过冷奥氏体尚未转变的时间称为孕育期（incubation period），在 550℃ 等温转变时孕育期最短，并表明在此温度下的过冷奥氏体最不稳定，转变速度也最快，这是由于过冷度较大和原子扩散能力较强的综合作用所造成。

550℃以上的孕育期较长是由于过冷度较小（相变驱动力小）造成的，而 550℃以下孕育期较长是由于原子扩散能力较弱所致。

3.1.3.2　等温转变产物及性能

过冷奥氏体等温转变产物有三种类型，即珠光体型组织、贝氏体型组织和马氏体型组织，其形成过程、组织特征及性能特点介绍如下。

（1）珠光体型组织转变　珠光体型组织转变亦称为高温转变，在 A_1～550℃范围内等温，原子扩散能力较强，容易在奥氏体晶界上产生高碳渗碳体晶核和低碳铁素体晶核，易实现晶格重构，属于扩散型转变，转变产物为铁素体与渗碳体层片相间并具有大体相同位向的珠光体型组织，如图 3-8 所示。

随着过冷度大小不同，片层间距和片层厚薄也不同。在 A_1～650℃范围内等温转变过冷度小，形成粗片状珠光体组织（P），片层间距大于 0.4μm（见图 3-8a），在 200 倍金相显微镜下可显示组织特征，洛氏硬度为 15～22HRC。

在 650～600℃范围内等温转变过冷度稍大，形核数量较多，形成细片状珠光体型组织

a)　b)　c)

图 3-8　珠光体型组织的显微特征

a）粗片状珠光体 200× b）细片状索氏体 2500× c）极细片状托氏体 15000×

(fine pearlite) 称为索氏体（S），片层间距等于 0.4～0.2μm（见图 3-8b），在 800～1000 倍金相显微镜下可分辨组织特征，洛氏硬度为 22～27HRC。

在 600～550℃范围内等温转变过冷度较大，奥氏体转变速度较快，形成极细片状珠光体型组织（very fine pearlite）称为托氏体（T），片层间距小于 0.2μm（见图 3-8c），在高倍光学显微镜下分辨不清，片层形态呈黑色团状，洛氏硬度达 27～43HRC。

由上可知，珠光体型组织中渗碳体片层间距越小，相界面越多，钢材的塑性变形抗力越大，强度和硬度越高，弹性和韧性改善的可能性也增大。

（2）贝氏体型组织转变　贝氏体型组织转变亦称为中温转变，在 500℃～*Ms* 范围内等温，过冷度较大，铁原子难以扩散，仅有碳原子扩散，属于半扩散型转变。过冷奥氏体转变速度下降，孕育期逐渐延长，通过过冷度改变晶格结构且碳原子扩散形成碳化物，转变产物为贝氏体（bainite）型组织（B），如图 3-9 所示。

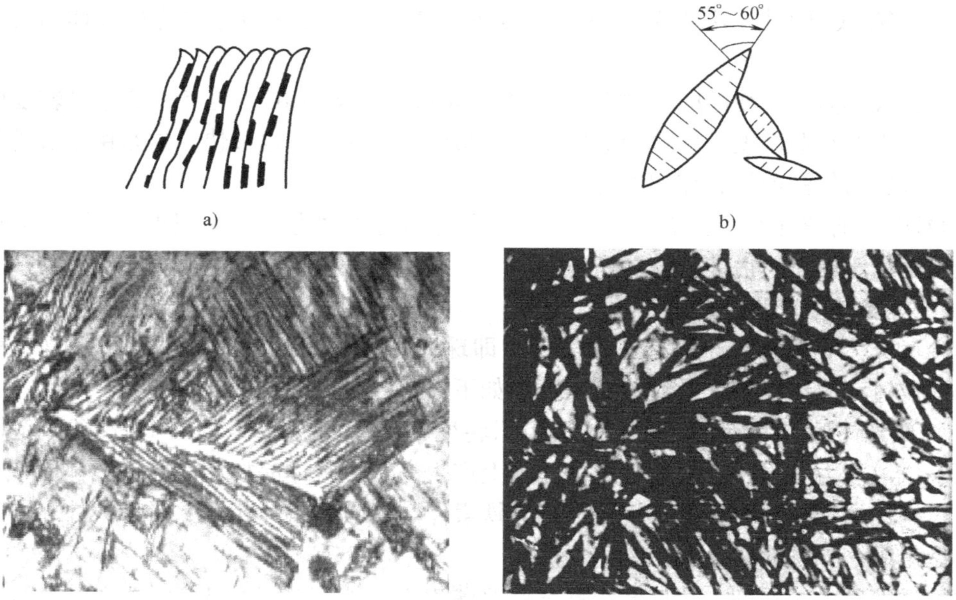

a)　b)　c)　d)

图 3-9　贝氏体形态示意及其显微组织

a）上贝氏体形态 b）下贝氏体形态 c）上贝氏体显微组织 d）下贝氏体显微组织

过冷度不同，形成的贝氏体组织形态也不同。在550～350℃范围内，碳原子有一定的扩散能力，在铁素体片晶界上析出不连续短杆状渗碳体，称为上贝氏体（upper bainite，$B_{上}$），其形态在光学显微镜下呈羽毛状（见图3-9a和图3-9c），强度、硬度较高（40～55HRC），塑性较低，脆性较大，生产中很少采用。

在350℃～*Ms*范围内，碳原子的扩散能力更弱，难以扩散到针状铁素体的晶界上，只能在铁素体晶内沿与晶轴呈55～60°夹角的晶面上析出断续条状渗碳体，这种组织称为下贝氏体（lower bainite），用符号$B_{下}$表示。

下贝氏体形态在光学显微镜下呈黑色针状，如图3-9b和图3-9d所示，这种组织具有高的强度和硬度（约50～60HRC）及良好的塑性和韧性，综合力学性能较好，生产中常采用等温转变获得下贝氏体组织。

由此可见，贝氏体的性能取决于贝氏体的组织形态。上贝氏体的铁素体条较宽，渗碳体分布在铁素体之间，其强度低，塑性、韧性差；而下贝氏体的针状铁素体内渗碳体呈高度弥散分布，所以强度高，塑性、韧性好。

（3）马氏体型组织转变　在*Ms*线以下范围内，铁碳原子均已失去扩散能力，但过冷度很大且足以改变过冷奥氏体的晶格结构，并将碳全部过饱和固溶于α-Fe晶格内，这种转变属于非扩散型转变，也称作低温转变。

低温转变产物为马氏体（martensite）组织，用字母M表示，如图3-10所示，但马氏体转变至环境温度下时，仍会保留一定数量的奥氏体，称为残余奥氏体（retained austenite），用字母A′或者$A_{残}$表示。

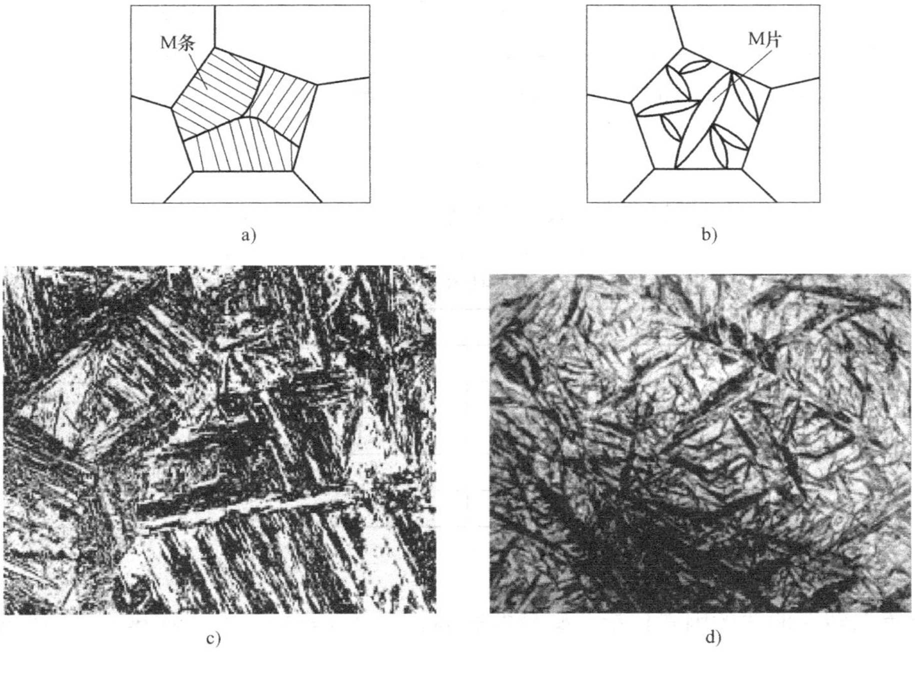

图3-10　马氏体形态示意图及其显微组织

a）板条马氏体示意图　b）片状马氏体示意图　c）板条马氏体显微组织　d）片状马氏体显微组织

马氏体转变是在*Ms*～*Mf*范围内的不断降温过程中进行，*Ms*为马氏体转变开始温度，*Mf*

为马氏体转变终了温度。在此期间冷却中断，则转变随即停止，只有继续降温，其转变才能继续进行，直至 *Mf* 点温度转变终止。

马氏体的组织形态主要取决于过冷奥氏体的含碳量，当奥氏体中碳的质量分数小于 0.2% 时，钢淬火后几乎全部形成板条状马氏体（lath martensite），也称为低碳马氏体或位错马氏体，其形态呈平行束状分布（见图 3-10a 和图 3-10c）。板条马氏体硬度在 50HRC 左右，具有较高的强度和韧性。

当奥氏体中碳的质量分数大于 1.0% 时，钢淬火后几乎全部形成片状马氏体（plate martensite），也称为高碳马氏体或孪晶马氏体，其立体显微形态呈双凸透镜状分布，如图 3-10b 和图 3-10d 所示。

当奥氏体中含碳量介于两者之间时，则得到两种马氏体的混合组织。片状马氏体硬度随马氏体中含碳量增加而增加，马氏体硬度高达 60～65HRC。但马氏体的韧性低，脆性大，断后伸长率 δ 和断面收缩率 ψ 都很低。

钢的 *Ms* 点和 *Mf* 点随奥氏体中含碳量的增加而降低，因而残余奥氏体量也随奥氏体中含碳量增加而增加，如图 3-11 所示。总之，共析碳素钢过冷奥氏体等温转变产物的组织特征及硬度见表 3-2。

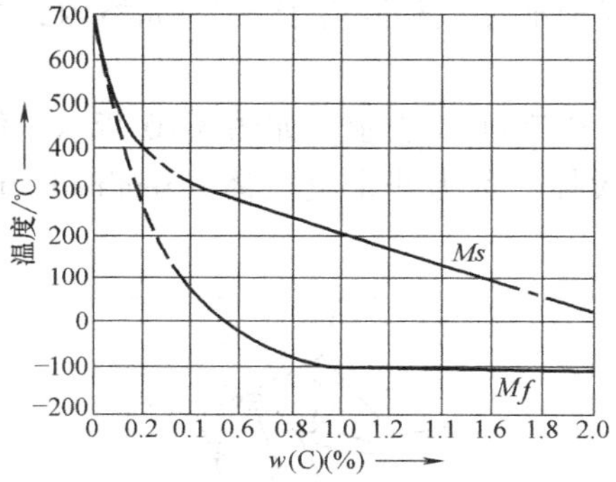

a)

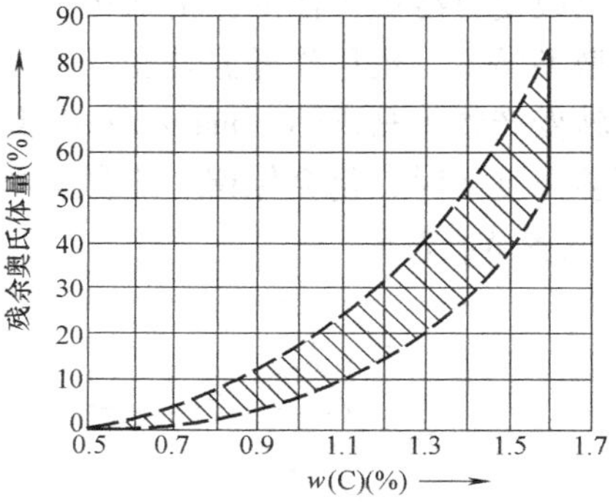

b)

图 3-11 奥氏体含碳量对马氏体转变的影响

a）对转变温度的影响 b）对残余奥氏体量的影响

表 3-2 共析碳素钢过冷奥氏体等温转变产物的组织特征及硬度

组织名称	符号	转变温度/℃	组织形态	层间距/μm	分辨所需放大倍数	硬度/HRC
珠光体	P	A_1～650	粗片状	约 0.3	<500	<25
索氏体	S	650～600	细片状	0.3～0.1	1000～1500	25～35
托氏体	T	600～550	极细片状	约 0.1	10000～100000	35～40
上贝氏体	$B_{上}$	550～350	羽毛状	—	>400	40～45
下贝氏体	$B_{下}$	350～*Ms*	黑色针状	—	>400	45～55

3.1.3.3 影响等温转变曲线的因素

影响等温转变曲线的因素包括含碳量的影响、合金元素的影响、加热温度和保温时间的影响等。

（1）含碳量的影响　亚共析钢和过共析钢的等温转变图中 C 曲线形状与共析钢等温转变图中 C 曲线形状大体相似，只是高温下的单相奥氏体在 A_3 或 A_{cm} 以下等温冷却时，将会先析出先共析铁素体或二次渗碳体，因此，在等温转变图的 C 曲线上方会多出一条先共析相析出线，如图 3-12 所示。

亚共析钢中含碳量越低或过共析钢中含碳量越高，使等温转变图中曲线位置越向左移，即过冷奥氏体越不稳定而易于分解，因此只有溶于奥氏体中适量碳，才有稳定奥氏体作用。如含碳量适中的共析钢过冷奥氏体最稳定，等温转变图中曲线位置最靠右。

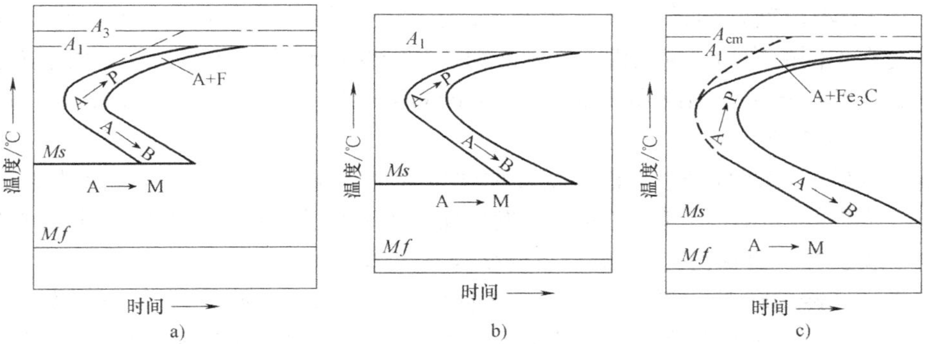

图 3-12 碳钢的等温转变图比较

a）亚共析碳钢 b）共析碳钢 c）过共析碳钢

（2）合金元素的影响 除 Co 以外，所有合金元素均使等温转变图 C 曲线右移，如图 3-13 所示为 Ni 和 Cr 含量增加时，等温转变图 C 曲线位置和形状改变的示意图，其中 Ni 含量增加时，等温转变图 C 曲线只是位置改变并逐渐将向右移动，如图 3-13a 所示。

然而，随 Cr 含量增加时，等温转变图 C 曲线不仅向右移，并且变形为双 C 曲线。当含 Cr 量继续增加至 4.2% 时，等温转变图 C 曲线分成两部分，下部分较上部分右移幅度更大，即珠光体转变与贝氏体转变均各自形成一个独立的等温转变图 C 曲线，并在两独立曲线之间出现一个奥氏体相当稳定的区域，如图 3-13b 所示。

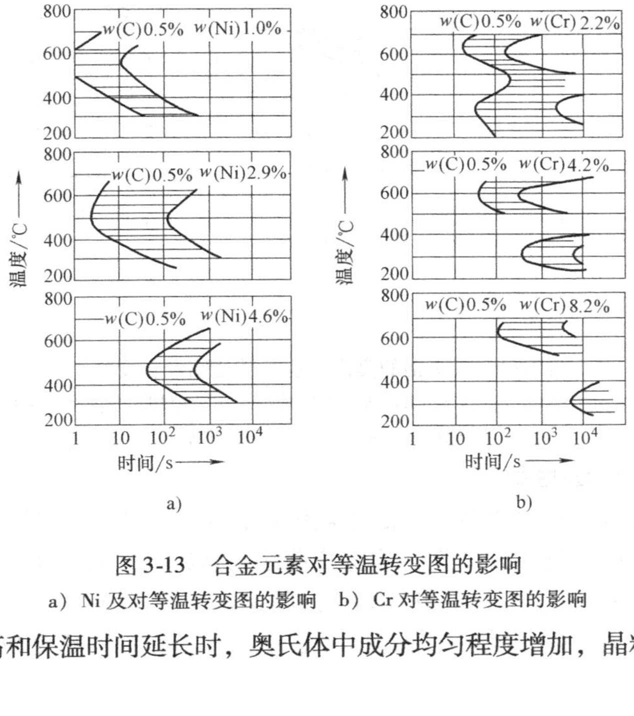

图 3-13 合金元素对等温转变图的影响

a）Ni 及对等温转变图的影响 b）Cr 对等温转变图的影响

当加热温度提高和保温时间延长时，奥氏体中成分均匀程度增加，晶粒也越粗大，且未溶入奥氏体中的渗碳体数量减少，过冷奥氏体的稳定性提高，从而使等温转变图 C 曲线右移。

3.1.4 过冷奥氏体的连续转变

3.1.4.1 连续转变曲线及组织

（1）共析钢连续转变曲线 实际生产中，过冷奥氏体转变大多是在连续冷却过程中进行，并且是在不同的冷却速度条件下连续冷却，其转变开始时间及转变终止时间与温度之间的关系称为连续冷却转变图或 CCT 曲线（continuous cooling transformation diagram）形似半个 C 曲线，如图 3-14a 所示。

连续冷却转变 CCT 曲线较等温转变 C 曲线位置稍靠向右下，并只有等温转变 C 曲线的上半部分，亦即共析钢在连续冷却时，只发生珠光体和马氏体转变，不发生贝氏体转变，未转变的过冷奥氏体一直保留到 *Ms* 线以下转变为马氏体。

共析钢连续冷却转变 CCT 曲线中有三条曲线：P_s 线为过冷奥氏体向珠光体转变开始线；P_f 线为转变终止线；K 线为高温转变中止线，当过冷奥氏体冷却到 K 线时，不再发生珠光体型转变，而一直保留到 *Ms* 点以下转变为马氏体。

同时，与连续冷却转变 CCT 曲线鼻部相切的连续冷却线，用 v_k 表示，它是保证奥氏体在连续冷却过程中不发生分解而全部过冷到马氏体区的最小冷却速度线，称为马氏体的临界冷却速度（critical cooling rate）。

（2）非共析钢连续转变曲线 过共析钢的连续冷却转变 CCT 曲线基本同上，仅多出一条先共析渗碳体析出线，而亚共析钢与共析钢连续冷却转变 CCT 曲线相比大不相同，不仅多出一条先共析铁素体析出线，还出现了贝氏体转变区。如 45 钢经油冷淬火可得到铁素体、托氏体、贝氏体及马氏体混合组织。

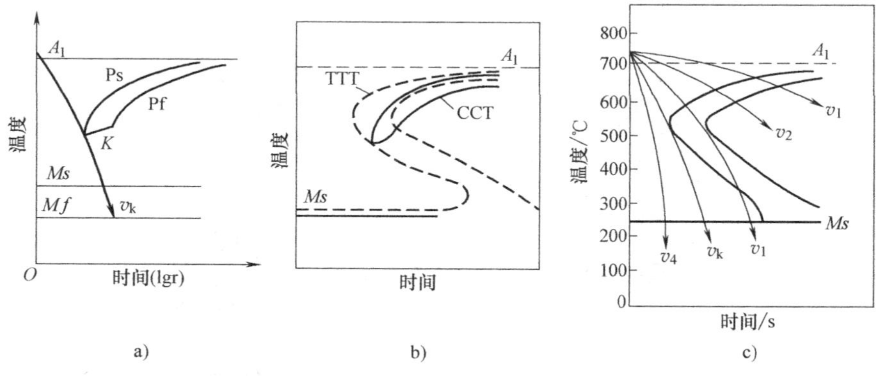

图 3-14 共析钢的奥氏体连续转变图及转变组织

a）连续冷却转变曲线图 b）等温转变曲线与连续冷却转变曲线的叠加图

c）在等温转变曲线上估计连续冷却转变组织

3.1.4.2 连续转变产物及性能

由于共析钢在连续冷却时的转变测定比较困难，生产中常利用等温转变图 TTT 曲线分析估计连续冷却转变的结果，即按等温转变 C 曲线与连续冷却转变半个 C 曲线叠加后相交的大致位置（见图 3-14b），估计连续冷却后得到的组织，见表 3-3。

如图 3-14c 所示，v_1 相当于随炉冷却速度（退火），与连续冷却转变 CCT 曲线相交于 700 ~

670℃，过冷奥氏体转变为珠光体，硬度为 170 ~ 230HBW。v_2 相当于空气中冷却速度（正火），与连续冷却转变 CCT 曲线相交于 650 ~ 600℃，过冷奥氏体转变为索氏体，硬度为 230 ~ 320HBW。

v_3 相当于油中淬火时的冷却速度，与连续冷却转变 CCT 曲线相割于转变开始线，且割于 600 ~ 450℃，后又与 *Ms* 线相交，尽管穿过了贝氏体区，但因在连续冷却转变 CCT 曲线中无贝氏体转变区，所以在连续冷却时不会得到贝氏体组织，而会转变为托氏体、马氏体和残余奥氏体的混合组织，硬度为 45 ~ 55HRC。

v_4 相当于水中冷却速度（淬火），与连续冷却转变曲线不相交而直接与 *Ms* 线相交，过冷奥氏体在 A_1 ~ *Ms* 线之间来不及分解，在 *Ms* 线以下转变为马氏体和残余奥氏体。v_k 为临界冷却速度，与等温转变图曲线相切于鼻部，过冷奥氏体转变为马氏体和残余奥氏体。

上述方法对正确判定热处理工艺、分析钢的组织与性能、合理选材有极大帮助。

表 3-3 共析碳钢过冷奥氏体等温转变产物的组织及硬度

冷速类型	冷却方法	转变产物	符号	硬度
v_1	炉冷	珠光体	P	170 ~ 220HBW
v_2	空冷	索氏体	S	25 ~ 35HRC
v_3	油冷	托氏体 + 马氏体	T + M	45 ~ 55HRC
v_4	水冷	马氏体 + 残余奥氏体	M + A′	55 ~ 65HRC

3.2 热处理工艺方法

各种机器零件的形状尺寸、性能要求及所用材料不同，热处理方法也不同。通常可按照钢铁组织变化特征选择普通热处理、表面淬火处理或表面扩渗处理等方法，还可按照使用要求选择退火、正火、淬火、回火或渗碳等方法。

3.2.1 钢的普通热处理

3.2.1.1 钢的退火处理

退火（annealing）是将钢件加热到适当温度，保温一定时间并达到所需要求，然后随炉或埋入导热性较差的介质中缓慢冷却，以获得接近 Fe-Fe_3C 相图上平衡状态组织或消除应力的热处理工艺。

退火的主要目的是为了降低硬度，提高塑性，以利于切削加工或继续冷变形加工；细化晶粒，消除组织缺陷，改善钢的性能；消除内应力，稳定工件尺寸，防止变形与开裂，并为最终热处理作好组织准备。

退火方法很多，通常按退火目的不同，可分为完全退火、等温退火、球化退火、再结晶退火和去应力退火等。

（1）完全退火（full annealing） 完全退火是将钢加热到 Ac_3 线以上 30 ~ 50℃（见图 3-15a），保温一定时间而获得完全的奥氏体组织，然后随炉冷却到 500℃ 以下，再出炉在空气中冷却，最终获得平衡组织铁素体 + 珠光体。

完全退火主要适用于亚共析碳素钢和合金钢铸件、锻件、热轧型材及焊接件等，而过共析钢不宜采用完全退火。由于过共析钢缓冷时沿晶界析出二次网状渗碳体，则会显著降低钢的塑性和韧性，给后续切削加工和淬火带来不利影响。

完全退火件一般随炉加热，为防止加热过程中开裂，高合金钢大件在 700℃ 以下加热速度应为 30 ~ 70℃/h，超过 700℃ 后可增大为 80 ~ 100℃/h；低合金钢则不限制升温速度。冷却时随炉缓慢冷却至 500 ~600℃时出炉空冷。

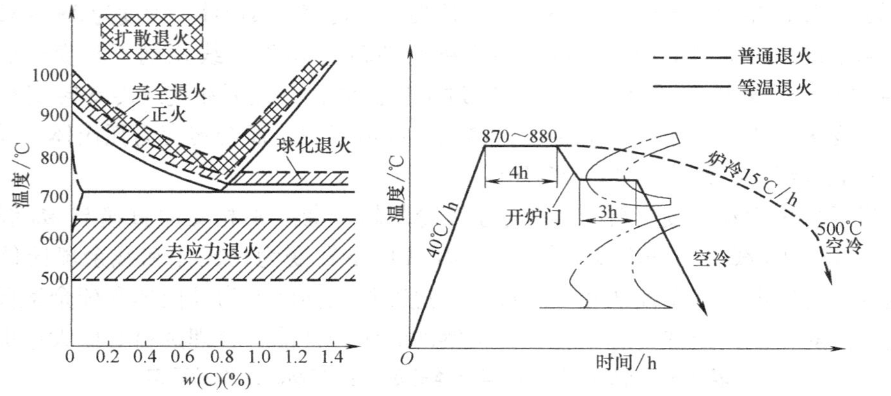

a) b)

图 3-15 钢的退火加热温度及冷却方式比较

a）热处理加热温度范围 b）高速钢的等温退火与完全退火

完全退火件保温时间取决于钢的化学成分、炉温、装炉方式及装炉量，一般按钢件的有效厚度（1.5min/mm）估算，碳素钢钢件厚度小于25mm 保温 1h，以后每增加 25mm 厚延长 0.5h；合金钢件每厚 200mm 保温 1h，大型铸钢件可按下列经验算式估算：

$$T = K + 0.25Q$$

式中 T——保温时间，单位为 h/s；

Q——装炉量，单位为 t；

K——常数（$\phi \geq 100$mm，$K=6$；$\phi < 100$mm，$K=4$）。

对于在 850 ~900℃退火的锻造和轧制件，计算式则按 $T=4+(0.2\sim0.4)Q$ 计算。

完全退火可使亚共析钢件获得接近平衡状态组织，并使铸件、锻件或焊件中粗大组织均匀细化，消除内应力并降低硬度，提高塑性，改善切削加工性。但所需时间较长，特别是某些奥氏体较稳定的合金钢，退火时间长达几十小时以上，所以合金钢大件通常采用等温退火工艺，如图 3-15b 所示。

（2）等温退火（isothermal annealing） 等温退火是将钢件加热到 Ac_3 线以上（对亚共析钢）或 Ac_1 线以上（对共析钢和过共析钢），保温后较快冷却到稍低于 Ac_1 线温度，即珠光体型转变温度范围内，一直等温保持到奥氏体全部转变为珠光体型组织为止，然后出炉置空气中冷却。

等温退火与完全退火的目的、加热方法及保温时间基本相同，但可通过控制等温温度，更快获得所需的均匀组织和性能，退火效果较好，并可大大缩短约一半以上的退火时间，主要用于奥氏体较稳定的合金工具钢和高合金钢等。

生产中常采用等温退火或完全退火细化晶粒，消除应力，以改善切削加工性能。对于一些不重要件可作为最终热处理，对某些重要件可作为预先热处理。

（3）球化退火（spheroidizing annealing） 球化退火是将钢件加热到 Ac_1 线以上 20 ~30℃，保温较长时间，然后以极其缓慢的速度冷却到 600℃以下，再出炉空冷的热处理工艺。其加热方法及保温时间等工艺方法同上。

球化退火主要用于消除过共析碳素钢及合金工具钢中的网状二次渗碳体及珠光体中的片状渗碳体。由于层片状珠光体较硬，再加上网状渗碳体的存在，不仅使切削加工性变差，刀具磨损增加，而且还易引起淬火变形和开裂。

为了克服上述缺点，可在热加工之后安排一道球化退火工序（见图 3-16a），使珠光体中的网状二次渗碳体和片状渗碳体在加热保温过程中，不完全溶解而断开，并成为许多细小点状渗碳体弥散分布在奥氏体基体上。

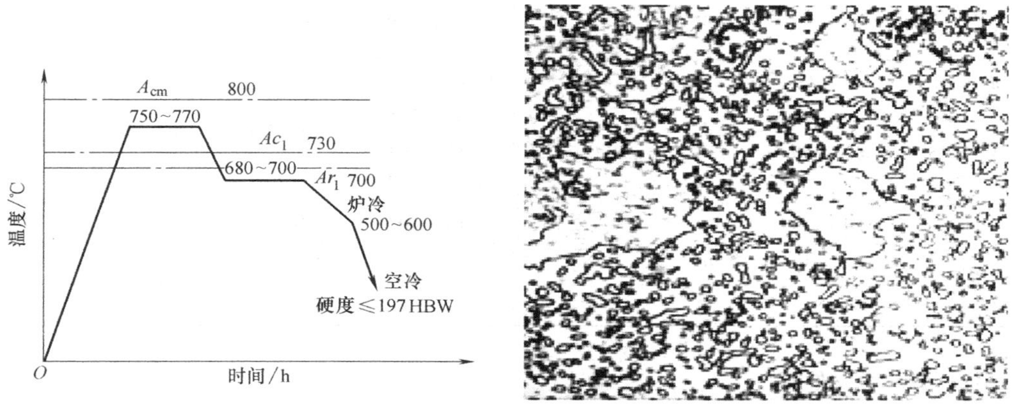

a)　　b)

图 3-16　T10 钢球化退火工艺及球化组织

a）球化退火工艺　b）球化退火后的显微组织

在随后缓冷过程中，以细小渗碳体质点为核心，形成颗粒状渗碳体，均匀分布在铁素体基体上，成为球状珠光体（见图 3-16b），从而降低硬度，提高塑性，改善切削加工性和冷拔、冷冲压等冷变形加工性，并为淬火作好组织准备。

对于含碳量高、网状渗碳体严重的过共析钢，应在退火前先进行一次正火处理，使网状渗碳体溶解，然后再进行球化退火，进而破碎网状渗碳体，使材料获得较低硬度的球状珠光体，以提高切削加工性并可为后续淬火提供良好预备组织。

（4）再结晶退火（recrystallization annealing）　再结晶退火是将钢件加热到再结晶温度以上 150～250℃，即 650～750℃范围内，保温一定时间后随炉冷却，通过再结晶使钢材的塑性恢复到冷变形以前的状况。低温再结晶退火可用于冷轧、冷拉、冷压等产生加工硬化的各种金属材料处理，见表 3-4。

（5）去应力退火（stress relieving）　去应力退火是将钢件随炉缓慢加热（100～150 ℃/h）至 500～650℃，保温一定时间，然后随炉缓慢冷却（50～100 ℃/h）至 300～200℃以下再出炉空冷，称为去应力退火，如图 3-15a 所示。

去应力退火又称低温退火，主要用于消除铸件、锻件、焊接件、冷冲压件及机加工件中的残余应力，以消除残余应力的不良影响，稳定尺寸、减少变形，并使钢件在低温退火过程中无组织变化而不降低材料强度。

表 3-4　各种钣金材料软化退火工艺规范

材料名称	高温退火规范			材料名称	低温退火（再结晶退火）规范		
	加热温度/℃	加热时间/min	冷却方式		加热温度/℃	保温时间/min	冷却方式
08，10，15	760～780	20～40	在箱内空冷	08，10，15，20	600～650	>120	空冷
Q195，Q215	900～920	20～40	在箱内空冷	T1，T2	400～450	>60	空冷

（续）

材料名称	高温退火规范			材料名称	低温退火（再结晶退火）规范		
	加热温度/℃	加热时间/min	冷却方式		加热温度/℃	保温时间/min	冷却方式
20，25，30，Q235，Q255	700～720	60	随炉冷却	H80，H68	500～540	>60	炉冷至150℃空冷
30CrMnSiA	650～700	12～18	空冷	1070A，1060，1050A，1035，1200，8A06，5A02，3A21	220～250	40～45	空冷
1070A，1060，1050A，1035，1200，8A06	300～350	30	250℃起空冷				
1Cr18Ni9Ti	1150～1170	30	气流或水冷	MB1，MB8	260～350	60	空冷
T1，T2	600～650	30	空冷	TA1	550～600	30～60	空冷
Ni（纯镍）	750～850	20	空冷	TA5	650～700	30～60	空冷

3.2.1.2 钢的正火处理

正火（normalizing）是将钢件加热至 Ac_3（对亚共析钢）或 Ac_{cm}（对过共析钢）以上 30～50℃，经保温后从炉中取出，在空气中冷却的热处理工艺。正火冷却速度稍快，过冷度较大，可获得较细的珠光体型索氏体组织，如图 3-17 所示。

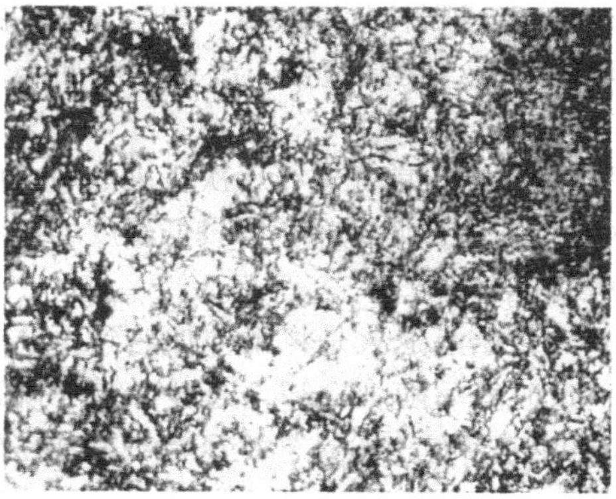

a)

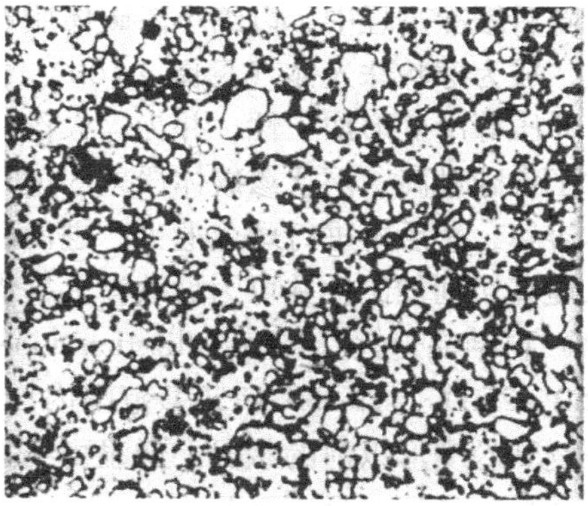

b)

图 3-17 碳素钢和合金钢正火后的显微组织

a）45 钢正火后的显微组织 b）高速钢正火后的显微组织

（1）正火的主要应用范围 对于普通碳素钢、低合金钢和力学性能要求不高的机械结构件，可选用正火处理细化晶粒，使金属件具有适当的组织，从而提高其力学性能和形变加工性能，以便替代调质处理作为最终热处理。

对于低碳钢和低碳合金钢机械零件，可采用正火消除应力和细化组织，以提高其硬度（140～190HBW），避免切削加工中的“粘刀”现象，从而改善其切削加工性能，并作为淬火前的预备处理。

对于共析钢和过共析钢零件，可采用正火消除片状渗碳体和二次网状渗碳体，为球化退火或淬火作好组织准备。对于铸、锻、焊件及火焰切割件，可选用去应力退火和正火消除残余应力、改善组织，以提高加工性及使用性。

（2）正火与退火工艺比较　确定正火工艺时，常采用热炉装料，一般正火件采用快速升温，而大型正火件则应控制装料时的炉温，保温时间与退火时相同。但正火冷却速度比退火快（见表 3-5），所以正火可获得较细小均匀的珠光体类组织。

表 3-5　常用结构钢完全退火、正火工艺规范及工艺曲线

钢号	完全退火				正火		
	加热温度/℃	保温时间/h	冷却速度/(℃/h)	冷却方式	加热温度/℃	保温时间/h	冷却方式
20	—	2～4h	≤100	炉冷至500℃以下出炉空冷	890～920	透烧	空冷
35	850～880		≤100		860～890		
45	800～840		≤100		840～870		
20Cr	860～890		≤80		870～900		
40Cr	830～850		≤80		850～870		
35CrMo	830～850		≤80		850～870		
工艺曲线图	完全退火 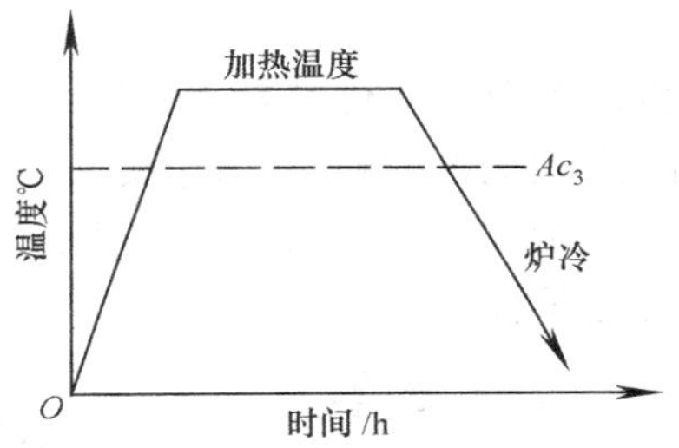				正火 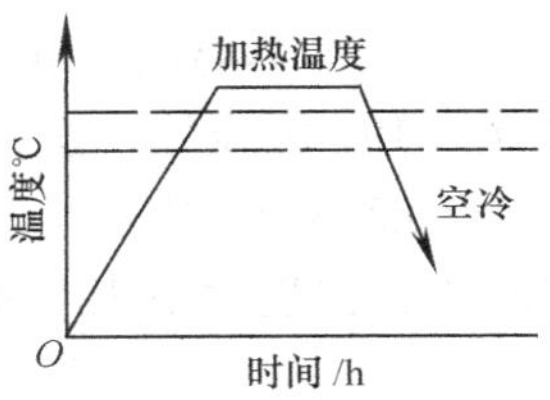		

（3）正火与退火作用比较　正火与完全退火作用相似，均可获得珠光体型组织，但二者的最高加热温度略差、冷却速度不同，如图 3-18a 所示。同一钢件在正火后的强度和硬度较退火后高，并且钢的含碳量越高，二者的强度和硬度差别越大，如图 3-18b 所示，对切削加工性、变形和开裂等影响也越大。

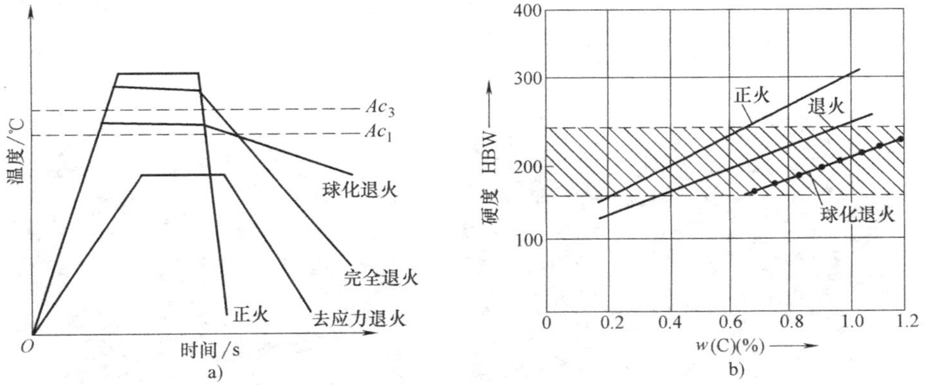

图 3-18　钢的正火与退火工艺及硬度比较

a）正火与退火工艺规范　b）碳钢正火和退火后的硬度范围

钢材最适宜的切削加工硬度为 140～250HBW。一般碳的质量分数小于 0.5% 的结构钢选用正火为宜，碳的质量分数为 0.4%～0.74% 的结构钢选用完全退火为宜，而碳的质量分数大于0.8%的高碳工具钢，则必须选用球化退火作为预备热处理。

低碳钢经正火处理后，强度和硬度与退火差不多，但为提高效率和效益，应尽量选用正火。然而，当碳的质量分数小于0.15%时，即使选用正火硬度也不高，材料发“粘”而不易断屑，给切削加工造成困难，且零件加工表面粗糙，所以应选用淬火处理以提高其硬度，才能方便切削加工。

对于形状复杂的零件或尺寸较大的大型钢件，若选用正火处理，则冷却速度太快，可能产生较大的内应力，导致变形和裂纹，因此宜选用退火处理。然而，对于截面形状简单的小型结构零件，在可能条件下则应尽量采用生产周期短、效率高、简便经济的正火处理，可以降低生产成本。

3.2.1.3 钢的淬火处理

淬火是将钢加热到 Ac_3（亚共析钢）或 Ac_1（共析或过共析钢）以上 30 ~ 50℃，保温一定时间使其奥氏体化，然后在冷却介质中迅速冷却的热处理工艺。其主要目的是获得马氏体（个别情况下获得贝氏体）组织，以提高钢的硬度和耐磨性，如各种工模具、量具、滚动轴承等均需通过淬火提高硬度和耐磨性。

（1）淬火加热温度　碳素钢的淬火加热温度范围，可利用 $Fe\text{-}Fe_3C$ 相图上的淬火温度范围（见图3-19a 影线处）选择。亚共析碳素钢适宜的淬火温度为 Ac_3 线以上 30 ~ 50℃，淬火后获得均匀细小的马氏体组织（见图3-19b）。若加热温度过低（低于 Ac_3 线的温度），则在淬火组织中将出现大块未溶铁素体，造成淬火硬度不足。

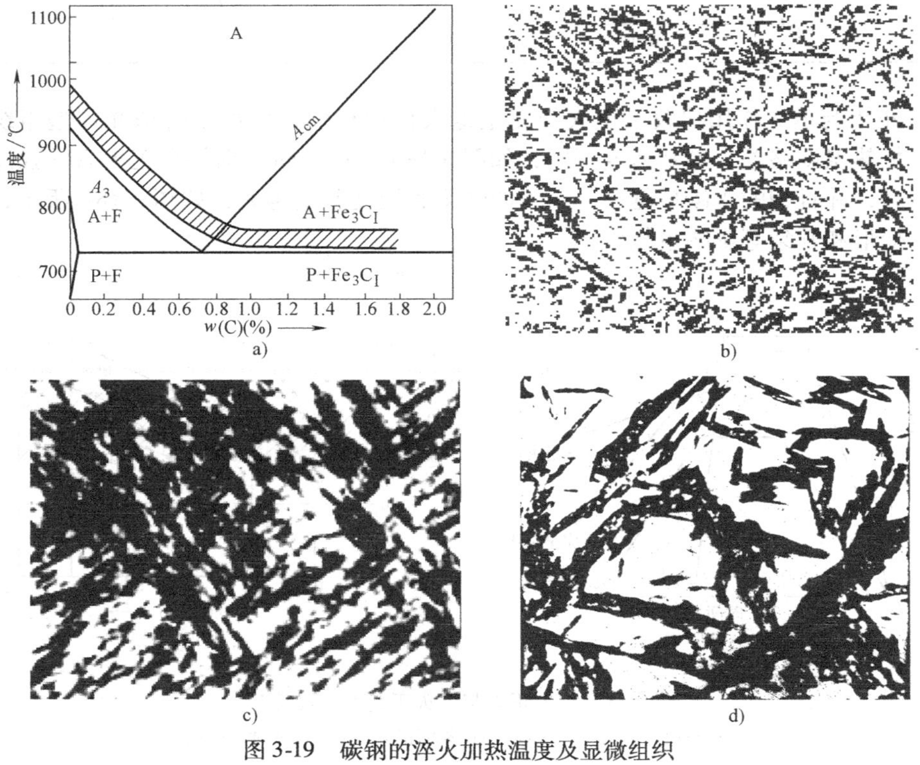

图3-19　碳钢的淬火加热温度及显微组织

a）碳钢的淬火加热温度范围　b）亚共析碳钢（45钢）正常淬火组织

c）过共析碳钢（T12）正常淬火组织　d）过共析碳钢（T12）非正常淬火组织

共析碳素钢和过共析碳素钢适宜的淬火温度为 Ac_1 线以上 30 ~50℃，淬火后获得马氏体和颗粒状二次渗碳体（见图 3-19c），以提高钢的硬度和耐磨性。若加热温度超过 Ac_{cm}，不仅会得到脆性极大的粗片状马氏体组织，还会因奥氏体含碳量过高，使淬火钢中残余奥氏体量增加（见图 3-19d），从而降低钢的硬度和耐磨性。

合金钢的淬火加热温度，可根据其相变点选择，但由于大多数合金元素在钢中阻碍奥氏体晶粒长大（Mn、P 除外），具有细化晶粒的作用，因此合金钢的淬火加热温度可以适当提高。

高速钢、高铬钢及不锈钢的淬火加热温度，应根据合金碳化物渗入奥氏体要求量选定，亦可参照表 3-6 的临界温度选定。一般壁厚而较大或淬硬性较差的零件，取较高的淬火加热温度，而易变形的薄壁小件或形状复杂零件，则应取较低的下限温度。

表 3-6 各种热处理加热温度范围

工艺方法		完全退火	球化退火	去应力退火	正火	淬火	高频淬火
加热温度	亚共析钢	Ac_1 +30 ~50℃	Ac_1 +20 ~40℃	Ac_1 − 100 ~200℃	Ac_3 +30 ~50℃	Ac_3 +30 ~50℃	比普通淬火高 80 ~100/℃
	过共析钢	Ac_{cm} −20 ~30℃	Ac_{cm} +30 ~50℃		Ac_{cm} +30 ~50℃	Ac_1 +30 ~50℃	

（2）淬火冷却介质　钢件进行淬火冷却时所使用的介质称为淬火冷却介质。淬火冷却介质应具有足够的冷却能力、良好的冷却性能和较宽的适用范围，同时还应具有不易老化、不腐蚀、不易燃、易清洗、无公害和价廉等特点。

常用冷却介质有水、油、盐水、聚合物水溶液、气体等。水在 650 ~400℃范围内具有很大的冷却能力（ >600℃/s），特别在浓度为 10% ~15% 的盐水中停留，更能增加碳素钢在 650 ~400℃范围内的冷却能力，一般停留时间以 4 ~6mm/s 计算。

但盐水和清水在 300 ~200℃范围内的冷却速度仍然很大，将会产生很大的组织应力而造成工件严重变形或开裂。因此盐水仅适用于形状简单、硬度要求高而均匀、表面要求光洁、变形要求不严格的碳素钢零件，如螺钉、销钉等。

淬火用油几乎全部为矿物油（如机油、变压器油、柴油等），油在 300 ~200℃范围内冷却速度远小于水，可减小淬火工件的变形和开裂，但在 650 ~400℃范围内冷却速度比水小得多，因此多用于过冷奥氏体稳定性较大的合金钢淬火。

由共析碳素钢的过冷奥氏体等温转变曲线可知，淬火时要想获得全部马氏体组织，淬火冷却速度必须大于临界冷却速度，并应在过冷奥氏体最不稳定的等温转变图曲线鼻尖附近温度（650 ~400℃）范围内尽快冷却，如图 3-20a 所示。

但在 650℃以上及 400℃以下并不需要快速冷却，尤其在 300 ~200℃以下发生马氏体转变时，更不应该快速冷却。否则，将会由于工件截面内外温差所引起的热应力，以及组织转变应力的共同作用，使工件产生变形和裂纹。

在选用冷却介质时，还应考虑淬火冷却方式及工件结构形状等因素，适当选用水-空气、水-油等双介质淬火，如图 3-20b 中曲线 b，是将工件在水中停留一定时间后，立即转入冷却能力较弱的油中冷却，以便减少应力并能获得马氏体组织。

（3）淬火工艺方法　常用淬火工艺方法有单介质淬火法、双介质淬火法、分级淬火法、等温淬火法、深冷处理法以及局部淬火法等。

单介质淬火是将奥氏体化后的工件放入一种淬火介质中连续冷却到室温的淬火方法

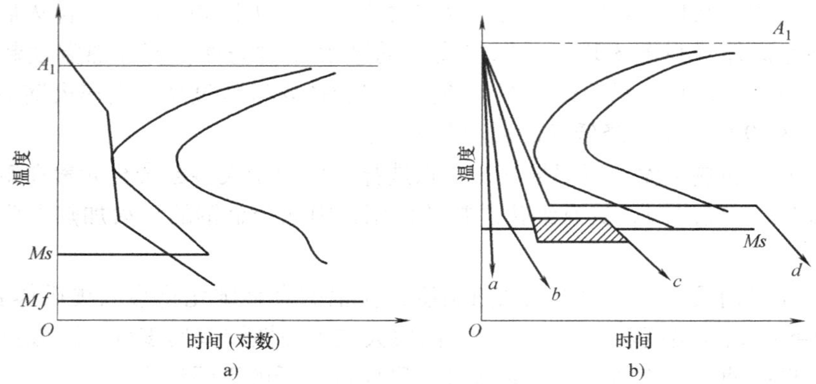

图 3-20 理想淬火与实际淬火冷却曲线

a）理想淬火冷却曲线示意图 b）各种淬火冷却曲线

a—单液淬火 *b*—双液淬火 *c*—分级淬火 *d*—等温淬火

（见图 3-21a），如碳素钢在水中淬火，合金钢在油中淬火，操作简单，易于实现机械化与自动化，适用于形状简单的工件。

双介质淬火是将奥氏体化工件先放入一种冷却能力较强的介质中，当工件冷到 300℃左右时，再放到另外一种冷却能力较弱的介质中冷却。如先水冷后油冷、先水冷后空冷或先油冷后空冷等，均为双介质淬火法，如图 3-21b 所示。

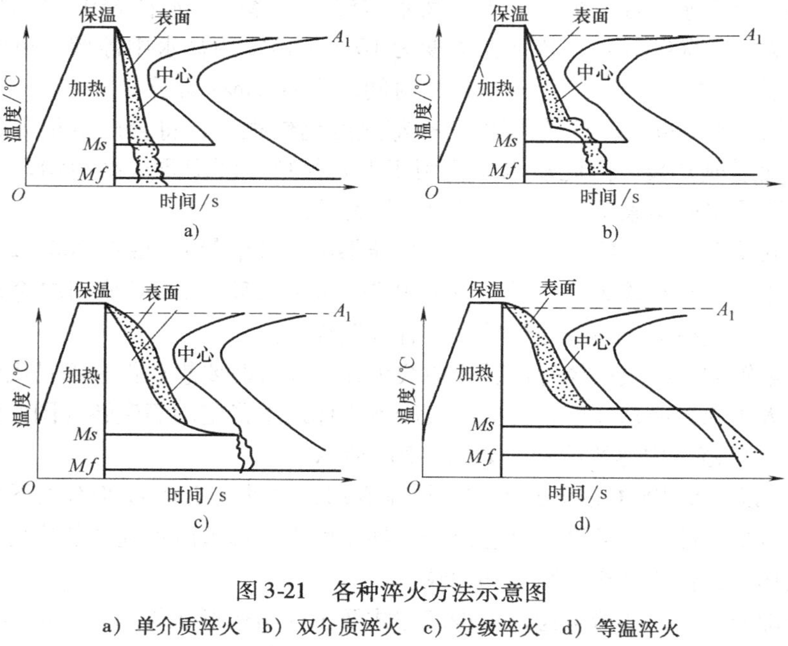

图 3-21 各种淬火方法示意图

a）单介质淬火 b）双介质淬火 c）分级淬火 d）等温淬火

双介质淬火法的马氏体转变是在冷却能力较低的介质中进行，故产生的内应力较小，可减小变形和开裂的可能性，但在第一种冷却介质中的停留时间不易掌握，要求操作技术较高，且适用于形状复杂的工件。

分级淬火是将奥氏体化工件放入温度稍高于 *Ms* 点（约 260℃）的冷却介质（盐浴或碱浴）中，停留 2～5min，使工件内外温度达到均匀后取出空冷，以获得马氏体组织（见图 3-

21c)，此法仅适用于截面尺寸较小（或厚度小于 10mm）的工件。

淬火时停留时间太长会发生贝氏体转变，使硬度不足；时间太短则不能充分减小内应力。但因熔融硝盐（碱）浴有较大冷却能力，只要控制在低温奥氏体稳定区，按理想冷却曲线冷却，便可减小应力、变形和开裂倾向。

等温淬火是将奥氏体化工件放入温度稍高于 *Ms* 温度（260～400℃）的盐浴中等温一定时间，使过冷奥氏体转变为强度高、韧性好的下贝氏体，然后再空气中冷却的淬火方法（图 3-21d）。此法只应用于尺寸要求精确、形状复杂、有较高强韧性的小型工件及工模具，如弹簧、小齿轮及丝锥等。

局部淬火是指将局部有高硬度要求的工件，等整体加热后再将局部置于淬火介质中冷却（见图 3-22），或将工件需要淬火部分加热，再将该部分放在淬火介质中冷却，以免工件其它部分产生变形和开裂。

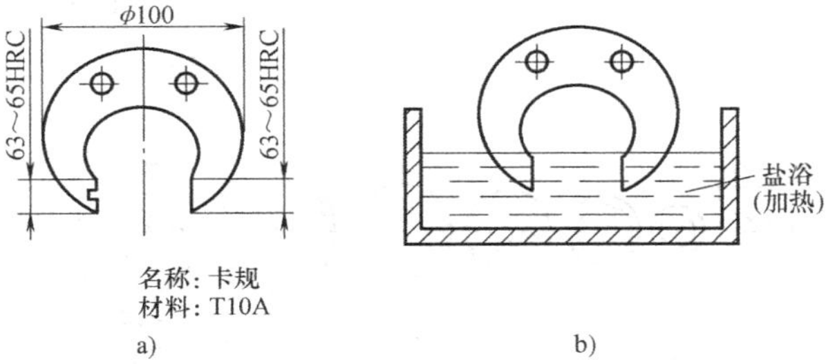

图 3-22　大卡规及其局部淬火法示意图

a) 大卡规　b) 局部淬火法

深冷处理是将钢件淬火冷却到室温后，再放到 *Ms* 点温度以下（如 −70～−80℃ 干冰或者 −196℃ 液化氮等）介质中冷却，可减少钢中残余奥氏体量而获得尽量多的马氏体，以提高钢的硬度并使尺寸稳定，多用于精密量具及滚动轴承等。

（4）淬透性及其应用　淬透性是指钢在规定条件下淬火时获得马氏体淬硬层深度的能力，如图 3-23a 所示，同一工件表面和心部冷却速度不同，表面冷却速度最大，靠近心部冷却速度最小。当表层冷却速度大于 v_k 时获得马氏体，而心部则获得非马氏体组织（见图 3-23b），工件未被淬透。当工件截面较小，表层和心部均可获得马氏体组织，则整个工件已被淬透，如图 3-23c 所示。

通常将淬火件表面至半马氏体区（马氏体与非马氏体组织各占一半的区域）的距离作为淬透层深度，若零件的中心在淬火后获得了 50% 以上的马氏体，则可认为它已被淬透。常用钢材的临界淬透直径见表 3-7。

钢的淬透性主要取决于钢的临界冷却速度，等温转变 C 曲线位置越偏右，临界冷却速度越小，过冷奥氏体越稳定，钢的淬透性也越好。因此，除 Co 以外，大多数合金元素都能显著提高钢的淬透性。

通常要求淬透深度大的大截面连杆、锻模、锤杆等必须选用高淬透性钢，而小截面轴类零件，则选用低淬透性钢也可获得较大淬透层。但承受交变应力及冲击载荷等的大截面复杂连杆、模具和板簧等零件，则必须选用淬透性好的钢。

承受交变弯曲、扭转、冲击及磨损的轴类、齿轮类、转向节等零件，要求表面耐磨、内部强韧，则应选用淬透性稍低的钢。而形状复杂或尺寸精度要求高的量具、大型复杂模具和高精度零件，则应选用含合金元素较多的高淬透性钢。

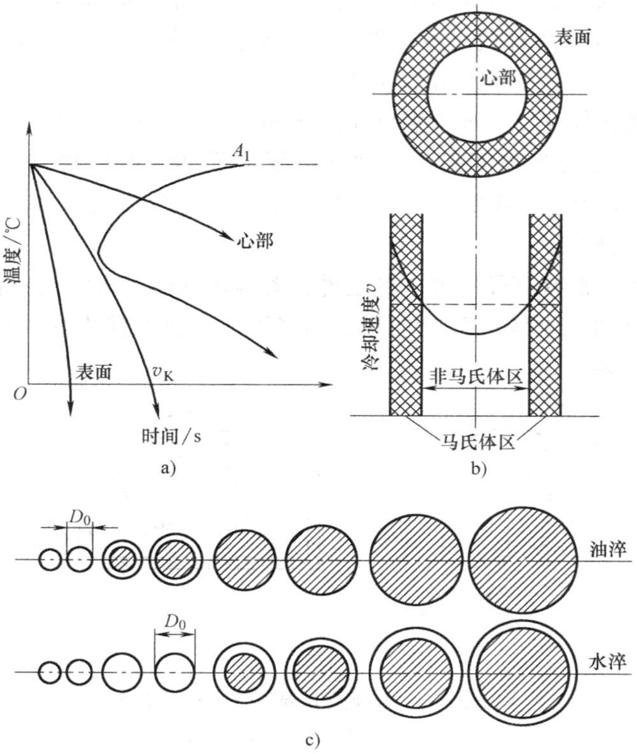

图 3-23 淬透性和淬硬层测定方法

a）零件不同截面的冷却曲线 b）零件淬透层深度与未淬透区

c）不同直径的 45 钢油和水中淬硬层深度

表 3-7 部分常用钢材的临界淬透直径

钢号	水中淬火直径 $D_{0水}$/mm	油中淬火直径 $D_{0油}$/mm	心部组织（体积分数）
45、60	10～18、20～25	6～8、9～15	50% M
40Cr	20～36	12～24	50% M
20CrMnTi	32～50	12～20	50% M
T8～T12	15～18	5～7	95% M
GCr15	—	30～35	95% M
9SiCr	—	40～50	95% M
Cr12	—	200	90% M

（5）淬硬性及其应用　淬硬性是指钢件在淬火时的硬化能力，常用淬火后马氏体所能达到的最高硬度表示，它主要取决于马氏体中的含碳量，含碳量越高则相应的马氏体越硬，完全淬火状态的钢件硬度则越高。

不同成分钢的半马氏体硬度主要取决于钢的含碳量，如图 3-23c 所示。在相同成分和相同淬火冷却介质条件下，截面尺寸大的工件淬硬深度小，有时连表面也淬不硬，而截面尺寸小的工件淬硬深度大，容易全部淬硬。

3.2.1.4　钢的回火处理

回火是将淬火钢件加热到 Ac_1 以下某一温度，保温一定时间，然后冷却至室温，以调整和改善钢的组织及韧性，并消除钢件脆性和内应力，从而达到工况要求的强度、硬度、塑性和韧性的热处理工艺。

由于淬火获得的脆性马氏体及内应力，容易产生开裂和变形。并且淬火马氏体和残余奥氏体在室温下不稳定，趋向分解而回到铁素体和碳化物稳定状态，从而导致工件的尺寸和性能发生化。因此淬火钢不能直接应用，必须通过回火处理。

（1）淬火钢件回火转变过程　随着回火加热温度的升高，淬火钢的组织将发生以下四个阶段的变化。

第一阶段：当加热至 100℃ 以上回火时，马氏体开始分解。马氏体中的碳以 $\varepsilon - Fe_{2.4}C$ 的形式析出，使过饱和度降低，并由极细的 $\varepsilon - Fe_{2.4}C$ 和低过饱和度的 α 相组成组织，这种组织称为回火马氏体（见图 3-24a），易腐蚀且颜色较暗。

第二阶段：当加热至 200～300℃ 时，残余奥氏体转变为下贝氏体，并与过冷奥氏体在此温度范围内的转变产物相同。

第三阶段：$\varepsilon - Fe_{2.4}C$ 在 250～400℃ 范围内转变为渗碳体 Fe_3C，并在 400℃ 以上逐渐析出和聚集长大，形成较大的粒状渗碳体。当温度升至 600℃ 以上时 Fe_3C 迅速粗化。

第四阶段：在 450℃ 以上时，铁素体开始回复和再结晶，从而失去针状形态，而成为多边形的铁素体。

淬火钢回火时的组织变化是在不同温度范围内发生且又交叉重叠进行，并随回火温度的升高，使钢硬度、强度下降，而塑性、韧性提高，如图 3-24b 所示。

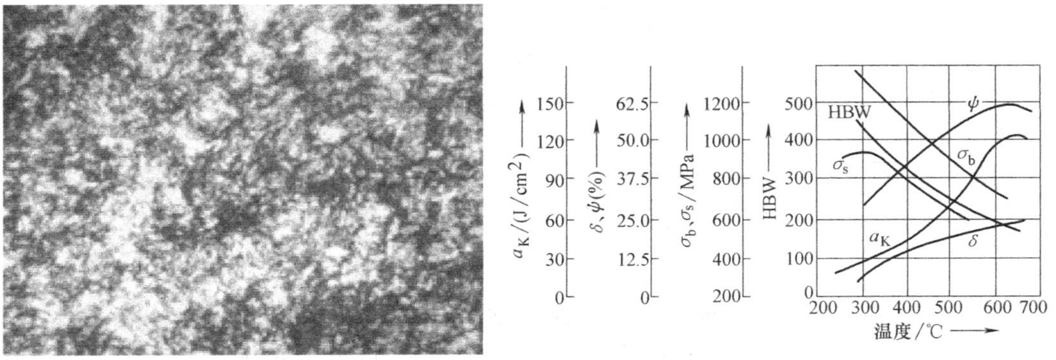

a)　b)

图 3-24　淬火钢的回火组织及性能

a）回火马氏体　b）40 钢力学性能与回火温度的关系

（2）回火钢件组织和性能　将淬火钢件在不同的回火温度下进行回火后，可获得以下三类不同的回火组织及性能。

在 100～300℃ 回火后，可获得回火马氏体组织（$M_{回}$），它是由低饱和度的 α 固溶体和细小 ε 碳化物组成的混合物。其室温显微组织形态与马氏体组织相近（见图 3-25a），基本上保持了淬火后的高硬度和高耐磨性。

在 350～500℃ 回火后，可获得回火托氏体（$T_{回}$），它是由弥散分布的极细粒状渗碳体和针状铁素体组成的混合物，其室温显微组织形态如图 3-25b 所示，硬度稍低于马氏体，但强度也较高，并具有一定的塑性和韧性。

在 500 ~ 650℃ 回火后，可获得回火索氏体（$S_{回}$），它是由再结晶的多边形铁素体和颗粒状渗碳体组成的混合物。其室温显微组织形态如图 3-25c 所示，硬度和强度低于托氏体，但塑性和韧性较高，具有良好的综合力学性能。

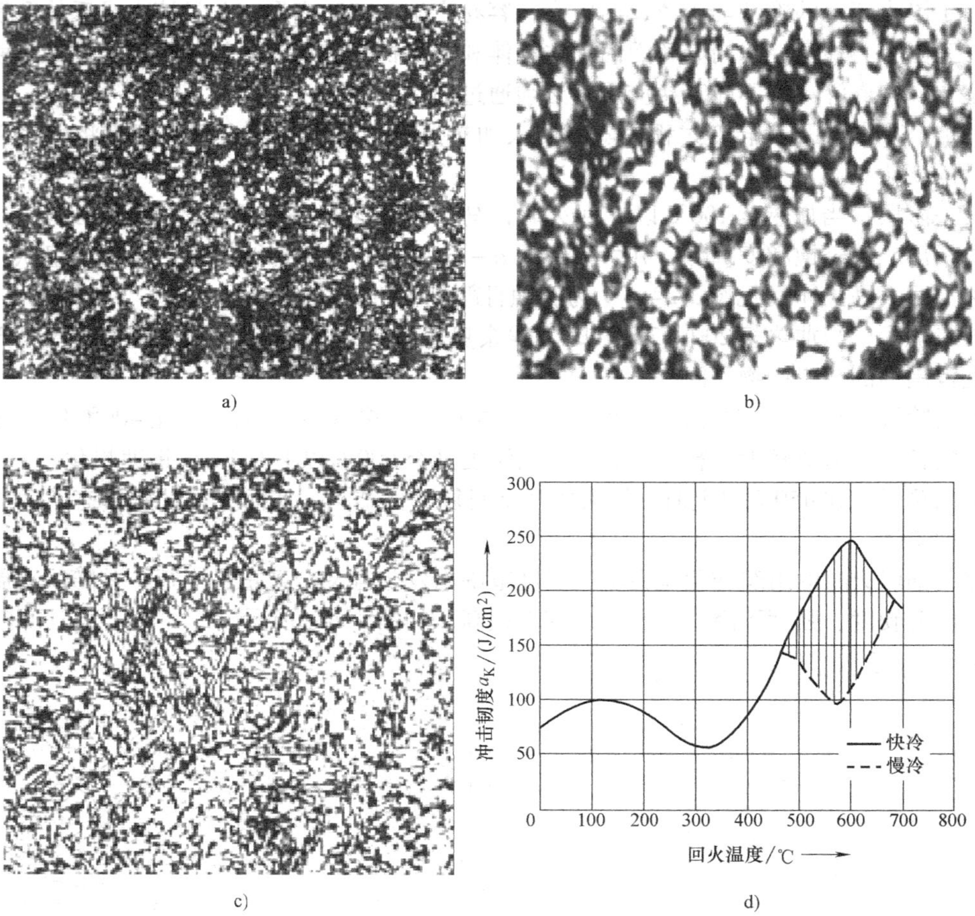

图 3-25 淬火钢回火组织及回火脆性

a）T10 钢淬火低温回火马氏体 b）45 钢淬火中温回火托氏体

c）45 钢淬火高温回火索氏体 d）韧性与回火温度的关系

（3）回火工艺种类及应用 低温回火（low temperature tempering，150 ~ 250℃）可获得回火马氏体组织，既可降低淬火钢中部分残余应力和脆性，又可保持淬火钢的高硬度和耐磨性，通常硬度高达 58 ~ 64HRC，主要用于高碳钢或高合金钢工模具、滚动轴承、渗碳齿轮和轴、销等表面淬火件的处理。

中温回火（middle temperature tempering，350 ~ 500℃）可获得回火托氏体组织，其目的是获得高的弹性极限、高的屈服强度和较好的韧性，其硬度一般为 40 ~ 50HRC，主要用于各种弹性零件及热锻模具的处理。

高温回火（high temperature tempering，500 ~ 650℃）可获得回火索氏体组织，其目的是

获得良好的综合力学性能，使钢保持较高强度和硬度，同时具有良好的塑性和韧性，其硬度一般为 25 ~ 35HRC。

通常将淬火加高温回火的热处理工艺称为调质处理，简称为调质（quenching and tempering）。它广泛应用于机器设备的重要零部件，尤其是应用于交变载荷的零部件，如轴类、齿轮类、连杆、螺栓等。

（4）回火脆性及危害　淬火钢件在某些温度区间回火或从回火温度缓慢冷却时，通过该区间过程中可能产生的冲击韧度显著降低的现象称为回火脆性（temper embrittlement），如图 3-25c 所示。

淬火钢在 250 ~ 400℃ 回火时所产生的回火脆性称为第一类回火脆性，也称为低温回火脆性。产生这种现象的根本原因是 ε 碳化物转变为薄片状渗碳体，沿马氏体晶界析出，破坏了马氏体之间的连续性，而使韧性下降。

几乎所有淬火钢在 250 ~ 400℃ 回火时，均会产生不同程度的回火脆性，且脆性一旦产生而无法消除，故又称为不可逆回火脆性，一般不在此温度范围内回火，通常使用含 Si 的钢将脆化温度推向高温，以防止低温回火脆性。

（5）回火与淬火方法选择　凡承受重载及交变载荷的中碳结构钢轴类等零件，可选用淬火加高温回火工艺方法，可使材料具有较高的综合力学性能。但强度较低的低碳钢零件在正火效果达不到要求时，可选用不完全淬火工艺方法，适当提高硬度，尤其对于齿轮有利于保证齿部加工精度。

对于中碳高合金钢热锻模和中碳弹簧钢件，宜选用淬火加中温回火工艺方法，既可保证模具具有一定硬度和韧性，又可使弹簧得到细小的回火托氏体组织，保证弹簧具有高的弹性及抗疲劳性能。

对于高碳工具钢件，为保证其高硬度及高耐磨性，应选用淬火加低温回火工艺。而高碳高合金钢（如 W18Cr4V），则需选用淬火加上多次高温回火工艺，进一步提高钢中回火马氏体含量，减少残余奥氏体含量，以保证工具使用寿命。

3.2.2 钢的表面淬火处理

表面淬火（surface hardening）是将钢件表层快速加热至奥氏体化温度，再立即快速冷却，使表层获得硬而耐磨的马氏体组织，而心部仍保持原来良好塑韧性的退火组织、正火组织或调质组织的一种局部淬火工艺。

这种工艺广泛应用于经过整体热处理的汽车、拖拉机传动齿轮、凸轮轴和曲轴零件，可使零件表面获得高硬度和高耐磨性，而心部仍保持原有综合力学性能。通常按加热方式不同，分为感应加热、火焰加热和高能束加热等淬火方法。

3.2.2.1 感应加热淬火（induction hardening）

（1）感应加热淬火原理　感应加热是将工件放入空心铜管（管内通入冷却水）绕成的感应器内，将感应器通入频率为 50 ~ 300000Hz 的电流，使工件中产生交变磁场和同频率的感应电流，如图 3-26a 所示。

感应电流在工件截面上分布不均匀，心部电流几乎为零，而表面电流密度极大，这种现象称为集肤效应。当电流频率越高时，工件表面感应层越薄，集中于表面层的电流密度越大，表层迅速加热所需的时间越短。

通常工件表层在几秒钟内迅速加热至800～1000℃，而心部则仍然接近于室温。当工件表层温度上升至淬火加热温度时，可立即喷水或浸油（合金钢淬火时）冷却，从而使工件表层淬硬。

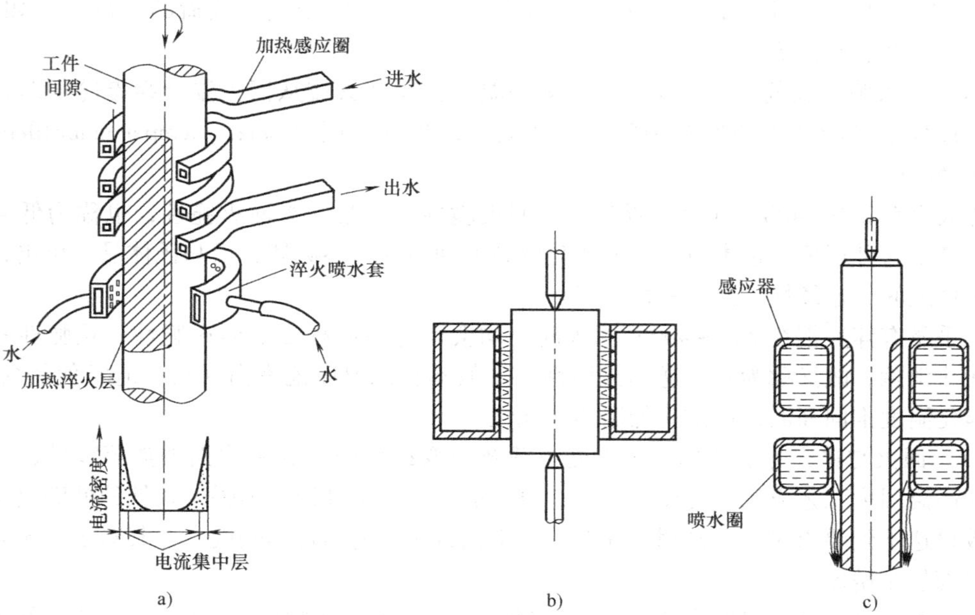

图3-26 表面感应加热淬火原理及方式
a）感应淬火原理 b）同时感应加热淬火 c）连续感应加热淬火

（2）感应加热淬火方法 按感应加热方法不同，可分为同时加热淬火和连续加热淬火。同时加热淬火是将工件表面淬火区整个包围在感应器内（见图3-26b），将其一次感应加热到奥氏体化状态并同时完成冷却淬火。此法适宜于小零件或淬火面积小于设备允许一次最大加热表面积的零件。

连续加热淬火法是将感应器与工件做相对运动，如图3-26c所示，使工件的加热和冷却淬硬连续进行。且先使表面逐次得到感应加热，随后再逐次冷却淬硬。连续加热淬火后，硬化层分布均匀，感应器通用性大，故大多采用此法。

对于凸凹不平的齿轮件等，由于感应线圈与工件凸出部位间距小，电流透入深度大，但与工件凹入部位间距大而电流透入深度小，以至造成工件凹凸表面硬度层不均，因此需采用较高和较低频率交替加热法。

（3）感应加热淬火类型 按感应电流频率不同又可分为高频感应淬火、中频感应淬火和工频感应淬火。高频感应淬火频率为200～300kHz，淬硬层深度为0.5～2mm，淬火组织细小，且淬层硬度比普通淬火高2～3HRC。

同时高频加热温度和淬硬层厚度容易控制，获得的淬硬层脆性低、表面不易氧化及脱碳，淬火后工件变形小，疲劳强度可提高20%～30%且生产率较高，因此在生产中应用最广，但其设备维修、调整较难，形状复杂件的感应圈不易制造，大多适用于要求淬硬层薄的中、小型轴类及齿轮类零件的表面淬火。

中频感应淬火频率为2500～8000Hz，淬硬层深度为2～10mm，适用于直径较大的轴和大、中模数齿轮等的处理。工频淬火频率为 50Hz，淬硬层深度可达 10 ~ 20mm，适用于大型工件如轧辊、火车轮等的表面淬火。

(4) 感应淬火应用范围 感应淬火最适用于碳的质量分数为 0.4% ~0.5% 的中碳结构钢或中碳低合金结构钢件的表面强化处理。例如，40、45、40Cr、40MnB 等，也可用于高碳工具钢和铸铁件等。

一般零件的淬硬层深度为半径的 1/10 左右时，可得到强度、疲劳性和韧性的最好配合。对于 10 ~ 20mm 小直径零件的淬硬层深度可达半径的 1/5，而截面较大零件的淬硬层深度则可取较浅些，即小于半径的 1/10 以下。

感应淬火件合理的工艺路线是正火或调质→表面淬火→低温回火，以保证表层具有较高的硬度、较小的淬火应力和脆性，而心部则具有较高的强度和韧性。

3.2.2.2 火焰加热淬火 (flame hardening)

(1) 火焰淬火工艺方法 火焰加热淬火是利用氧乙炔焰或煤气-氧等可燃气体火焰，将工件表面局部加热到相变温度以上，随之立即喷水冷却的表面淬火方法，如图 3-27a 所示，其淬硬层深度一般为 2 ~ 8mm。

火焰加热常用的热源是氧乙炔焰，燃料是乙炔，助燃剂是氧气，也可用天然气、工业煤气、液化石油气或煤油等液体燃料，有时也可用空气作为助燃剂。氧乙炔焰最高温度可达 3200℃ (见图 3-27b)，液化石油气-空气焰可达 2000℃。

火焰加热所用乙炔与氧的比例为 1:1.1 ~ 1:1.5，以 1:1.5 ~ 1:1.25 为最好，火焰强度大、温度高、稳定性好，呈蓝色中性火焰 (见图 3-27c)。乙炔压力为 (0.3 ~ 1.2) × 10^5Pa，氧气压力小件为 (2 ~ 3.5) × 10^5Pa、大件为 (5 ~ 15) × 10^5Pa。

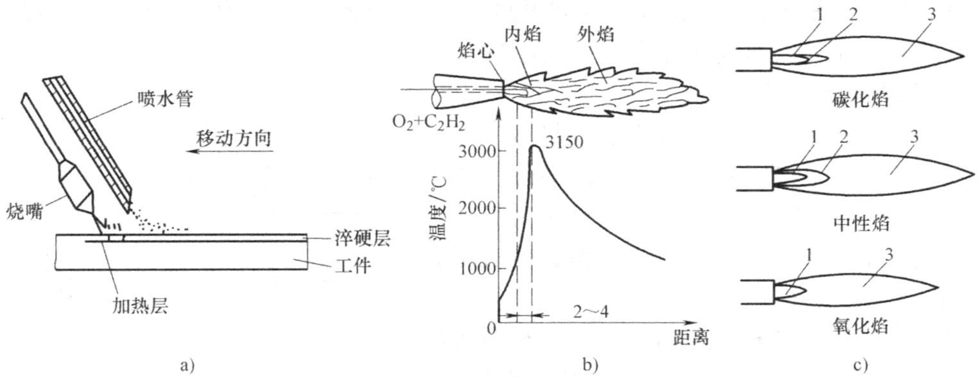

图 3-27 火焰加热表面淬火与火焰构造

a) 火焰加热表面淬火 b) 中性焰温度分布情况 c) 氧乙炔焰类型及形状

1—焰心 2—内焰 3—外焰

火焰加热淬火温度要比炉中加热的普通淬火温度高 20 ~ 30℃，如 45 调质钢一般需控制在 880 ~ 900℃。并为获得良好淬火质量，使工件淬火表面硬度均匀，还需在淬火前调质或正火预处理，淬火后放入炉中进行 180 ~ 200℃、≤8h 的低温回火。

(2) 火焰淬火工艺参数 由于控制火焰还原区与工件相对位置及相对速度，可控制工件表面温度、加热层深度及加热速度，从而控制淬硬层深度。因此需合理调整火焰喷嘴移动速度、喷嘴与工件表面间距、喷嘴与冷却喷水管的距离等参数。

火焰加热喷嘴与工件的相对移动速度，一般在50～300mm/min之间，若火焰喷嘴与工件表面间距越近、移动速度越慢，工件表面温度越高，则淬硬层深度越深，但当移动速度过慢时，极易发生过烧或局部熔化。

当移动速度过快时，淬硬层深度过浅并加热不足，从而起不到淬火的作用。一般移动速度为100mm/min，获得的淬硬层深度在3mm以上。对于35、45、55等中碳钢的加热区用水冷却，而合金钢则需采用3%～5%（体积分数）聚乙烯醇水溶液、乳化液、皂液等较缓和的冷却介质冷却，以便防止工件开裂。

火焰淬火一般均用特制的火焰喷嘴将乙炔和氧气喷出燃烧，并采用连续加热、喷水冷却，喷嘴与工件表面间距一般为8～15mm，火焰还原区顶端距工件表面间距为2～3mm，与冷却喷水管的距离一般为10～20mm。

淬火冷却时，若工件表面温度降低太多，还可能出现淬不硬现象，一般将工件表面加热后空冷5～6s，等其温度预冷至850℃左右时，再喷水冷却可得到较好质量。但对于形状复杂的高碳钢或合金钢件，则需喷30～40℃的温水或乳化液冷却。

（3）火焰淬火特点及应用　火焰淬火使用设备简单、操作方便、成本低、灵活性大，但火焰温度不易控制，工件表面容易过热，淬火质量不够稳定，因此限制了它在工业生产中的广泛应用。

火焰加热淬火适用于单件小批量及大型轴类、大模数齿轮、大型工模具等零件的表面淬火，零件材料常为中碳钢、合金元素质量分数小于3%的中碳合金结构钢、灰铸铁和合金铸铁等，例如，灰铸铁的车床导轨即采用火焰表面淬火。

火焰加热淬火设备简单、操作方便、成本低、灵活性大，但火焰温度不易控制，工件表面易过热，淬火质量不稳定，应用时受到限制。然而，现代化大规模生产专用火焰加热淬火机床，能有效稳定淬火质量并连续大批量生产。

3.2.2.3 激光束加热淬火

激光束加热淬火是由激光发生装置将激光束射到金属材料表面（见图3-28），使表面很薄一层吸收能量并迅速升高（10^5～10^9℃/s）至相变温度以上，但材料内部仍保持冷态并迅速扩散，使表层急剧冷却而达到淬火目的。

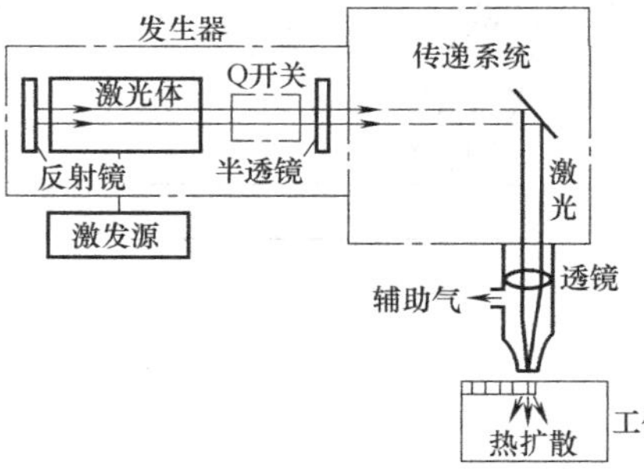

图3-28　激光束装置及工作原理

激光淬火可用于各种金属材料，但钢材激光淬火后，硬度均比一般淬火高。例如，40Cr钢激光淬火后硬度可达61HRC，高速钢激光淬火后达84HRC，且热硬性及耐磨性比一般淬火均明显提高，使用寿命增加2～3倍。弹簧钢激光淬火后硬度达59HRC，不仅提高耐磨性，又保持原有的高弹性。

激光加热可使金属表面合金化而具有特殊合金性能，还可使同质钢材较高频淬火硬化层更浅（0.1～0.5mm）而硬度高3.6HRC，耐磨性好、变形极小，且淬硬区存在较高残余压应力，但组织及性能不够均匀，不适于大面积表面强化。

例如，铸铁气缸套内壁淬火硬化，在内表面获得宽度为4.1～4.5mm、深度为0.3～0.4mm、表面硬度为48～61HRC的内螺纹状淬火带，试验结果表明，相比先进的电火花强化，气缸套耐磨性提高 0.3 ~1 倍，使用效果良好。

3.2.3　钢的表面扩渗处理

扩渗处理（chemico-thermal treatment）是将钢件置于特定介质中加热和保温，使介质中的活性原子渗入钢件表层并扩散均匀，从而改变表层化学成分和组织，使其具有特殊力学性能或物理化学性能的热处理工艺。

3.2.3.1　扩渗热处理原理

扩渗热处理与表面淬火相比，表面层不仅有组织变化，还有化学成分变化。通常按渗入元素的不同，可分为渗碳、渗氮、碳氮共渗、渗硼、渗硫、渗金属等，并且渗入过程一般由以下三个阶段完成。

（1）产生活性原子　产生活性原子是进行扩渗强化的首要阶段，必须首先使化学介质在一定温度下受热分解，从而产生活性原子 [C]、[N] 等。并且只有分解成活性原子才能够渗入到工件表面，而改变工件表面的化学成分。其分解式为：

$$2CO \longrightarrow 2\,[C] + O_2$$

$$2NH_3 \longrightarrow 2\,[N] + 3H_2$$

（2）吸收活性原子　吸收活性原子是指必须使活性原子吸附溶解并渗入工件表面，且完全溶于铁的晶格中而形成固溶体或化合物。吸收过程是先吸入成固溶体，再当温度很高时，达到饱和状态而成化合物。

若金属表层材料不能与渗入元素的原子形成固溶体或化合物，则活性原子没有溶解能力而不能被工件表面所吸收。

（3）扩散活性原子　钢件表面吸收活性原子后，使表面渗入元素浓度增大，与内部形成较大的浓度差，导致渗入元素由表面向中心进行扩散，以实现渗入原子的迁移和分布，从而形成一定厚度的扩散层。

然而，渗入活性原子的扩散浓度极不均匀，表面浓度最高，远离表面的心部浓度最低，且由外向内扩散浓度逐渐减小。其扩散速度与温度和保温时间有关，温度越高，原子扩散系数越大，扩散速度越快，保温时间越长，渗层越厚。

但是，若扩渗温度过高时，将会引起奥氏体晶粒的粗大化，从而使工件的脆性增加。

3.2.3.2　钢的表面渗碳处理

渗碳（carburizing）是将碳的质量分数为 0.10% ~0.25% 的低碳钢或低合金钢件，在渗碳介质中加热并保温，使碳原子渗入表层的工艺过程，可以在气体介质、固体介质或液体介质中进行，渗后再进行淬火和低温回火。

（1）渗碳工艺方法　渗碳处理按使用渗剂不同，可分为气体渗碳（gas carburizing）、固体渗碳（pack carburizing）、液体渗碳等工艺，气体或液体渗碳是将工件置于密闭炉膛中加热到 900 ~950℃时，向炉内通入煤气、液化石油气等气体渗碳剂，或滴入易分解的煤油、甲醇、丙酮等液体有机物，如图 3-29a 所示。

渗碳炉内保持有一定正压力，渗碳剂或有机物在高温下裂解，并通过分解反应生成活性碳原子 [C]，同时为准确控制碳势，在炉顶装有风扇使炉内渗碳气氛均匀，从而保证工件渗碳过程中渗碳层均匀一致。其化学反应式为：

$$C_nH_{2n} \rightleftharpoons nH_2 + n[C]$$

$$2CO \rightleftharpoons CO_2 + [C] + 17.2 \times 10^4 J$$

$$CH_4 \rightleftharpoons H_2 + [C] - 7.5 \times 10^4 J$$

$$CO + H_2 \longrightarrow H_2O + [C]$$

活性碳原子［C］，在高温和强电场共同作用下，快速游向工件表面被吸收、扩散、形成一定厚度渗碳层，且表层至0.5～2.0mm厚范围内，碳的质量分数提高至0.85%～1.05%。渗碳速度一般为0.2～0.5mm/h，保温时间控制在4h左右，强渗时间约2～3h。

若在炉内通入气体渗碳剂时，为改变碳势则需调解天然气或液化石油气等富化气和稀释气（载气）比例，以控制工件表面的碳浓度。为避免出现过多的炭黑或焦油，一般将富化气和稀释气的比例控制在1/8～1/30之间。

炉内滴入有机物渗碳剂又称为滴入式气体渗碳，主要应用于井式炉小批量生产，渗碳剂要求具有产气量大、碳当量小、碳氧原子数比例大于1、气氛中CO和H_2含量稳定、价格低而丰富、安全性好等。

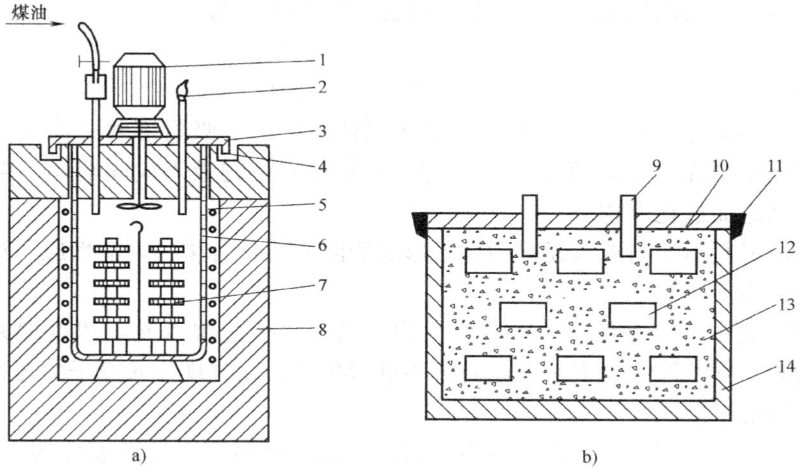

图3-29　表面渗碳处理

a）气体渗碳示意图　b）固体渗碳示意图

1—风扇电动机　2—废气火焰　3—炉盖　4—砂封　5—电阻丝　6—耐热罐　7—工件
8—炉体　9—试棒　10—箱盖　11—泥封　12—零件　13—渗碳剂　14—渗碳箱

固体渗碳是用木炭与碳酸盐$BaCO_3$或Na_2CO_3的混合物为渗碳剂，置于箱体内埋住工件并封好（见图3-29b），加热至900～950℃，经保温分解出活性碳原子被吸收、溶入钢件表面奥氏体中，反应式为：

$$C + O_2 \rightarrow CO_2$$

$$BaCO_3 \rightarrow BaO + CO_2$$

$$CO_2 + C \rightarrow 2CO$$

$$2CO \rightarrow CO_2 + [C]$$

常用渗碳剂成分大多为固体渗碳剂＋尿素、木炭＋尿素、木炭＋尿素＋生石灰＋NH_4Cl等。其方法与气体渗碳相比，生产效率低、劳动条件差、渗碳质量不易控制，但设备简单，操作容易，仍有不少中、小工厂使用。

（2）渗碳层厚度及组织　在渗碳过程中，一般规定从渗碳表面到过渡区一半组织处作为渗碳层厚度，并随渗碳过程保温时间越长，渗碳层厚度越大，一般厚度为 0.5 ~ 2.0mm，否则太薄易疲劳剥落，太厚不耐冲击。

低碳钢的渗碳层组织一般是表层为珠光体和二次渗碳体过共析组织，心部为铁素体和少量珠光体亚共析组织，中间过渡区为珠光体共析组织，如图 3-30a 所示。

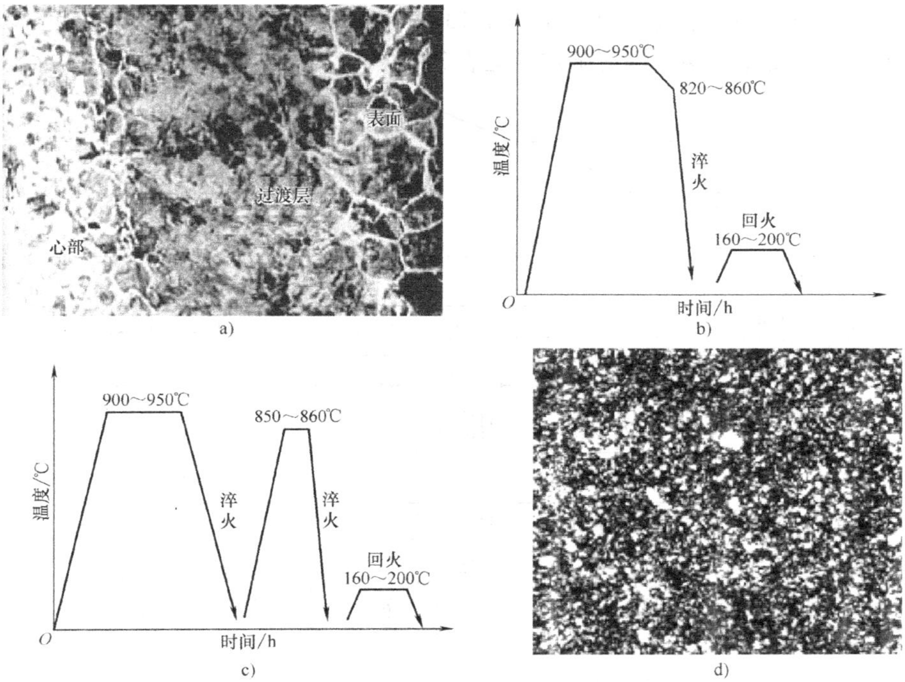

图 3-30　钢的渗碳及热处理组织工艺曲线

a) 20 钢渗碳后显微组织　b) 20 钢直接淬火法

c) 20 钢一次淬火法　d) 20CrMnTi 渗碳淬火低温回火马氏体

低碳钢渗碳处理后，其表层具有高硬度、高耐磨性及高疲劳强度，而心部则仍具有一定强度和高韧性，广泛应用于承受较大冲击载荷并在严重磨损条件下工作的汽车主轴和变速齿轮等零件。

(3) 渗碳层热处理工艺　对于性能要求不高的钢件，渗碳后可采用直接淬火法，将其预冷至略高于心部 800 ~ 860℃ 温度，立即放入水或油中淬火，然后再进行低温回火处理，如图 3-30b 所示。

对于组织性能要求较高的零件，则可采用一次淬火法，即将工件渗碳后先空冷至室温，再重新加热到 780 ~ 860℃ 淬火，可获得细晶粒组织并消除网状渗碳体，从而改善性能并能减少变形。最后再进行低温回火处理，如图 3-30c 所示。

对于受力较大、表面磨损严重、性能要求较高的零件还可采用二次淬火法，即将工件渗碳后先空冷至室温，随后加热至 850 ~ 900℃ 进行第一次淬火，再加热到 750 ~ 800℃ 进行第二次淬火，最终使表层获得细针状马氏体和细粒状碳化物组织，表层具有高硬度、高耐磨性的性能，而心部同时具有良好的强韧性。

总之，渗碳件在淬火后必须进行 150 ~ 200℃ 低温回火，以减少应力和脆性，使表层获得回火马氏体和渗碳体组织，硬度达 58 ~ 64HRC，高耐磨性，心部获得低碳回火马氏体及铁素体，硬度为 40 ~ 48HRC，并具有较高强度和足够韧性及塑性，如图 3-30d 所示。

(4) 渗碳工艺及规范　若以 20CrMnTi 齿轮在井式炉中持续 6h 渗碳为例，炉气碳势将决定于甲醇和煤油液滴的组成、分解温度及滴入炉内的量，图 3-31 所示曲线已给出了各阶段的炉压和时间，渗碳层深度 3. 2 ~ 1. 6mm。

通常可按渗碳炉功率计算，渗碳剂滴速 $Q = V_1A$，A 为渗碳炉功率（kW），V_1 为每千瓦功率所需要的滴速，一般情况下可取 $V_1 = 0.13$ml/（min · kW）。不同渗碳温度下的强渗时间，可根据渗层所要求的渗层深度确定，见表 3-8。

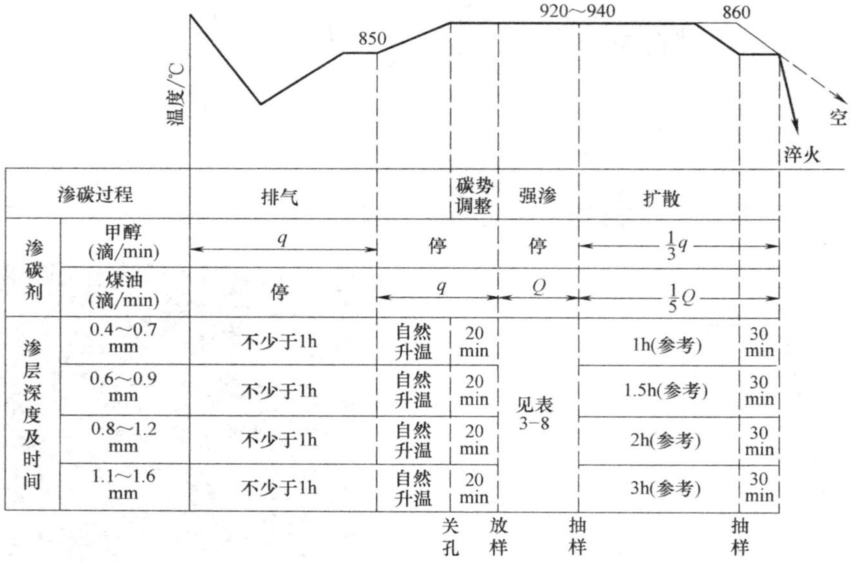

图 3-31　煤油-甲醇滴注式气体渗碳工艺

实际生产中，还可按工件表面有效吸碳表面积计算，渗碳剂滴速 $Q = V_2NS$，V_2 为每平方米吸碳表面积所需滴速，单位为 ml/（min · m^2）（亦即每分钟耗油量），可取 $V_2 = 1$，N 为装炉工件数，单位为件，S 为单位有效吸碳表面积，单位为 m^2/件。

表 3-8　不同渗碳温度下的强渗时间

渗层深度 /mm	渗层温度/℃			渗层深度 /mm	渗层温度/℃		
	920 ± 10	930 ± 10	940 ± 10		920 ± 10	930 ± 10	940 ± 10
0. 4 ~ 0. 7	40min	30 min	20min	0. 8 ~ 1. 2	2h	1. 5h	1h
0. 6 ~ 0. 9	1. 5h	1h	30 min	1. 1 ~ 1. 6	2. 5h	2h	1. 5h

20CrMnTi 齿轮渗碳工艺经计算，在 850℃ 以下甲醇滴入量为 180 ~ 200 滴/ min，在高于 850℃ 以上至强渗阶段改滴煤油，开始 180 ~ 200 滴/ min，温度为 920 ~ 940℃，而强渗阶段 35 ~ 45 滴/ min，扩渗阶段降到 20 ~ 25 滴/ min，预冷到 860℃ ± 10℃，保温 30 min，再改滴甲醇 30 ~ 40 滴/ min，随后油淬加空冷。

然后，再进行 230℃ 低温回火，回火过程中一般需保温 90 min。

3. 2. 3. 3　钢的表面渗氮处理

渗氮又称氮化（nitriding）是将氮原子渗入优质碳素结构钢或合金结构钢件表面的过程。渗氮后可显著提高零件表面硬度和耐磨性，并能提高其疲劳强度和耐蚀性。渗氮工艺方法按使用设备不同，可分为气体渗氮和离子渗氮等。

（1）气体渗氮（gas nitriding）　气体渗氮是将氨气通入井式炉中加热，使氨气分解出活性氮原子渗入工件表层，其化学反应为：

$$2NH_3 \longrightarrow 3H_2 + 2[N]$$

$$2NH_3 \longrightarrow 3H_2 + N_2 \longrightarrow 6[H] + 2[N]$$

活性氮原子［N］在 500 ~ 600℃的温度下，保温 20 ~ 50h，被钢件表面吸收并溶入铁素体中向内层扩散，形成富氮硬化层，厚度为 0.3 ~ 0.7mm，相比渗碳层具有高硬度及耐磨性和高疲劳强度及耐蚀性。

例如，38CrMoAl、42CrMo、35CrMo、40Cr 等钢渗氮后硬度可达 72HRC，如图 3-32 所示，在 600 ~ 650℃温度下仍能保持较高的硬度（约 65HRC），同时保持较高的耐磨性和抗疲劳强度。又如 20、30、40 钢渗氮，还可提高其耐蚀性。

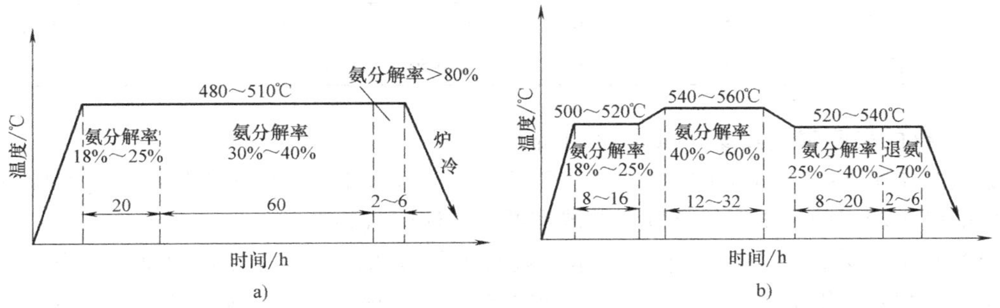

图 3-32　38CrMoAlA 扩渗强化工艺曲线

a）三段等温氮化工艺曲线　b）三段变温氮化工艺曲线

图 3-32b 所示为 38CrMoAl 钢应用最广的变温渗氮工艺，先将工件在较低温度下氮化一段时间，以达到表面足够高的含氮量和硬度，然后再升高氮化温度，以达到足够深的氮化层。整个工艺比等温氮化缩短 1/4 ~ 1/3 时间。

渗氮温度低于渗碳温度且无相变、工件变形小，但渗氮层薄且脆不能承受冲击，对于要求耐磨性、耐蚀性和精度很高的机床主轴、精密齿轮、冷热模具等，必须在渗氮前先调质、精加工及高温回火处理，以便提高心部强度并减小变形。

（2）离子渗氮（plasma nitriding）　离子渗氮是在真空室内进行的，工件接高压直流电源的负极，真空钟罩接正极。将真空室的真空度抽到 66.67Pa 后，充入少量氨气或 H_2、N_2 的混合气体，并将直流电压调整到 400 ~ 800V。

氨电离分解成氮离子、氢离子和电子，在工件表面产生辉光放电现象。正离子受电场作用加速轰击工件表面，使其升温至渗氮温度，氮离子在钢件表面获得电子而还原成氮原子，在 500 ~ 570℃温度下渗入钢件表面并向内扩散形成渗氮层。

离子渗氮是气体渗氮时间的 1/2 ~ 1/5，渗氮层深度 0.3 ~ 0.5mm，无脆性层且变形小，并具有高硬度、高耐磨性、良好韧性和疲劳强度等优异力学性能，可使渗氮零件的使用寿命成倍提高。例如，W18Cr4V 刀具，在淬火回火后再经 500 ~ 520℃离子氮化 30 ~ 60min，使用寿命提高 2 ~ 5 倍。

此外，离子渗氮还可节约能源，渗氮气体消耗少，操作环境无污染。但成本高且复杂件或截面差大的件很难同时达到同一硬度和渗层深度，不宜于大批量生产，主要用于 IT6 ~ IT7

级精度以上的单件或小批精密工模具。

常用钢材的离子渗氮工艺及技术要求见表3-9所示。渗氮零件的工艺路线为：锻造→退火→粗加工→调质处理→精加工→消除应力→粗磨→渗氮→精磨或研磨。

表3-9 常用钢材离子渗氮工艺技术要求

钢号	预先热处理	工艺规范		技术要求		备注
		温度/℃	时间/h	硬度HV	层深/mm	
40Cr	正火或调质	510±10	8~10	500~650	0.30	—
38CrMoAlA	调质	520~560	12.5	950~1100	0.40~0.45	二段渗氮
W18Cr4V	淬火+回火	490±10	1.5~2.0	1100~1200	0.05~0.06	层深用金相法测定，无化合物
W18Cr4V	淬火+回火	530±10	10~20	950~1100	0.02~0.05	
Cr12	调质	540	8	900~960	—	—
3Cr2W8V	调质	520	6	850~1000	0.25~0.30	1100℃淬火，600℃回火两次
3Cr2W8V	淬火+回火	520	6	>1050	0.20~0.30	—

3.2.3.4 钢的表面碳氮共渗（carbonitriding）

碳氮共渗是在一定温度下同时将碳、氮活性原子渗入工件表面奥氏体中的化学热处理工艺。目前应用较广的是中温气体碳氮共渗和低温气体碳氮共渗。

（1）中温气体碳氮共渗　中温气体碳氮共渗是以渗碳为主，使用煤油和氨气为介质，或使用三乙醇胺、甲酰胺和甲醇+尿素等作渗剂并采用滴注式进行碳氮共渗，如图3-33a所示。渗后与渗碳一样，需进行淬火和低温回火。

碳氮共渗时间取决于渗层厚度、共渗温度及所用共渗介质，共渗温度一般为820~860℃，被渗件多为10、20、20Cr、20CrMnTi等钢件。采用850℃氮碳共渗时，渗层深度与共渗时间有关，一般为0.3~0.8mm，见表3-10。

共渗层由细片状回火马氏体、适量粒状碳氮化合物和少量残余奥氏体组成，相比渗碳层具有更高的耐磨性、耐蚀性和疲劳强度，相比渗氮层具有更高的抗压强度。主要用于低碳结构钢零件的处理，如汽车、机床上各类齿轮及轴类零件等。

表3-10 850℃碳氮共渗时间与渗层厚度的关系

共渗时间/h	1~1.5	2~3	4~5	7~9
渗层厚度/mm	0.2~0.3	0.4~0.5	0.6~0.7	0.8~1.0

注：介质为70%~80%（体积分数）渗碳气+20%~30%（体积分数）氨气。

（2）低温气体碳氮共渗　低温气体氮碳共渗是以渗氮为主，使用尿素或甲酰胺等作渗剂进行共渗。由于低温加热分解的氮原子比碳原子多，氮原子在铁素体中溶解度比碳原子大，以渗氮为主，故又称氮碳共渗（nitrocarburizing）。

氮碳共渗渗剂供给量与温度、材料、装炉量等有关。共渗温度一般为500~570℃，时间为1~4h，渗层深度一般为0.01~0.02mm，表面硬度为43~48HRC。由于渗层硬度低于一般气体渗氮，又称为“软氮化”。

为减少氧化、提高渗层韧性和疲劳强度，防止含Cr、Mn、Si钢的回火脆性，可在水或油中冷却。软氮化工件变形小，处理前后精度没有明显变化，软氮化层硬而耐磨、耐疲劳、抗咬合、抗擦伤且有一定韧性，不易发生疲劳剥落。

对某些高合金模具钢通常采用含氮量较低的甲酰胺或三乙醇胺，低温氮碳共渗后还应加热 300℃回火 1h 左右。如图 3-33b 所示为 3Cr2W8V 和 Cr12MoV 钢模具进行低温尿素气体碳氮共渗的工艺曲线。

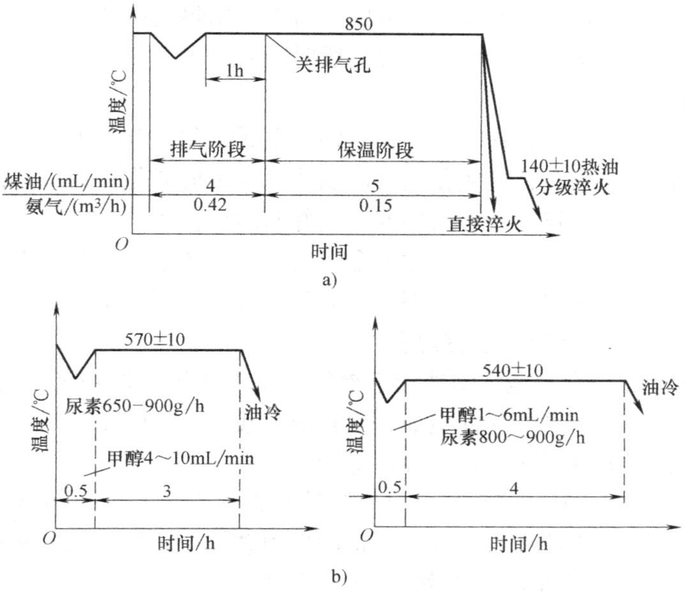

图 3-33　尿素低温气体碳氮共渗工艺曲线

a）中温气体碳氮共渗　b）3Cr2W8V 和 Cr12MoV 钢低温气体碳氮共渗

氮碳共渗和渗氮一样，不需要再进行其他热处理，且不受钢种限制，适用于碳素钢、合金钢、工模具钢等。如高速钢刀具软氮化后寿命提高 20% ~200%，3Cr2W8 压铸模软氮化后寿命提高 3 ~5 倍，中低碳钢处理后疲劳强度提高 60% 以上。

3.2.3.5　钢的表面渗其他元素

（1）钢的表面渗金属　渗金属是将钢件加热到适当的温度后，使铝、铬、钒、锌等金属元素扩散渗入工件表层，获得特殊性能的强化层。如渗铬可代替不锈钢而提高工件的耐蚀性、抗高温氧化性及抗疲劳性。

渗铝可代替耐热钢而提高工件的抗高温氧化性。渗锌可提高正常大气环境中的抗腐蚀性能，渗硅可使工件对海水、硝酸、硫酸、盐酸等各种介质均具有良好的抗腐蚀性能，渗钒可使工件具有高硬度、高耐磨性。

在渗金属过程中，先将含有渗入元素的介质分解并产生活性原子，然后再在强电场和高温共同作用下，使活性原子以高动能快速吸附到基体金属表面，并由于扩散作用使其成为渗入元素且向零件内部迁移。

但由于渗入原子与基体原子半径相差较小，原子在晶格中的迁移较困难，所以必须提高加热温度和延长保温时间，才能获得足够的扩散层。常用的渗金属方法有固体渗法、气体渗法和液体盐浴渗法等。

固体渗法可渗铬、铝、钛、锌、钒、镍、钴等。例如，渗铬是以铬铁粉为溶剂、氯化铵为催化剂、耐火粘土和氧化铝粉为防止渗剂与零件粘结的填充物质，在渗铬温度下催化剂分解，并与铬反应生成氯化亚铬，氯化亚铬与零件表面接触，产生活性铬原子渗入工件，反应式为：

$$Cr + 2NH_4Cl \rightarrow CrCl_2\text{（气态）} + 2NH_3 + H_2$$

$$CrCl_2 + Fe \rightarrow FeCl_2 + [Cr]$$

$$CrCl_2 + H_2 \rightarrow 2HCl + [Cr]$$

液体渗法可在含铬、钒、铌等合金元素的盐浴中采用热浸扩散法，如液体渗铝是将零件经过除油去锈后，浸入熔融的铝液中，保温一段时间后取出空冷，然后再经过高温扩散退火完成整个渗入过程。

气体渗法是在含有铬、铝、钛、钼、铌、钨等金属氯化物气氛中进行，如渗铬是将干燥氢气通过浓盐酸后进入渗铬罐，使氯化氢与高温铬铁粉生成氯化亚铬气体，在零件表面产生置换、还原和分解，使活性铬原子渗入零件表面并向内层扩散。

钢件表面同时渗入若干元素的方法称为金属共渗，其渗层比单种元素渗入性能好。如铬铝共渗层的高温抗氧化性比渗铬、渗铝都好，而且其表面硬度高于渗铬，耐磨性也较好；铝硅共渗层的抗氧化性和耐蚀性均显著提高。

（2）钢的表面渗硼　渗硼是将钢件置于渗硼介质中加热800～1000℃，保温1～6h，在高温下使活性硼原子［B］渗入钢件表面，获得高硬度（1400～2000HV）及耐磨性、高耐热性及耐蚀性硼化物层处理工艺，被处理件寿命可提高7～10倍。

渗硼层厚度一般为0.05～0.15mm，过厚脆性较大易剥落。为提高钢件心部性能，渗硼后应调质处理。如结构钢渗硼后可代替工具钢制作耐磨性很高的刃具和模具，一般碳钢渗硼后可代替高合金耐热钢、不锈钢制作耐热、耐蚀零件。

按渗硼剂不同分为固体渗硼、液体渗硼和气体渗硼，目前以固体和液体渗硼应用较多。固体渗剂有粉末和粒状两种，常以硼铁和碳化硼为供硼剂，氟硼酸钾和氟化物为活化剂。定量碳化硅和氧化铝为填充剂制成渗硼剂。

碳化硅质量分数一般为20%，而液体渗硼则以硼砂和碳酸钠制成的盐浴液为渗硼剂，且脱水硼砂质量分数为70%，碳酸钠质量分数为10%，盐浴液温度约950℃，渗硼时间以4～6h为宜。在高温熔融状态下发生的热分解为：

$$Na_2B_4O_7 \rightarrow Na_2O + 2B_2O_3$$

然后，再利用硅、钛、铝、锂、镁、钙等活泼元素，将硼从B_2O_3中置换出来，产生活性硼原子并与铁反应生成Fe_2B或FeB，即可获得0.05～0.15mm渗硼层。

（3）钢的表面硫氮共渗　渗硫是向钢的表层渗入硫而形成FeS和Fe_2S混合强化层的工艺过程，而硫氮共渗是将渗硫与渗氮结合的共渗工艺过程，分为气体硫氮共渗和液体硫氮共渗两种方法。

气体硫氮共渗的介质为氨气（NH_4）和硫化氢（H_2S）气体，硫化氢是由盐酸与硫化铁作用而产生的气体。硫氮共渗是在中温520～600℃下共渗1～1.5h，得到0.02～0.04mm的渗层，以获得良好的减摩、耐磨和抗疲劳性能，对各类刃具和模具具有良好的强化效果，并显著提高使用性能。

液体硫氮共渗常用$w(BaCl_2)$ 30% + $w(NaCl)$ 20% + $w(CaCl_2)$ 50%，另外加入$w(FeS)$ (5～10)%，并在盐浴底部通入氨气，在中温540～560℃下共渗1.5～2h或在低温150～250℃下电解共渗硫氮，可降低钢的摩擦系数，提高钢的抗咬合性能。

液体硫氮共渗不能提高钢的强度，一般多在高速钢刀具、Cr12型钢模具、低合金钢工具、碳素钢工具和渗碳钢件等热处理之后进行。但可采用液体硫氮碳共渗（w [$(NH_2)_2CO$] 54% + w（K_2CO_3）4% + w（Na_2S）2%，同时提高钢的强度。

上述钢的各种表面强化处理工艺性能和应用比较见表 3-11。

表 3-11　钢的表面强化处理工艺性能及应用比较

工艺方法	表面淬火	渗碳	氮化	碳氮共渗	高能束处理
	淬火 + 低温回火	渗碳 + 淬火 + 低温回火	氮化	共渗 + 淬火 + 低温回火	激光淬火 + 电子束淬火
处理时间	—	3 ~ 9h	30 ~ 50h	1 ~ 2h	10^4℃/s
处理层深度/mm	0.5 ~ 7	0.5 ~ 2	0.3 ~ 0.5	0.2 ~ 0.5	0.3 ~ 0.5
硬度（HRC）	58 ~ 63	58 ~ 63	65 ~ 70	58 ~ 63	63
耐磨性	较好	好	很好	好	非常好
抗疲劳性	好	较好	很好	好	非常好
耐蚀性	可	可	好	较好	好
热处理变形	较小	较大	小	较小	非常小
适用场合	耐磨性不高，形状简单，变形要求小	耐磨性要求高，重载或者冲击载荷	耐磨性好，精度高	耐磨性高，形状复杂，变形要求小	形状复杂，体积小，要求高

3.3　热处理新技术及应用

随着工业生产和科学技术的发展，对零件使用性能的要求越来越高，并且在提高经济效益、降低成本和节约能源、保护环境等方面也越来越重视，热处理技术得到很大的发展，出现了许多新的热处理工艺方法。

3.3.1　热处理新技术方法

3.3.1.1　锻造余热强化处理

锻造余热强化处理是利用钢材塑性变形性能，将其形变与相变处理相结合，同时获得形变和相变强化效果的工艺，不仅能利用锻造余热最大限度地发挥材料潜力，提高其强化效果，获得更好的强韧性。同时还可减少重新加热工序，节约能源并简化生产流程，从而获得较高的经济效益。通常根据形变与相变关系和工艺过程不同，可分为高温余热形变处理和低温余热形变处理。

（1）高温余热形变处理　高温余热形变处理是将钢材加热到稳定奥氏体区，保持一定时间，待完全奥氏体化后再进行塑性变形，然后立即进行淬火和回火处理。例如，大型多拐曲轴的锻热淬火和型材的轧热淬火处理等。

高温余热形变处理可细化奥氏体晶粒，还可使奥氏体在塑性变形时形成大量位错，以成为马氏体转变核心，促使马氏体转变量增多并细化组织。同时又伴随产生大量新的位错，促使位错强化效果更显著，并获得较明显的强韧化效果。

在形变热处理过程中，高密度位错还为碳化物析出的高弥散度提供有利条件，产生碳化物弥散强化作用。因此与普通淬火相比，抗拉强度提高 10% ~30%，塑性提高 40% ~50%

（见表3-12），韧性提高2倍左右。

表3-12 高温形变淬火对钢性能的影响

材料	高温形变热处理条件			σ_b/MPa		σ_s/MPa		δ（%）	
	形变量（%）	形变温度/℃	回火温度/℃	形变淬火	一般淬火	形变淬火	一般淬火	形变淬火	一般淬火
20	20	950	200	1400	1000	1150	850	6	4.5
20Cr	40	950	200	1350	1100	1000	800	11	5
40Cr	40	900	200	2280	1970	1750	1400	8	3
60Si2	50	950	200	2800	2250	2230	1930	7	5
18CrNiW	60	900	100	1450	1150	—	—	—	—

高温余热形变处理不仅质量稳定，工艺简化、节省能源，而且还可减少工件的氧化、脱碳和变形，适用于形状简单的零件、工具或轧制型材的热处理，如连杆、曲轴、模具、刀具和形状简单的圆方钢型材等。

（2）低温余热形变处理 低温余热形变处理是将工件加热到奥氏体区域后，急冷至珠光体与贝氏体形成温度范围内（在450～600℃热浴中冷却），立即对过冷奥氏体进行塑性变形（变形量为70%～90%），然后再进行淬火和回火。

这种工艺相比普通淬火，在保持塑、韧性不降低情况下，可大幅度提高钢的强度、疲劳强度（见表3-13）和耐磨性，特别是强度可提高300～1000MPa，故可用于要求高强度和耐磨性零件和工具，如飞机起落架、高速刃模具和重要弹簧等。

表3-13 3Cr2W8模具钢相变热处理与形变热处理后的疲劳强度比较

热处理类型	热处理规范（回火保温时间均为90～120min）	变形量（%）	弯曲疲劳强度		
			σ_{-1}/MPa	相对百分比(%)	σ_{-1n}/MPa
相变热处理	980℃淬油，565℃回火二次	0	896	100	437
形变热处理	565℃形变热处理，540℃回火二次	75	1104	123	552
	565℃形变热处理，540℃回火二次	90	1060	118	—
	650℃形变热处理，540℃回火二次	75	1040	116	—
	650℃形变热处理，540℃回火二次	90	1110	124	—

这种方法要求钢材具有较高的淬透性和较长的孕育期，如合金钢、模具钢。并且由于变形温度较低，要求变形速度快，故需用功率大的设备进行塑性变形。

3.3.1.2 超细强化热处理

超细强化热处理是指采用加热速度在1000℃/s以上的高频脉冲感应加热、激光加热或电子束加热，使加热钢的奥氏体晶粒度细化到十级以上，然后再进行淬火，获得超细化晶粒的金属表面层热处理工艺。

超细化过程中，先将经奥氏体化的钢件淬火获得马氏体组织，再以较快速度重新加热至奥氏体化温度，经短时间保温后迅速冷却，并反复加热、急冷循环数次，使奥氏体形核率逐步增加，晶粒逐步细化，直至获得超细化组织。

在每次重新快速加热时，未溶的细小碳化物，不仅阻碍奥氏体晶粒长大，还成为奥氏体形成的非自发核心，同时还使奥氏体晶粒内均匀分布高密度位错。

淬火后获得的超细化组织晶粒度仅为 13～14 级超细晶粒，以至于在 30 万倍电子显微镜下也难以分辨其细节。这种组织不仅可有效地提高钢的强度和韧性，还可有效地降低钢的脆性转化温度，避免变形和开裂。

例如，将合金结构钢晶粒度从 9 级提高到 15 级后，其屈服强度从 1150MPa 提高到 1420MPa，脆性转变温度从 -50℃降到 -150℃（调质状态）。

实践表明，在合理的范围内加热速度越快，淬火加热温度越低，细化效果则越好。但加热时间不宜过长，循环次数也不应过多，一般进行 3～4 次即可。例如，T8 钢经过加热速度为 1000℃/s，加热温度为 780℃的淬火处理后，可获得 15 级超细化晶粒，其硬度可达 65HRC 以上。

3.3.1.3　高能束强化热处理

高能束强化热处理是指利用激光、电子、离子等高能束粒子流对金属表面加热，能量密度极高，加热速度极快，可获得优良的强化效果，并可节约能源、无二次污染，目前已成功应用于金属材料表面改性处理。

激光束强化也称为激光束相变硬化，是由激光发生装置将激光束射到金属材料表面，使表层吸收能量并迅速升高温度（10^5～10^9℃/s），从而将表面局部加热到相变温度以上再扩散，如图 3-34a 所示。

然而，材料内部仍保持冷态，并迅速传递使表层急剧冷却，以达到自身淬火。激光束淬火尤其适用于钢件表面淬火，冷却速度极快（$>10^4$℃/s），可获得极细马氏体组织，硬度均比一般淬火高，并较同质钢材高频淬火高 3.6HRC。如 40Cr 钢激光淬火硬度达 61HRC，高速钢激光淬火可达 84HRC。

激光束淬火的淬硬区表面存在较高的残余压应力，硬度高、耐磨性好且变形极小，可将零件的使用寿命提高 2～3 倍，且硬化层深度较浅（0.1～0.8mm），可实现表面薄层及局部淬火，但不影响基体的力学性能。

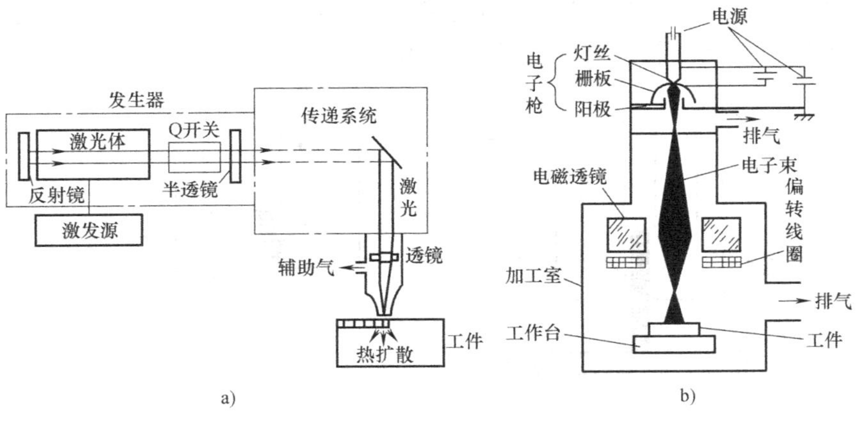

图 3-34　高能束表面热处理

a）激光束发生装置及原理　b）电子束装置及工作原理

3.3.1.4　电子束强化热处理

电子束强化热处理是利用高能粒子束流定向辐射工件表面，将能量转换为热能，使之急热急冷而达到强化的热处理工艺，如图 3-34b 所示。

当利用电子枪发射的电子束轰击金属表面时，电子束在极短时间内以密集能量达 10^6～

10^8W/cm^2 对工件表面进行轰击，从而使其温度迅速升高，随之利用自激冷作用进行冲击淬火或进行表面熔铸合金。

电子束加热工件时，表面温度和淬透深度主要取决于电子束热源功率、聚焦后的束斑尺寸和轰击时间。若功率密度越大，束斑尺寸越小，则淬硬深度越深，但轰击时间过长会影响自激冷作用。实验表明，功率密度可控制为 $10^4 \sim 10^5$W/cm^2，加热速度为 $10^3 \sim 10^5$℃/s，冷却速度为 $10^3 \sim 10^5$℃/s 时，可获得较好的强化效果。

例如，43CrMo 钢电子束表面淬火，当电子束功率为 1.8kW 时，其淬硬层深度达 1.55mm，表面硬度为 45HRC。电子束淬火与激光淬火相似，但加热效率比激光高且需在真空下进行，可控制性较差，并需注意 X 射线的防护。

3.3.1.5 等离子束强化热处理

等离子束亦称为等离子弧，等离子束强化是利用机械或电磁效应压缩成的高热能等离子弧柱轰击工件表面，使工件表层成分、组织及性能发生变化的热处理工艺。按弧柱加热方式不同，可分为刚性和柔性等离子束加热。

（1）刚性等离子束加热　加热时将等离子枪电极与工件分别接于电源两极，使电弧穿过水冷喷嘴燃烧对工件表面加热。电极与工件间弧温高达 5×10^4℃，工件表面热效率可高达 60%，且喷出焰流的速度一般是每秒几百米，流量很大，冲击力很强，可对高熔点高导电性材料进行加热，如图 3-35a 所示。

强化过程中能量高度集中于金属表层，并使表层与基体间形成很大的温度梯度，表层迅速加热至淬火温度，而基体内仍保持较低温度（冷态），一旦停止离子轰击，热量迅速向冷态部位扩散，从而获得高的冷却速度，使被加热金属表层进行“自淬火”，淬火组织为细针状马氏体。

实践表明，适当功率和喷嘴直径的等离子束淬火，可提高淬硬层深度及硬度。例如 12Mn2BS 钢汽车转向节等离子束淬火，当功率为 3.5kW 并水雾冷却时，可获得淬硬带宽 5 ~7mm、深 0.1 ~0.2mm、淬火硬度达 60 ~65HRC。

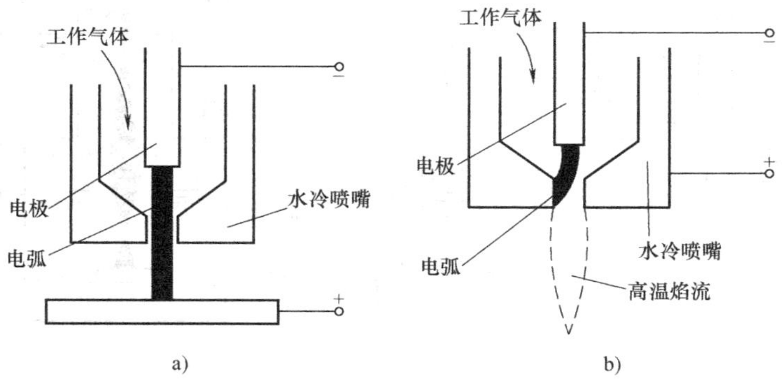

图 3-35　等离子束类型及产生装置示意图

a）刚性等离子弧加热　b）柔性等离子弧加热

（2）柔性等离子束加热　加热时将电源分别接在电极和水冷铜喷嘴上，连续送入氩气穿过电弧空间，使之成为从喷嘴小孔喷出的等离子焰流，如图 3-35b 所示。同时由喷嘴端孔流过冷水，使弧柱产生收缩而将电流密度提高。

柔性等离子弧冲击力较小，对工件表面加热的热效率仅为 25%，但仍比普通电弧高得多，可通过改变电流、喷嘴直径及长度、气体介质及流量、喷嘴与工件间的距离等工艺参数调节其热功率和传热能力。

3.3.2　计算机辅助热处理

计算机辅助热处理由开始的单板机控制炉温和时间，发展到控制多种热处理工艺参数，再由静态控制发展到动态控制，由被动观察控制发展到智能预测控制，特别随热处理新工艺、新技术和新设备的发展，使其得到更广泛的应用。

3.3.2.1　普通热处理控制

普通淬火、回火、正火和退火常规热处理时，所需控制的主要参数是加热温度、加热时间、冷却方式、冷却速度和时间，以及整个处理过程的自动化。

计算机控制工艺系统的工作过程时，先将热电偶插入热处理炉中进行温度测量，待其热电势进入控制仪表的模拟量输入通道，经过模拟滤波、放大和 A/D 转换后，再进行线性化处理，便形成温度数值存储在数据存储器内。

微机将测量温度与设定值进行比较，其偏差作为输出控制量变化的依据。当设定值大于实测炉温时，输出控制量增大，经 D/A 转换后控制电流上升，使可控硅的导通时间增加，炉温随之升高。

由于温度变化的滞后特性，微机具有一定的超前调节功能、以保证炉温的控制精度。

3.3.2.2　表面热处理控制

利用计算机动态控制最典型的热处理工艺，是在钢表面进行自动化和智能化化学热处理。例如，生产中应用最多的钢件表面渗碳工艺，不仅要控制渗碳过程中的温度、时间等单变量因素，而且还要控制炉气中的碳浓度 C_g、零件表面的碳浓度 C_s 和零件不同截面分布的碳浓度变化。

微机需要对炉子温度和炉内气氛中的 CO、CO_2、H_2O、CH_4 等含量进行连续采集，根据气团反应的物质传递和扩散定律，建立数学模型并进行工艺过程模拟，预测不同状态下的变化规律，合理选择工艺过程的各种参数。

例如，炉温、炉气碳势、零件表面碳势、渗层浓度分布、渗层深度等，由计算机监控完成自动调节炉温、溶剂滴入量或通入不同比例的渗碳气体等。这种动态碳势控制和动态可控渗氮技术是国家科技成果重点推广计划项目之一。

3.3.2.3　模拟热处理技术

计算机模拟热处理生产技术极其复杂，所涉及的知识面极其广泛，因此这项技术至今仍是国内外正在研究的课题。

由于模拟热处理过程要应用到传热学、流体力学、热弹塑性力学、气体动力学等学科，要解决热处理中温度场、应力场、电磁场的变化，传热、相变、物质传递规律等一系列物理、化学变化的趋势和相互影响的规律，需要国内外科学技术人员长期艰苦奋斗才能完成，目前这项研究工作正在进行中。

3.3.3　热处理图样标注方法

热处理技术在设计图样上的标注包括有热处理工艺名称、硬化层深度及硬度等要求，以及工艺规定的允许波动范围和国家标准号等内容，并根据国家标准号要求，具体标记规定的热处理工艺代号等。

3.3.3.1 热处理工艺分类

热处理工艺分类由基础分类和附加分类两部分组成。基础分类是根据工艺类型、工艺名称及实现工艺的加热方法，按热处理工艺的三个层次进行分类，见表3-14。

附加分类是对基础分类中某些工艺的具体条件进一步分类，表示热处理工艺的加热介质及代号、退火方法及代号、淬火冷却介质和冷却方法及代号、渗碳和碳氮共渗后的冷却方法及代号，见表3-15。

表3-14 热处理工艺分类及代号

工艺总称	代号	工艺类型	代号	工艺名称	代号
热处理	5	整体热处理	1	退火	1
				正火	2
				淬火	3
				淬火和回火	4
				调质	5
				稳定化处理	6
				固溶处理、水韧处理	7
				固溶处理和时效	8
		表面热处理	2	表面淬火和回火	1
				物理气相沉积	2
				化学气相沉积	3
				等离子体化学气相沉积	4
		化学热处理	3	渗碳	1
				碳氮共渗	2
				渗氮	3
				氮碳共渗	4
				渗其他非金属	5
				渗金属	6
				多元共渗	7

表3-15 热处理附加分类工艺方法及代号

退火工艺	代号	冷却介质和方法	代号	冷却介质和方法	代号
去应力退火	St	空气	A	双介质淬火	I
均匀化退火	H	油	O	分级淬火	M
再结晶退火	R	水	W	等温淬火	At
石墨化退火	G	盐水	B	形变淬火	Af
脱氢处理	D	有机聚合物水溶液	Po	气冷淬火	G
球化退火	Sp	热浴	H	冷处理	C
等温退火	I	加压淬火	Pr	—	—
完全退火	F	—	—	—	—
不完全退火	P	—	—	—	—

热处理中渗非金属、渗金属、多元共渗和熔渗均属于采用化学方法进行热处理，故通常称为化学热处理，这类工艺均按渗入元素的化学元素符号表示，见表3-15中备注。

3.3.3.2　热处理工艺代号

金属热处理工艺代号由数字及英文字母表示见表 3-16，具体标记规定如下：第一位数字“5”表示热处理工艺，为机械制造工艺分类与代号中表示热处理的工艺代号。

第二位数字“0 ~ 3”分别代表“高能热处理”、“传统热处理”、“表面淬火热处理”和“表面化学热处理”四大类工艺分类代号，亦为基础分类工艺代号。例如，500 表示高能热处理代号，511 表示退火代号，520 表示表面热处理代号。

第三位数字“0 ~ 7”分别随四大类工艺分类代号不同而不同。例如，510 表示整体热处理代号，521 表示表面淬火和回火代号，533 表示渗氮代号，537 表示多元共渗代号。当其中某个层次需要进行分类时，该层次代号后则需加上符号“-”，以便连接后续的分类，例如 500-××、511-××、521-××、533-××。

第四、五位数字或字母均表示附加分类工艺代号，分别用数字“01 ~ 11”或一至两个英文字母或两位数字再加一个英文字母表示，并且均紧跟在“-”符号后边。多工序热处理工艺代号，用短划线将各工艺代号连接组成。例如，500-01 表示可控气氛热处理代号，511-St 表示去应力退火代号，513-10M 表示盐浴加热分级淬火代号，513-10H + M 表示盐浴加热盐溶分级淬火代号。

化学热处理中渗非金属和金属的工艺代号，除同与上述表示方法外，还需用元素符号表示渗入元素的代号，并用括号括起来。例如，535（B）表示渗硼代号，537（S-N）表示硫氮共渗的代号，537（Cr-A1-Si）表示铬铝硅共渗代号。

表 3-16　常用热处理工艺及代号

工艺	代号	工艺	代号	工艺	代号
热处理	500	形变淬火	513-Af	离子渗碳	531-08
整体热处理	510	气冷淬火	513-G	碳氮共渗	532
可控气氛热处理	500-01	淬火及冷处理	513-C	渗氮	533
真空热处理	500-02	可控气氛加热淬火	513-01	气体渗氮	533-01
盐浴热处理	500-03	真空加热淬火	513-02	液体渗氮	533-03
感应热处理	500-04	盐浴加热淬火	513-03	离子渗氮	533-08
火焰热处理	500-05	感应加热淬火	513-04	流态床渗氮	533-10
激光热处理	500-06	流态床加热淬火	513-10	氮碳共渗	534
电子束热处理	500-07	盐浴加热分级淬火	513-10M	渗其他非金属	535
离子轰击热处理	500-08	盐浴加热盐溶分级淬火	513-10H + M	渗硼	535（B）
流态床热处理	500-10	淬火和回火	514	气体渗硼	535-01（B）
退火	511	调质	515	液体渗硼	535-03（B）
去应力退火	511-St	稳定化处理	516	离子渗硼	535-08（B）
均匀化退火	511-H	固溶处理，水韧化处理	517	固体渗硼	535-09（B）
再结晶退火	511-R	固溶处理 + 时效	518	渗硅	535（Si）
石墨化退火	511-G	表面热处理	520	渗硫	535（S）
脱氢处理	511-D	表面淬火和回火	521	渗金属	536
球化退火	511-Sp	感应淬火和回火	521-04	渗铝	536（Al）
等温退火	511-I	火焰淬火和回火	521-05	渗铬	536（Cr）
完全退火	511-F	激光淬火和回火	521-06	渗锌	536（Zn）
不完全退火	511-P	电子束淬火和回火	521-07	渗钒	536（V）
正火	512	电接触淬火和回火	521-11	多元共渗	537
淬火	513	物理气相沉积	522	硫氮共渗	537（S-N）
空冷淬火	513-A	化学气相沉积	523	氧氮共渗	537（O-N）

（续）

工艺	代号	工艺	代号	工艺	代号
油冷淬火	513-O	等离子体增强化学气相沉积	524	铬硼共渗	537(Cr-B)
水冷淬火	513-W	离子注入	525	钒硼共渗	537(V-B)
盐水淬火	513-B	化学热处理	530	铬硅共渗	537(Cr-Si)
有机水溶液淬火	513-Po	渗碳	531	铬铝共渗	537(Cr-Al)
盐浴淬火	513-H	可控气氛渗碳	531-01	硫氮碳共渗	537(S-N-C)
加压淬火	513-Pr	真空渗碳	531-02	氧氮碳共渗	537(O-N-C)
双介质淬火	513-I	盐浴渗碳	531-03	铬铝硅共渗	537(Cr-Al-Si)
分级淬火	513-M	固体渗碳	531-09		
等温淬火	513-At	流态床渗碳	531-10		

3.3.3.3 热处理零件图标注方法

整体热处理零件的技术要求，一般标注在图样标题栏上方，写出热处理工艺名称或代号、硬度值及硬化层深度、工艺规定的允许波动范围等，如硬度允许 HRC 在 5 个单位、HBW 在 30 ~ 40 个单位范围内波动，如图 3-36a 所示。同时在图样标题栏备注一栏内，还需注明所选用的热处理工艺最新国家标准号。

局部热处理技术条件的标注可以先在零件图上用细实线标定局部热处理部位，并在引线上直接标出工艺名称及技术条件，如图 3-36b 所示，也可在标定局部热处理部位后，再在标题栏上方标出热处理技术条件。

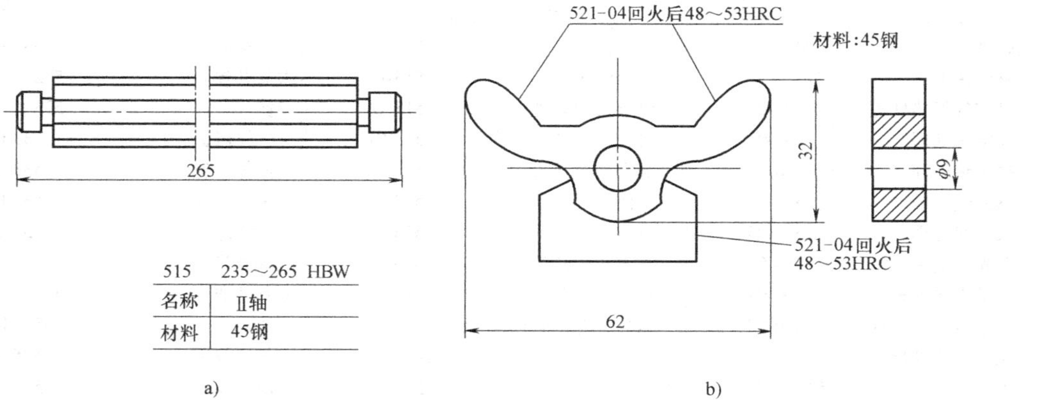

图 3-36 热处理零件图标注实例
a）45 钢Ⅱ轴标注 b）45 钢摇杆表面淬火标注

思考练习题

1. 两块碳的质量分数均为 0.80% 的钢片均加热至 723℃以上，分别以不同方式冷却。钢片的冷却曲线及该种钢材的 C 曲线如图 3-37 所示。试问图中①、②、③、④点各是什么组织？定性地比较②、④点组织的硬度大小。

2. 钢经淬火后，为什么一般都要及时进行回火？回火后钢的力学性能为什么主要是决定于回火温度而不是冷却速度？

3. 某钢的等温转变曲线如图 3-38 所示，试说明该钢在 300℃经不同时间等温后，按图中 a、b、c 三条等温曲线冷却至室温所得到的组织。

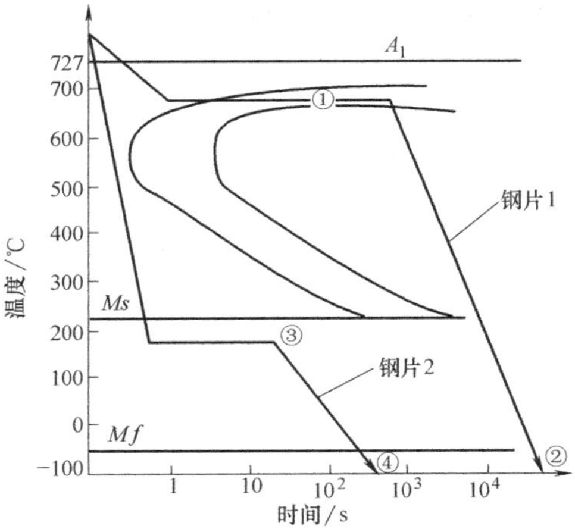

图 3-37　等温转变曲线图及两条等温冷却曲线

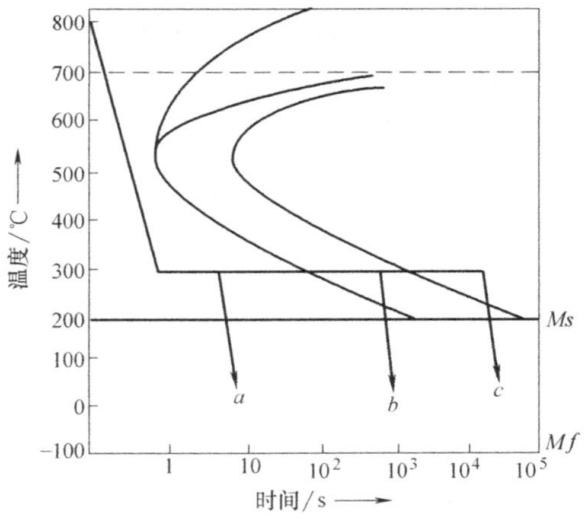

图 3-38　等温转变曲线图及三条等温冷却曲线

4. 拟用 T10 制造形状简单的车刀，工艺路线为：锻造→热处理→机加工→热处理→磨加工。

（1）试写出各热处理工序的名称并指出各热处理工序的作用。

（2）制订最终热处理工艺规范（温度、冷却介质）。

（3）指出最终热处理后的显微组织及大致硬度。

5. 某齿轮要求齿面耐磨，而心部具有一定的韧性，拟采用下列材料和热处理工艺：

（1）45 钢调质。

（2）45 钢高频淬火、低温回火。

（3）T8 钢整体淬火、中温回火。

（4）20 钢渗碳淬火、低温回火。

试从所达到的力学性能、热处理工艺的简繁、成本高低等几方面加以比较。

6. 确定下列钢件的退火方法，并指出退火目的及退火后的组织：

（1）经冷轧后的 15 钢钢板，要求降低硬度。

（2）ZG35 的铸造齿轮。

（3）具有片状和网状渗碳体的 T12 钢坯。

7. 正火与退火的主要区别是什么？生产中应如何选择正火及退火？

8. 某型号柴油机的凸轮轴，要求凸轮表面有高的硬度（ >50HRC），而心部具有良好的韧性（A_k > 40J），原采用 45 钢调质处理再在凸轮表面进行高频淬火，最后低温回火，现因工厂库存的 45 钢已用完，只剩 15 钢，拟用 15 钢代替。

试说明以下各问题：

（1）原 45 钢各热处理工序的作用。

（2）改用 15 钢后，仍按原热处理工序进行能否满足性能要求？为什么？

（3）改用 15 钢后，为达到所要求的性能，在心部强度足够的前提下应采用何种热处理工艺？

9. 有两个碳的质量分数均为 1.2% 的碳钢薄试样，分别加热到 780℃和 860℃并保温相同时间，使之达到平衡状态，然后以大于 v_k 的冷却速度冷至室温。试问：

（1）哪个温度加热淬火后马氏体晶粒较粗大？

（2）哪个温度加热淬火后马氏体含碳量较多？

（3）哪个温度加热淬火后残余奥氏体较多？

（4）你认为哪个温度淬火比较合适？

10. 指出下列工件的淬火及回火温度，并说明其回火后获得的组织和大致的硬度；

（1）45 钢小轴（要求综合力学性能）。

（2）60 钢弹簧。

（3）T12 钢锉刀。

第4章　钢铁材料及性能

导读　本章主要介绍碳素钢分类、牌号、性能及用途，合金钢的合金化原理、分类、牌号、性能及用途，铸铁的石墨化原理、分类、牌号、性能及用途等。

本章重点是碳钢、合金钢及铸铁的常用牌号、性能及用途，难点是合金元素在钢中的作用及铸铁的石墨化原理和细化石墨的处理方法，要点是掌握各种钢铁材料的组织、性能、特点及应用范围。

4.1　碳素钢及其性能

碳素钢简称碳钢，是指碳的质量分数小于2.11%的铁碳合金，实际使用的碳素钢中碳的质量分数一般小于1.4%，而且除铁和碳两元素外，还含有少量杂质元素，性能优良、容易加工、价格低廉，是构成各种机械设备最主要的材料，因此了解和掌握碳素钢化学成分、组织性能及应用，是正确选材和制订加工工艺的重要依据。

4.1.1　碳素钢成分及影响

4.1.1.1　钢中常存杂质及作用

常存杂质是指在钢铁冶炼过程中，由脱氧剂Si-Fe、Mn-Fe、Ti-Fe、Al_2O_3所残余的Mn、Si、Al等杂质元素，以及由矿石带入后难以彻底去除的S、P等杂质元素。这些元素对钢的性能及质量有很大影响。

（1）Si元素的作用　由炼钢时加入硅铁（Si-Fe）等脱氧剂，而导致少量Si元素残留于钢中。硅是有益元素，脱氧能力比锰强，不仅可有效消除FeO夹杂对钢的不良影响，还可在室温下大部分溶于铁素体，使铁素体强化而提高钢的强度。

硅作为杂质元素时，当其含量不多时对钢的性能影响不显著，但当硅含量较高时，由于Si与O的结合力较强，容易生成尖晶石状的SiO_2夹杂残存于钢中，以影响钢的塑性和韧性，因此规定硅的质量分数一般小于0.5%。

（2）Mn元素的作用　由炼钢时加入锰铁（Mn-Fe）等脱氧剂，而导致少量Mn元素残存于钢中，Mn脱氧能力较好，可脱除FeO中的氧而使钢材致密，并降低钢的脆性。锰在室温下大部分能溶入铁素体，起强化铁素体的作用，使钢的强度和硬度提高，又不降低钢的塑性与韧性。

同时，Mn还能溶于渗碳体中形成合金渗碳体，提高珠光体的相对量，从而提高钢的强度，故Mn在一定含量范围内是有益元素，并且Mn还可取代FeS中的Fe，与S结合成高熔点（1620℃）塑性好的MnS，以防止钢产生热裂纹。

但由于Mn与S结合力较强，当锰含量过多时，容易生成MnS夹杂残留于钢中，从而影响钢的塑性和韧性，所以一般规定碳钢中锰的质量分数小于0.8%。

（3）S元素的影响　钢铁中的S元素是在炼钢时由原料和燃料带入，是炼钢过程中没有能够除尽的杂质。S与Fe常常是共生矿物质，但S不溶于Fe，在固态下与Fe形成FeS相存在于钢中，FeS与Fe又形成低熔点共晶体（熔点为988℃）分布于奥氏体晶界上，使钢材在1000℃左右热轧时产生热脆而导致开裂。

当在高于1200℃的高温下进行变形加工时，低熔点共晶物使钢沿晶界形成热裂纹。并且硫还与其他杂质形成夹杂物，经常导致钢材开裂，或焊接时使焊缝产生热脆、气孔和热裂纹。因此钢的含硫量必须严格限制，一般限制硫的质量分数下限为：普通碳钢约0.055%、优质碳钢约0.040%。

（4）P元素的影响　磷是炼钢难以除尽的杂质，在固态下可溶入铁素体，使钢的强度、硬度提高，并提高铁液的流动性，以改善钢材的成形性能。

但P在低温下容易与Fe结合成硬脆的Fe_3P相磷化物，致使钢在冷加工过程中产生冷脆性，显著降低钢的塑性和韧性，尤其是低温韧性。同时磷还能使钢产生成分偏析，从而影响焊接性能。因此钢的含磷量必须严格控制，一般控制磷的质量分数的下限为：普通碳钢为0.045%、优质碳钢为0.040%。

4.1.1.2　钢中其他杂质及作用

通常，钢中除常存杂质元素外，还有隐存杂质元素和偶存杂质元素。

（1）隐存杂质及作用　隐存杂质是指钢中所存在的极其微量的O、H、N等元素，其在钢中虽然难以测量，但有一定的溶解度，且是有害杂质元素。

若在钢中存在的O、H、N等元素含量较多，则易使钢在高温固态下产生氧化物夹杂、氮化物夹杂、一氧化碳气孔、氢气孔和裂纹等，从而降低钢的力学性能。因此，必须最大限度除去这些有害杂质，保证钢的力学性能、抗气孔能力和抗裂性能。

（2）偶存杂质及作用　偶存杂质是在炼钢过程中由矿石和废钢带入的杂质元素，如Cu、Sn、Pb、Ni、Cr等。这些杂质元素是有益元素，除Cr外又均为非碳化物元素，在钢中它们不能与碳形成化合物，而主要固溶于铁素体中强化铁素体，使钢的强度、硬度和韧度等提高。

因此，若钢中存在杂质元素会影响钢的性能，其中Mn、Si和S、P、H杂质元素影响最大，而H和P也可留在钢中形成微裂纹，致使钢的塑性降低或失去塑性。

4.1.2　碳素钢分类及牌号

4.1.2.1　碳素钢的分类

（1）按钢的成分分类　由于钢的成分不同，可按钢的碳含量分类和杂质含量分类。按钢的碳含量不同，可分为低碳钢〔w（C）≤0.25%〕、中碳钢〔w（C）=0.25%～0.60%〕和高碳钢〔w（C）≥0.60%〕三类。按钢中主要有害杂质硫、磷含量不同，又可分为碳素结构钢、优质碳素结构钢和高级优质碳素结构钢三类。

碳素结构钢中硫、磷含量分别为w(S)≤0.050%～0.055%、w(P)≤0.040%～0.045%。优质碳素结构钢中硫、磷含量均为w(S)和w(P)≤0.035%～0.040%，高级优质碳素结构钢中硫、磷含量分别为w(S)≤0.020%～0.030%、w(P)≤0.030%～0.035%。

（2）按钢的用途分类　按钢的用途不同，可分为碳素结构钢、碳素工具钢和特殊性能钢三类。碳素结构钢可用于制造各种机械零件，如齿轮类、轴类、连杆、螺钉、螺母等，这类钢一般属于低碳钢和中碳钢。

碳素工具钢主要用于制造各种刀具、量具和模具，这类钢含碳量较高，一般属于高碳钢。而特殊性能钢则是指不锈钢、耐热钢和耐磨钢等，它们均具有特殊性能要求的特殊化学成分和物理性能。

（3）按钢的冶炼方法分类　按钢的冶炼方法和设备不同，碳素钢可分为平炉钢、转炉钢和电炉钢三类。前两类钢因炉衬材料不同，又可分为酸性钢和碱性钢两类，而电炉钢还可分为电弧炉钢、电渣炉钢、感应炉钢和电子束炉钢等。

按钢的脱氧程度和浇注制度不同，还可分为沸腾钢、镇静钢、半镇静钢和特殊镇静钢四类。沸腾钢是炼钢末期仅加入 Mn-Fe 作脱氧剂，用字母 F 表示。半镇静钢是炼钢末期加入 Mn-Fe 及 Al 粉作脱氧剂，用字母 b 表示。

镇静钢是炼钢末期加入 Mn-Fe、Si-Fe 及 Al 粉作脱氧剂，用字母 Z 表示。特殊镇静钢在炼钢末期加入的脱氧剂种类及含量均较多，用字母 TZ 表示。

（4）按钢的成材方法分类　按钢的成材方法不同，碳素钢可分为铸钢、轧钢和锻钢三类。铸钢是将钢液浇注成的钢件，强度、塑性及韧性较好，常用于形状复杂且用铸铁不能满足性能要求的重要零件，如挖掘机械、大型阀体、箱体和联轴器等。

轧钢是采用辊压、辗压、挤压和拉拔等方法，将钢锭坯轧制成各种截面形状的型材，如圆钢、方钢、钢板、钢管、工字钢、角钢和槽钢等。

锻钢是采用锻锤将截切的钢锭坯锻制而成钢件毛坯，其表面粗糙不平并带有锤打痕迹。

以上碳素钢的分类中，通常是按国家标准规定的碳钢质量和用途进行划分。

4.1.2.2　碳素钢的牌号的编写说明

（1）碳素结构钢的牌号的编写说明　根据 GB700—2006 规定，碳素结构钢牌号由 Q、屈服点数值、质量等级符号、脱氧方法符号等四部分按顺序组成，见表 4-1。

表 4-1　碳素钢按用途分类与牌号的编写说明

分类	举例	牌号的编写说明
碳素结构钢	Q235-A · F Q215-B Q235-C Q255-A	“Q”为“屈”字的汉语拼音字首，后面的数字为屈服点（MPa）。A、B、C、D 表示质量等级，从左至右，质量依次提高。F、b、Z、TZ 依次表示沸腾钢、半镇静钢、镇静钢、特殊镇静钢。如 Q235-A · F 表示屈服点为 235MPa，质量为 A 级的沸腾钢
优质碳素结构钢	08F 20 45 40Mn	两位数字表示碳的平均质量分数，以 0.01% 为单位，如 08F 表示碳的平均质量分数为 0.08% 的沸腾优秀碳素结构钢；45 表示碳的平均质量分数为 0.45% 的优质碳素结构钢 若钢的锰的质量分数在 0.70% ~ 1.20% 之间，其牌号是在含碳量数字后附加化学元素符号“Mn”，如 40Mn
碳素工具钢	T8 T10A T12	“T”为“碳”的汉语拼音字首，后面的数字表示钢的平均含碳量，以 0.10% 为单位，如 T8 表示碳的平均质量分数为 0.8% 的碳素工具钢；T10A 表示碳的平均质量分数为 1.0% 的高级碳素工具钢
铸造碳钢	ZG200—ZG400 ZG230—ZG450 ZG270—ZG500 ZG310—ZG570	“ZG”代表铸钢，其后面的第一组数字为屈服强度（MPa）；第二组数字为抗拉强度（MPa）。如 ZG200—ZG400 表示屈服强度为 200MPa、抗拉强度为 400MPa 的铸钢，其碳的质量分数为 0.20%；后面的三种碳的质量分数依次为 0.30%、0.40% 和 0.50%

“Q”为“屈”字的汉语拼音字首，“屈服点数值”单位为 MPA；“A、B、C、D”分别为质量等级符号，A ~ D 级 S、P 含量逐渐降低；“F”表示沸腾钢“沸”字汉语拼音字首（表示镇静钢、特殊镇静钢的 Z 和 TZ 予以省略）。

碳素结构钢牌号可反映出力学性能，如 Q235 表示屈服点是 235MPa，牌号后缀字母 A ~ D 四种等级质量依次提高，D 级钢属于优质钢，可作为重要焊接结构用。

（2）优质碳素结构钢牌号的编写说明　优质碳素结构钢的牌号用两位数字表示，该两位数字表示钢的碳的平均质量分数以 0.01% 为单位，例如 40 钢，“40” 表示钢的平均含碳量 w（C）=0.40%，其牌号写成 “40”。

某些优质碳素结构钢还具有较高的含锰量，w（Mn）=0.7%～1.2%，称之为较高含锰量的优质碳素结构钢，其牌号后再附加上 “Mn”，如 15Mn，15 表示该钢的平均含碳量 w（C）=0.15%，含锰量为 w（Mn）=0.7%～1.2%，见表 4-1。

（3）碳素工具钢及铸钢牌号的编写说明　碳素工具钢和铸钢的举例、牌号的编写说明见表 4-1。

4.1.3　碳素钢牌号及用途

机器零件用钢大多是碳素结构钢、碳素工具钢和铸钢，其中碳素结构钢俗称碳结钢，按钢中 S、P 杂质含量又可分为碳结钢、优质碳结钢和高级优质碳结钢，这些碳钢一般均需要经过热处理后方可使用。

4.1.3.1　碳结钢牌号及用途

碳结钢 S、P 含量分别为 w（C）≤0.055% 和 w（C）≤0.045%，是在低速和轻载条件下使用的受冲击力小、精度较低且不重要的机械结构件和机械零件，一般选用锻轧型材为毛坯，常用的有 Q235、Q255、Q275 钢等。

当碳结钢的屈服点≤235MPa 时，塑性好且有一定强度，可用于制造受力不大的零件，如螺钉、螺母、垫圈等，也可制作容器、支架、冲压件、桥梁及建筑等焊接结构件。当其屈服点≥255MPa 时，强度较高而塑性稍差，可用于制造承受中等载荷的零件，如小轴、销子、连杆及农机零件等，见表 4-2。

表 4-2　碳结钢钢号、成分、性能及应用

钢号	质量等级	化学成分（质量分数，%）					脱氧方法	力学性能			应用举例
		C≤	Mn≤	Si≤	S≤	P≤		σ_b/MPa	σ_s/MPa	δ_5/%	
Q195	—	0.12	0.50	0.30	0.040	0.035	F、Z	315～430	195	33	塑性好的薄板、钢管、丝钉等，可适宜烟囱和薄壳等
Q215	A	0.15	1.20	0.35	0.050	0.045	F、Z	335～450	215	31	
	B				0.045						
Q235	A	0.22	1.40	0.35	0.050	0.045	F、Z	370～500	235	26	塑性好，有一定强度，可适宜焊接件、冲压件（如容器、支架等）及受力不大的螺钉、螺母、垫圈等
	B	0.20			0.045						
	C	≤0.18			0.040	0.040	Z				
	D	≤0.17			0.035	0.035	TZ				
Q275	A	0.24	1.50	0.35	0.050	0.045	F、Z	410～540	275	20	强度较高，可制造小轴、销、连杆、农机零件等中等载荷的零件
	B	0.21			0.045		Z				
	C	0.22			0.040	0.040	Z				
	D	0.20			0.035	0.035	TZ				

注：碳结钢试样厚度均≤16 mm，各钢号的磷含量均为 w（P）<0.045。

4.1.3.2　优质碳素结构钢

优质碳结钢比碳结钢规定更严格，需保证化学成分和力学性能，S、P 的质量分数均应控制在 0.35% 以下，非金属夹杂物较少，质量级别较高，一般在热处理后使用（容器专用钢除外，如 20R），并按含碳量不同分为以下四种用途。

（1）金属结构件用钢　这类钢的碳的质量分数为 0.25% 以下，属低碳优质碳结钢，一般在热处理后供货（容器专用钢除外，如 20R），强度较低，塑性很好，具有良好的焊接性能，可广泛用于制造各种受力不大而要求塑性较高的薄壁钣金件、冷冲压件和焊接结构件，常用的有 08F、10F、15F、08、10、15、20 等钢。

（2）低载荷零件用钢　这类钢的碳的质量分数一般仍在 0.25% 以下，属低碳优质碳结钢，以保证碳素钢具有良好塑性和韧性，但强度、硬度较低，仅用于制造各种受力不大但要求高韧性的零件，一般需渗碳和淬火处理，以提高强度和表面硬度，可用作冲击负荷及磨损条件下工作的零件，如 20 渗碳钢小型活塞销、链筒及滚子等。

（3）中载荷零件用钢　这类钢的碳的质量分数一般为 0.30% ~0.60%，硫和磷的质量分数均≤0.035%，具有较高的强度、韧性及良好综合力学性能，同时还具有较好的切削加工性能，并可通过热处理进一步改善其力学性能。

常用的有 30、35、40、45 钢，碳的质量分数为 0.30% ~0.45%，具有良好综合力学性能，通常进行正火或调质热处理，也称为调质钢，可制造中等载荷下要求有一定强度的各种机器零件，如齿轮、蜗杆、轴、连杆、键及紧固件等。

这类钢属于中碳优质碳结钢，正火硬度为 179 ~229HBW，调质硬度为 200 ~280HBW，以 40、45 钢应用最多。为提高轴和齿轮等件表面的耐磨性，还可进行表面淬火及低温回火，常用牌号、成分及性能见表 4-3。

（4）弹性零件用钢　这类钢碳的质量分数为 0.60% ~0.85%，硫和磷的质量分数均≤0.035%，经热处理后具有高强度、高弹性极限、高屈服点、高屈强比和疲劳强度。但当含碳量过高时，塑性和韧性降低，疲劳强度也降低。

这类钢属于高碳优质碳结钢，以碳的质量分数为 0.65% 的钢应用最多，如 60、65、70 钢等，主要用于制造弹簧、钢丝绳等。另外，在含碳量相同情况下，部分钢号含锰量比碳结钢多、强度高，通常适宜制造强度要求较高、截面尺寸较大的零件，如 65Mn 等适宜制造大尺寸的螺旋弹簧、板簧等。

表 4-3　部分优质碳结钢的化学成分及力学性能（摘自 GB/T 699—1988）

牌号	化学成分（质量分数,%）			力学性能（各指标均不小于）						
	C	Si	Mn	σ_b/MPa (kgf/mm)	σ_s/MPa (kgf/mm)	δ_5 /%	ψ /%	A_K/J (a_k/J/cm^2)	HBW 热轧	HBW 退火
30	0.27 ~0.34	0.17 ~0.37	0.50 ~0.80	490（50）	295（30）	21	50	63（8）	179	—
35	0.32 ~0.39	0.17 ~0.37	0.50 ~0.80	530（54）	315（32）	20	45	55（7）	197	—
40	0.37 ~0.44	0.17 ~0.37	0.50 ~0.80	570（58）	335（34）	19	45	47（6）	217	187
45	0.42 ~0.50	0.17 ~0.37	0.50 ~0.80	600（61）	355（36）	16	40	39（5）	229	197
65	0.62 ~0.70	0.17 ~0.37	0.50 ~0.80	695（71）	410（42）	10	30	—	255	229

4.1.3.3　碳素工具钢

碳素工具钢属于高碳优质碳素钢，其中杂质含量更少的［w（S）≤0.02%，w（P）≤

0.03%］钢称为高级优质碳素工具钢，如T8A、T12A等。这类钢随含碳量增加，其耐磨性逐渐增加，而韧性逐渐下降，其牌号、化学成分及性能见表4-4。

表4-4 碳素工具钢的牌号、化学成分及性能（摘自GB/T1298—2008）

牌号	化学成分（质量分数,%）					退火硬度 HBW≤	淬火温度/℃ 及冷却剂	淬火硬度 HRC≥
	C	Mn	Si	S≤	P≤			
T7	0.65~0.74	≤0.40	≤0.35	0.030	0.035	187	800~820 水	62
T8	0.75~0.84	≤0.40	≤0.35	0.030	0.035	187	780~800 水	62
T9	0.85~0.94	≤0.40	≤0.35	0.030	0.035	192	760~780 水	62
T10	0.95~1.04	≤0.40	≤0.35	0.030	0.035	197	760~780 水	62
T11	1.05~1.14	≤0.40	≤0.35	0.030	0.035	207	760~780 水	62
T12	1.15~1.24	≤0.40	≤0.35	0.030	0.035	207	760~780 水	62
T13	1.25~1.35	≤0.40	≤0.35	0.030	0.035	217	760~780 水	62

注：1. 高级优质钢（钢号后加A），w(S)≤0.020%，w(P)≤0.030%。
2. 平炉炼钢w(S)≤0.035%，高级优质钢w(S)≤0.025%。
3. 钢中允许残留元素w（Cr）≤0.25%，w（Ni）≤0.20%，w（Cu）≤0.30%。

T7、T8钢用作具有较高韧性的工具，如冲头、凿子、锤子、木工工具等。T9、T10、T11钢用作要求中等韧性、高硬度的刃具，如钻头、丝锥、手锯条等。T12、T13钢具有更高的耐磨性但韧性低，可用作量具、锉刀、手铰刀等。

4.1.3.4 铸造碳钢

铸造碳钢简称铸钢，可适用于形状复杂、不易锻造且铸铁不能满足性能要求的零件，如采掘机械箱体、大型阀体、联轴器等铸造零件。

铸钢的成分一般为：w（C）≤0.65%、w（Si）=0.50%、w（Mn）=0.80%~0.90%、w（S）=0.04%、w（P）=0.04%。另外，还含有少量Ni、Cr、Cu、Mo、V等残留合金元素。铸钢的牌号和力学性能见表4-5。

表4-5 铸钢的力学性能（GB/T11352—2009）

牌号	各种力学性能的最小值					
	屈服强度 σ_s或$\sigma_{0.2}$/MPa	抗拉强度 σ_b/MPa	伸长率 δ（%）	断面收缩率 ψ（%）	冲击性能	
					A_{KV}/J	a_{ku}/（J/cm^2）
ZG200-400	200	400	25	40	30	60
ZG230-450	230	450	22	32	25	45
ZG270-500	270	500	18	25	22	35
ZG310-570	310	570	15	21	15	30
ZG340-640	340	640	10	18	10	20

4.2 合金钢及其性能

合金钢是在冶炼时特意往碳素钢中加入一定量的Si、Mn、Cr、Ni、W、Mo、Co、V、Ti、Al、B及稀土元素（RE）后所获得的钢。经合金化处理的钢，不仅可提高钢的力学性能、物理性能和化学性能，还可改善钢的工艺性能。

4.2.1 合金元素在钢中的作用

在钢中添加合金元素后，可对钢的主要成分及组织、钢的结晶相图形式、钢的加热曲线图及冷却转变图以及钢的热处理性能等，均会产生不同的影响。

4.2.1.1　对钢主要成分的影响

（1）合金元素与碳作用　根据合金元素与碳的亲和力大小，可将 Ti、Zr、Nb、V、W、Mo、Cr、Mn、Fe 等合金元素，按其亲合力由大到小按顺序排列，Ti、Zr、Nb、V 为强碳化物形成元素，均可形成不同于一般渗碳体的特殊碳化物。

W、Mo、Cr 为中强碳化物形成元素，含量较低时可与铁形成合金渗碳体，含量较高时又可形成新的合金碳化物。Mn、Fe 为弱碳化物形成元素，少部分溶于渗碳体，大部分溶于铁素体或奥氏体。而 Ni、Cu、Si、Al 等则为非碳化物形成元素。

合金渗碳体是部分 Fe 被碳化物元素置换后生成的渗碳体，如 $(Fe, Cr)_3C$、$(Fe, W)_3C$，稳定性和硬度略高于渗碳体。合金碳化物 Mn_3C、Cr_7C_3、Fe_3Mo_3C 和特殊碳化物 VC、TiC、NbC 等具有高稳定性、熔点和硬度。它们的稳定性和硬度依次增高，均是合金钢的重要强化相，以提高钢的耐磨性。

（2）合金元素与铁作用　几乎所有合金元素均可与铁作用形成合金铁素体或合金奥氏体。C、N、B 与铁形成间隙固溶体，其他合金元素可与铁形成置换固溶体，并均可提高固溶体的强度和硬度，降低冲击韧度。其中 Si 和 Mn 对铁素体固溶强化效果最显著，而 Ni 还可减少钢的冷脆性并增加塑性和韧性。

4.2.1.2　对钢基本组织的影响

由于碳钢在退火、正火及调质状态的基本组织，均为铁素体和渗碳体，因此当有合金元素加入时，可对铁素体和渗碳体产生不同的影响。

（1）对铁素体的影响　非碳化物形成元素 Ni、Cu、Si、Al 等可全部溶于铁素体，弱碳化物形成元素 Mn、Cr 等可部分溶入铁素体，均可形成合金铁素体，起固溶强化作用。并且这些元素原子半径与铁原子半径相差越大，晶体结构越不相同，强化效果越明显，如图 4-1a 所示。

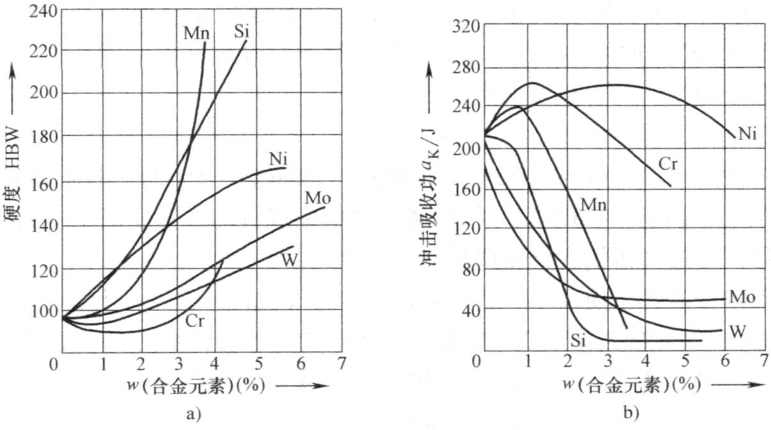

图 4-1　合金元素对铁素体性能的影响（退火态）

a）对硬度的影响　b）对韧性的影响

合金元素溶入铁素体后，不仅显著提高铁素体的硬度，而且在适当含量范围内还可提高钢的韧性（见图 4-1b）。当 Cr 的质量分数在 1.0% 以下、Mn 的质量分数在 1.5% 以下、Ni 的质量分数在 5.0% 以下时，均能提高铁素体的韧性。但当超过此值时，则有下降趋势，因此结构钢中合金元素的含量范围均有一定限度。

此外，合金元素还能提高铁素体的再结晶温度和高温强度，其中 Si、Cr、Ni 等还可以显著提高铁素体的耐蚀性和磁性等物理化学性能。

（2）对渗碳体的影响　碳化物形成元素溶入渗碳体后，可增加 Fe 与 C 的亲和力，将部分 Fe 置换而形成合金渗碳体，如 $(Fe、Mn)_3C$、$(Fe、W)_3C$ 等。其中 Mn、Cr 则大部分溶于铁素体，只有少部分溶于渗碳体。合金渗碳体的稳定性和硬度都较渗碳体高，且有利于钢的耐回火性和耐磨性，是各种工、模具钢中主要强化相。

4.2.1.3 对钢结晶相图的影响

在钢中添加合金元素，可影响 $Fe\text{-}Fe_3C$ 相图中奥氏体相区的大小，从而改变共析点 S 的成分、E 的位置以及转变温度 A_1、A_3、A_{cm} 临界线的位置。

（1）对奥氏体相区的影响　Mn、Ni、Co、C、N、Cu 等元素与 Fe 相互作用，可扩大奥氏体相区（见图 4-2a），尤以 Ni 和 Mn 的作用最大。Ni、Mn 含量增加时，共析点成分及温度向低碳低温方向移动。当 Ni、Mn 含量相当高时，室温时可形成单相奥氏体。这正是实际生产不锈钢和高锰钢的基础，如 1Cr18Ni9 和 ZGMn13 等。

在钢中添加 Cr、Mo、V、W、Ti、Si、Al、B、Nb 等元素，与 Fe 相互作用可缩小奥氏体区（见图 4-2b），其中 Cr、Mo、Si 作用最大，其含量增加时，共析点成分及温度向低碳高温方向移动。当 Cr 含量相当高时，室温时可形成单相铁素体，这正是实际生产铁素体钢和耐热钢的基础，如 1Cr17Ti 和 15CrMo 等。

（2）对 A_1、A_3、A_{cm} 临界线的影响　由于奥氏体相区的扩大或缩小，使 A_1、A_3、A_{cm} 临界线将发生变化。Cr、Mo、Si 等为缩小奥氏体相区的元素，使 A_1、A_3、A_{cm} 线升高；Mn、Ni 等为扩大奥氏体相区的元素，使 A_1、A_3、A_{cm} 线降低。因此，合金钢的热处理加热温度，不能直接由 $Fe\text{-}Fe_3C$ 相图确定。

除 Ni、Mn 钢外，大多数合金钢的热处理温度，均较相同含碳量的碳素钢高。

（3）对 S、E 点位置的影响　由图 4-2 可知，所有合金元素均可改变铁碳相图中 S、E 点的位置，并使 S、E 点向左方移动，因此了解合金元素对共析点温度和含碳量的影响规律，可对实际热处理生产具有重要的意义。

凡扩大奥氏体相区者，使 S、E 点向左下方移动（见图 4-2a）。S 点左下移，表明共析钢含碳量减小。将锰的质量分数为 0.35% 共析碳钢，增加至 6.5% 时，其碳的质量分数将左下移至 0.4%、共析温度约降至 670℃，将原属于共析钢成分的位置变成了亚共析钢。同时，E 点也相应左下移，使过共析钢含碳量降低。

凡缩小奥氏体相区者，使 S、E 点向左上方移动（见图 4-2b）。当加入质量分数为 12% 的 Cr 时，S 点由 0.77% 左上移至 0.4% 附近，将原属于共析钢成分的位置变成了亚共析钢。同时 E 点左上移，使共析成分合金钢中将出现莱氏体组织。如 W18Cr4V，即使碳的质量分数只有 0.8%，但其铸态中也会出现莱氏体组织。

总之，合金元素会改变共析钢 S 点和 E 点的相图位置，并移向含碳量较小的方向，使合金共析钢的含碳量小于碳素共析钢的含碳量。

4.2.1.4 对钢加热转变的影响

（1）奥氏体化过程的影响　由于奥氏体形成过程与碳的扩散密切相关，因此与碳有较大亲和力的 Cr、Mo、W、V、Ti 等强碳化物形成元素，均会阻碍碳原子的扩散，以减缓奥氏体化过程，而 Ni、Co 等非碳化物形成元素，则会加速碳原子的扩散速度，从而加快奥氏体

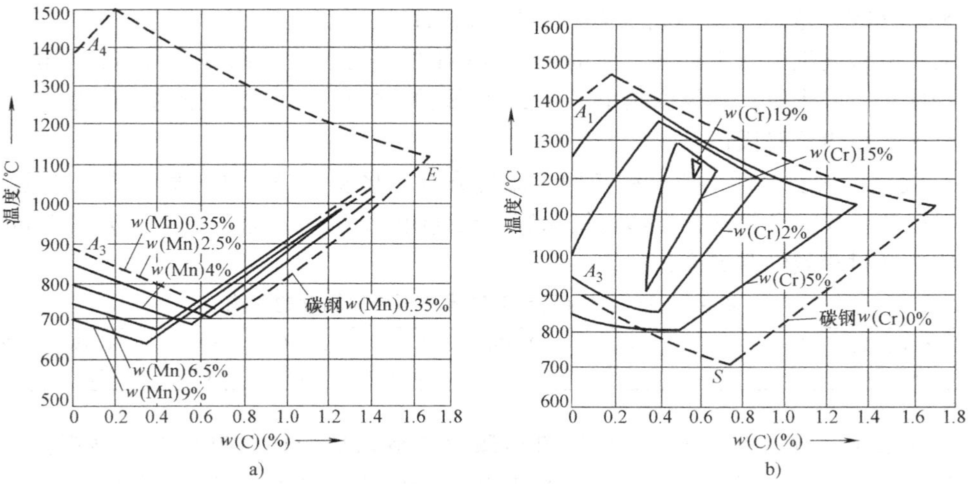

图 4-2　Mn、Cr 对铁碳合金相图的影响

a) Mn 扩大奥氏体相区　b) Cr 缩小奥氏体相区

的形成过程。

(2) 奥氏体晶粒度的影响　合金元素会影响奥氏体晶粒的长大，如 C、P、Mn 等能促进奥氏体（在高碳时）晶粒的长大，而 Al、Zr、Nb、Ti、V 等能强烈阻碍奥氏体晶粒的长大，至于 W、Mo、Cr 等能起中等阻碍作用。

当加入 Al、V、Ti 等合金元素时，少量 Al [w (Al) =0.05%] 元素可起脱氧作用，而形成高熔点、稳定性强且不易溶解的 Al_2O_3 和 AlN 特殊质点，使合金钢多成为本质细晶粒钢。如 AlN 质点在低于 1100℃ 温度时，多分布在奥氏体晶界上，以强烈阻碍奥氏体晶粒移动和长大，从而起到细化晶粒的作用。

然而，为使合金元素能充分溶入奥氏体中，以提高钢的淬透性。通常合金钢的奥氏体化温度较高，保温时间较长，但获得的显微组织比碳素钢细小，并具有更好的力学性能。

4.2.1.5　对钢冷却转变的影响

(1) 推迟过冷奥氏体转变　钢冷却时除 Al、Co 元素以外，Si、Cu、V、Mo、Ni、Cr、Mn 等大多数合金元素均会延缓奥氏体的转变，增大过冷奥氏体的稳定性，使等温转变曲线向右移动，使 *Ms* 和 *Mf* 点的位置降低。其中 Mo、Mn、W、Cr 等合金元素，还可推迟奥氏体向珠光体相变，使其转变曲线向右移动。

Mn、Cr、Ni 等合金元素，可降低贝氏体转变温度，使其过冷至更低温度才能相变，并能降低马氏体开始转变温度 *Ms* 点，使 *Ms* ~ *Mf* 间距加大而延缓马氏体转变，从而使淬火钢中残余奥氏体量增加。因此，为消除残余奥氏体带来的不利影响，一般需进行深冷处理或多次回火处理。

(2) 使等温转变曲线移动变形　碳化物形成元素 Cr、Mo、W、V、Ti 等（Mn 除外）溶入奥氏体时，不仅提高奥氏体稳定性，使等温转变 C 曲线右移，同时还使其形状发生改变（见图 3-13b），并随 Cr 含量增加，呈现双“鼻子”形双 C 形曲线。

当 Cr 的质量分数增至 4.2% 时，双 C 形曲线分成两部分，且下部分较上部分右移幅度更大，使珠光体转变区与贝氏体转变区全部分离，各自形成一个独立的 C 形曲线，在二者之间（500~600℃范围内）形成一个奥氏体最大的稳定区。

因而，一般高碳合金工具钢、弹簧钢和轴承钢的等温转变曲线，通常需具有这种形式，以便在油中进行淬火时，不仅可减小工件变形开裂的倾向，还可提高钢的淬透性，甚至有的合金钢空冷也可得到马氏体。

（3）促使回火稳定性　淬火钢随回火温度升高，将发生马氏体分解、碳化物形成聚集和长大、残留奥氏体分解和铁素体再结晶等一系列组织转变。当加入的合金元素不同时，将影响组织转变过程及结晶温度，见表4-6。

表4-6　不同合金元素对铁素体再结晶温度的影响

合金元素质量分数（%）	α-Fe	0.1C	2.0Ni	2.0Si	1.0Mn	2.0Co	1.5W	2.0Mo
再结晶温度/℃	520	550	550	550	575	630	655	650

合金元素Mo、W、V、Ti等可形成难熔碳化物溶入奥氏体，阻止碳化物析出及长大，致使碳化物在较高回火温度时，仍能保持均匀细小的颗粒而提高钢的回火稳定性、高的淬透性与热硬性，从而使钢在较高温度下仍保持较高硬度。

4.2.2　合金钢分类及牌号

4.2.2.1　合金钢的分类方法

（1）按钢组织及形态分类　通常分为珠光体钢、贝氏体钢、马氏体钢和奥氏体钢。珠光体钢和贝氏体钢的合金的质量分数均小于5.0%，在铁素体基体上分布片状和断续状渗碳体。马氏体钢的合金的质量分数大于10.0%，在铁素体基体上弥散分布过饱和渗碳体，奥氏体钢的合金的质量分数则大于10.0%。

当合金元素含量不高时空冷，可获得珠光体或贝氏体钢组织。当合金元素含量较高时空冷，可获得马氏体钢组织。当合金元素含量很多时空冷，则可将奥氏体仍保留到室温而不发生转变，将会获得奥氏体组织。

然而，钢所获得的组织还取决于热处理工艺及其他冷却方法，例如珠光体类钢，如果采取淬火在水中快冷时，有可能获得马氏体组织。又如马氏体类钢，如果采取退火在炉中缓冷时，则又可能获得珠光体组织。

（2）按钢种类及含量分类　通常分为铬钢、锰钢、铬镍钢、铬钼钢、铬镍钼钢、铬锰钢、铬锰硅钢及铬镍钨钢等，按合金质量分数又分为低合金钢［w（合金）<5.0%］、中合金钢［w（合金）=5.0%~10.0%］和高合金钢［w（合金）>10.0%］。

（3）按钢性能及用途分类　这种分类方法见表4-7。

表4-7　合金钢按性能及用途分类方法及合金含量

类型	用途	种类	碳质量分数(%)	合金总质量分数(%)
低合金高强钢	结构用钢	容器钢、高低温结构钢、耐腐蚀结构钢	<0.20	<3.0
合金结构钢	机器用钢	合金渗碳钢	0.1~0.25	≤8.5
		合金调质钢	0.25~0.50	1.0~4.0
		合金弹簧钢	0.50~0.70	1.05~3.0
		滚动轴承钢	0.95~1.15	w(Cr)0.45~1.65

（续）

类型	用途	种类	碳质量分数(%)	合金总质量分数(%)
合金工具钢	刃具钢	低合金刃具钢	0.9	<5.0
		高合金刃具钢	0.70 ~ 0.80	≥10.0
	模具钢	冷作模具钢	1.45 ~ 1.70	11.5 ~ 12.9
		热作模具钢	0.5	≤4.0
		塑料模具钢	0.3	≤11
	量具钢	普通量具钢	0.9	<4.0
		精密量具钢	0.9 ~ 1.05	≥4.0
特殊性能钢	不锈钢	马氏体不锈钢	0.15 ~ 0.75	w(Cr) = 12 ~ 17
		铁素体不锈钢	≤0.12	w(Cr) = 17.0
		奥氏体不锈钢	0.03 ~ 0.15	w(Cr) = 17 ~ 19
	耐热钢	抗氧化钢	0.15 ~ 0.75	w(Cr) > 20%，w(Ni) ≤26
		热强钢	0.08 ~ 0.18	1.5 ~ 2.0
	耐磨钢	高锰钢	1.0 ~ 1.3	w(Mn) = 11 ~ 14
	磁钢	电磁纯铁	0.025 ~ 0.04	1.5
		电工硅钢	0.0028 ~ 0.09	2.15 ~ 4.8

4.2.2.2　合金钢的牌号的编写说明

合金钢的牌号一般采用“数字 + 元素符号 + 数字”的方法表示，牌号含义及编写说明、各种类型钢的牌号以及典型实例，见表 4-8 所列。

表 4-8　合金钢牌号的编写说明及举例

类型	牌号的编写说明	举例
低合金高强钢	钢号由代表屈服点的汉语拼音字母（Q）、屈服点数值、质量等级符号（A、B、C、D、E），三部分按顺序组成，如 Q295A（12Mn）即质量为 A 级、屈服强度为 295MPa 的结构件用钢	Q　345　C　工程结构用钢 C — 指质量等级符号 345 — 屈服点数值，单位 MPa Q — “屈”字汉语拼音字首
合金结构钢	钢号由数字 + 化学元素符号 + 数字组成，前面数字表示钢中平均 w（C）的万分数；元素符号表示合金元素；后面数字表示元素平均 w 的百分数。 平均 w（合金）凡小于 1.5% 时，一般不标注；凡等于 1.5%、2.5%…，则相应以 2、3…表示。如 40Cr 中 w（Cr）小于 1.5% 不标注 若为高级优质钢，则在钢号最后加“A”字；w（S）≤0.02%、w（P）≤0.03%，若为滚动轴承钢，则在钢号前加“G”，其含 Cr 量用千分之几表示	60　Si2　Mn　钢板弹簧钢 Mn — 平均 w(Mn)<1.5% Si2 — 平均 w(Si)=2% 60 — 平均 w(C)=0.60% G　Cr15　SiMn　滚动轴承钢 SiMn — 平均 w(Si)、w(Mn)均<1.5% Cr15 — 平均 w(Cr)=1.5% G — “滚”字汉语拼音字首

（续）

类型	牌号说明	举例
合金 工具钢	平均 w（C）不小于1.0%时不标出，小于1.0%时以千分之几表示。高速钢例外，平均 w（C）小于1.0%时，也不标出，合金元素 w（合金）表示方法与合金结构钢相同。如9SiCr意为 w（C）= 0.90%，w（Si）和 w（Cr）均小于1.5%；如W18Cr4V意为 w（C）=0.75%、w（W）=18%、w（Cr）=4%，w（V）小于1.5%不标注	5 CrMnMo　热作模具钢 CrMnMo——平均 w(Cr)、w(Mn)、w(Mo)均<1.5% 5——平均 w(C)=0.5% CrWMn为低速用工具钢，平均 w（C）>1.0%，平均 w（Cr）、w（W）、w（Mn）均<1.5%
特殊性能钢	不锈钢和耐热钢的平均 w（C）以千分之几表示。但当平均 w（C）不大于0.03%及0.08%时，钢号前分别冠以00及0表示，合金元素含量的表示方法与合金结构钢相同 如0Cr19Ni9为平均 w（C）≤0.08%，平均 w（Cr）=19%，w（Ni）=9%；2Cr13为平均 w（C）=0.2%、w（Cr）=13%；1Cr18Ni9为平均 w（C）=0.10%、w（Cr）=18%、w（Ni）=9%	2 Cr13　耐气蚀及耐热用钢 Cr13——平均 w(Cr)=13% 2——平均 w(C)=0.2% 1 Cr18 Ni9 Ti　耐酸及耐热用钢 Ti——平均 w(Ti)=0.8% Ni9——平均 w(Ni)=9% Cr18——平均 w(Cr)=18% 1——平均 w(C)≤0.12%

4.2.3 合金结构钢及性能

4.2.3.1 低合金结构钢

低合金结构钢是在碳素结构钢基础上，加入质量分数不超过2%～3%的合金元素，以提高其强度，主要用于各类工程结构件，用途最广且用量最大，通常经过热轧后在退火或正火状态下使用，不再进行热处理。

在碳钢中加入Mn、Si、V、Ti、No、Cu、P、Re等元素后，Mn、Si对铁素体起固溶强化作用而增加强度，V、Ti、Nb可细化晶粒并提高韧性，Cu、P可提高耐蚀性，稀土元素RE则有利于脱氧、脱硫和净化钢中有害杂质，可以改善钢的性能。

低合金结构钢碳的质量分数为0.10%～0.25%，屈服点比碳钢高25%～50%以上，特别是屈强比（σ_s/σ_b）明显提高，并具有良好的塑性、韧性、焊接性、较好的耐磨性与耐蚀性。采用这类钢制造轿车构件，不仅可减轻车身质量，保证使用可靠持久，还可节约钢材，如用Q345（16Mn）代替Q235A，一般可节约钢材20%～30%。

常用低合金结构钢的牌号、质量等级及性能见表4-9。

表4-9　常用低合金结构钢的力学性能及应用（摘自GB/T1591—1988和GB/T1591—1994）

级别/MPa	牌号（质量等级）（老牌号）	钢材厚度/mm	力学性能					用途
			σ_b/MPa	σ_s/MPa	δ_5（%）	冷弯180°	A_{KV}/J	
300	Q295（A、B）（12Mn）	≤16	440～590	≥295	≥22	$d=2a$	27	船舶，低压锅炉，容器，桥梁，车辆
		>16～25	430～580	≥275	≥21	$d=3a$		
	Q295（A、B）（09MnNb）	≤16	410～560	≥295	≥24	$d=2a$	27	
		>16～25	390～540	≥275	≥23	$d=3a$		

（续）

级别 /MPa	牌号（质量等级）（老牌号）	钢材厚度 /mm	力学性能					用途
			σ_b /MPa	σ_s /MPa	δ_5 (%)	冷弯 180°	A_{KV}/J	
350	Q345（A～E）（16Mn，16MnRE）	≤16	510～660	≥345	≥22	$d=2a$	27	船舶，桥梁，车辆，大型钢结构，建筑结构，化工容器
		>16～25	490～640	≥325	≥21	$d=3a$		
	Q345（A～E）（09MnCuPTi）	≤16	490～640	≥345	≥22	$d=2a$	27	
		>16～25	490～640	≥335	≥21	$d=3a$		
400	Q390（A～E）（16MnNb）	≤16	530～680	≥390	≥20	$d=2a$	27	桥梁，港口工程结构，造船，石油井架
		>16～20	510～660	≥375	≥19	$d=3a$		
	Q390（A～E）（10MnPNbRE）	≤10	510～660	≥390	≥20	$d=2a$	27	
450	Q420（A～E）（14MnVTiRE）	≤12	550～700	≥440	≥19	$d=2a$	27	桥梁，高压容器，电站设备，大型船舶，大型焊接结构
		>12～20	530～680	≥410	≥19	$d=3a$		
	Q420（A～E）（15MnVN）	≤10	590～740	≥440	≥19	$d=2a$	27	
		>10～25	570～720	≥420	≥19	$d=3a$		

注：冷弯试验时，d=弯心直径，α=试验厚度；冲击试验时，纵向20℃下。

4.2.3.2 合金结构钢

按合金结构钢用途和热处理特点，可分为合金渗碳钢、调质钢、弹簧钢和轴承钢等。

（1）合金渗碳钢　合金渗碳钢是指将优质低碳钢或低合金钢表面渗碳、淬火及低温回火处理的钢。为保证其心部具有足够的韧性，碳的质量分数一般为0.10%～0.25%，为提高其心部强度，再加入Cr、Ni、Mn、B等元素，以提高钢的淬透性，并使渗碳零件在淬火时心部能获得马氏体组织。

为了细化晶粒，进一步提高其强度和韧性，还可加入W、Mo、V、Ti等元素。如发动机及变速机构中的齿轮、凸轮零件，既要求表面耐磨，又要求心部具有高的强韧性，这类零件常采用渗碳后直接淬火再低温回火。

渗碳后的钢表层碳的质量分数达到0.85%～1.0%，成为高碳钢成分，经淬火和低温回火后，表层组织由合金渗碳体、回火马氏体及少量残余奥氏体组成，表面硬度可达60～62HRC左右，而心部组织若全部淬透时，硬度可达40～48HRC。但多数情况下未淬透，需回火后再获得托氏体、少量回火低碳马氏体和铁素体的混合组织，硬度为25～40HRC，冲击韧度 $a_K \geq 60J/cm^2$。

例如，20CrMnTi齿轮，经940℃渗碳、预冷、油淬，再经230℃回火（见图4-3a）后，齿轮性能基本满足技术要求，齿面组织为回火马氏体，具有很高硬度（55～60HRC），而且心部具有很好的强韧性，再经喷丸处理氧化皮，使其表面光洁并增加压应力，从而提高齿轮的疲劳强度。

合金渗碳钢按淬透性高低分为低淬透性渗碳钢（如15Cr、20Cr等）、中等淬透性渗碳钢（如20CrMnTi、20CrMnMo等）和高淬透性渗碳钢（如20Cr2Ni4、18Cr2Ni4W等），常用渗碳钢钢号、性能、热处理及用途见表4-10。

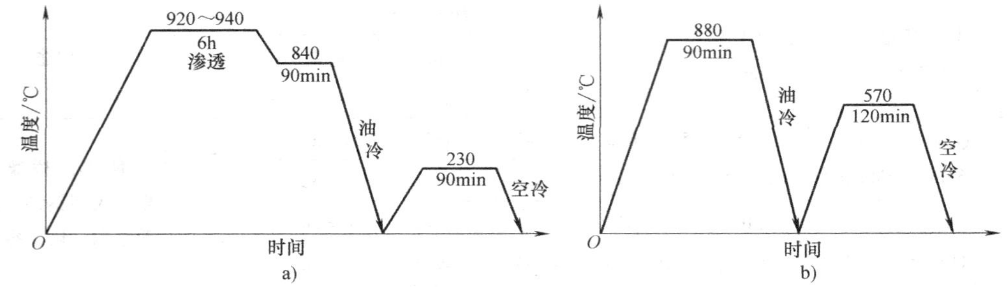

图4-3 钢的渗碳和调质工艺曲线

a）20CrMnTi钢齿轮渗碳及最终热处理工艺 b）42CrMn钢螺栓调质工艺曲线

表4-10 常用渗碳钢的热处理工艺、性能及用途（摘自GB/T3077—1999）

类别	牌号	热处理/℃				力学性能					用途
		渗碳	一次淬火	二次淬火	回火	σ_b /MPa	σ_s /MPa	δ (%)	ψ (%)	A_k /J	
低淬透性	20MnV	930	880 水,油	—	200	785	590	10	40	70	小齿轮、轴、销等
	20CrV	930	880 水,油	800 水,油	200	835	590	12	45	70	齿轮、轴、活塞销等
中淬透性	20CrMn	930	850 油	—	200	930	735	10	45	60	齿轮、轴、蜗杆等
	20CrMnTi	930	880 油	870 水,油	200	1080	835	10	45	70	汽车等变速箱齿轮
高淬透性	20Cr2Ni4A	930	880 油	780 油	200	1175	1080	10	45	80	大型渗碳齿轮和轴

（2）合金调质钢 合金调质钢是结构钢中用量最大、品种最多的钢种，是经调质处理后使用的中碳合金结构钢，锻造性能好，切削加工性好，并具有优良的综合力学性能，广泛用于制造各种机器零件，如齿轮、轴类、螺栓等，见表4-11。

合金调质钢碳的质量分数为0.25%～0.50%、合金元素的质量分数为1%～5%，并含有一定量的Mn、Cr、Ni、Si等元素，用于提高钢的强韧性和保证良好的强度与韧性，另含有少量Mo、W、V、Ti等强碳化物形成元素，以形成稳定碳化物，阻止晶粒长大而细化晶粒，提高回火稳定性。

表4-11 常用调质钢的热处理、性能及用途（摘自GB/T3077—1999）

类别	牌号	热处理/℃		毛坯尺寸/mm	力学性能					HBW (≤)	用途
		淬火	回火		σ_b /MPa	σ_s /MPa	δ (%)	ψ (%)	A_{KV}/J		
碳钢	45	835	600	<100	≥600	≥355	≥16	≥40	—	167	主轴、曲轴、齿轮
低淬透性	40Cr	850	520	25	980	785	≥9	≥45	47	207	轴类、连杆、螺栓、重要齿轮等

（续）

类别	牌号	热处理/℃		毛坯尺寸/mm	力学性能					HBW (≤)	用　途
		淬火	回火		σ_b /MPa	σ_s /MPa	δ (%)	ψ (%)	A_{KV}/J		
中淬透性	30CrMnSi	880	520	25	1080	885	≥10	≥45	39	229	高强度螺栓、高速载荷轴类等
	38CrMoAl	940	640	25	980	835	≥14	≥50	71	—	氮化零件、镗杆、缸套等
高淬透性	40CrMnMo	850	600	25	980	785	≥10	≥45	63	217	低速重载下的大型减速器齿轮轴

为改善调质钢的锻造组织及切削加工性能，对于合金含量不高的45、40Cr等钢的预备热处理可采用正火处理，既可细化晶粒又可改善切削性能，还有利于消除其内应力。对于合金含量较高的钢，则必须采用淬火加高温回火，才能获得具有较高韧性、塑性和强度的回火索氏体组织，如图4-3b所示。

有些零件除要求有良好综合力学性能外，还要求表面硬度高、耐磨性好，需在调质后进行表面感应淬火或氮化处理。通常可根据零件的不同材料和不同用途，可采用适当的高、中、低温回火和表面淬火。

（3）合金弹簧钢　弹簧是机器、仪表中重要而又常用的零件。由于弹簧是在冲击、振动或长期均匀交变应力的动载荷下工作，所以常发生疲劳破坏和永久变形。因此要求合金簧钢必须具有高弹性极限、高屈强比（σ_s/σ_b）、高疲劳强度以及较好塑性、韧性及淬透性和低脱碳敏感性等。

合金弹簧钢的碳的质量分数一般为0.5%～0.7%，属于中高碳钢，另加有一定量的Cr、Mn、Si、V等合金元素，以提高钢的淬透性和弹性极限。由于Cr、Mn等合金元素可使Fe-Fe_3C相图中E、S点左移，所以相比同类碳素钢的碳的质量分数（0.60%～0.85%）略低，塑性和韧性较好。常用的有65Mn和60Si2Mn等，淬透性好，强度较高，见表4-12。

表4-12　典型弹簧钢的牌号、成分、热处理、性能及用途

牌号	化学成分（质量分数,%）			热处理/℃		力学性能					用途
	C	Si	Mn	淬火	回火	σ_b /MPa	σ_s /MPa	δ_5 (%)	ψ (%)	A_{KV}/ (J/cm^2)	
75	0.72～0.80	0.17～0.37	0.50～0.80	820油	480	1100	900	7	35	—	截面<15mm小弹簧
65Mn	0.62～0.70		0.90～1.20	840油	480	1050	850	8	30	—	截面<20mm的弹簧、阀簧
60Si2Mn	0.56～0.64	1.50～2.00	0.60～0.90	870油	460	1300	1200	5	25	25	机车板簧、测力弹簧等

对于截面尺寸大于8mm以上的大型弹簧，采用热轧钢板或圆钢高温形变热处理方法，将热轧钢板或圆钢加热到950～980℃立即热卷成形。随后进行（870±10)℃淬火、400～520℃中温回火，既可节能又可显著提高弹簧的性能和使用寿命。

对于截面尺寸小于8mm的小型弹簧，若采用冷拉钢丝或冷轧钢带在冷态下卷制成形，也必须进行（870±10）℃淬火和400～520℃中温回火，以满足所需性能。否则只需加热200～250℃消除内应力即可。

（4）滚动轴承钢　滚动轴承钢主要用来制作滚珠、滚柱、轴承套圈等各种滚动轴承元件，以及其他各种耐磨零件。滚动轴承在工作时承受较大的接触应力，因此要求轴承钢具有很高的硬度、耐磨性、良好的疲劳强度，以及足够的韧性及耐腐蚀性能。

滚动轴承钢的碳的质量分数一般为0.95%～1.10%，用以保证钢的硬度及耐磨性，属于高碳钢。铬的质量分数一般为0.5%～1.50%，用以提高钢的淬透性，并形成合金渗碳体阻止奥氏体晶粒长大，保证得到细小的隐晶马氏体。

最常用的滚动轴承钢是GCr15，它不但用于制造轴承，还常用来制造精密偶件、精密量具、冷冲模等。大型、重载荷轴承则多用GCr15SiMn等制造（见表4-13），并采用球化退火、淬火和低温回火等工艺进行强化处理。

轴承构件成形前多采用球化退火处理，以降低钢的硬度至180～207HBW，而利于切削加工及淬火。经退火后钢的组织为铁素体和均匀分布的细粒状碳化物。若钢的原始组织中有网状碳化物和粗大片状珠光体时，则应在球化退火前先进行正火处理，以改善原始组织状态，更利于球化组织的形成。

轴承构件成形后淬火和低温回火时，需严格控制温度及时间。如GCr15钢淬火温度须控制在825～845℃之间，温度过高会使残余奥氏体量增多，并形成过热而粗大的片状马氏体，使钢疲劳强度及韧性降低，但温度过低则硬度不足，如图4-4所示。

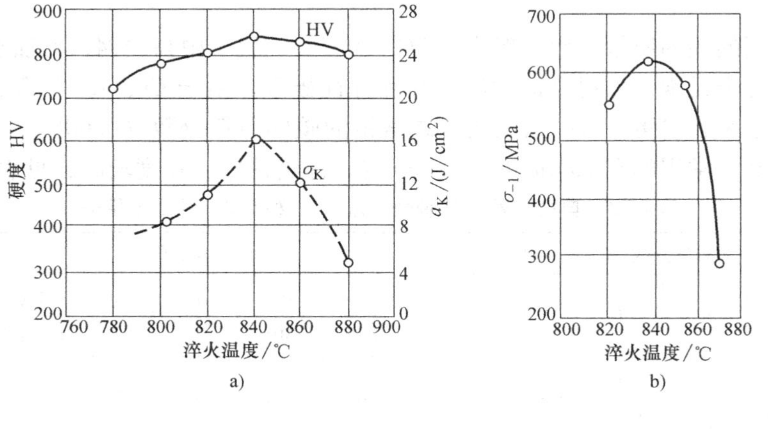

图4-4　淬火温度对GCr15钢的影响

a）对硬度的影响　b）对疲劳强度的影响

淬火后立即低温回火，温度为150～160℃，保温2～3h，回火后组织由极细回火马氏体、均匀分布细粒状碳化物及少量残留奥氏体组成，硬度为61～65HRC。

精密轴承构件为保证尺寸的稳定性，必须减少残留奥氏体量和内应力，在淬火后立即进入-60℃的介质中深冷处理，然后再进行低温回火消除深冷处理产生的内应力。若需磨削加工时，还应在磨削后于120～130℃、10～15h人工时效处理，以消除磨削残余应力，进一步提高尺寸稳定性。

表 4-13 轴承钢的牌号、化学成分、热处理及用途

牌号	化学成分（质量分数,%）				典型热处理			用途
	C	Cr	Mn	Si	淬火/℃	回火/℃	硬度/HRC	
GCr9	1.0~1.10	0.9~1.2	0.2~0.4	0.15~0.35	810~830	150~170	62~66	10~20mm 滚珠
GCr15	0.95~1.05	1.3~1.65	0.2~0.4		825~845	150~170	62~66	壁厚 20mm 中小型套圈、$\phi<50$mm 钢球
GCr15SiMn	0.95~1.05	1.3~1.65	0.9~1.2	0.40~0.65	820~840	150~170	≥62	壁厚 >30mm 大型套圈、$\phi50\sim\phi100$mm 钢球
GSiMnMoV	0.95~1.10	—	0.75~1.05		770~810	165~175	≥62	含 Mo0.2~0.4（质量分数）、V0.2~0.3（质量分数）可代替 GCr15SiMn 钢

4.2.3.3 合金工具钢

合金工具钢按其用途分为合金刃具钢、模具钢和量具钢，按合金元素含量又分为低合金工具钢［w（合金）<5%］、中合金工具钢［w（合金）=5%~10%］和高合金工具钢［w（合金）>10%］三大类。

（1）低合金刃具钢　低合金刃具钢用于制造低速切削刃具，是在碳素工具钢基础上加入少量合金元素获得，钢中碳的质量分数在 0.8%~1.5%之间，含碳量较高可以保证足够的硬度和耐磨性，加入合金元素 Cr、Mn、Si 用以提高淬透性，Si 还可使钢淬火后加热到 250~300℃时仍能保持较高硬度。

钢中加入的碳化物形成元素 W、V 等，在正常淬火加热时不溶于奥氏体，而以碳化物形式存在，以增加钢的耐磨性，并能阻碍加热时奥氏体晶粒长大，也可使钢的强度、韧性和耐磨性提高。最常用的是 9SiCr 和 CrWMn 等，见表 4-16。

低合金刃具钢应预先热处理是为了改善切削性能，常采用正火或球化退火处理，最终热处理为淬火和低温回火，淬火介质大多采用油淬，最终热处理后的组织为回火马氏体、碳化物和少量残余奥氏体。

（2）高合金刃具钢　高合金刃具钢用于制造高速切削刃具，钢中含有大量的 W、Mo、Cr、V、Co 等碳化物形成元素，因而具有更高的淬透性和回火抗力。最常用的是 W18Cr4V 和 W6Mo5Cr4V2 等高速钢，碳的质量分数一般为 0.7%~1.25%，加入碳化物形成元素 Cr、W、Mo、V 等可形成碳化物，提高硬度、耐磨性及回火稳定性。

由于高速切削车刀、刨刀、钻头、铣刀等工作时刃部温度高达 500~600℃，要求在高温下仍能保持高硬度，通常在锻后先采用普通退火或等温退火（见图 4-5a 和图 4-5b），获得索氏体及细粒状碳化物，硬度为 207~225HBW。然后，再通过淬火和回火获得合金马氏体组织，才能具有较高的热硬性和耐磨性。

例如，W18Cr4V 钢加热温度很高，W、V 在大于 1000℃时溶入量显著增加，并随温度增加，含量越多（见图 4-5c），但当温度超过 1280℃时奥氏体晶粒粗大，淬火后残余奥氏体

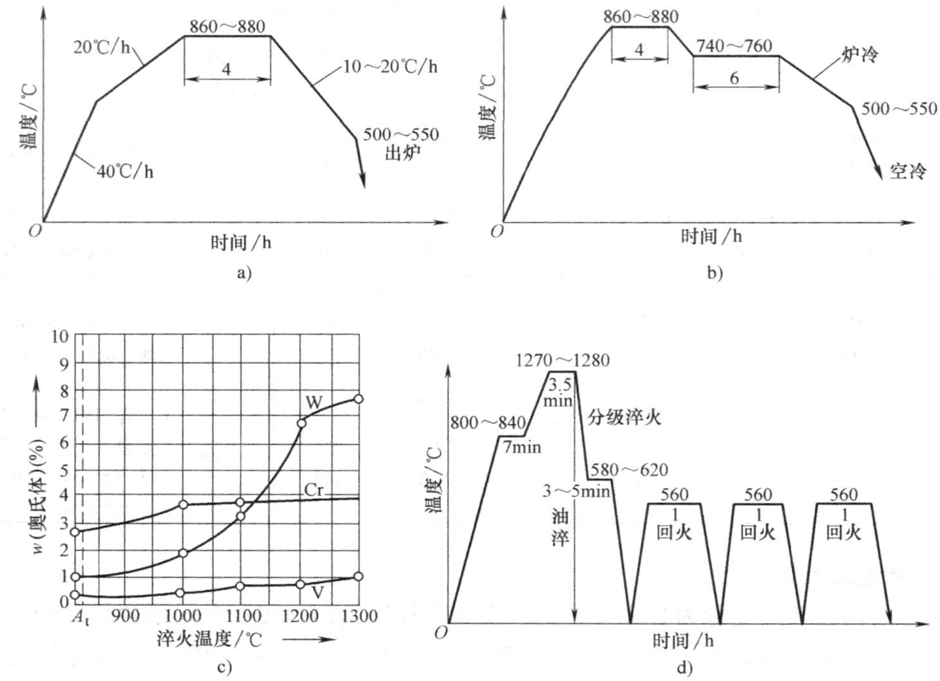

图 4-5 W18Cr4V 钢热处理工艺曲线及影响

a) 普通退火 b) 等温退火 c) 淬火温度对奥氏体成分影响 d) 淬火与回火工艺曲线

量增加而性能降低，所以合理的最终热处理工艺，如图 4-5d 所示。

高速钢淬火前必须进行数次预热，以减小大量合金元素对钢的导热性造成的影响，防止刀具变形或开裂。淬火时在盐炉中加热，以防止因淬火温度高而引起的氧化和脱碳，并对尺寸小、形状简单的刀具采用油淬获得马氏体；形状复杂或者要求变形量小的刀具，则采用分级淬火，最终获得马氏体、残余奥氏体和碳化物。

高速钢淬火后因有 20% ~30%（体积分数）残余奥氏体量，必须进行多次回火以促使其转变（见表 4-14）。通常在 550 ~570℃温度进行三次回火，可从马氏体中沉淀出细小分散的 W_2C、MoC、VC 而形成弥散硬化，还可从残余奥氏体中析出合金碳化物，使 *Ms* 点上升，并在随后冷却时残余奥氏体又可转变成马氏体，产生二次硬化。

高速钢经氮化或蒸汽处理后，可提高硬度并降低刀具与工件间的摩擦系数和咬合性，使刀具寿命提高 0.5 ~2 倍。蒸汽处理是将钢加热至 340 ~370℃，通入蒸汽后再加热至 550℃保温 1h 左右，使表面形成一层硬而多孔的 Fe_3O_4 薄膜，既可防止切屑粘着，又可提高刀具耐磨性和使用寿命大约 20% 左右。

（3）冷作模具钢　冷作模具钢主要用于制造冷态下冲压的模具，如冷冲裁模、冷拉深模、冷压印模、冷挤压模、冷镦模等。这类模具工作时承受很大剪切力、冲击力和摩擦力，工作温度一般不超过 200 ~300℃。因此要求模具工作部分具有高的硬度（50 ~60HRC）、耐磨性、强度和韧性。

冷作模具钢中碳的质量分数（1.0% ~2.0%）高，以保证高硬度、高耐磨性，另加入 Cr、Mo、W、V 等合金元素形成难溶碳化物，以提高耐磨性和淬透性。常用的有 Cr12、Cr12MoV、CrWMn 和 W18Cr4V，见表 4-14。

表 4-14　常用合金工具钢牌号、热处理及用途

牌号	淬火工艺及性能		回火工艺及性能		用途
	加热温度/℃	硬度 HRC	回火温度/℃	硬度 HRC	
9SiCr	820 ~ 860 油	62	190 ~ 200	60 ~ 62	板牙、丝锥、绞刀、搓丝板、冷冲模
Cr06	780 ~ 810 水	64			
W18Cr4V	1260 ~ 1280 油	—	550 ~ 570 三次	> 62	高速切削用各种刀具
W6Mo5Cr4V2	1210 ~ 1230 油		550 ~ 570 三次	> 63	
5CrW2Si	860 ~ 900 油	55	—	—	耐冲击用剪刀片等
Cr12	950 ~ 1000 油	≥62	180 ~ 220	60 ~ 62	各种冷作模具用钢
Cr12MoV	1020 ~ 1040 油	62 ~ 63	160 ~ 180	61 ~ 62	
CrWMn	800 ~ 830 油	≥62	140 ~ 160	62 ~ 65	板牙、拉刀、量具及冷冲模
5CrMnMo	830 ~ 850 油	≥50	490 ~ 640	30 ~ 47	中型热锻模
5CrNiMo	840 ~ 860 油	≥47	490 ~ 660	30 ~ 47	大型热锻模
3Cr2W8V	1035 ~ 1150 油	> 50	560 ~ 580 三次	45 ~ 48	热挤压模、高速锻模、精锻模

对于尺寸较小、轻载的冷作模具，由于其合金元素含量较低，热处理工艺较简单，多采用 9SiCr、9Mn2V 等；而尺寸较大、重载或要求精度较高、热处理变形较小的模具，多采用 Cr12 型冷作模具钢。

Cr12 是高碳、高铬莱氏体钢，Cr12MoV 较 Cr12 含碳量低，另加入少量 Mo、V 可细化晶粒，改善碳化物分布而提高钢的韧性，除耐磨性稍低于 Cr12 外，其余性能均优于 Cr12。且类似于高速钢需锻后等温退火，使硬度小于 255HBW，然后经机械加工后进行淬火、回火处理，如图 4-6a 所示。

若要求 Cr12MoV 钢有良好热硬性时，可将淬火温度提高至 1115 ~ 1130℃，但会存留大量残余奥氏体且组织粗化，使钢的强度和韧性有所降低。但经 510 ~ 520℃ 的回火则会出现二次硬化现象，使钢的硬度回升到 60 ~ 61HRC。

（4）热作模具钢　热作模具钢是用于制造锻轧模具的合金钢，包括热锻模、热挤压模等。由于模具需承受 1100 ~ 1200℃ 的工作高温和压力，要求它必须具有足够的硬度、耐磨性、强度及韧性，同时还应具有良好的导热性和耐热疲劳性。

热作模具钢具有中等含碳量（碳的质量分数为 0.4% ~0.6% 之间）及一定量的 Cr、Mn、Ni、Mo、W、V 等合金元素，以保证良好强度、硬度及韧性。其中 Cr、Mn、Ni 可提高淬透性、固溶强化铁素体，Mo、W、V 可产生二次硬化，Mo 还能防止回火脆性。

常用的热作模具钢有 5CrMnMo 和 5CrNiMo 等，5CrMnMo 耐热疲劳和高温冲击韧性较低，通常用于制造边长 300 ~ 400mm 的中型模具，而 5CrNiMo 则用于制造边长大于 400mm 的形状复杂、冲击载荷大的大型模具。

热作模具钢锻造后，应先采用退火消除锻造应力，降低硬度至197～241HBW，以满足切削加工性及组织性能的要求。退火时将钢加热至780～800℃，保温4～5h后炉冷（见图4-6b）。为防止淬火开裂，加热时应先预热，使其内外温度均匀。

冷却时在空气中先预冷至750～780℃，再在油中冷却至*Ms*点约210℃（大致油冒烟而不着火的温度）时，取出立即回火，以防开裂。回火后的组织为回火托氏体或回火索氏体。

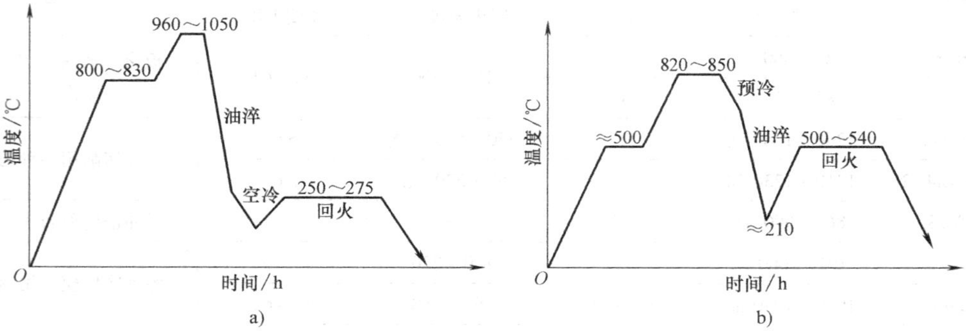

图4-6 合金模具钢的热处理工艺曲线

a）Cr12MoV钢冲裁模淬火回火工艺 b）5CrMnMo钢热锻模淬火回火工艺

（5）合金量具钢 根据使用要求，合金量具钢应具有高硬度、高耐磨性、高尺寸稳定性、良好磨削加工性及较小的淬火变形，高精度量具钢还应具有良好的耐蚀性。这类钢的成分特点与低合金刃具钢相似，含碳量（质量分数为0.9%～1.5%）高，并加入Cr、W、Mn等合金元素，以提高钢的淬透性。

常用合金量具钢有CrWMn、CrMn、GCr15等。为确保量具的精度、提高尺寸和形状的稳定性，必须在淬火后先立即进行-80℃左右的深冷处理，使残余奥氏体转变为马氏体，再进行低温回火（见图4-7）。最后，经磨削加工后，再进行去应力回火，使量具的残余应力降低之最小。

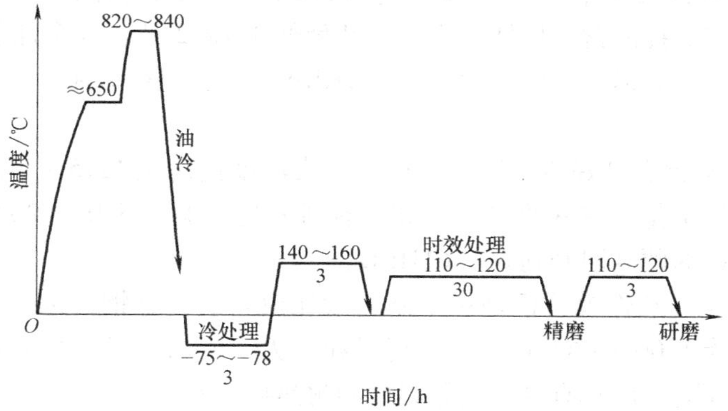

图4-7 CrWMn钢制块规热处理工艺

对于形状简单、尺寸较小、精度要求不高的量具，可用碳素工具钢、渗碳钢制造，并为确保量具的精度、提高尺寸和形状的稳定性，仍需进一步热处理才可使用。

4.2.3.4 合金耐磨钢

合金耐磨钢又称高锰钢，主要成分为：w（C）=0.9%～1.4%、w（Mn）=10%～

15%，还可根据需要适量添加Cr、Ni、Mo等元素，例如，常用牌号ZGMn13，它是一种在强烈冲击载荷作用下表现出高耐磨性的特殊钢种。

(1) 水韧处理 由于高锰钢只能经铸造成形，且成形后的铸态组织粗大，性能又硬又脆，直接使用受到冲击时极易开裂，所以必须进行水韧处理，以提高其抗裂性能。水韧处理是一种淬火工艺，即将钢加热至临界点温度以上约1000~1100℃保温一段时间，使钢碳化物全部溶解到奥氏体中，然后迅速放入水中冷却。

由于冷却速度非常快，碳化物来不及从奥氏体中析出，因而保持了均匀的奥氏体状态，得到单一奥氏体组织，其塑性良好，强度、硬度不高。

(2) 硬化处理 高锰钢在受到强烈冲击、压力、摩擦时，表层因塑性变形而产生强烈加工硬化，并有马氏体及碳化物沿滑移面形成，从而使表层硬度从180~220HBW提高到500~550HBW，而心部仍保持原来奥氏体的高塑性和高韧性。

高锰钢水韧处理后一般不作回火，这是因为水韧处理后在300℃以上回火，碳化物会在极短时间内析出，而使性能变坏。因此当旧表层磨损后，新露出的表面又可以在冲击和摩擦作用下重新形成硬化层。

高锰钢主要用于推土机铲刀片、犁铧、钻探工具、磨煤辊和轧辊、铁道道岔、破碎机腭板、大型球磨机衬板、挖掘机铲齿、拖拉机及坦克车履带、保险箱板及防弹钢板等。

4.2.3.5 合金耐蚀钢

合金耐蚀钢是具有特殊性能的不锈钢，也是具有耐蚀性的高合金钢，是在优质低碳钢基础上加入了总量10%（质量分数）以上的合金元素，既提高了钢在酸碱介质中的耐腐蚀性能，又提高了钢在高温下各类介质中的热稳定性及力学性能，见表4-15。

表4-15 合金元素对高合金钢耐腐蚀性的影响

腐蚀类型		合金元素													
		C	Mn	Si	P	S	Cr	Ni	Mo	Cu	N	Ti	Nb	V	Re
均匀腐蚀	在氧化性介质中	×	—	✓	×	×	✓	—	×	×	0	×	×	—	✓
	在还原性介质中	×	—	0	×	×	0	✓	✓	✓	✓	×	×	—	—
局部腐蚀	晶间腐蚀	×	—	0	×	×	✓	×	×	—	×	✓	✓	✓	—
	孔蚀与缝隙腐蚀	×	—	✓	—	×	✓	—	✓	0	✓	0	0	✓	✓
	应力腐蚀	0	—	0	×	×	✓	0	0	0	0	0	0	—	—

注：“✓”提高耐腐蚀性；“×”降低耐腐蚀性；“0”随介质而定；“—”作用不明显或未做深入研究。

不锈钢是指在腐蚀性介质中具有较高抗腐蚀能力的高合金钢。在大气、水蒸气或淡水等弱介质中耐腐蚀或具有不锈性的钢称为不锈钢，在酸、碱、盐等化学蚀性强的介质中耐腐蚀的钢称为耐酸钢。两类钢的耐腐蚀性有差别，不锈钢不耐酸，而耐酸钢一般具有不锈性，简称不锈钢。

生产中使用的不锈钢通常是按成分和组织分为铁素体不锈钢、马氏体不锈钢和奥氏体不锈钢三类。各种不锈钢中相应加入大量的Cr、Ni、Mo、Ti、Nb、Mn等合金元素，使其合金总含量达到13%~45%（质量分数）。

(1) 铁素体不锈钢 铁素体不锈钢为单相铁素体组织，如Cr17，碳的质量分数小于0.12%，铬的质量分数为16%~18%，加热时没有$\alpha \rightarrow \gamma$的转变，耐硝酸浓液、次氯酸钠及磷酸腐蚀性能很好，塑性好，强度较低，不能热处理强化，有较高的脆性倾向和晶间腐蚀性，焊接性能较差，主要用于制造化工、食品设备的容器、管道等。

（2）马氏体不锈钢　典型牌号为1Cr13、2Cr13等，碳的质量分数为0.10%～0.45%，铬的质量分数为13%，耐大气及弱蚀性介质腐蚀性很优良，随含碳量的增加，强度升高，但耐蚀性降低，主要用于制造强度和硬度较高的结构件及工具等。

Cr13型钢的淬透性均较好，经锻造空冷后即可出现马氏体组织，硬度较高且有残余应力。为利于后续加工及调质处理，常需先高温退火或回火软化处理，并多在调质或淬火低温回火状态下使用，见表4-16。

表4-16　常用不锈钢的力学性能、热处理及用途

类别	牌号	力学性能（不小于）			热处理规范			
		σ_b /MPa	σ_s /MPa	δ_5 (%)	淬火温度/℃	冷却剂	回火温度/℃	冷却剂
马氏体钢	1Cr13	600	420	20	1000～1050	油、水	700～790	油、水、空气
	2Cr13	660	450	16			660～777	
铁素体钢	1Cr28	450	300	20	—	—	700～800	空气
奥氏体钢	00Cr19Ni10	480	177	40	1010～1150	水	—	—
	0Cr19Ni9，1Cr18Ni9	520	206					

例如，3Cr13或4Cr13钢制成的弹簧其最终热处理工艺是先经700～800℃预热后，加热至1000～1050℃，保温后油冷，在480～520℃回火水冷，以抑制回火脆性，淬火后硬度大于54HRC，回火后硬度为40～46HRC。

（3）奥氏体不锈钢　这类钢中碳的质量分数不大于0.03%时，呈非常稳定的单相奥氏体组织，在各种温度范围内耐硫酸、磷酸、醋酸及盐、碱液腐蚀性均很高，耐晶间腐蚀性良好，还具有优良的高低温强度、韧性及良好的焊接工艺性。在钣金生产中应用最广，可制作硫酸、磷酸、醋酸及盐、碱液等耐腐蚀设备。

典型牌号是18-8型镍铬不锈钢，主要合金元素是能扩大奥氏体相区的Ni和Cr，当铬的质量分数为18%，镍的质量分数为9%时，可在室温下形成单相奥氏体组织。铬还可提高钢的钝化能力，Ni和Cr共同作用使钢具有高耐蚀性。

这类钢容易在晶界上析出$Cr_{23}C_6$，造成晶间腐蚀，并且镍的价格昂贵，所以有时需加入Ti、Nb等元素提高钢的耐蚀性，有时需加入Mn、N元素的0Cr17Mn13Mo2N铬锰氮不锈钢代替，可成功使用于醋酸、甲酸及尿素等设备。

通常需经过固溶处理后使用，即将其加热至1050～1150℃、保温2～4h，使所有碳化物全部溶入奥氏体中，再快速水冷至室温，获得单相奥氏体组织。经固溶处理后耐蚀性提高，塑性、韧性很好，但强度较低。

含Ti、Nb元素的18-8型不锈钢，固溶处理后还需稳定化处理，即加热至850～900℃，保温2～4h后再空冷或炉冷至室温，使$(Cr、Fe)_{23}C_6$完全溶解，Ti、Nb的碳化物部分溶解，从而使碳全部稳定于碳化物中，以提高固溶体中铬的含量。

经冷加工或焊接的18-8型不锈钢，为避免发生应力腐蚀，还需进行消除应力处理，即将工件加热至300～350℃（消除加工应力）或850℃以上（消除焊接应力）再缓冷。

4.3　铸铁合金及性能

铸铁是碳的质量分数大于 2.11%、硅的质量分数大于 1.0% 的铁碳硅合金，是以 Fe、C、Si 为主要组成元素且比碳素钢含有较多 Mn、S、P 等杂质元素的多元合金。常用铸铁的价值与铸铁中碳的存在形式密切相关，只有将白口铸铁中化合碳形式的渗碳体转变成灰铸铁中游离碳形式的石墨，才能被广泛应用。

因此，工业上常将共晶组织的白口铸铁进行石墨化和合金化处理，通过不同含量的合金元素与 Fe、C、Si 相互作用，则获得不同成分、组织及性能的铸铁。

4.3.1　铸铁石墨化及组织

4.3.1.1　铸铁结晶与相图

（1）铁碳合金双重相图　铸铁的石墨化是指铸铁在结晶和冷却过程中，碳以石墨相形式析出的过程。由于铸铁的 C、Si 含量较高，且 Si 又具有促进石墨相出现的能力，所以在冷却速度较慢时，铸铁的组织将会按照 Fe-G 相图转变，使碳以石墨 G 形式析出，而获得奥氏体和石墨组成的共晶组织。

当成分相同的铁碳合金溶液冷却时，冷却速度越慢，析出石墨的可能性越大。但若 C、Si 含量较低和冷却速度很快时，则将仍按照 $Fe-Fe_3C$ 相图结晶，从而使碳仍以渗碳体 Fe_3C 形式析出。因此铁碳合金结晶过程，可按冷却速度用 $Fe-Fe_3C$ 和 Fe-G 两个相图描述，分别表明亚稳定相 Fe_3C 与稳定相 G 的析出规律。

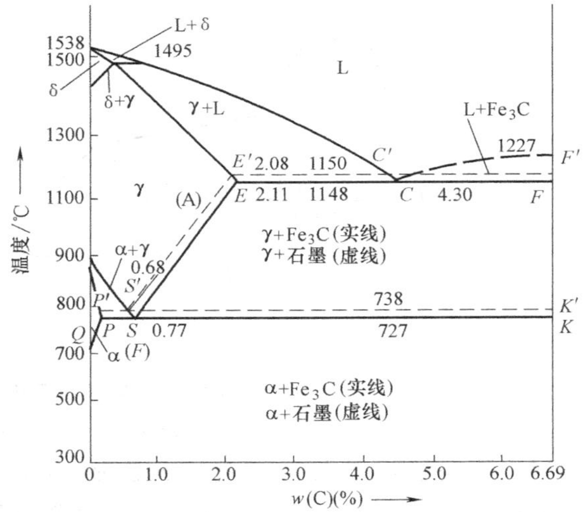

图 4-8　铁碳合金双重相图

为了便于比较和应用，习惯上将这两个相图合画在一起，则称之为铁碳合金双重相图，如图 4-8 所示，图中实线表示 $Fe-Fe_3C$ 相图，虚线表示 Fe-G 相图。凡虚线与实线重合的线条均用实线表示，虚线均位于实线上方，表明了 Fe-G 相图较 $Fe-Fe_3C$ 相图更为稳定，且碳在奥氏体和铁素体中的溶解度较小。

（2）实际石墨化过程　铸铁石墨化过程实际是按双重相图进行原子扩散的过程，原子在高温下具有较高的扩散能力，致使共晶和共析以上温度阶段的石墨化较易进行，通常都能按 Fe-G 相图进行结晶，凝固后获得 $A_s+G_{共析}$ 组织，随后 A_s 再转变成 F + G，共析石墨 $G_{共析}$ 也将沉积在原有石墨上。

然而，随后在较低温度下的第三阶段石墨化过程中，则由于原子扩散能力低及冷却速度快，石墨化倾向全部或部分被抑制，共析转变将按照 $Fe-Fe_3C$ 相图进行，从而使奥氏体转变成珠光体基体。当奥氏体在共析转变析出石墨不充分时，还会形成铁素体加珠光体的混合基体。

（3）石墨形成方式及结构　若按照 Fe-G 相图结晶时，可在各个温度范围内从液态和固态金属中直接析出石墨，如生产中经常出现的石墨悬浮现象，即为石墨从铁液中直接析出的过程，即在共晶线 1154℃时析出石墨。

若按照 $Fe\text{-}Fe_3C$ 相图结晶时，可首先结晶出渗碳体，随后再使渗碳体在一定条件下分解而得到石墨，如生产中将白口铸铁经高温退火后获得可锻铸铁的过程，即为由渗碳体分解而得到的石墨，如图 4-9a 所示。

石墨是由简单六方晶体结构组成（见图 4-9b），晶体中碳原子呈层状排列，虽然同一层上的原子间距为 1.42Ù（$1Ù=1\times10^{-8}cm$），由结合力较强的共价键结合，但层间距却为 1.40Ù，由结合力较弱的分子键结合。

为此，石墨 G 的自由能较 Fe_3C 低得多，石墨 G 是热力学上比 Fe_3C 稳定的相。若将渗碳体加热到高温后，可将其分解为铁素体或奥氏体与石墨，即 $Fe_3C \rightarrow F(A)+G$，这表明石墨是稳定相，而渗碳体则是亚稳定相。

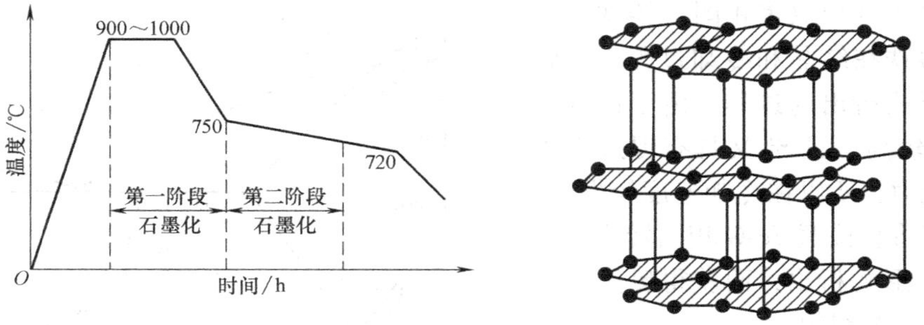

a)　　　b)

图 4-9　铸铁的石墨化工艺及石墨结构

a）白口铸铁石墨化退火　b）石墨的晶体结构

（4）石墨化影响因素　铸铁成分是影响石墨化的主要因素（见表 4-17）。Mn 是微弱阻碍石墨化元素，可促进珠光体形成，提高铸铁强度和硬度。Mn 与 S 的亲和力大，易形成熔点高（1600℃）和密度小的 MnS 入渣而被排除，以减弱硫的有害作用。Mn 还能溶于铁素体和渗碳体使基体强化，所以 Mn 的质量分数一般为 0.6%～1.2%。

由表 4-19 可知，合金元素 C、Si、Al 均是强烈促进石墨化元素，而 C 和 Si 含量又对铸铁石墨化起决定性作用，C 和 Si 含量越高，越容易石墨化。当 C 含量一定时，Si 含量越高，石墨的数量越多、尺寸越粗大，石墨化越完全，越倾向于形成铁素体基体，使铸铁的强度和硬度降低。因此，C 的质量分数一般为 2.7%～3.6%，Si 的质量分数一般为 1.1%～2.6%。

S 是强烈阻碍石墨化的元素，S 不仅能增强铁、碳原子的结合力，而且还能形成低熔点（985℃）的共晶物（Fe + FeS）分布在奥氏体晶界上，阻碍碳原子的扩散，增大铸铁的热裂倾向。硫还使铁液的流动性降低，凝固收缩率增加。所以硫是非常有害的元素，应严格限制其含量，使 S 的质量分数在 0.10%～0.15% 以下。

P 是微弱促进对石墨化的元素，对石墨化作用不显著。P 可降低铁液粘度使其流动性提高。但当磷的质量分数超过 0.3% 时，则会形成以 Fe_3P 为主的低熔点、高硬度（390～520HBW）磷化物共晶硬质点分布于晶界，使铸铁脆性增大、耐磨性提高而强度降低。

为此，P 属于有害元素，对于一般铸铁件磷的质量分数应限制在 0.5% 以下，重要件在

0.20% ~0.30% 以下，而薄壁件或耐磨件则提高到 0.70%。

表 4-17　铸铁中常见合金元素对组织的影响

元素	在共晶时的作用	在共析时的作用	元素	在共晶时的作用	在共析时的作用
Al	强烈促进石墨化	促进“F+G”形成	Sb	作用甚小	强烈保留珠光体
Bi	促使碳化物形成 本身不形成碳化物	能微弱保留珠光体	Si	强烈促进石墨化	促进“F+G”形成
Cr	强烈形成稳定碳化物	强烈保留珠光体	Sn	作用甚小	强烈保留珠光体
Cu	能微弱促进石墨化	促进珠光体形成	Te	强烈促进碳化物形成 但不能使其稳定	有微弱保留珠 光体的作用
Mn	能微弱形成碳化物	能形成珠光体			
Mo	能微弱形成碳化物	强烈保留珠光体	Ti	小于 0.25% 时 促进石墨化	促进石墨体形成
Ni	促进石墨化	促进珠光体形成	V	强烈形成稳定碳化物	强烈保留珠光体

4.3.1.2　铸铁组织及性能

（1）铸铁组织及形态　由于铸铁中的碳主要是以游离态的石墨（G）形式存在，所以铸铁的组织是由基体和石墨组成，并且构成铸铁的基体与钢基体相同，石墨是以各种不同形态存在于铁素体、珠光体、马氏体、奥氏体及贝氏体等基体组织中，因此铸铁的组织特点可看作是钢的基体上分布着不同形态的石墨。

石墨在铸铁基体上通常以片状、团絮状、球状或蠕虫状等形态分布，并均呈单个形态存在，如图 4-10 所示。当石墨以片状存在分布时，在光学显微镜下可看到石墨片的侧面形态，并大多呈互不相连的单个长条状，如图 4-10a 所示。

当石墨以团絮状存在分布时，团絮状石墨形如地面上飘落的大小不等的柳絮形状，其内部组织很疏松，空隙较大，而外周形状不规则且伴有毛绒绒状态，并仍呈单个形态分布存在，如图 4-10b 所示。

当石墨以球状存在分布时，在光学显微镜下可观察到，球状石墨外形接近于圆形，内部组织紧密，仍呈单个形态分布（见图 4-10c）。

当石墨以蠕虫状存在分布时，蠕虫状石墨形状与片状石墨的侧面形态相似，但又不同于片状石墨，较短且又较厚，片头部较圆且又形如蠕虫，如图 4-10d 所示。

（2）铸铁的性能及特点　铸铁的力学性能主要取决于铸铁基体组织及石墨数量、形状、大小和分布形态。由于石墨的强度极低（σ_b 约 20MPa）、硬度仅为 3 ~5HBW、断后伸长率 δ 接近于零，并形如空洞或裂纹分布于基体，所以减少了基体受承载时的有效面积，使铸铁的强度、塑性、韧性均较碳素钢低，不能形变加工。

但由于石墨的存在，使铸铁具有一些碳素钢所没有的性能，如良好的耐磨性（因石墨的润滑作用）、减振性（石墨可吸收振动）、低的缺口敏感性（石墨使其对缺口存在不敏感），以及优良的切削加工性（切屑易于脆断）。

由于铸铁的含碳量接近于共晶成分，所以其熔点低（约 1200℃）、液态流动性好，而且由于结晶过程析出石墨时的体积膨胀，所以铸造收缩率小，其铸造性能优于铸钢。

4.3.1.3　石墨细化处理及性能

由于灰铸铁组织中的石墨片较粗大，致使其力学性能较低，所以为使石墨片细小均匀分

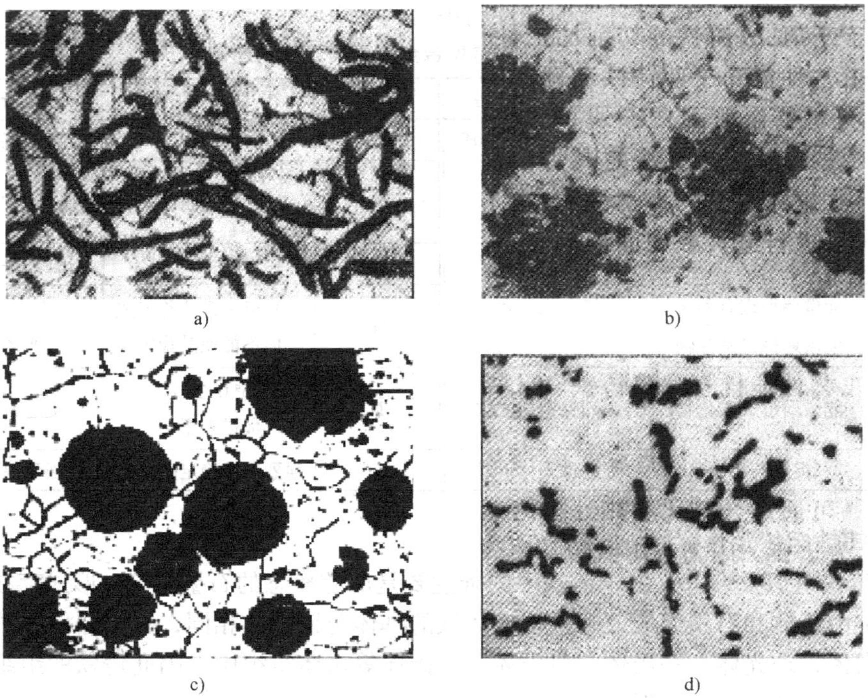

图 4-10 铸铁中的石墨形态

a）片状石墨 b）团絮状石墨 c）球状石墨 d）蠕虫状石墨

布，以提高灰铸铁的力学性能，则在生产中需进行孕育处理或球化处理。

（1）孕育处理及性能 孕育处理是指铸铁件在浇注前，向铁液中加入少量颗粒状或粉末状的孕育剂，以改变铁液的结晶条件，增加铁液的结晶晶核数目，并使铁液在高温时按照 Fe-G 系结晶，而在低温时则按照 $Fe\text{-}Fe_3C$ 系结晶，从而获得基体为细小珠光体组织加细小片状石墨并均匀分布的工艺过程。

经孕育处理后的铸铁称为孕育铸铁。孕育剂通常选用可作为石墨结晶核心的、硅的质量分数为 75% 的硅铁或硅钙合金粉。孕育时先将硅铁孕育剂均匀地撒在冲天炉的出铁槽内，当熔炼好的铁液［w（C）=2.7%～3.3%，w（Si）=1.0%～2.0%］出炉时，可将其冲入铁液包，再经搅拌、扒渣后便可进行浇注。

由于孕育铸铁液中，均匀分布着大量外来结晶核心，结晶过程几乎同时进行，使铸铁各个部位截面上组织与性能均匀一致，强度、硬度均比普通灰铸铁明显提高，但塑性和韧性仍然很差。所以，孕育铸铁适合制造承受较小的动载荷、较大的静载荷、耐磨性好、有一定减振性的厚壁铸件，如机床床身等。

（2）球化处理及性能 将镁或稀土镁合金球化剂冲入出炉温度高达 1400～1420℃以上的灰铸铁液［w（C）=3.6%～4.0%，w（Mn）=0.4%～0.6%，w（P）<0.10%，w（S）<0.07%］中，进行球化处理，使片状石墨变成圆滑细小的球状石磨，从而使铸铁的力学性能大大的提高。

球化剂加入量应根据铁液的化学成分及铸件大小而定，一般为铁液质量的 1.0%～1.6%。还需加入孕育剂配合促进铁液石墨化，消除球化元素所造成的白口倾向。常用的孕育剂为硅的质量分数约为 75% 的硅铁，加入量为铁液质量的 0.4% ~1.0%。

4.3.2　常用铸铁及性能

工业常用铸铁的成分（质量分数）为：w（C）=2.5% ~4.0%、w（Si）=1.0% ~3.0%、w（Mn）=0.50% ~1.50%、w（P）=0.01% ~0.50%、w（S）=0.02% ~0.20%，按组织及形态不同，可分为灰铸铁、球墨铸铁、蠕墨铸铁和可锻铸铁等。

4.3.2.1　灰铸铁

（1）组织特点及性能　灰铸铁按基体组织不同分为铁素体灰铸铁（$F+G_{片}$）、珠光体灰铸铁（$P+G_{片}$）、铁素体+珠光体灰铸铁（$F+P+G_{片}$）三种。铁素体基体灰铸铁强度、硬度较低，珠光体基体灰铸铁强度、硬度较高，铁素体+珠光体基体灰铸铁的性能则介于二者之间，如图 4-11 所示。

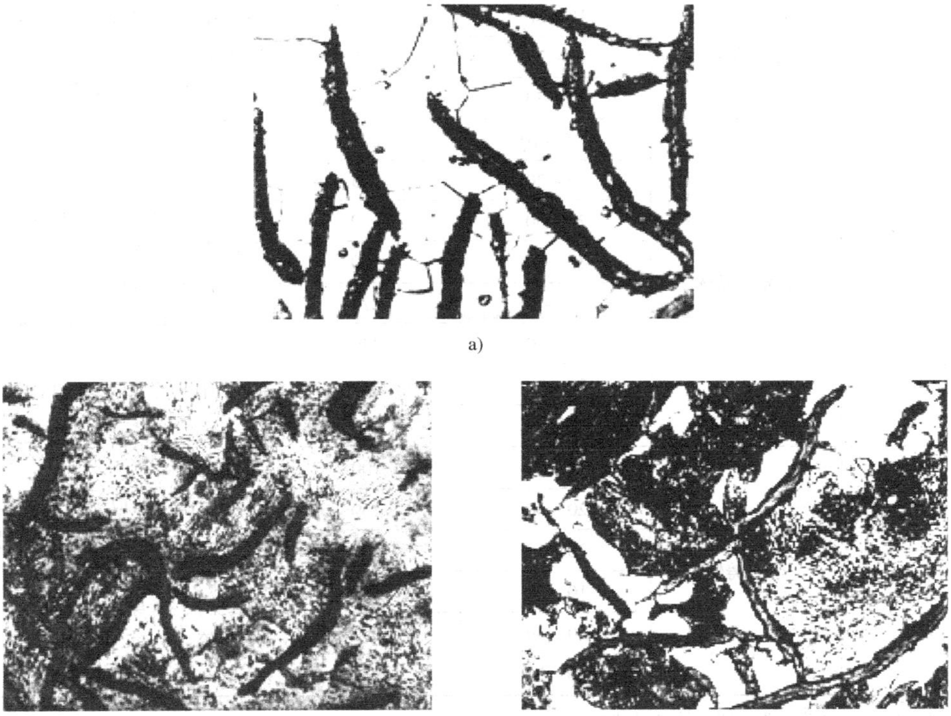

a)　b)　c)

图 4-11　灰铸铁的显微组织

a）铁素体基体灰铸铁　b）珠光体基体灰铸铁　c）铁素体+珠光体基体灰铸铁

灰铸铁中片状石墨比体积大，可减小铸件收缩率，并对基体起分割作用，使铸件易于切削加工。同时还对基体起润滑作用，可减摩、消振和吸声。石墨片还相当于基体中的许多裂纹，使灰铸铁件有低的缺口敏感性。

（2）应用特点及牌号　由于片状石墨的强度、塑性、韧性几乎接近于零，硬度只有 3HBW，且存在于钢基体上相当于孔洞和裂纹，使灰铸铁的抗拉强度很低，断后伸长率和冲击韧度几乎为零，但石墨对铸铁的抗压强度影响不大。因此灰铸铁可用于压力条件下工作的零件及要求减振性好的构件，如机床床身、机架、箱体、壳体等。

按 GB/T9439—1988 规定，灰铸铁的牌号用“灰铁”两汉字拼音的字头“HT”和最低抗拉强度（MPa）表示。如 HT300 表示最低抗拉强度为 300MPa 的灰铸铁，常用牌号、性能及用途见表 4-18。

表 4-18 灰铸铁的牌号、力学性能及用途（摘自 GB/T 9439—1988）

牌号	基体组织	铸件壁厚/mm	铸件最低抗拉强度 σ_b/MPa	用途
HT100	铁素体基体	2.5～10	130	低载荷和不重要零件，如盖、外罩、手轮、支架、重锤等
		10～20	100	
		20～30	90	
		30～50	80	
HT150	珠光体+铁素体基体	2.5～10	175	承受中等应力（抗弯应力小于 100MPa）的零件，如支柱、底座、齿轮箱、工作台、刀架、端盖、阀体、管路附件等零件
		10～20	145	
		20～30	130	
		30～50	120	
HT200	珠光体基体	2.5～10	220	承受较大应力（抗弯应力小于 300MPa）和较重要零件，如气缸体、齿轮、机座、床身、缸套、活套、联轴器、齿轮箱、轴承座、油缸等
		10～20	195	
		20～30	170	
		30～50	160	
HT250		4.0～10	270	
		10～20	240	
		20～30	220	
		30～50	200	
HT300	孕育铸铁	10～20	290	承受高弯曲应力（抗弯应力小于 500MPa）及抗拉应力的零件，如齿轮、凸轮、车床卡盘、剪床和压力机机身、床身、高压油压缸、滑阀壳体等
		20～30	250	
		30～50	230	
HT350		10～20	340	
		20～30	290	
		30～50	260	

注：表中牌号及力学性能均按单铸件试块的规定。

（3）热处理工艺及性能　由于铸铁件是经液态浇注成形，铸铁表面冷却速度大，易得到白口组织且存在较大应力等，因此必须对铸铁件进行消除应力退火和消除白口组织退火处理，才能满足加工及使用性能要求，如图 4-12 所示。

消除应力退火亦即人工时效处理，即在炉温于 100～200℃时装入铸件，然后继续加热到 500～600℃，保温 4～8h，然后随炉冷却至 200℃后空冷（见图 4-12a），退火后仅消除应力而组织不变，但对于大型铸件则采用自然时效处理。

消除白口组织退火是将铸件室温下装炉并加热到 850～900℃，保温 2～5h（见图 4-12b），使渗碳体全部分解为石墨和铁素体，然后再随炉缓冷至 400～500℃并出炉空冷，以获得铁素体或铁素体加珠光体的基体组织。

对于有较高硬度和耐磨性要求的铸件表面，通常可采用感应加热表面淬火、火焰加热表面淬火、接触电阻加热表面淬火及激光表面淬火等方法。

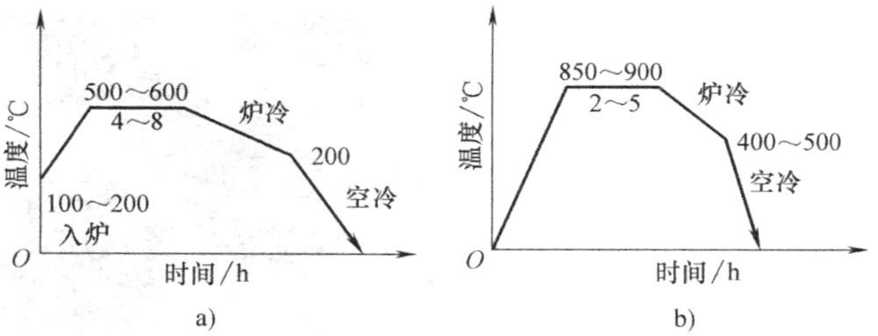

图 4-12　灰铸铁件的退火工艺及曲线
a）消除应力退火　b）消除白口组织退火

4.3.2.2　球墨铸铁

生产中将熔炼好的灰铸铁液先流入浇包，再在浇注前加入一定量的稀土镁合金等球化剂和硅质量分数为 75% 的硅铁或硅钙合金孕育剂，搅拌均匀后浇注入型腔，待凝固后所得到的呈球状石墨的铸铁称之为球墨铸铁。

（1）化学成分及组织特点　球墨铸铁的化学成分为：w（C）=3.6%～3.8%、w（Si）=2.0%～2.8%、w（Mn）=0.6%～0.8%、w（P）<0.1%、w（S）<0.07%、w（Mg）=0.3%～0.5%、w（RE）=0.02%～0.04%。铁素体球墨铸铁硅含量稍高，硅的质量分数可达 3.3%，而锰含量稍低，锰的质量分数一般在 0.3%～0.6%之间。

球墨铸铁中常见的组织类型有铁素体球墨铸铁（$F+G_{球}$）、珠光体球墨铸铁（$P+G_{球}$）、铁素体＋珠光体球墨铸铁（$F+P+G_{球}$）。另外，还有特殊用途的贝氏体球墨铸铁，其组织为 B（即细小 F＋断续 Fe_3C）$+G_{球}$，如图 4-13 所示。

（2）性能、用途及牌号　球墨铸铁除具有灰铸铁的一系列优点外，还具有比灰铸铁高得多的强度、塑性和韧性。珠光体球墨铸铁的抗拉强度、屈服强度、疲劳极限高于 45 钢正火组织，铁素体球墨铸铁的断后伸长率 δ 可达 18%。

球墨铸铁件的基体组织利用率可达 70%～90%，且铁素体和珠光体基体对球墨铸铁力学性能影响很大，因此为获得较高的强度、塑性及韧性等，可采用退火、正火、调质及等温淬火等热处理工艺，以改善其基体组织及性能。但其凝固收缩大，对原铁液成分要求较严格，因而对熔炼和铸造工艺要求较高，并且其减振能力比不上灰铸铁。

按 GB/T1348—1988 规定，球墨铸铁牌号用“球铁”两字汉语拼音字头“QT”和两组数字表示，两组数字分别表示最低抗拉强度和最低断后伸长率，如 QT600-3 表示抗拉强度为 600MPa、断后伸长率为 3% 的球墨铸铁，常用牌号性能及用途见表 4-19。

表 4-19　球墨铸铁的牌号、力学性能和用途

基体组织	σ_b /MPa	$\sigma_{0.2}$（≥）/MPa	δ（≥）（%）	HBW	用　途
铁素体 铁素体 铁素体	400 400 450	250 250 310	18 15 10	130～180 130～180 160～210	承受冲击、振动零件，如汽车、拖拉机底盘零件（后桥壳），农机具零件，中低压阀门，上、下水及输气管道
铁素体＋珠光体 珠光体＋铁素体 珠光体	500 600 700	320 370 420	7 3 2	170～230 190～270 225～305	负荷大、受力复杂的零件，如汽车、拖拉机曲轴，连杆，凸轮轴，机床蜗杆、蜗轮，轧钢机轧辊、大齿轮
珠光体或回火组织 贝氏体或回火马氏体	800 900	480 600	2 2	245～335 280～360	高强度齿轮，如汽车后桥螺旋锥齿轮、大减速齿轮等

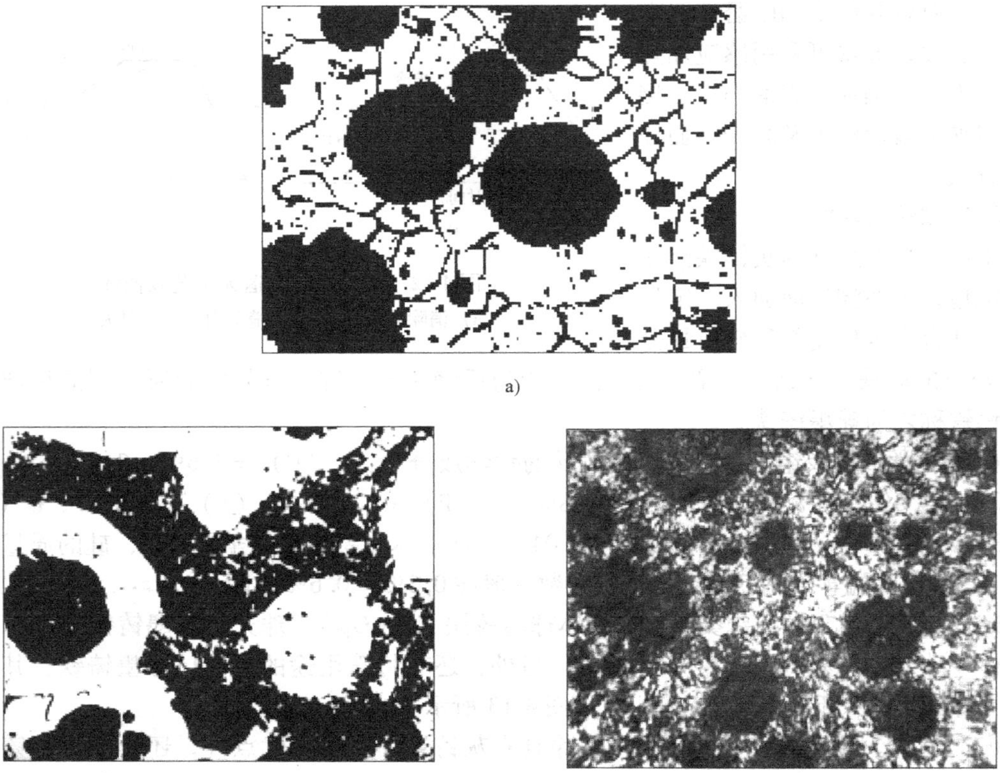

a)

b) c)

图 4-13 球墨铸铁的显微组织

a）铁素体球墨铸铁 b）铁素体 + 珠光体球墨铸铁 c）珠光体球墨铸铁

(3) 球墨铸铁的退火工艺 对于不再进行其他热处理的球墨铸铁，由于其铸造应力较大，通常需进行消除内应力退火，退火后组织不变，其工艺如图 4-14a 所示。

当铸态组织中有铁素体、珠光体和石墨组织时，为了获得较高的塑性和韧性，可采用低温退火工艺（见图 4-14b），使珠光体中的 Fe_3C 分解，最终获得塑性和韧性较高的组织，即铁素体基体上分布着球状石墨。

当铸态组织中不仅有珠光体组织，而且还有自由渗碳体时，为使自由渗碳体完全分解，而获得铁素体基体的球墨铸铁，则应进行高温退火，即将铸铁件加热至 900 ~ 950℃，保温 2 ~ 5h，随炉冷至 600℃，再出炉空冷，如图 4-14c 所示，最终组织为铁素体基体上分布着球状石墨，如图 4-13a 所示。

(4) 球墨铸铁的正火工艺 将铸件加热到共析相变温度以上 50 ~ 70℃，当 Si 的质量分数为 2% ~ 3% 时，一般加热到 900 ~ 950℃，保温 1 ~ 4h，使组织全部奥氏体化，然后随炉冷至 600℃ 再空冷，如图 4-15a 所示，以获得细珠光体加石墨组织。

球墨铸铁件也采用低温正火工艺，如图 4-15b 所示，将铸件加热到共析相变温度以上，一般为 840 ~ 880℃，保温 1 ~ 4h，然后取出空冷，可获得基体组织为珠光体和铁素体，强度比高温正火后略低，而塑性和韧性较高。但其原始组织中不能含有自由渗碳体，否则将影响力学性能。

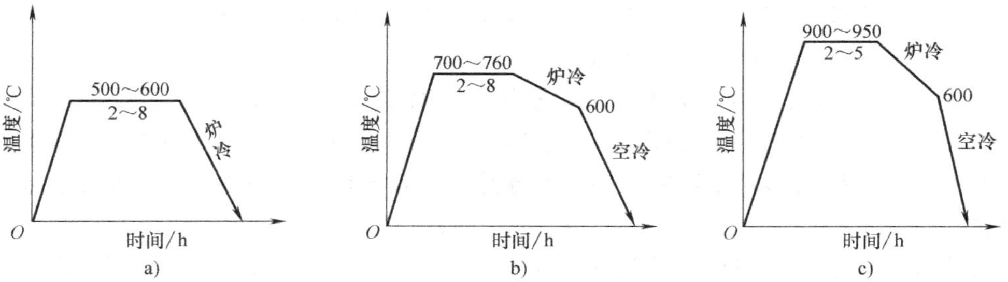

图 4-14　球墨铸铁退火工艺

a）去应力退火工艺　b）低温退火工艺　c）高温退火工艺

由于球墨铸铁的导热性差，过冷倾向大，正火处理（尤其是风冷或喷雾冷却）后有较大的内应力，一般还需进行去应力退火，使内应力基本消除而组织不变。

对于受力复杂、综合力学性能要求高的重要零件，如柴油机连杆、曲轴、活塞销等，需进行调质处理，一般将工件加热至 860 ~ 900℃，保温 1 ~ 4h 后油淬，然后再 550 ~ 600℃ 回火 2 ~ 4h 空冷（见图 4-15c），以获得回火索氏体与球状石墨组织。

对于一些外形复杂、热处理易变形或开裂的零件，如齿轮、凸轮轴等，为提高其综合力学性能，可采用等温淬火（见图 4-15d），以获得下贝氏体加球状石墨。等温淬火后一般不再回火，仅适用于截面尺寸不大的零件。

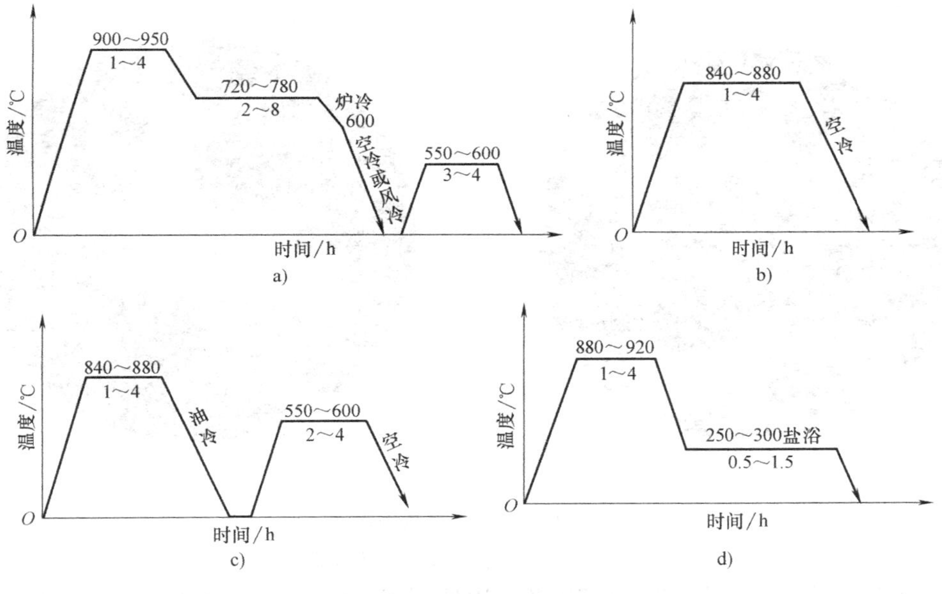

图 4-15　球墨铸铁热处理工艺

a）高温正火及回火工艺　b）低温正火工艺　c）调质处理工艺　d）等温淬火工艺

4.3.2.3　蠕墨铸铁

（1）化学成分及组织特点　蠕墨铸铁的化学成分与球墨铸铁相似，既要求含有高 C、高 Si、低 S、低 P 成分，还要求含有一定量的 RE 与 Mg 元素，一般成分为：w（C）=3.5% ~ 3.9%、w（Si）=2.1% ~ 2.8%，w（Mn）=0.4% ~ 0.8%、w（S）<0.1%，w（P）<0.1%。

蠕墨铸铁中石墨形似片状，片短而厚，长厚比为2～10，端部较钝且较圆滑。蠕墨铸铁显微组织是由蠕虫状石墨和钢的基体组成。

（2）性能、用途及牌号　由于蠕虫状石墨对基体的割裂作用不如片状石墨强烈，且应力集中小，故蠕墨铸铁的抗拉强度、屈服强度、断后伸长率、弹性模量和抗弯强度均优于灰铸铁，并且接近于铁素体球墨铸铁。同时其导热性、减振性、铸造性、切削加工性也均优于球墨铸铁。

蠕墨铸铁多用于制造在热循环及较大温度梯度下工作的零件，如柴油机缸盖、气缸套、钢锭模等。其牌号按GB/T5612—2008规定，用“蠕铁”二字的汉语拼音字头“RuT”表示，最低抗拉强度（MPa）用数字表示，例如，RuT420表示最低抗拉强度为420MPa的蠕墨铸铁。

4.3.2.4　可锻铸铁

（1）化学成分及组织特点　由于可锻铸铁是由白口铸铁经石墨化退火后得到，当C、Si含量过高时，易在铸态组织中产生片状石墨，而得不到团絮状石墨。但C、Si含量过低会使退火时石墨化困难，延长退火时间。

可锻铸铁的化学成分为：w（C）$=2.2\%\sim2.8\%$，w（Si）$=1.0\%\sim1.8\%$，w（Mn）$=0.4\%\sim1.2\%$、w（S）$<0.2\%$。按白口铸铁石墨化退火工艺不同，可分为黑心可锻铸铁（$F+G_{团}$）、珠光体可锻铸铁（$P+G_{团}$）和白心可锻铸铁（$F+P+G_{团}$）三种，其显微组织如图4-16所示。

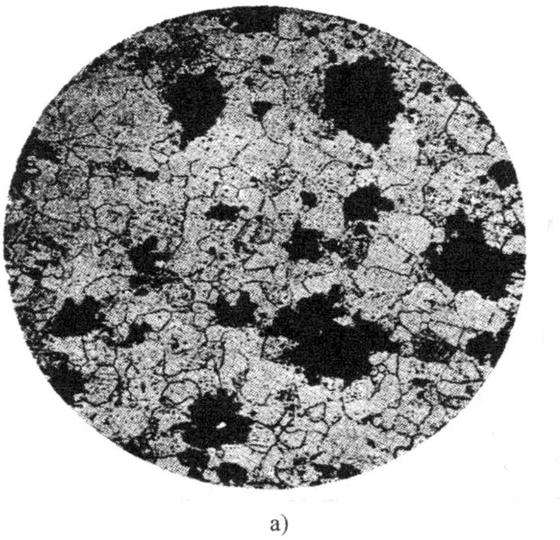

a)

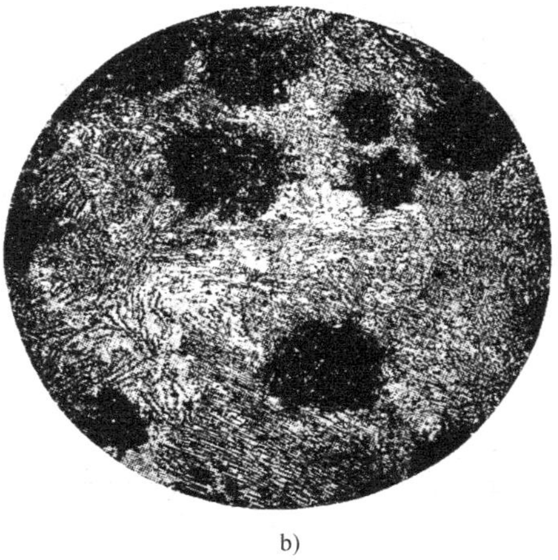

b)

图4-16　可锻铸铁显微组织

a）黑心铁素体可锻铸铁　b）珠光体可锻铸铁

（2）牌号、性能及用途　按GB/T9440—1988规定，可锻铸铁的牌号用“可铁”二字的汉语拼音字头“KT”及Z、H、B和两组数字表示，Z表示珠光体可锻铸铁，H表示黑心可锻铸铁，B表示白心可锻铸铁，两组数字分别表示最低抗拉强度（MPa）和最低断后伸长率。

例如，KTH350—10表示抗拉强度为350MPa，断后伸长率为10%的黑心可锻铸铁。

可锻铸铁力学性能优于灰铸铁，并接近于同类基体的球墨铸铁，但与球墨铸铁相比，具有铁液处理容易、质量稳定、废品率低等优点，但生产周期长。生产中常用来制作截面较薄而形状复杂且强度、韧性要求高的零件，见表4-20。

（3）石墨化退火工艺　如图 4-17a 所示，将白口铸铁件加热至 900 ~ 1000℃，经长时间保温，然后再随炉缓冷至 750℃，长时间保温至 720℃，以分阶段使渗碳体分解成团絮状石墨，而获得具有团絮状石墨的可锻铸铁，如图 4-17b 所示。

在缓慢冷却过程中，奥氏体将在高温阶段充分析出二次石墨，并聚集在团絮状石墨表面，而得到黑心铁素体可锻铸铁。在共析温度时进入低温石墨化阶段，冷速较快使石墨化被抑制，而获得珠光体可锻铸铁。

若在氧化性气氛中退火石墨化，同时还有脱碳过程，则可获得白心可锻铸铁。

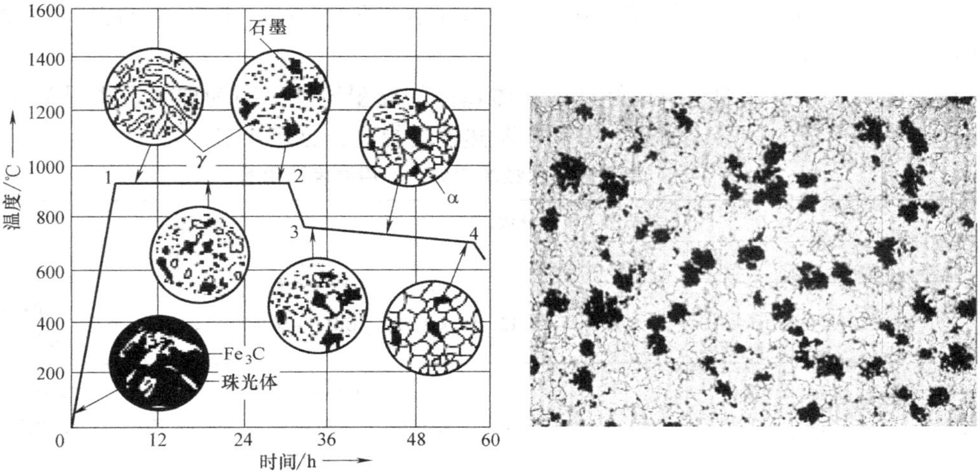

a)　　　　b)

图 4-17　可锻铸铁石墨化退火

a）退火工艺曲线及组织变化　b）退火状态下的可锻铸铁组织

表 4-20　可锻铸铁的牌号、性能及用途（摘自 GB/T9440—1988）

类型	牌号	试样直径 /mm	$\sigma_b \geqslant$ /MPa	$\sigma_{0.2} \geqslant$ /MPa	$\delta \geqslant$ (%)	硬度 /HBW	用途
黑心可锻铸铁	KTH300—06	12 或 15	300	—	6	不大于 150	弯头、三通等管件
	KTH330—08 *		330	—	8		机床扳手、农具、车轮壳等
	KTH350—10		350	200	10		汽车和拖拉机前后轮壳、减速器壳、转向节壳、制动器等
	KTH370—12 *		370	—	12		
珠光体可锻铸铁	KTZ450—06		450	270	6	150 ~ 200	曲轴、凸轮轴、连杆、齿轮、活塞环、轴套、耙片、万向接头、棘轮、扳手、传动链条等
	KTZ550—04		550	340	4	180 ~ 230	
	KTZ650—02		650	430	2	210 ~ 260	
	KTZ700—02		700	530	2	240 ~ 290	

注：1. 试样直径只适用于主要壁厚小于 10mm 的铸件。

2. 牌号 KTH300—06 适用于气密性零件。

3. 有“＊”牌号为过渡牌号。

4.3.3　合金铸铁及性能

冶炼时可在灰铸铁铁液中加入一定量的 Cr、Ni、Cu、Mo、V、Al 等合金元素，从而获得具有一定特殊性能的合金铸铁，以提高灰铸铁的力学性能或某些物理化学性能。合金铸铁具有耐高温、耐腐蚀、抗磨损等特殊性能。

4.3.3.1 耐热合金铸铁

铸铁的耐热性是指它在高温下抵抗氧化和生长的能力。氧化是指在高温600℃以上反复加热时，使铸铁表层发生化学腐蚀起皮的现象。这种现象是由于渗碳体分解为石墨，以及氧化性气体渗入铸铁内部造成氧化所致。

为防止铸铁的高温氧化，可向铸铁中加入Si、Al、Cr等合金元素，使铸件表面形成一层致密的SiO_2、Al_2O_3、Cr_2O_3等氧化膜，保护内部不被继续氧化，并在高温使用时不致发生石墨化过程，从而提高铸铁的耐热性。

实践证明，耐热铸铁的组织最好是铁素体基体的球墨铸铁，因为球状石墨呈孤立分布，互不相连，不易形成气体渗入通道，有利于耐热性的提高，见表4-21。

表4-21 常用耐热铸铁的成分、使用温度及用途

铸铁类型	化学成分（质量分数,%）						使用温度/℃	用途
	C	Si	Mn	P	S	其他		
中硅耐热铸铁	2.2～3.0	5.0～6.0	<1.0	<0.12	<0.12	Cr0.5～0.9	≤850	烟道挡板、换热器等
硅球墨铸铁	2.4～3.0	5.0～6.0	<0.7	<0.1	<0.03	Mg0.04～0.07 RE0.015～0.035	900～950	加热炉底板、熔化铝电阻炉坩埚等
高铝球墨铸铁	1.7～2.2	1.0～2.0	0.4～0.8	<0.2	<0.01	Al21～24	1000～1100	加热炉底板、渗碳罐、加热炉传送链构件等
铝硅球墨铸铁	2.4～2.9	4.4～5.4	<0.5	<0.1	<0.02	Al4.0～5.0	950～1050	
高铬耐热铸铁	1.5～2.1	1.3～1.7	0.5～0.8	≤0.1	≤0.1	Cr32～36	1100～1200	

4.3.3.2 耐磨合金铸铁

为使无润滑干摩擦条件下工作的铸铁具有高而均匀的硬度，生产中常采用激冷的办法，使铸件表层具有一定深度的白口铸铁组织，而心部为灰铸铁组织，从而使铸件既有高的耐磨性，又能承受一定的冲击，这种方法得到的是“冷硬铸铁”。

在白口铸铁的基础上加入质量分数为14%～15%的Cr和质量分数为2.5%～3.5%的Mo，可形成高铬白口耐磨铸铁，具有较高韧性和更高的硬度，可用于大型球磨机的衬板及粉碎机的锤头。

然而，对于润滑条件下工件的铸铁，则要求软质基体上分布有硬的组织组成物，软质基体磨损后形成的沟槽可储存润滑油。具有珠光体基体组织的灰铸铁正是这类材料，并且其中的石墨片也起减摩作用，脱落后形成的凹坑可储存润滑油。

在普通灰铸铁的基础上加入适量的Cu、Mo等元素，可以强化基体，增加珠光体含量，细化组织，提高耐磨性。加入适量的V、Ti等元素，可形成高硬度的C、N化合物，加入质量分数为0.4%～0.7%的P可形成高硬度、断续网状分布的磷共晶，加入B可形成高硬度的硼化物，均能进一步提高耐磨性。

4.3.3.3 耐蚀合金铸铁

往铸铁中加入大量的Si、Al、Ni、Cu等合金元素，用来提高铸铁基体组织的电极电位，

并使铸铁表面形成一层致密的保护膜，内部组织为单相基体加孤立分布的少量球状石墨，从而可使铸铁具有耐蚀性。

目前广泛应用的高硅耐蚀铸铁的化学成分为：*w*（C）=0.3%～0.5%、*w*（Si）=16%～18%、*w*（Mn）=0.3%～0.8%、*w*（P）≤0.1%、*w*（S）≤0.07%。这种铸铁在硝酸等含氧酸中有良好的耐蚀性，主要用于制造化工机械的阀门、管道、泵及相关容器。但在碱性、盐酸、氢氟酸等介质中，由于其表面 SiO_2 保护膜遭到破坏而耐蚀性下降。通常可向铸铁中加入质量分数为 6.5%～8.5% 的 Cu，以便改善它对碱性介质的耐蚀性。

思考练习题

1. 解释下列现象

（1）在相同含碳量情况下，除了含 Ni 和 Mn 的合金钢外，大多数合金钢的加热温度比碳钢高。

（2）在相同含碳量情况下，碳化物形成元素的合金钢比碳钢具有较高的回火稳定性。

（3）碳的质量分数大于 0.40%、铬的质量分数为 12% 的铬钢属于过共析钢，而碳的质量分数为 1.5%、含铬的质量分数为 12% 的钢属于莱氏体钢。

2. 下列零件及工具，由于管理上的差错造成钢材错用，试问在使用过程中将会出现哪些问题？

（1）将 Q235 钢当作 45 钢制成齿轮。

（2）将 30 钢当作 T13 钢制成锉刀。

（3）将 20 钢当作 65 钢制成弹簧。

3. 灰铸铁的牌号为什么不按化学成分而按力学性能划分？

4. 在铸造生产中，常用哪些方法细化铸铁的石墨或改变石墨的形状，从而改善铸铁的力学性能？举例说明。

5. 现浇注三根直径分别为 10mm、30mm、60mm 的灰铸铁试棒，经测定它们的抗拉强度和抗弯强度均为 200MPa 和 400MPa，硬度均为 200HBW 左右，试问这三根试棒：

（1）成分和牌号是否相同？

（2）若不相同，应有什么区别？

6. 下列钢种按组织分类各属何种不锈钢，各举一种用途：1Cr13、Cr17、4Cr13、1Cr18Ni9Ti。

7. 指出下列铸铁的类别、用途及性能的主要指标。

（1）HT150，HT250。

（2）KTH300—06，KTZ650—02。

（3）QT450—10，QT600—3。

8. 高速钢 W18Cr4V 的 Ac_1 约为 820℃，若以一般工具钢 Ac_1 +（30～50）℃常规方法来确定其淬火加热温度，试问：

（1）在最终热处理后能否达到高速钢切削刃具所要求的性能？为什么？

（2）此钢刀具在正常淬火后均要进行 560℃三次回火，又是为什么？

9. 何谓热硬性（红硬性）？钢的热硬性与“二次硬化”有何关系？W18Cr4V 钢的二次硬化在哪个回火温度范围产生？

10. 白口铸铁、灰铸铁和钢，这三者的成分、组织和性能有何主要区别？

11. 化学成分对铸铁石墨化和基体有何影响？试述石墨形态对铸铁性能的影响。

12. 为什么一般机器的支架、机床的机身常采用灰铸铁制造？

第 5 章　非铁金属与非金属材料

导读　本章主要介绍铝及铝合金、铜及铜合金和轴承合金等非铁金属材料的成分、组织性能及应用，工程塑料、橡胶、陶瓷、复合材料及新材料等。

本章重点是各种非铁金属及合金的成分、组织及性能以及塑料和复合材料的种类及应用，难点是合金元素对非铁合金材料组织性能的影响机理，要点是掌握各种非铁金属和非金属材料在机械零件中的用途。

5.1　非铁金属及性能

非铁金属俗称有色金属，具有钢铁不具有的特殊性能，密度小、塑性好、比强度高、耐高温、耐腐蚀、导电性好，因而成为现代工业的重要金属材料。如铝及铝合金、铜及铜合金和轴承合金等，越来越广泛应用于机械产品。

5.1.1　铝及铝合金

5.1.1.1　纯铝及其性能

（1）纯铝的使用性能　纯铝是目前工业生产中用量最大、仅次于钢铁的非铁金属材料。一般使用的纯铝中铝的质量分数为 99.9% ~98%，相对密度较小约为 2.7g/cm^3，仅是钢铁的 1/3 左右，且抗拉强度较低（σ_b =45 ~85MPa）、塑性很好，见表 5-1。

表 5-1　工业纯铝的室温力学性能

纯度（质量分数,%）	屈服强度 $\sigma_{0.2}$/MPa	抗拉强度 σ_b/MPa	延伸率 δ_5（%）	硬度 HBW
99.99	10	45	50	10
99.80	20	60	45	13
99.70	26	65	—	—
99.60	30	70	43	19
99.50	30	85	30	—

其次，纯铝的熔点较低（约为 660℃），导电性和导热性良好，仅次于铜、银、金而居于第四位。并且室温下纯铝的导电性稍低于纯铜，约为纯铜的 62%。但是纯铝的价格较低，资源较丰富。

由于铝原子与氧原子亲和力最强，极易使铝材表面在大气中生成一层致密的 Al_2O_3 膜，以阻止其表面进一步氧化，因此纯铝在空气中具有良好的抗腐蚀性能。

当纯铝表面的氧化膜受到破坏时，只要有足够的氧或氧化剂存在，氧化膜则可以自动修复。而空气中的氧和溶解在水中的氧及水本身均是良好的钝化剂，因此纯铝在大气、淡水中具有优良的耐蚀性。

（2）纯铝的形变加工性能　纯铝具有面心立方晶格，在冷却过程中无同素异构转变，致使室温下仍具有很好的塑性（$\psi\approx80\%$），从而具有良好的形变加工性能和焊接性能。因此纯铝可进行各种冷变形加工，并使抗拉强度提高到 150 ~ 250MPa，但塑性下降到 $\psi=50\%\sim60\%$ 时，不宜制作承受重载荷的构件。

纯铝所含的 Fe、Si、Cu、Zn 等杂质量增加时，其塑性和导电性等均降低。但若向纯铝中加入一定量的 Si、Cu、Mn 等合金元素，则可制成比纯铜塑性和强度都高的铝合金，并且再经过形变强化和热处理强化，还能进一步提高强度。

（3）纯铝的分类及牌号　工业纯铝分为纯铝和高纯铝两类，这两类中含铝量分别为：纯铝 w（Al）=99% ~99.85%，高纯铝 w（Al）>99.85%。纯铝又分为铸造纯铝和变形纯铝（压力加工产品）两大类，常用于配制铝合金或制作管、棒、箔及型材。

按照 GB/T8063—1994 规定，铸造纯铝牌号由“铸”字汉语拼音字首“Z”、铝的化学元素符号“Al”及表明铝纯度百分含量的数字组成，例如，ZAl99.5 是表示铝的质量分数为 99.5% 的铸造纯铝。

按照 GB/T16474—1996 规定，变形纯铝牌号采用 4 位字符体系命名，即用“1xxx”表示，牌号的最后两位数字表示最低铝百分含量中小数点后面的两位数字，牌号第二位为字母表示原始纯铝的改型情况，若字母为 A 则表示原始纯铝，若字母为其他字母，则表示为原始纯铝的改型。

例如，牌号为 1A30 变形纯铝是表示铝的质量分数为 99.30% 的原始纯铝形变而成。按照 GB/T3190—2008 规定，我国变形纯铝的牌号有 1A50、1A30 等，高纯铝的牌号有 1A99、1A97、1A93、1A90、1A85 等。

（3）纯铝的原代号说明　我国变形纯铝原代号是依其杂质的限量而编制，如 L1、L2、L3、L4、…、L7 共七种，“L”是“铝”字的汉语拼音字首，其后所附数字表示纯度，且数字越大表示纯铝的纯度越低、性能越差。

高纯铝中铝的质量分数在 99.85% 以上，其原代号是以 LG1、LG2、…表示，“G”是“高”字的汉语拼音字首，其后所附顺序数字越大，则表示高纯铝的纯度越高、性能越好，如 LG4 中铝的质量分数不小于 99.996%。

5.1.1.2　铝合金及其性能

通常在纯铝中添加适量 Cu、Mg、Si、Mn、Zn 等合金元素以形成铝合金，可进一步提高其强度，使其具有纯铝的优良物理及化学性能，还具有较高的强度及可形变热处理性能，从而广泛应用于机械工业。

（1）铝合金相图及特点　二元铝合金一般具有共晶状态图，如图 5-1a 所示，图中 E 点为共晶点，D 点为合金元素在 α 相中的最大溶解度点，也是合金分类的理论分界点，DF 线为合金元素因温度下降从 α 相中脱溶线。

相图中 D'点左边合金 c，加热时能形成单相塑性好的固溶体，适于形变加工而称为形变铝合金。D'点右边成分合金常温下具有共晶组织，塑性差，但熔点低，流动性较好，收缩性较小，适于铸造成形，故称为铸造铝合金。例如，铝硅合金（见图 5-1b）便是生产中常采用制作复杂形零件的铸造铝合金。

F 点左边的形变合金 a，其 α 相固溶体成分不随温度变化而变化，不能采用热处理方法强化，称为不能热处理强化的形变铝合金。F 点与 D'点之间成分的形变铝合金 b，其 α 相固

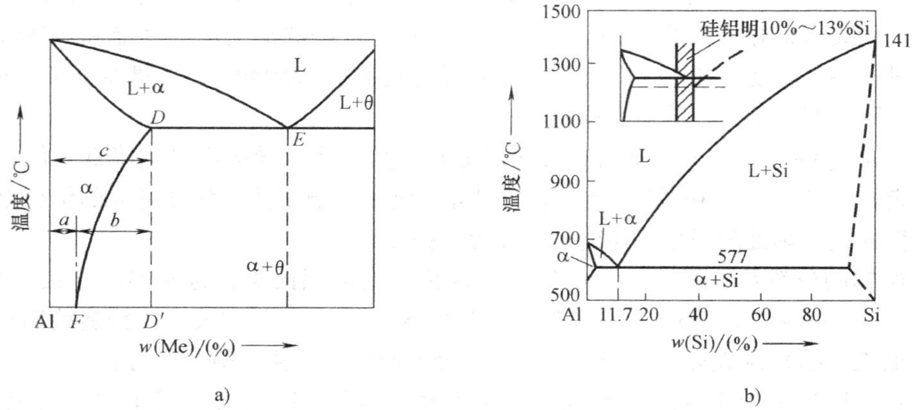

图 5-1　二元铝合金相图

a）一般类型相图　b）Al-Si 合金相图

溶体的成分随温度升降有变化，能采用热处理方法强化，称为可热处理强化的形变铝合金，因而可利用淬火固溶 + 时效处理方式强化。

（2）铝合金分类及性能　按铝合金成分及成形方法不同，可分为铸造铝合金和形变铝合金两大类。铸造铝合金可分为 Al-Si 系、Al-Cu 系、Al-Mg 系、Al-Zn 系四大类，其中应用最为广的是 Al-Si 系合金。形变铝合金按性能及用途又分为防锈铝合金、硬铝合金、超硬铝合金和锻造铝合金四类，见表 5-2。

表 5-2　形变铝合金的分类、特性及牌号

类别	合金系	特性	新旧牌号举例		代号表示方法
			新	旧	
防锈铝合金	Al-Mn Al-Mg	耐蚀性好，强度低，压力加工性好，焊接性好，只能压力加工强化，不能热处理强化	5A05	LF5	“LF”为”铝防”汉语拼音字头，后面数字是顺序号
			3A21	LF21	
硬铝合金	Al-Cu-Mg Al-Cu-Mn	耐蚀性差，但强度、硬度高、比强度（即 σ_b 与 σ_s 的比值）与高强度钢相近	2A01	LY1	“LY”为”铝硬”汉语拼音字头，后面数字是顺序号
			2A11	LY11	
			2A12	LY12	
超硬铝合金	Al-Cu-Mg-Zn	耐蚀性差，但强度和比强度都比硬铝高，一般要包覆纯铝层防蚀	7A04	LC4	“LC”为”铝超”汉语拼音字头，后面数字是顺序号
			7A06	LC6	
锻铝合金	Al-Mg-Si-Cu Al-Cu-Mg-Fe-Ni	除强度与硬铝相当外，还有良好的锻造性能	2A05	LD5	“LD”为”铝锻”汉语拼音字头，后面数字是顺序号
			2A10	LD10	

防锈铝合金属于 Al-Mn、Al-Mg 系合金，Mn、Mg 合金元素主要作用是产生固溶强化和

提高耐蚀性，其强度比纯铝高，塑性和焊接性良好，但不能进行时效强化处理，只能通过压力加工采用形变强化的方法提高其强度。

硬铝合金主指 Al-Cu-Mg 系合金，Cu、Mg 合金元素经固溶 + 时效处理形成强化相，能获得相当高的强度和硬度，且比强度（强度极限与密度比值）与高强度钢相近，在退火及淬火状态塑性好，焊接性良好，可在冷态下形变加工。但耐海水腐蚀性较差，通常需采用外包覆铝层来提高其耐蚀性。

超硬铝合金是在硬铝基础上加入 Zn 元素，经固溶 + 时效处理而获得较高的强度和比强度，其切削性良好。但耐热性、耐蚀性较差，焊后力学性能很差，一般需包覆纯铝，主要用于发动机叶片、滑轮等有一定强度要求的构件。

锻铝合金主含 Mg、Si、Cu 等元素，可分为 Al-Cu-Mg-Si 系和 Al-Cu-Mg-Fe-Ni 系两类，除强度与硬铝相当外，还具有良好的锻造性能、热塑性和较高热强性。通常采用固溶处理和人工时效强化，可锻造复杂的大型锻件。

5.1.1.3 变形铝合金牌号的编写说明

按 GB/T16474—1996 规定，变形铝合金牌号可采用 4 位字符命名，牌号用 2xxx ~ 8xxx 系列表示。第一位数字是按主要合金元素 Cu、Mn、Si、Mg、Mg + Si、Zn 等的顺序表示形变铝合金的组别。

第二位字母表示原始纯铝的改型情况，若字母为 A 则表示原始纯铝，若字母为其他则表示原始纯铝的改型；最后两位数字用以区分同一组中不同的铝合金。如 2A11 表示以铜为主要合金元素的形变铝合金。

（1）防锈铝合金牌号的编写说明　这类合金常用牌号有 3A21、5A02、5A03、5A05、5A12 等，原用代号相应为 LF21、LF2、LF3、LF5、LF12 等。例如，3A21 原用代号为 LF21，“LF”是“铝防”的汉语拼音字首，21 表示是 21 号防锈铝。常用的代号有 LF5、LF21 等，主要用于蒙皮、容器等抗蚀构件。

（2）硬铝合金牌号的编写说明　这类合金常用牌号有 2A01、2A02、2A06、2A10、2A11、2A12 等，原用代号相应为 LY1、LY2、LY6、LY10、LY11、LY12 等。例如，2A12 原用代号为 LY12，“LY”是“铝硬”的汉语拼音字首，后面 12 仍是一组顺序号。常用代号有 LY1（铆钉硬铝），LY11（标准硬铝）及 LY12（高强度硬铝）等。

（3）超硬铝合金牌号的编写说明　常用牌号有 7A03、7A04、7A09、7A10 等，原用代号相应为 LC3、LC4、LC9、LC10 等。“LC”是“铝超”的汉语拼音字首，后面加数字表示顺序号。例如，7A04 原用代号为 LC4，表示为 4 号超硬铝。常用代号有 LC4、LC6 等。

（4）锻造铝合金牌号的编写说明　常用牌号有 6A02、2A05、2A10 等，原用代号相应为 LD2、LD5、LD10 等，“LD”是“铝锻”的汉语拼音字首，另加顺序号表示。例如，2A05 原用代号为 LD5，表示为 5 号锻铝。常用的代号有 LD5、LD7、LD10 等，见表 5-3。

5.1.1.4 铸造铝合金牌号与性能

（1）铸造铝合金牌号　铸造铝合金的代号用“铸铝”二字的汉语拼音字首“ZL”加上三位数字表示。第一位数字表示合金的类别，并且“1”表示 Al-Si 系、“2”表示 Al-Cu 系、“3”表示 Al-Mg 系、“4”表示 Al-Zn 系。

表 5-3 常用变形铝合金的代号、化学成分、性能及用途（摘自 GB/T3190—2008）

类别	牌号（代号）	化学成分（质量分数,%）					板材状态	力学性能			用途
		Cu	Mg	Mn	Zn	其他		σ_b /MPa	δ /%	HBW	
防锈铝合金	3A21（LF21）	—	—	1.0～1.6	—	—	M	130	20	30	焊接油箱、油管及轻载零件
硬铝合金	2A11（LY11）	3.8～4.8	0.4～0.8	0.4～0.8	—	—	CZ	420	18	100	骨架、叶片、铆钉等中强结构件
超硬铝合金	7A04（LC4）	1.4～2.0	1.4～2.8	0.2～0.6	5.0～7.0	Cr0.1～0.25	CS	600	12	150	飞机大梁、桁架等主要受力构件
锻铝合金	2A50（LD5）	1.8～2.0	0.4～0.8	0.4～0.8	—	Si0.7～1.2	CS	420	13	105	形状复杂、中等强度的锻件

注：M—包铝板材退火状态，CZ—包铝板材淬火＋自然时效状态，CS—包铝板材淬火＋人工时效状态。

第二、三位数字表示合金的顺序号，顺序号不同，其化学成分也不同。例如，ZL203 的第一位数字 2 为 Al-Cu 系合金，后二位数字 03 为合金的顺序号，表示其化学成分中只有铜为主加元素。

铸造铝合金的牌号由“Z”和基体金属元素铝的化学元素符号、主要合金化学元素符号，以及表明合金化学元素名义质量分数的数字组成，牌号后面加“A”表示优质。例如，ZAlSi12 表示 Si 的质量分数为 12% 的铸造铝硅合金，见表 5-4。

表 5-4 常用铸造铝合金的牌号、代号、成分、性能及用途（摘自 GB/T1174—1992）

合金牌号	合金	化学成分（质量分数,%）			铸造方法	热处理方法	力学性能（不小于）			用途
		Si	Mg	Mn			σ_b /MPa	δ_5 /%	HBW	
ZAlSi7Mg	ZL101	6.5～7.5	0.25～0.45	—	J、S	T5	202	2	60	飞机仪器、水泵壳、工温≤185℃汽化器
ZAlSi9Mg	ZL104	8.0～10.5	0.17～0.30	0.2～0.5	S、J	T1	192	1.5	70	工温＜200℃的发动机匣、汽缸体
ZAlCu4	ZL203	—	Cu4.0～5.0	—	J	T5	222	3	70	中载、简单托架和工温度≤200℃小件

注：成分余量为铝；铸造方法代号 J—金属型，S—砂型；热处理代号 T1—人工时效，T5—固溶处理＋人工时效。

（2）铝硅系铸造合金　工业上常用的铝硅系合金简称为硅铝明，是在纯铝中加入硅的质量分数为 11%～13% 的合金，成分接近于共晶点成分，其相图如图 5-1b 所示。这种合金除具有较好的耐蚀性和塑性外，还具有流动性好，熔点低，热裂倾向小，最适宜于铸造成形。如常用代号 ZL101、ZL102、ZL104 和 ZL105 等。

经铸造后的组织几乎都是由粗大针状 Si 晶体和 α 固溶体组成的共晶体（α＋Si），如图 5-2a 所示，共晶体中粗针状的 Si 晶体显著降低了合金的力学性能，因此生产中常采用“变质处理”和固溶强化处理来提高合金的力学性能。

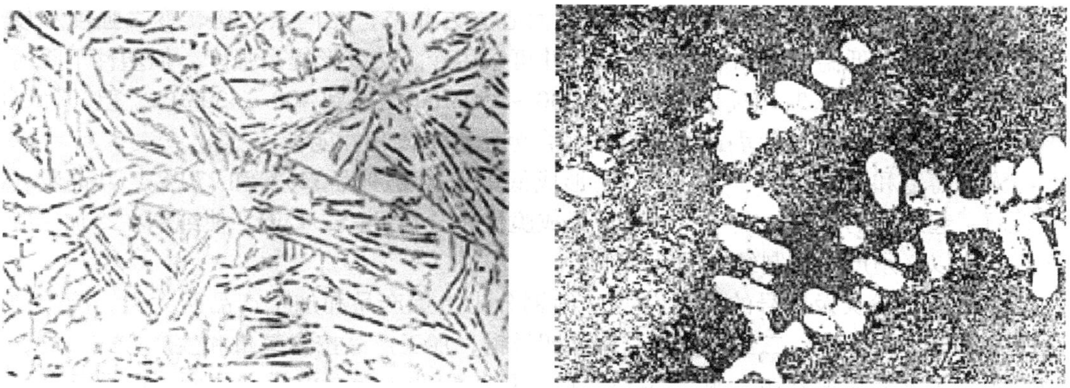

a)　　b)

图 5-2　ZL102 合金铸态显微组织

a）变质前的显微组织　b）变质后的显微组织

变质处理是在浇注前向合金中加入微量 Na（质量分数为 0.05% ~0.1%），或者（NaF + NaCl）（体积分数分别为 2/3 和 1/3），使合金中的 Si 由粗针状变为细小点状，并产生初晶 α 相组成的亚晶组织（见图 5-2b），从而提高合金力学性能。如 ZL102 经变质处理后，力学性能由 $\sigma_b = 140\text{MPa}$、$\delta = 3\%$ 提高到 $\sigma_b \geq 150\text{MPa}$、$\delta = 8\%$。

固溶强化处理是在铝硅明基础上，加入 Cu、Mg、Zn 等合金元素，利用所形成的强化相 θ 相、β 相和 S 相进而提高强度及耐蚀性，使抗拉强度 $\sigma_b = 200 \sim 270\text{MPa}$。例如，ZL104 经固溶时效后，其抗拉强度 $\sigma_b = 200 \sim 230\text{MPa}$。

（3）其他铸造铝合金　铝铜系合金、铝镁系合金和铝锌系合金。铝铜系合金具有较高的高低温强度、韧性及耐热性，但铸造性、耐蚀性和塑性均较差。常用的牌号有 ZAl-Cu5Mn、ZAlCu4 等，主要用于 300℃以下工作的气缸盖、活塞等零件。

铝镁系合金强度和塑性均较高，耐蚀性好且接近纯铝，切削加工性及抛光性很好，但铸造性能及耐热性差。常用牌号 ZAlMg10、ZAlMg5Si1 等，具有较好的耐湿性能，适于制作泵体、船舰配件等大气或海水中工作的构件。

实际生产上多在合金中加入较大量的 Si 和少量的 Mg、Cr、Ti 等元素，使合金的铸造性能、力学性能和耐蚀性能等得以改善。如 ZAlZn11Si7 是典型铸造铝锌合金，具有较高的强度，适于制作汽车、飞机上形状复杂的构件。

5.1.2　铜及铜合金

5.1.2.1　纯铜及其性能

（1）纯铜的物理及化学性质　纯铜颜色为玫瑰红色，表面形成氧化膜后外观呈紫红色，故又称为紫铜，因纯铜是用电解法获得的，还可以称为电解铜。

纯铜的相对密度为 8.9g/cm^3，熔点为 1083℃，具有良好的导电性、导热性（仅次于银）及抗磁性，可广泛应用于电工导体、传热体及防磁器械等。

纯铜还具有很好的化学稳定性，在大气、淡水及冷凝水中均具有优良的抗蚀性能，但在海水中耐蚀性能较差，容易被腐蚀，并且在含有 CO_2 的湿空气中，在纯铜表面容易生成碱性碳酸盐绿色薄膜。

（2）纯铜的力学及工艺性能　纯铜具有面心立方晶格，无同素异构转变，强度和硬度较低，塑性极好，低温韧性和焊接性良好，并可采用冷、热变形提高强度，但塑性下降特别显著。当变形度为50%时，抗拉强度可从230～250MPa提高到400～430MPa，但塑性则由40%～50%降到1%～2%，因此常通过添加合金元素来改善性能。

纯铜在铸造和焊接中Pb、Bi与Cu易形成低熔点（分别为326℃和270℃）共晶物，破坏晶界而引起纯铜的热裂；S、O与Cu易形成脆性化合物Cu_2S、CuO，使纯铜在冷加工时引起冷裂，所以必须严格控制纯铜的杂质含量。

（3）纯铜的分类及牌号的编写说明　纯铜分为冶炼产品和加工产品两大类，冶炼产品按杂质含量分为一号铜、二号铜、三号铜、四号铜，加工产品按含氧量和生产方式不同，又分为纯铜、无氧铜和脱氧铜（见表5-5），广泛用于制造电线、电缆、电刷、电器开关、铜管、铜棒及作为配制铜合金的原料。

表5-5　纯铜加工产品的化学成分、力学性能及用途（部分摘自GB5231—2001）

类别	牌号	代号	化学成分/（质量分数,%）		力学性能			用途举例
			主加元素 Cu+Ag	残存杂质 Pb、Bi、O、S、P、Ni等	σ_b /MPa	δ (%)	HBW	
纯铜	一号铜	T1	≥99.95	总量≤0.05	退火状态			电线、蒸发器、贮藏器、电气开关、油管、铆钉等
	二号铜	T2	≥99.90	总量≤0.10（无P）				
	三号铜	T3	≥99.7	总≤0.30（无P，Zn）	200～400	45～50	35～40	
无氧铜	一号无氧铜	TU1	≥99.97	总量≤0.30	冷弯状态			电真空器件
	二号无氧铜	TU2	≥99.95	总量≤0.30	400～500	4～6	110～130	
磷脱氧铜	一号脱氧铜	TP1	≥99.90	总量≤0.10	铸造状态			油气管、冷凝管、蒸发器、热交换器
	二号脱氧铜	TP2	≥99.85	总量≤0.15（无Zn）	170	17	40	

纯铜牌号是以“铜”字拼音字首“T”起头，分别加1、2、3、4表示，即T1、T2、T3、T4，T字后数字越大，纯度越低。无氧铜和脱氧铜的牌号分别为“T+U（‘无’字拼音字首）+序号”、“T+P（“磷”字拼音字首）+序号”。

5.1.2.2　黄铜合金及性能

（1）黄铜的分类及牌号的编写说明　黄铜是以锌为唯一或主要合金元素，且锌的质量分数低于50%的铜合金，通常将铜锌二元合金称为普通黄铜，在普通黄铜基体上再加入其他合金元素所成的多元合金则称为特殊黄铜。

普通黄铜为压力加工黄铜，常用牌号为H96、H80、H70和H68等，其牌号用“黄”字汉语拼音字首“H”表示，其后附以数字表示平均含铜量。如H70表示铜的平均质量分数为70%，余下约30%为锌，见表5-6。

特殊黄铜分为压力加工黄铜和铸造黄铜两类。压力加工黄铜牌号仍以“H”表示，后跟其他添加元素的化学符号和平均成分，即 H + 主加元素符号 + Cu 的百分含量 + 合金元素百分含量，如 HPb59 - 1。

铸造黄铜牌号则用 ZCu + 主加元素符号 + 主加元素百分含量表示，如 ZCuZn16Si4。

表 5-6　铜材加工产品的分类、牌号的编写说明及用途

类别		牌号	牌号的编写说明
黄铜	普通黄铜	H96、H90、H85、H80、H70、H68、H62、H59	以“黄”字汉语拼音字首“H”起头，后面表示含 Cu 量
	特殊黄铜	HNi65-5、HSn70-1、HPb59-1、HAl77-2、HSi80-3、HMn57-3-1	“H” + 主加元素符号 + 铜含量 + 主加元素含量
青铜	锡青铜	QSn4-3、Qal19-2	“Q”（“青”字汉语拼音字首）+ 主加元素符号 + 主加元素含量
	铝青铜	QAl10-4-4	
	铍青铜	QBe2、QBe1.9	
	硅青铜	QSi3-1、QSi1-3	
白铜	普通白铜	B19、B25	B（白）+ 除镍外的主加元素符号 + 镍含量 + 主加元素含量
	特殊白铜	BAl13-3、BZn15-20、BMn40-1.5	

（2）普通黄铜的性能及应用　普通黄铜中锌的质量分数小于 30% ~32% 时，组织为面心立方晶格的 α 固溶体，称为单相黄铜（见图 5-3a），塑性好，并随 Zn 含量的增加，强度和塑性均提高，常用的牌号有 H70、H80 等。

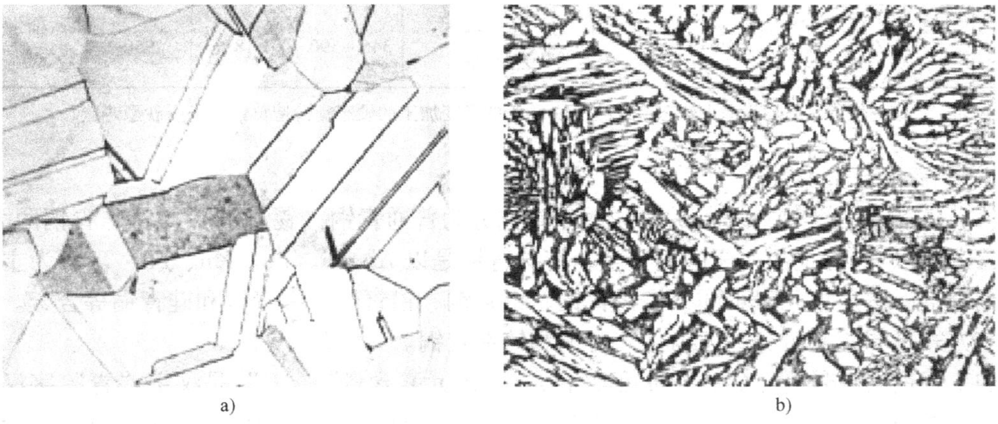

图 5-3　黄铜合金的显微组织

a）单相黄铜（H68）的组织　b）双相黄铜（H62）的组织

当 Zn 的质量分数大于 32.5% 时，单相组织中将出现体心立方晶格的 β 化合物相，则由 α 固溶体和 β 化合物相组成，称为双相黄铜（见图 5-3b），合金强度因固溶强化进一步提高，塑性则开始下降。当 Zn 的质量分数超过 45% 而进入 β 单相组织后，合金因失去固溶体基体，强度和塑性迅速下降，故工业黄铜中锌的质量分数一般不超过 w_{Zn}45%。

单相黄铜具有良好的塑性，可适于冷、热形变加工。而双相黄铜在高温下具有良好的塑性，只适于热形变加工，如 H62、H59 等。黄铜具有良好的耐海水和大气腐蚀能力，并且单相黄铜优于双相黄铜，但经冷加工后的制品存在残余应力，不耐潮湿大气、海水或氨介质腐蚀，必须在冷加工后进行去应力退火。

（3）特殊黄铜的性能及应用　在黄铜基础上加入适量的 Al、Ni、Mn、Sn 等合金元素，可提高合金的强度和耐蚀性，如 HAl59-3、HAl77-2、HNi65-5、HMn58-2、HSn70-1 等牌号，其中 HAl77-2 常用于船舶等冷凝管及其他耐蚀零件等。

在黄铜基础上加入 Si、Pb 等合金元素，可提高合金的耐磨性并改善切削加工性，常用牌号有 HPb59-1、HPb74-3、HSi65-1.5-3 和 HSi80-3 等，见表 5-7。

表 5-7　几种黄铜的牌号、成分、性能及用途（部分摘自 GB5231—2001）

种类及牌号		化学成分（质量分数,%）		力学性能			用途
		Cu	其他	σ_b/MPa	δ_5（%）	HBW	
普通黄铜	H70	68.50～71.5	Zn 余量	660	3	150	弹壳、冷凝器管等零件
	H59	57.0～60.0		650	10	103	热轧、热压零件
特殊黄铜	HPb59-1	57.0～60.0	Pb：0.8～1.9，Zn 余量	650	16	140	销、钉、螺母、衬套等
	HMn58-2	57.0～60.0	Mn：1.0～2.0，Zn 余量	700	10	175	船舶和弱电流用零件
铸造黄铜	ZCuZn38	60.0～63.0	Zn 余量	295	30	650	精铸机械、热压轧制零件
	ZCuZn16Si4	79.0～81.0	Si：2.5～4.5，Zn 余量	345～390	18	950	轴承、轴套

注：加工黄铜的供货状态均为退火软态，或已经过 50% 的形变加工的硬态；铸造黄铜均采用砂型铸造。

5.1.2.3　青铜合金及性能

（1）青铜的分类及牌号的编写说明　青铜分为普通青铜（锡青铜）与特殊青铜两大类。普通青铜是以 Sn 为主加元素的铜合金，特殊青铜是以 Al、Si、Be、Mn、Pb、Ti 等为主加元素的铜合金。按主加元素不同分为锡青铜、铝青铜、铅青铜、铍青铜和硅青铜等合金。按制品生产方式不同，又可分为压力加工青铜和铸造青铜。

加工青铜的牌号为“Q＋主加元素符号＋主加元素含量”，“Q”是汉字“青”字汉语拼音字首，如 QSn4-3，表示 w（Sn）＝4%、w（Zn）＝3%、余量为 Cu 的锡青铜。铸造青铜是在其基础上再在牌号前加上“铸”字汉语拼音字首“Z”即可。

（2）普通青铜的性能及应用　普通青铜的 Sn 可溶于 Cu 中形成固溶体，当锡的质量分数＜6% 时，可获得单相 α 固溶体，塑性好而适于压力加工。随锡含量增加，合金强度和塑性增加，但当 w（Sn）＞6% 时，会出现硬而脆的 δ 相，使塑性明显降低。

当 w（Sn）＞10% 时，合金的塑性差，脆性增加，强度下降，只适于铸造，如常用牌号 ZCuSn10Zn2。铸造锡青铜流动性差，易形成疏松，组织不致密，但其凝固收缩小，特别适于铸造对外形尺寸要求较严格的铸件。

工业用锡青铜锡的质量分数为 3%～14%，另外还含有少量 Zn、Pb、P、Ni 等元素。锡青铜具有良好的减摩性、抗磁性及低温韧性，耐蚀性优于铜及黄铜，特别在大气、淡水、海水及高压蒸汽中耐蚀性比黄铜更高，但在酸类及氨水中的耐蚀性较差。此外，锡青铜耐磨性好，多用于制造轴瓦、轴套等耐磨零件，见表 5-8。

表 5-8　几种青铜的牌号、化学成分、性能及用途

类别	牌号	化学成分（质量分数，%）			力学性能			用途
		主加元素	Cu	其他	σ_b/MPa	δ_5/%	HBW	
锡青铜	QSn4-3	Sn：3.5～4.5	余量	Zn：2.7～3.3	350～550	40～4	60～160	弹性件、管配件、耐磨件
	ZQSn10-1	Sn：9.0～11.0	余量	P：0.6～1.2	220～250	3～5	80～90	重要减摩的轴承、轴套等
铝青铜	QAl 7	Al：6.0～8.0	余量	—	470～980	70～3	70～154	重要用途弹簧、弹性元件
	ZQAl 9-4	Al：8.0～10.0	余量	Fe：2.0～4.0	400～500	10～12	100～110	耐磨、耐蒸汽海水腐蚀件
铅青铜	ZQPb30	Pb：27.0～33.0	余量	—	—	—	25	大功率航空发动机、柴油机曲轴及连杆的轴承
铍青铜	QBe2	Be：1.9～2.2	余量	Ni：0.2～0.5	500～850	40～3	100～330	重要弹性元件及高速、高压和高温下工作的轴承
硅青铜	QSi4-1	Si：2.75～3.5	余量	Mn：1.0～1.5	350～700	60～1	100～230	弹簧、在腐蚀介质中工作的零件及蜗轮、蜗杆等

（3）特殊青铜的性能及应用　铝青铜是以铝为主加元素的铜合金，一般铝的质量分数为 5%～10%，化学稳定性高，耐蚀、耐磨和铸造性均较好，强度、硬度和塑性也较高。其中铝的质量分数小于 7% 时塑性好，铝的质量分数在 7%～10% 时强度高。

实际应用时铝青铜中铝的质量分数为 5%～12%，当铝的质量分数为 5%～7% 时，适于冷加工，而铝的质量分数在 10% 左右时，则通常适宜于铸造，主要用于在海水或高温下工作的高强度耐磨零件，如轴承、齿轮、蜗轮等，见表 5-9。

铍青铜是以铍为主加元素的铜合金，一般铍的质量分数为 1.7%～2.5%，由于 Be 在 Cu 中的溶解度随温度而变化，温度在 866℃ 时最大溶解度为 2.7%，而在室温时只有 0.2%，故铍青铜可进行固溶时效强化处理。

经适当时效强化后，具有很高的强度、塑性等，抗拉强度 σ_b 最大可达 1350MPa，延伸率 δ 为 2%～4%，还有很好的弹性、耐蚀性、导热性、抗磁性以及受冲击时不产生火花等特殊性能，主要用于精密仪器、仪表弹性元件、焊机电极及防爆工具等。

硅青铜是以硅为主加元素的铜合金，具有比锡青铜高的力学性能和低的价格，而且铸造性和冷、热压力加工性均良好。硅青铜中再加入 Ni 可显著提高强度、耐磨性、导电性和耐蚀性，主要用于航空工业和长距离架空的电话线和输电线等。

5.1.2.4　白铜合金及性能

（1）白铜合金的分类及牌号　白铜合金是以 Ni 为主加元素的铜合金，可分为普通白铜和特殊白铜两类。普通白铜牌号为 B（白）+主加元素平均百分含量，如 B19 表示含 Ni + Co 量为 18.0%～20.0%，余量为 Cu 的铜镍合金。

特殊白铜是在普通白铜基础上再加入 Zn、Al、Fe、Mn 等合金元素，由三元以上合金形成的特殊合金，如锌白铜、铝白铜、铁白铜、锰白铜等，其牌号为 B（白）+除 Ni 外主加元素符号 + Ni 平均百分含量 + 主加元素平均百分含量，如 BZn15-20。

（2）白铜合金的性能及应用　普通白铜只含 Cu 和 Ni，具有较好的强度和优良的塑性，能进行冷、热压力加工，耐蚀性很好，电阻率较高且电阻温度系数很小，主要用于制造船舶仪器零件、化工机械零件及医疗器械等。

特殊白铜中添加的元素不同，其性能和用途也不同。例如，锰白铜常用牌号为 BMn3-12（锰铜）、BMn40-1.5（康铜）、BMn43-0.5（考铜），其中锰含量高的康铜和考铜具有极高的电阻和较小的电阻温度系数，可制作热电偶丝、测量仪器等。

5.1.3 轴承合金及类型

5.1.3.1 轴承合金性能要求

轴承合金是用来制造滑动轴承中的轴瓦及内衬的合金，广泛应用于各种机器设备。当轴承支撑轴进行工作时，轴瓦表面要承受轴颈传递的周期性交变载荷，并与轴之间发生强烈的摩擦。因此为了确保机器正常、平稳、无噪声运行，减少轴瓦对轴颈的磨损，轴承合金应具备下列一系列性能要求：

1）具有足够的强度、硬度及高的疲劳强度，以承受较高的交变载荷。

2）具有足够的塑性和韧性，以保证轴颈抵抗冲击和振动并与轴的良好配合。

3）具有良好的减磨性，即较小的摩擦系数和与轴承良好的磨合能力，并在摩擦条件不良时，轴承材料能储油，不易与轴粘结或焊合，以防温升导致与轴的咬合。

5.1.3.2 轴承合金组织要求

为满足上述性能要求，轴承合金的组织特点应该是在软质基体上分布有硬质点化合物，或者是在硬基体上均匀分布着软质点。当轴承处于工作状态时硬质点可承受磨损，软质的基体不仅具有较好的韧性，还可承受磨合、冲击、振动等载荷作用，磨凹处又可储存润滑油以保证较低的摩擦系数。

同样，也可在较硬的基体上分布软质点来达到上述目的，当轴承工作时，软组织很快被磨凹，凸出的硬组织便起支撑轴的作用。

这样，既减小了轴与轴瓦的接触面，凹下的空间又可储存润滑油，保证轴承有良好的润滑条件和低的摩擦系数，减轻轴的磨损。此外，偶然进入的外来硬物也能被压入软组织内，不致擦伤轴颈。

5.1.3.3 轴承合金分类及牌号

常用轴承合金分为锡基轴承合金、铅基轴承合金、铜基轴承合金、铝基轴承合金，应用最广的是锡基和铅基轴承合金（见表 5-9）。轴承合金的牌号为“ZCh + 基本元素 + 主加元素 + 主加元素含量 + 辅加元素含量”，牌号中“Z”、“Ch”为“铸”和“承”字的汉语拼音字首和第一个音节。

（1）锡基轴承合金　锡基轴承合金是 Sn-Sb-Cu 系合金，又称锡基巴氏合金，是具有软质基体上分布硬质点的轴承合金。组织为 $\alpha+\beta$，软基体是 Sb 溶于 Sn 中的 α 固溶体呈暗黑色，硬质点是 SnSb 为基的 β 固溶体呈白色方块状，如图 5-4a 所示。

锡基轴承合金结晶时，β 相密度较液相小，易浮在液体上方，并使随后结晶的 α 相沉在其下面，而导致结晶组织产生“偏析”。若在合金中加入一定量的 Cu，使铜和锡在高温时能

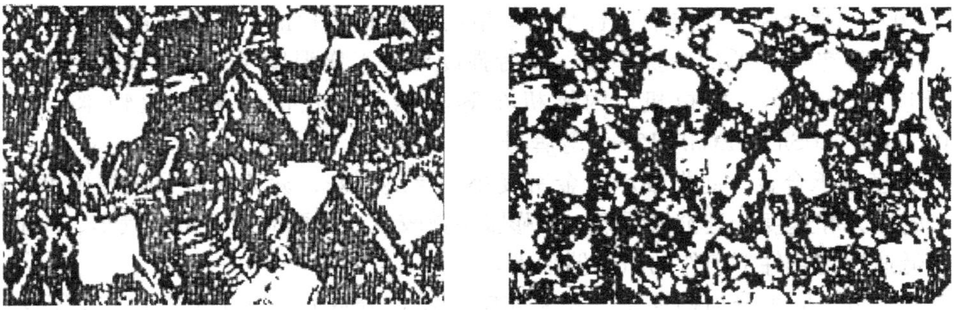

a)　　　　　　　　　　b)

图 5-4　锡基和铅基轴承合金显微组织

a）铸造锡基轴承合金显微组织　b）铸造铅基轴承合金显微组织

形成高熔点化合物 Cu_3Sn 或 Cu_6Sn_5，可最先析出白色放射状化合物，以阻止 β 相上浮而减轻偏析，并进一步提高合金强度和耐磨性。

表 5-9　各种轴承合金的性能比较

种类	抗咬合性	磨合性	耐酸性	耐疲劳性	合金硬度（HBW）	轴颈处硬度（HBW）	最大允许压力/MPa	最高允许温度/℃
锡基合金	优	优	优	劣	20～30	150	600～1000	150
铅基合金	优	优	中	劣	15～30	150	600～800	150
锡青铜	中	劣	优	优	50～100	300～400	700～2000	200
铅青铜	中	差	差	良	40～80	300	2000～3200	220～250
铝基合金	劣	中	优	良	45～50	300	2000～2800	100～150
铸铁	差	劣	优	优	160～180	200～250	300～600	150

锡基轴承合金膨胀系数和摩擦系数小，并具有良好的减磨性、耐蚀性、导热性和韧性，适于制造重要的轴承，如汽轮机、涡轮机、内燃机等高速轴瓦，但疲劳强度较低，工作温度不超过 150℃，且价格较贵。

锡基轴承合金主要应用于发动机、蒸汽机主轴承的是 ZChSnSb8-4、ZChSnSb12-4-10，主要应用于蜗轮内燃机高速轴承及轴承衬等的是 ZChSnSb4-4，主要应用于低速、轻载荷机械轴承的是 ZChPbSb15-5，主要应用于重载、耐蚀、耐磨轴承是 ZChPbSb10-6。

（2）铅基轴承合金　此类轴承合金是 Pb-Sb-Sn-Cu 系合金，又称为铅基巴氏合金。在合金中加入适量的 Sn、Cu 既能形成 SnSb 硬质点，并防止比重偏析，还能大量溶入铅中强化基体，从而提高铅基合金的强度和耐蚀性。

铅基轴承合金常用牌号为 ZChPbSb16-16-2 轴承合金，含 16%（质量分数）Sb、16%（质量分数）Sn 和 2%（质量分数）Cu，室温组织为（α + β）+ β。其中，（α + β）共晶体为黑色软基体，硬度为 7～8HBW，β 相是以 SnSb 化合物为基体的含铅固溶体。硬质点是初生的白色方块状 β 相和白色针状化合物 Cu_2Sb 构成，如图 5-4b 所示。

铅基轴承合金的硬度、强度、韧性较锡基轴承合金低，且摩擦系数大，但由于价格便宜，故常用作低速、低载荷及工作温度不超过 120℃的轴瓦材料，还可制造承受中、低载荷的中速轴承，如汽车、拖拉机的曲轴、连杆及电动机轴承。

(3) 铜基轴承合金 此类轴承合金主要指锡青铜和铅青铜，具有较高的疲劳极限和承载能力、高的导热性和低的摩擦系数、疲劳强度好，工作温度可达150℃以上，且价格便宜，广泛应用于汽车、拖拉机、内燃机车等车辆上应用的一般工业轴承。常用的有ZCuPb30、ZCuPb20Sn5、ZCuPb15Sn8等牌号。

(4) 铝基轴承合金 此类轴承合金密度小、导热性好，疲劳极限及高温硬度较高，能承受较大的压力和速度，且价格低廉，但膨胀系数较大，主要应用于重型汽车、轮船等重载荷及中、低速运转条件下工作的减速器轴承。

按化学成分不同可分为铝锑系［Al+40%（质量分数）Sb+0.5%（质量分数）Mg］、铝锡系［Al+20%（质量分数）Sn+1%（质量分数）Cu］、铝石墨系［Al+8%（质量分数）Si合金基体+（3%~6%）（质量分数）石墨］。

铝锑系轴承合金是以铝为软基体，以金属化合物AlSb为硬质点，加入适量镁可提高其屈服强度。它可与08钢一起热轧成双金属轴承，具有良好疲劳强度和耐磨性，但仅适于负荷小于2000MPa、滑动速度低于10m/s的轴承。

铝锡系轴承合金是以08钢为衬背，加入少量Cu元素强化基体且轧制成双合金带，具有较高疲劳强度和良好耐热性、耐磨性及耐蚀性，可制造负荷高达3200MPa、滑动速度为13m/s的轴承，广泛用于汽车、内燃机车等重载荷主轴承。

铝石墨系轴承合金是以钢的珠光体为基体、以石墨为软质点构成。合金基体强度和硬度较高，弥散分布的石墨有润滑作用，因此其具有优良自润滑作用、减振和消声作用以及耐高温性能，适用于制造活塞和机床主轴轴承。

5.2 非金属材料及性能

5.2.1 工程塑料

高分子材料是以有机高分子化合物为主要成分的材料，包括塑料、橡胶、合成纤维等，有机高分子材料的性能仍取决于其内部的组成结构。本章主要介绍工程塑料及工业橡胶的组成、性能及应用范围等内容。

5.2.1.1 工程塑料组成及特性

工程塑料是作为制造机器结构零部件或工程结构件的塑料，与通用塑料相比，具有更高的强度、刚度、韧性、耐磨性等力学性能和耐热、耐蚀等化学性能，被广泛应用于各种机器或机械结构的配件材料。

(1) 工程塑料的组成 工程塑料是由合成树脂为主要成分另加入各种适量添加剂组成的材料。合成树脂是由低分子化合物经聚合反应所获得的高分子化合物，如聚酰胺、聚甲醛、聚碳酸酯等，在常温下呈固体或黏稠液体，但受热时软化或呈熔融状态，可将其他物质粘接起来，对塑料的性能起决定性作用。

增强添加剂是为弥补塑料某些使用性能不足、扩大其应用范围，所添加的填料、增强料、增塑剂、固化剂等。填料在许多塑料中占有相当的比重，通常用量为20%~50%，且要求填料易被树脂浸润，与树脂有很好的粘附性，本身性质稳定。

常用的粉状填料有木粉、云母粉、石英粉、石墨粉、炭粉、各种金属粉及金属氧化物粉；纤维状填料有棉纤维、合成纤维、石棉纤维、玻璃纤维、碳纤维等；层状填料有木片、棉布、麻布、玻璃布等。常用填料及其作用见表 5-10。

表 5-10　常用填料种类及其作用

填料名称	作用	填料名称	作用
木粉	提高抗拉强度（其值可达 30MPa）	云母	提高绝缘性
玻璃纤维	提高抗拉强度（其值可达 300MPa）	二硫化钼及石墨粉	提高自润滑性，改善摩擦性
石棉	提高耐热性	铝粉	提高反射能力

增塑剂是用于进一步提高树脂的可塑性，增加塑料在成形时的流动性，并赋予制品以柔软性和弹性，从而减少脆性和硬度的添加剂。一般要求增塑剂与合成树脂有较好的相溶性，挥发性小，并且无毒、无味、无色、对光和热比较稳定的物质。常用的增塑剂是液体或低熔点固体有机化合物，如樟脑、氧化石蜡、邻苯二甲酸酯类、葵二酸酯类等，其用量通常在 30% 以下。

固化剂（又称硬化剂）在热固性树脂成形过程中，加入某些物质，产生横跨键，使分子交联，即由受热可塑的线型链结构变成体型的热稳定结构，成形后获得坚硬的塑料制品，所加物质即为固化剂。如酚醛树脂常用六次甲基四胺，环氧树脂用乙二胺、顺丁烯二酸酐，聚酯树脂用过氧化物等。

增固添加剂是为弥补塑料成形和使用中的不足、扩大其应用范围，所添加的润滑剂、稳定剂、着色剂和阻燃剂等。稳定剂（又称防老化剂）是防止某些塑料在加工和使用过程中，受热、光等外界因素影响，发生分子链断裂而导致合成树脂老化。

若加入千分之几的硬脂酸盐、铅化合物、环氧树脂等，可防止工程塑料过早地老化，延长制品的使用寿命。一般要求稳定剂要耐水、耐油、耐化学药品，并与树脂相溶而在成形时不分解。

此外，其他的添加剂如润滑剂、着色剂、发泡剂和阻燃剂等，其作用各不相同，加入与否和加入量多少均以塑料制品性能和用途的不同而决定。

（2）工程塑料的力学性能　力学性能是决定塑料使用范围的重要指标之一，工程塑料具有较高的强度、良好的塑性、韧性和耐磨性，可代替金属制造机器零件或构件，尤其是比强度（σ_b 与 ρ 之比）很高，如玻璃纤维增强塑料可大大超过金属的比强度，用于制造减轻自重的各种结构件。

工程塑料的拉伸试验是按国标中规定的试验温度、湿度和试验速度，在标准试样上沿轴向施加拉伸载荷，直到试样被拉断为止，并同时测得拉伸时的应力-应变曲线，如图 5-5a 所示，Y 点以前试样被均匀拉长。

当应力达到屈服点 Y 时，试样上某个（或几个）区域产生细颈，伸长率可达 90% 以上。Y 点至 D 点，拉伸应力几乎不变，而形变却迅速增加。当拉伸继续进行，变形不断增加，细颈逐渐伸长，非细颈区也逐渐变细，直到全部变成细颈为止。若继续拉伸，应力又迅速增加，直到试样断裂。

整条曲线以屈服点 Y 为界分成两部分，Y 点以前是弹性变形，Y 点所对应的应力称为屈服极限。Y 点以后是塑性变形，经过缩颈硬化至 B 点断裂，B 点相对应的应力称为强度极限，材料在断裂时的相对伸长称为断后伸长率。

不同的塑料具有不同的应力-应变曲线（见图 5-5b），如硬而韧的 ABS、尼龙、聚甲醛、

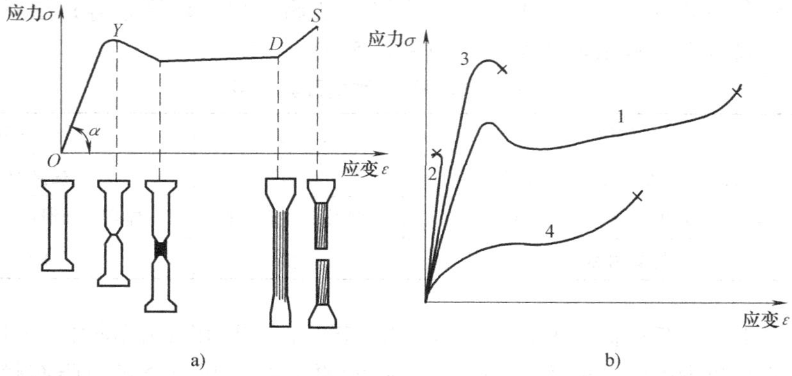

图 5-5 工程塑料的拉伸试验及 σ-ε 曲线

a）工程塑料 σ-ε 曲线及试样拉伸变化 b）各种性质工程塑料的 σ-ε 曲线

1—硬而韧的塑料 2—硬而强的塑料 3—硬而脆的塑料 4—软而韧的塑料

聚碳酸酯等的塑料，具有很高的弹性模量、屈服强度、抗拉强度和较大的断后伸长率，其应力-应变曲线如图 5-5b 中 1 所示。

硬而强的有机玻璃、长玻璃纤维增强热固性塑料、以及某些配方配制的硬聚氯乙烯等塑料，均具有较高的弹性模量和抗拉强度，断后伸长率为 2% ~5%，拉伸时其应力-应变曲线如图 5-5b 中 2 所示。

硬而脆的聚苯乙烯和酚醛树脂等塑料，具有很高的弹性模量和抗拉强度，但在较小的断后伸长率（<2%）下则会断裂而无任何屈服点，其应力-应变曲线如图 5-5b 中 3 所示。

软而韧的聚四氟塑料、高压聚乙烯塑料、高增塑的聚氯乙烯塑料以及工业橡胶的弹性模量和屈服点低，而断后伸长率较大，约 25% ~1000%，断裂强度较高，拉伸时其应力-应变曲线如图 5-5b 中 4 所示。

由图 5-5 可知，各种塑料的力学性能差异很大，一般热塑性塑料的抗拉强度为 50 ~ 100MPa（45 钢 σ_b 约 610MPa），弹性模量为金属的 1/10，增强塑料的强度和弹性模量也仅略超过铝合金。因此在一些负荷大的地方，还需采用钢材结构。

（3）工程塑料的力学特性 玻璃布增强的热固性层压板抗剪强度为 80 ~ 170 MPa，热塑性聚甲醛抗弯强度为 90 ~ 98MPa、尼龙可达 210MPa，热固性酚醛塑料抗弯强度约为 50 ~ 150MPa、玻璃纤维（布）层压塑料可达 350MPa。

尼龙、聚甲醛有较高抗疲劳性能，在 10^7 次循环次数下疲劳强度分别为 12 ~ 19MPa 和 25 ~ 27MPa，而聚碳酸酯仅为 7 ~ 10MPa。塑料的抗疲劳性能随着温度的上升而显著下降。但经玻璃纤维增强后，可大幅度提高塑料的抗疲劳能力。

塑料的硬度比金属低，但其摩擦磨损性能却远远优于金属。例如，聚四氟乙烯和尼龙等本身就具有自润滑性能，可制造轴承、活塞环、动密封滑块等抗磨损零件，在各种液体介质或干摩擦条件下有效工作。

（4）工程塑料的物化特性 塑料的物理性能与金属相比，其耐热性、导热性差，热膨胀性大，易燃烧。如聚乙烯、聚氯乙烯、尼龙等热塑性塑料长期使用温度仅在 100℃ 以下，只有少数品种如聚苯醚、聚砜可达 150℃ 左右，酚醛塑料等热固性塑料为 130 ~ 150℃，有机硅等耐高温塑料也只能在 200 ~ 300℃ 下使用。

但是，某些特殊耐高温塑料，瞬时耐高温性能特别优异，有时甚至可瞬时耐千度以上高温，火箭、导弹、宇宙飞船等耐烧蚀部件，可用这些材料制成。

由于大多数塑料对酸、碱、盐等介质具有良好的抗腐蚀能力，所以许多塑料可用作防腐蚀工程材料。例如，硬质聚氯乙烯塑料制造化工设备、耐腐蚀管道、接头等，特别是聚四氟乙烯，无论多强的无机酸、碱都不能腐蚀它。

但塑料的耐气候性即抵抗老化的性能比金属差，极易与环境中的氧、臭氧和氧化性介质产生氧化反应而破坏。若长期日晒雨淋后，表面会失色和龟裂等，因此必须增加防老化剂或通过改性处理来提高塑料的防老化性能。

5.2.1.2　工程塑料种类及应用

（1）结构件用塑料　通常有聚乙烯（代号 PE）、聚丙烯（PP）、聚氯乙烯（PVC）、聚苯乙烯（PS）、丙烯腈-丁二烯-苯乙烯（ABS）等，见表 5-11。

表 5-11　常用部分工程塑料及性能指标

种类	性能指标					
	密度 ρ/（g/cm^3）	拉伸强度 σ_b/MPa	断后伸长率 δ（%）	冲击韧度 a_K/（kJ/cm^2）	体积电阻率 /（Ω·cm）	线膨胀系数 α/（1/10^5℃）
低压聚乙烯	0.94～0.96	10～16	15～100	10～30	≥10^{16}	11～13
聚丙烯	0.90～0.91	30～39	≥200	2.2～2.5	≥10^{16}	10～12
硬质 PVC	1.35～1.45	35～56	2～40	22～108	≥10^{16}	5～18.5
聚苯乙烯	1.04～1.09	35～84	7.0～17.5	0.5～1.0	10^{18}	6～8
超高冲击型 ABS	1.06	35	5～70	53	10^{16}	10
尼龙 6	1013～1.15	54～78	150～250	3.1	10^{14}	7.9～8.7
均聚甲醛	1.43	70	15	7.6	10^{14}	8～10
聚碳酸酯	1.18～1.20	66～70	50～100	64～75	10^{16}	6～7
聚四氟乙烯	2.10～2.20	16～32	200～400	—	10^{17}～10^{18}	10
有机玻璃	1.17～1.19	55～77	2.5～6.0	12～14	≥10^{15}	7.0

聚乙烯由乙烯单体加聚而成，分为高、低压聚乙烯。高压聚乙烯质地柔软，适宜作薄膜及软管；低压聚乙烯质地坚硬，有良好耐磨性、耐蚀性及绝缘性，适宜于化工管道、槽及电缆、仪表罩壳、叶轮等。

聚丙烯强度和刚度均优于聚乙烯，并具有良好耐热性、耐蚀性和绝缘性，且无毒、无味，可在 100～120℃温度下使用，原料易得，价格便宜，因此可制作受力不大、长期经 60～80℃水煮消毒的医疗器械等。

聚氯乙烯是由乙烯与氯化氢合成氯化乙烯后聚合而成，有一定机械强度及良好的耐蚀性，分为硬质和软质两种。硬质聚氯乙烯强度高，耐蚀性好，可作离心泵、水管接头、建筑材料等，使用温度为 -15～55℃。软质聚氯乙烯伸长率较高，但强度低、耐蚀性和绝缘性低、易老化，可制作薄膜、电线电缆的绝缘层等。

聚苯乙烯具有良好耐蚀性和绝缘性，但耐冲击性差，最高使用温度低于 80℃，易燃、易脆裂，无色透明，透光率仅次于有机玻璃，常用作绝缘件、仪表外壳及装饰品等。聚苯乙烯泡沫塑料是隔音、包装、救生等器材的极好材料。

丙烯腈-丁二烯-苯乙烯塑料中，丙烯腈使ABS塑料具有良好的耐热、耐蚀性和一定的表面硬度，丁二烯能提高ABS的弹性和冲击韧度，苯乙烯赋予ABS较高的强度、刚度和良好的加工工艺性及着色性。

ABS塑料的用途极广，可制作轴承、齿轮、叶片叶轮、设备外壳、化工容器及管道以及仪表仪器各种零件等。其中丙烯腈-苯乙烯共聚物（AS），又称为高抗冲击聚苯乙烯，适于制造仪表盘及罩壳、电池盒、各种开关按钮等。

（2）传动零件用塑料　这类零件包括各种轴承、齿轮、凸轮、蜗轮等，对塑料要求有较高的强度、刚度、韧性、耐磨性和减摩自润滑性等。常用的有聚酰胺（PA）、聚甲醛（POM）、聚碳酸酯（PC）和聚四氟乙烯（F-4）等，见表5-11。

聚酰胺通常称为尼龙，在机械工业中应用较广的有尼龙66、尼龙610、尼龙1010以及MC浇铸尼龙。这种材料具有较高耐磨性和自润滑性，可代替青铜使用，还有较高的强度和韧性，但是其吸水性高，成形收缩率大，尺寸稳定性较差、耐热性不够高，只能在100℃以下工作。

聚甲醛具有较高冲击韧度、耐疲劳性、刚度和较强的抗蠕变能力，还具有良好的耐磨性和自润滑性，且摩擦系数低而稳定，在干摩擦条件下尤为突出，使用温度为-50~100℃，吸水性小，尺寸稳定，但收缩率较大，热稳定性较差，可适于齿轮、轴承、凸轮、闸瓦、阀门、仪表外壳、叶片、化工容器及输送带等。

聚碳酸酯被誉为“透明金属”，在热塑性塑料中具有较高的冲击韧度和伸长率等，可以在-60~120℃温度范围内长期工作，并具有良好的电绝缘性能和耐气候性等。但容易产生应力开裂，自润滑性较差，不耐碱、氯化烃等介质的腐蚀，可制作轻载齿轮、凸轮、螺栓、风窗玻璃等零件。

聚四氟乙烯的摩擦系数极低，只有0.12~0.04，具有优良的减摩性、自润滑性、绝缘性、极小的吸水性以及优良的耐强酸腐蚀性。因此F-4是减摩零件、自润滑零件、耐腐蚀构件及绝缘零件的首选材料，主要用于减摩密封件、化工耐蚀零件及耐蚀衬里、热交换器，以及高频或潮湿条件下的绝缘材料。

（3）特殊性能件用塑料　特殊性能件要求塑料既能耐强酸、强氧化剂及强碱，又能耐高温、抗蠕变，还需要电绝缘性好、吸水性小等。对于耐腐蚀、耐高温的零件，应首选聚四氟乙烯和各种填充聚四氟乙烯，如聚四氟乙烯（F-4）、聚三氟氯乙烯（F-3），聚偏氟乙烯（F-2）、聚氟乙烯（F-1）以及聚全氟乙烯（F-46）。

对于电绝缘性、耐高温的零件则应选聚苯醚（PPO）、聚砜、酚醛塑料（PF）、环氧塑料（EP）以及其他聚烯烃类塑料，如聚乙烯、聚氯乙烯、聚丙烯等。

聚四氟乙烯熔点为327℃，具有极高的耐蚀性，任何强酸、强碱、强氧化剂对它均不起作用，甚至在浸蚀性很强的王水中煮沸也不受腐蚀。同时，还具有非常优良的耐高温、低温性能，可在-180~260℃范围内长期使用。

聚苯醚也称为聚二甲苯醚，是热塑性塑料中抗蠕变性能最好的材料，可在160~190℃长期工作，电绝缘性良好，吸水率低，耐水解、酸和碱，热膨胀系数小、模塑收缩小，常用作接触热水零件、电表上接触器件及化工设备零件等。

聚砜可分为双酚A型聚砜和非双酚A型聚砜（又名聚苯醚砜）。一般具有优良耐热性、耐寒性、抗蠕变性和尺寸稳定性，能在 150℃以上工作，有的还可在 270℃以下长期工作，强度、冲击韧度及抗蠕变性能均较高。

同时聚砜的介电性能也高，透明、易电镀，并且耐酸、碱和有机溶剂等。因此可用作高强度、耐热、抗蠕变构件和电绝缘件材料，主要用于制造汽车分速器盖、精密齿轮、轴承等摩擦传动零件，以及高温下工作的各种化工设备零件等。

酚醛塑料按制备工艺不同，可分为热塑性塑料和热固性塑料两类。热固性塑料是以木粉为填料制成酚醛胶木粉，然后再压制成零件，这类塑料广泛应用于压制各种电讯器材和电木制品，如插头、开关盒、电话机等。

热塑性塑料则是以纸片、棉布、玻璃相等为填料所制成的层压酚醛塑料，具有强度较高、耐冲击性好、耐磨性好等特点，通常用于制造受力要求较高的机械零件，如齿轮、轴承、汽车刹车片等受力零件。

环氧塑料是由环氧树脂加入胺类和酸酐类固化剂，以液态浇注或模塑后固化形成的热固性塑料，其强度较高，韧性较好，并具有良好的化学稳定性、电绝缘性及耐热、耐寒性，长期使用温度为 -80 ~150℃。

这种塑料成形工艺性较好，并对各种材料均具有很强的胶粘能力，通常用于制作塑料模具，精密模具，船体等零部件，还可用于各种广泛使用的结构胶接剂及配制飞机漆、船漆、制备各种复合材料等。

5.2.2　工业橡胶

5.2.2.1　工业橡胶的组成及特性

（1）工业橡胶的组成　橡胶是以天然胶和合成胶为基础，加入适量配合剂所组成的高分子弹性材料。配合剂包括硫化剂、促进剂、软化剂、填充剂和着色剂等。

硫化剂能使分子链相互交联成网状结构，一般需在天然橡胶中加入适量的硫磺等物质而获得。促进剂能缩短硫化时间，降低硫化温度，因此必须加入质量分数为 0.5% ~20% 的有机化合物和氧化锌等活化剂。

软化剂能增加橡胶的塑性，改善黏附力，并降低橡胶的硬度和提高其耐寒性，常用的有硬脂酸、精制蜡、凡士林及油脂类；填充剂能增加橡胶的强度等力学性能，常用碳黑、氧化硅、白陶土、氧化锌、滑石粉等填料；着色剂能使橡胶制品具有各种不同的颜色，分各种有机着色剂和无机着色剂

（2）工业橡胶的特性　橡胶作为结构材料不同于金属和其他非金属材料，具有良好的高弹性，受外力作用而发生的变形是可逆弹性变形，外力去除后只需要千分之一秒，便可恢复到原来状态。高弹变形时弹性模量低，只有 1MPa（而塑料可高至 20000MPa），变形量可达 100% ~1000%，而其他高聚物的变形量仅为 0.1% ~0.01%。

橡胶回弹性能特别好，如天然橡胶回弹高度可达 70% ~80%，且经硫化处理和炭黑增强后，抗拉强度（或抗撕裂强度）可达 25 ~35MPa，并具有良好的耐磨性。而且当所受外力一定时，橡胶强度越高，磨损量越少，耐磨性也越好。

5.2.2.2　工业橡胶的种类及应用

由于橡胶具有良好的弹性、耐低温性、耐磨性和绝缘性等，因而成为工业中常用的弹性材料、密封材料、减振材料和传动材料，如丁苯橡胶、顺丁橡胶、丁腈橡胶、甲基乙烯基橡

胶等。

（1）丁苯橡胶（SBR） 这类橡胶是应用最广、用量最大的一种合成橡胶，与天然橡胶相比，具有较好的耐寒性、耐热性、耐油性及耐老化性，主要用于制造轮胎及胶带、胶管、电绝缘材料和各种工业用橡胶密封件。

（2）顺丁橡胶（BR） 这类橡胶也是合成橡胶，弹性高、减振性好，还具有耐磨性好、耐低温性能优异，但抗湿滑性能和抗撕裂性差、加工性能和黏着性不好，可制造轮胎、胶管、胶带、胶辊以及刹车皮碗、减振器、橡胶弹簧等。

（3）丁腈橡胶（NBR） 这类橡胶是由丁乙烯和丙烯腈合成的特种橡胶，具有良好的耐油性和对有机溶液的耐蚀性，亦称为耐油橡胶，并且还具有较好的耐磨性、耐热性、耐臭氧性及优异的耐老化性，但其耐寒性和电绝缘性较差，可主要制作耐油制品，如输油管、储油箱、密封圈等一般橡胶件。

（4）甲基乙烯基橡胶 这类橡胶是用量最大的特种合成硅橡胶，具有优良耐热性、抗寒性、耐候性、耐臭氧性及良好电绝缘性等特点，主要用于耐热胶管、垫片、三角带、输送带、电线缆涂层、水坝、屋顶料、化工防腐料及采矿用耐燃橡胶制品等。

5.2.2.3 高分子材料的牌号及应用

高分子材料常用于机械结构件的有纸板、胶木板、塑料板以及其他复合板等。纸板多用于各种机器设备的外包装材料，胶木板具有良好的高弹性、耐磨性、耐低温性和绝缘性，多用作弹性材料、密封材料和减振材料等，见表5-12。

塑料板具有较高的强度、良好的塑性、韧性和耐磨性，可代替金属制作钣金件，尤其是比强度（抗拉强度与密度的比值）很高，如玻璃纤维增强塑料可大大超过金属的比强度，广泛用于制作减轻自重的钣金结构件。

此外，大多数工程塑料对酸、碱、盐等介质具有良好的抗腐蚀能力，其中聚四氟乙烯和硬质聚氯乙烯还具有优良的耐强酸、强碱腐蚀性，可用于制作化工耐蚀零件及耐蚀衬里、热交换器零件、化工管道及弯头等。

表5-12 部分高分子材料板的性质、牌号及应用范围

材料名称	牌号	性质及说明	应用举例
耐油石棉橡胶板	NBR	属丁腈橡胶合成板，具有良好的耐油性，厚为0.4~3.0mm	用于钣金制品密封衬垫，如输油管、储油箱的密封圈等
耐酸碱橡胶板	SBR2030 SBR2040	属于丁苯橡胶，具有耐寒、耐中温及耐老化性等	用于 -30 ~ +60℃、20%（体积分数）浓度酸碱液中的密封垫圈
耐油橡胶板	NBR 3001 NBR 3002	属于丁腈橡胶板，具有良好的耐油性	用于一定温度的机油、变压器油、汽油等有机溶液中的垫圈
耐热橡胶板	SBR 4001 SBR 4002	仍属于丁苯橡胶，具有耐寒、耐高温及耐老化性等	用于 -30 ~ +100℃的压力不大的热空气、蒸汽介质垫圈和隔热垫板
酚酞层压板	PF3302 -1 PF3302 -2	属于层压酚醛塑料，具有强度较高、耐冲击和耐磨性好	用作汽车刹车片、电器开关盒、电话机壳体等结构件

（续）

材料名称	牌号	性质及说明	应用举例
聚四氟乙烯板	F-4-13	耐强酸强碱腐蚀性好，减摩性和自润滑性优良，能耐 250℃以下温度	用于腐蚀介质中的容器衬里、热交换器密封垫圈等
工业有机玻璃	PC	PC 为聚碳酸脂被誉为“透明金属”，具有良好的电绝缘性能和耐气候性等	用于 -60 ~ 120℃温度下工作并需透明的有机玻璃仪器等
工业用平面毛毡	112-44 232-36	厚度为 1 ~ 40mm，112-44 表示白色细毡；232-36 表示灰色粗毡	用作钣金结构密封、防漏油、防振、缓冲等衬垫，按需要选用细毛、粗毛或半粗毛

5.2.3 工业陶瓷

陶瓷是指以粘土、石英、长石等天然硅酸盐或人工合成氮化物、氧化物、碳化物等为原料，经过制粉、配料、成形、高温烧结而成的无机非金属材料。

5.2.3.1 陶瓷性能及特点

（1）陶瓷的力学特性　陶瓷在外力作用下只产生弹性变形，其弹性模量 E 一般均较高，极不容易变形。特别是氧化铝、氮化硅、碳化硅等特种陶瓷，即使在很高的温度下，蠕变也很小，几种材料的 E 值和硬度见表 5-13。

表 5-13　几种常见材料的弹性模量和硬度

材料	弹性模量/MPa	硬度/HV	材料		弹性模量/MPa	硬度/HV
橡胶	6.9	很低	二氧化硅		70000	—
塑料	1380	最大到 17	碳化钛		390000	最大到 300
镁合金	41300	30 ~ 40	碳化硅		450000	最大到 1600
铝合金	72300	最大到 170	氧化硅	烧结	160000	—
钢	207000	300 ~ 800	氧化硅	热压	320000	最大到 1400
氧化铝	400000	最大到 1500	金刚石		1171000	6000 ~ 10000

特种陶瓷的强度高、硬度大、耐磨性好，是制造各种特殊要求的易损零、部件的好材料。例如，用碳化硅陶瓷制造的各种泵类的机械密封环，寿命很长，可用到整台机器报废为止；用氮化硅陶瓷制造的滚动轴承（配钢座圈），与全部钢制的轴承相比，负荷可加大，转速可加快，其寿命可增加 2 ~ 7 倍。

硅酸盐陶瓷的抗弯强度一般从几到上百 MPa，特种陶瓷的强度还要比它大几倍到几十倍。例如，有一种添加氧化钇和氧化铝的热压氮化硅陶瓷，室温抗弯强度可达到 1500MPa，相当于高强度合金钢的强度，并且陶瓷的高强度可以保持到 1000℃以上，而大多数金属在这样的温度下会发生软化甚至熔化。

（2）陶瓷的物理特性　陶瓷的线膨胀系数一般为 $10^{-5} \sim 10^{-6}$/℃，热导率一般为 $10^{-2} \sim 10^{-5}$W/（m·K），且结构越复杂，热导率越低，越具有良好的保温性能；反之则导热性好，如氮化硼陶瓷。

陶瓷的抗热振性较差，常在热冲击下破坏。但现代陶瓷的研制，使其高温性能有了显著的提高并在若干尖端工业上得到了应用。陶瓷是传统的绝缘材料，几乎所有的电子均会受到材料中各个离子的强烈约束作用，只有当材料温度升高到熔点附近时，离子热振加强，才表现出一定的导电能力。

（3）陶瓷的化学特性　陶瓷的组织结构非常稳定，通常情况下不可能同介质中的氧发生作用，不但室温下不会氧化，即使1000℃以上的高温也不会氧化，例如，氧化铝陶瓷在空气中的使用温度可达到1350℃以上。

陶瓷对酸、碱、盐及熔融非铁金属等的腐蚀有较强的抵抗能力。氮化硅、碳化硅等特种陶瓷，除氢氟酸和熔融氢氧化钠外，几乎可抵抗一切无机酸和大部分碱溶液的腐蚀，可用于制造化工管道、泵和阀等。

5.2.3.2 陶瓷的种类及应用

（1）普通陶瓷　普通陶瓷是指黏土类陶瓷，由黏土、长石、石英配比烧制而成，其性能取决于三种原料的纯度、粒度与比例。一般质地坚硬、耐腐蚀、不氧化、不导电，能耐一定的高温且加工成形性好。

工业上普通陶瓷主要用于绝缘用的电瓷、对耐酸碱要求较高的化学瓷、承载要求较低的结构零件用瓷等，如绝缘子、耐蚀容器，管道及日常生活中的装饰瓷、餐具等。

（2）氧化铝陶瓷　氧化铝陶瓷是以 Al_2O_3 为主要成分的陶瓷（Al_2O_3 的质量分数 > 45%）。根据瓷坯中主晶相的不同，可分为刚玉瓷、刚玉-莫来石瓷和莫来石瓷等，也可按 Al_2O_3 的含量分成75瓷、95瓷和99瓷等。

氧化铝陶瓷熔点高、硬度高、强度高，并具有良好的抗化学腐蚀能力和介电性能。但脆性大，抗冲击性能和抗热振性差，不能承受环境温度的剧烈变化，可用于制造高温炉的炉管、炉衬、坩埚、内燃机的火花塞等，还可制造高硬度的切削刀具，又是制造热电偶绝缘套管的良好材料。

（3）氮化硅陶瓷　氮化硅陶瓷有自润滑性，摩擦系数小，耐磨性好，而且化学性能稳定、热膨胀系数小，具有优良的抗高温蠕变性能，即使在1200℃高温下工作时，其高温强度仍不会降低。

氮化硅陶瓷的抗振性是氧化铝陶瓷和任何其他陶瓷材料所不能比拟的，可用于制造耐磨损、耐腐蚀的泵和阀、高温轴承、燃气轮机的转子叶片及金属切削工具等，也是测量铝液的热电偶套管所理想材料。

（4）碳化硅陶瓷　碳化硅陶瓷的最大特点是高温强度大，具有很高的热传导能力，耐磨性、耐蚀性、抗蠕变性高，常被用作航空科技领域中的高温烧结材料，如火箭尾喷管的喷嘴、金属浇包喉嘴、热电偶套管及炉管等高温零件。

由于热传导能力高，还可用于制造汽轮机的叶片、轴承等高温高强度零件，以及用作高温热交换器的材料、核燃料的包封材料等。

（5）氮化硼陶瓷　氮化硼陶瓷有六方氮化硼和立方氮化硼两种。六方氮化硼具有良好耐热性，热导率与不锈钢相当，热稳定性好，在2000℃时仍然是绝缘体。同时，还具有硬度低、自润滑性好等特点，可用作热电偶套管、半导体散热绝缘零件、高温轴承、玻璃制品成形模具等材料。

立方氮化硼的硬度与金刚石相近，是优良的耐磨材料，可用于制作磨料和金属切削刀具。

5.3　复合材料及新材料

5.3.1　复合材料

复合材料是以合成树脂、金属材料和陶瓷材料等为基体，另外加入各种增强纤维或增强颗粒而形成。这种材料的力学性能、耐热性能均优于基体材料，既有树脂的化学性能、电性能和密度小、易加工等特性，又有无机纤维的高模量、钢的高强度等性能。因此复合材料的研制和应用越来越广泛。

5.3.1.1　复合材料的性能特点

（1）力学性能特点　复合材料的强度与密度之比（比强度）和模量与密度之比（比模量）均较大，如碳纤维-环氧树脂复合材料的比强度高达 1.03×10^5MPa，比模量可达 0.97×10^7MPa，超过一般的钢材和铝合金（见表 5-14），因此这些复合材料为某些要求自重轻和刚度好的零件提供了理想的材料。

表 5-14　常见纤维增强复合材料与钢等金属的性能比较

材料＼性能	密度 /（$\times10^3$kg/m^3）	抗拉强度 /（$\times10^3$MPa）	弹性模量 /（$\times10^5$MPa^2）	比强度 /（$\times10^5$MPa）	比模量 /（$\times10^7$MPa）
钢	7.85	1.03	2.10	0.13	0.27
铝	2.80	0.47	0.75	0.17	0.26
钛	4.50	0.96	1.14	0.21	0.25
玻璃钢（60%纤维、单向）	2.00	1.06	0.40	0.53	0.21
高强度碳纤维-环氧树脂	1.45	1.50	1.40	1.03	0.965
高模量碳纤维-环氧树脂	1.60	1.07	2.40	0.67	1.50
有机纤维 PRD-环氧树脂	1.40	1.40	0.80	1.00	0.57
硼纤维-环氧树脂	2.10	1.38	2.10	0.66	1.00
硼纤维-铝	2.65	1.00	2.00	0.38	0.75

（2）抗疲劳性特点　大多数金属材料的疲劳极限是其抗拉强度的 40%～50%，而碳纤维增强聚合物的复合材料则可达到 70%～80%，具有较高的抗疲劳强度，这是由于两者在应力状态下裂纹扩展过程完全不同所致。

金属材料疲劳破坏时，裂纹沿拉力方向迅速扩展而造成断裂，裂纹扩展的总趋向是不改变的。而纤维增强复合材料在应力状态下，裂纹扩展方向将改变，裂纹尖端的应力状态也发生变化，在一定程度上阻止了裂纹的扩展。

此外，由于纤维对基体的分割作用，使裂纹扩展路程更为曲折，对疲劳强度的提高也有显著的影响。

（3）耐磨及自润滑性特点　当选用合适的塑料与钢构成复合材料时，钢具有较高的强度，而塑料摩擦系数比较低，有的还对油有吸附作用和自润滑性能，所以形成的复合材料具有塑料与钢的共同优点，既耐磨性好又具有自润滑功能。

例如，聚四氟乙烯或聚甲醛、多孔青铜层、钢板组成的三层复合材料，便具有聚四氟乙烯的自润滑性、钢和青铜的高强度和高耐磨性等性能，成为滑动轴承的良好材料。

（4）耐热性能特点　普通铝合金弹性模量随温度升高大幅度降低，在400℃温度时将接近于零，强度也显著下降。然而，碳纤维或硼纤维增强铝合金制成的复合材料，在400℃温度时弹性模量和强度则基本不变。

复合材料的这种特性为高温状态下服役的零件开辟了选材新途径。同时，其化学稳定性较好，并具有隔热性、耐烧蚀性和电、光、磁等特殊性能。在复合材料制品加工时，还适合一次整体成形，并具备良好的加工性能。

（5）加工形态及特点　复合材料加工时，按增强相的性质和形态，有纤维增强、层状增强和粒状增强。纤维增强又有玻璃纤维态增强、碳纤维态增强和硼纤维态增强。粒状增强又有碳化物基颗粒增强、氧化物基颗粒增强等。

5.3.1.2　纤维增强复合材料

这种材料分为玻璃纤维增强复合材料、碳纤维增强复合材料和硼纤维增强复合材料。

（1）玻璃纤维复合材料　玻璃纤维复合材料是由玻璃纤维与各种树脂复合而成，通常称为玻璃钢，并按树脂性质不同分为热塑性玻璃钢和热固性玻璃钢。

热塑性玻璃钢是由玻璃纤维与热塑性树脂结合在一起而形成，不仅具有强度和韧性高，耐热性高，化学稳定性好，还具有较高的介电和抗老化性能，以及较好的工艺性能等，可用于制造各种轴承、法兰圈、齿轮、紧固件等零件，以及高压气瓶和管道、阀门、储罐、防护罩、叶片等构件。

这种玻璃钢应用较多的热塑性树脂为尼龙、聚烯烃类、聚苯乙烯类、热塑性聚酯和聚碳酸酯5种，其中以尼龙的增强效果为最好。相比基体材料，其强度和疲劳性能可提高2～3倍以上，冲击韧性提高1～4倍，蠕变抗力提高2～5倍。

热固性玻璃钢是由玻璃纤维与热固性树脂构成，具有质量轻、比强度高、耐蚀性好、介电性能优越、成形性能良好等优点，但刚度较差，耐热性不高且易老化。大多应用环氧树脂、酚醛树脂、有机硅树脂、聚酯树脂等热固性树脂为添加材料，广泛用于制造游船和舰艇、直升机旋翼、各种车辆的车身及配件等。

（2）碳纤维复合材料　这种材料以碳纤维为增强剂，以树脂、金属、陶瓷等为粘结剂而制成，具有更高的强度和弹性模量，在2000℃以上高温保持基本不变，在-180℃以下低温不变脆，可用来增强塑料、碳和金属等材料。

这种材料还具有密度小、疲劳强度高、冲击韧度高、耐水和湿气、化学稳定性高、摩擦系数小、导热受热性好等特点，可用于宇宙飞行器和飞船的外层材料，还可用于卫星和火箭的机架及壳体、天线及齿轮、轴承等。

（3）硼纤维复合材料　这种材料比强度和玻璃钢相当，而弹性模量几乎为玻璃纤维的5～7倍，在无氧化气氛条件下的耐热性为1000℃，各向异性十分明显，常用于硼纤维树脂多向叠层复合材料，主要应用于航天航空工业。

近年来用晶须代替纤维组成的复合材料发展很快。晶须是一种金属或陶瓷自由长大的针状单晶纤维，直径在30μm以下，长度为几毫米，不存在晶体缺陷，强度极高，但成本高，多用于尖端工程或玻璃钢制品的辅助增强材料。

5.3.1.3　颗粒增强复合材料

由陶瓷颗粒与金属结合的颗粒增强复合材料称为金属陶瓷。陶瓷颗粒多为氧化物、碳化物、硼化物和氮化物颗粒，在材料中起强化作用，而金属 Ti、Cr、Ni、Co 及其合金则起粘结作用。陶瓷含量多的为工具材料，金属含量多的为结构材料。

（1）碳化物基金属陶瓷　碳化物基金属陶瓷称为硬质合金，是将一些难熔碳化物粉末和 Co 等金属粘结剂混合加压成形，再经烧结制成。硬度高（86 ~ 93HRA），热硬性好（可达 900 ~ 1000℃），耐磨性优良。

这种陶瓷与高速钢相比，切削速度可提高 4 ~ 7 倍，刀具寿命提高 5 ~ 8 倍，可切削淬硬钢、奥氏体钢等。但由于其硬度太高、质脆，很难进行机械加工，常做成一定规格的刀片镶焊在刀体上制作刀具及冷作模具使用。

常用硬质合金可分为钨钴类硬质合金（YG 类）、钨钴钛类硬质合金（YT 类）和通用硬质合金（YW 类）三类。YG 类是由 WC 粉末和起粘结作用的 Co 粉末混合烧结制成，YT 类是以 TIC、WC 和 Co 粉末混合烧结制成。

YW 类可替代 YG 类合金来加工铸铁等脆性材料，还可用于加工耐热钢、高锰钢、不锈钢等难加工钢材，所以它又称“万能硬质合金”（见表 5-15）。

表 5-15　硬质合金的牌号及性能

类别	牌号	代号	化学成分（质量分数,%）			力学性能		用途	分类及牌号说明
			WC	TiC	Co	HRA	σ_b/MPa		
钨钴类	YG3	K01	97	—	3	91.0	1050	铸铁及非铁金属的切削刀具	用“硬钴”汉语拼音首字母“YG”加数字表示，数字表示 Co 的百分含量
	YG8	K30	92	—	8	89	1500		
钨钴钛类	YT5	P30	85	5	10	89.5	1300	采煤机截齿，凿岩机钎头的切削刀具	用“硬钛”汉语拼音首字母“YT”加数字表示，数字表示 TiC 的百分含量
	YT15	P10	79	15	6	91.0	1150		
	YT30	P01	66	30	4	92.8	900		
通用合金	YW1	M10	84	6	6	92	1350	难切削耐热钢、高锰钢、不锈钢及非铁金属	用“硬万”两汉字拼音首字母“YW”加顺序号表示，TiC 的质量分数为 4%
	YW2	M20	82	6	8	91	1600		

注：K——适于加工短切屑黑色及非铁金属，红色标记；P——适于加工长切屑黑色金属，蓝色标记；M——均可加工，黄色标记。

通用硬质合金也称为钢结硬质合金，是以 WC、TiC、VC 为硬化相，以高速钢或铬钢粉作为粘结剂，采用烧结法制成的一种新型工、模具合金材料。

这种合金与前两类硬质合金相比，碳化物粉末的含量较少，热硬性及耐磨性较低，但比高速钢高且韧性较好，可以进行冷、热加工及热处理，适用于制造各种复杂刀具，如麻花钻、铣刀等，也可制造模具及耐磨件。

（2）氧化物基金属陶瓷　此类金属陶瓷中应用最多的是氧化铝基金属陶瓷，它常用的粘结剂是 Cr，具有高强度、高硬度、高耐磨性、热硬性及耐腐蚀，但韧性和热稳定性较低。主要用作工具材料。

5.3.1.4 层状复合材料

层状复合材料是以层状的金属与塑料相复合，具有金属的力学、物理性能和塑料的表面耐摩擦、磨损性能。如塑料-青铜-钢形成的复合材料，在钢与塑料之间以青铜网为媒介，使三者获得可靠的结合力。

例如，用此材料制成的轴承，在使用过程中一旦塑料磨损，露出青铜亦不致严重磨伤轴颈，因为许多滑动轴承都是由耐磨性优良的青铜制成。应用较多的塑料有以聚四氟乙烯为表面层的 SF-1 型和以聚甲醛为表面层的 SF-2 型两种。这种材料已广泛用于制造各种机械、车辆等的无润滑或少润滑的轴承。

5.3.2 新型材料

新型材料是指最近发展或正在发展中的具有特殊功能和效用的材料。新材料种类繁多，按照材料的性质可分为金属功能材料、复合功能材料和非形态材料三大类。金属功能材料包括形状记忆合金、减振合金、磁性合金和超导合金等；复合功能材料包括功能递度材料、智能材料；形态材料包括纳米材料和非晶态材料等。

5.3.2.1 形状记忆合金

形状记忆是指将具有初始形状的制品变形后，通过加热等手段处理又恢复初始形状的功能。形状记忆合金（Shape Memory Alloy）是一种有形状记忆效应的特殊功能材料，也是一种无疲劳材料，“变形-恢复”过程可反复进行 500 万次不产生疲劳断裂，且恢复原状的能力，几乎达到 100% 而与原状一模一样。

（1）形状记忆合金的分类 目前形状记忆合金主要分为 Ni-Ti 系、Cu 系、Fe 系合金等。Ni-Ti 系是最有实用前景的合金，室温抗拉强度可达 1000MPa，密度较小为 $6.45g/cm^3$，疲劳强度高达 480MPa（2.5×10^7 循环周次），还有很好的耐蚀性。

美国曾将其大量用于 F-14 战斗机油路连接系统，日本开发了添加微量 Fe 或 Cr 的 Ni-Ti 形状记忆合金，使其转变温度降至 -100℃ 以下，特别适于制作低温环境下工作的驱动器等，从而进一步扩大了 Ni-Ti 记忆合金的应用范围。

Cu 系主要是 Cu-Zn-Al 合金和 Cu-Ni-Al 合金，与 Ni-Ti 合金相比，制造加工容易，价格便宜，具有较好的记忆性能，而且相变点可在 -100 ~ 300℃ 范围内调节，但合金热稳定性差，容易引起晶界破坏。因此，加入 Ti、Mn、V、B 及 Zr 等稀土微量元素，使合金晶粒细化，来解决其脆性、晶粒粗大和循环失效等问题。

Fe 系形状记忆合金的研究晚于前两系，主要有 Fe-Pt、Fe-Pd、Fe-Ni-Co-Ti 等系列合金，这类合金的价格比前两系低很多，但其研究与应用尚处于开始阶段，有待进一步发展。并已知高锰钢和不锈钢也具有不完全性质的形状记忆效应。

目前较成熟的形状记忆合金有 Ni-Ti 合金与 Cu-Zn-Al 合金，这两种合金的应用领域很广，包括各种管接头、电路的连接、自控系统的驱动器以及热机能量转换材料等。此外，Fe-Mn-S 等铁基应力诱导型记忆合金亦有很好的前景。

（2）形状记忆合金的用途 形状记忆合金最早应用在管接头和紧固件上，如用形状记忆合金加工成内径比预连接管的外径小 4% 的套管，然后在液氮温度下将套管扩径约 8%，装配时将这种套管从液氮取出，将预连接管从两端插入，当温度升高至常温时，套管收缩即形成紧固密封。

这种连接方式接触紧密、防渗漏、装配时间短，远胜于焊接，特别适合于在航天、航空、核工业及海底输油管道等危险场合应用。此外，也可用于安全报警系统，如火灾报警器等。还可用于能源开发，制成民用小型固体热机。

形状记忆效应和超弹性可广泛用于医学领域，如制造血栓过滤器、脊柱矫形棒、牙齿矫形弓丝、接骨板、人工关节、人造心脏等。形状记忆合金可广泛地应用于各种自动调节和控制装置，也称作智能材料。

利用形状记忆材料研制集“记忆材料—驱动源—控制”为一体的机械集成元件、形状记忆薄膜及细丝，可能成为未来超微型机械手和机器人的理想材料。除温度外不受任何其他环境影响，可望在核反应堆、加速器、太空实验室等高技术领域中应用。

5.3.2.2　减振合金

（1）减振合金的机理　生产中使振动衰减的方法有系统减振、结构减振和材料减振三种。系统减振是在振动源外部设置衰减系统吸收振动能，结构减振是在金属材料层间夹入粘有弹性高分子材料制成减振夹心结构，而材料减振则是利用减振合金本身所具有的大衰减能力及高强度，消除振动或噪声的发生源。

例如，在军事上，既可防止导弹仪器控制盘、导航仪等精密仪器振动，免除发射引起的剧烈冲击，又可用在潜水艇或鱼雷推进器上，防止敌舰的声纳探索，还可用于汽轮机叶片上以增加疲劳寿命。

（2）减振合金的类型　减振合金按金属学机理，可分为应力缓和型、强磁性型、位错型和双晶型四类，见表 5-16。

表 5-16　减振合金的分类

分类	合金系	最大特点
应力缓和型（复合型）	Fe-C-Si（灰铸铁）、Al-Zn（铸造 Al-Zn 合金）	可在高温下使用
强磁性型（磁滞型）	Fe-Cr（12% 铬钢）、Fe-Cr-Al（消音合金）、Fe-Cr-Mo、Co-Ni	可在居里点温度以下使用
位错型	Mg-Zr、Mg-Mg_2Ni	—
双晶型	Mn-Cu、Mn-Cu-Al、Cu-Al-Ni*、Cu-Zn-Al*、Ni-Ti*	—

注：有 * 者也是形状记忆效应合金

应力缓和型合金是依据灰铸铁基体上析出石墨，可起减振作用的原理，在强韧性基体中析出软的第二相，并在基体和软相界面上产生塑性或黏性流动，使外部振动能消耗在这些流动中并被吸收掉，从而达到消除振动或减缓振动。

强磁性型合金是依据铁磁材料在受磁场作用时会改变尺寸的磁致伸缩效应，以及受外力作用时又会产生磁致逆效应而损耗能量、吸收振动的原理，由 Fe、Cr、Al 等元素组成的消音合金。这类合金常在居里点温度以下使用。

位错型合金中，位错运动的能量损耗成为减振的主要原因，如 Mg-Zr、Mg-Mg_2Ni 等合金系，其使用温度常在 15℃ 以下。

双晶型合金是利用记忆合金的热弹性减振，且减振优点最突出，但在低于 *Ms* 点的高温下不能使用。

（3）减振合金的应用及发展　减振合金可广泛用于汽车车身、变速箱、制动装置、发动机传动部件、净化器等汽车部件；桥梁、钢梯、削岩机等建筑部件；船舶用发动机旋转部件、推进器；空调、洗衣机、变压器用防噪声罩和音响设备等。

在航空、宇宙技术中，可用作火箭、导弹、喷气式飞机的控制盘或导航仪等精密仪器，以及发动机罩、汽轮机叶片等发动机部件。另外，微晶超塑性材料将在减振材料中占有相当地位，并随晶粒细化技术的进展，更加引人注目。

5.3.2.3 磁性合金

由于磁体具有磁性，所以在功能材料中备受重视。磁体能够进行电能转换（变压器）、机械能转换（磁铁、磁致伸缩振子）和信息存储（磁带）等。磁性合金分为软磁合金和硬磁合金两大类。

（1）软磁合金　软磁合金对磁场的反应敏感，易于磁化。其矫顽力很小，磁导率很大，故亦称为高磁导率材料或磁芯材料，大量应用于变压器、发动机、电动机，以及磁记录中的磁头、磁屏蔽材料等。

工业纯铁是最早使用的磁芯材料，但只适用于直流电机，作为交流电机中的磁芯材料时，铁的能量损耗较大。若在铁中加入 Si 元素，可使磁致伸缩系数下降、电阻率增大，可用作交流电机的磁芯材料。通常，将 1% ~3%（质量分数）Si-Fe 合金用于转动机械中。3 ~5%（质量分数）Si-Fe 合金用于变压器中。

此外，Fe-Ni、Fe-Al-Si、Fe-Al 及 Fe-Al-Si-Ni 合金也可作为磁芯材料，广泛用于电子器件中，如交流磁芯、磁头等，耐磨性良好。其中 Fe-Ni 合金应用最广，常称为坡莫合金（Permalloy），Ni 的质量分数为 35% ~80%，是高磁导率合金。

16%（质量分数）Al-Fe 合金的磁致伸缩系数小，磁导率和电阻率大，耐磨性良好，适用于作交流磁芯材料和磁头材料。Fe-Al-Si 合金的硬度高（500HV）、韧性低、易粉碎，一般作为压粉磁芯在低频下使用。

（2）硬磁合金　硬磁合金亦称为永磁材料，不易被磁化，一经磁化，则磁性不易消失。目前使用的硬磁材料大体可分为阿尔尼科（Alnico）磁铁、铁氧体磁铁、稀土类 Co 系磁铁及 Nd-Fe-B 系稀土永磁合金四类。

阿尔尼科磁铁由 Al、Ni、Co（余量为 Fe）等元素构成，是强磁性相 α_1（Fe、Co 富相）在非磁性相 α_2（Fe、Al 的合金相）中以微晶析出而呈现高矫顽力的材料，对其进行适当处理，可增大磁积能。

铁氧体永磁材料是以 Fe_3O_4 为主要成分的复合氧化物。由于铁氧体耐化学腐蚀，磁性稳定，且制造工艺成熟、成本低廉，所以是用量最大的永磁材料，约占 90% 以上。

含有稀土金属的钴合金系，具有非常强的单轴磁性各向异性，且饱和磁感应强度与阿氏合金相当，其磁积能的数值非常高。

钕铁硼永磁合金采用粉末冶金方法制造，是由 $Nd_2Fe_{14}B$、$Nd_2Fe_7B_6$ 和富 Nd 相（Nd-Fe，Nd-Fe-O）三相构成，主要用于各种电动机、发动机等旋转机械、小型音响机械、继电器、磁放大器以及玩具、保健器材、装饰品、体育用品等。

目前新开发的聚合物磁性材料有两种，含金属原子结构型聚合物本身就具有强磁性聚合物，而不含金属原子复合型聚合物主要以橡胶或塑料为基体，再混合磁粉加工制成，以橡胶复合磁体应用最广，可作冰箱、冷库门的密封条等。

5.3.2.4 功能材料

（1）功能梯度材料　功能梯度材料（FGM）是指连续改变两种材料的组成和结构，使其内部组织及功能呈连续、平稳变化的非均质材料。这种材料是在解决高速发动机耐高温，并承受高温梯度产生的热应力及生物材料强韧性和相容性基础上新研发的材料。

"金属—陶瓷"构成的热应力缓和功能材料，可较好地解决高速发动机等热应力缓和问题。在高温侧壁用耐热性好的陶瓷，在低温侧壁用导热性好、强度高的金属，通过从陶瓷侧过渡到金属侧的过程，材料内耐热性逐渐降低，而力学性能缓慢升高。

由于热应力是在材料的两端且均很小，而其峰值是在材料中部，因而具有缓和热应力的功能。功能梯度材料在宇航、原子能、医学及生物工程上可望得到广泛应用，且其电磁特性和光学功能亦有广泛的应用前景。

(2) 智能材料 智能材料又称机敏材料（Intelligent or Smart Materials)，是不同于传统结构和功能材料的全新材料，它模糊了两者的界限，实现结构功能化、功能多样化，即获得具有类似生物材料及结构系统的功能"活"材料系统，或是具有能根据环境条件变化而调整或改变其自身结构及功能的自适应性材料系统。

智能材料既具有传感功能特性，可识别并探测出外界刺激的强度，如应力、应变、热、光、电、磁、化学或核辐射等，又具有驱动特性及响应环境变化的功能，并以设定的优化方式选择和控制响应，反应灵敏、适当。而且在其外部刺激条件消除后，还能迅速回复到原始状态。

因此，智能材料可具备传感、驱动和控制三个基本要素，能通过自身的感知，作出判断，发出指令，并执行和完成动作，实现自检测、自诊断、自控、自校正、自修复及自适应等多种功能。

通常，单种材料要有多种功能特性很困难，而需由多种材料组元复合，如在铝中分散氧化锆粒子产生裂纹时，裂纹尖端在压缩应力作用下，将诱发相变，使其体积膨胀并抑制裂纹发展，从而使材料的断裂韧性值 K_{IC} 提高。

由此可知，智能材料事实上是复杂体系材料的多功能复合及仿生设计，这也正是当代新材料科学发展的重要趋势。

(3) 超导材料 超导是指某些物质达到临界温度以下时，电阻急剧消失的现象，产生超导现象的物质称为超导体。超导现象只有在温度、磁场和其中流过的电流密度达到其相应的临界值以下时才能发生。

超导临界值越高，超导体的使用价值越大。目前许多超导材料的临界温度由原来的 4.2K、23.2K 逐渐提高到 120K。目前使用的超导材料有 Ti-Nb、La-Ba-CM-O、Re-Ba-Cu-O 以及 Ba-Ca-Cu-O 等。

高临界超导材料及薄膜超导材料已逐渐使用，其中高临界温度超导块状材料最高温度已达到 127.5K，电流密度在 $10^5 A/cm^2$ 左右。目前用银带浸入法已作出成卷的 $Bi_2Sr_2CaCu_2O_8$ 超导体，但其脆性及稳定性问题有待解决。

超导材料的应用前景广阔。在电力系统方面，利用超导输电可大大降低目前高达 7% 左右的输电损耗，将磁场强、损耗小、质量轻的超导磁体用于发电机，可使发电效率提高 50% ~60%；在运输方面，已制成超导磁悬浮列车；在探测、监视及计算机方面，超导隧道效应已得到成功的应用。

5.3.2.5 纳米材料

纳米材料是指结构形态微小、且由颗粒为 1 ~100nm 的粒子凝聚而成的块体、薄膜、多层膜和纤维状材料。通常其结构尺寸在 1 ~100nm 范围内（$1nm = 10^{-9}m$）。纳米材料按形态可分为纳米微粒和纳米固体（包括薄膜）两类。

（1）纳米微粒 由于纳米微粒尺寸小、比表面积大和量子尺寸效应，使其具有不同常规固体的新特性。常规固体在一定条件下物理性能稳定，而在纳米形态下时，则颗粒尺寸将对性能产生强烈的影响。

若原来是良导体的金属，当尺寸减小到几个纳米时，则变成了绝缘体。若原来是典型的共价键、无极性的绝缘体，当尺寸减小到几纳米或十几纳米时，则电阻大大下降，甚至可能导电。此外，还有原来是铁磁性的粒子，可能变成超顺磁性且矫顽力为零；原来是p-型半导体在纳米状态下变为n-型半导体。

在传统相图理论上根本不相溶的两种元素，在纳米状态下既可合成一起制备出新型材料，又可合成原子排列状态完全不同的两种或多种物质复合材料，将过去难以实现的有序相和无序相、晶体和金属玻璃、铁磁相和反铁磁相、铁电相和顺电相合成一起，制备成特殊性能的新型材料。

若将超微小的金属纳米颗粒放入常规陶瓷中复合后，可大大改善材料的力学性能。若将超微小的纳米 Al_2O_3 粒子放入橡胶中复合后，可提高橡胶的介电性和耐磨性；放入金属或合金中复合后，又可使其晶粒细化，大大改善力学性质。

同理，若将纳米 Al_2O_3 弥散分布到透明的玻璃中进行复合，既不影响玻璃的透明度，又可提高其高温冲击韧度等。

（2）纳米固体材料 这种材料包括磁性纳米材料、超微粒传感器、纳米药物及抗体等。磁性纳米材料的典型应用是磁流体和磁记录材料。目前磁流体大多数以 Fe_3O_4 纳米微粒为磁性粒子制成的材料。由于磁性纳米微粒具有尺寸小、矫顽力很高的特性，用它制作的磁记录材料可提高声噪比，改善图像质量。

传感器是超微粒最有前途的应用领域。一般超微粒金属呈黑色，具有吸收红外线等特点，且表面积巨大、表面活性高，对温度、空气、光、湿度等周围环境敏感，可利用超微粒制成敏感度高的超小型、低能耗、多功能传感器。

由于纳米微粒的尺寸一般比生物体内的细胞、红血球小得多，可利用纳米微粒进行细胞分离、细胞染色，还可利用纳米微粒磁液制成特殊药物或新型抗体进行局部定向治疗等，因此纳米材料在生物和医学上将广泛应用。

除此以外，纳米微粒在催化、电子、光学等方面亦有广阔的应用前景。如美国已将纳米粒子用于磁制冷上，将8nm的铁粒子分散到钇铝石榴石或钇镓石榴石中形成新型磁致冷材料，使制冷温度可达到20K。

5.3.2.6 非晶态材料

非晶态金属原子结构是典型的玻璃态，故又称为金属玻璃。非晶态金属及合金在力学、电学、磁学及化学性能诸方面均有独特之处，非晶态的结构特征可决定其强度、韧性、铁磁性及耐蚀性等性能。

（1）强度与韧性 非晶态金属及合金的重要特性是具有高的强度和硬度。例如，非晶合金 $Fe_{80}B_2$ 抗拉强度达3530MPa，$Fe_{30}P_{13}C_7$ 抗拉强度达3040MPa，而晶态超高强度钢的抗拉强度仅为1800～2000MPa，可见非晶合金的强度远远超过合金钢。

非晶态合金断后伸长率较低但并不脆，而且具有很高的韧性，许多淬火态的金属玻璃薄带可以反复弯曲，即使弯曲180°也不会断裂。

（2）铁磁性 非晶态合金磁性材料具有高磁导率、高磁感、低铁损耗和低矫顽力等特性，并且无磁性各向异性，是非晶态合金的重要应用领域。

（3）耐蚀性 由于非晶态合金在使用过程中能迅速形成致密、均匀、稳定的高纯度钝化膜，所以这种材料具有很强的抗腐蚀性能，以及广阔的应用前景。

除以上所述外，非晶态金属和合金还具有超导性、低居里温度等许多优良的特性，它作为一种新型金属材料具有广阔的应用前景，是当代材料科学瞩目的新领域。

思考练习题

1. 形变铝合金可分为哪几类？制作油箱、油管和飞机大梁、框架的铝合金材料有何不同？各应该选哪些类型和哪些牌号的铝合金？

2. 不同铝合金可通过哪些途径达到强化的目的？铝合金的淬火与钢的淬火有何异同？从加热、冷却、组织强化等方面予以说明。

3. 防锈铝和硬铝的常用牌号有哪些？代号 LF_{21} 相应的牌号是什么？这种材料通常用于哪些零部件？

4. 何谓硅铝明？它属于哪一类铝合金？为什么硅铝明具有良好的铸造性能？在变质处理前后其组织及性能有何变化？这类铝合金主要用在何处？

5. 纯铜的熔点是多少？纯铜常用于哪些零部件？什么是黄铜及青铜？与纯铜相比，这两种铜合金各有什么特点？哪一种铜合金的铸造性能最好？

7. 黄铜分类及牌号如何表示？试举例说明。为什么含锌量较多的黄铜，经冷加工后不适于在潮湿的大气、海水及含有氨的情况下使用？用什么方法可改善其耐蚀性？

8. 钛合金中哪一种牌号的低温强度较高？哪一种牌号的耐蚀性较好，并在600℃时的抗拉强度仍可保持在450MPa？

9. 轴瓦材料必须具有什么特性？对轴承合金的组织有什么要求？何谓“巴氏合金”？巴氏合金有哪几类？举例说明常用巴氏合金的成分、性能及用途。

10. 与金属材料相比，工程塑料的主要性能特点是什么？试述常用工程塑料的种类、性能及应用。

11. 某厂使用库存两年的尼龙绳吊具时，在承载能力远大于吊装应力时发生断裂事故，原因是什么？

12. 下列四种构件各选用题（2）中哪种塑料最合适？

（1）构件为：电源插座、飞机窗玻璃、化工管道、齿轮。

（2）材料为：酚醛塑料、尼龙、聚氯乙烯、聚甲基丙烯酸甲酯。

13. 陶瓷材料的力学性能有何特性？氧化物、氮化物、碳化物等特种陶瓷与普通陶瓷相比有何主要特点？

14. 复合材料中常用的增强纤维有哪些？基体相同时，纤维本身性能如何影响复合材料性能？试问为什么高速切削刀具不使用铝生产的金属陶瓷？

15. 比较高分子材料、陶瓷材料、复合材料的性能特点及应用。

第 6 章　金属铸造成形

导读　本章主要介绍机械零件和毛坯成形的各种铸造方法、工艺原理、工艺缺陷及预防措施、常用合金的铸造性能、铸造工艺的拟定及铸件结构设计等。

本章重点是铸造方法的选择、铸造工艺的拟定及铸件结构设计，难点是金属铸造性能、铸造工艺缺陷和预防措施以及新铸造技术，要点是铸造工艺方案分析、铸件结构工艺性分析以及各种零件结构的合理设计。

6.1　铸造工艺方法

铸造是将液态金属或合金浇注到与零件尺寸、形状相适应的铸型型腔中，待其冷却凝固后获得毛坯或零件的方法，是机械零件和毛坯成形的主要工艺方法，尤其适合于制造内腔和外形复杂的毛坯或零件，俗称为铸件。通常按其铸型性质不同，可分为砂型铸造、特种铸造和快速成形等方法。

6.1.1　砂型铸造

砂型铸造是以型砂作为造型材料，用人工或机械方法在砂箱内制造出型腔及浇注系统的铸造方法，此法不受铸件质量、尺寸、材料种类及生产批量限制，原料来源广泛、价格低廉，应用最为普遍，因此在机械制造业中占有非常重要的地位。

6.1.1.1　砂型铸造过程

一般机械零件的砂型铸造成形均需要经历以下三个基本阶段：

（1）准备铸型　先将放大收缩量的模样及芯盒制作好，再按要求准备好砂铸型。

（2）浇注金属　先熔炼好合格的液态金属，再将液态金属浇注满铸型型腔。

（3）落砂清理　待液态金属在铸型型腔内凝固成形并冷却后，扒箱落砂与检验，从而得到一定形状和尺寸并带有浇冒口的铸件，如图 6-1 所示。

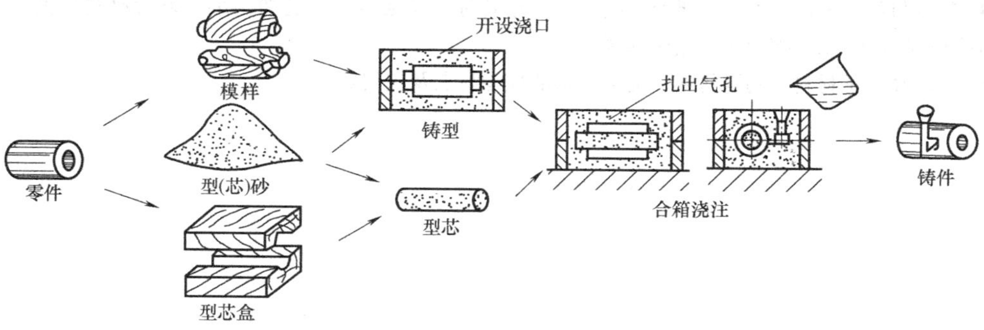

图 6-1　套筒的砂型铸造过程

整个砂型铸造工艺过程中，从制备模样及型芯盒、配备型砂及芯砂、制造铸型及型芯到熔炼金属及合箱浇注，再到落砂清理、检验、去应力处理及防腐处理等，一般需经过五大步骤，并且各工艺步骤之间的均相互联系，如图 6-2 所示。

准备砂型常被简称为造型和制芯，这既是砂型铸造中最基本的工序，也是砂型铸造最重要的方法，它对铸件质量、生产率和成本影响很大。按紧实型砂和起模方法，砂型铸造可分为手工造型和机器造型两大类。

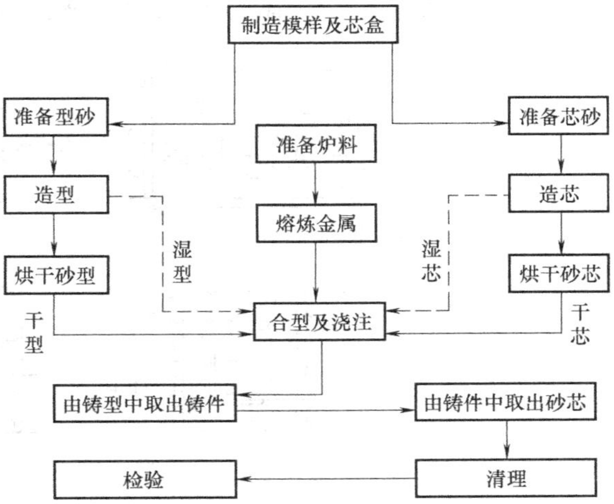

图 6-2　砂型铸造工艺及相互联系示意图

6.1.1.2　手工造型方法

手工造型方法很多，操作灵活方便，主要用于单件或小批量铸件的生产。通常需按照模样（铸件）的结构特点、尺寸大小、技术要求、生产条件及批量等选用适当的造型方法，尤其需按铸件最大截面的位置、形状及数量，选择不同造型方法，如整模、分模、三箱、挖砂、假箱、活块及刮板等造型方法，见表 6-1。

表 6-1　按模样结构特点分类的手工造型方法

造型方法	模样特点及铸型形状	适用范围
整模造型	模样为整体且全部型腔位于一半砂型内，分型面是平面，简单且不会错箱 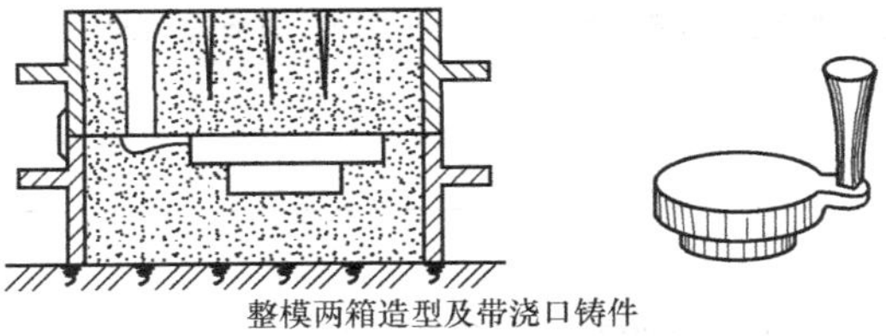 整模两箱造型及带浇口铸件	分型面为上、下砂型的接触面，适用于最大截面靠一端且为平面的简单铸件、各种批量
分模造型	沿模样最大截面分为两半，分型面是平面，型腔位于两半砂型内，分别造型 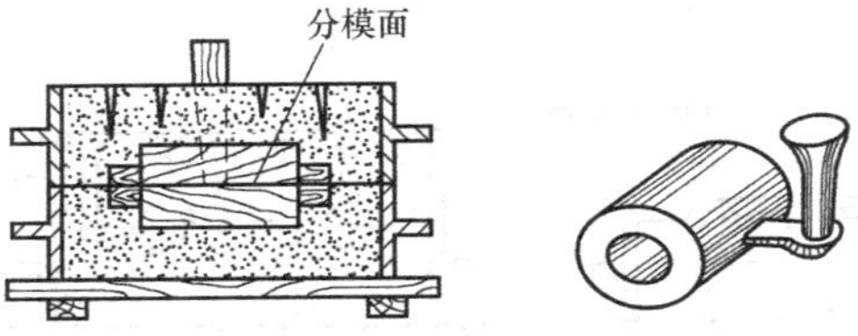 分模两箱模样、合型及带浇道铸件	广泛适用于最大截面在中部或空心轴线上的铸件，如各种批量的套筒、阀体等较复杂形铸件

（续）

<table>
<tr><th>造型方法</th><th>模样特点及铸型形状</th><th>适用范围</th></tr>
<tr><td>三箱造型</td><td>模样分为上、中、下三部分，两分型面为平面，但需两次翻转、易错箱
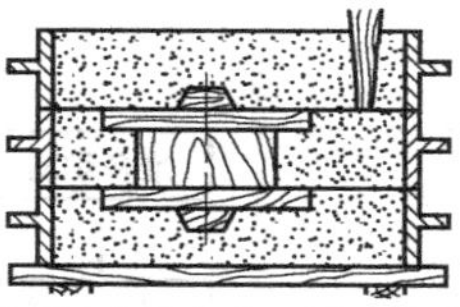
依次造下、中、上型、下芯、合型
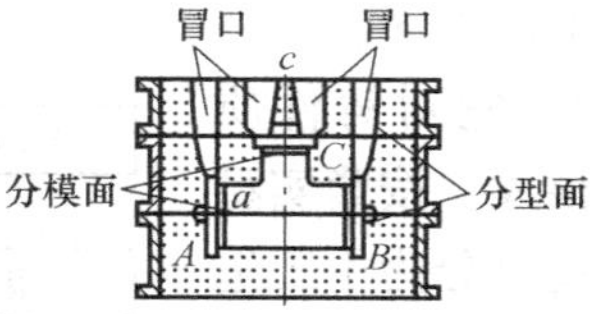

两个分型面、分模造型
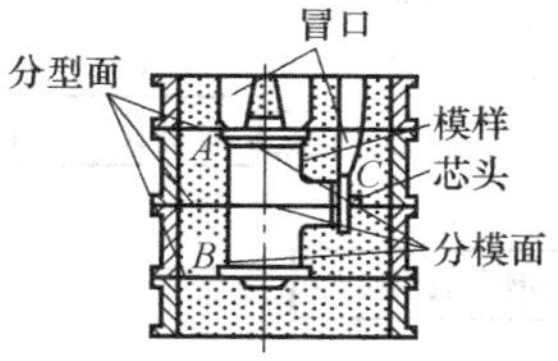

三个分型面、分模造型
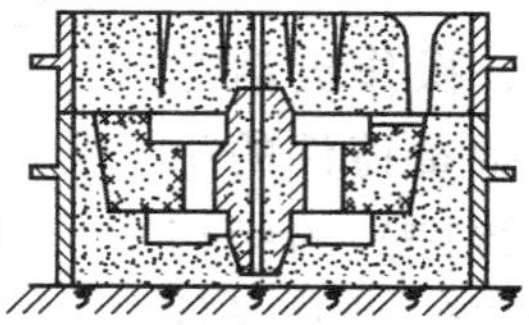
外砂芯与两箱造型</td><td>适用于两头截面大而中间截面小的较复杂形状件，可用外砂芯法改两个分型面为一个用两箱造型</td></tr>
<tr><td>挖砂造型</td><td>最大截面在端部并为一曲折分型面，模样不便分开，需挖掉阻碍起模型砂
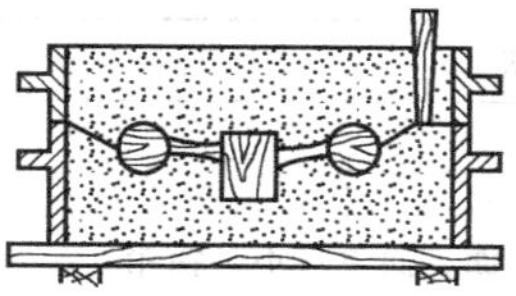
在下型上挖出曲折分型面造上型
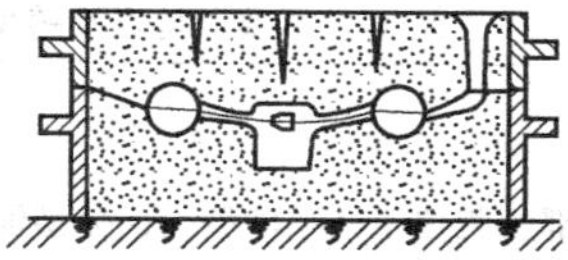
取模、开浇道、合型</td><td>适于整模且分型面为曲面的单件生产，要求造型技术较高，操作费时，易吊砂</td></tr>
<tr><td>假箱造型</td><td>假箱替代底板造下型，分型面仍为曲面，但假箱成形整齐、省去烦杂挖砂
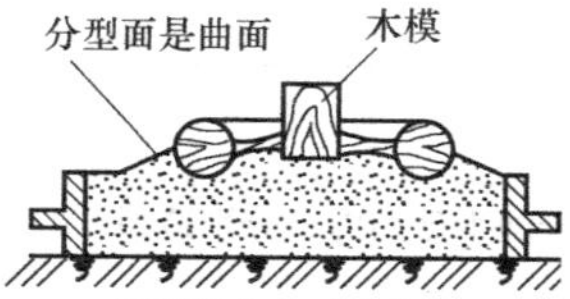

模样放在曲面假箱上
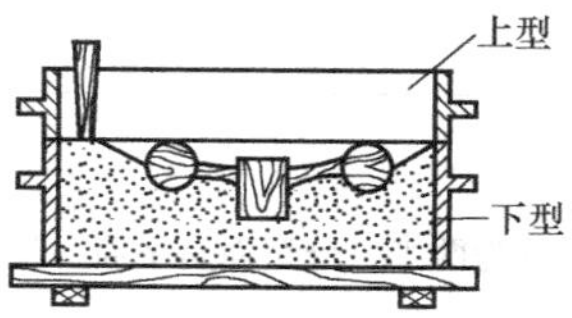

不用挖砂造上箱
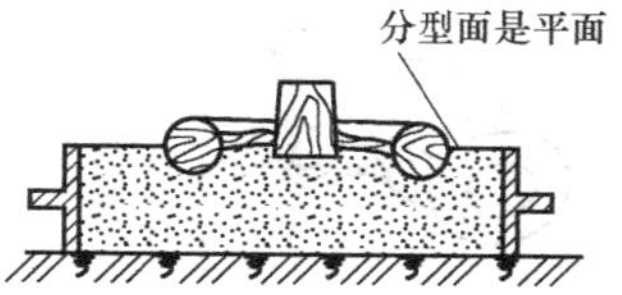

模样分成平面放在假箱上
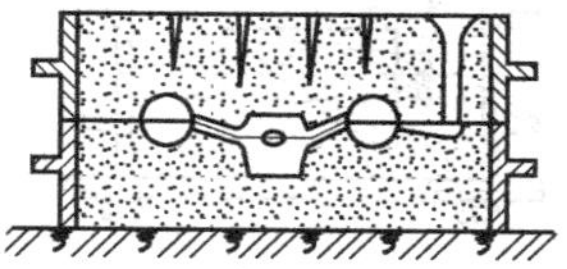
合型及水平分型面</td><td>用于需挖砂的成批量铸件，假箱用高强度型砂制成能多次使用，分型面光滑平整、准确
将假箱上端面模样作成平面，更利于造型。假箱不参与浇注</td></tr>
</table>

（续）

造型方法	模样特点及铸型形状	适用范围
活块造型	将妨碍起模的小凸台等作成活动镶嵌结构，起模时先起出主模样，再取活块 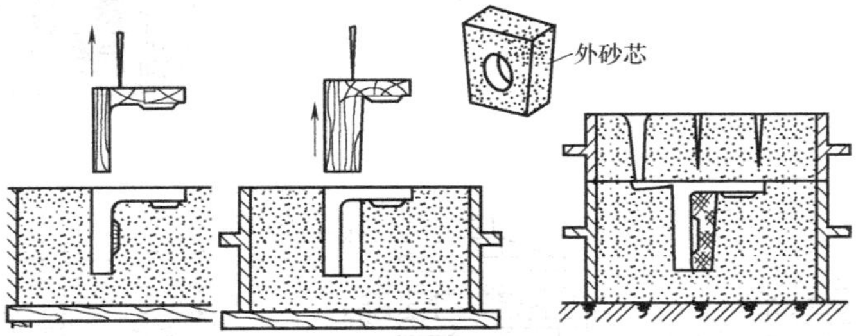 取主模样及活块　取模及下外砂芯　造上型、合型	适于带凸台结构、凸台厚度小于凸台处铸件壁厚的二分之一且妨碍起模的铸件，单件、小批量生产
刮板造型	用刮板代替模样在砂箱内或地面上刮制，刮板绕固定中心旋转，靠刮板端面和下面刮出所需的型腔。用于等截面和回转形大、中型铸件，单件小批量，如内径大于 200mm 的带轮、飞轮等	

6.1.1.3　机器造型方法

为了克服手工造型所引起的铸件精度低、生产效率低等缺点，在中小型铸件成批量或大批量生产时，常采用机器造型。机器造型的动力是压缩空气，以机械代替人工紧砂和起模，减轻了体力劳动，提高了生产率。

（1）机器造型工艺过程　造型时将模板和砂箱放在震压式造型机上（见图 6-3），填满型砂后，先使压缩空气从进气口 1 进入震击活塞底部，顶起震击活塞、模板及砂箱等，并将进气口过道关闭。当活塞上升到排气口以上时，压缩空气被排出。

由于底部压力下降，震击活塞等自由下落，与震击气缸顶面发生一次撞击，如此反复多次即可紧实砂型。同时，压缩空气由进气口 2 通入压实气缸底部，顶起压实活塞、震击活塞、模板和砂型，使砂型压在已经移到造型机正上方的压板上面，将上部型砂压实。然后，再转动控制阀进行排气、使砂型下落。

随后，当压缩空气推动压力油进入下面两个起模油缸时，使由同步连杆连接在一起的四根起模顶杆平稳同步上升并顶起砂箱，同时振动器产生振动，并驱使模样快速与砂型分离，从而完成起模过程。

（2）机器造型起模方式　机器造型起模方式有顶箱式起模、漏模式起模和翻转式起模。如图 6-4a 所示为顶箱式起模方法，起模机构驱动四根顶杆，顶住砂箱四角缓慢升起完成起模。这种方法适用于形状简单、高度不大的铸件。

图 6-4b 所示为漏模式起模方法，将形成铸件较深部分的模样做成活动模样安装在模板上，待砂型紧实后，再将活动模样从漏板中向下拔出，此时砂型被漏板托住而不会塌砂。这种方法适用于有肋条或较深的凹凸形状、并起模困难的铸件。

图 6-4c 所示为翻转式起模方法，待砂型紧实后可连同模样一起翻转 180°，使下型下落完成起模。此方法适用于型腔中有较深吊砂的砂型。

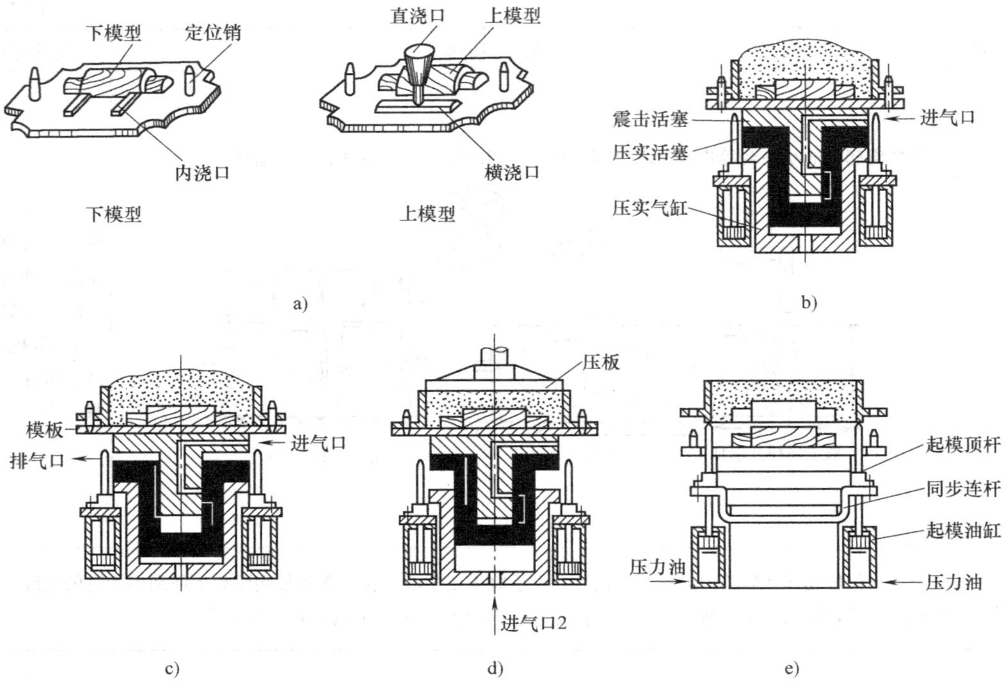

图 6-3 震压式造型工艺过程

a）模板 b）填砂 c）振动紧砂 d）压实顶部 e）起模

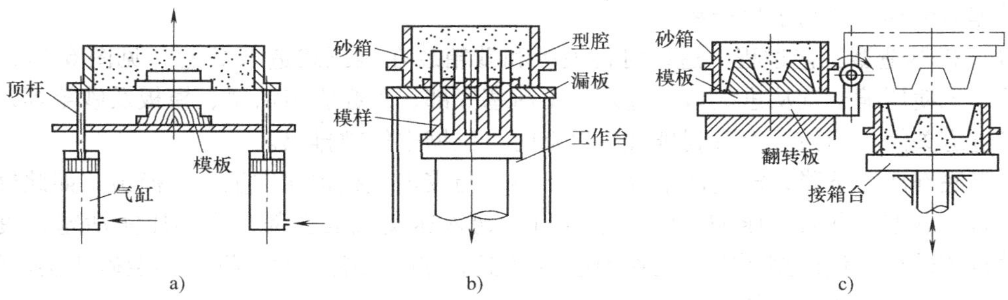

图 6-4 机器造型的起模方式

a）顶箱式起模 b）漏模式起模 c）翻转式起模

6.1.2 特种铸造

砂型铸造尽管应用广泛，但铸件质量差，生产率较低。为提高铸件质量和生产率，可改变铸型材料、造型工艺或液态金属充填条件，而采用特种铸造方法，如金属型铸造、压力铸造、低压铸造、离心铸造和熔模铸造等。

6.1.2.1 金属型铸造

金属型铸造是将液态金属浇入用铸铁、钢或其他金属材料制成的金属铸型中，待冷却凝固后获得铸件的方法。金属铸型一般采用铸铁或铸钢制成，型芯用非铁金属（有色金属）或型芯砂制成，能重复多次使用，所以又称为永久型铸造。

（1）铸型构造及特点　金属铸型型腔内设有排气孔，分型面上还设有许多通气槽，以便排除铸型中气体。在铸件凝固后为便于从型腔中抽出型芯，需在型内设置抽芯机构。开型时为方便取出灼热的铸件，还需设置型外推杆机构。

例如，铝合金活塞铸件采用金属型结构（见图 6-5a），是由垂直和水平分型相结合的复合结构，左、右半型用铰链连接，以便于开合铸型。铝活塞内腔的凸台由 4、5、6 三部分金属芯组合而成，以便于浇注后依次抽出。水平向分型的圆销孔由 7、8 两部分金属芯组成。浇注后可先依次取出垂直金属芯 5、两侧型芯 4 和 6，再水平抽出型芯 7 和 8，最后分开金属型 1 和 2，即可取出铸件。

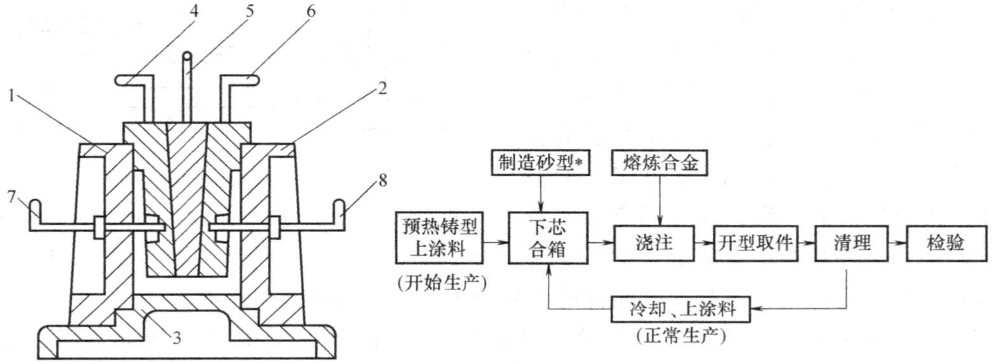

a)　　　b)

图 6-5　典型铸件金属型铸造工艺

a）铸造铝活塞简图　b）工艺流程

1、2—左右半型　3—底型　4、5、6—分块金属芯　7、8—销孔金属芯

（2）铸造工艺及特点　金属型导热快、韧性差，为防止金属液直接冲击型壁，必须在型腔和型芯工作表面涂刷一层厚 0.3～4mm 耐火材料（见图 6-5b），以便使金属液与型腔分开。不同金属液采用不同涂料，如灰铸铁常用石墨、滑石粉和黏土等组成涂料，而铝合金则用氧化锌粉、滑石粉和水玻璃组成涂料。

为减缓铸型冷却速度、提高金属液的充型能力并促进石墨化过程，还应将浇注温度比砂型提高约 30℃，即灰铸铁为 1300～1370℃，铝合金浇注温度为 680～740℃，锡青铜为 1100～1150℃，薄壁小件取上限，厚壁大件取下限。

为减少铸型与金属液温差，还需将铸型预热 150～350℃ 而保持合理的工作温度，以提高铸型使用寿命。为防止铸件产生白口组织和裂纹，还必须根据铸件材料性质，掌握好开型时间（10～60s）和出型温度（780～950℃）。

（3）金属型铸造特点　金属型相比砂型具有许多优越性，复用性好，可实现“一型多铸”，以提高生产率并改善劳动条件。并且铸件尺寸精确较高，表面粗糙度可达到 $Ra = 12.5 \sim 6.3\mu m$，切削加工余量较小，可节约材料和加工费用。

金属型导热性好，铸件冷却快，结晶组织致密，还可提高铸件的力学性能。但金属型制造周期长，生产成本高，不适合单件、小批量生产。由于金属型散热快，也不宜生产复杂形和薄壁铸件，而主要适于大批量简单形非铁金属和灰铸铁件。例如，内燃机铝活塞、气缸体、油泵壳体及铜合金轴瓦和轴套等。

6.1.2.2 压力铸造

压力铸造是将熔融金属在高压下高速射入金属铸型内（见图6-6），并在压力下凝固结晶的铸造方法，简称为压铸。通常在专用压铸机上进行，并采用压射比压为5～150MPa，金属充型时间为0.01～0.2s，充型速度为0.5～50m/s。

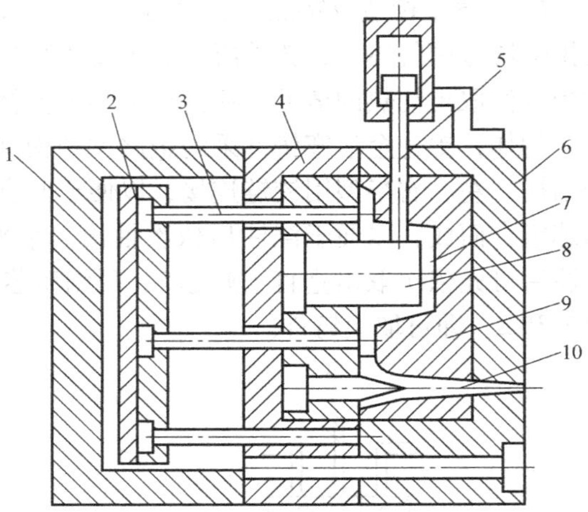

图6-6 压型结构简图

1—动型座 2—顶板 3—顶杆 4—动型 5—可动金属芯 6—定型 7—型腔 8—金属芯 9—分流器 10—浇道

（1）压型结构及原理 压铸所用的金属型称为压型，其压型和型芯均用合金钢制成，例如，铝合金铸件常用5CrMnMo或3Cr2W8V钢制成。普通压型结构由定型和动型（可水平移动）两半部分组成。定型固定在压入金属液的一端，动型固定在压铸机开合机构一端并装在动型座上，动型上装有顶板和顶杆顶出机构，在开型时能将铸件从型中顶出，如图6-6所示。

（2）压铸工艺过程 压铸工艺包括向型腔喷射涂料、闭合压铸型、压射金属、打开压铸型和取出铸件等过程。如图6-7所示，在合型后将金属液定量浇入压室中，压射活塞向前推进，并以40～100MPa压力将金属液压入压铸型型腔，继续施加压力、保压，直至金属凝固后移动动型开型，并用顶杆机构顶出铸件。

同时，为提高铸件质量，压铸时，压铸型应保持120～280℃的工作温度，并应在压铸前先将型腔表面喷刷一定厚度的涂料，以利于金属流动充型。关于涂料种类及成分的选择，可参照金属型铸造时的涂料。

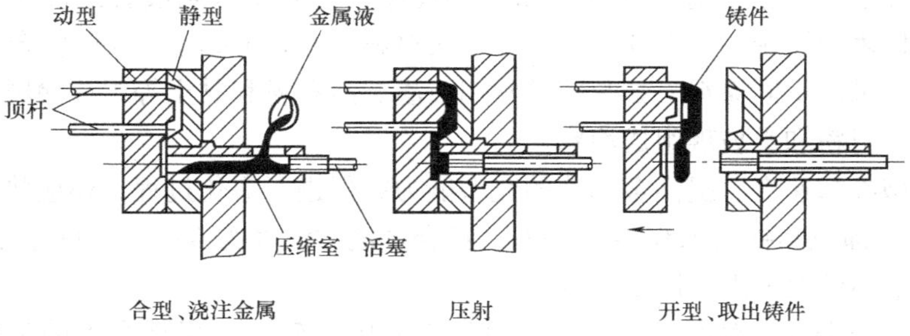

图6-7 压铸工艺过程

（3）压铸特点及应用 压铸冷却速度快、结晶较细、强度较高（比砂型铸件提高25%～40%），可获得尺寸精度很高、表面粗糙度很小的铸件，尺寸公差等级可达CT8～CT4（相当于IT13～IT11，最高达IT9～IT8），表面粗糙度达$Ra=3.2\sim0.8\mu m$，而且尺寸稳定，互换性好，可压铸形状复杂的薄壁件、精密件、镶嵌件及深腔件等，如发动机气缸体、电机壳体、变速箱体及仪表、电器、日用五金等中小型零件。

6.1.2.3 低压铸造

低压铸造是将铸型置于密闭的坩埚上方，并将锅中通入压缩空气，使液态金属表面在低于 0.05 ~ 0.15MPa 的气体压力下，经升液导管自下而上填充铸型型腔，并在压力下结晶凝固获得铸件的铸造方法。

低压铸造是介于重力和压力之间的铸造方法，浇注时压力小，液态金属充型平稳，液流与气流方向一致，可减少对型腔冲击和飞溅，浇出铸件气孔和夹渣等缺陷少，且压力下凝固结晶组织致密，力学性能好，一般不用热处理。

这种方法可浇铸薄壁复杂形大型铸件，最小壁厚为 2 ~ 5mm，尺寸公差等级可达 CT9 ~ CT6（相当于 IT14 ~ IT12），Ra = 12.5 ~ 3.2μm，并且设备及操作简单，主要用于质量要求高的铝合金和镁合金铸件，如发动机气缸体、活塞、曲轴箱等。

6.1.2.4　离心铸造

离心铸造是将液态金属浇入绕水平、倾斜或立轴且以 250 ~ 1500r/min 高速旋转的铸型中，并在离心力作用下充型凝固而获得铸件的方法。在离心铸造机上用金属型或砂型进行，并在离心力作用下结晶成组织均匀致密、力学性能好的铸件。

按旋转轴空间位置分为立式和卧式等。立式离心铸型便于固定及浇注，但仅适于铸造高度小于直径的盘、环类等铸件。卧式离心铸型绕水平轴旋转，铸件各部分冷却速度和成形条件相同，结晶均匀致密，力学性能较好，应用较广泛并主要用于铸造长度较大的套类和管类等铸件，如图 6-8 所示。

离心铸造时，由于铸件轴线与旋转铸型轴线重合，无需型芯和浇注系统即可生产中空形铸件，可节约金属并使液态金属由表向内定向凝固，从而获得组织致密、无缩孔或缩松、无气孔和夹渣的铸件。同时由于离心力作用下，液态金属充型效果好，适于铸造流动性差的合金或薄壁铸件，且便于铸造双层金属铸件。

例如铸铁管、气缸套、铜套、双金属钢背铜套等，铸件尺寸公差等级可达 CT9 ~ CT7（相当于 IT14 ~ IT12），表面粗糙度值 Ra = 12.5 ~ 6.3μm。但不宜生产重力偏析大的铝合金、镁合金、铅青铜等轻合金件。

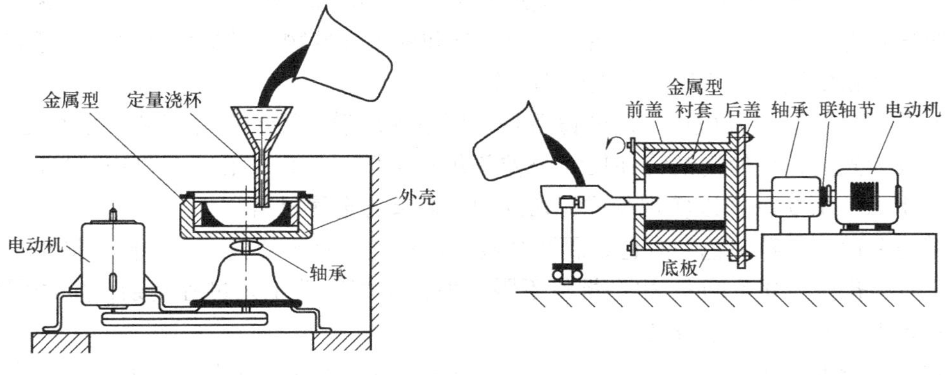

a)　　b)

图 6-8　离心铸造示意图

a）立式离心铸造　b）卧式离心铸造

6.1.2.5　熔模铸造

熔模铸造是用易熔材料制成模样，在模样上涂挂若干层耐火材料，硬化后熔去模样制成型壳，再经焙烧、浇注得到铸件的一种方法。由于熔模材料一般是蜡基材料，故此方法也称

“失蜡铸造”，如图6-9所示。

（1）熔模铸造工艺过程　整个工艺流程包括熔模制造、结壳、脱蜡、焙烧、浇注等。

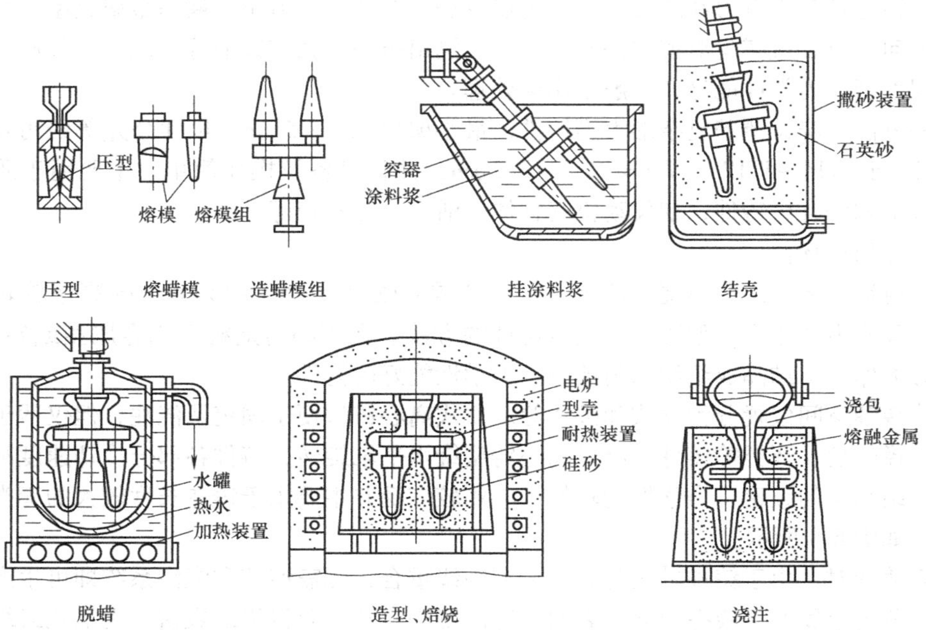

图6-9　熔模铸造工艺过程

首先将加热成糊状的蜡料，压入由钢、青铜或石膏等材料制成的压型中，待其冷却后取出便获得单个熔模样。然后，再将若干个模样焊合到蜡棒式浇注系统上，制成熔模组并在其表面涂挂耐火材料及硅砂。

随后重复涂挂3~7次，并硬化处理使之结成5~10mm厚硬壳，然后将硬壳模组加热，使蜡模熔化获得型壳。为进一步排除型壳内水分和残余挥发物，增加型壳强度，还需将型壳焙烧后置于铁箱中浇注，最后打碎型壳即得铸件。

（2）熔模铸造特点及应用　熔模铸造是采用整体熔模涂层的制壳工艺，型腔无分型面，壳壁表面极为光洁，可使钢铁铸件尺寸公差等级达CT7~CT5（相当于IT13~IT11），粗糙度达 $Ra=12.5\sim1.6\mu m$，以实现少或无切削加工而节省金属材料。

熔模铸造适于各种黑色和有色金属及合金、形状复杂且不便分型的铸件，最小壁厚可达0.3mm，最小孔径为0.5 mm，生产批量不限。但是熔模铸造工艺过程复杂，生产周期一般长达4~15天，使铸件成本较高。

同时蜡模较大时还易变形，一般铸件质量不能超过25kg，因此主要用于生产小型精密铸件，尤其适合形状复杂、高熔点、难以切削加工的合金铸件，如汽轮机和发动机叶片或叶轮、飞机、汽车、风动工具、变速箱拨叉、枪支零件等。

6.1.3　新型铸造

6.1.3.1　快速成形（RPM）

RPM（Rapid Prototype Manufacturing）技术是集高分子树脂、CAD/CAM、数控技术、激

光技术和新材料科学为一体的综合技术，并由 VP、RP、RT 三种技术有机组合而成。VP 技术为虚拟原型且偏向于仿真、虚拟现实、制造工艺设计等。

RP 技术为快速原型且基于实体分层制造技术，主要是采用特殊固、液材料直接在短时间内制造出物理实体的制造方式，而 RT 技术则为快速模具制造技术，是在吸纳 RP 技术基础上而进行快速制模的一种新工艺。

RPM 技术可利用模具的三维数据和分层制造技术直接制造模样或零件，例如激光束逐层扫描固化光敏树脂（称为立体印刷法 SLA）、激光束逐层扫描烧结粉末（称为选择性激光烧结法 SLS）、激光束逐层粘结和切割金属板料并叠加成产品原形（称为分层实体制造法 LOM），目前应用较多的是立体印刷法。

立体印刷法 SLA（Stereo Lithgraphy Apparatus）又称为立体光刻法，它是制造中空形和薄壁外壳形等零件的主要工艺方法，可利用激光束对光敏树脂进行逐层扫描、逐层固化，最后形成三维实体，如图 6-10a 所示。

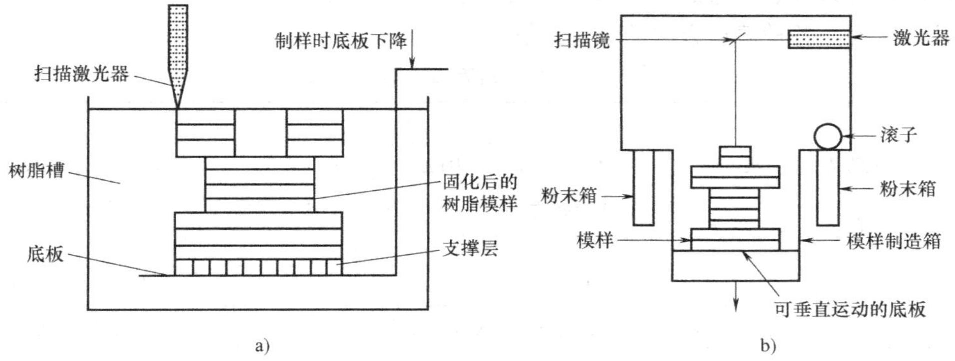

图 6-10　激光扫描固化和烧结原理

a）SLA 工艺原理　b）SLS 工艺原理

选择性激光烧结法 SLS（Selected Laser Sintering）不用液态光固化树脂，而用一种裹覆树脂的固态塑料粉末或金属粉末，受激光束逐点、逐层照射熔化，将熔融粉末粘结成一个半成品，再经烧结即成原型或零件，如图 6-10b 所示。

分层实体制造法 LOM（Laminated Object Manufacturing）是利用加热辊和激光束对背面涂有粘结剂的纸、塑料带或金属逐层粘结和切割，以形成产品的各层轮廓，再按图样要求依次逐层叠加成所需产品原形。

通常用 RP 技术在 CAD 上完成造型设计，再在 RPS（快速成形系统）上制成产品原型，然后利用 RP 原型直接作为消失模或代替蜡模进行熔模铸造（见图 6-11a），也可以代替木模制造砂铸型，从而简化制模工序、降低成本并提高模样精度。

6.1.3.2　无模铸造（PCM）（见图 6-11b）

无模铸造 PCM（Patternless Casting Manufacturing）即无模铸型制造工艺，是不需要木模样或金属模样即可直接浇注出金属零件的工艺方法。这种方法制造产品的时间短、成本低，非常快捷。

综上所述，各种铸造方法各有其特点和最适宜的应用范围，其中砂型铸造尽管有许多缺点，但其适应性最强，生产成本最低，应用最广，到目前为止仍然是生产中最常用的铸造方

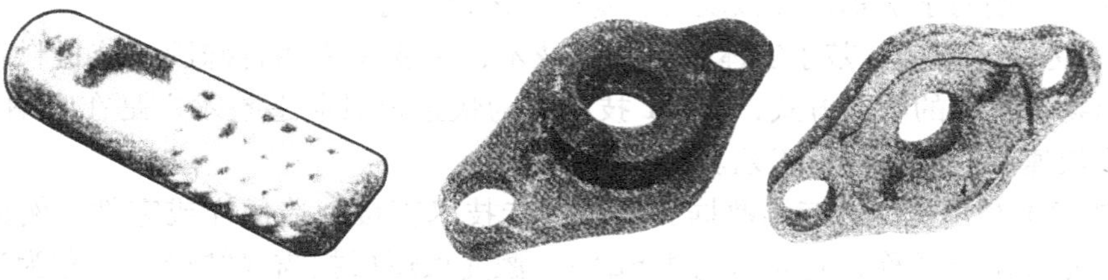

a)　　b)

图 6-11　RPM 原型和 PCM 法兰

a）RP 手机壳体原型　b）PCM 法兰铸件

法，其产品约占铸件总产量的 80% 以上，而新型的 RPM 和 PCM 技术，则仅在一定条件下才能显示其优越性。各种铸造方法的综合比较见表 6-2。

表 6-2　各种铸造方法的综合比较

比较项目	铸造方法						
	砂型铸造	熔模铸造	金属型铸造	压力铸造	低压铸造	离心铸造	快速成形
合金种类	不限	铸钢为主	非铁金属为主	铝、锌、镁等合金	非铁金属为主	铸铁、铜合金为主	树脂、金属
铸件大小	不限	<2.5 kg小件	中、小型件	<10kg 小件	中、小型件	可达十几吨	小件
生产批量	不限	成批、大量	大批、大量	大批、大量	成批、大量	成批、大量	小批
最小壁厚 /mm	3.0	通常为 0.7	铝合金 2～3 铸铁 4.0	0.5～1.0	一般为 2.0	—	薄壁件
尺寸精度	低	较高	较高	高	取决于铸型	孔偏差大	高
表面质量	粗糙	Ra=25～3.2	Ra=25～12.5	Ra=6.3～1.6	Ra=25～6.3	结晶细密	取决于模样性质
内部质量	结晶粗	结晶粗	结晶细	晶细，有孔	结晶细	孔表面粗糙	
加工余量	大	小或不加工	小	不加工	小	内孔须增大	小
生产效率	低、中	低、中	较高	高	中	较高	高
应用举例	各种铸件	飞机涡轮叶片和汽车零件等	铝活塞、气缸体、油泵壳体等	飞机、汽车、仪器及五金件	缸体、缸盖、箱体、船用旋浆	铸铁管、套、滑动轴承等	树脂模、注射模、医疗器件等

在选择铸造方法时，必须根据铸件的结构形状、尺寸大小、合金种类、生产批量、技术要求及现有设备条件等进行全面综合分析比较（见表 6-2），才能正确地选择出最适宜的铸造方法，以便制造出合乎质量要求的铸件。

例如，铸铝小连杆件，在不同批量条件下可采用不同铸造方法。由于连杆属于较易起模的简单小件，且合金熔点较低，故在大批量生产时，考虑其机械加工费用等因素，以压铸技术成本及压铸件制造总成本为最低。但在单件、小批量生产中，则以砂型铸造的模样和设备费用低且最为经济。

6.2　铸造工艺原理

铸造成形质量不仅与铸造成形方法有关，还与金属熔炼与浇注、金属冷凝、型腔条件及模样等工艺基础密切相关。其中影响铸件质量的关键因素是液态金属的流动性及凝固金属的收缩性，亦即金属的铸造性能。

6.2.1　液态金属流动性

6.2.1.1　流动性基本概念

金属流动性是指液态金属自身的流动能力。液态金属流动能力越强，充满型腔的能力越强，越利于金属液中气体和非金属夹杂物上浮及排除，并利于液态金属对铸件凝固时的收缩进行补缩，便于浇注出优质铸件。

金属流动性是衡量金属铸造性能优劣的主要标准之一。生产中通常采用在标准（即常用合金、合适浇注温度和合理填充条件等）条件下，所能获得的标准螺旋形试样的长度来衡量，如图 6-12a 所示。

测试金属流动性时，将炼好的金属液浇注入螺旋形试样中，在相同铸型及浇注条件下，浇注出的螺旋形试样越长，则其流动性越好（见表 6-3）。合金的流动性取决于本身的性质、成分、结晶特征、粘度及结晶潜热等因素。

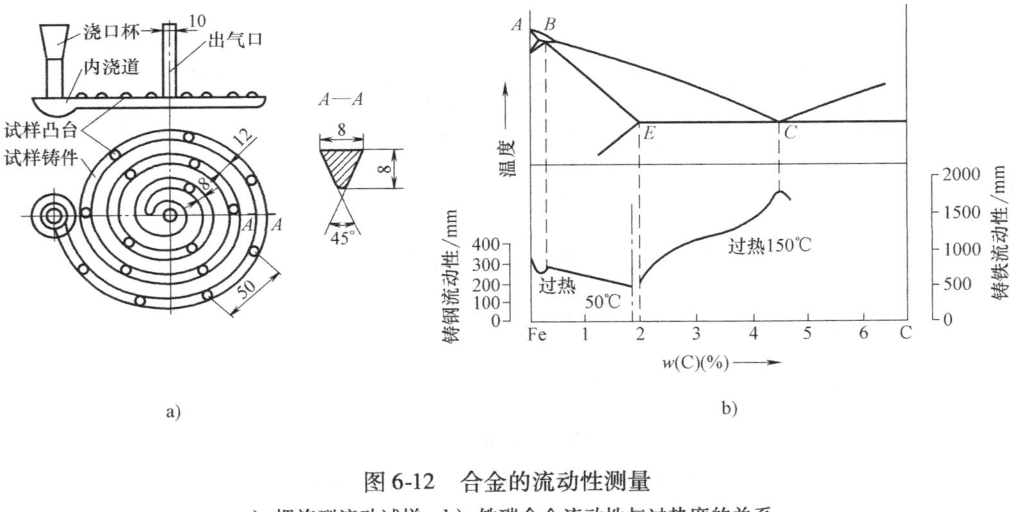

图 6-12　合金的流动性测量

a）螺旋型流动试样　b）铁碳合金流动性与过热度的关系

表 6-3　常用合金的流动性

合金种类及成份（质量分数）	铸型种类	浇注温度/℃	螺旋线长度/mm
灰铸铁 C + Si = 6.2%	砂型	1300	1800
C + Si = 5.9%	砂型	1300	1300
C + Si = 5.2%	砂型	1300	1000
C + Si = 4.2%	砂型	1300	600
铸钢 C = 0.4%	砂型	1600 ~ 1400	100 ~ 200

（续）

合金种类及成份（质量分数）	铸型种类	浇注温度/℃	螺旋线长度/mm
铝硅合金（硅铝明）	金属型（300℃）	680～720	700～800
镁合金（含 Al 及 Zn）	砂型	700	400～600
锡青铜（Sn≈10%，Zn≈2%）	砂型	1040	420
硅黄铜（Si＝1.5%～4.5%）	砂型	1100	1000

6.2.1.2 影响流动性的内在因素

（1）合金种类的影响　灰铸铁和硅黄铜的流动性最好，铝硅合金次之，铸钢最差。在铸铁中，亚共晶铸铁随碳硅含量的增加，流动性不断提高，并且磷的含量增加，可降低铁液的粘度和表面张力以及液态金属的熔点温度，相对提高其过热度（见图 6-12b），延长液态存留时间，从而可提高其流动性。

（2）合金结晶性能的影响　合金结晶性能主要取决于合金的结晶温度范围和结晶形式，并同时又取决于合金的化学成分，不同的合金种类，结晶形式不同，流动性也不同，如图 6-13 所示。

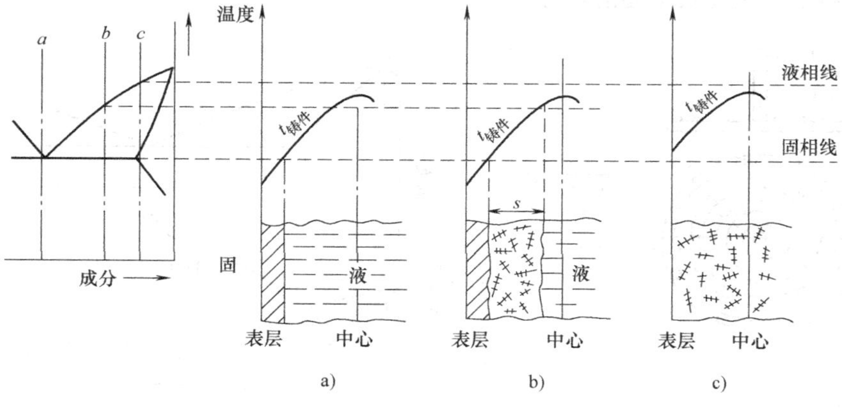

图 6-13　铸件的结晶形式

a）逐层结晶　b）混合结晶　c）糊状结晶

碳含量为共晶成分的合金和纯金属铸件，在恒温条件下由表及里、逐渐向中心推进，呈依次逐层结晶（见图 6-13a）。而且先结晶的内表面呈等轴状晶粒，内表面较光滑，不会阻碍未结晶金属液体的流动，故其流动性很好。

亚共晶成分合金铸件随含碳量高低，有两种结晶形式，当碳硅含量逐渐降低之最低时，结晶温度范围最大且逐渐呈糊状结晶（见图 6-13c），液固并存区较宽，初生的树枝晶阻碍未结晶金属液体的流动，流动性很差。

当碳硅含量和结晶温度范围适中时，其结晶形式介于逐层和糊状结晶之间（见图 6-13b），外表层先结晶成等轴状晶粒，而后在铸件截面一定宽度凝固区内呈糊状结晶，初生树枝晶阻碍未结晶金属液体的流动，使其流动性变差。

此外，液态金属的粘度越大，结晶潜热越小，也会使液态金属的流动性越差。

（3）合金浇注温度的影响　在一定范围内浇注温度越高，液态金属的粘度下降，且因过热度越大，金属液体流动时间越长，越有利于液态金属的充型。反之，则充型能力越差。因此薄壁铸件或流动性较差的合金，可适当提高浇注温度来改善合金的流动性，以防止浇不足和冷隔等缺陷。

但是浇注温度过高，会使液态金属收缩量和吸气量增加，氧化严重，反而易使铸件产生夹杂、缩孔、缩松和粘砂等缺陷，因此必须综合考虑各种因素，在保证充型能力足够前提下，尽量降低浇注温度。浇注时，灰铸铁温度控制在 1200 ~ 1380℃、铸钢温度控制在 1520 ~ 1620℃、铝合金温度控制在 680 ~ 780℃，且薄壁或复杂件取上限，厚大件取下限。

（4）充型压力及影响　液态金属在流动方向上所受的压力越大，其流动充型能力越强。如砂型铸造时，充型压力是由直浇道所产生的静压力获得，所以增大铸型直浇道的高度，便可相应增大液态金属的重力，从而增大其充型压力。

对于重要和精密零件的铸造，通常采用压力铸造、低压铸造和离心铸造，这些方法均可使液态金属获得很大的充型压力，从而在浇注时获得较强的充型能力，以便成形各种复杂形薄壁铸件。

6.2.1.3　影响流动性的型腔条件

（1）型腔材料与温度　液态金属充型时，铸型从金属中吸收和储存热量的能力，将影响金属的流动速度。铸型材料的热导率和比热容越大，对液态金属的激冷能力越强，金属充型能力则越差。如金属型导热较快，易产生浇不足、冷隔等缺陷，故浇前必须预热，以减少铸型和金属液间的温差，才能减缓冷却速度，提高其充型能力。

同样，湿砂铸型由于含水量高，透气性不好，大量水蒸气与液态金属形成对流，阻碍金属充型并降低其流动性，从而使铸件产生大量气孔、夹渣、冷隔及浇不足等缺陷，因此重要铸件必须采用烘干铸型或热铸型。

实际生产中，铸铁和非铁金属件铸型的烘干温度为 360 ~ 400℃，铸钢件铸型的烘干温度为 400 ~ 450℃，烘干时间可根据砂型和砂芯的大小确定，一般为半小时至几十小时，铸型尺寸越大，烘干时间越长。

（2）型腔状态与气膜　型腔表面状态与气膜条件对金属流动性影响很大，当型腔表面光滑时，一旦浇入铁液将会流动无阻，而提高金属的流动性。否则，粗糙不平的型腔表面将会阻碍金属流动，而会产生夹砂、气孔等多种缺陷。

同时，若在型腔表面撒一层煤粉或刷一层石英粉等有机燃料，则可在高温下产生大量 CO 气体，CO 气体在型腔内不溶于金属而要翻腾外出，将会起到进一步搅拌铁液的作用，可进而提高铁液的流动性。

（3）型腔形状与尺寸　如果铸型型腔过窄，将会增加金属流动的摩擦阻力，从而降低金属的流动性。反之，则可提高金属的流动性。因此在设计铸件壁厚时，一定要保证铸件壁厚必须大于规定的最小允许壁厚，见表 6-4。

综上所述，凡是能使金属液在型腔内流动阻力减小、冷却速度减慢、流动时间延长的工艺条件，均能提高金属的流动性。

表 6-4 铸件最小允许壁厚 (单位：mm)

铸型种类	铸件尺寸	铸钢	灰铸铁	球墨铸铁	可锻铸铁	铝合金	铜合金
砂型	<200×200	6~8	5~6	6	4~5	3	3~5
	200×200~500×500	10~12	6~10	12	5~8	4	6~8
	>500×500	15~20	15~25	—	—	5~7	—
金属型	<70×70	5	4	—	2.5~3.5	2~3	3
	70×70~150×150	—	5	—	3.5~4.5	4	4~5
	>150×150	10	6	—	—	5	6~8

6.2.2 凝固金属收缩性

6.2.2.1 金属收缩及影响因素

（1）金属收缩的三阶段　金属收缩按形态分为液态收缩、凝固收缩和固态收缩。液态收缩是指液态金属从浇注温度冷却到凝固开始之间所产生的体收缩，金属体积缩小表现为型腔内液面降低，且浇注温度越高，过热度越大，液态收缩越严重。

凝固收缩是指从凝固开始温度到凝固终止温度之间的体收缩，金属体积的缩小仍表现为型腔内液面的继续下降。凝固收缩与凝固温度范围大小有关，凝固温度范围越大，凝固收缩越严重，越容易产生缩孔等缺陷。

固态收缩是指从凝固终止温度到室温间所产生的线收缩。由于固态收缩往往表现为铸件外形尺寸的减小，故一般用线收缩率来表示。此阶段固态金属收缩越大，应力则越大，使室温下金属变形和产生裂纹的可能性增加。

（2）影响金属收缩的因素　金属收缩性大小取决于合金种类、浇注温度、铸型条件与铸件结构等因素。合金种类不同，收缩率不同（表 6-5），如铸钢收缩率最大并随含碳量增加而增加，且浇注温度越高，过热度和液态收缩越大，其收缩率越大。

表 6-5 几种常见合金的收缩率（×100%）

合金种类	灰铸铁	铸钢	铝合金	铜合金
线收缩率	0.9~1.3	2.0~2.4	0.9~1.5	1.4~2.3
体收缩率	体收缩率约等于线收缩率的 3 倍			

通常浇注温度每提高 100℃，体积收缩增加约 1.6%，但灰铸铁则由于析出比体积较大的石墨所产生的体积膨胀（每析出 1% 石墨，体积膨胀约 2%），而能抵消部分体积收缩，所以灰铸铁收缩率最小，并随含碳量增加而收缩率减小。

在满足充型能力要求前提下，尽可能采用“高温出炉，低温浇注”工艺。同时在金属冷却时，由于受铸型和型芯阻碍，实际收缩小于自由收缩，因此设计模样时，必须根据合金种类、铸件形状和尺寸等因素，选取合适的收缩率。

6.2.2.2 铸件的缩孔及防止

（1）缩孔和缩松的形成　现以共晶成分铸件的缩孔形成为例，如图 6-14a 所示。将液体金属注满型腔后，型内温度通过型壁从外向内依次递减散失热量，并产生液态收缩，致使液面下降。当其表面温度优先降至固相线时，先凝固成一层软壳，呈密闭容器状且充满液体金属。

当温度继续下降，正凝固的软壳因产生凝固收缩和固态收缩而变硬变小，靠近软壳壁的液体温度也随之降至固相线，凝固成第二层软层，并产生凝固收缩，同时其中心液体金属产生液态收缩，使液面继续下降。

由于液态收缩和凝固收缩值远大于硬壳的固态收缩，第二层软层和液体金属一起脱离硬壳顶面，在型腔上面出现真空间隙。当铸件继续冷却，凝固硬化层不断加厚，液面不断降低直到液体全部凝固，最后形成倒锥形孔洞即缩孔。已经产生缩孔的铸件继续冷却至室温时，因固态收缩使铸件外形尺寸略有减小。

缩松形成原因同缩孔一样，可看成是将集中缩孔分散成数量极多的小缩孔，但其分布面积较大，并发生在结晶温度范围宽合金的液固两相区（见图 6-14b）。由于初生树枝晶将液体金属分隔成许多小液体区，随着枝晶的长大，液体凝固产生的收缩得不到金属液的补偿，最后形成分散的细小缩孔，即缩松。

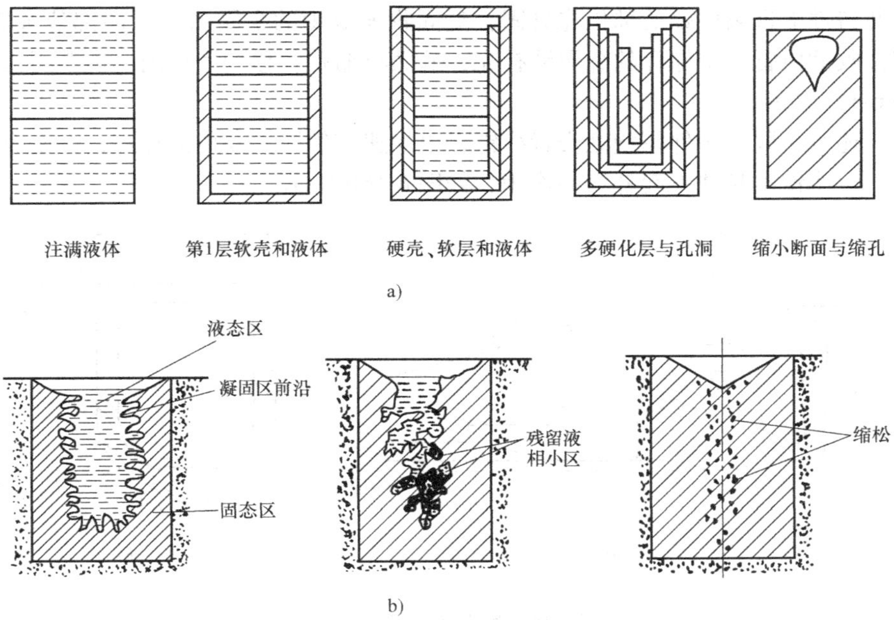

图 6-14　缩孔及缩松的形成过程

a）缩孔的形成　b）缩松的形成

（2）缩孔的形成位置　缩孔一般产生在铸件厚壁处或中心部，即冷却凝固最慢的部位。在生产实践中，常用“内切圆法”和“凝固等温线法”确定缩孔的位置（见图 6-15）。凡在铸件壁厚断面上内切圆直径最大处或等温线未穿过的区域，均是金属最后凝固的部位，通称为热节，是缩孔最易形成的部位。

（3）缩孔的防止措施　在工艺上采取顺序凝固原则，使铸件上远离冒口或浇道的部位先凝固，靠近冒口或浇道的部位后凝固，最后是冒口或浇道本身凝固，从而建立一个自远而近逐渐递增的顺序凝固温度梯度曲线（见图 6-16a），以实现铸件的厚实部分补缩薄壁部分、冒口补缩铸件的厚实部分，而获得组织致密并健全的铸件。

生产中一般形状简单的铸件，多将浇道设置在厚壁处，适当扩大内浇道截面积、加高直浇道、增大浇口杯，利用浇注系统直接进行补缩。

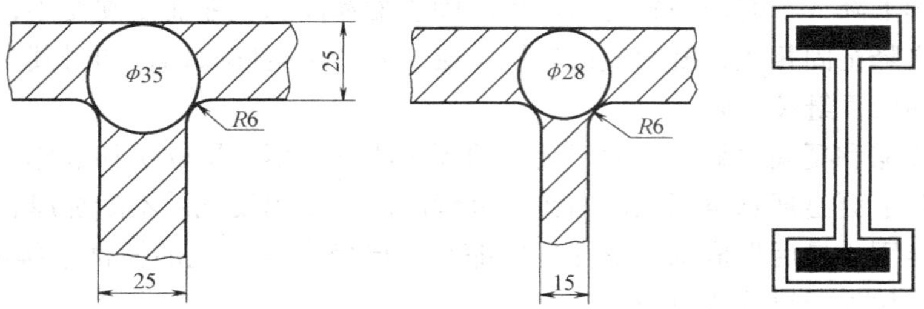

图 6-15 缩孔位置的确定

a）内切圆法 b）凝固等温线法

对于形状复杂壁厚不均匀的铸件，可在厚壁热节处设置补缩冒口，且冒口直径应大于热节直径，使铸件上远离厚壁的部位先凝固，凝固收缩缺少的金属由后凝固部位金属液补充，后凝固部位收缩由冒口中储存的金属液补充，从而将缩孔转移到冒口内，以获得无缩孔的铸件，如图 6-16a 所示。

同时，还可采取在铸件厚壁处安置冷铁，以加速铸件厚大部位的冷却，并配合冒口实现顺序凝固，但冷铁本身并不起补缩的作用，如图 6-16b 所示。

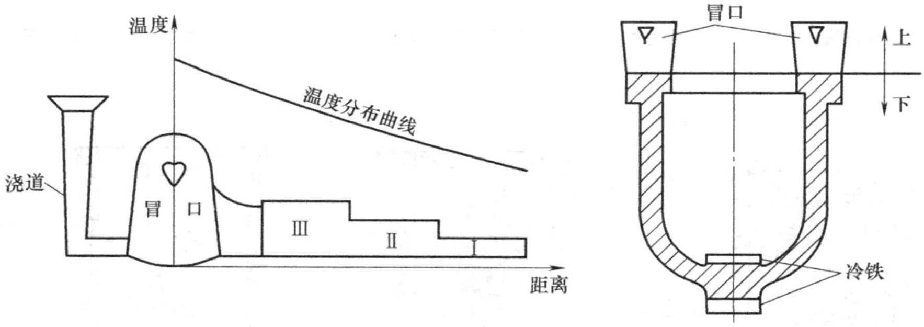

图 6-16 缩孔防止措施示意图

a）利用顺序凝固法补缩 b）利用冷铁配合冒口补缩

6.2.3 铸造应力及其危害

铸件固态收缩受到阻碍而引起的内应力称为铸造应力，按其产生的原因，可分为铸造热应力、机械应力和相变应力。它是铸件产生变形和裂纹的根本原因。

6.2.3.1 铸造应力及形成

（1）热应力及其形成 图 6-17 所示 T 形梁铸件，由厚薄不同的Ⅰ和Ⅱ两部分组成，Ⅰ部分较厚、冷却较慢，Ⅱ部分较薄则冷却较快，导致同一时期内各部分收缩不一致而产生弯曲度不同，如图 6-17e 所示。

根据两部分所处状态不同分为三个阶段，分析如下：

第一阶段（$\tau_0 \sim \tau_1$）：Ⅰ、Ⅱ同处于塑性状态，Ⅱ的冷速和收缩均大于Ⅰ。但由于二者为一体，彼此相互约束而只能缩短同一长度 L_1，所以Ⅱ被塑性拉长、Ⅰ被塑性压短。由于

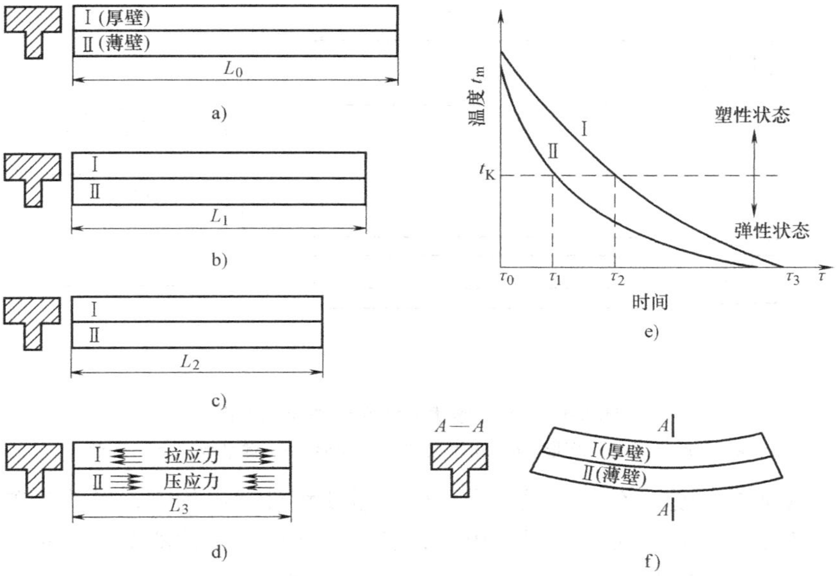

图 6-17　热应力形成过程示意图

是塑性变形，故铸件内无应力存在，如图 6-17b 所示。

第二阶段（$\tau_1 \sim \tau_2$）：Ⅱ已进入弹性状态，而Ⅰ仍处于塑性状态，所以Ⅰ只能随着Ⅱ的弹性回复进行收缩，无任何反抗能力，但Ⅱ的弹性回复可认为是自由收缩，收缩后应力消失。此时铸件长度为 L_2，如图 6-17c 所示。

第三阶段（$\tau_2 \sim \tau_3$）：Ⅰ、Ⅱ均处于弹性状态，Ⅱ已接近常温，渐渐收缩停止，应保持长度基本不变，而Ⅰ则刚进入弹性状态，要继续收缩却受到Ⅱ的阻碍，所以Ⅰ被弹性拉长、Ⅱ被弹性压短而处于共同长度 L_3，如图 6-17d 所示。

由于二者为达成统一互相约束，结果使Ⅰ内产生拉应力，Ⅱ内产生压应力，拉、压应力存在于构件内部，于是构件内热应力形成。

（2）机械应力与相变应力　机械应力是指铸件落砂前受到机械阻碍作用所形成的暂时应力，落砂后即可消失。但机械应力在铸型中可与热应力共同起作用，以增大某些部位的拉伸应力，从而促进铸件的热裂纹倾向。相变应力则是由铸件固态相变时产生体积变化所引起的应力，在相变结束后应力也会消失。

6.2.3.2　铸件的变形与防止

（1）铸件的变形方向　铸件内存在应力时，将会使其处于不稳定状态而自发变形，以减小内应力。并且变形方向总是受拉应力部位向内凹、受压应力部位向外凸，如图 6-17f 所示的 T 型梁产生热应力后，将会使梁中心下凹、两头上翘变形。

如图 6-18a 所示的槽形梁，因内应力产生“⌒”变形，而图 6-18b 工字梁仅缩短而不发生弯曲变形，图 6-18c 薄板件放置地面上产生“⌒”变形，这是因为板的四周和上部均暴露于空气中散热快受压缩，而心部和下面散热慢受拉伸造成。

总之，铸件变形方向的规律是：在热应力作用下，变形总是朝着冷却慢的厚部（或心部）方向凹陷，而薄部（或边缘）发生外凸；铸件形状对称时不发生变形。

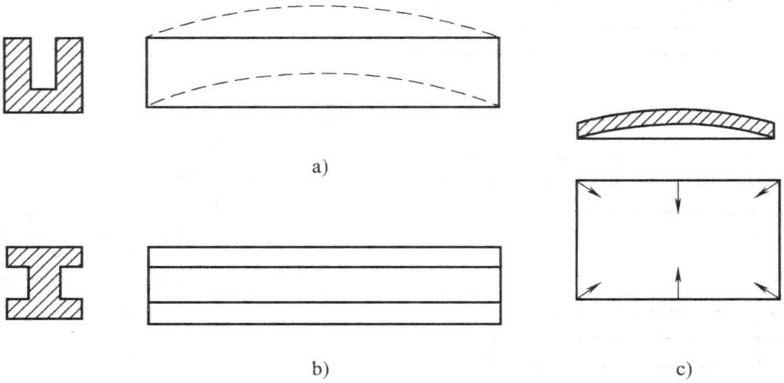

图 6-18 不同形状铸件变形规律示意图

a) 槽形梁“︵”变形 b) 工字梁“—”变形 c) 薄平板“︵”变形

(2) 防止变形的措施 在结构设计上，应尽量使铸件壁厚均匀，形状简单并对称。在工艺上应使铸件尽量同时凝固（见图 6-19a），将浇道开设在铸件薄壁处，而厚壁处放置冷铁，使厚薄两处尽量同时凝固而减小温差，以降低内应力。

对于细而长或大而薄的一般铸件，如图 6-19b 车床床身的挠曲变形，应在制模时将模样预先制成与铸件变形相反的形状，以“︵”形状来抵消铸件要产生的变形。同时还可在铸件上附加工艺肋，使之承受部分拉应力（工艺肋在铸件消应力处理后去掉）等，均可防止或减少铸件变形。

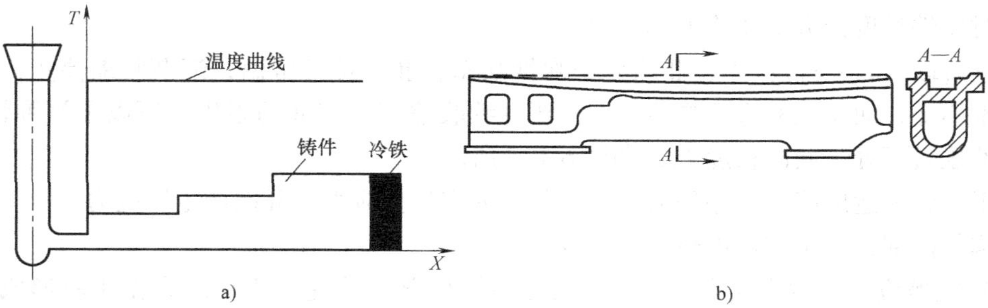

图 6-19 防止变形的措施

a) 同时凝固法 b) 床身挠曲反变形法

(3) 消除应力的方法 实践证明，铸件变形后虽可消除部分应力，但仍有部分残余应力存在，且采取防变形措施后也会仍有不同程度的变形。尤其经机械加工后的铸件，还会因应力的重新分布而变形，使零件丧失精度，如图 6-20 所示。

圆柱件刚凝固后，由于其外表层和心部冷却速度不同，残留应力为表层受压缩、心部受拉伸（见图 6-20a）。机加工后应力重新分布，当切去表层加工余量，即减小表层对心部约束，心部可自由缩短到理想尺寸，使圆柱件变短，如图 6-20b 所示。

当在其心部钻孔，即减小心部对表层约束，表层可自由恢复到原来尺寸，使圆柱件相对伸长（见图 6-20c）。当从侧面切去一部分，即减小一侧表层对心部约束力，一侧自由收缩，使铸件发生弯曲变形（见图 6-20d）。因此实际生产中，对于重要不允许变形的机械加工零件，必须采用自然时效和人工时效法消除内应力。

6.2.3.3　铸件的裂纹与防止

（1）热裂纹及特征　热裂纹是在铸件固相线（约 1000～1100℃）以下形成的裂纹，裂纹外形曲折、短而宽，裂口呈深氧化色，亦称为结晶裂纹。

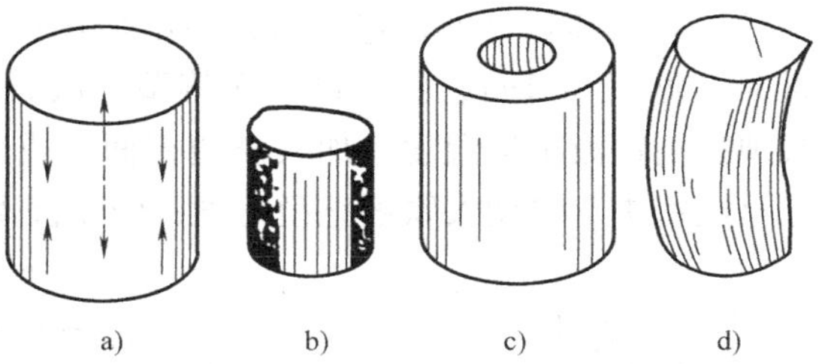

图 6-20　圆柱体铸件变形示意图

a）铸件　b）切外圆　c）钻内孔　d）切侧面

当液态金属在 1148℃以下全部结晶成固态晶粒时，低熔点（985℃）共晶物（Fe + FeS），仍呈液态薄膜存在于某些晶界上，以削弱晶间结合力，极易在铸造应力作用下被拉裂，并沿晶界形成热裂纹。

（2）冷裂纹及特征　冷裂纹是在铸件冷却到较低温度下处于弹性状态时形成的裂纹，裂纹细呈连续直线状，且穿过晶界和晶内，也称为穿晶裂纹。

冷裂纹形成原因与内部冷脆物质及应力有关，大多由于脆性磷共晶物 Fe_3P 或氢气孔削弱铸造合金的强度而造成。当铸造应力大大超过合金的强度极限时，常在大型复杂形铸件的受拉伸部位或应力集中处产生。

（3）裂纹的防止措施　在冶金方面，应严格限制钢铁中的 S、P 含量，尽量阻止低熔点共晶物（Fe + FeS）和磷共晶物 Fe_3P 的形成，以提高合金的强度、塑性和韧性。

在工艺方面，应选用收缩率小的合金、中空或内部填以焦炭的型芯和烘干铸型等，并将浇注系统设计为同时凝固方案，以降低铸件温差，减小铸造应力。在结构方面，应尽量使铸件壁厚均匀、形状对称、交叉或连接部位热节小。

6.2.4　常用金属件的铸造

6.2.4.1　铸铁件的铸造

铸铁是 w（C）>2.11%、w（Si）>1.0% 的铁碳硅合金，以 Fe、C、Si 为主要元素并含有较多 Mn、S、P 等杂质。一般成分为 w（C）=（2.5～4.0）%、w（Si）=（1.0～3.0）%、w（Mn）=（0.50～1.50）%、w（P）=（0.01～0.50）%、w（S）=（0.02～0.20）%。合金铸铁还含有一定量 Cr、Ni、Cu、Mo、V、Al 等合金元素，以提高力学性能或物理化学性能。

（1）灰铸铁件的铸造　普通灰铸铁件的铁液不经任何处理，出炉后可直接进行浇注，如 HT100、HT150 均属这类。由于其碳硅含量接近共晶成分的合金，故流动性很好，可以浇注出薄而复杂的优质件。并且收缩率较小，一般不必采取任何工艺措施，仅对 C、Si 含量低的高强度灰铸铁，采用同时凝固法防止应力即可。

孕育铸铁液中由于均匀分布着大量的外来结晶核心，其结晶过程几乎在整个铁液中同时进行，使铸铁各个部位截面上的组织与性能都均匀一致，从而使其强度、硬度均比普通灰铸铁明显提高，但塑性和韧性仍然很差。

同时由于孕育剂的加入使铁液温度降低，铁液流动性较普通灰铸铁稍差，所以必须使出炉温度提高为 1420～1450℃，以便保证较高的浇注温度，从而提高铁液的流动性，并且还应尽量减小收缩引起的变形、裂纹及厚壁铸件的缩孔。

（2）球墨铸铁件的铸造　通常在出炉灰铸铁液浇包中，直接冲入稀土镁合金球化剂和孕育剂（见图6-21a），然后再注入铸型，从而使铁液温度降低，流动性比灰铸铁变差，因此必须提高铁液出炉温度，加大浇道截面，或采用型内球化法（见图6-21b），将球化剂预置于反应室中，以增大铁液充型速度，防止浇不足和冷隔。

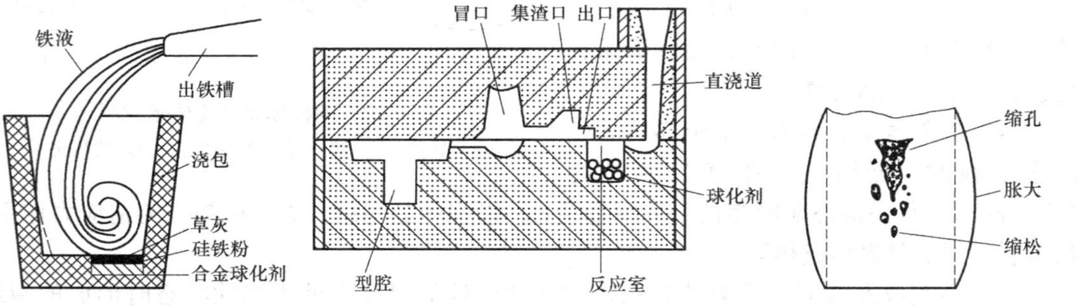

图6-21　球化处理方法及缺陷

a）冲入球化法　b）型内球化法　c）缩孔及缩松的形成

但由于球墨铸铁的结晶温度范围较宽，球状石墨析出引起的胀力，使液态收缩和凝固收缩很大，以致造成铸件最后凝固部位产生缩孔和缩松（见图6-21c）。因此，必须对原铁液成分严格控制，并对熔炼和铸造工艺提高要求。

生产中常采用冒口和冷铁使球铁铸件实现顺序凝固，并采用干型、水玻璃快干型，以防止铸件外形胀大。重要的铸件必须再进行去应力退火，减小内应力、变形和冷裂倾向，并严格控制铁液中的含S量，降低易产生气孔的H_2S气体等。

（3）可锻铸铁件的铸造　可锻铸铁的熔点比灰铸铁高（约1300℃），结晶温度范围较宽，流动性较差、收缩性较大，易产生浇不足、冷隔、缩孔及裂纹等缺陷。为避免这些缺陷，应适当提高铁液的出炉温度和浇注温度，以防止浇不足和冷隔。

同时在工艺上，还必须在铸件厚部设置冒口和冷铁使之实现顺序凝固，并提高砂型的耐火度、退让性和透气性，以降低铸造应力，从而避免产生裂纹。此外，为避免溶渣浇入型腔，还应在浇注系统中安放过滤网。

6.2.4.2　铸钢件的铸造

铸钢熔点（约1500℃）和浇注温度（1550～1650℃）高，过热度小，凝固温度范围宽且呈糊状结晶，流动性差、收缩率大（达2%），极易产生吸气氧化、粘砂、浇不足、冷隔、缩孔、夹渣、气孔及裂纹等缺陷（见表6-6），故应采取更复杂工艺措施。

表6-6　常见铸件缺陷特征及产生原因

类别	名称及特征	图　示	产生原因
内外缺陷	气孔：内部或表面、大小不等、孔内壁光滑且多呈圆形或椭圆形	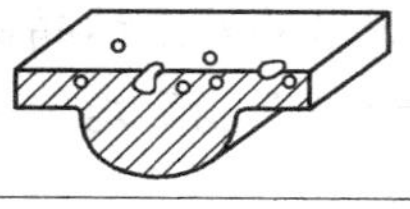	型砂含水过多、透气性差、排气道堵塞，浇注系统不合理，充型速度过快而气体排不出，铸件结构不合理
	缩孔：厚断面处、形状及不规则且多呈倒锥形、孔壁粗糙并带有枝状晶孔洞	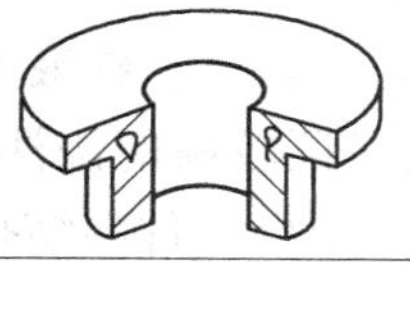	浇冒口位置不当、补缩不良，铸件结构不合理，浇注温度过高或铁液成分不合格、收缩太大

（续）

类别	名称及特征	图　示	产生原因
内外缺陷	夹渣：内部或表面、孔内充满熔渣、孔形不规则	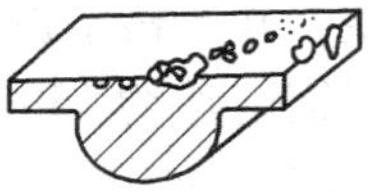	浇注温度过低、渣不易上浮，浇注系统不合理、挡渣作用差，操作不当
	裂纹：热裂纹沿晶界曲折开裂、呈深氧化色，冷裂纹穿晶直线开裂、呈浅氧化色	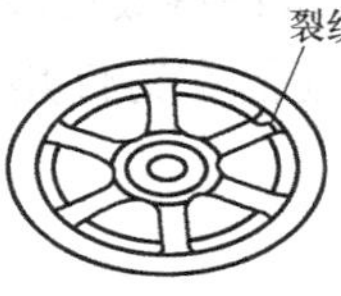	设计薄厚差别大，硫、磷成分过高，型砂退让性差而阻碍收缩，浇注系统不当，使收缩不均、应力过大
表面缺陷	粘砂：表面粘附一层难以清除的砂粒，使表面粗糙	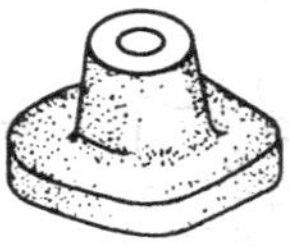	型砂耐火度不好、砂粒太粗，浇注温度过高，砂型紧实度不足
	夹砂：表面产生疤片状金属突起物且于铸件间夹有砂层	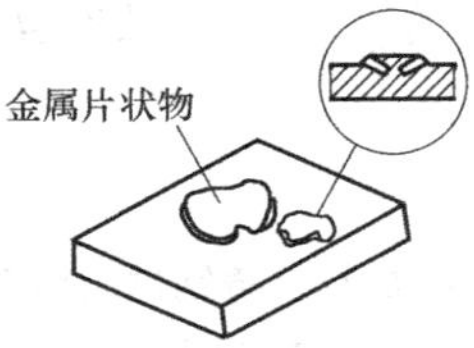	砂型烘烤过度使砂层开裂或翘起，型砂热湿强度较低、局部过紧或透气性不好
形状缺陷	冷隔：铸件上有未完全熔合且边缘呈圆角状的缝隙	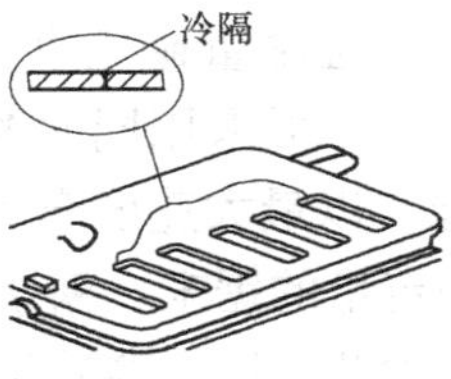	浇注温度过低，浇注速度太慢，浇道截面太小或位置不当
	浇不足：未浇满而铸件形状残缺或轮廓不完整	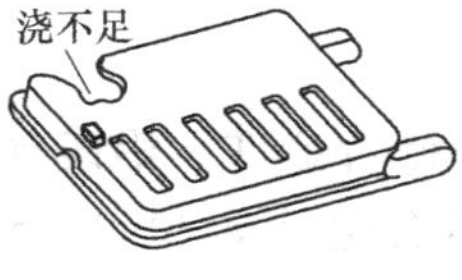	浇注温度过低，液体金属量不足，浇道截面太小或未开出气口

（1）防气孔及粘砂　铸钢对型砂和型芯的强度、耐火度、退让性和透气性要求均较高，为提高型芯砂的退让性和透气性，不仅需采用耐火度很高的人造硅砂，而且对于中、大件铸型还需采用强度较高的 CO_2 硬化水玻璃和粘土砂干型。

同时，为了防止粘砂缺陷，对于中、小型铸钢件，应在铸型型腔表面均匀喷撒一层含碳的煤粉，借助产生的 CO 气体翻腾外出作用，增加铁液流动性。而对于大型或薄壁铸钢件，还需在铸型型腔表面刷涂含硅石英粉或锆砂涂料。

（2）防冷隔及浇不足　中、小型铸钢件的浇注系统开设在分型面上或开设在铸件上面，而大型铸钢件则开设在下面。为使金属液迅速充满铸型、减少流动阻力，浇注系统结构应简单，断面尺寸比灰铸铁件大 1.5 ~2 倍且壁厚不能小于 8mm。

同时，还需采用干铸型或热铸型，并严格掌握合适的浇注温度，一般低碳钢件、薄壁小件、形状复杂件的浇注温度，应高于钢熔点约 150℃，而高碳钢件、大铸件、厚壁件及易产生热裂纹铸件的浇注温度，应高于钢熔点约 100℃。

（3）防缩孔及裂纹　壁厚差较大的铸钢件，应采取顺序凝固法，在厚壁部位设置一定数量的冒口（见图 6-22a），并使冒口所耗钢液占浇入金属质量的 25% ~50%，以防止缩孔、缩松等缺陷。同时为控制凝固顺序，还需在铸件热节处设置冷铁和补贴。

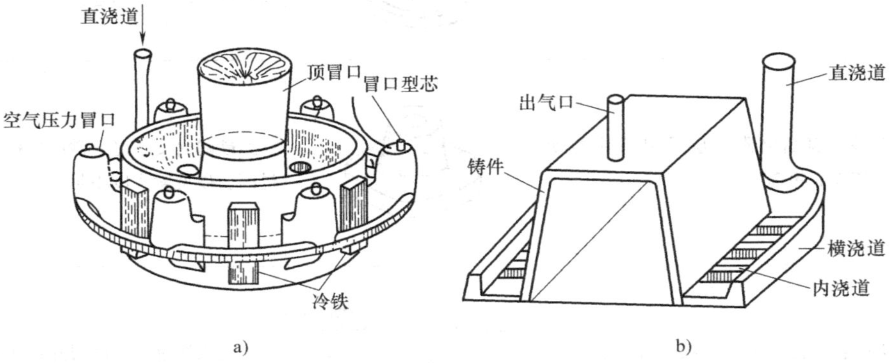

图 6-22　铸钢件的铸造工艺

a）薄壁铸件的浇注系统　b）齿轮的浇注系统

铸钢件应壁厚均匀、形状对称，且尽量避免直角和尖角结构，以防止应力、变形和裂纹。对于壁厚均匀的大型薄壁铸钢件，可采用同时凝固原则，在多处开设多道内浇道（见图 6-22b），使钢液能均匀、平稳地，以最大速度充满铸型。

铸钢件型砂中，通常需加入一定量的锯末、糖浆和糊精等造气物质，并在型芯砂中充填一定量的焦碳或采用空心型芯和油砂芯，以提高砂型或型芯的退让性和透气性，降低铸造应力，而减少或防止裂纹。

6.2.4.3　铸铝件的铸造

常用铸铝件按化学成分分为铝硅合金件、铝镁合金件、铝铜合金件及铝锌合金件等。

（1）铝硅合金件的铸造　铝硅合金 [w（Si）≥5%] 又称铝硅明，成分处于共晶点附近，类似于灰铸铁为逐层结晶形式，具有流动性好、收缩率小（0.8% ~1.1%）、不易产生裂纹、致密性好等铸造性能。

例如，w（Si）=10% ~13% 的铝硅明是典型的共晶类合金，可浇注出壁厚为 2.5mm 的复杂铸件。尤其经变质处理或时效处理后，还具有良好力学性能和切削加工性能，是铸造铝合金中品种最多、用量最大的合金，约占铸铝件总产量的 50% 以上，广泛应用于机械产品，如内燃机活塞、气缸体及缸盖、电机外壳、扇叶片等。

（2）铝镁合金件的铸造　铝镁类合金 [w（Mg）≥5%] 在海水和空气中具有非常优异的耐蚀性能，力学性能较高，加工表面光亮美观，并在各种铸造铝合金中密度最小，但其远离共晶成分，结晶温度范围大，铸造性能差且液体易吸气和氧化，因此必须采取措施（见图 6-23a），保证铝液较快而又平稳地流入型腔，且避免搅动。

在制定工艺时，采用开放式复杂浇注系统，多开设内浇道，加大直浇道或采用蛇形和鹅颈形直浇道（见图 6-23b），或采用低压和压力铸造，以便使液体金属充型平衡，减小飞溅、涡流和冲击现象，避免铝合金液体氧化和吸气。

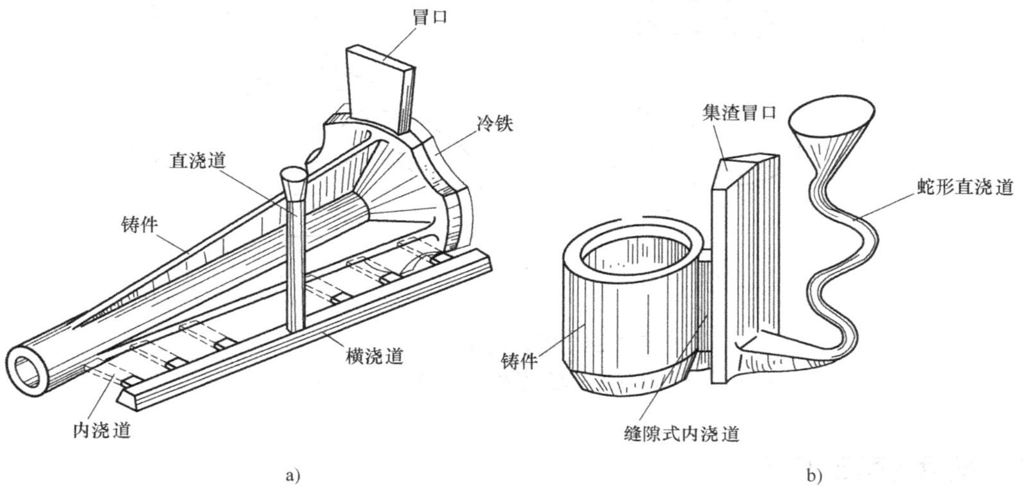

图 6-23　铝合金件的浇注系统
a）ZL104 支管砂型工艺　b）转子壳体金属型工艺

（3）铝铜合金件的铸造　铝铜合金［w（Cu）≥4%］是工业上最早采用的铸铝合金，其重要性仅次于铝硅合金，具有较高的室温和高温力学性能，切削加工性能好，但其耐蚀性较低，大多作为耐热和高强度铝合金应用。

铝铜合金远离共晶成分，结晶温度范围较宽大、铸造性能最差，极易产生缩松等缺陷，故在实际生产中，均需采用厚部增设冒口和冷铁补缩，并适当提高浇注温度和速度以及型砂、芯砂的退让性，以提高铸件致密性并防止裂纹。

6.2.4.4　铸铜件的铸造

（1）青铜件的铸造　锡青铜结晶温度范围宽（约 180℃），流动性差，易产生晶内偏析与浇不足，对于大、中型圆柱套类铸件，宜采用顶注雨淋式浇注系统，如图 6-24a 所示。同时锡青铜还易产生缩松等缺陷，使铸件致密性降低。

然而，锡青铜可便于储存润滑油而适于制造滑动轴承。对于致密性要求高的铸件，宜采用金属型铸造，由于锡青铜的冷速大而易于补缩，使铸件结晶致密。对于壁厚较大的重要蜗轮、阀体等铸件，还需采用强烈顺序凝固。

对于短套类、轴瓦等小铸件，可采用湿型压边浇道，如图 6-24b 所示。对于壁厚不大、形状复杂且致密性要求不高的铸件，则可采用同时凝固原则。

（2）黄铜件的铸造　黄铜熔点低，结晶温度范围窄（30～70℃），流动性好，可浇注薄壁（厚约 3mm）复杂形铸件，且对型砂耐火度要求不高，可用较细的型砂造型，以减小铸件表面粗糙度值，减少加工余量。但黄铜收缩性较大，易产生集中缩孔，需采取顺序凝固原则，在厚部设置大冒口和冷铁，以防止缩孔。

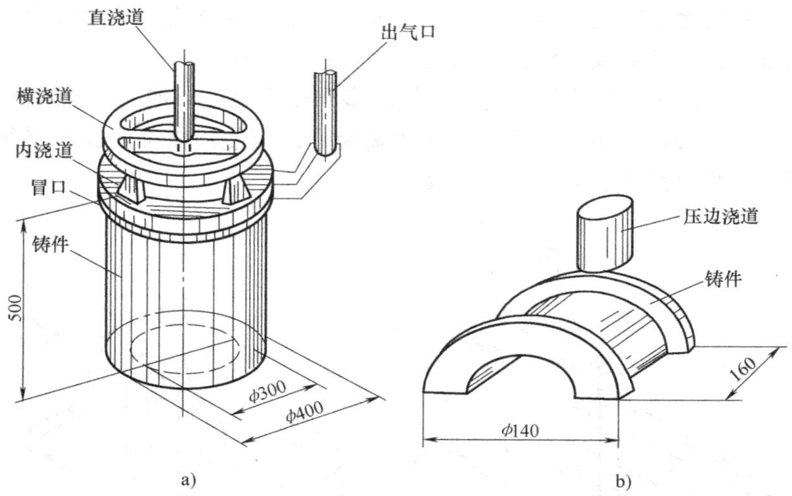

图 6-24 锡青铜件铸造工艺
a）中型铜套的雨淋式浇注系统 b）轴瓦的湿型压边浇道

6.3 砂型铸造工艺

铸造工艺是根据零件结构特点、技术要求和生产批量等拟定的砂型铸造工艺，大批量或特殊重要铸件需绘制出铸造工艺图、铸型图、铸件图和模样图，而单件或中、小批量铸件则仅需绘出铸造工艺图即可。

6.3.1 铸造工艺方案拟定

铸造工艺方案是砂型铸造工艺设计的首要环节，不仅可使整个铸造工艺过程科学操作和合理控制，还可保证获得高质量、低成本的合格铸件。其内容和步骤包括造型方法拟定、分型面选择、浇注位置及其他工艺参数确定等。

6.3.1.1 造型方法选择

（1）简单形铸件的造型 图 6-25 所示为套筒铸件的五种造型方案，可根据不同使用要求和尺寸大小分析选择。当套筒内孔精度要求不高或筒高 h 与直径 d 相差不大时，可采用两种整模自带型芯造型。图 6-25c 所示分型面在套筒下端面，底注式浇注。而图 6-25b 所示分型面在套筒上端面，顶注式浇注，造型最简便、应用最多。

当套筒内孔精度要求较高时，有三种造型方法，图 6-25d 所示套筒高度与直径尺寸相当，可采用垂直型芯分模造型，分型面在套筒上端面。图 6-25e 所示套筒高度大于直径，仍采用垂直型芯分模造型，但需在套筒正中截面上分型。图 6-25f 所示套筒高度远远大于直径，可采用水平型芯分模造型，分型面选在水平轴线上。

（2）曲折形铸件的造型 图 6-26 所示为曲折形铸件的三种造型方法。图 6-26b 所示为挖砂造型，需要挖去阻碍起模的型砂，效率低且上型有吊砂，只适用单件小批量生产。图 6-26c 所示假箱造型虽可省去挖砂而提高效率，但仍有吊砂，不易保证质量。

然而，图 6-26d 所示则采用型芯块造型法，从而将铸件曲折形分型面改成为水平分型

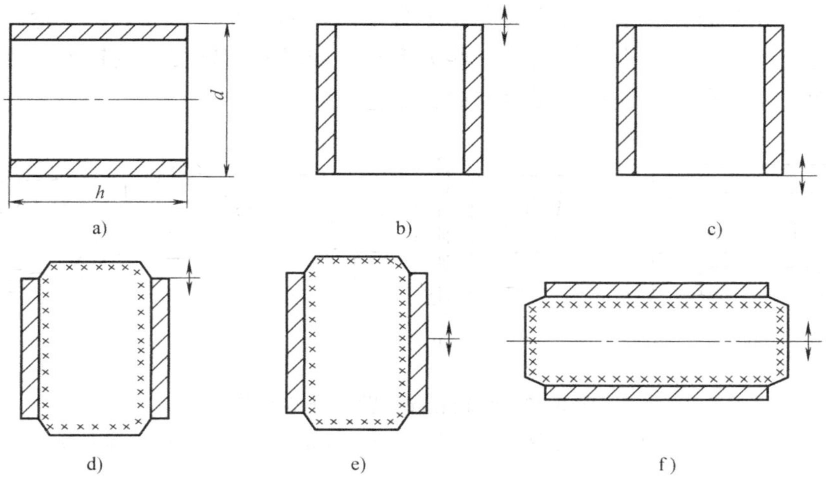

图 6-25　套筒铸件各种造型方法
a）套筒　b）自带型芯整模造型　c）自带型芯整模造型　d）垂直型芯分模造型
e）垂直型芯分模造型　f）水平型芯分模造型

面，不仅可省去繁琐的挖砂工艺，还可避免上型吊砂造成的铸造缺陷，并且生产效率较高，铸件质量容易保证。

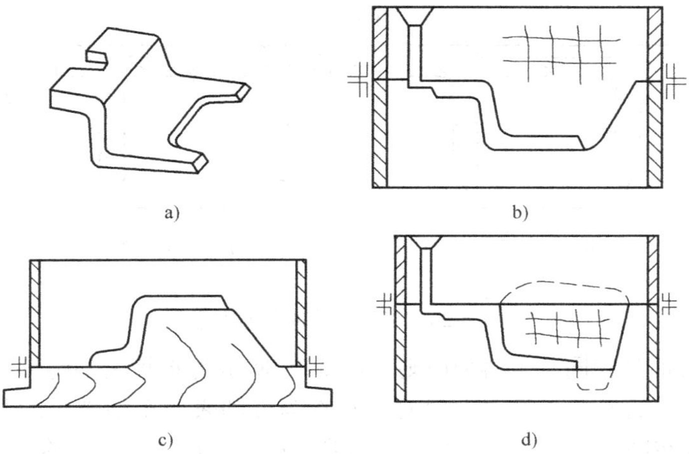

图 6-26　曲折形铸件造型方法
a）铸件　b）挖砂造型　c）假箱造型　d）型芯块造型

从以上两例可以看出，一个铸件的造型方法可有多种，但在实际生产中应全面考虑，选择最合适的造型方法，才能保证铸件质量，提高生产效率。

6.3.1.2　铸型分型面选择

分型面的选择要在保证铸件质量的前提下，尽量简化工艺过程，节省人力物力。对于一些质量要求不高的支架类铸件或外形复杂但生产批量不大的铸件，为了减化工艺操作，可优先考虑分型面，并应注意以下原则。

（1）分型面量少而平原则　为简化造型工艺，提高铸件的精度和生产效率，要尽可能使铸型有最少的分型面，并尽量做到只有一个分型面。如图6-27b所示，绳轮铸件因增设环形外型芯，使分型面减为一个。但对于一些大型复杂或具有特殊要求的铸件，则必需采用两个以上分型面，才有利于保证铸件质量和简化工艺。

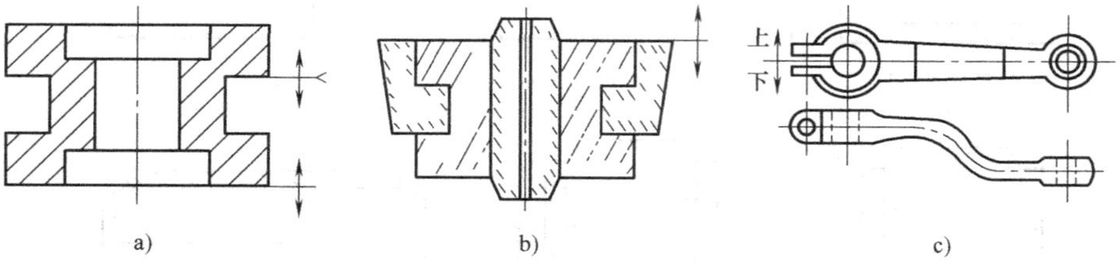

图6-27 绳轮和起重臂的分型方案

a）两个分型面、三箱造型 b）一个分型面、两箱造型 c）起重臂分型方案

图6-27c所示为大型起重臂铸件的分型方案，若采用俯视图所示的弯曲分型面，则需采用挖砂或假箱造型，而增加制模及造型工艺和成本。若采用主视图所示的水平分型面，则可简化造型工艺及工装制造工作量，因此分型面应尽量平直。

（2）铸件全部或大部放在下型原则 图6-28所示为工作台铸件分型方案，方案一型腔全部位于下型，既便于型芯安放和检验，又可使上型高度减低而便于合型和检验壁厚，还有利于起模及翻箱操作。但方案二则易产生错箱，从而影响铸件精度。

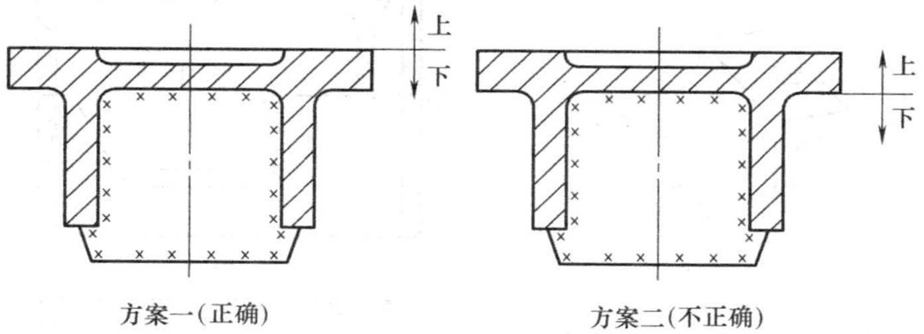

图6-28 工作台铸件分型方案

（3）铸件重要面放在同一个铸型原则 图6-29所示为水管堵头铸件的分型方案，在机械加工时，铸件上部的方头（管钳夹紧处）是作为外圆表面车削螺纹的基准，采用加工面与加工基准面都处在同一个上型内，可减少因错箱造成的加工余量不够而影响铸件各表面间的位置精度。

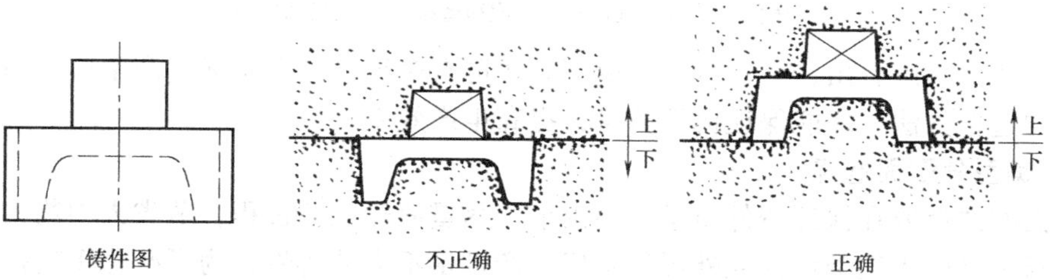

图6-29 水管堵头铸件的分型面

6.3.1.3　铸件浇注位置确定

根据铸件技术要求，需先找出铸件上高质量要求的重要面及受力面、易产生缺陷的厚壁和薄壁处及大平面，再按下述原则确定浇注位置，使其既能符合铸件凝固方式、保证铸型充满，又能置于有利部位、保证铸件质量。

（1）重要面向下放原则　铸件上要求较高的重要加工面或主要工作面，应放在铸型的下面、侧面或倾斜面进行浇注。若有多个面均要求朝下放时，应先将较大面或加工质量高的面朝下放，其余面侧放和朝上放，并将朝上的表面加工余量加大，以保证质量。如图 6-30 所示，锥齿轮轮齿部位需机加工应朝下放。

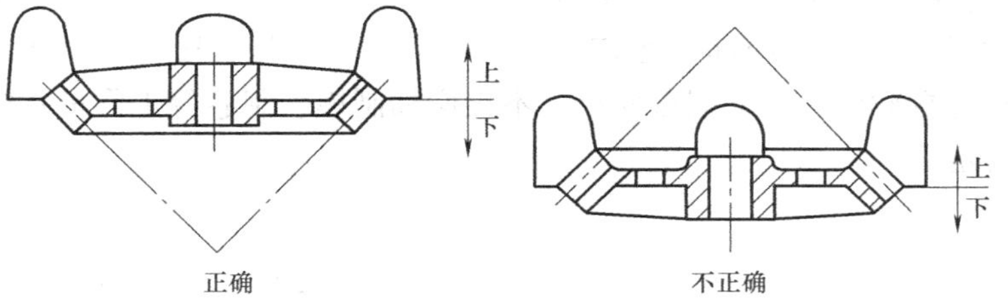

图 6-30　锥齿轮的浇注位置

（2）宽大平面向下放原则　铸件上宽大平面或薄壁部分，在浇注时应放在铸型下部，并尽量使薄壁垂直或倾斜浇注，以免出现浇不足、冷隔等缺陷。如图 6-31 所示，在浇注带有加强肋平板时，应按图 6-31a 所示放置，可减少液态金属对型腔上表面的热辐射，以免上表面型砂急剧热胀而拱起或开裂，从而避免产生夹砂缺陷。

若有条件则应将平板形铸件倾斜浇注（见图 6-31b），倾斜的高度 h 取决于砂箱长度 $L_{箱}$。当 $L_{箱} < 3000$mm 时，每 1000mm 砂箱长度的倾斜度为 100mm，当 $L_{箱} > 3000$mm 时，倾斜高度 h 在 300～400mm 之间，一般不超过 400mm。

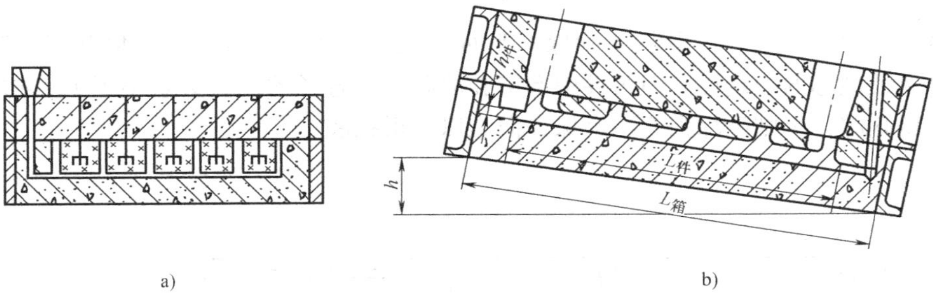

图 6-31　平板的浇注位置
a）平做平浇　b）平做斜浇

（3）薄而大的平面向下放　图 6-32 所示为箱盖的浇注位置，它将铸件上大面积薄壁部分放在铸型下面，使这部分能在较高的金属液压力下充满铸型，以利于防止浇不足或冷隔。

（4）厚大断面处向上原则　如图 6-33a 所示为起重机卷筒的浇注位置，若将卷筒的主要加工圆周面放在铸型侧面，而次要且尺寸较小的凸缘放在上面，则既可保证卷筒全部圆周面的质量均匀一致，又便于凸缘处放置明冒口，还可造成自下而上按顺序凝固，以利于补缩且防止缩孔。

若铸件存在两个最大截面且为高大（或长度较大）铸件时，为保证铸件质量，则需采用三箱造型（见图6-33b），并将含有厚大断面的两端部放在上、下面，以利于放置冒口和冷铁补缩。同时将床身导轨面朝下放，以免铸造缺陷。

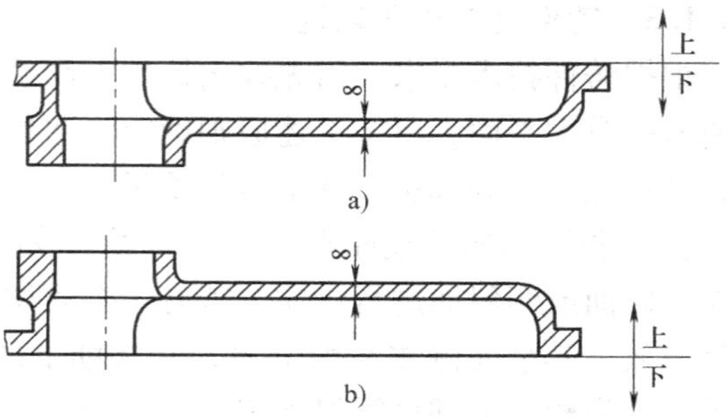

图6-32 箱盖的浇注位置

a）正确 b）不正确

（5）型芯设置稳定原则 铸件的型芯应放置牢固并尽量减少其数量。如图6-34a所示床腿铸件浇注方案，其中间空腔需要一垂直型芯，且上端截面大而下端截面小，不仅增加制模、制芯等工作量及铸件成本，还会使型芯放置不稳定。

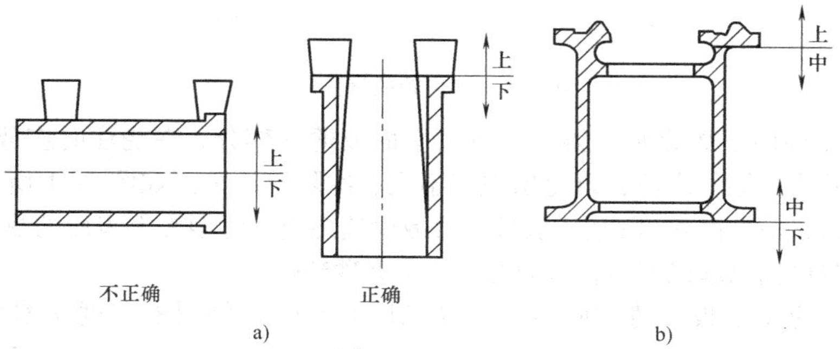

图6-33 卷筒和床身的浇注位置

a）卷筒浇注位置 b）床身的浇注位置

若将其中间空腔用自带型芯（砂垛）形成（见图6-34），则既可简化制芯、造型等工艺，又可保证型芯的稳定性。但铸件中部空腔的高度与直径的比值必须小于1，才能采用自带型芯获得孔腔，否则砂垛强度不易保证而难以获得孔腔。

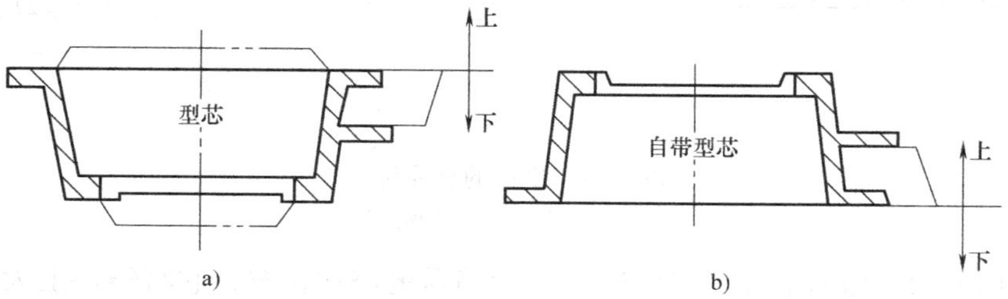

图6-34 床腿铸件两种浇注方案

a）不正确 b）正确

6.3.2　铸造工艺参数确定

铸造工艺参数应根据零件形状、尺寸和技术要求，由铸件材料和铸造方法等决定，其内容包括铸造收缩率、机械加工余量、拔模斜度、铸造圆角和芯头尺寸等，有时还要考虑分型负数等。

6.3.2.1　铸造收缩率

铸造收缩是指金属液浇注到铸型后，随着温度降低将发生凝固而引起的尺寸缩减，这种缩减的百分率为该金属的铸造收缩率，也是冷却后铸件各个方向上比型腔尺寸的缩小率，亦称为线收缩率 ε，即

$$\varepsilon = \frac{L_{模样} - L_{铸件}}{L_{模样}} \times 100\%$$

在制造模样或芯盒时，应根据合金收缩率将模样和芯盒比铸件尺寸加大一定收缩量，即用包含合金收缩率的“缩尺”来绘制模样图。合金收缩率的大小取决于铸造合金的种类、铸件的结构及尺寸形状等因素。

生产中常用合金的线收缩率一般为：灰铸铁约 0.7% ~1.0%，铸钢约 1.5% ~2.0%，铝硅合金约 0.8% ~1.2%，锡青铜约 1.2% ~1.4%，并在大批量生产时选取下限，单件小批量生产时选取上限。

6.3.2.2　加工余量及铸孔

（1）机械加工余量　机械加工余量是指铸件上凡需机械加工的表面，在拟定工艺时所特意加大的尺寸量，其大小取决于铸件合金种类、铸造方法、尺寸大小、生产批量、加工面质量要求以及所处浇注位置等诸多因素。

通常，铸钢件加工余量比铸铁件大，灰铸铁件加工余量比可锻铸铁和球墨铸铁小，有色金属件加工余量比灰铸铁小，机器造型比单件小批手工造型铸件加工余量小。铸件尺寸越大、结构越复杂，加工余量越大，尤其当加工面处于浇注顶面时，更需加大加工余量。

GB/T6414—1999 规定“铸件机械加工余量”与“铸件尺寸公差”配套使用，规定机械加工余量的代号用字母 RMA 表示，由精到粗分为 A、B、C、D、E、F、G、H、J 和 K 共 10 个等级，并规定尺寸公差代号用字母 CT 表示，由高到低分为 1、2、3、…、16 共 16 个等级。

当铸件尺寸公差等级和加工余量等级按表 6-7 确定后，即可根据铸件尺寸从表 6-8 中查得铸件的加工余量数值。铸件的基本尺寸是指有加工要求的表面最大尺寸与该表面距其加工基准之间尺寸中较大的尺寸。

表 6-7　大批量生产灰铸铁件机械加工余量等级

工艺方法	手工造型	机器造型及壳型	金属型	低压铸造	熔模铸造
尺寸公差等级 CT	11 ~ 13	8 ~ 10	7 ~ 9	7 ~ 9	5 ~ 7
加工余量等级 RMA	H	G	F	F	D

单件小批量生产时，铸件的尺寸公差等级与造型材料及铸件材料有关。采用干、湿砂铸型铸出的灰铸铁件的尺寸公差等级为 CT15 ~ CT13，与 RMA 的配套关系是（CT13 ~ CT15）/H。大批量砂型手工造型铸出的灰铸件尺寸公差等级为 CT13 ~ CT11，与 RMA 的配套关系则

为（CT11～CT13）/H。

（2）铸出孔的大小　铸件上的孔和槽铸出与否，应根据铸造工艺的可能性和使用的必要性，一般尺寸较大的孔应铸出，以减少切削工时并节约金属材料。然而铸件上较小的孔和槽一般不铸出，直接在钻床上用钻头钻出反而方便。

通常灰铸铁件的最小铸孔直径是单件小批量为30～50mm、大批量为15～30mm，而铸钢件的最小铸孔直径则是单件小批量为50mm、大批量为30～50mm。零件上不要求切削加工的孔和槽，无论其大小均应铸出。

表6-8　与尺寸公差配套使用的灰铸铁件机械加工余量（摘自GB/T6414—1999）

尺寸公差等级CT		8	9	10	11	12	13	14	15
加工余量等级RMA		G	G	G	H	H	H	H	H
基本尺寸		加工余量数值/mm							
大于	至								
—	100	2.5～2.0	3.0～2.5	3.5～2.5	4.5～3.5	5.0～3.5	6.5～4.5	7.5～5.0	9.0～5.5
100	160	3.0～2.5	3.5～3.0	4.0～3.0	5.5～4.5	6.5～5.0	8.0～5.5	9.0～6.0	11～7.0
160	250	4.0～3.5	4.5～4.0	5.0～4.0	7.0～5.5	8.0～6.0	9.5～7.0	11～7.5	13～8.5
250	400	5.0～4.5	5.5～4.5	6.0～5.0	8.5～7.0	9.5～7.5	11～8.0	13～9.0	15～10
400	630	5.5～5.0	6.0～5.0	6.5～5.5	9.5～8.0	11～8.5	13～9.5	15～11	17～12
630	1000	6.5～6.0	7.0～6.0	8.0～6.5	11～9.0	13～10	15～11	17～12	19～13

注：1. 表中每栏两个数值，前面是单侧加工余量值；后面是双侧加工余量值。
2. 单件小批生产铸件不同加工表面，允许采用相同的加工余量值。
3. 顶面加工余量等级比底侧面降一级选用；孔的加工余量等级，可采用与顶面相同的等级。

6.3.2.3　起模斜度

起模斜度是指在造型和制芯时，为使模样容易从铸型中取出或型芯自芯盒中脱出，而在模样或芯盒的起模方向上所作出的一定斜度，一般用角度α或宽度a表示，其标注方法及形式如图6-35所示。

JB/T5105—1991“铸件模样起模斜度”规定了砂型铸造所用的木模和金属模起模斜度（见表1-13），设置起模斜度的方法如图6-35a所示。

起模斜度大小取决于模样高度、造型方法、模样材料等，通常随高度增加而斜度减小，外壁斜度比内壁小（见图6-35b），金属模比木模斜度小，机器造型比手工造型斜度小，一般为3°～15°。且增加法用于壁厚小于8mm的侧面，加减壁厚法用于壁厚为8～12mm的侧面，而减少壁厚法则用于壁厚大于12mm的侧面。

6.3.2.4　铸造圆角

铸造圆角是指铸件上相邻两壁之间的交角，在设计制作模样时，均应做成圆弧过渡的形式，以防止在该处产生缩孔、因冲砂而缺角、因应力集中而开裂等缺陷。一般为两相交壁平均厚度的1/3～1/2，中、小型铸件的铸造圆角半径为3～5mm。

6.3.2.5　型芯及型芯头

铸件上的孔腔需要型芯铸出，型芯又需要型芯头支撑、定位、排气和落砂，型芯头是型芯外伸部分，不形成铸件轮廓而只落入芯座起辅助作用。因此型芯头形状与尺寸，对于型芯在铸型装配中的工艺性与稳定性有很大影响。

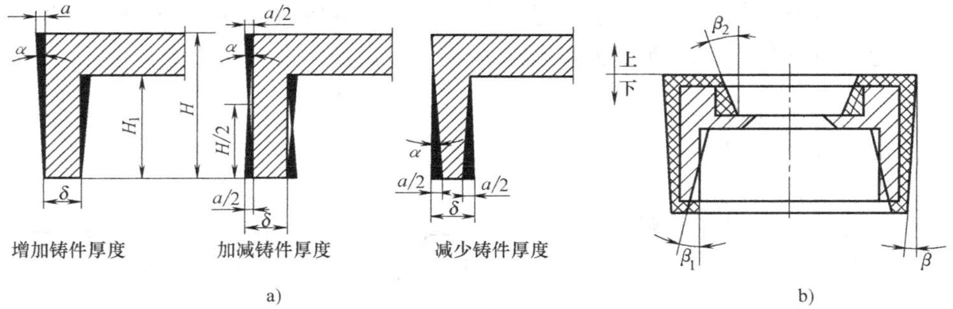

图 6-35　铸件模样的起模斜度
a）起模斜度形式及设法　b）结合加工余量的起模斜度

（1）芯头高度和斜度　垂直型芯一般均有上、下芯头（见图 6-36a），短而粗型芯也可不留上芯头（见图 6-36b），芯头高度主要取决于型芯头直径，一般取 15 ~ 150mm。为增加芯头的稳定性和可靠性，下芯头斜度应小（约 5° ~ 10°）、高度应大，而上芯头斜度则应大些（约 6° ~ 15°）、高度应小些，以便利于合箱。

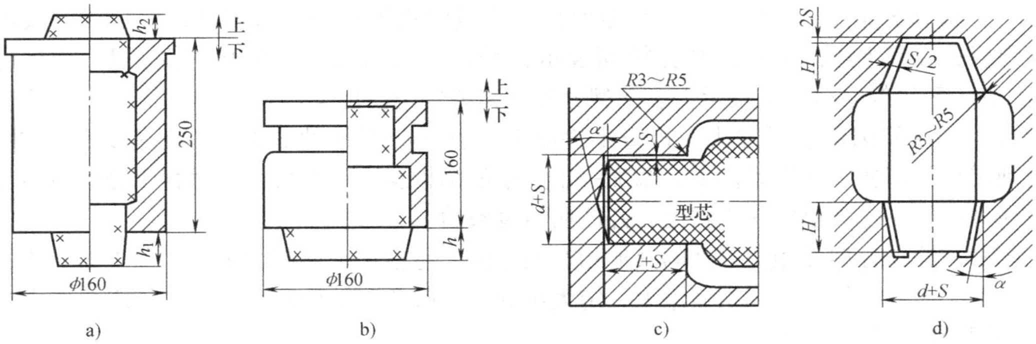

图 6-36　垂直型芯头的形式和芯头尺寸
a）上、下芯头　b）下芯头　c）水平芯头及装配结构　d）垂直芯头及装配结构

水平型芯的芯头长度 l 主要取决于芯头直径和型芯长度，并随型芯直径和长度增加而加大，中小型型芯的芯头长度一般取 l 为 20 ~ 80mm，如图 6-36d 所示。

（2）芯头装配间隙　为便于下芯和合箱，芯头与芯座之间应留有间隙 S，垂直芯头一般为 0.5 ~ 4mm，若为湿型、大批量机器造型的中型件，常取 S 为 0.5 ~ 1.5mm，而干型、大型件则取 S 为 2 ~ 4mm。对于水平芯头，无论湿型或干型 S 值均较大。

6.3.3　铸造工艺文件编制

6.3.3.1　铸造工艺图绘制

铸造工艺图是在零件图上以规定的线条和符号表示铸造工艺内容的图形，是组织生产并指导其过程的重要文件，也是设计和绘制模样图、芯盒图、铸型制造和装配图、铸件图及生产准备和铸件检验等的依据，如图 6-37 所示。

铸造工艺图规定了铸件形状和尺寸、生产方法及工艺过程，又表达了铸件的浇注位置、分型面、型芯数量及形状、加工余量、起模斜度（见图6-38）、铸造收缩率、浇冒口和冷铁位置及形状等，各部分内容绘制方法如下：

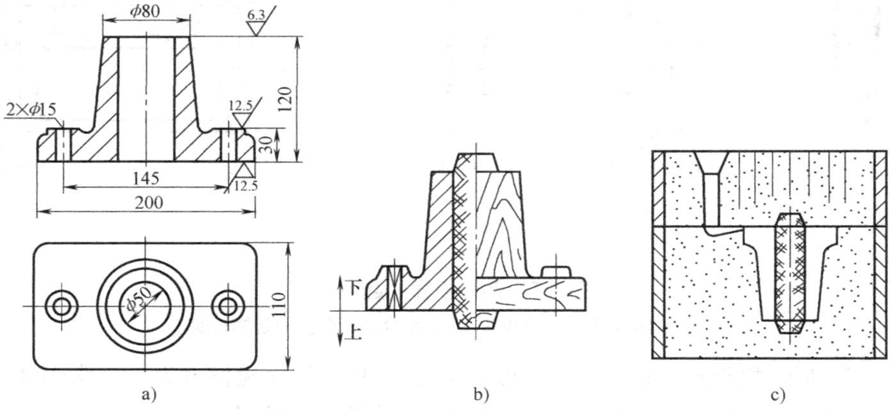

图6-37 支座的铸造工艺设计
a）零件图 b）铸造工艺图和木模图 c）铸型合箱图

（1）分型方案绘制方法 选取分型面投影为线的视图一端，适当延长一短线以表示分型面位置，在其上绘出分型面和分模面表示符号，标出两反向箭头和“上、下”或“上、中”“中、下”等字样，以表示上、下型分界处和铸件浇注位置。

（2）斜度及圆角绘制方法 检查零件图上垂直于分型面的非加工面上有无结构斜度，若无则需在使用要求允许条件下，添加一定大小的结构斜度。然后，在垂直于分型面的加工余量线外添加一定大小的起模斜度，并注明斜度数值。

同时，除与分型面相交以外的其他相交面之间，包括加工面与加工面、加工面与非加工面、非加工面与非加工面，均需添上一定大小的铸造圆角和结构圆角，并在技术要求中注明各相同圆角的数值及要求。

（3）型芯及浇道绘制方法 绘出型芯轮廓、芯头形状及斜度、标注尺寸、注明斜度及间隙数值等，型芯数量较多时应进行编号并标注。若需绘出浇冒口形状及位置，可用细点画线在投影为线的视图上绘出，并标注出尺寸数值。

6.3.3.2 铸造工艺卡片制定

铸造工艺卡片是铸造生产的指导性文件，其格式和详简程度，主要取决于铸件生产批量的类型，一般需制成表格形式，既有零件图、铸件图，又有造型材料、造型工艺、合箱、浇注等方面的重要工艺数据和说明等。

例如，铸件的材料牌号和毛坯质量、砂箱的规格尺寸、造型材料的种类、烘干温度和时间参数、浇冒口及冷铁尺寸、型芯及芯撑数量和尺寸、合箱方法、浇注温度和时间参数、以及铸件在铸型中的冷却时间等。一般大批量生产铸件的铸造工艺卡片填写得应详细，而单件生产的铸件填写可简略。

6.3.3.3 铸件图及铸型图

铸件图俗称毛坯图，是根据铸造工艺图绘制而成，主要表明铸件的形状和尺寸，特殊情况下还标注有机械加工余量、起模斜度、内浇道和冒口位置、分型面和浇注位置、铸件技术要求及验收要求等，一般只在大批量生产中应用。

通常在大批量生产铸件时，应先依照铸造工艺图设计出金属模样图，再依据模样图外轮廓绘制出铸件图（见图 6-38c）。然而在单件、小批量生产时，有了铸造工艺图和产品图，即可省略铸件图。

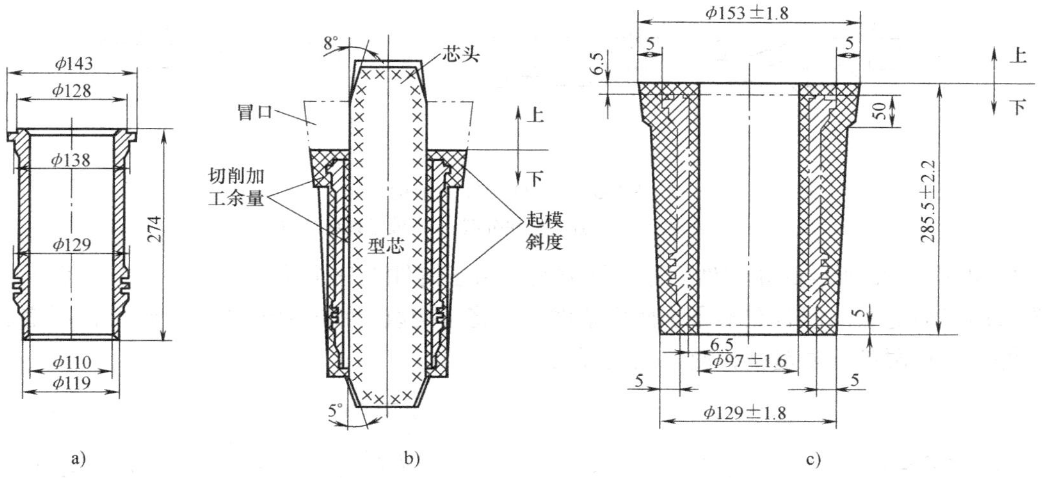

图 6-38　小型气缸套零件图和铸造工艺图
a）零件图　b）铸造工艺图　c）铸件图

铸型装配图仍是根据铸造工艺图绘制而成，主要表明经装配合箱后的铸型内部结构，可作为生产准备、合箱、检验等工作的依据。成批及大量生产、重要或大型铸件，通常需要绘制铸型装配图，如图 6-37c 所示。

6.4　铸件结构设计

铸件结构设计时，不仅应满足铸件的工作性能和力学性能要求，还应保证设计出的结构与铸造工艺、铸造方法和合金铸造性能要求相适应，力求工艺简单、生产效率高、成本低，并能够经济迅速地生产出合格的铸件。

6.4.1　铸造工艺对铸件结构的要求

铸件的外形和内腔等结构的设计，应尽可能使制造模样、造型、制芯、合箱、浇注和清理等工序简化，以节省人力和物力的消耗，并保证铸件的质量和提高成品率，从而为实现机械化生产创造条件。

6.4.1.1　铸件外形结构设计

根据液态金属流动成形特点，铸件外形虽可很复杂，但在满足使用要求前提下，应从简化铸造工艺的要求出发，使其便于制造模样和造型等，尽量避免三箱造型、挖砂造型、活块造型及不必要的外部型芯。

（1）铸件分型面应尽量平直　若将铸件的分型面设计成平直形状，不仅可使制模简便，避免操作费时的挖砂造型或假箱造型，还可使铸件尺寸精度误差小、毛边少而便于清理，因此应尽量避免曲折形分型面，如图 6-39 所示。

图6-39a是原结构设计方案，分型面为曲面；图6-39b是用砂芯改为平直分型面，但二者必须采用挖砂造型或型芯块造型，费时费工且铸造工艺复杂。然而，将其改为图6-39c所示结构时，分型面为平面，则可采用简易分模造型。

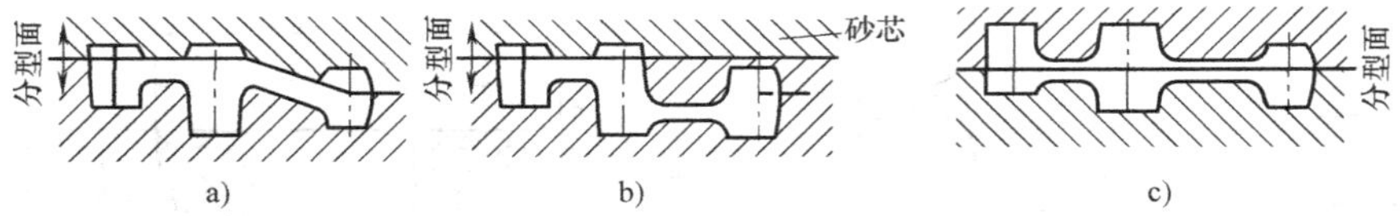

图6-39 杠杆铸件的结构

a）曲面分型 b）加型芯块分型 c）改进设计结构

再如图6-40a所示阀体铸件的原设计方案，由于铸件上三个法兰不在一个分型面上，常需要采用三箱造型。但若在不影响使用条件下，将结构改为图6-40b所示，则可在不增加型芯条件下进行两箱分模造型，使工艺过程简化。

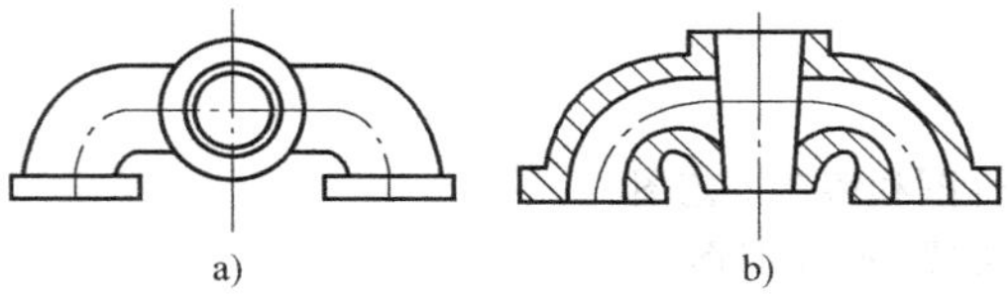

图6-40 阀体铸件结构

a）两个分型面、三箱 b）一个分型面、两箱

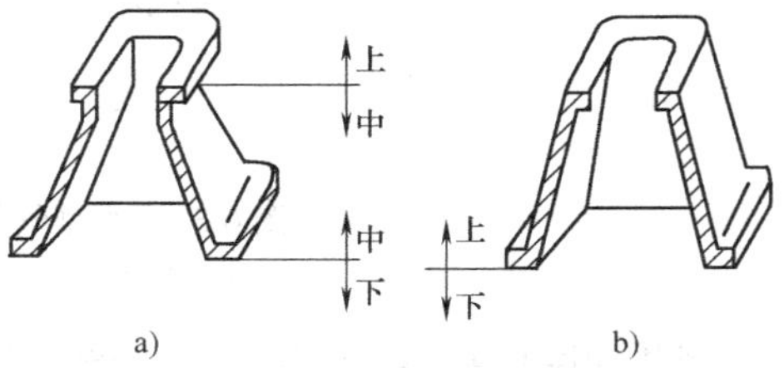

图6-41 底座铸件的结构

a）两个分型面、三箱 b）一个分型面、两箱

（2）铸件外表应尽量避免侧凹 铸件垂直于分型面的侧壁上，若有凹入部分，必将妨碍起模而增加铸造工艺复杂性，应力求避免。如图6-41a所示底座，由于上、下凸缘形成中部的外表侧凹，使铸件具有两个分型面，需采用三箱造型或增加环状外型芯块两箱分模造型，铸造工艺复杂且成本高。

但若改进为图6-41b所示的结构时，则只需一个分型面，便可采用两箱分模造型，不仅可节省砂箱，简化造型工艺，还可避免错箱并便于清理。如图6-42所示为轮盖铸件，图6-42a有外侧凹，为了方便起模必需设置外型芯，使铸造工艺复杂，若将其改为图6-42b所示结构，则不需要再使用外型芯。

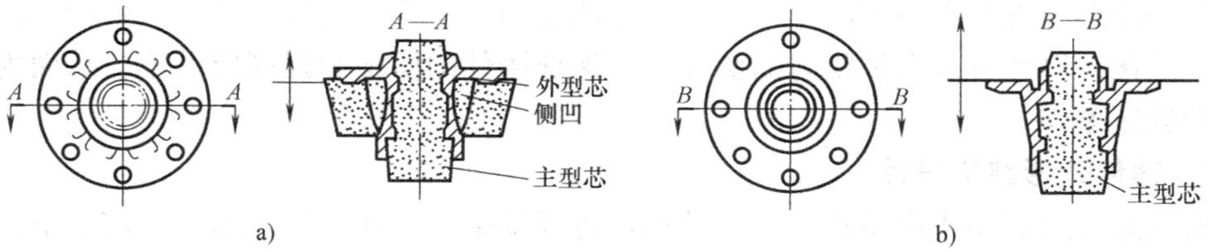

图6-42 轮盖铸件结构

a）原结构 b）改进结构

（3）铸件外表应尽量避免凸起 铸件侧壁上的凸台、凸缘、肋条等结构，若设计不当则将会妨碍起模，而必须采用活块造型或增加型芯等方法解决起模，但不论采用哪种方法起

模，均会增加造型、制芯及模样制造的工作量。

图 6-43 所示三种铸件上均有凸台、肋条及法兰凸缘等结构，若采用图中标有字母 b 方案结构时，必须采用活块造型或增加型芯才能起模，但若适当改变这些凸台和肋条形状及位置，并不影响零件的工作要求。

例如，将各 *b* 方案结构相应改进成 *a* 方案结构，即将侧壁上的凸台延长至分型面上、颈形法兰改成实心法兰、法兰盘上的肋条旋转 45°于分型面上等，均可使造型过程简化。

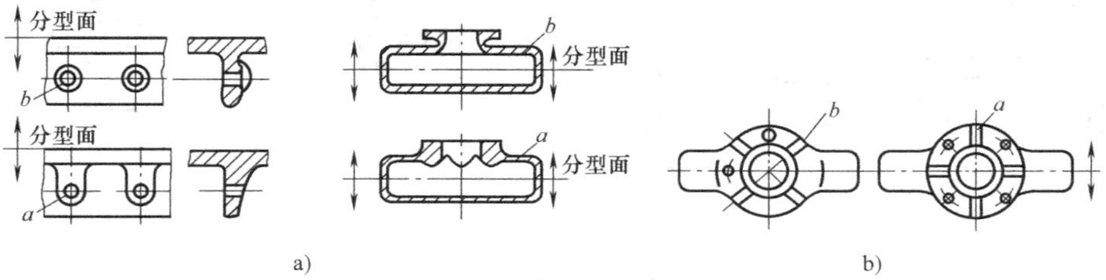

图 6-43　铸件外表上的凸起结构

a）凸台及法兰结构　b）凸台及肋条结构

（4）铸件侧壁应具有结构斜度　许多铸件在设计过程中，初步确定分型面后，应使垂直于分型面的非加工表面留有结构斜度，以便于起模和提高铸件精度，而且还便于自带型芯。否则若铸件非加工面没有给出结构斜度，在铸造时即必须给出铸造斜度才能铸出，但如此将使铸件尺寸与有关件装配时发生矛盾，如图 6-44 所示。

图 6-44a 所示为汽油机轴承盖铸件，由于 ϕ44mm 外圆表面是机械加工表面，制定工艺时需预留一定的机械加工余量和起模斜度，但铸成后会使该部位直径大于根部圆的外径 ϕ48mm，然而直径 ϕ48mm 处原图不加工，结果装配时装不上。

但如果在零件图 ϕ48mm 非加工面上设计时给出结构斜度（涂黑部分），则可避免装配不上。因此图 6-44b 所示拖拉机轮壳非加工表面则设有结构斜度，即将虚线 *a* 表示的原铸件无结构斜度改为实线 *b* 表示的有结构斜度铸件。

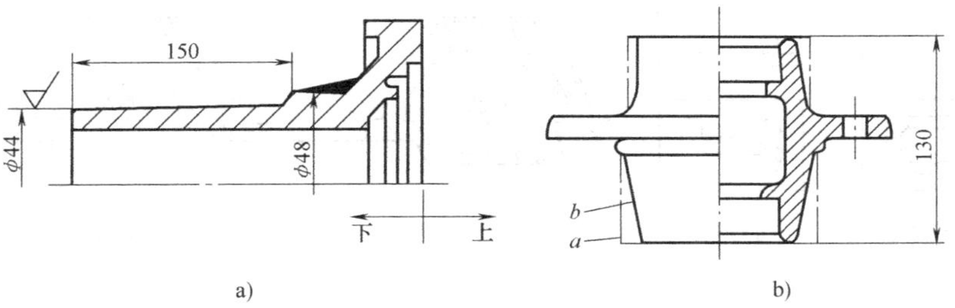

图 6-44　铸件侧壁上的结构斜度

a）汽油机轴承盖　b）拖拉机轮壳

图 6-45a 和图 6-45c 所示铸件无结构斜度为不合理结构，而图 6-45b 和图 6-45d 则为合理结构。结构斜度大小取决于模样材料、造型方法和金属性能。一般木模为 1°～3°，金属模手工造型为 1°～2°、机器造型为 0.5°～1.0°，内侧结构斜度应比外侧大，并随铸件高度增加而使结构斜度减小。

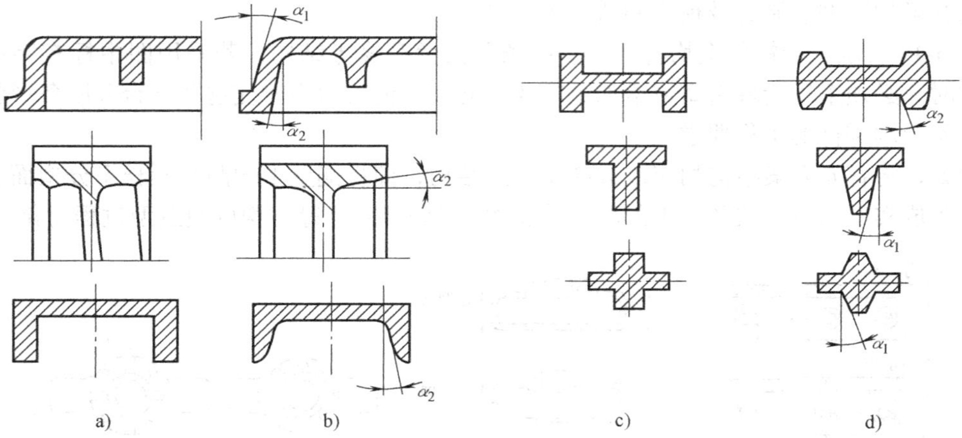

图 6-45 铸件侧壁结构斜度

a）不合理 b）合理 c）不合理 d）合理

6.4.1.2 铸件内腔结构设计

铸件内腔多用型芯来形成，但复杂型芯制造比较困难，并在合箱和浇注时容易损坏。因此内腔的设计应尽量简单适用，避免不必要的复杂结构。

（1）应尽量不用或少用型芯 如图 6-46a 所示支柱的两种设计方案，左侧为箱形截面结构，其中部空腔需采用型芯获得，但若改为其右边所示的工字形截面，则不需再使用型芯，既可保证铸件质量并提高生产率，又使结构轻巧。

图 6-46b 所示圆盖的两种内腔设计，为减轻质量或使铸件壁厚均匀，内腔设计却因出口处直径较小，而需采用复杂型芯。但改为右侧开口式内腔结构，且内腔直径 D 大于高度 h，即 $h/D<1$，则可采用模样上挖孔并起模后直接形成自带型芯（即砂垛）。

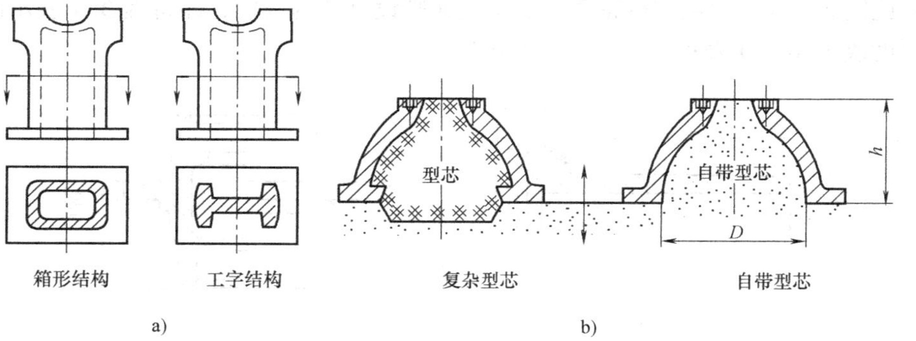

图 6-46 支柱截面和圆盖内腔设计

a）支柱截面两种设计 b）圆盖内腔两种设计

（2）应便于型芯固定排气和清理 铸件内腔除应能减少型芯数量外，还应使型芯在铸型中定位准确、安放稳固、排气通畅、清理方便。图 6-47a 所示为封闭形空腔，型芯不易安放，排气不通畅，还不易清理芯砂。若允许可采用图 6-46a 所示均较正确。

型芯固定主要依靠型芯头，在某些情况下也可以用型芯撑，但必须考虑到排气的可能性和型芯放置的稳固性，滑动面不允许用型芯撑，以防浇注时被铁液冲走，并且钢制型芯撑处冷却凝固快，易产生白口组织，造成硬度不均匀或裂纹。

图 6-47b 所示的轴承支架铸件，左边结构需用两个型芯，其中大的型芯呈悬臂状，必须采用型芯撑作辅助支撑。而右侧则为改进后的设计，是将原来的两个型芯改为一个整体型芯，使型芯的稳固性大大提高，装配简单且易于排气。

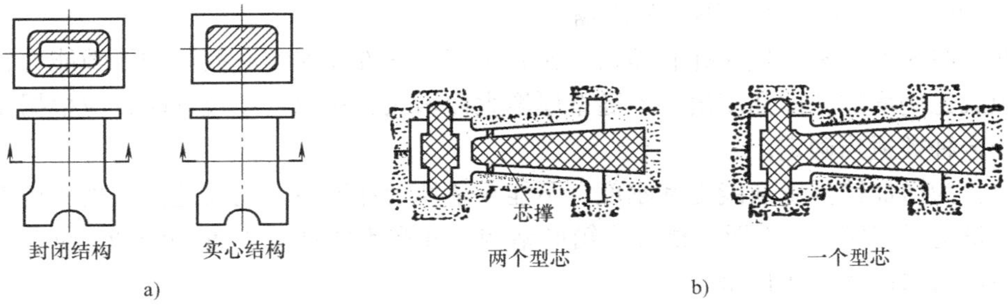

图 6-47　支柱和轴承支架内腔设计
a）支柱内腔设计　b）轴承支架内腔设计

(3) 应在必要时开设适当工艺孔　有些封闭结构为保证使用要求不便改为开式结构，但在下芯、合箱和清理时都有困难。为了在铸造过程中固定和清理型芯，可以在不影响零件工作要求前提下，设计出适当数量和大小的工艺孔。

如图 6-48a 和图 6-48b 所示，由 2 个芯头增设改进为 6 个并均布，以提高内腔的排气功能。而图 6-48c 中灰铸铁支腿增设 ϕ50mm 孔洞，则是为了铸件清理方便而增设的工艺孔，否则型芯根本将无法清出。假如零件结构上不允许有此孔，铸铁件可以用螺栓将其堵住，铸钢件可以用薄钢板将其焊死。

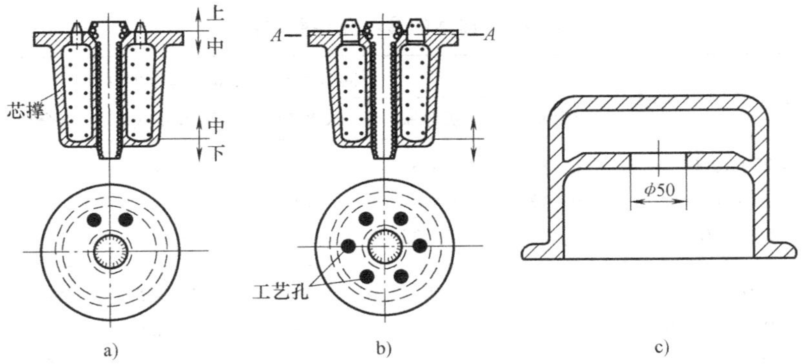

图 6-48　开设适当工艺孔
a）纯铜风口 2 个孔　b）改进增设 4 个孔　c）增设 1 个孔

6.4.2　铸造性能对铸件结构的要求

若铸件的结构与所用合金的铸造性能不相适应，在铸件中容易产生浇不足、冷隔、气孔、缩孔、缩松、裂纹和变形等铸造缺陷，因此必须合理设计铸件壁厚及其连接结构。

6.4.2.1　铸件壁厚设计

(1) 铸件应有恰当的壁厚　由于铸造合金的流动性各异，所以在相同铸造条件下，不同铸造合金能浇出铸件的最小壁厚不同，冷却能力强的铸型能得到的最小壁厚也大。但若铸件壁厚小于“最小允许壁厚”，则易产生浇不足、冷隔等缺陷。

铸件“最小允许壁厚”的大小主要取决于铸造合金的种类和铸件尺寸等因素，因此确定铸件壁厚不仅要从保证铸件力学性能出发，而且考虑铸件壁厚应大于“最小允许壁厚”值（可参考表6-9），以免产生浇不足和冷隔。

铸件壁厚太大又易产生缩孔和缩松，尤其是灰铸铁件厚大实心截面的承载能力，不再按截面面积成比例增加，即强度值并不随壁厚增大而增大，所以壁厚设计时，应根据使用条件和铸造合金种类适当确定。

通常，为增加铸件承载能力和刚度，不能靠单纯增加壁厚，而需选择合理的铸件截面形状，且尽量选用工字形、T形、槽形或箱形结构，并在脆弱部分安置加强肋，如图6-49b所示，采用加肋法以减小铸件壁厚。

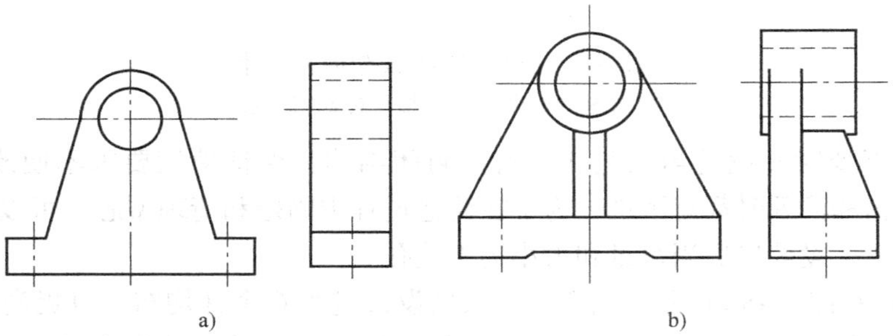

图6-49　轴承座铸件的壁厚设计
a）厚壁设计　b）薄壁加肋

表6-9　铸件的最小允许壁厚值

铸型种类	铸件尺寸/（mm×mm）	不同合金铸件的最小壁厚值/mm					
		铸钢	灰铸铁	球墨铸铁	可锻铸铁	铝合金	铜合金
砂型	<200×200	6~8	5~6	6	4~5	3	3~5
	200×200~500×500	10~12	6~10	12	5~8	4	6~8
	>500×500	15~20	15~25	—	—	5~7	—
金属型	<70×70	5	4	—	2.5~3.5	2~3	3
	70×70~150×150	—	5	—	3.5~4.5	4	4~5
	>50×150	10	6	—	—	5	6~8

注：1. 铸件的最小壁厚是指未加工壁的最小壁厚

2. 铸件尺寸是指浇注位置的铸件长度和宽度。

（2）铸件壁厚应尽可能均匀　铸件各部分厚度差别过大时，厚壁处可形成金属集聚的热节，易产生缩孔、缩松等缺陷。同时还增大热应力，在厚薄交接处产生裂纹。图6-50a所示为两种不合理结构与改进后的两种合理结构。

铸件壁厚设计应尽量均匀并非绝对相等，由于铸件在铸型中内壁散热条件较差，所以应将散热慢的内壁较外壁厚度适当减小，才能使铸件内、外壁冷却速度相近，如图6-50b下图所示，由于改进后的阀体内壁厚度较薄，故可使阀体各部分在铸型中能均匀同时冷缩，防止

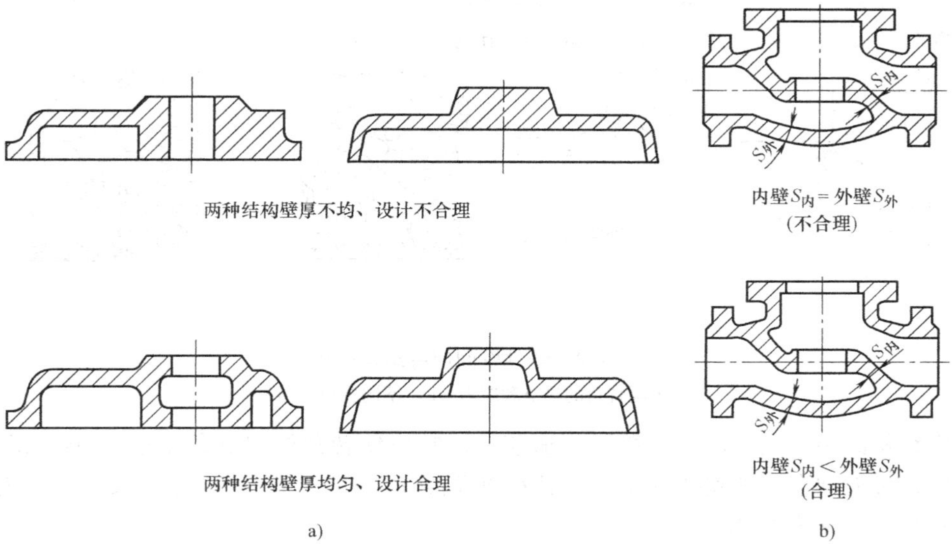

图 6-50　端盖壁厚和阀体内壁的设计

a）端盖的壁厚设计　b）阀体内壁厚度的设计

产生应力与变形等。

（3）铸件大平壁应尽可能倾斜设置　铸件上过大的水平壁（见图 6-51a）不利于液态金属充型，极易产生浇不足或冷隔等缺陷。并且，当过大水平壁处于型腔上表面时，由于液态金属长时间对其辐射烘烤，还易产生夹砂、气孔和夹杂等缺陷。因此铸件结构设计时，应尽量将水平位置的薄壁倾斜设置，如图 6-51b 所示。

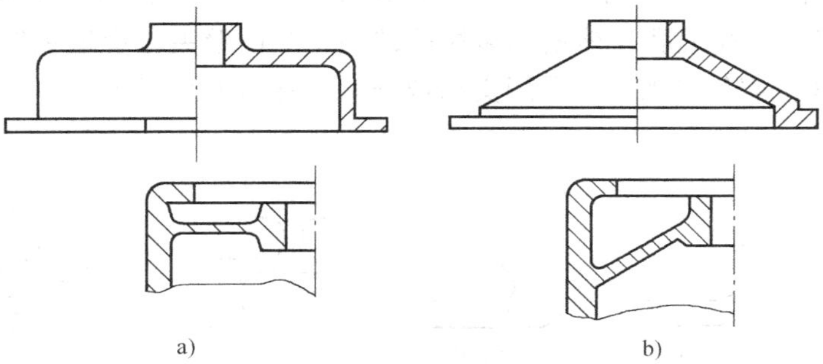

图 6-51　水平位置倾斜设计

a）不合理　b）合理

6.4.2.2　铸件壁的连接应平缓

（1）铸件壁间转角应设计铸造圆角　在设计铸件壁的转角时，应在铸件壁与壁之间垂直连接的转角处，设计成结构圆角。否则若为直角结构，将会在直角处造成金属局部聚积，而形成较大的热节（见图 6-52a），不仅容易产生缩孔或缩松等缺陷，还会使内应力增大并造成应力集中而产生开裂。

同时，由于结晶的方向性，还易形成柱状晶间的大晶界（见图 6-52b），而产生结合脆弱面，使直角处力学性能下降。若将直角改进为圆角，可以减小热节和应力集中，防止产生缩孔和缩松等缺陷，避免产生裂纹并加强转角的力学性能。

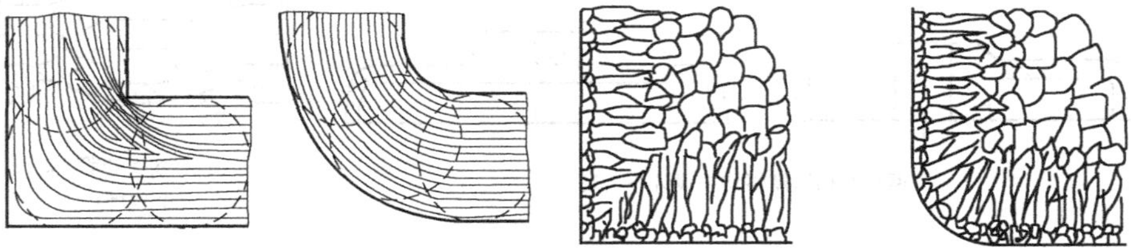

a) b)

图 6-52 铸件壁间应有结构圆角

a）不同转角的热节和应力 b）不同转角的结晶

铸件结构圆角的大小应与其壁厚相适应，通常应使转角处内圆角半径 R 小于相邻壁厚的 1.5 倍，过大则会增加缩孔倾向。一般外壁 $R_{外} \geq R_{内} + 1/2\ (a+b)$ 且 $b \leq 2a$，而内壁 $R_{内}$ 的具体参数可参阅表 6-10。

表 6-10 铸件的内圆角半径 $R_{内}$ 值 （单位：mm）

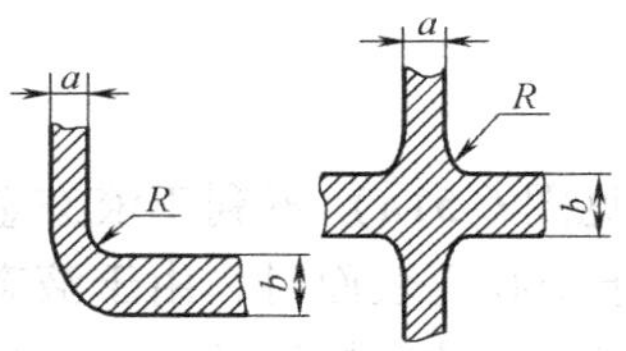

$(a+b)/2$	≤8	9~12	13~16	17~20	21~27	28~35	36~45	46~60
铸铁	4	6	6	8	10	12	16	20
铸钢	6	6	8	10	12	16	20	25

（2）铸件壁间应避免交叉和锐角连接　在设计铸件壁的连接时，为减小金属积聚热节和应力集中，以防止产生缩孔、缩松和裂纹等缺陷，其两壁夹角应避免锐角连接（见图 6-53a），且肋或壁间应避免交叉，而采用交错或环状连接（见图 6-53b），以减缓内应力、提高抗裂性。

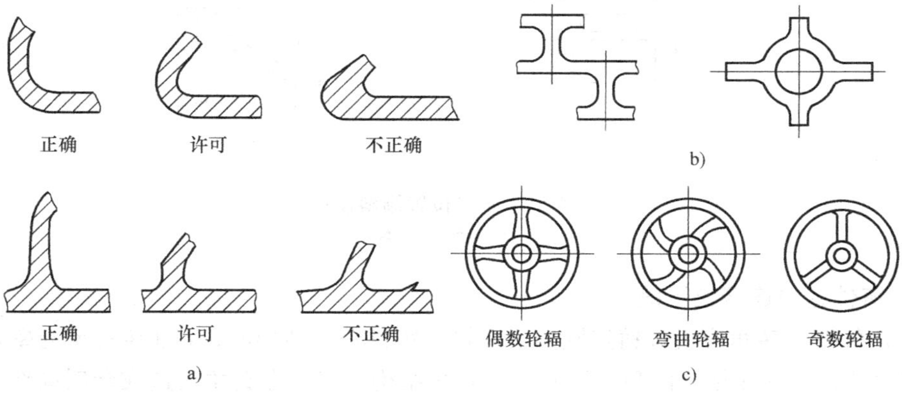

图 6-53 铸件壁或肋连接形式和轮辐设计

a）两壁夹角小于 90°连接 b）交错接头和环状接头 c）轮辐设计形式

在设计车轮轮辐时，不仅应利用环状和环状交错连接，还应尽量避免垂直对称的偶数轮辐设计（图 6-53c），而采用弯曲轮辐和奇数轮辐，可利用轮辐本身的微量变形和交错自行减缓内应力，防止轮辐与圆环交接处产生裂纹。

（3）铸件厚薄壁连接应逐步过渡　在设计铸件时，壁厚不可能完全均匀一致，甚至存在很大差别，为了减少应力集中，应采用逐步过渡的连接形式，以防止壁厚突变而造成应力集中和断裂。表 6-11 给出了几种壁厚过渡的形式及尺寸。

表 6-11　几种壁厚过渡的形式及尺寸

<table>
<tr><th>图　例</th><th colspan="3">过　渡　尺　寸</th></tr>
<tr><td rowspan="5">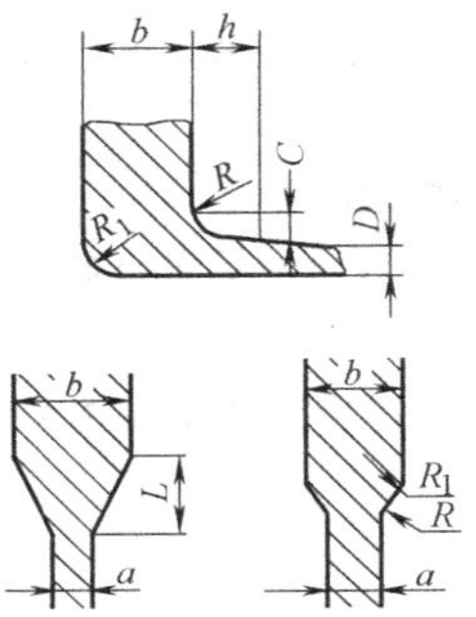</td><td rowspan="2">$b \leqslant 2a$</td><td>铸铁</td><td>$R \geqslant (1/6-1/3)[(a+b)/2]$</td></tr>
<tr><td>铸钢</td><td>$R \approx (a+b)/4$</td></tr>
<tr><td rowspan="2">$b>2a$</td><td>铸铁</td><td>$L>4(b-a)$</td></tr>
<tr><td>铸钢</td><td>$L \geqslant 5(b-a)$</td></tr>
<tr><td>$b>2a$</td><td colspan="2">$R \geqslant (1/6-1/3)[(a+b)/2]$
$R_1 \geqslant R+[(a+b)/2]$
$C \approx 3\sqrt{(b-a)}$　$h \geqslant (4\sim5)C$</td></tr>
</table>

6.4.3 组合铸件的结构设计

组合铸件是将较大铸件或形状复杂铸件设计成几个小铸件，用螺钉或焊接方法组合成整体，可有效解决铸造、锻造、切削加工及运输设备能力不足等问题，并简化铸造工艺过程。但螺钉连接件强度、刚度或精度均较整体铸件差，且制造工时多。如大型复杂机架、床身及支架类铸铁件的螺钉联接，如图 6-54a 所示。

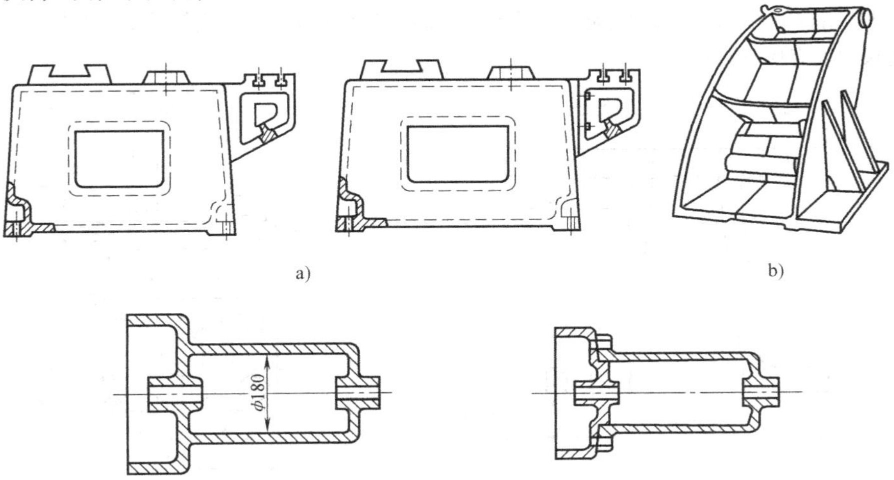

c)

图 6-54　组合铸件的结构设计

a）床身连接结构　b）底座铸-焊联合结构　c）砂型铸件的两种结构

大型复杂铸钢底座为低碳钢铸-焊联合结构（见图 6-54b），是先分成两半铸造，再焊成整体，而大型动载轴和立柱为中碳钢或合金钢铸-锻-焊联合结构，是分段铸造、分段锻造，再焊成整体。组合成形的零件强度、刚度和精度好。

图 6-54c 所示的砂型铸件，原结构不利于造型、型芯固定、排气与落砂清理，但改为两件分别铸造再组合，则使铸造工艺简化。同样，对于大型圆盘类齿轮、飞轮等件，也可分成两半铸造或将轮缘、轮辐与轮毂分开铸造，然后再连接成整体，若铸铁材料用螺钉、螺栓联接，若铸钢材料用熔焊连接。

思考练习题

1. 合金流动性的概念是什么？若合金流动性不足时，铸件易产生哪些铸造缺陷？某厂生产的薄铸铁件近期缺陷突然增多，试判断缺陷种类并分析产生的根本原因。

2. 提高浇注温度可提高液态合金的充型能力，但为什么又要防止浇注温度过高？

3. 什么是顺序凝固原则和同时凝固原则？各需采取什么工艺措施来实现？这两种凝固原则各适用于哪种材料与场合？

4. 铸件缩孔和缩松产生的原因和条件是什么？防止铸件产生缩孔的主要工艺措施是什么？为什么要尽量选择共晶成分或结晶间隔窄的合金作为铸造合金？

5. 试分析轨道铸件热应力形成的原因，并用虚线表示出铸件的变形方向。

6. 某铸件时常产生裂纹，如何区分其裂纹的性质？若属于热裂纹，该从哪些方面寻找产生的原因及防止措施？

7. 下列铸件在大批量生产时宜采用什么铸造方法为宜？

铝活塞　缝纫机头　汽轮机叶片　大口径铸铁污水管　汽车扬声器

车床床身　气缸套　摩托车气缸体　大模数齿轮滚刀　电动机外壳

8. 确定浇注位置和分型面的原则各有哪些？确定分型面时，为什么应尽量使铸件的造型位置与浇注位置一致？

9. 为什么空心球难以铸出？需采取什么措施才能铸出？试用铸型图表示出来。

10. 铸件的结构斜度和结构圆角与起模斜度和铸造圆角有何不同？为什么铸件要有结构圆角？铸件内、外侧壁的起模斜度有何不同？

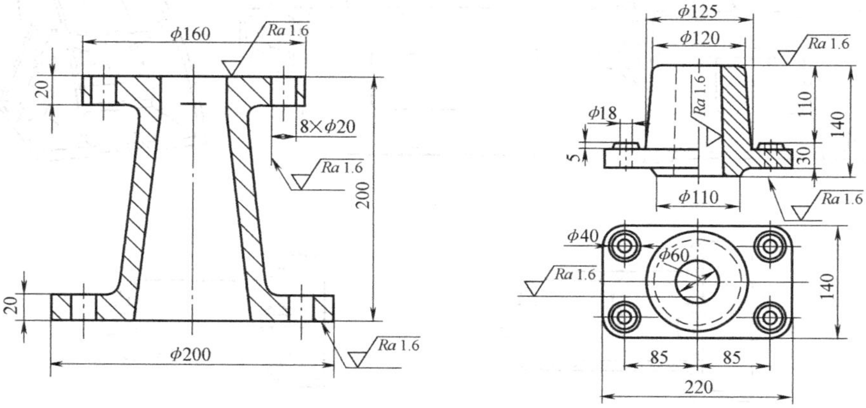

a)　　b)

图 6-55　两种灰铸铁砂型铸造零件

a）支承台零件 HT150、100 件　b）轴承座零件 HT150、100 件

11. 下列两种灰铸铁零件（见图6-55），当采用砂型铸造时，请拟定其铸造工艺：

（1）分析两零件各有哪几种分型方案？用带有反向箭头的符号在分型面处表示出来。

（2）分析比较两零件各种分型方案的优缺点，并指出各零件的哪种方案较为合理？

（3）以选定的合适分型面为基础，绘出两种零件的铸造工艺图。

12. 为什么要规定铸件的最小壁厚？灰铸铁的壁厚过大或局部过薄会出现哪些问题？在保证铸件尺寸前提下，应如何使铸件壁厚尽量均匀？

13. 铸件结构和铸造工艺关系如何？铸造工艺对铸件结构的要求有哪些？

14. 在设计铸件外型和内腔结构时，各应考虑哪些问题？为什么？

15. 图6-56所示三种铸件的两种结构设计，各应选用哪一种较为合理？为什么？［提示：从工艺方面分析］

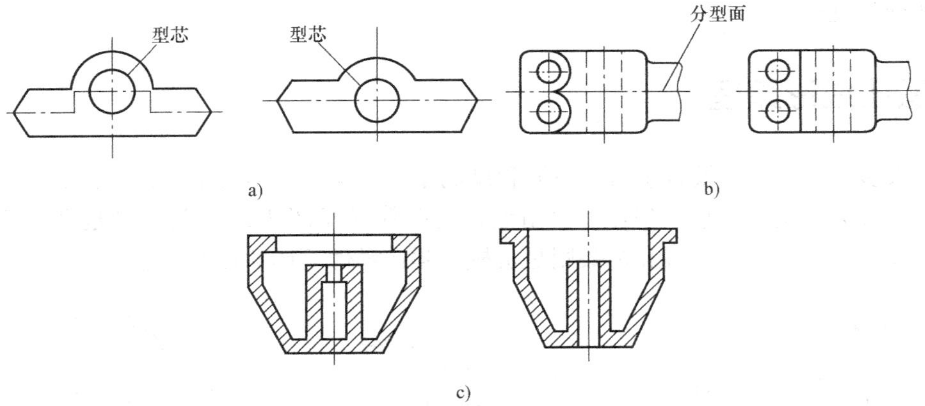

图6-56　四种铸件的两种结构设计

第 7 章　金属锻压成形

导读　本章主要介绍机械零件毛坯的各种锻造工艺方法、金属塑性变形组织及性能、自由锻及胎模锻和模锻工艺及拟定以及各种锻件结构设计等。

本章重点是自由锻工艺规程、模锻工艺拟定及锻件结构设计，难点是金属锻压性能、锻造工艺缺陷及预防措施以及新锻造技术，要点是自由锻工艺规程制定、模锻件结构工艺性分析及锻件结构设计。

7.1　锻压成形原理

钢和大多数非铁金属及合金具有不同程度的塑性，均可在热态下进行塑性成形。按成形方式不同可分为轧制、拉拔、挤压、自由锻、模锻等（见图 7-1），前三者是金属厂提供各种型材的加工工序，而自由锻和模锻则是机械厂制造零件毛坯的重要工序。

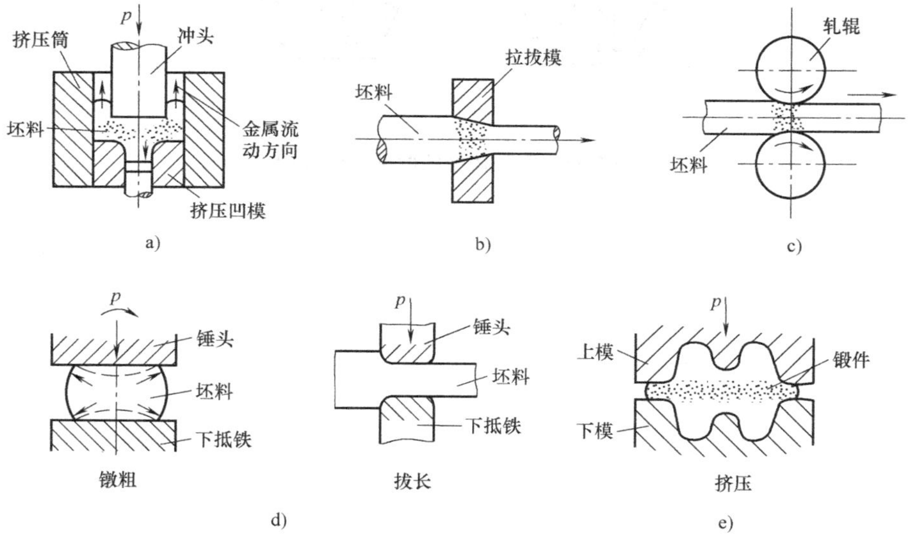

图 7-1　金属塑性热加工的主要类型

a）挤压　b）拉拔　c）轧制　d）自由锻　e）模锻

7.1.1　金属形变基本理论

金属材料在热冷状态下借助锻锤或压力机的冲压力，产生塑性变形而获得所需形状、尺寸及力学性能的毛坯加工工艺过程，实际上金属受力形变是指晶粒内部产生滑移、晶粒间产生滑移和转动的过程。

7.1.1.1　晶粒内受力产生滑移

金属晶体在切应力作用下，晶粒内一部分相对于另一部分沿一定晶面发生相对滑动，从而引起单晶粒的塑性变形，其滑移变形过程如图 7-2 所示。

当切应力较小时，晶格歪扭，单晶粒只发生少许弹性变形（见图 7-2b），若将外力停止，应力消失，变形也随之消失。当应力增大到一定程度，使原子沿着原子密度最大的晶面和晶向，产生大于一个原子间距的滑动位移，原子将不再回到原来的平衡位置，变形便被保留下来，产生所谓塑性变形，如图 7-2d 和图 7-2c 所示。

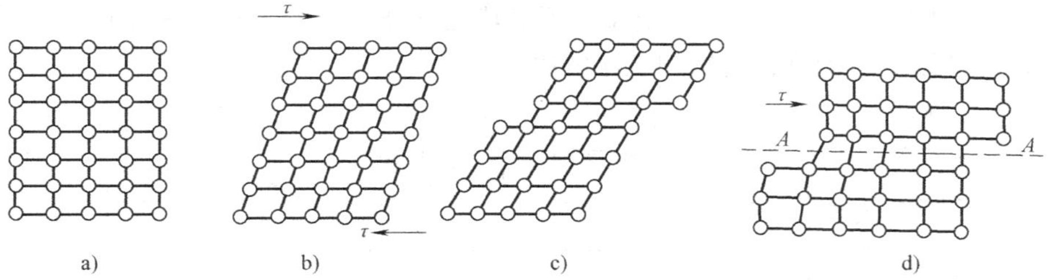

图 7-2 单晶粒滑移变形示意图

a）未变形 b）弹性变形 c）弹塑性变形 d）塑性变形

7.1.1.2 晶粒间受力滑移和转动

生产中使用的金属及合金一般都是多晶体（即多晶粒），多晶体变形要比单晶体变形复杂得多，虽然是以单晶体塑性变形为基础，但由于多晶体中每个晶粒所处位向不同（见图 7-3a），受到外力作用时滑移的先后次序则不同。

通常晶格位向（滑移面和滑移向与外力成 45°）最易变形的晶粒一旦受到外力后，首先发生晶内滑移而变形，并在滑移时受到邻近位向不同晶粒的阻碍，而在晶界附近造成大量的位错堆积和应力集中。

随着外力增大至应力集中达到一定程度时，首批晶粒内滑移停止，开始向有利于形变的位向微量转动，并越过晶界将形变传递到另一批晶粒中。随后不同位向晶粒 A、B、C 依次滑移和转动，直到全部晶粒都发生塑性变形为止，如图 7-3b 所示。

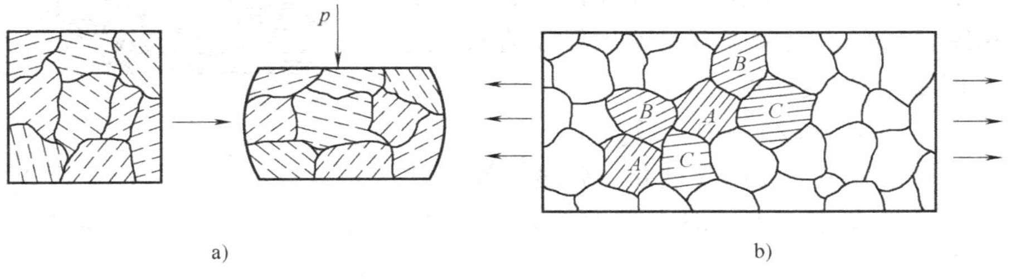

图 7-3 多晶粒金属塑性变形过程示意图

a）受压下的不同位向晶粒 b）晶粒依次塑性变形

7.1.2 金属形变组织和性能

金属塑性变形分为冷变形和热变形两种，冷变形是指再结晶温度以下的变形，变形过程中无再结晶现象，变形后金属只具有加工硬化和残余应力。热变形是指再结晶温度以上的变形，变形后金属具有再结晶组织而无加工硬化痕迹。

7.1.2.1 金属冷变形组织和性能

（1）金属冷变形组织与强化 金属塑性变形量不大时，位移原子堆积在晶界附近，随变形量增加而增多，将促使各破碎晶粒成为细晶粒，使晶格产生严重畸变。并且形变越大，碎晶程度越多，金属塑性变性抗力越大，从而使金属的强度和硬度显著提高，塑性和韧性明显下降，即产生所谓“形变强化”现象，如图7-4所示。

生产中常利用形变强化提高金属材料的强度。例如，将 w（C）=0.9%～1.0%的碳钢线材加热至950～980℃保温，然后于铅浴中淬火，再进行冷态拉拔，可使钢丝强度高达2940MPa，比原来提高3倍左右。纯金属及不能热处理强化的合金也可采用此法。但冷变形强化后，金属继续变形困难，需增加工序解决。

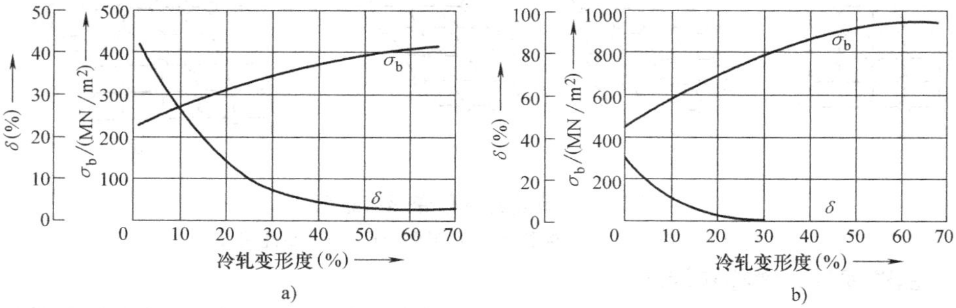

图7-4 金属冷变形强化现象

a）纯铜 b）低碳钢

（2）冷变形金属残余应力 金属塑性变形时，由于多晶体变形分布的严重不均匀性，使塑性变形后的金属存在残余内应力，这将导致零件在使用中发生变形。所以经过塑性变形的金属，通常都要进行退火处理，以消除或降低金属内的残余内应力。

7.1.2.2 金属加热组织与性能

（1）低温加热回复组织 将冷形变强化金属加热到一定温度后，金属原子获得热能而将恢复原位，但因加热温度低，原子扩散能力小，只能引起部分空位及位错原子作微量迁移，使缺陷数量减少，晶格畸变减轻，残余应力及硬化部分消除。此阶段称为“回复”，回复温度 $T_{回}$ 为：

$$T_{回}=(0.25\sim0.3)T_{熔}$$

回复后金属显微组织无明显变化，强度、硬度和塑性等力学性能也变化不大，但内应力却大大下降，如图7-5所示。

在工业上常利用回复现象，将变形金属进行去应力处理，以降低其内应力，保留金属的加工硬化性能，改善某些理化性能。例如，冷卷弹簧在卷制之后都要进行一次250～300℃的去应力处理，以消除内应力使其定型。

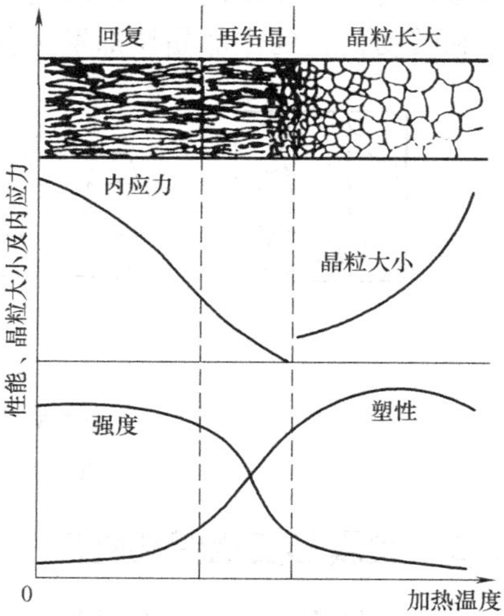

图7-5 变形金属加热组织和性能

（2）高温加热再结晶组织 当变形金属加热到较高温度时，原子具有更大的扩散能力，这时组织中破碎拉长的晶粒，将会通过形核与长大的方式形成新的等轴晶粒，这些等轴晶粒完全代替碎晶后，即可完成再结晶过程。新旧晶粒的外形不同，但晶格类型完全相同。

纯金属的最低再结晶温度与熔点的关系为：

$$T_{再} \approx 0.4T_{熔}$$

通过再结晶后，变形金属的显微组织可发生彻底变化，并使金属强度、硬度显著下降，内应力基本消除，而塑性、韧性明显提高，即加工硬化现象消除。

（3）再结晶温度及退火工艺　金属开始再结晶的温度称为再结晶温度。当变形到一定程度（70% ~80%）后，金属的再结晶温度将趋近于某一最低极限值，称为“最低再结晶温度”。最低再结晶温度以上发生再结晶的热处理工艺，称为再结晶退火。实际生产中经常将再结晶退火加热温度定为再结晶温度以上 100 ~200℃，见表 7-1。

表 7-1　几种金属材料的再结晶退火与去应力退火的温度

金属材料		去应力退火温度/℃	再结晶退火温度/℃
钢	碳素结构钢及合金结构钢	500 ~600	680 ~720
	碳素弹簧钢	280 ~300	—
铝及其合金	工业纯铝	≈100	350 ~420
	普通硬铝合金	≈100	350 ~370
铜及其合金（黄铜）		270 ~300	600 ~700

7.1.2.3　金属热变形组织和性能

（1）热变形对金属组织的影响　热变形可消除铸态组织、破碎并改善碳化物的分布。当钢锭锻造达到一定变形程度时，铸态的树枝状晶粒便被击碎，通过再结晶形成新的等轴晶粒，从而提高金属塑性和强度等性能。

同时，还可将聚集在晶界处的金属夹杂物 FeO 及 MnO 等、非金属夹杂物 FeS、MnS 及 SiO_2 等击碎，并经高温扩散和互相溶解作用，使其均匀分散在金属基体内，从而改善金属组织并提高使用性能。

然而，在锻造过程中各种夹杂物会随钢件外形改变，呈条状和链状分布并保留下来，且呈现宏观“流线”称为“纤维组织”，使金属组织呈一定方向性，并随金属变形程度增大而明显程度增加。通常用锻造比（$Y_{锻}$）表示变形程度，即

拔长时锻造比为　$Y_{拔} = F_0/F$

镦粗时锻造比为　$Y_{镦} = H_0/H$

式中　H_0、F_0——分别为坯料变形前的高度和横截面积；

H、F——分别为坯料变形后的高度和横截面积。

一般来说，拔长时锻造比大于 2 ~3 时即可出现纤维组织。若先镦粗后拔长，锻造比则需达到 4 ~5 时才能形成纤维组织。并且变形程度越大，纤维方向越明显，如图 7-6a 所示。

（2）热变形对金属性能的影响　锻造使金属组织发生了一系列的变化，将必然会引起金属性能发生改变。由图 7-6b 拔长程度对力学性能的影响曲线可知，随着锻造比增加，钢的强度指标 σ_s 变化不大，而塑性、韧性指标 δ、ψ、a_K 则变化很大。

当锻造比达到 2 时，由于内部空隙焊合压实，铸态组织得到消除或改善，晶界碳化物和夹杂物开始被打碎，因此纵、横向力学性能均有显著提高。

当锻造比等于 2 ~5 时，开始形成纤维组织，力学性能出现各向异性，纵向性能略有提高，而横向性能明显下降。

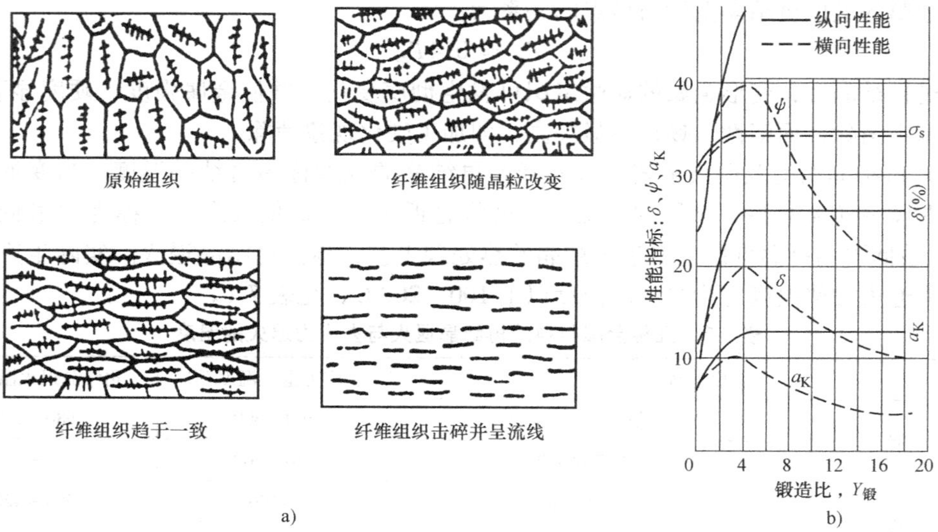

图7-6　钢锭锻造比增大对纤维组织和性能的影响

a）随锻造比增大形成的纤维组织　b）碳素钢锭拔长锻造比对性能的影响

当锻造比超过5时，将形成一致的纤维组织，纵向性能不再提高，横向性能继续下降。

由此可见，锻造比大小可反映锻造对锻件组织和力学性能的影响，因此在锻造钢锭时选择适当的锻造比十分重要。

（3）热变形程度的确定　不同材料的热变形程度及不同性能要求，需选择不同的锻造比，通常为：

碳素结构钢锻件　$Y=2\sim3$；不锈钢和耐热钢锻件　$Y=4\sim6$

合金结构钢锻件　$Y=3\sim4$；高合金工具钢锻件　$Y=5\sim12$

对于一般结构钢件，当零件受力方向与流线不一致而为保证横向性能时，选 $Y=2\sim2.5$；当零件受力方向与流线一致而为提高纵向性能时，选 $Y=4$；对于一些重要高合金钢锻件，为了充分破碎铸态组织，获得较高综合力学性能，常用镦粗拔长联合工艺，锻造比则要求高达6～8，而一般典型锻件的锻造比见表7-2。

表7-2　典型锻件的锻造比

锻件名称	计算部位	总锻造比	锻件名称	计算部位	总锻造比
碳素钢轴类锻件	最大截面	2.0～2.5	锤　头	最大截面	≥2.5
合金钢轴类锻件	最大截面	2.5～3.0	发电机转子	轴身	3.5～6.0
齿轮轴	最大截面	2.5～3.0	汽轮机叶轮	轮毂	4.0～6.0
水压机立柱	最大截面	≥3.0	曲　轴	曲拐、轴颈	≥2.0、≥3.0

（4）纤维组织性能的利用　由于纤维组织可使锻件性能呈现各向异性，且纤维组织的化学稳定性很高，难以用热处理消除，而只能再用锻造改变其方向和分布状况。因此在制定零件加工工艺时，应根据零件的受力情况注意以下两点：

1）使零件工作时所受的最大拉应力与纤维方向一致，最大切应力与纤维方向垂直。

2）使纤维组织与零件轮廓相符而不被切断。

例如，采用不同方法制成的齿轮，其纤维组织分布状态差别很大，如图 7-7a 所示，用圆钢切削制成的齿轮坯，使原棒料沿轴向分布的纤维组织被切断，受力时齿根产生的正应力垂直于流线方向，承载能力低，质量差而易断齿。

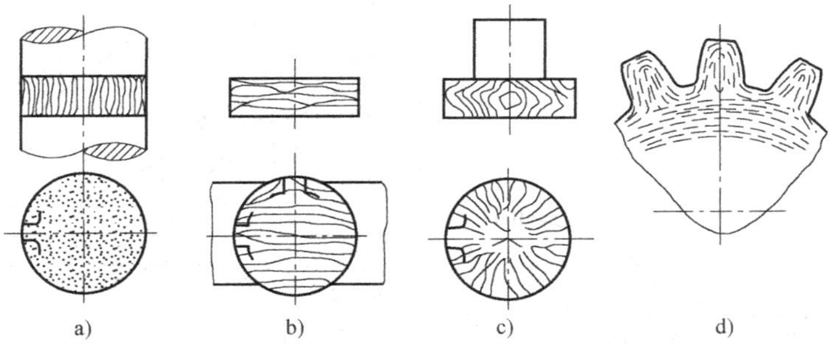

图 7-7　不同方法制成齿轮坯的纤维组织分布
a）圆钢切削　b）扁钢模锻　c）圆钢镦粗　d）轧制成形

图 7-7b 是用扁钢模锻和圆钢局部镦粗锻成齿轮坯，而后再经切削加工制成的齿轮，其纤维组织方向沿径向分布，受力时齿根部正应力与流线方向近于平行，切应力与流线方向垂直，力学性能好。图 7-7b 和图 7-7c 是用扁钢模锻和圆钢图 7-7d 用热轧成形法制造齿轮，纤维组织沿齿轮轮廓连续分布，承载能力高，质量最好。

7.1.3　金属的可变形性能

金属可变形性能是衡量金属材料接受压力加工难易程度的工艺性能。通常用金属塑性和变形抗力来衡量，金属的塑性越大，变形抗力越小，可变形性能越好。金属可变形性能取决于金属本身的性质和变形条件。

7.1.3.1　金属的本身性质

（1）化学成分的影响　金属中合金元素含量越少、塑性越好，一般情况下，纯金属的可变形性能比合金好。例如，纯铁的塑性则比含碳量高的碳钢好，变形抗力小；纯铜的塑性比含锌量高的黄铜好，容易拉拔成形为直径较小的纯铜管。

但钢中含有强碳化物形成元素（如钨、钼、钒、钛、铬等）的量越高时，钢的强度和硬度越高、塑性越差，可变形性能则越差。如铬镍不锈钢的铬、镍含量越高，变形抗力越大，可变形性能变得越差。

（2）金属组织的影响　金属组织结构不同，可变形性能也不同。金属的铸态柱状组织和粗晶粒结构，不如细而均匀组织的可变形性好，碳化物组织的可变形性能差，而纯金属及固溶体组织可变形性能好。例如，单相奥氏体不锈钢塑性很好，在常温下即能产生很大变形而不破坏。

生产中常用的单相组织如纯铝、纯铜、纯铁，以软韧（铁素体）组织为主的低碳钢等金属，在常温下塑性都很好，变形抗力也小，这些材料的可变形性能好。

7.1.3.2　金属的变形条件

（1）变形温度的影响　金属通过加热可有效地提高其可变形性能，如图 7-8a 所示，如低碳钢加热到 300℃以上时，随着温度升高，金属内原子动能增加，原子间的结合力降低，使滑移变形抗力减小且塑性提高，从而改善了金属的锻造性能。

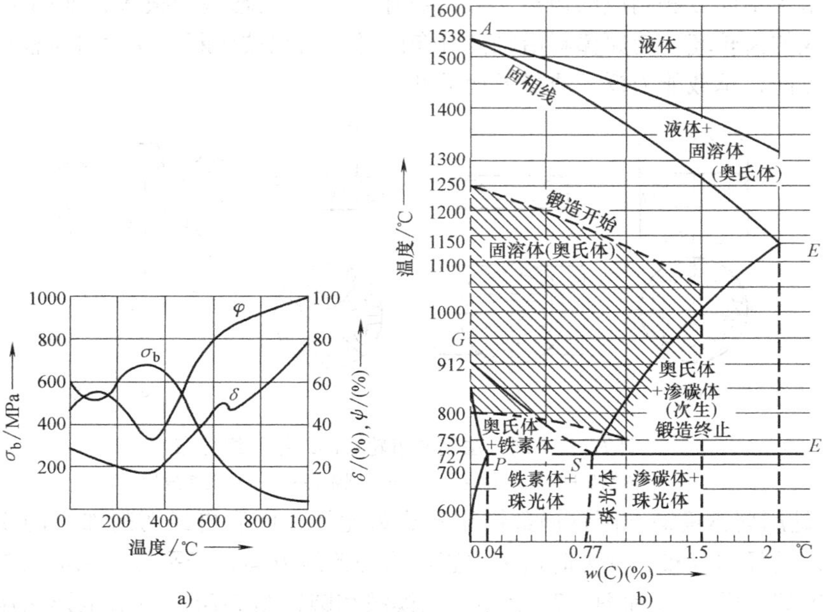

图 7-8　碳钢的变形与温度的关系

a）性能与温度的关系　b）变形温度范围

但是当加热温度过高时，将会使金属产生过热、过烧和严重氧化等缺陷，从而使其塑性急剧下降，变形性变差，甚至使锻件报废。所以还应根据金属材质的不同，将加热温度严格控制在一定的范围内，如图 7-8b 所示。

（2）变形速度的影响　一般情况下，提高变形速度，将会因塑性变形产生的加工硬化现象来不及消除，而导致金属的塑性降低，变形抗力增大（见图 7-9a），可变形性能变差。但当变形速度很大时，如高速锤锻造，由于热效应会导致金属温度升高，使其塑性提高，变形抗力减小，从而可改善金属的锻造性能。

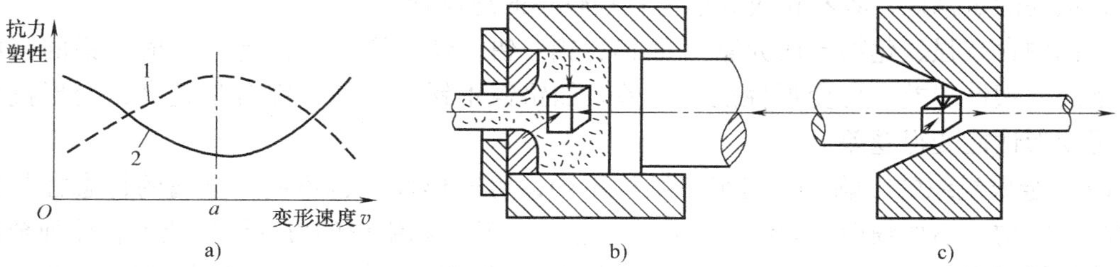

图 7-9　不同方式变形时的金属应力状态

a）变形速度的影响　b）挤压变形　c）拉拔变形

1—变形抗力曲线　2—塑性变化曲线

（3）变形方式的影响　采用的变形方式不同，金属内部产生的应力大小和状态不同，塑性也不同。例如，金属在拉拔变形过程中为两个方向受压，一个方向受拉（见图 7-9b）。而挤压变形时则为三个方向均承受压力，如图 7-9c 所示。

变形过程中，拉应力易使金属内部微裂纹扩展而破坏，使金属塑性下降。而压应力则有利于减小金属内部原子晶格间距，不易产生裂纹并使塑性增加。故压应力数目越多，金属塑性则越好。但若为三向受压的变形形式，将会使金属坯料与模具间的摩擦增加，反而使变形抗力增大。

总之，在金属固态成形过程中，要求最有利的变形条件，充分发挥金属的塑性，降低变形抗力，既省力又保证质量地达到成形的目的。

7.1.3.3 常用金属材料的可变形性能

在工业生产中常用的碳素钢、合金钢、铸铁及非铁金属等，因化学成分、晶粒大小、组织结构等不同，其可变形性能有很大差别。一般规律是具有细小晶粒、少量碳化物、单相组织、面心立方晶体结构的合金，可变形性能均好。

然而，具有复杂组织结构的高合金钢（如高速钢）可变形性能，比低碳钢和低合金钢差得多。灰铸铁因含有大量渗碳体和石墨，塑性几乎为零而属于脆性材料，故不能锻造。各种材料的可变形难度见表 7-3。

表 7-3 材料可变形难度的顺序排列（从小到大）

1	2	3	4	5	6	7	8
铝合金 （难度最低）	镁合金	铜合金	碳素钢和 低合金钢	马氏体 不锈钢	马氏体 时效钢	奥氏体 不锈钢	镍合金
9	**10**	**11**	**12**	**13**	**14**	**15**	**16**
半奥氏体沉淀 硬化不锈钢	钛合金	铁基高温 合金	钴基 高温合金	铌合金	镍基 高温合金	钨合金	铍合金 （最难锻造）

7.2 自由锻成形

7.2.1 自由锻方法及应用

自由锻是利用压力或冲击力使金属在上、下抵铁之间产生塑性变形，从而获得所需锻件形状及尺寸的方法。金属坯料在抵铁间受力变形时，朝各个方向可以自由流动，不受限制，锻件形状和尺寸由锻工操作技术保证。

7.2.1.1 自由锻分类及特点

自由锻分为手工锻造和机器锻造两种。手工锻造只能生产小型锻件，生产效率也低，而机器锻造则是自由锻的主要方法。由于自由锻所用工具简单，具有较大的通用性，因而自由锻的应用较为广泛。

自由锻可锻造各种质量的简单形状锻件，小到不足一公斤，大到二三百吨，并因锻造过程是局部变形，变形抗力小，特别适于单件小批量水轮机主轴、多拐曲轴、连杆等大型锻件生产。由于这类锻件工作中承受载荷大，力学性能要求高，而用自由锻法制得的毛坯，力学性能均较高，故此法对重型机械制造特别重要。

自由锻设备按其对坯料作用力性质，分为锻锤和液压机两大类。锻锤产生冲击力使金属坯料变形，常用的有空气锤和蒸汽－空气锤。空气锤吨位较小，只用以锻造小型件。蒸汽—空气锤吨位稍大（最大吨位可达 50kN），可用以锻造质量小于 1500kg 锻件。液压机产生压力使金属坯料变形，主要是吨位较大的水压机，可锻造质量达 300t 锻件，在金属变形中无振动且能达到较大锻造深度，因此它是巨型锻件的唯一成形设备。

7.2.1.2 自由锻造工序

自由锻生产中能进行的工序很多，可分为基本工序、辅助工序及精整工序三大类。自由锻基本工序是使金属产生一定程度的塑性变形，以达到所需形状和尺寸的工艺过程，如镦粗、拔长、冲孔、弯曲、切割、扭转及错移等工序。

自由锻辅助工序是为基本工序操作方便而进行的预先变形工序，如压钳口、压钢锭棱边、切肩等。而精整工序是用以减少锻件表面缺陷而进行的工序，如清除锻件表面凸凹不平及整形等，一般在终锻温度以下进行。

通常，自由锻基本工序与辅助工序和精整工序组合运用，才得到符合要求的锻件。

7.2.2 自由锻件工艺拟定

自由锻件工艺拟定内容包括绘制锻件图、确定变形工步、计算坯料质量及尺寸、选定锻造设备、确定锻造温度范围和加热、冷却及热处理规范等。

7.2.2.1 绘制锻件图

锻件图是工艺拟定的基础和工艺规程的核心内容，它是以零件图样为基础，结合自由锻工艺特点考虑余块与锻件形状、锻件加工余量和锻造公差等因素绘制而成。绘制锻件图时，一般应采用下列方法和步骤。

（1）确定锻件形状　为了简化锻件形状、便于直接锻造成形，而在零件上某些难以锻出的凹档、台阶、凸肩、法兰和内孔等部位，添加上一部分多余（在切削加工余量以外）的金属，即称为余块，如图 7-10a 所示。

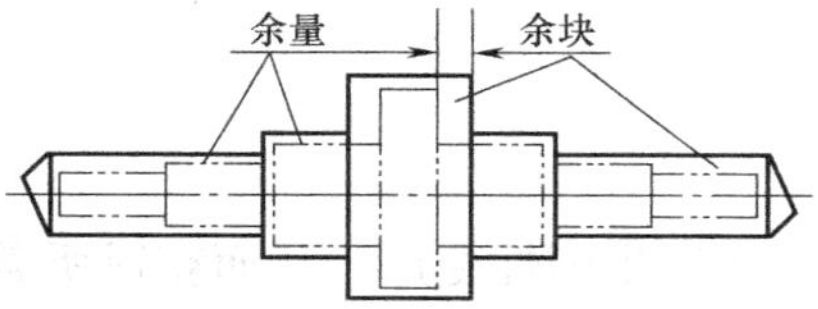

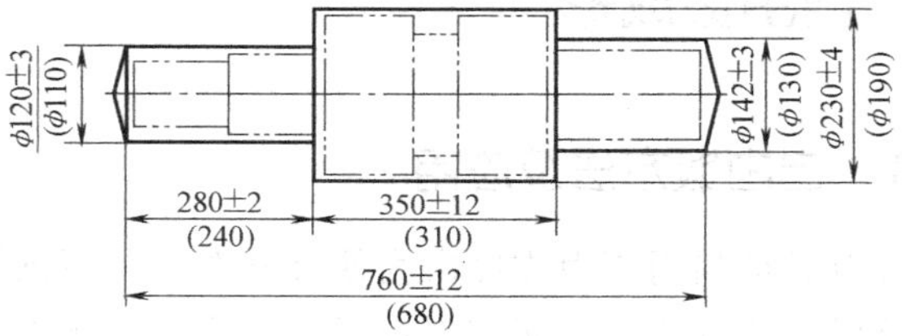

图 7-10　阶梯轴自由锻件

a）余量和余块　b）锻件图

添加余块，需增加金属材料的消耗和切削加工工作量，并会将纤维组织切断，降低锻件强度。因此，是否添加余块，应根据实际情况、结合本厂锻造水平及经济性等因素综合考虑后确定。

（2）确定锻件余量　由于自由锻锻件尺寸精度低、表面质量较差，需再经切削加工制成成品零件，为此应在零件加工表面上增加供切削加工用的金属，称为锻件余量，其大小取决于零件形状和尺寸、精度和粗糙度要求等，零件越大、形状越复杂，则余量越大。具体数值可结合生产实际条件查阅有关手册确定。

（3）确定锻件公差　零件基本尺寸加上加工余量为锻件基本尺寸。锻件公差是指锻件实际尺寸与基本尺寸间所允许的偏差，超过基本尺寸称为上偏差，小于基本尺寸称为下偏差，上、下偏差代数差的绝对值为锻件公差，一般约为加工余量的 1/4 ~ 1/3，具体数值可根据锻件形状、尺寸、精度要求和生产批量等查阅有关手册确定。

（4）绘制锻件图　绘制锻件图时，零件主要轮廓形状用双点画线表示，锻件轮廓用粗实线表示（见图 7-10b），锻件尺寸和公差标注在尺寸线上面，零件尺寸加括弧标注在尺寸线下面，以供锻造者参考。对于大型锻件，必须在同一个坯料上锻造出做性能检验用的试样，并将该试样的形状和尺寸也在锻件图上表示出来。

7.2.2.2　计算坯料质量及尺寸

生产大型锻件所用的坯料一般为质量在 300t 以下的钢锭，而中小型锻件原材料则常采用初轧钢坯和各种方钢、圆钢、扁钢等钢材，各种类型的坯料质量和尺寸均可按公式计算、经验估算或查表等确定。

（1）坯料质量的计算　根据锻件形状和尺寸，可先计算出锻件质量，再考虑加热时的氧化损失、冲孔时冲掉的料芯以及切头损失，即可计算出锻件所用坯料的质量，其计算公式为：

$$m_{坯} = m_{锻} + m_{烧} + m_{头} + m_{芯}$$

式中　$m_{坯}$——坯料质量，单位为 kg；

$m_{锻}$——锻件质量，单位为 kg；

$m_{烧}$——加热时坯件表面氧化而烧损的质量，单位为 kg；

$m_{芯}$——冲孔时冲掉的金属质量，单位为 kg；

$m_{头}$——锻造时从锻件端部切去的金属质量，单位为 kg；采用钢锭作坯料时，切掉的钢锭头部和尾部质量等。

$m_{锻}$ 的计算可用形体分析法，即按毛坯形状和结构特点，划分成几个简单几何形体而分别计算体积，再按公式

$$m_{锻} = \rho V_{总}$$

式中　ρ——材料密度（kg/dm^3）；

$V_{总}$——各部分体积总和（dm^3）。

$V_{总}$ 一般等于锻件毛坯尺寸加上 1/2 偏差值。

钢料加热烧损质量 $m_{烧}$，一般以坯料质量的百分比（烧损率）表示。其数值与所用的加热设备类型、加热规范、坯料尺寸和形状有关。可据经验粗取，大批量时约 1.5%，单件时约 4%，也可查表 7-4 确定。

料头质量可按公式 $V = SL$ 先求得体积［S 为断面积（dm^2）、L 为料头模拟长度（dm），矩形断面 L 取全长的 2/9，圆形断面 L 取直径的 1/3］，再按质量公式求得 $m_{头}$，或与冲孔芯料损失 $m_{芯}$ 一起查表 7-4 确定。

表 7-4　坯料在加热和锻造过程中损耗量的计算

烧损率 $m_{烧} = K_1 m_{锻}$（%）	冲孔芯料损耗 $m_{芯} = K_2 D^2 h_0$（K_2 单位为 kg/dm^3）	切头损耗 $m_{头}$
室式煤炉 $K_1 = 2.5 \sim 4$	实心冲头冲孔 $K_2 = 1.18 \sim 1.57$	圆形截面 $m_{头} =（1.65 \sim 1.8）d^3$
油炉 $K_1 = 2 \sim 3$	空心冲头冲孔 $K_2 = 6.16$	矩形截面 $m_{头} =（2.2 \sim 2.36）b^2 h$
煤气炉 $K_1 = 1.5 \sim 2.5$	垫环冲孔 $K_2 = 4.32 \sim 4.71$	系数单位，kg/dm^3

注：D—冲孔直径，单位为 dm；h_0—坯料高度，单位为 dm；d—切头直径，单位为 dm；b—切头部分宽度，单位为 dm；h—切头部分高度，单位为 dm。

（2）坯料尺寸的确定　坯料尺寸与所用第一个基本工序有关，若饼块类和空心类锻件用镦粗工序锻造时，为了避免镦弯，应使坯料高度 H 不超过直径 D（或边长 A）的 2.5 倍，

即坯料高径比 H/D 不得超过 2.5。

为了在截料时便于操作，毛坯高度 H 又不应小于 1.25D（或 A），即坯料高径比 H/D 还应大于 1.25，即

$$1.25D(A) \leqslant H \leqslant 2.5D(A)$$

$$\text{圆料直径}\quad D \geqslant 0.8\sqrt[3]{V_{坯}}$$

$$\text{方料边长}\quad A \geqslant 0.75\sqrt[3]{V_{坯}}$$

对于轴杆类锻件采用拔长法锻造时，应按锻件最大截面积 $S_{锻max}$ 并考虑锻造比 Y、修正量等选取坯料尺寸，即

$$S_{坯} \geqslant Y \cdot S_{锻max}$$

$$\text{圆料直径}\quad D = 1.13\sqrt{S_{坯}}$$

$$\text{方料边长}\quad A = \sqrt{S_{坯}}$$

初步确定坯料直径 D（或 A）后，还应按照钢材标准尺寸加以修正，选用标准直径或边长。最后根据坯料体积 $V_{坯}$ 和截面积 $S_{坯}$ 求出坯料高度或长度，即 $H_0 = \dfrac{V_{坯}}{S_{坯}}$。

7.2.2.3 选择锻造工序

选择锻造工序亦即制订变形工艺方案时，可根据饼块类、空心类、轴杆类等锻件结构形状、尺寸和技术要求，结合各锻造工序变形特点，参考相关工艺来具体确定。对于一般锻件可按相同形状特征和类似变形过程分类制订。

（1）锻件分类及工序　生产中常见锻件按其形状特点，可分为轴杆类、盘块类、空心类、曲轴类、弯曲类和复杂形类等。其中轴杆类又可分为实心截面光轴、齿轮轴、台阶轴、实心截面光杆、台阶杆、扁杆以及连杆等零件。

各种类型及形状零件的锻造工序，应根据锻件形状、尺寸、技术要求和生产批量等进行选择，并且先确定锻件成形所必需的基本工序、辅助工序、修整工序，再选择所需的工具并确定工序顺序和工序尺寸等。一般锻件形状及工序见表 7-5。

表 7-5　锻件分类及锻造工序

锻件类别	图　例	锻造工序	实　例
轴杆类	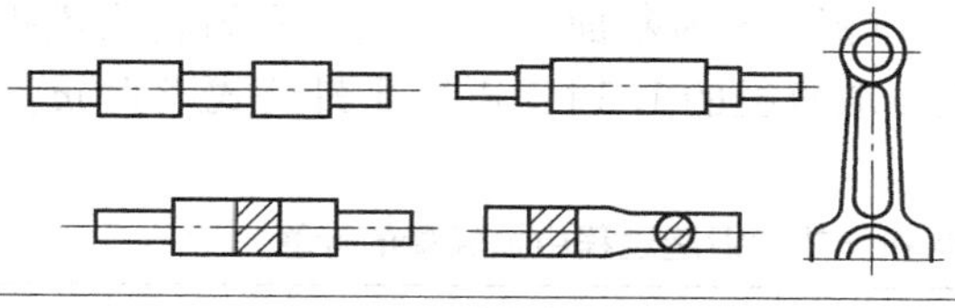	拔长或镦粗及拔长、切肩、锻台阶、滚圆、切料头等	主轴、传动轴、立柱、连杆及摇杆等
盘块类	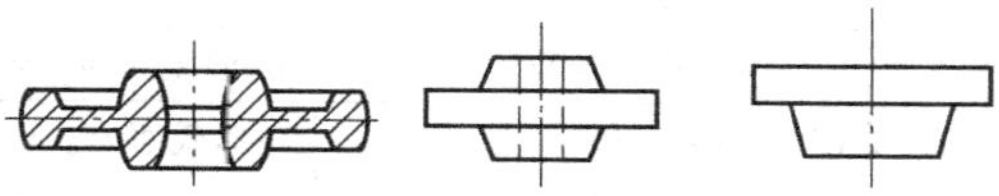	镦粗或拔长及镦粗、冲孔或芯轴扩孔等	圆盘、齿轮、叶轮、模块、锤头等
空心类	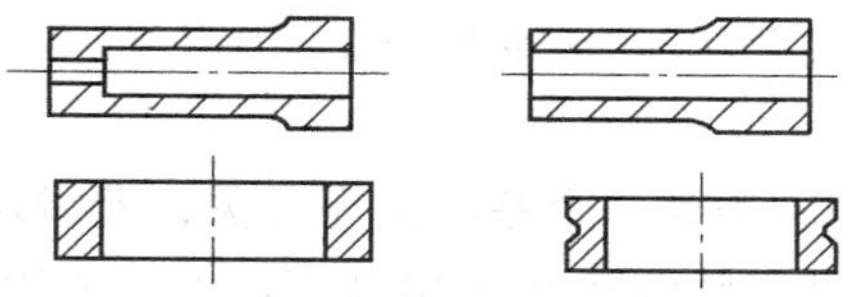	镦粗或拔长及镦粗、冲孔、芯轴上拔长并滚圆或扩孔、定径	圆筒、缸体、圆环、齿圈、端盖、法兰盘等

（续）

锻件类别	图 例	锻造工序	实 例
曲轴类		拔长或镦粗及拔长错移、锻台阶、切割、滚圆和扭转等	曲轴、偏心轴、凸轮轴等
弯曲类	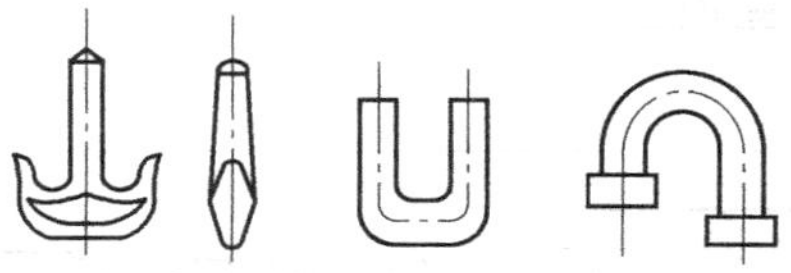	拔长、弯曲	吊钩、弯杆、轴瓦盖等
复杂形类	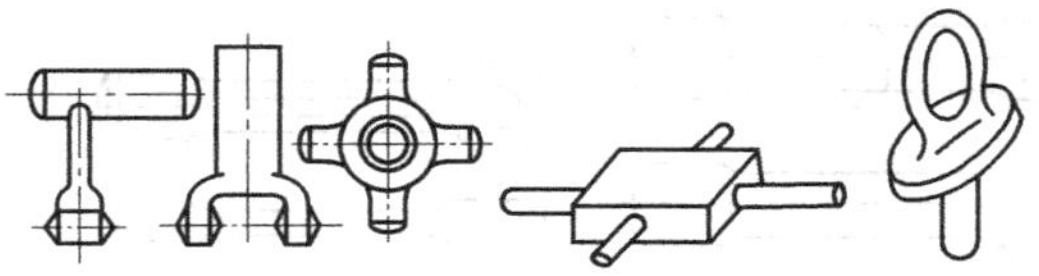	上述各类锻件工序的组合	阀杆、叉杆、十字轴、吊耳、锚头等

（2）制订变形工艺方案 拟定变形工艺方案时，可根据锻件的形状特征、尺寸、技术要求、生产批量和生产条件等，结合基本工序、辅助工序和精整工序的变形特点，以及完成各工序所使用的工具，参考有关典型工艺具体确定。

生产中最常用的是饼块类、轴杆类及空心类锻件，这几类锻件的一般变形工艺方案，可参考表 7-6 中常见锻件的相同形状、特征、工艺特点、类似变形过程及工步，分类制订其变形工步顺序和尺寸。

当饼块类锻件带有凸肩时，可按凸肩尺寸选取垫环镦粗或局部镦粗，若锻件孔需冲出则还需采取冲孔。当锻件为圆形截面实心轴（如工作轴、传动轴、凸轮轴、曲轴、圆杆）或矩形截面的杆件（如连杆、摇杆、杠杆、推杆等）时，主要采用拔长、错移和扭转等工序。对于截面差不多的轴杆锻件，只需进行拔长即可。

表 7-6 常见锻件的变形工艺特点及变形工步

锻件类型及坯件		工艺特点	典型件的锻造过程简图	变形工步
饼块类	圆盘、叶轮、齿轮、带轮、模块、锤头等	横向尺寸大于或近于高度尺寸，以镦粗为主，带有凸肩时垫环镦粗或局部镦粗，孔需采取冲孔工序 例如右图示齿轮和锤头	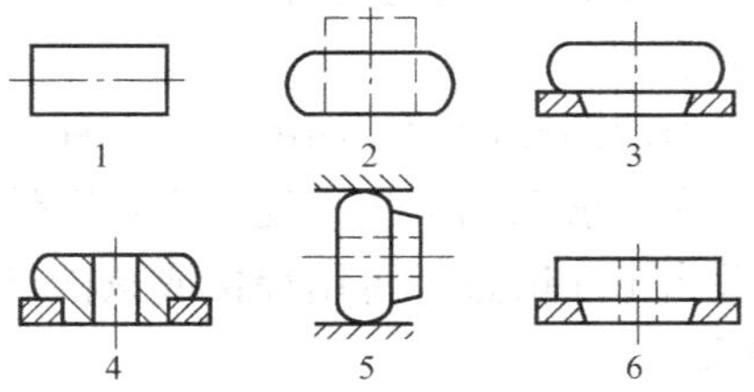	齿轮：1—下料 2—镦粗 3—镦挤台阶 4—冲孔 5—滚圆 6—平整
			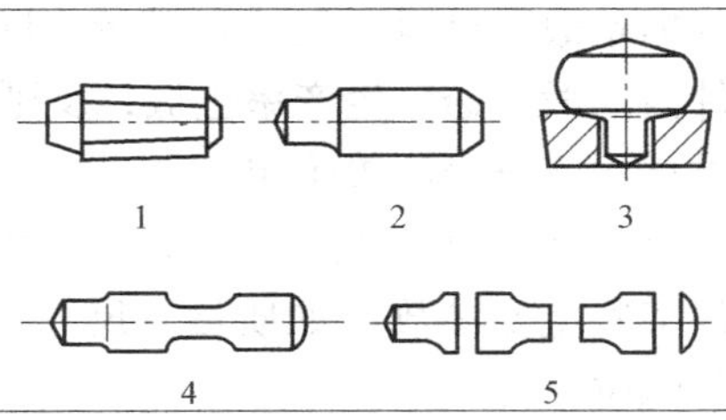	锤头：1—钢锭 2—倒棱 3—镦粗 4—拔长、压肩 5—切断

（续）

锻件类型及坯件		工艺特点	典型件的锻造过程简图	变形工步
轴杆类	圆形截面实心轴和方形、工字形截面杆件，如连杆、摇杆等	多以拔长为主或只需拔长。对于截面差较大的轴杆，则需采用镦粗-拔长工序 例如右图示传动轴和摇杆	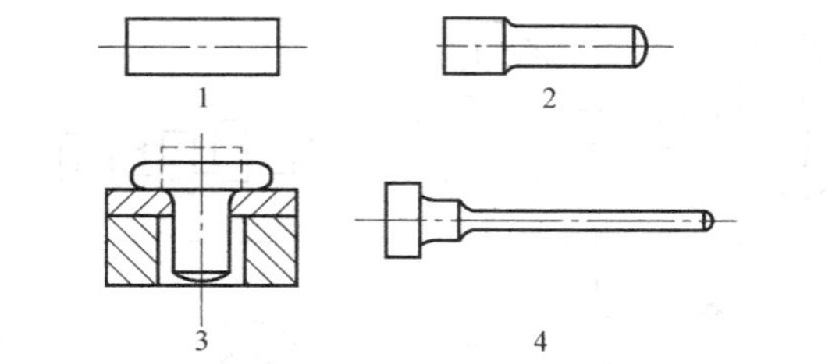	传动轴：1—下料 2—拔长 3—镦出法兰 4—拔出锻件
			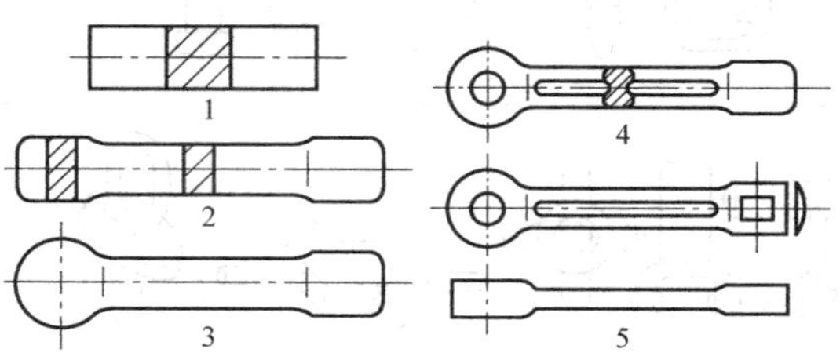	摇杆：1—下料 2—扁方拔长 3—切扣大头 4—大头冲孔、杆部压槽 5—小头冲孔切头
空心类	圆环、齿圈、轴承环和各种圆筒、缸体、空心轴等	环形件一般以镦粗-冲孔-芯轴扩孔；筒形件以镦粗-冲孔-芯轴拔长 例如右图示圆环和圆筒	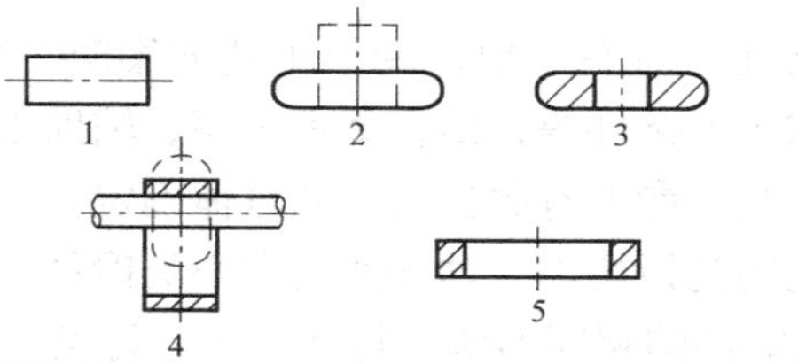	圆环：1—下料 2—镦粗 3—冲孔 4—芯轴扩孔 5—平整端面
			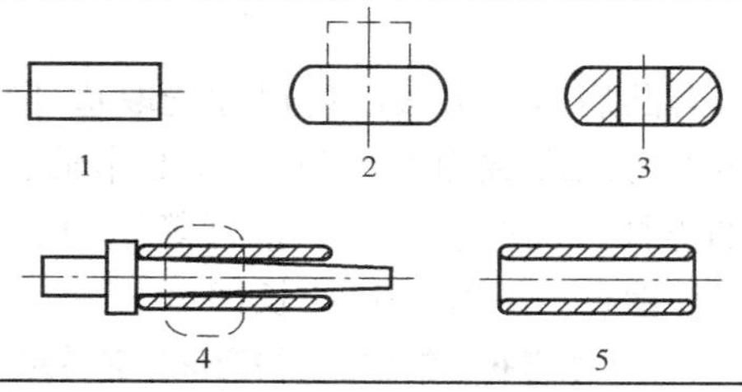	圆筒：1—下料 2—镦粗 3—冲孔 4—芯轴拔长 5—锻件

对于截面差较大的轴杆锻件，或直接拔长不能满足锻造比和横向力学性能要求的锻件，则应采用镦粗—拔长工序。

对于具有弯曲轴线的弯曲类锻件，如吊钩、弯杆、曲柄、轴瓦盖等零件，其基本工序是弯曲，弯曲前的制坯工序一般采用拔长。复杂形状锻件包括阀体、叉杆、十字轴等，其锻造难度大，常分段采用适当工序锻造，再用焊接或螺栓组合成形。

7.2.2.4 选定锻造设备

选定锻造设备的依据是锻件材料、尺寸和质量，同时还要适当考虑车间现有设备条件。若设备吨位太小，锻件内部锻不透，生产率也低，反则造成设备和动力浪费，且操作不便也不安全，通常按经验类比法或查表法等确定。

（1）经验类比法　经验类比法是在统计分析生产实践数据的基础上，整理出经验公式、表格或图线，根据锻件某些主要参数（如质量、尺寸、接触面积），直接通过公式、表格或图线选定所需锻压设备吨位。

锻锤吨位可按下述经验公式计算：

镦粗时锻锤的吨位：$G=(0.002\sim0.0003)\ ks$（kg）

拔长时锻锤的吨位：$G=2.5S$（kg）

式中　k——与钢料强度极限有关的系数，抗拉强度为 400MPa 时，$k=3\sim5$；600MPa 时，$k=5\sim8$；800MPa 时，$k=8\sim13$。

s——锻件镦粗后的接触面积（mm^2）；

S——坯料横截面积（cm^2）。

（2）查表选定法　对于低、中碳钢和普通低合金钢自由锻，可按表 7-7 选定锻锤吨位。

表 7-7　自由锻锤的锻造能力范围

锻件类型 \ 锻锤规格/N		2500	5000	7500	10000	20000	30000	50000
圆饼	D/mm	<200	<250	<300	≤400	≤500	≤600	≤750
	H/mm	<35	<50	<100	<150	<200	≤300	≤300
圆环	D/mm	<150	<350	<400	≤500	≤600	≤1000	≤1200
	H/mm	≤60	≤75	<100	<150	<200	<250	≤300
圆轴	D/mm	<80	<125	<150	≤175	≤225	≤275	≤350
	G/mm	<100	<200	<300	<500	≤750	≤1000	≤1500
方块	$H=B$/mm	≤80	≤150	≤175	≤200	≤250	≤300	≤450
	G/kg	<25	<50	<70	≤100	≤350	≤800	≤1000
钢锭直径/mm		125	200	250	300	400	450	600
钢坯边长/mm		100	175	225	275	350	400	550

注：D—锻件外径；d—锻件内径；H—锻件高度；B—锻件宽度；L—锻件长度；G—锻件质量。

7.2.2.5　确定锻造温度及规范

（1）确定锻造温度范围　各类合金的锻造温度范围概括于表 7-8，可根据锻件材料性质从中查取。基本原则是确保钢在锻造温度范围内具有良好的塑性和较低的变形抗力，能锻出优质锻件，且较宽的锻造温度范围和较少的加热次数，以及较高的锻造生产率。

表 7-8　各类合金的锻造温度范围　（单位：℃）

合金种类	始锻温度	终锻温度	温度范围	合金种类	始锻温度	终锻温度	温度范围
普通碳结钢	1200	700	500	耐热钢	1100~1150	850	250~300
优质碳结钢	1200	800	400	弹簧钢	1100~1150	800~850	300
碳素工具钢	1100	770	330	轴承钢	1080	800	280
合金结构钢	1150~1200	800~850	350	铝青铜	850	700	150
合金工具钢	1050~1150	800~850	250~300	硬铝	470	350	120
高速钢	1100~1150	900	200~250				

从表 7-8 中可看出，各类钢的锻造温度范围相差很大，一般碳素钢的锻造温度范围宽达 400~580℃，而高合金钢则很窄，只有 200~300℃。因此在锻造生产中，高合金钢锻造最

困难，对锻造工艺的要求甚为严格。

（2）确定加热及冷却规范　制订加热规范即确定加热过程不同时期的加热炉温、升温速度和加热时间。制订时应先考虑钢材的断面尺寸，再考虑钢的成分及塑性、强度极限、热导率及膨胀系数、组织特点、加热时变化以及坯料的原始状态等。

对于导热性好、直径小于150～200mm的碳素结构钢小件，采用一段加热规范（见图7-11a），一般高温装炉，炉温控制在1300～1350℃，当坯料加热至始锻温度后，可立即出炉锻造，其总的加热时间可查有关手册。

对于导热性稍差、直径为200～350mm碳素结构钢和合金结构钢中型件，采用三段式加热规范（见图7-11c），装料炉温约为1150～1200℃，保温时间约为总加热时间（1h/100m）的5%～10%，且以最大加热速度至始锻温度，再次保温均热，保温时间同上。

对于导热性较差、热敏感性强的高铬钢和高速钢锻件，装料炉温为400～650℃，需采用五段式加热规范（见图7-11e），保温为总加热时间［（1.2～1.4h）/100m］的10%左右，以钢料允许的加热速度至800～850℃，再保温均热为总加热时间的20%左右，最后以最大加热速度至始锻温度并再次保温均热，保温为总加热时间的20%～30%。

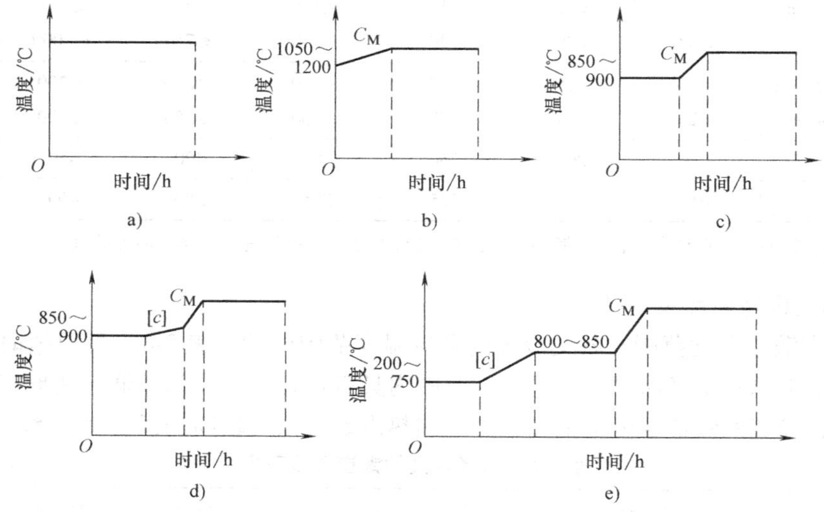

图7-11　锻造加热曲线类型

a）一段加热　b）二段加热　c）三段加热

d）四段加热　e）五段加热

［c］—钢料允许的加热速度　C_M—最大可能的加热速度

（3）确定冷却方法及规范　根据要求选择空冷、坑冷或炉冷。中小型碳素钢和低合金钢锻后均采取冷却速度较快的空冷方法。碳素工具钢、合金工具钢及轴承钢等，锻后先空冷、鼓风或喷雾等快速冷却到700℃，然后再把锻件放入坑中或炉中缓冷。

奥氏体钢和铁素体钢等铬镍钢，为锻后获得单相组织并防止475℃脆性，要求采用空冷方法，但为防止产生白点时，则应按一定冷却规范进行炉冷。高合金工具钢和铬不锈钢，为避免较大应力引起的裂纹，锻后必须缓冷。

（4）确定热处理规范　锻件常规热处理是将锻件冷却到室温后，再按工艺规程将锻件由室温重新加热进行热处理（见图 7-12a），而锻件余热热处理，则是利用锻件锻后热量直接进行热处理。如图 7-12b 所示。

锻件余热热处理是将锻造和热处理结合在一起，既可获得高强度和高塑（韧）性的锻件，经济实用，是单一锻造和热处理所达不到的新工艺方法。高温形变淬火适于与热变形结合的碳素钢和合金结构钢调质件，如连杆、曲轴、弹簧等。

高温形变正火（适当降低终锻温度，锻后空冷），适用于高碳钢或合金钢的大型复杂形状锻件。高温形变等温淬火则借助锻后余热，在珠光体区或贝氏体区进行等温淬火，可适用于中、高碳钢小型锻件。

然而热模具钢和高强度结构钢小型锻件，可采用低温形变等温淬火，将钢料加热至奥氏体区，然后急冷至最大孕育期（500～600℃）形变，再在贝氏体区等温淬火。但高速钢刃具、冷作模和冲头等则形变后直接淬火。

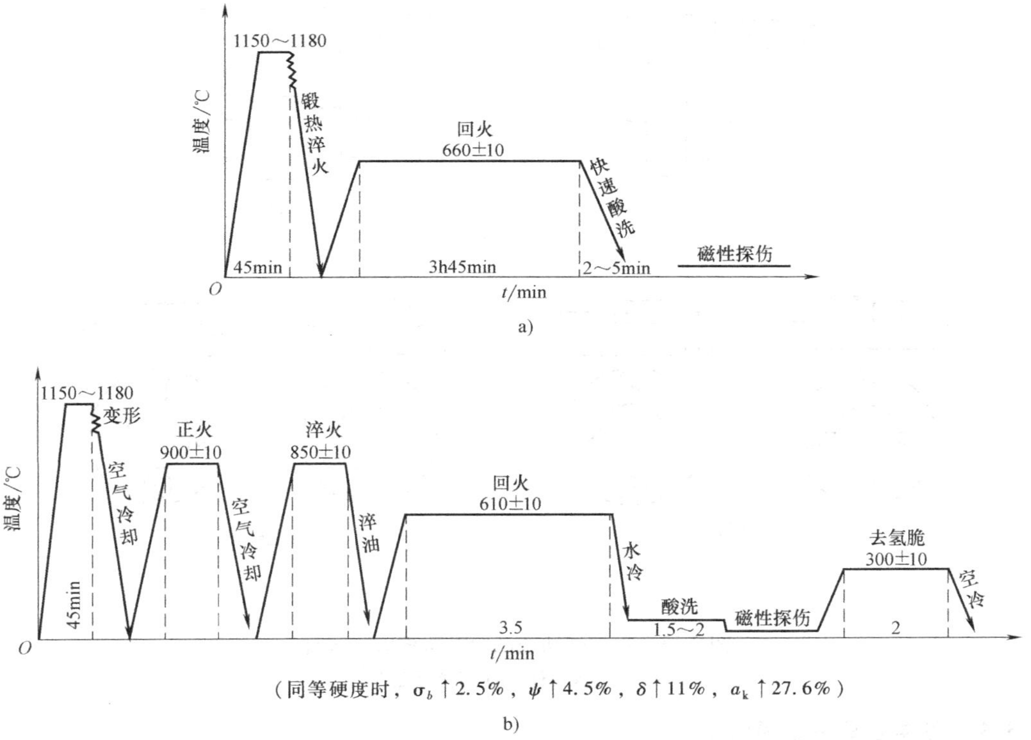

图 7-12　135 柴油机 40Cr 连杆热处理工艺曲线

a）常规热处理工艺曲线　b）锻热淬火工艺曲线

7.2.3　自由锻件结构设计

自由锻件结构设计的原则，应在满足使用性能要求的前提下，根据自由锻设备和工具的特点，使零件结构符合自由锻的工艺性要求，结构设计合理，可达到锻造方便，节约金属、保证锻件质量和提高生产效率。

7.2.3.1 锻件形状应简单对称

锻件形状应尽可能简单、对称、平直，以适应在锻造设备下的成形特点。

7.2.3.2 锻件应避免锥面和斜面

锻件上的锥体、斜面和窄凹槽，从工艺角度衡量不合理（见图7-13a），既需制作专用工具，锻件成形困难，又使工艺过程复杂、操作不便，还影响设备的使用效率，因此应尽量避免，可增加余块改进为圆柱体和台阶结构的设计。

7.2.3.3 锻件应避免加强肋或凸台

锻件设计时不能同铸件那样用加强肋提高承载能力，而采用增加壁厚提高承载能力，由于锻件上的加强肋或凸台等（见图7-13b）难以用自由锻方法获得，而必须采用特殊工具或工艺措施才能实现，既降低生产效率，又增加产品成本。因此，若将这类结构改为图7-13c所示结构，则工艺性好，经济效率高。

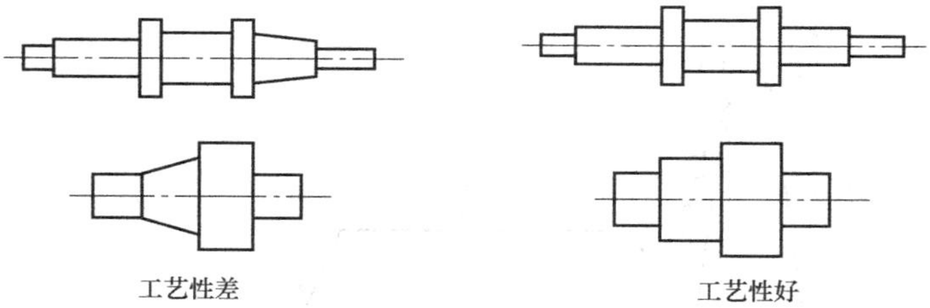

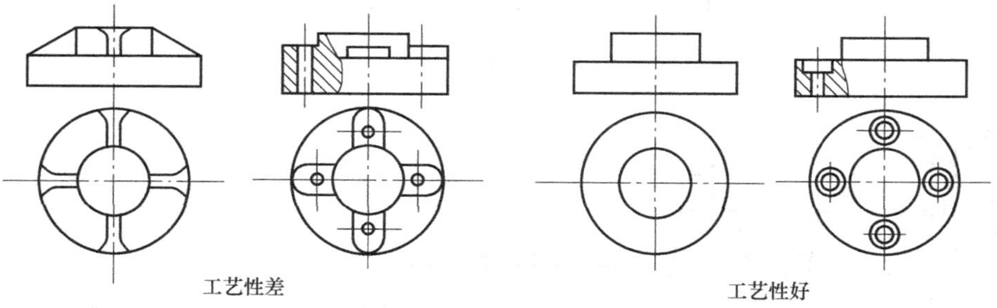

图7-13 带加强肋或凸台结构的锻件设计

a）传动轴锻件 b）圆盘类锻件

7.2.3.4 锻件应避免空间曲线

锻件由数个简单几何体构成时，几何体的交接处不应形成空间曲线，如图7-14所示的结构锻造成形极为困难。因此应将圆柱面与圆柱面的交接线改为图7-14b中的平面与圆柱面或平面与平面交接线，消除空间曲线结构，以便锻造成形。

7.2.3.5 锻件截面应力求简单

锻件上的工字形、椭圆形、弧线及曲线形等形状复杂的截面和表面，受锻造设备和工具的限制，不便锻出，应避免设计此类结构。若遇有横截面有急剧变化的锻件（见图7-15a），可设计成几个简单件的组合件，每个简单件锻制成形后，再用焊接或机械连接方法构成图7-15b所示的整体零件。

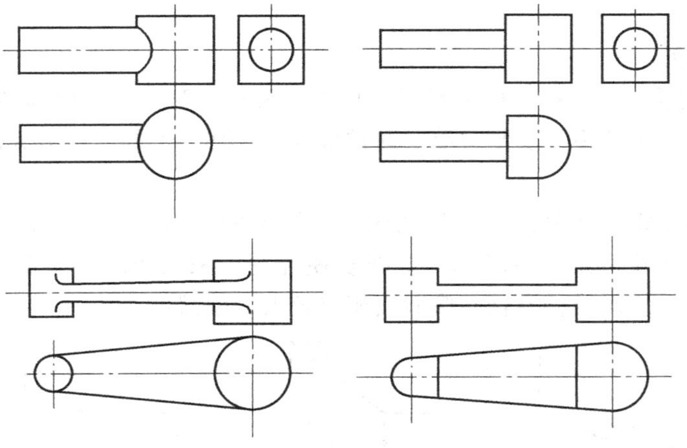

a)　　　　b)

图 7-14　杆类锻件

a）工艺性差　b）工艺性好

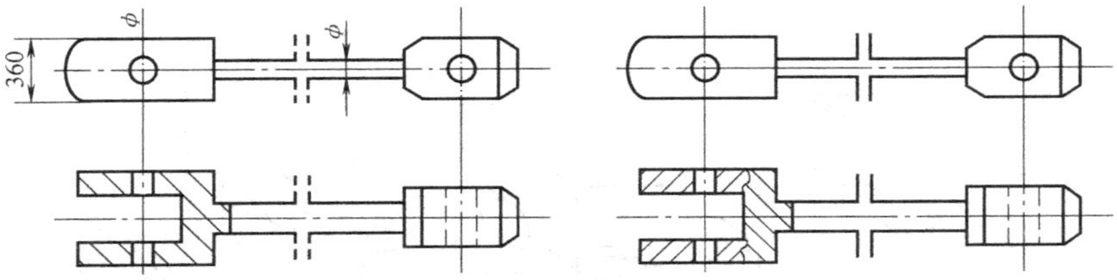

a)　　　　b)

图 7-15　复杂形状锻件

a）工艺性差　b）工艺性好

7.3　模锻成形

7.3.1　模锻方法及锻模

模锻是利用压力或冲击力使金属坯料在一定形状的锻模模膛内受压变形，以获得锻件的方法。模锻按所用设备不同，可分为锤上模锻、胎模锻、压力机上模锻等。锤上模锻所用设备为蒸汽—空气锤、无砧座锤、高速锤等。模锻锤的吨位（落下部分质量）为 10 ~ 160kN，能锻制质量为 0.5 ~ 150kg 的锻件（见图 7-16）。

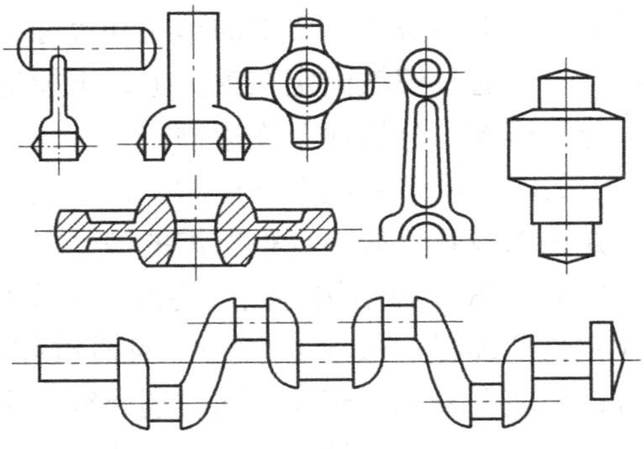

图 7-16　典型模铸件

模锻与自由锻相比，可锻造各种形状比较复杂的轴类和盘类锻件，尺寸精确，加工余量小，生产效率高。但由于受模锻设备吨位的限制，且制造锻模成本高，故只适用于小型锻件的大批量生产。

7.3.1.1 锤上模锻

（1）锻模结构及功能　按照模锻镦粗、拔长、滚挤、弯曲、成形等各变形工序的不同，锻模可分为弯曲模、拔长模和切割模等。通常根据模膛功用不同，可分为制坯模膛和模锻模膛两大类。

制坯模膛是用于将形状复杂的锻件初步锻成近似锻件形状的模膛，常用的有滚压、弯曲、拔长、切断等模膛，如图7-17所示。拔长模膛是用来减小坯料某部分的横截面积，以增大该部分的长度，从而拔长沿轴向横截面相差较大的模锻件。

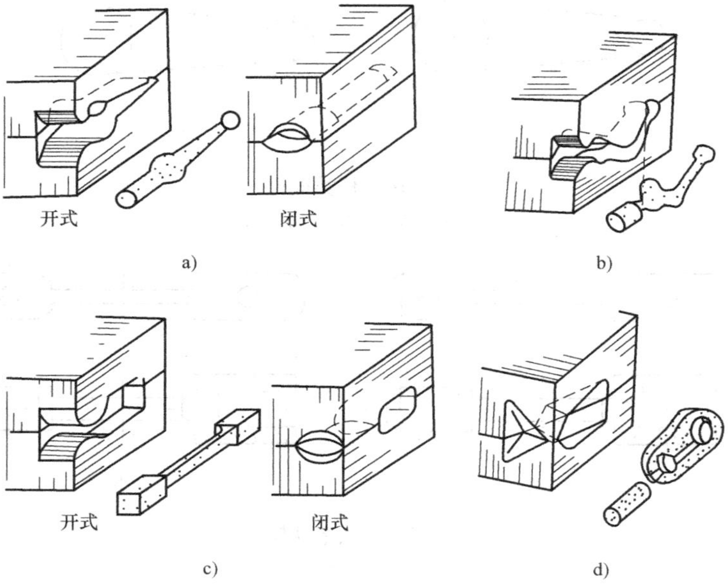

图7-17　制坯膜膛的种类

a）滚压模膛　b）弯曲模膛　c）拔长模膛　d）切断模膛

滚压模膛可减小坯料某部分的横截面积，以增大另一部分的横截面积，主要用于模锻件最大和最小截面相差较大的件。弯曲模膛和切断模膛则分别用于弯曲杆类模锻件和从已成形坯料上切下所需的锻件。

模锻模膛是用于模锻件成形的模膛，它又分为预锻模膛和终锻模膛两大类。终锻模膛使坯料最后变形到锻件所要求的形状和尺寸，由带燕尾的上模和下模两部分组成，如图7-17a所示。上模通过楔铁固定在锤头上，下模通过楔铁紧固在模座上，上下模合起来所形成的中空部分为模膛、分模面及飞边槽。

模锻时，将坯料放在下模膛中，上模随同锤头一起上下往复运动打击坯料，使坯料塑性变形并充满模膛，最终获得所需的锻件。

（2）模锻模膛结构特点　终锻模膛形状与锻件形状相同，只比锻件尺寸放大一个收缩量（钢件收缩量一般取1.5%），且沿模膛周围设有飞边槽，用以增加金属从模膛中流出的阻力，促使金属充满模膛，同时还能容纳多余的金属。

对于具有通孔锻件，由于不可能靠上、下模突起部分将金属完全挤压掉，故终锻后在孔内留下一薄层金属，称为冲孔连皮（图7-18b）。将带飞边和连皮锻件，先后放在切边模和冲孔模上，冲切掉连皮和飞边，便可得到有通孔的锻件。

预锻模膛使坯料变形到接近于锻件形状和尺寸，以保证终锻时获得良好的锻件，并减少终锻模膛的磨损，其斜度和圆角半径比终锻模膛大，没有飞边槽。对于形状简单或批量不大的锻件（如齿轮），可不设置预锻模膛。

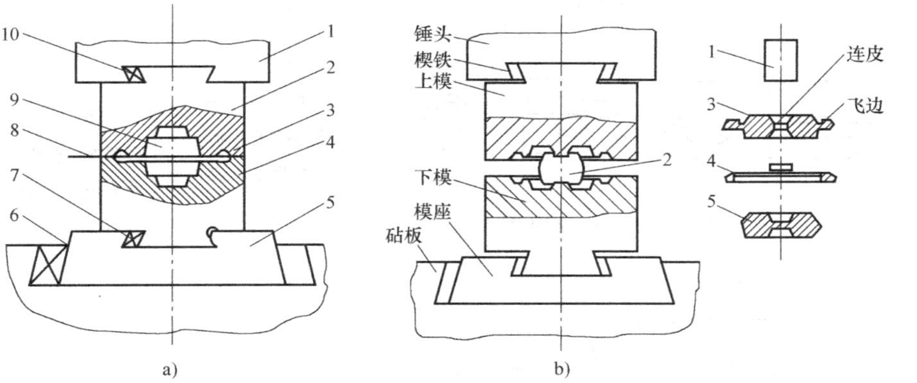

图 7-18　终锻模结构及工作过程示意图

a）带轮锻模

1—锤头　2—上模　3—飞边槽　4—下模　5—模座　6、7、10—紧固楔铁　8—分模面　9—模膛

b）齿轮坯锻模及模锻件

1—坯料　2—锻造中坯料　3—带飞边和连皮锻件　4—飞边和连皮　5—锻件

（3）多膛锻模的特点　根据模锻件复杂程度不同，所需变形的模膛数量不等，可将锻模设计成单膛锻模或多膛锻模（见图 7-19）。单膛锻模是在一副锻模上只具有一个终锻模膛，如齿轮坯模锻件则可将截下的圆柱形坯料，直接放入单膛锻模中成形。

多膛锻模是在一副锻模上具有两个以上模膛的锻模。在多镗锻模上模锻弯曲连杆时，坯料经过拔长、滚挤、弯曲等三个工序，其形状才能接近锻件，然后再经预锻及终锻两个模膛制成带有飞边的锻件。

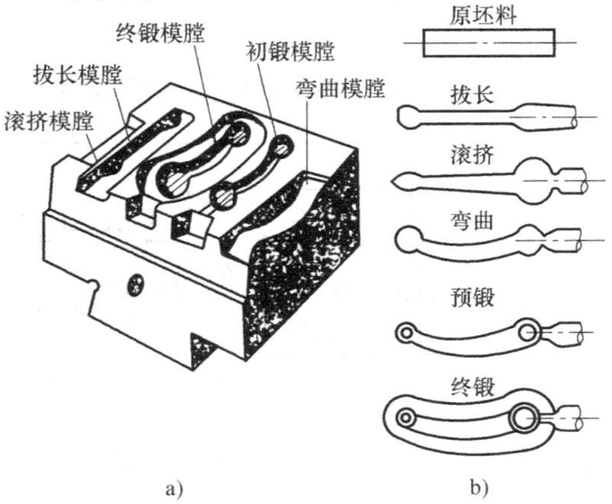

图 7-19　弯曲连杆模锻过程

a）下模　b）模锻时各工步

7.3.1.2　胎模模锻

（1）胎模模锻特点及应用　胎模锻是在自由锻设备上使用胎模生产模锻件的工艺方法，一般采用自由锻方法制坯，再在胎模中最后成形。与自由锻相比，可获得较为精确的锻件，生产效率约提高 1 ~ 5 倍。与模锻相比，则可利用自由锻设备采用多个模具灵活生产不同外形、不同复杂程度的模锻件，但锻件尺寸精度稍低，生产效率低。

胎模可灵活运用，使用时安装并固定在自由锻锤上，不用时取下，工艺简单且大多锻造自由锻成形困难、工序繁复并对制坯要求不高的锻件，且成形锻件形状一致、尺寸较精确、表面较光洁，还可节省材料、减少机械加工工时。

（2）胎模分类及结构特点　胎膜结构简单（见表 7-9）、制造简便、耗用模具钢少，还可用一般合金钢代替模具钢，尽管模具易磨损和变形使寿命降低，但在模锻设备缺乏情况下，对于中小批量锻件的生产，可采用胎模锻成形。

表 7-9　胎膜类型、结构特点及应用

类型	工作及结构图示	特　点	应　用
摔扣模	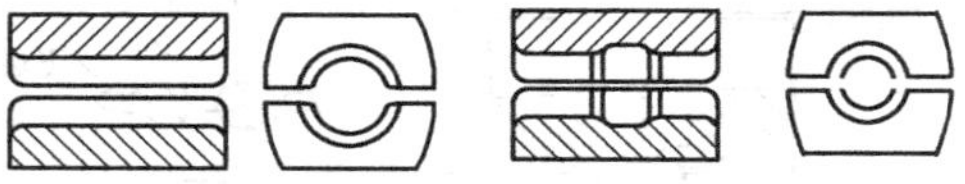 a)　b) a）整形光摔和型摔　b）制坯摔子	由上下摔子组成，分整形摔子和制坯摔子，不产生飞边和毛刺	圆轴类锻件整形光摔，台阶轴类锻件整形型摔，变形量较大的滚摔制坯
扣合模	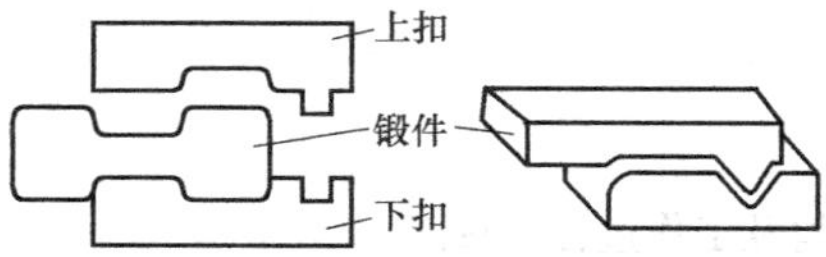 a)　b) a）上、下扣模　b）上砧、下扣模	由上下扣模或上砧与下扣模组成，不产生飞边和毛刺	具有平直侧面的非回转体锻件或为组合模制坯
弯曲模	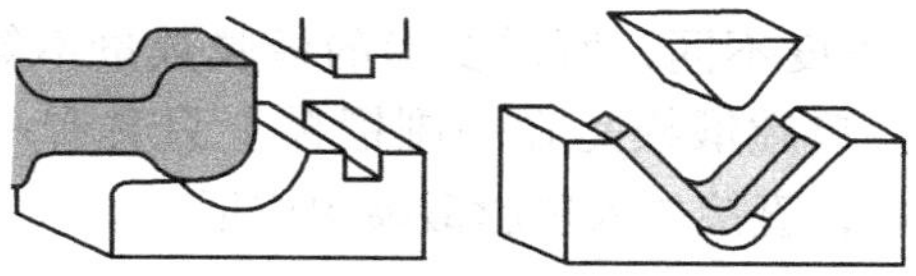 a)　b) a）圆形弯曲模　b）V 形弯曲模	由上、下弯曲模组成，可改变坯料轴线形状	锻件最终成形和为组合模制坯
套筒模	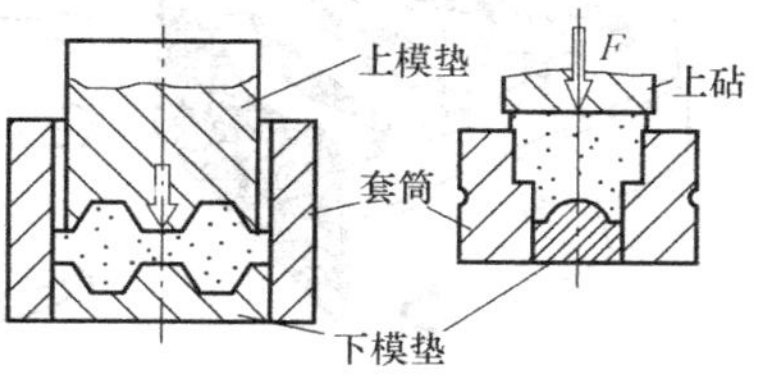 a) a）无、有下模垫开式模 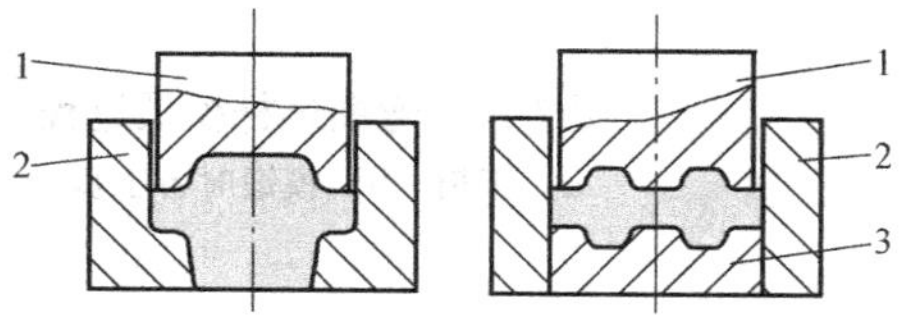 b) b）无、有下模垫闭式模 1—上模垫　2—模套　3—下模垫	分开式和闭式，又分有下模垫、无下模垫。开式只有下模而上模以上砧代替。闭式由模套、上模垫及下模垫组成	开式用于法兰盘、齿轮等端面为平面的回转体件，闭式用于端面有凸台和凹坑的回转体件

（续）

类型	工作及结构图示	特　点	应　用
组合模	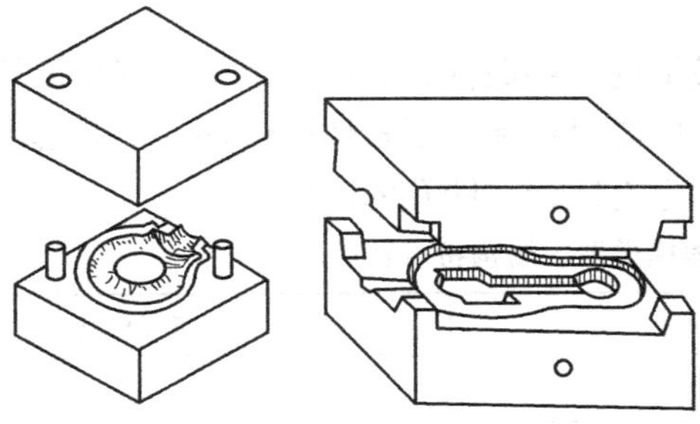 a)　b) a）局部合模　b）整体合模	由上、下模及导向装置组成，分模面上有容纳多于金属的飞边槽	是通用胎膜，适于各类非回转体复杂型锻件的最终成形，如连杆、叉形锻件等
冲切模	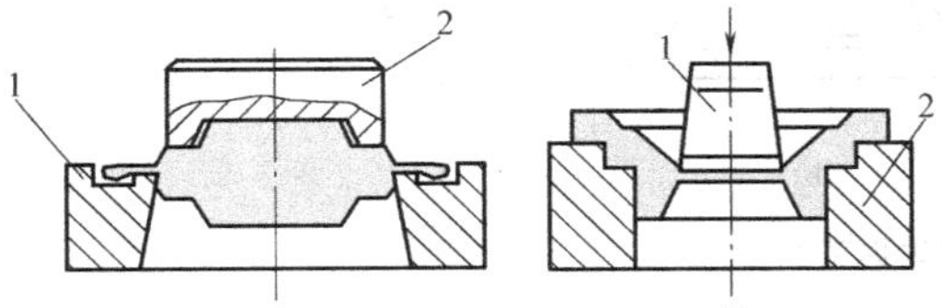 a)　b) a）切边模　b）冲孔模 1—凹模　2—凸模　1—凸模（冲头）　2—凹模	分冲孔模和切边模，由凹、凸模组成，或以上、下砧代替凸、凹模	用于切除合模锻件的横向飞边及带孔件终锻时形成的连皮

7.3.1.3　压力机模锻分类及应用

压力机模锻包括摩擦压力机、曲柄压力机、平锻机及水压机等模锻。摩擦压力机模锻可对坯料多次锻打，还可镦粗、成形、弯曲、预锻、终锻、校正、冲孔等多种工序，但能力有限，不适合生产大型锻件，仅适于生产中小批量的中小型锻件，如连杆、齿轮、三通阀体等，如图 7-20 所示。

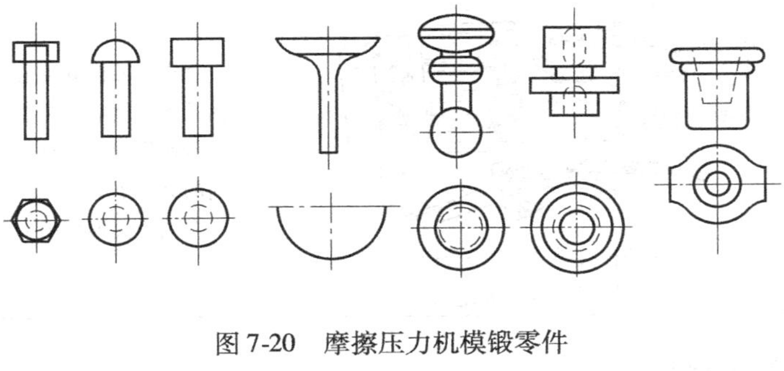

图 7-20　摩擦压力机模锻零件

摩擦压力机锻模结构与锤上锻模相同，但需采用螺钉紧固压板或燕尾形过渡垫板保护工作台面，并依靠上下模导锁、导销或导柱导套间隙调整模具。导锁主要用于大型开式锻模，导销常用于形状简单、精度要求不高的小批量锻件，而导柱导套则用于批量较大、精度要求高的锻件，见表 7-10。

曲柄压力机模锻比锤上模锻件精度高、生产率高，适合于大批大量生产，但不宜进行拔长和滚压工步，且设备复杂、造价相对较高，锻模多由模座、垫板、型槽镶块、导柱导套和顶料机构等组成，同时还需采用压板与镶块相应的斜面匹配紧固，或者依靠螺杆的拉楔及垫片调整紧固。

平锻机模锻可锻出曲柄压力机上不能模锻的一些锻件，如汽车半轴、倒车齿轮等。但平锻机造价高，模具成本高，且不适合锻造非中心对称和非回转体的锻件。平锻模由凸模、固定凹模、活动凹模组成，能锻出在两个方向上有凹档、凹孔的锻件。

表 7-10　压力机上锻模类型、结构特点及应用

类　型	工作及结构图示	应用特点
摩擦压力机用锻模	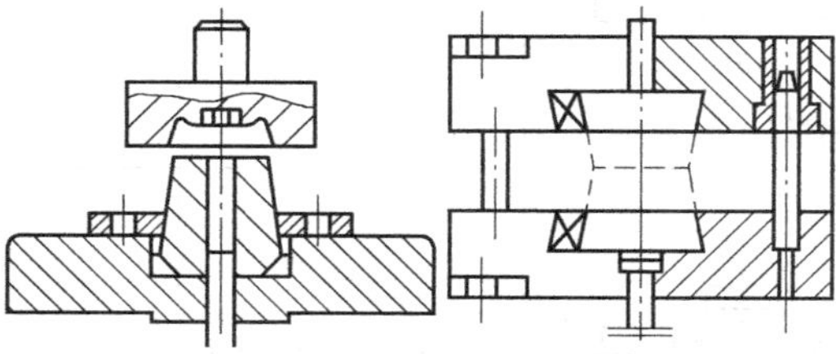 a)　　b) a）增设压板紧固　b）燕尾垫板紧固	模块和模座孔间应留有一定间隙，以调节上下模块间的相对位置并防止模块及模座孔产生变形
曲柄压力机用锻模	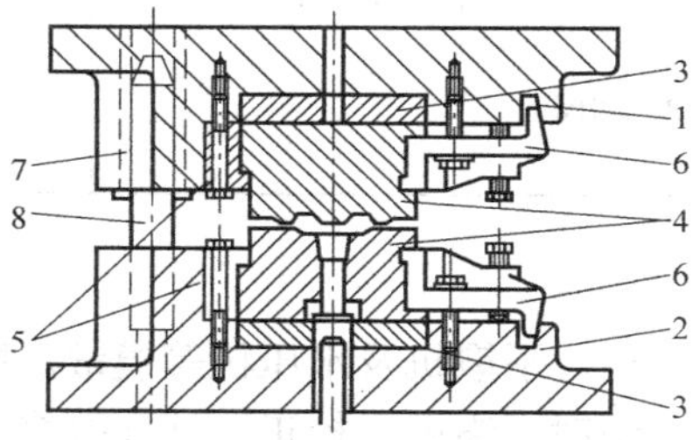 1—上模座　2—下模座　3—垫板　4—镶块 5—后挡板　6—压板　7—导套　8—导柱	压板一侧同镶块上的圆柱形凹槽相匹配，镶块随压板被螺钉紧固。而斜楔紧固则靠拉楔及垫片实现，左图为用压板紧固式锻模
平锻机用锻模	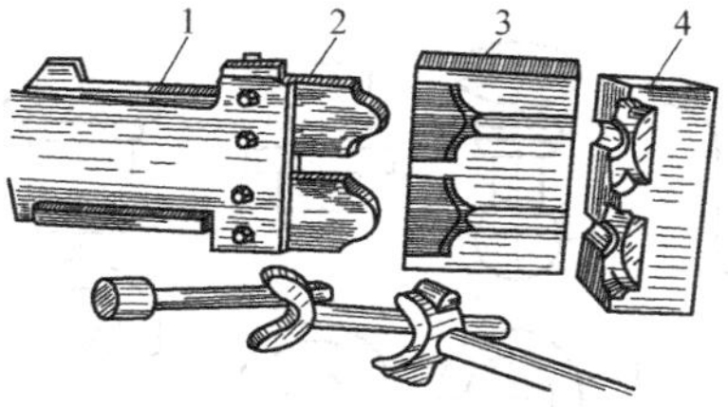 1—凸模夹持器　2—凸模 3—活动凹模　4—固定凹模	固定半凹模安装在机身右面的凹模座上，活动半凹模安装在机身左面的横滑块上，随横滑块作间歇往复运动。凸模紧固在主滑块内的夹持器上 左图为叉形杆用平锻模

7.3.2 模锻件工艺拟定

模锻成形工艺不仅需考虑坯料的变形工艺过程，还需考虑约束坯料变形的锻模和模膛的设计等。因而其工艺规程的制订内容，相比自由锻成形工艺较复杂。本节主要介绍模锻件成形工艺规程的制订，而锻模结构设计可参看有关专业书。

模锻生产工艺规程包括绘制模锻件图、计算坯料质量及尺寸、确定变形工步及修整工序、选择模锻设备、确定模锻温度及热处理规范等。

7.3.2.1　绘制模锻件图

模锻件图是根据零件图考虑模锻工艺特点绘制而成，它是确定变形工序、设计和制造锻模、计算坯料和检验锻件的依据。

绘制模锻件图时应考虑下述几个问题：

（1）模锻件分模面选择　分模面即上、下锻模在模锻件上的分界面。分模面选择是否合适，不仅关系到锻件的成形和出模，还关系到锻件质量、模具加工及工步安排等。因此在制订各类模锻件图时，均必须按规定原则确定分模面位置。

模锻件分模面的选择原则，除能保证锻件从模膛中顺利取出外，还必须使模膛易于充满且上下模膛腔深度基本一致，并保证上、下模沿分模面轮廓一致而不会错模且余块最少，见表 7-11。

为此制订模锻件图时，必须按表 7-11 中的原则确定分模面位置。表中第一个选定原则图例中，若是 $H \leqslant D$ 的圆饼类锻件，则应取径向作为分模面，而不宜选取轴向分模面，其理由同与表中第一个原则的内容。

表 7-11　分模面选定原则及例图

选定原则	简图示例	
	不合理分模面	合理分模面
应选在模锻件最大尺寸的截面上，以便于锻件从模膛中顺利取出	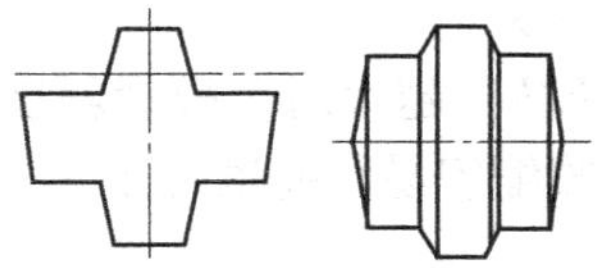	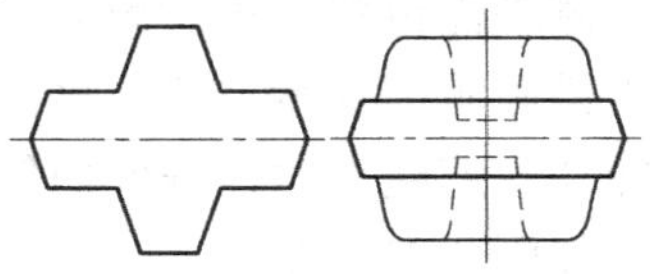
应选在能使模膛深度最浅处，且沿分模面模膛轮廓一致，以利于金属充满模膛，并能及时发现错模	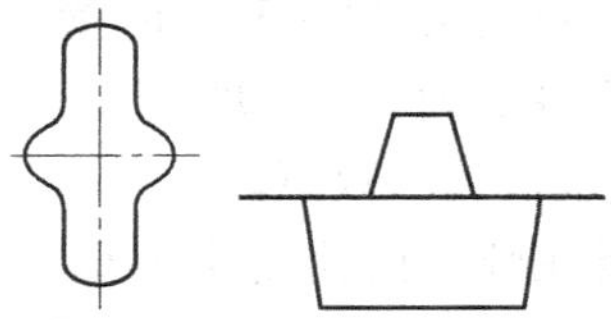	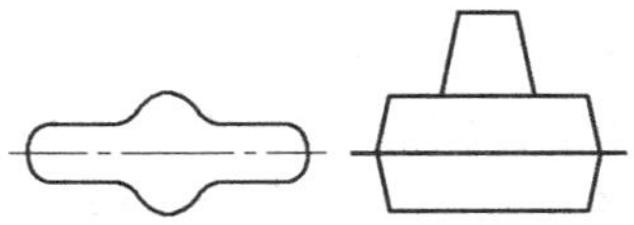
最好使分模面为一平面，且上下模膛深度基本一致，可简化模具制造	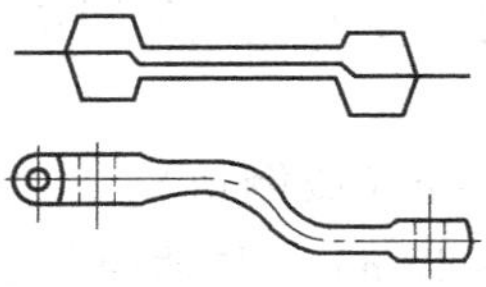	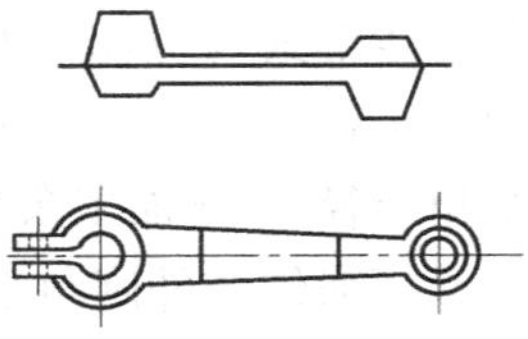
应使零件上所加的余块最少，以节约金属材料	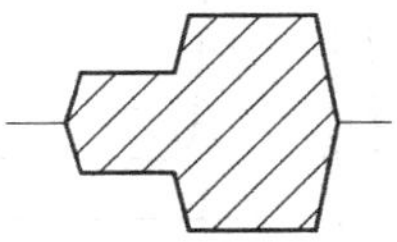	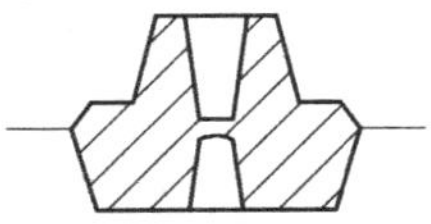

（2）加工余量和锻造公差确定　锻件上凡是需要机械加工的部位，均应预留机械加工余量，并且机械加工余量的大小主要取决于零件形状、尺寸、加工精度和表面粗糙度要求、生产批量、锻造方法等，一般根据经验确定，且要求尽量节约金属材料及工时。

通常模锻件加工余量和锻造公差均比自由锻件小得多，在确定机械加工余量时，一般按照锻锤吨位或者零件形状尺寸及加工精度要求，若按锻锤吨位确定比较简便，且这种方法确定的锻件加工余量和锻造公差数据，见表7-12。

表7-12 锤上模锻件的余量和公差（吨位法）

锻锤落下部分重量/t	锻件余量/mm		锻件公差/mm	
	高度方向	水平方向	高度方向	水平方向
1	1.5~2.0	1.5~2.0	+1.0　-0.5	按自由公差选定
2	2.0	2.0~2.5	+1.0（1.5）　-0.5	
3	2.0~2.5	2.0~2.5	+1.5　-1.0	
5	2.25~2.5	2.25~2.5	+2.0　-1.0	
10	3.0~3.5	3.0~3.5	+2.0（2.5）　-1.0	

自由公差/mm

锻件尺寸	<6	6~18	18~50	50~120	120~260	260~500	500~800
自由公差	±0.5	±0.7	±1.0	±1.4	±1.9	±2.5	±3.0

（3）模锻斜度选定　模锻时为便于金属快速充满模膛膛腔，并能从模膛膛腔中顺利取出锻件，一般锻件上垂直于分模面的侧表面将必须附加一定的斜度，而且斜度的大小与锻件材料、侧表面位置、模膛膛腔尺寸等因素有关。

当模膛膛腔深度与相应宽度的比值（h/b）越大时，模锻斜度应取较大值。并且当锻件材料冷却收缩越大时，锻件内侧壁的冷却收缩容易阻碍锻件出模，因此应将其内侧壁斜度取大些，如图7-21a所示。

通常，铝合金及铝镁合金锻件的外壁斜度为3°~5°，内壁斜度为5°~7°；而钢、钛、耐热合金锻件的外壁斜度为5°~7°，内壁斜度为7°、10°、12°。并且，为简化各类材料模具的加工，同一锻件的内、外壁斜度，一般取统一数值。

（4）模锻圆角半径确定　为便于金属在膛腔内流动阻力小和增加锻件强度，避免锻件被撕裂或纤维组织被拉断，以减少模具的磨损或裂纹，锻件上所有面与面的相交处，均必须采用圆角过渡形式（见图7-21b）。且内圆角半径R应比外圆角半径r大，一般为：

内圆角半径　$R=(2\sim3)r$

外圆角半径　r=加工余量+零件圆角半径（或倒角）。

对于钢模锻件的外圆角半径r约取1.5~12mm，并随模膛深度增加，r值加大。通常为

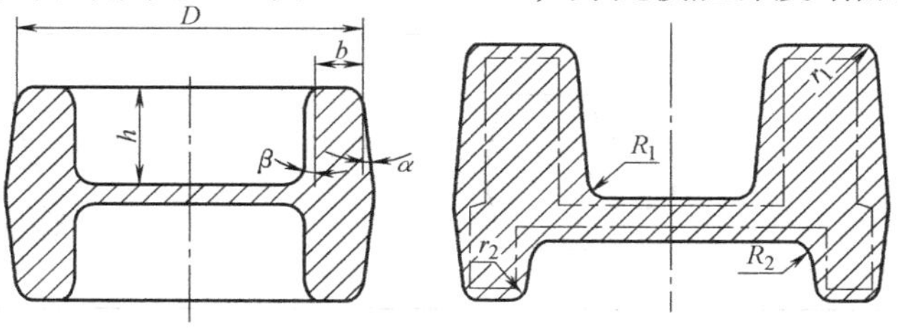

a)　b)

图7-21　模锻斜度及圆角

a）模锻斜度　b）模锻件上圆角半径

了便于选用标准刀具，外圆角半径 r 应按下列标准值选定：1、1.5、2、3、4、5、6、8、10、12、15、20、25、30。

（5）冲孔连皮确定　锤上模锻件不能直接锻出通孔，必须在孔内保留一定厚度的连皮（见图 7-22a），等锻后再在压力机切断模上冲除。连皮厚度 S 应适当，若厚度过薄，锻件易发生锻不足和要求较大的打击力，而导致模膛凸出部位加速磨损或压塌。

若连皮厚度太大，虽然有助于克服上述现象，但冲除连皮困难，易使锻件变形，而且浪费金属，冲孔连皮的厚度应按下式计算：

$$S = 0.45\sqrt{d - 0.25h - 5} + 0.6\sqrt{h}$$

式中　d——锻件内孔直径，单位为 mm，针对内孔直径大于 30mm 的锻件；

h——锻件内孔深度，单位为 mm。

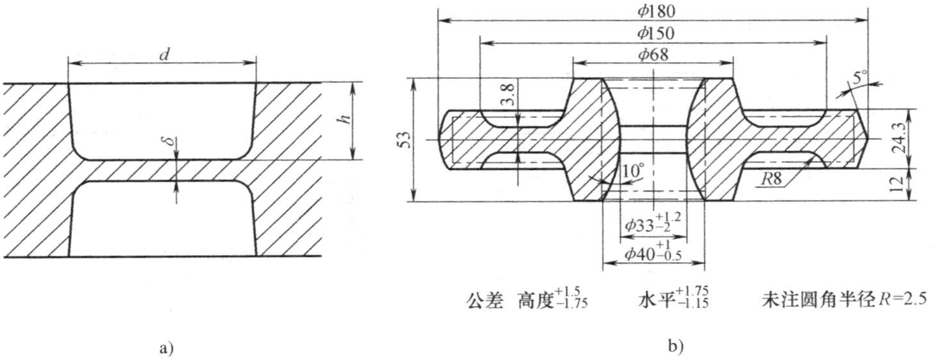

图 7-22　冲孔连皮及模锻件图

a）模锻件上冲孔连皮　b）齿轮坯模锻件图

通常，连皮厚度在 4～8mm 范围内。当孔径小于 25mm 或冲孔深度大于冲头直径 3 倍时，只在冲孔处压出凹坑。

上述各参数确定后，便可绘制锻件图（见图 7-22b），与自由锻的锻件图绘制方法相同。

7.3.2.2　确定变形工步

模锻变形工步包括制坯工步、模锻工步和切断工步，各工步主要是根据锻件的形状和尺寸分类而定，并按其形状分为饼块类和长轴类两大类锻件。一般先进行制坯和模锻工步，再进行切断、校正和修整工步。

（1）制坯和模锻工步确定　饼块类锻件是在分模面上的投影为圆形或长宽尺寸相近的锻件，如图 7-23a 所示。锻造过程中锤击方向与坯料轴线同向，金属沿高度、宽度及长度方向均发生流动。

这类锻件的变形工艺通常是镦粗制坯和终锻成形，如图 7-23b 所示。

长轴类锻件的长、宽（或直径）比值较大，锻造过程中锤击方向垂直于锻件的轴线，终锻时金属沿高度与宽度方向流动，长度方向流动不显著。这类锻件常采用拔长、滚压、弯曲、预锻和终锻等工步制坯，如图 7-24a 所示。

一般直长轴线类锻件，通常采用拔长、滚挤、卡压、成形等工步制坯，最后终锻成形。如果直长轴类锻件上有枝芽等组成部分时（见图 7-24b），应视其尺寸大小和所处位置，除拔长、滚挤制坯等工步外，还需要在其分模面上用成形工步或不对称滚挤工步制坯，以迫使

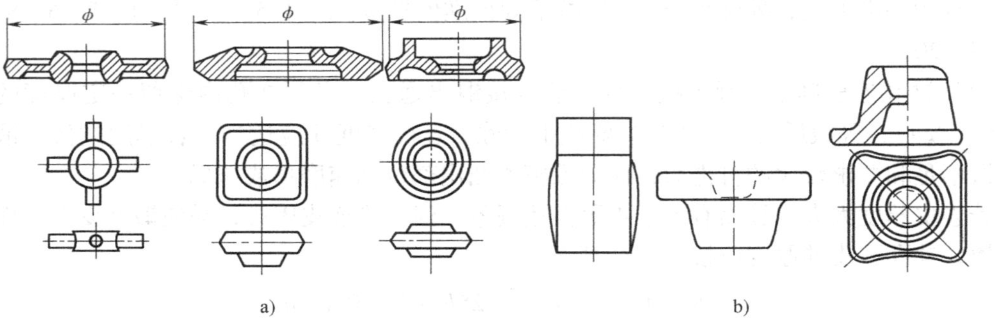

图 7-23 饼块类锻件及变形工艺

a）各种饼块类锻件 b）高毂法兰的镦粗、成形镦粗及终锻变形工艺

部分金属流向枝芽一边。

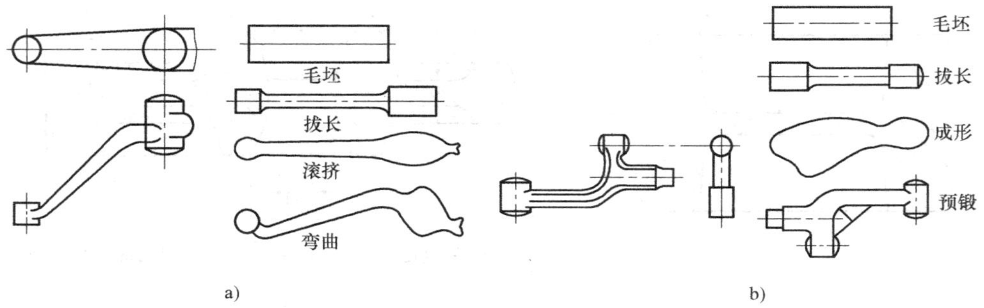

图 7-24 直长轴线类锻件模锻工步

a）弯曲轴线锻件的工步 b）枝芽形锻件的工步

对于弯曲轴线类和叉形轴线类等复杂形状的锻件，除需要拔长、滚挤等工步制坯外，为了弯拐和压出叉部，还必须将坯料头部在弯曲型槽内先弯曲制坯，再在预锻型槽中劈开成为叉形，最后终锻成形，如图 7-25 所示。

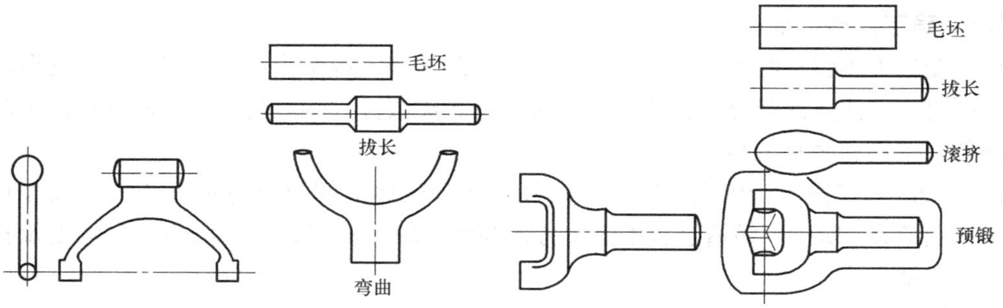

图 7-25 叉形件的模锻工步

（2）切断和冲孔工步的确定 终锻只是完成了锻件最主要的成形过程，尚需经过切边、冲孔、校正、清理等一系列精整工序，才能得到合格的锻件。图 7-26a 切边是切除锻件分模面四周的毛边（即飞边），而图 7-26b 冲孔则是冲除冲孔连皮。

切边和冲孔可在热态或冷态下进行，对于较大的锻件和高碳钢、高合金钢锻件，常利用模锻后的余热立即进行切边和冲孔。对于尺寸较小和精度要求较高的中碳钢、低合金钢锻件，为避免切断变形，则常采用冷切方法。

切边时，锻件放在凹模内孔的刃口上，凹模的内孔形状应与锻件在分模面上的轮廓相一致，凹模的刃口起剪切作用，凸模只起推压作用。而冲孔时的情形相反，冲孔凹模只起支承作用，带刃口的凸模起剪切作用。

（3）校正和精压工步的确定　精度和粗糙度要求严格的锻件，还要进行校正和精压。校正分为热校和冷校，热校是将经过热切等工序引起变形的形状复杂的锻件，立即放回终锻模膛内进行，即终锻→热切→热校在同一火次内连续进行。

冷校是在热处理（正火或退火）及表面处理以后，在专用的校正模内进行。表面处理主要是去除锻造过程中形成的氧化皮、所沾油污及残余毛刺等。冷校适用于结构钢小型锻件和容易在冷却、热处理及清理过程中变形的锻件。

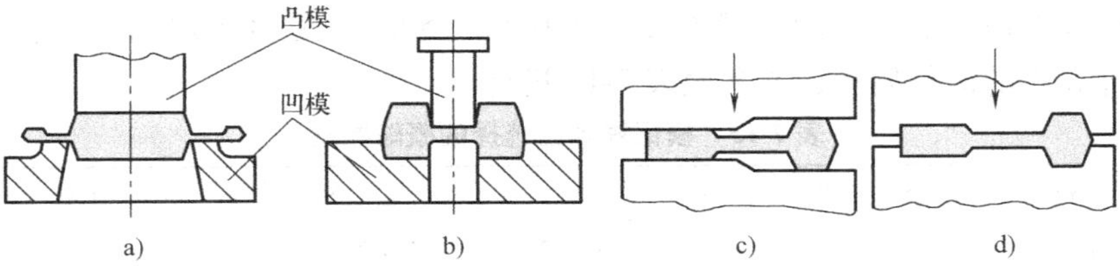

图 7-26　切断和精整工步

a）切边　b）冲孔　c）平面精压　d）整体精压

精压是在精压机或摩擦压力机上进行，分为平面精压和整体精压。平面精压是在冷态下采用精压平板对锻件上的平面加压（见图 7-26c），使变形部分获得较高尺寸精度（由 ±0.5mm 降至 ±0.1 ~0.25mm）和光洁表面（Ra 值由 20μm 降至 1.25 ~0.63μm）。

整体精压是在热态下，将锻件放入专门制作的精压模膛内进行，如图 7-26d 所示。这种工艺与压力机上的模锻类似，只适用于小型非铁金属锻件。

7.3.2.3　计算坯料质量及尺寸

模锻件坯料质量及尺寸的计算方法与自由锻相似，坯料质量包括模锻件、飞边、连皮、钳口料头及氧化皮等，一般飞边质量是锻件质量的 20% ~25%，氧化皮质量是锻件和飞边质量总和的 2.5% ~4%。

（1）短轴类锻件的尺寸　如前所述，此类锻件一般用镦粗制坯，所以坯料尺寸应以镦粗变形为依据进行计算，且坯料的体积 $V_{坯}$（包括飞边、连皮）可根据下式计算：

$$V_{坯} = (V_{锻} + V_{连} + V_{飞}) \times (1 + K_1)$$

式中　$V_{锻}$——锻件的体积（mm^3）；

$V_{连}$——冲孔连皮的体积（mm^3）；

$V_{飞}$——飞边的体积（mm^3），可按飞边槽容积的一半计算；

K_1——烧损系数，可参照自由锻，见表 7-4。

短轴类锻件的坯料直径，可按下式计算：

$$D_{计} = 1.08\sqrt[3]{V_{坯}/m}$$

式中　m——坯料的高径比，一般可取 1.8 ~2.2。

（2）长轴类锻件的尺寸　这类锻件的坯料尺寸，可根据锻件的最大截面面积 S_{max} 值，计算坯料直径：

$$D_{坯} = 1.13\sqrt{K \cdot S_{max}}$$

式中，K 为模膛系数，不制坯或有拔长工步时，$K=1$；有滚挤工步时，$K=0.7\sim0.85$。

求出坯料直径后，按照钢材标准直径选取，再确定坯料下料长度（或高度）$L_{坯}$：

$$L_{坯} = (V_{坯}/S_{坯}) + l_{钳}$$

式中 $S_{坯}$——标准规格钢料断面积（dm）；

$l_{钳}$——钳夹头损耗长度（dm），矩形件取全长2/9、圆形件取直径1/3。

7.3.2.4 锻锤吨位确定

为了获得优质锻件并节省能量，保持锻模使用寿命及锻锤工作状态，选用适当吨位的锻锤也是至关重要的。生产中锤上模锻所用设备有蒸汽—空气锤、无砧座锤、高速锤等，锻锤吨位（落下部分质量）为5~160kN。

各种吨位模锻锤所能锻制的模锻件质量为0.5~150kg（见表7-13），确定锻锤吨位时，可根据上述计算出的锻件质量，并参照表7-13进行。

表7-13 模锻锤吨位选择的概略数据

模锻锤吨位（kN）	5~7.5	10	15	20	30	50	70~100	130	备 注
锻件质量（kg）	≤0.5	0.5~1.5	1.5~5	5~12	12~25	25~40	40~100	>100	1kN=0.1t

7.3.2.5 确定锻造加热冷却规范

确定锻造温度范围、加热、冷却和热处理规范的方法同前述自由锻成形（略）。

7.3.3 模锻件结构设计

设计模锻零件的原则，应根据模锻的特点和工艺要求，使零件结构形状既满足使用性能要求，又符合工艺性能要求，便于模锻成形和降低成本。同时，还应选择能满足锻造性能的模锻件材料。

7.3.3.1 锻造工艺对结构设计的要求

（1）合理设计锻件分模面 模锻件必须具有一个合理的分模面，以保证模锻件易于从锻模中取出，余块最少且容易制造。

设计时不仅使分模面平直地处于模锻件最大尺寸截面且上下模膛深度最浅处，还必须使上下两锻模沿分模面的模膛轮廓一致，以便在安装和生产中能容易发现错模现象，从而及时调整锻模位置。

同时，垂直于分模面的非加工表面必须具有适当的模锻斜度，非加工表面之间的交角还必须设计有适当的结构圆角，以保证锻件成形并易于从锻模中取出。

（2）正确设计锻件形状 模锻件外形应力求简单、平直及对称，尽力避免零件截面差别过大或具有薄壁、高肋、高台和局部急剧突起等结构，以保证金属塑性变形后易于充满模膛，并使锻件易于从模膛中取出且锻模易于制造。

然而，具有高而薄的凸缘且两凸缘之间又形成较深凹槽的锻件（见图7-27a），难以模锻成形，并且扁而薄的锻件（见图7-27b），模锻时坯料易很快冷却而不易充满模膛，也难以锻出。这些不合理的结构，对设备和锻模的保护也不利。

对于图7-27c所示具有高而薄凸缘的拨叉头锻件，同样使锻件的成形、模膛取出和锻模制造都很困难。若对零件使用无影响条件下，可改为低凸缘形状则容易模锻。

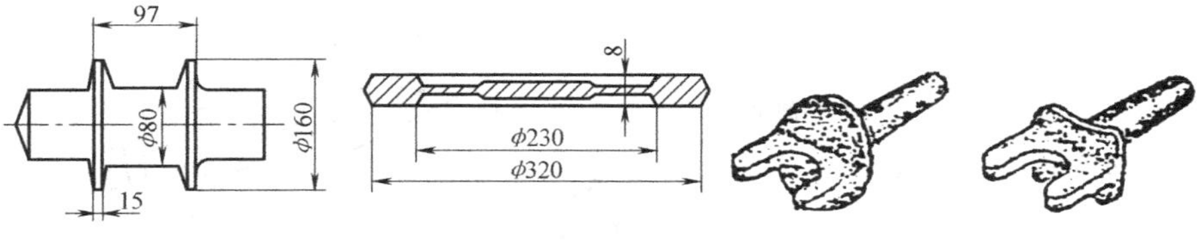

a)　　b)　　c)

图 7-27　模锻件形状

a）高而薄轮缘件　b）扁而薄锻件　c）两拨叉头的凸缘形状

（3）避免设计沟槽及深孔结构　在零件结构允许条件下，设计模锻件时应尽量避免窄沟、深槽、深孔（深度大于直径两倍的孔为深孔）和多孔结构 。

若必要时则应设计余块，以便于模具制造和延长模具寿命，如图 7-28a 所示，多孔齿轮坯锻件上的 4 个 ϕ20mm 小孔即不能锻出，只能设置上余块简化形状，待锻出毛坯后再钻削出四个小孔。

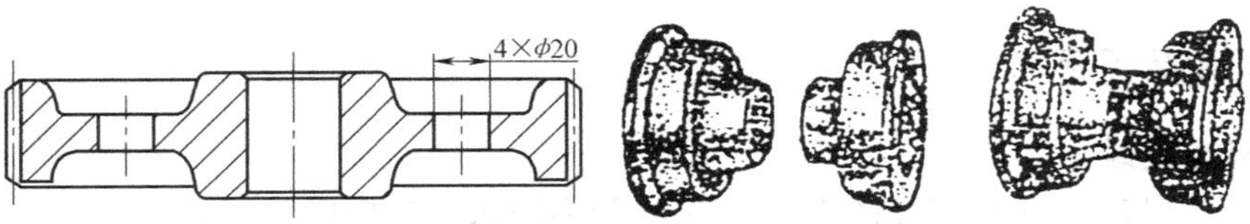

a)　　b)　　c)

图 7-28　模锻件结构设计

a）锻造—钻削组合件　b）分半模锻件　c）锻造—焊接组合件

（4）组合锻件设计　对于形状复杂的锻件，为减少余块并简化模锻工艺，在可能条件下应尽量采用锻—焊、锻—切削加工或锻—切削加工—机械连接等组合工艺，分段锻造和加工成形，再组合成整体，如图 7-28b 和图 7-28c 所示。

7.3.3.2　锻造性能对结构设计的要求

在设计模锻件结构时，为使锻件尺寸、圆角半径及加工余量等参数合理，除应拟定合适模锻工艺外，还应考虑模锻件材料种类及其锻造性能。锻造性能好的材料一般可锻造尺寸大的锻件，而锻造性能差的材料只能锻造小尺寸锻件。

例如，低碳钢和低合金钢的可锻性好，而铌合金和钽合金的可锻性较差。低碳钢或低合金钢锻件，最大尺寸可大于 102. 6cm；而铌合金或钽合金锻件，最大尺寸小于 50. 8cm，比低碳钢和低合金钢小得多。

同时，锻件最小截面尺寸也受可锻造性的影响，一般可锻性好的材料作锻件，其最小截面尺寸和圆角半径均可以取得小一些，而可锻性差的材料作锻件，其最小截面尺寸和圆角半径均不能太小，否则锻件易出现折叠和裂纹。

如图 7-29 所示的零件，用可锻性好的低碳钢或低合金钢作锻件时，锻件上的肋板和腹板最小尺寸比可锻性差的高温合金对应值小得多，可从 19. 05cm 减到 8. 13mm 而相差一倍多，且锻件上的圆角半径也小得多，仍相差一倍。

总之，可锻性差的材料，只能用来生产形状简单、变形量小的小锻件，而可锻性好的材料可以用来生产形状复杂、变形量大的大型锻件。

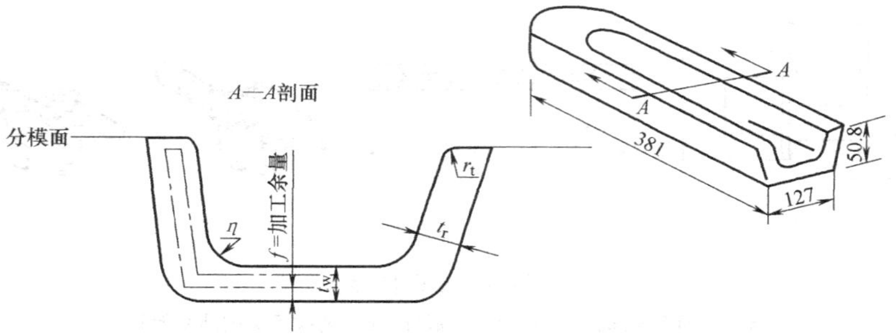

图 7-29 可锻性对结构设计的要求

7.4 锻压新技术

锻压新技术主要介绍液态模锻和精密模锻新工艺、高速锤模锻及超塑性模锻等工艺。

7.4.1 模锻新工艺

7.4.1.1 液态模锻

液态模锻是将一定量的液态金属在一定时间内浇入金属模内，同时加压使其快速充满型腔，并在压力下凝固结晶和塑性流动成形的工艺方法。实际是铸造与锻造工艺的组合，如图 7-30 所示，兼有铸造和锻造的优点，工艺简单，成本低，并可获得形状复杂、力学性能良好的锻件，是一种很有前途的新工艺，一般具有如下特点：

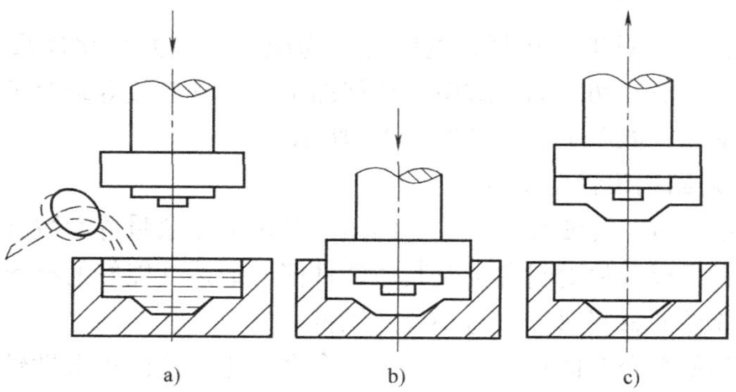

图 7-30 液态模锻工作示意图

a）浇注 b）加压系统 c）脱模

（1）力学性能良好 在液态模锻过程中，由于金属液体是在高压作用下凝固结晶，且金属锻模导热和散热较快，金属液凝固时间较短，一般仅为普通铸造时间的 1/3 ~ 1/4。因此获得的锻件组织细小致密，力学性能良好。

（2）尺寸精度较高 液态模锻件尺寸精度较高，通常可达到 IT8 ~ IT10 级，表面粗糙度值较低且质量较高，而且锻件的非配合面一般不需要再进行切削加工。

（3）模锻功率较低 液态模锻与普通模锻相比，它所需成形功率较小，为普通模锻功率的 1/3 ~ 1/4，因而可减少压力机设备吨位。并且，这种设备能加工脆性材料，如球墨铸铁、灰铸铁和合金铸铁等。同时，压力和速度可以控制，锻造非铁金属件压力大于50MPa、钢件大于100MPa。

液态模锻主要适用于生产批量较大、形状较复杂、壁厚且要求强度高、致密性好的中小型零件，如汽车油泵壳、压力表壳、衬套、柴油机活塞、摩托车零件等铝合金件，齿轮、蜗轮、高压阀等铜合金件，法兰、弹头、缸体等碳素钢及合金钢件。

7.4.1.2 精密模锻

精密模锻是在普通模锻基础上发展起来的一种少切削、无屑加工工艺。与普通模锻相比，它能获得表面质量好、机械加工余量小和尺寸精度高的锻件，其尺寸精度可达IT12～IT15，表面粗糙度可达 $Ra=3.2\sim0.8$，可取消或部分取消切削加工工序。

精密模锻生产的直齿圆锥齿轮（见图7-31a），所有轮齿均可直接锻制成形，不必再进行切削加工。在模锻过程中，还可使金属流线沿零件轮廓合理分布，从而提高圆锥齿轮上各齿的承载能力。

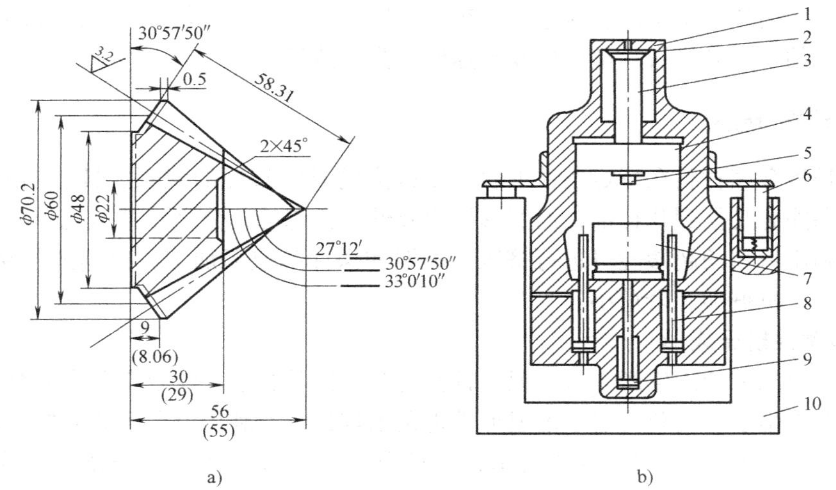

图7-31 精密模锻件与高速锻锤

a）直齿圆锥齿轮模锻件 b）高速锤结构示意图

1—高压缸 2—密封圈 3—锤杆 4—锤头 5—凸模 6—减振器

7—凹模 8—回程缸 9—顶出缸 10—机座

精密齿轮模锻的工艺过程，是将加热至1100～1000℃的金属料坯，放置锻模模膛内通过初步高温精密锻造，并切边清理，然后再经过温热精压（850～750℃）精密成形。温热精压是保证该类锻件尺寸精度和表面粗糙度的关键。

精密模锻件精度主要取决于锻模的加工精度。一般要求精密锻造模膛的加工精度高于锻件的尺寸精度2～3级，且有导向结构保证合模精度。同时，还需选择的坯料质量高、下料尺寸准确、采用少氧化或无氧化加热以及良好的润滑条件等。

目前，精密模锻主要用于精化毛坯和精密锻造零件，所用设备为刚度大、精度高的曲柄压力机、摩擦压力机和高速锻锤。

7.4.2 高速锤锻造

高速锤锻造是以压力为14MPa的空气或氮气为介质，借助一种触发机构，使高压气体突然膨胀以推动锤头系统和框架系统作高速相对运动而锤击工件。

高速锤向下锤击部分由锤杆、锤头和凸模组成（见图 7-31b），而向上锤击部分则由高压缸、床身、凹模组成。锤击前回程缸先将锤头顶起，然后将一定量的高压气体充入高压缸，使锤杆顶紧上面密封圈，并将锤头悬挂住。

锤击时起动高压缸顶部的起动阀（图中未画出），高压气体被引入高压缸上部，锤头则离开密封圈开始向下运动，随后高压气体在高压缸上部急剧膨胀，推动锤头高速向下运动，同时推动高压缸连同框架系统向上运动，完成锤击动作。锤击后，回程缸将锤头顶起，顶出缸则顶出锻件。

高速锤锻造锤击速度高（约 20m/s），约为一般模锻锤的 3 倍，使金属流动速度快、变形热效应大，有利于金属充满模膛和低弹塑性材料锻造，如高强度钢、耐热钢、钼和钨等高熔点难变形合金。同时，当采用少氧化或无氧化加热并正确选用锻模润滑剂时，锻件精度可达 IT8 ~ IT9，表面粗糙度达 $Ra=3.2\sim0.8\mu m$。

高速锤结构简单、重量轻、能量大，锤击速度快，变形较均匀，可一次成形锻件，适用于叶片、齿轮的挤压和模锻、整形以及高速钢刀具锻造等。

7.4.3 超塑性锻压

超塑性是指金属材料在特定条件下表现出极大的异常塑性的现象。具有超塑性的材料，其塑性比常态提高几倍到几百倍，而变形抗力降低到常态的几分之一甚至几十分之一，因此极易成形。利用材料的超塑性可进行挤压、模锻和深冲等成形加工，得到的制品尺寸精确、组织细小均匀、机械加工余量小。

7.4.3.1 超塑性挤压成形

挤压是高效压力加工生产方法，但对锌铝合金、铝基合金、钛合金及高温合金等高强度金属，即使在高温下，要获得复杂的成形件也是困难的，而利用超塑性等温挤压，可以加工出形状复杂的精密零件。如图 7-32 所示，几种典型的钛合金和铝合金超塑性等温挤压件，如飞机上的摇臂、接头、支座和难加工的筒形件等。

图 7-33 是典型的等温挤压模，这种成形方法变形抗力小，所需设备吨位小，制品轮廓

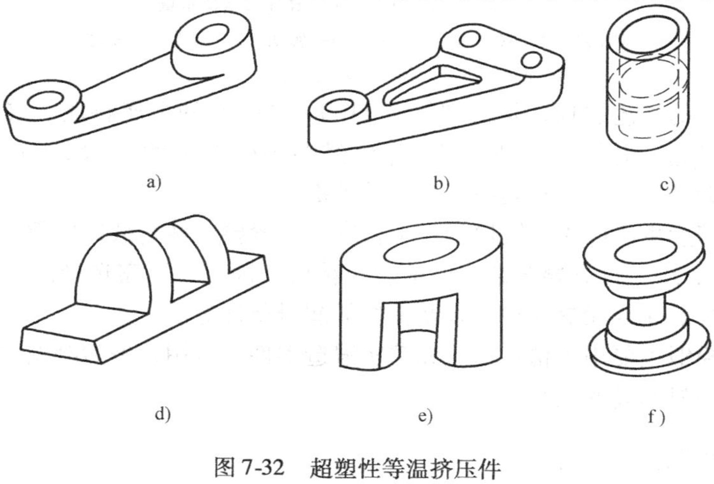

图 7-32 超塑性等温挤压件

a）摇臂一 b）摇臂二 c）筒形件 d）接头 e）支座 f）轮轴

清晰、精度高，而且比压铸件有更高的强度和优良的组织，比切削加工件省材料；比焊接件省工时、省工序，工艺过程简单。

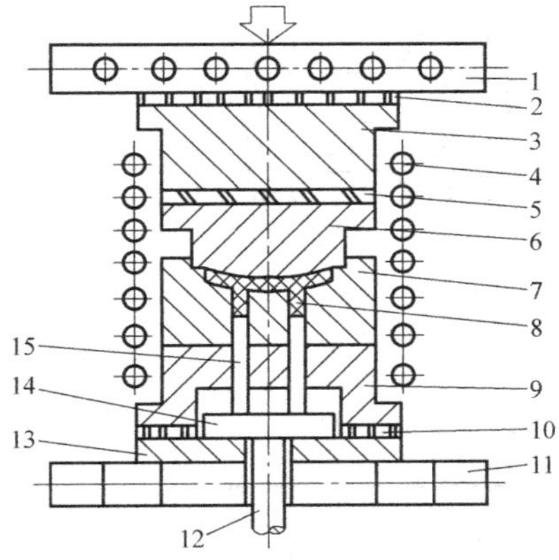

图 7-33 等温挤压模

1、11—水冷却板 2、5、10—隔热垫板 3、9—上、下模座 4—加热元件 6—凸摸 7—凹模 8—工件 12、14、15—顶出装置 13—垫板

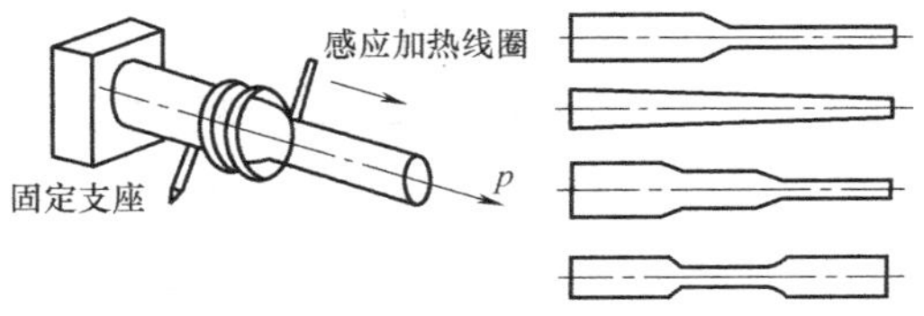

图 7-34 无模拉拔示意及典型零件

7.4.3.2 超塑性锻压成形

超塑性成形扩大了适合锻压生产的金属材料范围，如高温合金及钛合金在常态下塑性很差，变形抗力大，不均匀变形引起的各向异性敏感性较强，通常方法难以成形，并且材料损耗极大，使产品成本很高。若在超塑性状态下进行模锻，即可完全克服上述缺点，能节约材料并降低成本。

同样，利用金属超塑性性质进行无模拉拔，如图 7-34 所示，可通过控制线圈加热的间隔时间，或改变电压和拉伸速度，便可拉出各种剖面的制品，如等截面、锥形截面、变截面的杆件制品或管件制品等。

思考练习题

1. 在室温下对熔丝（铅锡共晶合金，熔点为 183℃）和低碳钢钢丝进行反复弯折变形会产生什么现象？为什么？

2. 在 1000℃时分别对 45 钢进行锻打和对钨棒进行拉丝，它们是属于冷变形还是热变形？为什么？（钨的熔点为 3380℃）

3. 将材料成分、尺寸相同的金属坯料加热到相同的温度，分别在空气锤、水压机和高速锤上锻造成同一形状的锻件时，这些金属坯料的变形抗力是否相同？当金属坯料的塑性较差时，宜采用何种锻造设备成形？

4. 锻造比对锻件质量有何影响？是否锻造比越大，锻件的质量越好？在生产中应如何合理选用锻造比？锻造汽轮机转子轴一类重要锻件，为什么要进行中间镦粗工序？

5. 如图 7-35 所示为汽车半轴、齿轮轴、双联齿轮和齿轮端盖零件，汽车半轴零件为 40Cr，其余零件均为 45 钢，齿轮端盖零件为大批量生产，其余为单件、小批生产，试根据各零件不同的结构形状、用途和批量，分析比较并完成以下各小题：

（1）选择各零件的锻造方法，找出不适合自由锻工艺要求的部位，做出适当修改。

（2）拟定出双联齿轮的自由锻工艺规程（需完成五大步骤内容）。

(3) 找出齿轮端盖零件的最大截面，确定出合适的分模面位置，用粗黑短线表示，并绘制出其模锻件图。

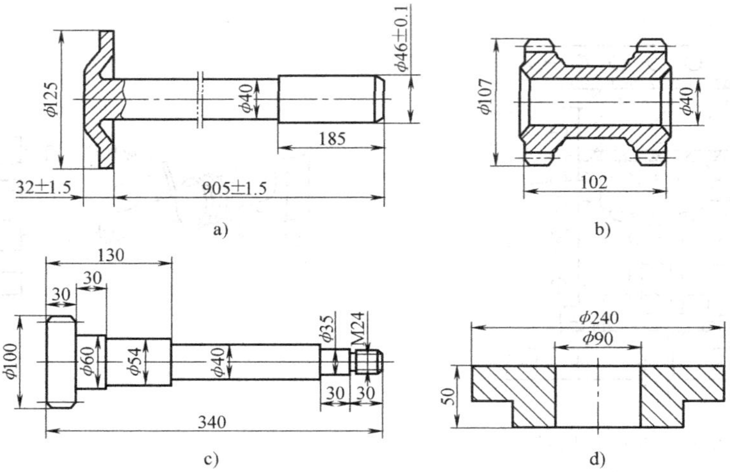

图 7-35 轴类零件图（各分图次要尺寸省略）

a）汽车半轴 b）双联齿轮 c）齿轮轴 d）齿轮端盖

6. 用高速钢制造工具、模具锻坯时，为什么要采用反复镦粗、拔长的方法？重要巨型锻件为什么必须采用自由锻造的方法制造？

7. 简述锤上模锻制造时，选择分模面位置的基本原则有哪些？圆柱齿轮和曲轴零件分别为单件、小批、大批量生产时，可选择哪些锻造方法加工？

8. 常用的新型锻压技术包括哪几种？试举例说明超塑性技术在机械零件制造中的应用。

第 8 章　金属焊接成形

导读　本章主要介绍熔焊、压焊和钎焊成形方法，焊接工艺基础，常用金属材料焊接性能，焊接工艺及规范拟定以及焊接结构设计等。

本章重点是焊条电弧焊、埋弧焊、气体保护焊及电阻焊方法和工艺规范，难点是熔焊冶金特点、接头组织及性能、熔焊应力变形及措施，要点是各种熔焊方法及材料选用、工艺规范拟定以及电阻焊工艺参数拟定等。

8.1　焊接成形方法

焊接是将两个分离的金属工件，通过局部加热、加压或两者并用等手段，使其达到原子间扩散与结合而形成一个不可拆卸整体的加工方法。按其过程特点，可分为熔焊、压焊和钎焊三大类，按使用热源又可分为电弧焊、高能束焊、电阻焊和感应焊等方法，其中电弧焊是应用最为广泛的工艺方法。

8.1.1　常用熔焊方法

常用熔焊包括焊条电弧焊、埋弧焊、气体保护焊、等离子弧焊、电子束焊和激光焊等。

8.1.1.1　焊条电弧焊

焊条电弧焊是利用高温电弧作为热源，焊条药皮作为保护介质，将两块金属接头局部熔化、填充、凝固成永久牢固整体的连接方法。既可以小拼大成大型结构，又可拼接双金属或异质结构，是应用极为普遍的焊接方法。

（1）焊条电弧的引燃　如图 8-1a 所示，焊接前将焊件与焊条分别接到焊接电源的两极，将焊条与焊件瞬时碰击或擦划接触短路，造成接触点处电流密度瞬间增至相当大值并产生相当大的电阻热，迅速将焊条药皮和两极金属熔化并蒸发。

随即焊条轻轻抬起，焊条端头与焊件之间，则充满了药皮已电离的电荷和金属蒸气，电荷在强电场和高温共同作用下，以高动能、高速度向焊件方向运动，并与电弧间的气体介质发生强烈撞击，导致气体介质进一步电离、形成电流并引燃电弧（见图 8-1b），还使电弧中心阻热进一步增加、温度进一步升高，只要维持一定电压，便能使放电过程连续进行，从而使电弧连续燃烧。

焊条与焊件接头处在电弧热作用下被迅速熔化形成熔池。随着电弧沿焊接方向向前移动，新熔池不断产生，电弧后面的熔池金属不断冷凝成焊缝（见图 8-1c），而将焊件连接成整体。同时，熔融的液态熔渣也随电弧的前移，不断冷凝成一定厚度的固态渣壳覆盖在焊缝表面，以保护刚凝固成形的焊缝不被空气氧化。

（2）电弧的构造及温度　焊接电弧由阴极区、阳极区和弧柱区三部分构成，如图 8-2a 所示。若采用交流电源焊接时，由于电源的极性不分，故电弧的阴极区和阳极区无区别且温度基本相同，电弧飘逸、挺度较小。

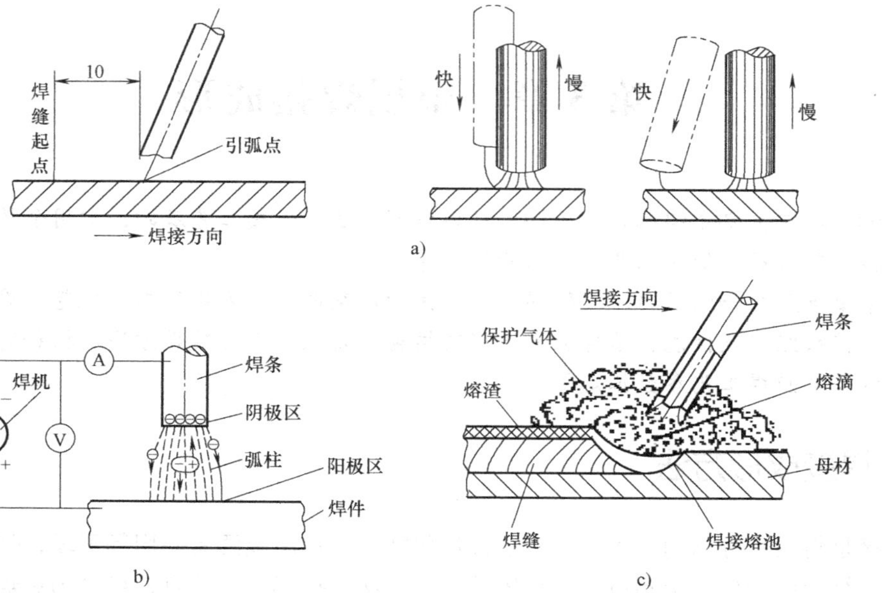

图 8-1 电弧引燃与焊缝成形

a）引弧位置及碰击与擦划引弧方法 b）电弧引燃 c）焊缝成形过程

若采用直流电源正接时，阴极区位于焊条末端，而阳极区位于焊件表面，弧柱区则介于阴极和阳极区之间，且电弧四周被气体和弧焰包围，使弧柱形状一般呈锥台形，且电弧挺度较大，如图 8-2b 所示。

在电弧中各部分的温度，尤其是阴极区和阳极区的温度会因电源、电极材料、焊件材料及熔点不同而有所不同。用焊条焊接钢材时，阴极区温度约为 2400K，阳极区温度约为 2600K，电弧弧柱中心区温度可高达 6000 ~ 8000K 左右。

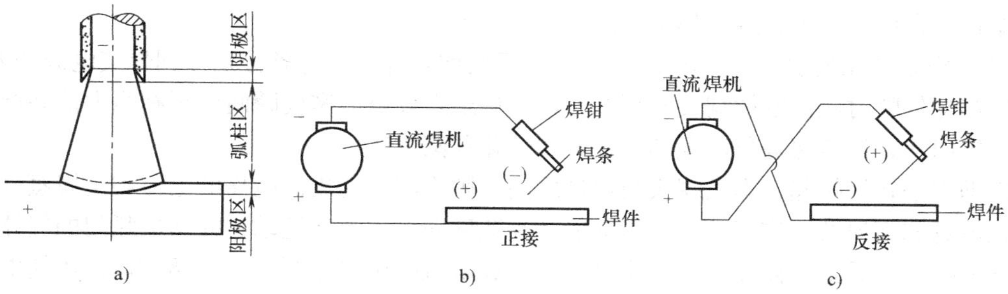

图 8-2 直流电源焊接的极性接法

a）直流电弧三区的划分 b）直流正接法 c）直流反接法

（3）电弧的极性及应用 由于电弧产生的热量在阳极区和阴极区有一定差异，因此在使用直流焊机焊接时，有正接和反接两种接线方法。将焊件接正极而焊条或电极接负极称为正接法，反之则称为反接法，如图 8-2b 和图 8-2c 所示。

正接法电极温度较低，易于保护贵重材料的电极不被烧损，而焊件则可获得较高的热量，因此此法可适宜于钨极氩弧焊、等离子弧焊及切割，钢电极产生的直流电弧尤其适宜于厚钢板、不锈钢、耐热钢等材料的焊接。

反接法则由于电极温度较高，易于焊芯或焊丝快速熔化，而焊件则获得的热量较低，因此适宜于薄板及低氢型焊条的焊接、CO_2 气体保护焊和熔化极氩弧焊等。

8.1.1.2　埋弧焊

（1）埋弧焊工艺过程　埋弧焊又称焊剂层下电弧焊，是指将粒状焊剂均匀堆覆在装配好的焊件上形成焊缝的过程。焊接时先在焊件被焊接处覆盖着一层 30 ~ 50mm 厚的粒状焊剂，使连续送进的焊丝在焊剂层下与焊件接缝间产生电弧，使焊丝、焊剂和焊件接缝处金属迅速熔化成金属熔池和熔渣，如图 8-3a 所示。

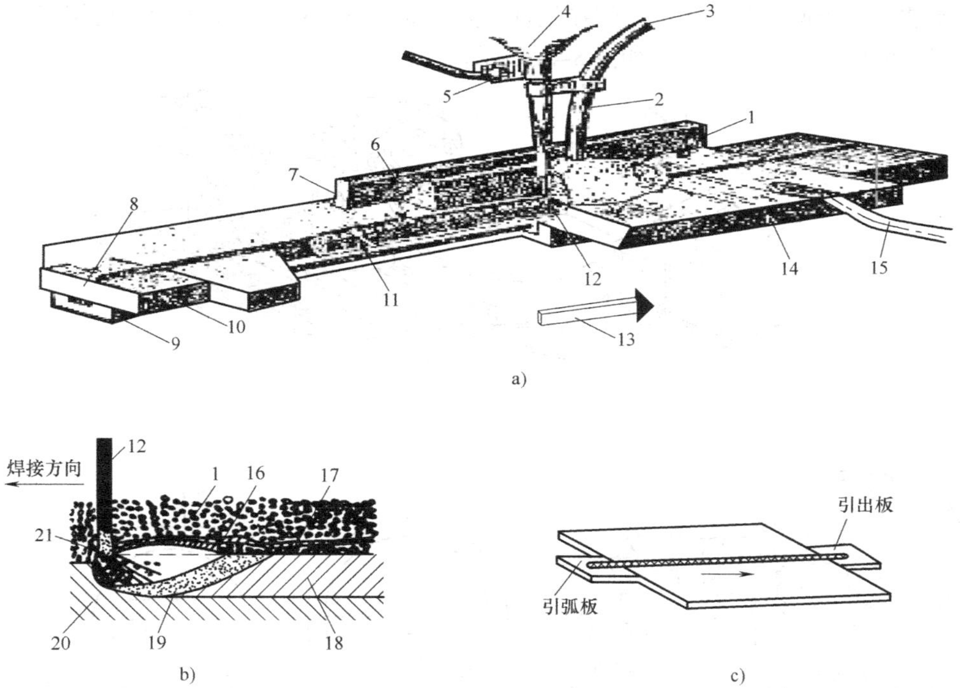

图 8-3　自动埋弧焊过程

a）自动焊过程　b）焊缝区纵截面　c）引弧板与引出板

1—焊剂　2、3—焊剂管道及漏斗　4—送丝机构　5—导电块　6—渣壳　7—挡板　8—V 形坡口　9—垫板　10—引弧板　11—焊道　12—焊丝　13—焊接方向　14—焊件　15—地线　16—熔渣　17—渣壳　18—焊缝　19—熔池　20—焊件　21—电弧

液态熔渣构成的弹性膜包围着电弧和熔池，使它们与空气隔绝。随着埋弧焊机机头自动向前移动，电弧不断熔化焊丝、焊剂及前方的焊件接缝处金属，而熔池后方的边缘开始冷却凝固形成焊缝，液态熔渣也随后冷凝形成渣壳，如图 8-3b 所示。

为了保证焊件的接缝质量和便于操作，埋弧焊的引弧和熄弧过程均需要在另装配的钢板上完成，如图 8-3c 所示。

（2）埋弧焊机及应用　埋弧焊时引燃电弧、送丝、电弧移动及焊剂回收等过程完全由埋弧焊自动焊机来完成。埋弧焊机由焊接电源、控制箱、行走小车、滚轮支架、焊剂回收装置和焊缝跟踪装置等组成，如图 8-4a 所示。

焊接电源多采用功率较大的交流电源，向电弧连续不断地传输焊接电流，从而保证电弧能连续燃烧，并保持焊接过程稳定进行。

控制箱可控制电弧引燃、移动、熄灭及其能量参数，保证电弧沿焊缝均匀移动，还可控制焊剂向焊接区的铺撒、焊前焊丝末端位置的调整、预置焊接参数，以及随时调整焊接电流、电弧电压和送丝速度等焊接参数。

行走小车主要由送丝机头、焊丝盘、台车、导电嘴、焊剂斗及控制盒等组成，可供为等速移动电弧和自动送进焊丝。其中送丝机头具有足够的调节自由度，可适应各种类型焊缝的焊接，如图 8-4b 所示。

滚轮支架主要用于焊接圆筒形工件的内、外环缝，在焊接时借助滚轮可带动焊件转动，以获得所需的焊接速度和焊件纵向焊接位置，并借助调整滚轮支架的轮距，可用于各种直径圆筒形焊件的内外环纵缝焊接，如图 8-4c 所示。

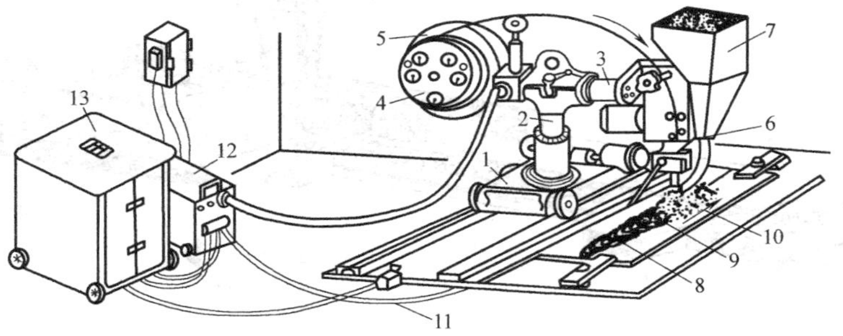

a)

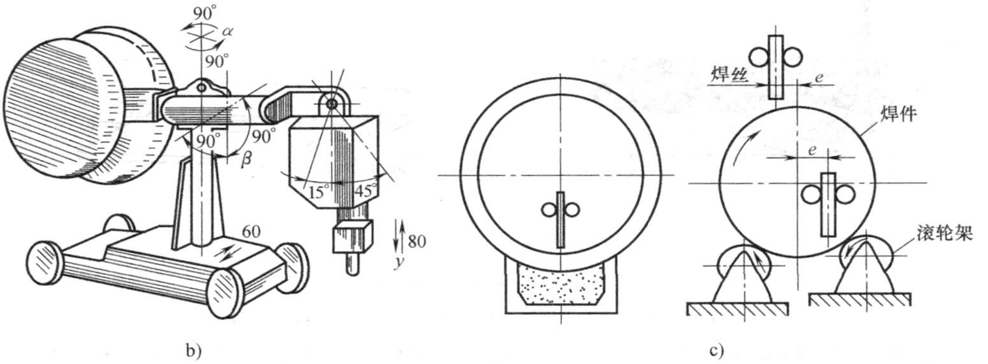

b) c)

图 8-4 自动埋弧焊机及其焊接

a）自动埋弧焊机 b）送丝机头调节角度 c）滚轮支架与纵缝和环缝焊接

1—台车 2—立柱 3—横梁 4—操作盘 5—焊丝盘 6—机头 7—焊剂斗 8—焊缝 9—焊渣 10—焊剂 11—电缆 12—控制箱 13—焊接电源

（3）埋弧焊特点及应用 埋弧焊焊接电流（630～1000A）比焊条电弧焊高 6～8 倍，可连续送进焊丝，热量集中、熔深大，并且焊缝区保护严密，焊接参数可自动控制调正，所以焊接参数稳定，焊接质量高，焊缝成形美观。

同时，焊接过程中看不到弧光，焊接烟雾也很少，只需焊工调整和管理埋弧焊机即可，没有焊条头浪费，飞溅很小，可节省大量金属材料，生产效率很高，可焊接 20～25mm 厚以下的焊件且不必开设坡口。

但是埋弧焊适应性较差，通常只适用于大型工件的大批量生产，以及长直焊缝和较大直径的环形焊缝的焊接，且只能平焊而不能焊狭窄位置及薄板焊缝。并且工艺准备较复杂，对接头加工与装配要求较严格，设备费用也较贵。

8.1.1.3 CO_2 气体保护焊

CO_2 气体保护焊是以 CO_2 气体作为保护气体的电弧焊，可简称为 CO_2 焊。它用焊丝作为电极，靠焊丝和焊件间产生的电弧熔化工件局部金属与焊丝，以自动或半自动方式进行焊接，薄板件可焊到 1mm 左右，广泛应用于低碳钢和低合金钢的焊接。

（1）CO_2 焊冶金　CO_2 气体在电弧高温作用下可分解成 CO 和 O_2，氧分子继续分解成氧原子，氧原子有强烈氧化作用，可将焊接熔滴和熔池中 Fe、C、Si、Mn 等元素，氧化成相应 FeO、CO、SiO_2、MnO 等氧化物，并以熔渣和气体形式浮出熔池。

同时焊缝金属会强烈氧化和烧损，部分 FeO 来不及分解熔入液态金属、部分 CO 残留于焊缝金属等，均会产生气孔和夹杂等，从而使焊缝力学性能降低。因此需尽量减少焊丝的含碳量，另加入 Mn、Si 等元素以保证焊缝强度。

对于一般低碳钢和低合金钢，要求其碳的质量分数小于 0.11%，主要靠焊丝中较高的 Mn、Si 含量，增加焊缝金属 Mn、Si 含量，足以弥补碳含量的减少。对于高合金钢、不锈钢等，还需在焊丝中增加 Cr、Ni、Mo、V 等强化元素。

CO_2 焊电弧热量集中，加热面积小，适宜于薄钢板件的焊接，并且 CO_2 气流有冷却作用，一般情况下焊接工件变形小，焊缝含氢量较少、抗裂性较高，但由于分解出的大量 CO 气体，来不及浮出易产生 CO 气孔。

（2）CO_2 半自动焊　焊接时焊丝送进与弧长维持均自动进行，焊丝由送丝机构通过软管经导电嘴送出，CO_2 气体从喷嘴中以一定流量喷出。但电弧移动则靠焊工手持焊炬进行操作（见图 8-5a），适合焊接薄钢板件和难以施焊的拐角部位。

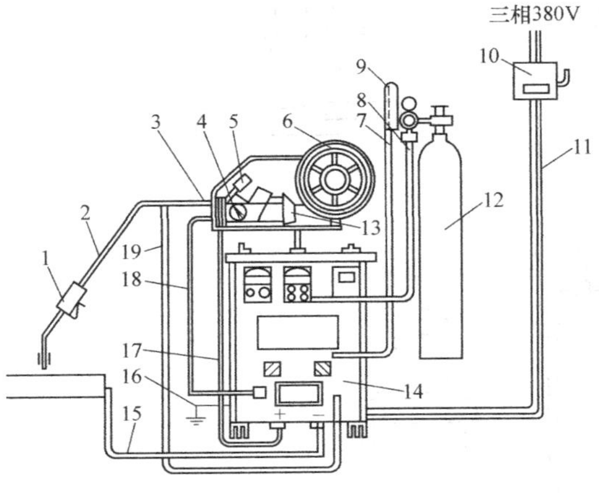

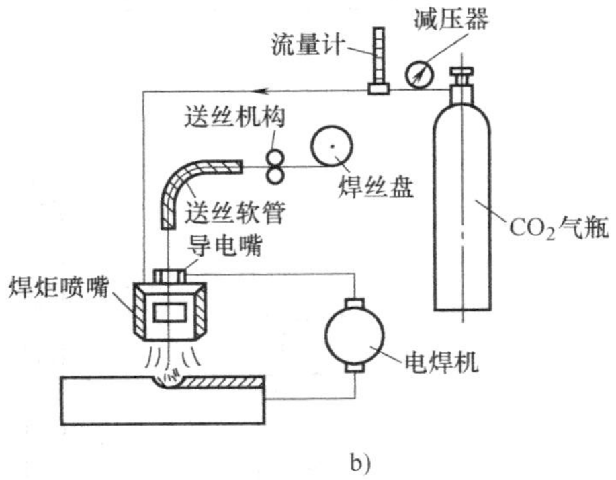

图 8-5　CO_2 气体保护焊及其设备

a）CO_2 半自动焊装置　b）CO_2 自动焊装置

1—焊炬　2—软管　3、8、11—线路　4—送丝轮　5—压丝手柄　6—送丝盘　7、19—气管　9—减压器　10—开关　12—气瓶　13—送丝机构　14—焊接电源　15、17、18—电缆　16—地线

施焊过程中，焊丝末端、电弧及熔池金属均被 CO_2 气体所包围，以防止空气对熔化金属的有害作用。这种方法适宜于单件、小批量生产、短小和不规则焊缝，对于强度级别高的普通低合金钢，则宜采用 CO_2 和氩气混合气体保护焊。

（3）自动 CO_2 焊　自动 CO_2 焊的焊机是由带控制箱的焊接小车和硅整流器两大部分组

成。焊丝送进、弧长维持和电弧移动均自动进行，且送丝方式既可等速送进，也可弧压反馈控制匀速送进，如图 8-5b 所示。

自动焊和半自动焊的送丝机构均由送丝机、送丝软管和焊丝盘等组成，送丝机又由电动机、减速器、矫直轮和送丝轮组成，盘绕在焊丝盘上的焊丝经过矫直轮和送丝轮，按所设计的推丝式、拉丝式或推拉丝式等方式送往焊枪。

自动 CO_2 气体保护焊主要适用于低碳钢和强度级别不高的普通低合金钢、成批量生产的薄板和稍厚板件长直焊缝和环焊缝焊接，如车体、容器、钢管和支座等。焊接低碳钢时，常用 H08MnSi、H10MnSi 焊丝；焊接低合金结构钢时，常用 H08MnSiA、H08Mn2SiA 焊丝；焊接 1Cr18Ni9Ti 薄板时则常用 H1Cr18Ni9、H1Cr18Ni9Ti 焊丝。

8.1.1.4 氩气保护焊

（1）氩气保护焊类型　氩气保护焊是利用氩气作为保护气体的电弧焊，简称为氩弧焊。按所用电极分为非熔化极氩弧焊和熔化极氩弧焊，分别简称为 TIG 焊（即 Tungsten Inert Gas）和 MIG 焊（即 Metal Inert Gas），如图 8-6a、图 8-6b 所示。

按操作方式分为手工氩弧焊、半自动氩弧焊和自动氩弧焊。手工氩弧焊焊炬移动和填充金属送入均由手工操作（见图 8-6c），半自动氩弧焊填充金属由机械送进，自动氩弧焊填充金属送进、焊炬与焊件相对运动均由机械机构完成。

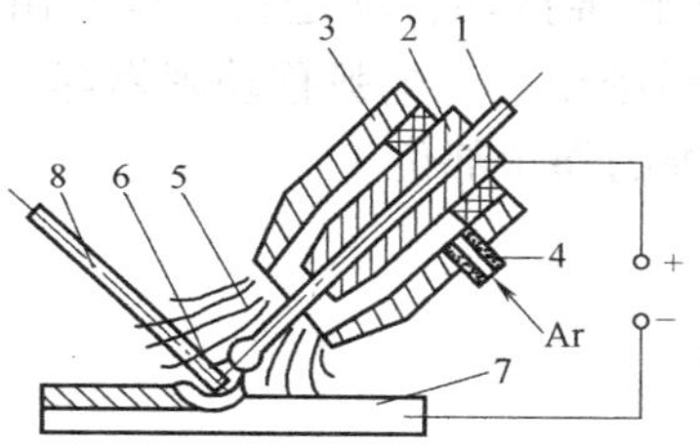

a)

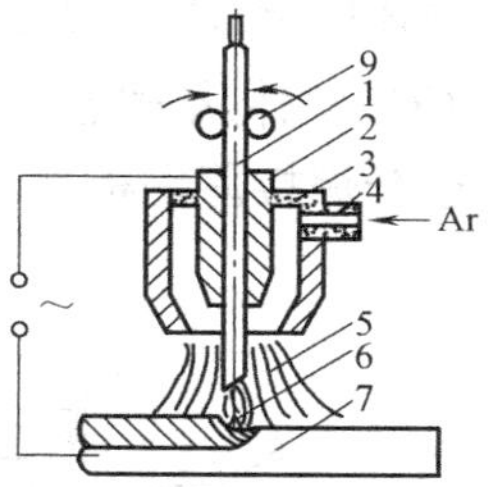

b)

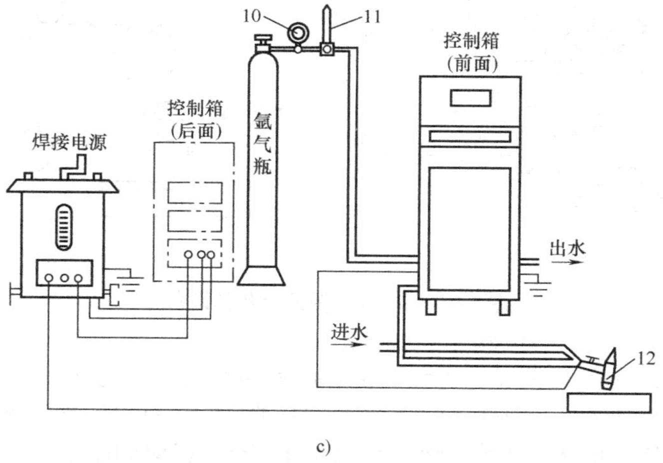

c)

图 8-6　氩弧焊及其设备

a）非熔化极氩弧焊　b）熔化极氩弧焊　c）手工氩弧焊及设备组成

1—焊丝或电极　2—导电嘴　3—喷嘴　4—进气管　5—氩气流　6—电弧　7—焊件

8—填充焊丝　9—送丝辊轮　10—减压阀　11—流量计　12—焊枪

氩气是惰性气体，可保护电极和熔化金属不受空气的侵害。在高温下它既不与金属起化学反应，也不溶于液态金属，因而氩弧焊的质量比较高。

（2）钨极氩弧焊　钨极氩弧焊属于非熔化极氩弧焊，是利用钨电极与焊件间产生电弧热熔化母材和填充金属的焊接方法，多以高熔点铈钨棒为电极，采用直流反接或交流电源进行，焊接时铈钨极不熔化，只起导电与产生电弧作用。

焊接过程中，由于交、直流电源均可产生阴极破碎或阴极雾化作用，对焊件及熔池表面氧化膜有清理作用，故可焊接易氧化铝及铝合金、易氮化碳钢、不锈钢、耐热钢等。但因电极载流能力有限，电弧功率受到限制，焊缝熔深浅，一般只适于焊接厚度小于 6mm 的焊件，特别适于焊接 3mm 以下的薄板结构件。

对于薄板件的长直焊缝，可采用自动钨极氩弧平焊，焊炬与焊缝成 90°角，并使弧长保持在 4 ~ 8mm 之间，焊丝与板面角度≤10°，连续送入弧柱的焊丝长度≤10mm，焊丝总干伸长度为 16 ~ 30mm，如图 8-7a 所示。

对于大型环焊缝，可采用自动钨极氩弧平焊（见图 8-7b），自动焊枪应逆焊件旋转方向偏离中心线一定距离（20 ~ 40mm），以便于送丝和保证焊缝的良好成形。但直径小于 250mm 的环缝一般不采用埋弧焊。

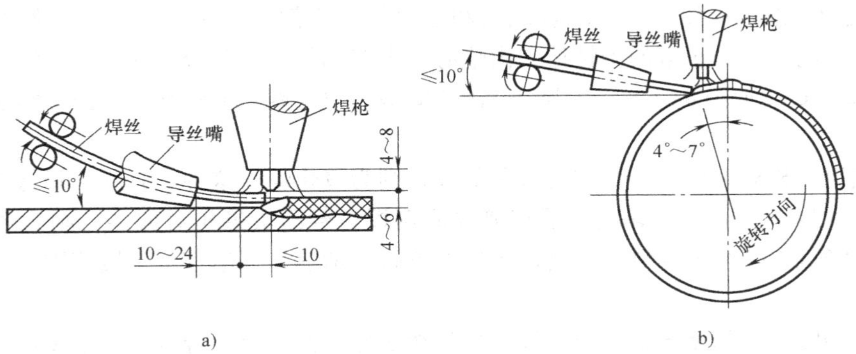

图 8-7　TIG 焊焊丝与工件间的夹角
a）焊接直缝　b）焊接环缝

（3）熔化极氩弧焊　熔化极氩弧焊是以连续送进的焊丝作为电极，并熔化成为填充金属，可采用较大的焊接电流，适宜于焊接板厚≤25mm 的铝及铝合金、铜及铜合金、钛及钛合金和不锈钢、耐热钢等几乎所有金属材料。

熔化极自动氩弧焊与埋弧焊相似，电流密度高，电弧稳定性好，飞溅小，焊缝表面无熔渣且成形好，并且电弧在氩气流压缩下燃烧，热量集中，熔池和热影响区较小，焊后焊件变形小，并在一定条件下可实现单面焊双面成形。

熔化极半自动氩弧焊为自动送丝与保证弧长，但焊枪则由焊工操作，同自动焊一样可采用 $Ar+O_2$、$Ar+CO_2$、$Ar+CO_2+O_2$ 等混合气体一起保护，可焊接曲折形焊缝、狭窄部位的焊缝，并可实现全位置焊接。

8.1.1.5　氧乙炔气焊

气焊是利用气焊设备（见图 8-8a）中可燃气体和助燃气体混合燃烧放出的热量，将焊件和焊丝熔化焊接的方法。常用的可燃气体是乙炔（C_2H_2），助燃气体是氧气，两者燃烧时形成的 CO 还原性气体笼罩焊接区，作为焊接保护气体。

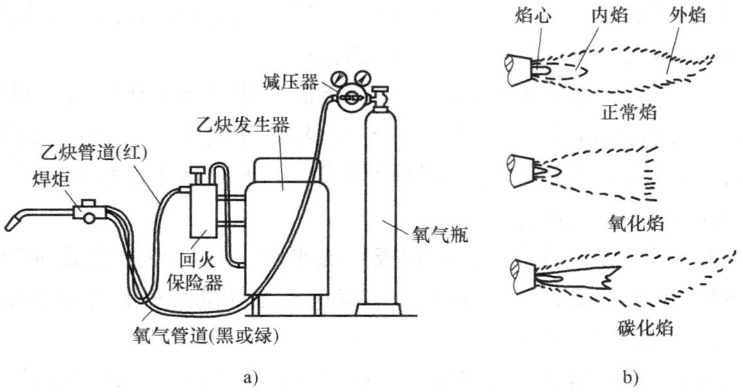

图 8-8　气焊设备及火焰
a）气焊设备　b）火焰形状

（1）气焊火焰及应用　气焊时若氧气和乙炔气的比例为 1.0 ~ 1.2，将正好调到氧和乙炔同时耗尽，则火焰为正常的中性焰，由焰心、内焰和外焰三部分构成，内焰温度最高，可达 3000 ~ 3200℃（见图 8-8b），可用于焊接低碳钢、中碳钢、不锈钢、纯铜、铝及铝合金的薄板件。

若氧气流量相对偏多，火焰中含过剩的氧，则为氧化焰，这种焰有利于降低焊接区内的氢，但氧化性强，只适宜于焊接黄铜和镀锌薄钢板。若乙炔量相对偏多，则为还原性碳化焰，有利于降低焊接区内的氧，但会使焊接处增碳、增氢，只适宜于焊接铸铁、高碳钢、高速钢、硬质合金等。

气焊火焰的种类和填充材料应与被焊材料相匹配，并在焊接合金钢、铝及铜时，需用气焊熔剂（即焊粉）起保护作用。

（2）气焊工艺及特点　气焊冶金过程与电弧焊相似，如图 8-9a 所示。气焊时，仍使用焊丝作为填充金属，焊炬头部的焊嘴引燃火焰，并由引燃时的 90°位置逐步反向倾斜，使倾角逐步过渡到 40° ~ 50°（见图 8-9b），或随焊件板厚确定合适的倾角（见图 8-9c），而焊丝的倾角一般为 30° ~ 40°，如图 8-9d 所示。

气焊与电弧焊相比，热源温度较低（约 3000℃），火焰热量分散、挺度小且加热缓慢，焊接热影响区较宽（约 6mm），且焊后焊件变形严重，接头质量不高，生产效率也低。通常气焊只适用于 3mm 以下的薄板焊接和焊件缺陷的修补，大多用于焊件的预热和作为钎焊的热源等，并且使用最多的是氧乙炔中性焰。

8.1.2　高能束熔焊方法

高能束熔焊是利用能量密度高度集中的等离子弧（束）、电子束、激光束，将接缝处金属迅速熔化并凝固成焊缝的熔焊方法。生产中常用的有等离子弧焊、真空电子束焊和激光 CO_2 焊，一般等离子弧的功能密度为 $10^5 \sim 10^6 W/cm^2$，CO_2 激光束的功能密度为 $10^6 \sim 10^7 W/$

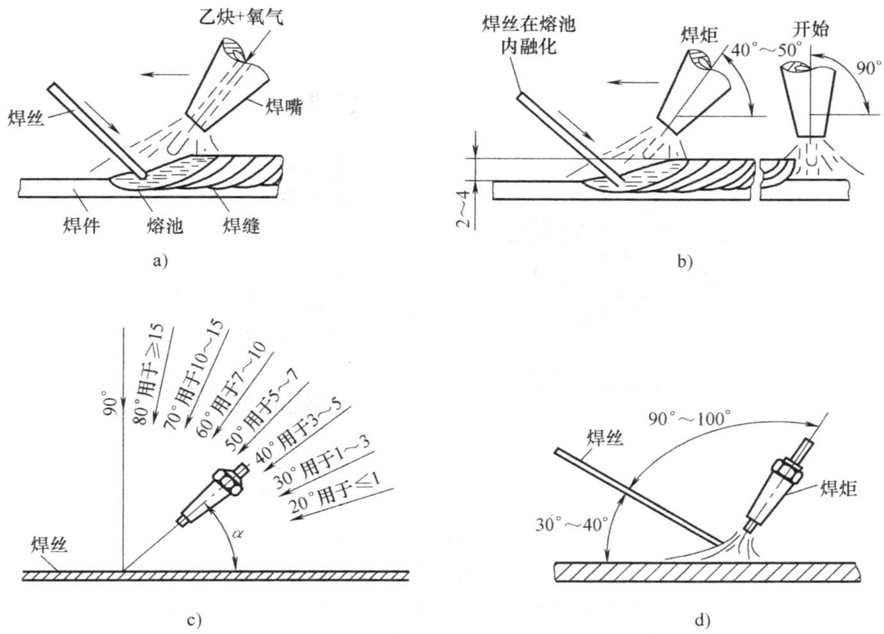

图 8-9　气焊过程及工艺

a）气焊冶金过程　b）焊嘴倾角　c）焊炬倾角与焊件关系　d）焊炬与焊丝位置

cm^2，电子束的功能密度为 10^7 ~ 10^8 W/cm^2。

8.1.2.1　等离子弧焊接

（1）等离子弧形成原理　等离子电弧实际是由“自由电弧”压缩而成的高能密度电弧（见图 8-10a）。在钨极与焊件之间先引燃“自由电弧”，再经离子流、水冷喷嘴和高温三种压缩作用，最后到达焊件表面形成稳定的压缩电弧。

当电弧通过具有细孔道的水冷喷嘴时，弧柱被强迫缩小，称之为“机械压缩效应”。当通入一定流量和压力的氩气或氮气保护气时，冷气流均匀包围并强烈冷却弧柱，且迫使带电离子流向弧柱中心集中进一步压缩弧柱，则称之为“热压缩效应”。

带电离子流在弧柱中的运动，还可看成是电流在一束平行“导线”内的运动，其自身磁场所产生的电磁力，使这些“导线”互相吸引靠近，将弧柱又进一步压缩，这种压缩被称为“电磁压缩效应”。

经过三种压缩效应所形成的等离子弧，是一种能量高度集中、电离度很高的高温压缩电弧，相比自由状态的钨极氩弧焊温度（10000 ~ 24000K）可高达 20000 ~ 50000K，能量密度可达 10^5 ~ 10^6 W/cm^2，挺直度好、冲力大，可进行连续焊接与切割。

（2）等离子弧焊接　等离子弧焊实质上是具有压缩效应的钨极气体保护焊。按其电流大小分为大电流和微束等离子弧焊。大电流等离子弧焊电流大于 30A，可借助小孔效应使焊缝成形（见图 8-10b），常用于焊接厚度为 2.5 ~ 13mm 的材料。

焊接过程中，等离子流将熔池穿孔并从小孔穿出，将熔化金属排挤在小孔周围。当焊炬向前移动时，小孔前端的熔化金属便沿着图示方向，从小孔两旁流向熔池后方，逐渐填满小孔，而在板的正面和反面凝结形成焊缝。

这种形成小孔的作用称为“小孔效应”，且只有产生小孔才标志着焊件完全熔透及焊缝

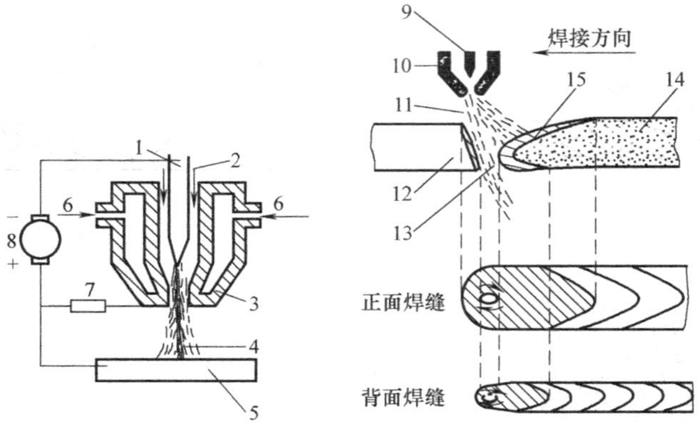

a)　　　　b)

图 8-10　等离子弧形成装置

a）等离子弧形成与焊接　b）等离子弧的小孔效应

1—钨极　2—等离子气　3—喷嘴　4—等离子弧　5—焊件　6—冷却水　7—电阻　8—直流电源
9—电极　10—焊炬　11—等离子弧　12—工件　13—小孔　14—焊缝　15—熔池

成形均匀。不同材料的一次穿透厚度不同，低碳钢和不锈钢焊接厚度≤8mm、低合金厚度≤7mm、镍及镍合金厚度≤6mm、钛及钛合金厚度则≤13mm。

微束等离子弧焊接电流在 30A 以下，电弧能量密度小，喷射速度也小，故使焊接熔池底部不会形成小孔。但当焊接电流小到 0.1A 时，电弧仍然十分稳定且能保持良好的挺度、方向性和焊接过程，因此这种方法可适于焊接厚度为 0.025～2.5mm 箔材及薄板，尤其是金属箔材焊接的有效方法。

8.1.2.2　电子束焊接

电子束焊接是利用高能量密度的电子束在真空室内轰击焊件，使其动能转变为热能而进行焊接的熔焊工艺，如图 8-11a 所示。一般按焊件所处真空度的差异，分为真空电子束焊和非真空电子束焊，以真空电子束焊应用最多。

（1）电子束焊接装置　电子枪是产生电子束的关键部件，其电极系统由阴极、偏压极和阳极组成，改变偏压极位置及形状，即可控制电子束流的大小和形状，一般焊接电流为 0～900mA，焊接电压为 50～60kV，工作距离为 200mm，焊接速度为 120～300mm/min，可穿透 6～7mm 厚的金属板，还可单道焊透 200mm 厚钢板。

焊接过程中由电子枪阴极发射出电子，在焊件与阴极间的强电场中高速穿过阳极孔，再经过磁场聚焦，形成高能量密度电子束（束径为 0.25～0.75mm，密度达 $1.5\times10^5\mathrm{W/cm^2}$）轰击到焊件上，使动能变为热能，加热熔化焊件而实现焊接。

（2）电子束焊特点及应用　真空电子束焊具有不使用填充材料，焊透能力强，焊缝深而窄，热影响区很小，基本上不产生焊接变形，还可焊接其他工艺方法难以焊接的材料，如易氧化、高熔点金属或异种金属，广泛应于航天、航空及一般机器制造业。但焊件尺寸受真空室容积限制。

8.1.2.3　激光束焊接

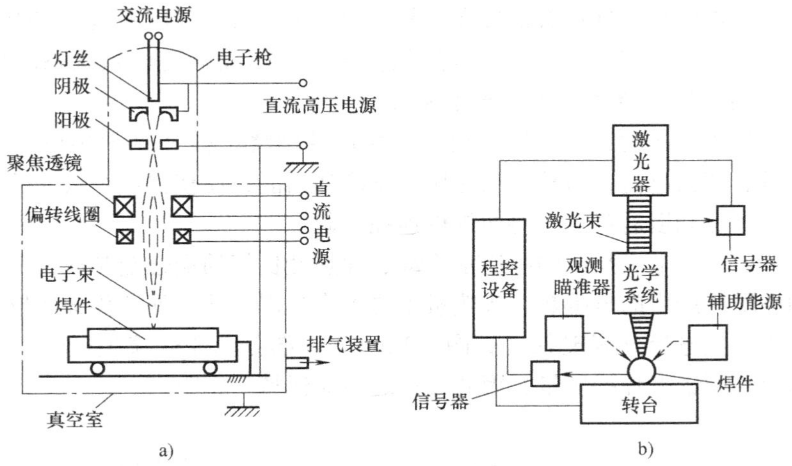

图 8-11　真空电子束焊和激光焊
a）三极电子枪焊接示意图　b）激光焊接装置

（1）激光焊基本原理　激光是由某些物质的原子在轨道（称为能级）上受到光或电的激励，由高能级粒子向低能级自发跃迁，激发出能级粒子并放射出频率与波长相同、方向一致、亮度和强度很高的单色光。

利用激光器产生的激光束，通过聚焦系统聚焦，可形成十分微小且能量密度很高的焦点，当调焦到焊件接缝处时，单色光能迅速转化为热能，将照射到焊件部位的材料迅速熔化而形成焊接接头，如图 8-11b 所示。

（2）激光焊性能特点　激光焊接加热过程极短（以 ms 计）、焊点小（几十至几百微米）、精度高、热影响区窄，焊接变形小，可用反光镜改变激光束方向，适于一般焊法难以焊接的部位，并易于实现异种金属或金属与非金属的焊接。

焊接 6mm 厚的不锈钢板时，需用 5 ~ 6kW 功率的激光器；焊接 2mm 厚以下的不锈钢板窄焊缝时，仅需用 2kW 功率激光器即可实现，且焊接速度为 1500mm/min；然而焊接 4mm 厚的金属板时，焊接速度则小于 120mm/min。因此激光焊特别适用于薄板、精密微形件及对受热敏感的焊件。

8.1.3　压焊与钎焊方法

8.1.3.1　压焊

压焊又叫压力电阻焊，是利用电流通过两个被焊工件的接触处所产生的电阻热，将该处金属迅速加热到塑性状态或熔化状态，然后对焊件施加一定压力，使被焊工件接合面相互紧密接触并产生一定塑性变形而形成焊接接头的焊接方法。

按接头形式和成形特点不同，可分为点焊、凸焊、缝焊及对焊等。凸焊与点焊接头形式和成形特点基本相同，不再单独介绍。对焊按焊接成形过程和操作方法不同，又可分为电阻对焊和闪光对焊。

（1）点焊工艺及特点　点焊是在两焊件搭接处利用柱状电极轴向加压通电，使其接触面之间形成许多单独焊点，而将其连接在一起的焊接方法。

焊接时先将两焊件预清理接头搭接在一起，置于两电极间预压夹紧，使焊件搭接处紧密接触，然后再接通电流，使接触处产生电阻热，将其金属加热到熔融状态而形成熔核（见图 8-12a），再将熔核周围金属加热到塑性状态。

随后加大电极轴向压力，形成紧密封闭塑性环并围绕熔核（见图 8-12b），使熔融金属不致于外溢。最后切断电流，熔核金属在压力下冷却结晶，而获得组织致密的焊点。如此循环，依次形成第二点和以后各点，将两焊件连在一起。

点焊过程中，由于电极是由中间通水冷却、导热性良好的铜合金制成，可传递并散失它与焊件间接触电阻所产生的电阻热，故热量主要集中在焊件接触处熔化金属形核。但在焊接第二点时，由于产生电流分流现象（见图 8-12c），一部分电流会流经已焊好的焊点，使待熔核焊接电流减小而影响焊接质量，因此二点之间应保持一定距离。

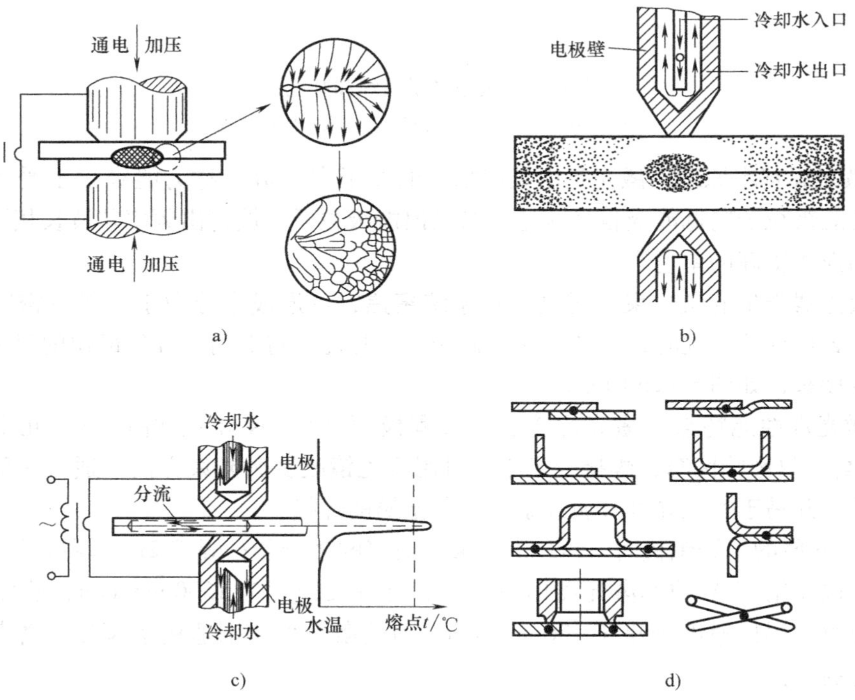

图 8-12 点焊熔核组织及接头形式

a）点焊熔核及组织 b）电极结构与塑性环

c）电极结构点焊分流现象 d）点凸焊接头形式

焊点直径大小将直接决定接头的承载能力，若焊件厚度越大、材料导电性越好，分流现象越严重，焊点距离越应加大。通常应根据焊件材料性质、厚度、接头形式（见图 8-12d）和搭接边宽度，选取焊点直径、最小搭边宽度和焊点间最小距离（见表 8-1），一般可取焊点直径 $d=2\delta+3$（δ 为板厚）。

由于熔化金属不与外界空气接触，故点焊焊点强度高，焊件表面光滑，焊件变形小。主要用于焊接薄板冲压壳体结构，如厚度为 0.05～6.0mm 的低碳钢、不锈钢、铜合金、钛合金和铝镁合金等，广泛应用于汽车、飞机、电子管、仪表等的制造，有时还可扩大到从 10μm 的精密电子器件至 30mm 的钢筋框梁构件。

表 8-1　点焊、缝焊接头推荐使用尺寸　（单位：mm）

焊件厚度	焊点直径	缝焊焊缝宽度	单排焊缝最小搭边尺寸		点焊最小距离		
			碳素钢、低合金钢、不锈钢	铝合金、铜合金、镁合金	碳素钢、低合金钢	不锈钢、耐热钢、钛合金	铝合金、铜合金、镁
0.3	2.5~3.5	2.0~3.0	6	8	7	5	8
0.5	3.0~4.0	2.5~3.5	8	10	10	7	11
0.8	3.5~4.5	3.0~4.0	10	12	11	9	13
1.0	4.0~5.0	3.5~4.5	12	14	12	10	15
1.2	5.0~6.0	4.5~5.5	13	16	13	11	16
1.5	6.0~7.0	5.5~6.5	14	18	14	12	18
2.0	7.0~8.5	6.5~8.0	16	20	18	14	22

（2）缝焊工艺及特点　缝焊又称为滚焊，是在两个焊件搭接接头的接触面之间形成许多连续的焊点，而将两工件连接起来的焊接方法，如图 8-13a 所示。

缝焊成形过程与点焊相似，可认为是连续的点焊过程，但所用电极则为圆盘状且为转动焊接。当压紧焊件的圆盘电极转动并断续通电时，两焊件搭接处电流从两圆盘电极之间通过，其接触面间即形成许多连续而重叠的焊点，从而获得紧密的焊缝。

缝焊后焊件不仅表面光滑平整，而且焊缝具有较高的强度和气密性，因此常用来焊接要求密封性好的薄壁容器，如油箱及烟道等。缝焊分流现象严重，一般只适用于板厚 3mm 以下薄板结构，可焊接低碳钢、合金钢、铝及铝合金等材料。

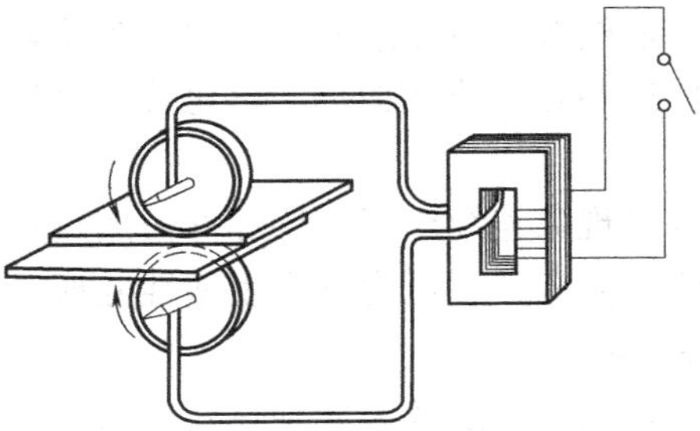

a)

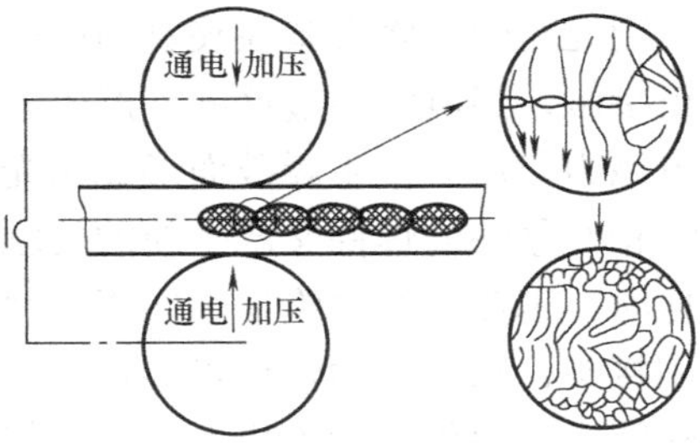

b)

图 8-13　缝焊过程及组织形态

a）缝焊电极及接头　b）缝焊过程及熔核组织

（3）电阻对焊过程及特点　电阻对焊是使两焊件沿整个接触面产生塑性变形而连接起来的焊接方法。对焊时先将两焊件装在对焊机的两个电极夹具中对正、夹紧，并施加预压力使两焊件端面互相挤紧再接通电源，如图 8-14a 所示。

当强电流通过被焊工件对接接触处时，将产生很大的电阻热，使两被焊工件接触处迅速被加热到塑性状态。然后，再切断电流同时向焊件施加压力，接触处便产生一定的塑性变形而形成凸鼓状牢固接头，如图 8-14b 所示。

电阻对焊操作简便，端头挤出金属少、易除掉残留氧化物，接头外形较匀称，一般适于焊接圆形、方形等截面简单，直径小于 20mm 及强度要求不高的杆件，但焊前对焊件表面清理要求较严格。否则，易引起接触面加热不均匀，而造成焊后晶粒粗大或残留氧化物夹渣等，使接头强度较低。

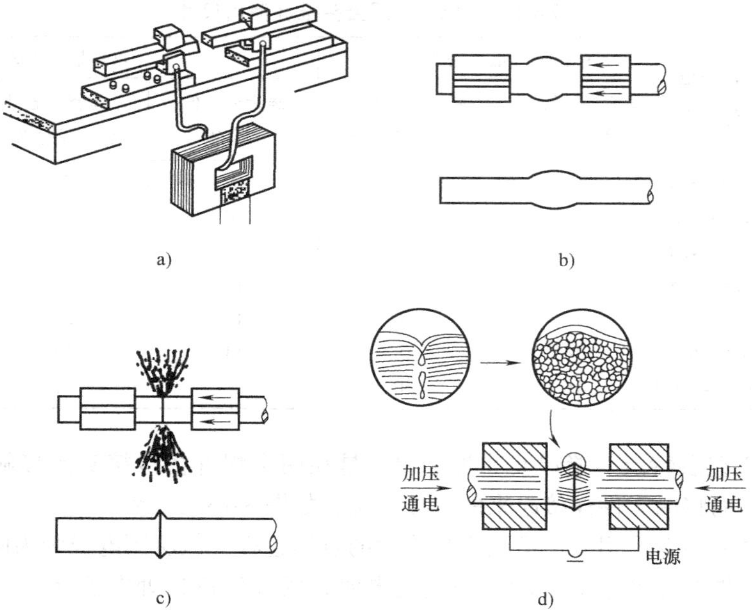

图 8-14 对焊过程及接头形式

a）对焊及装夹形式 b）电阻对焊及焊后接头形状

c）闪光对焊及焊后接头形状 d）闪光对焊接缝及组织

（4）闪光对焊过程及特点 按操作方法不同，分为连续闪光对焊和预热闪光对焊。

连续闪光对焊是将夹紧在夹具内的两焊件先接通电源，再逐渐相对移动，使接触面上部分点真正接触，强电流通过这些点产生电阻热，使这些点迅速被加热、熔化甚至汽化，液态金属在电磁力作用下发生爆破而形成闪光现象。

继续相对移动的焊件又产生新的接触点，且闪光现象连续出现。待焊件被加热到其端面全部熔化时，迅速对焊件施加轴向压力并切断电流，接头处在压力下产生塑性变形并形成飞边状牢固接头，从而将两焊件焊接在一起，如图 8-14c 所示。

预热闪光对焊仍在对焊机上进行，但需焊前电阻预热或断续闪光预热。电阻预热是在工件上稍加压力，先使接触面贴紧，再连续或断续通电将焊件加热。断续闪光预热则是在电流接通情况下，将焊件交替接触和离开，且每次接触均引起短暂闪光过程，待被焊处预热到一定温度后，再按连续闪光焊法焊接。

闪光对焊接头中氧化物、夹渣物较少，焊缝强度和塑性较高，可焊接直径 0.01mm 的金属丝或截面 0.1mm^2 的钢、同种或异种金属（铜-钢、铝-钢、铝-铜等），如刀具、钢筋、锚链、导线、自行车圈、钢轨和管道等的焊接。

闪光对焊金属损耗多，焊后接头处有飞边及毛刺（见图 8-14d），设备较复杂，且受焊件大小及接头形式的限制。为了保证对焊工件的质量，必须使两焊件接触端面均匀加热，故要求对焊工件接触端面形状及尺寸需相同或相近。

8.1.3.2 超声波电阻焊

超声波电阻焊是利用超声频的高频振荡能，通过磁致伸缩元件，将超声频转化为高频振动，在上下振动极作用下，使两焊件局部接触处产生强烈摩擦、升温和变形，从而使氧化皮等污物破坏或分散、纯净金属原子充分靠近而形成冶金结合。

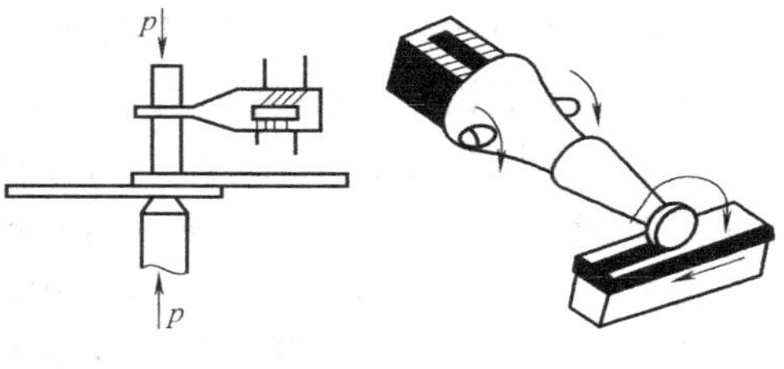

图 8-15　超声波电阻焊
a）超声波点焊　b）超声波缝焊

超声波电阻焊过程中，无电流流经焊件，也无火焰或弧光等热源作用，是靠摩擦、扩散、塑性变形综合作用而成。焊件表面清理简单，电能消耗少，仅为电阻焊的 5%，按其成形特点分为超声波点焊和超声波缝焊，如图 8-15 所示。

超声波电阻焊接头中无铸态组织、脆性金属化合物及金属喷溅，力学性能比电阻焊好，且稳定性高，可焊材料范围广，特别适于高熔点、高导热性难熔金属及异种材料焊接，以及厚薄悬殊及多层箔片等特殊结构焊接。如 2μm 的金箔、微电子器件的电路引线等，也可焊接聚氯乙烯和有机玻璃等塑料。

8.1.3.3　钎料熔渗焊接

钎料熔渗焊接可简称为钎焊，是采用比焊件金属熔点低的钎料作为填充金属，通过气焊火焰、电烙铁、电感线圈等热源加热、熔化并扩散渗入两焊件接头间隙，从而形成连接接头的工艺方法，如图 8-16 所示。

（1）钎焊工艺过程　钎焊时先将两焊件接触表面清洗干净，并以搭接形式进行装配，然后将钎料放于装配间隙或附近。当焊件与钎料一起加热到稍高于钎料熔化温度后，钎料熔化并借助毛细管作用，被吸入和充满焊件装配间隙，焊件金属与液态钎料间将进行相互溶解和扩散，待冷凝后即形成钎焊接头。

钎焊时，加热会使金属表面重新氧化而难以钎焊，一般需采用熔剂，可清除焊件和钎料表面氧化物及油污，以液态薄层覆盖金属表面而隔绝空气中的氧氮，同时还可活化界面、改善液态钎料流入间隙的性能。例如，钎焊收音机零件时，通常需采用“焊锡”作钎料、“松香”或“焊锡膏”作熔剂。

钎焊接头一般采用搭接接头（见图 8-16a），并在设计钎焊接头时考虑焊件的装配定位和钎料安装等，如图 8-16b 所示。

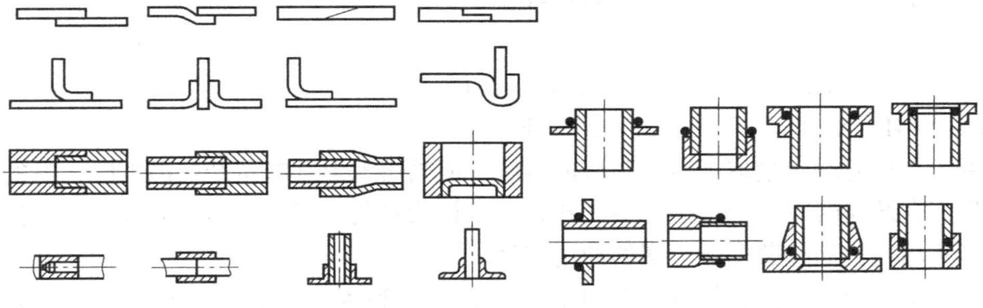

图 8-16　钎焊接头形式及工艺
a）接头形式　b）环状钎料的安装

（2）钎焊分类及应用　根据钎料熔点不同分为硬钎焊和软钎焊。硬钎焊使用钎料熔点在 450℃以上，钎焊接头强度极限可达 200MPa 以上，常用的有铜基、银基、铝基、镍基钎料，适于钎焊压力较大或工作温度较高的焊件。

软钎焊使用钎料熔点在450℃以下，钎焊接头强度极限一般不超过70MPa，常用的有锡铅钎料（又称焊锡），适用于钎焊受力不大或工作温度较低的焊件。

根据加热方式不同，常用的钎焊方法有电烙铁钎焊、火焰钎焊、炉中钎焊、电阻钎焊、感应钎焊、盐浴钎焊等。其中应用最多的是电烙铁钎焊、火焰钎焊、炉中电阻钎焊和炉中感应钎焊。

（3）钎焊工艺特点　钎焊与熔焊相比，加热温度低，对母材组织性能影响小，易于保证焊件尺寸精度，可实现异种金属或合金、金属与非金属的连接。对工件整体加热时，可一次完成几十条或成百条焊缝的钎焊，生产率高。

钎焊在电机、机械、无线电、仪表等部门均得到广泛应用，特别在航空、导弹、空间技术和制冷设备中发挥着重要作用，成为一种不可取代的工艺方法。但钎焊接头强度较低，焊前工件装配要求较高，必须严格保证装配间隙。

8.2 熔焊工艺基础

利用电弧、火焰或高能束等热源将焊件局部加热熔化、形成熔池并结晶成焊缝时，由于整个熔焊过程含有加热、冶金和结晶过程，因此将会产生焊缝化学成分变化、焊接接头组织和性能变化、焊接应力和变形等一列影响焊接质量问题。

8.2.1 熔焊冶金与质量

8.2.1.1 熔焊冶金过程

焊接过程中，金属母材和填充材料加热熔化，产生熔滴和熔池并停留和结晶（图8-17），熔化的金属、熔渣和气体三者之间同冶金过程类似，将发生分解、氧化、还原和渗合金等一系列物理化学反应，并将直接影响焊缝成分和性能。

（1）分解氧化反应　空气中的氧气 O_2 和氮气 N_2，在电弧高温作用下，将会发生分解，成为氧原子和氮原子而侵入电弧和熔滴，氧原子要与熔化金属发生下列反应：

$O_2 \rightarrow O + O$　　　　$N_2 \rightarrow N + N$

$Fe + O \rightarrow FeO\ (Fe_3O_4)$　　　　$Mn + O \rightarrow MnO$

$Si + 2O \rightarrow SiO_2$　　　　$C + O \rightarrow CO$

$2Cr + 3O \rightarrow Cr_2O_3$　　　　$2Al + 3O \rightarrow Al_2O_3$

$4Fe + N \rightarrow Fe_4N$　　　　$2Fe + N \rightarrow Fe_2N$

氮原子在高温时大量溶于熔滴和熔池金属，但当熔池温度降至结晶温度时，氮的溶解度突然下降而在结晶时来不及逸出形成气孔，或以针状氮化物（Fe_4N 和 Fe_2N）形式析出并分布于晶界和晶内，而显著降低金属的冲击韧度。

同时，空气中的水汽，特别是焊件表面的锈、油和水，在电弧高温作用下也会发生分解，即 $H_2O \rightarrow 2H + O$，氢原子也能大量溶于液体金属，如同氮原子一样，在熔池结晶时氢的溶解度突然急剧下降而成为气孔，甚至引起氢脆和冷裂。

（2）冶金还原反应　在高温电弧作用下，形成的焊接熔池金属温度高达1800℃以上，金属元素强烈氧化、烧损，电弧区气氛全部分解呈原子态，大大增加了气体的活泼性，更促使金属烧损或形成氧化物与有害杂质。

同时，FeO 进入熔池还可将钢中一些元素氧化成 CO、MnO 和 SiO_2，形成 $FeO \cdot SiO_2$、

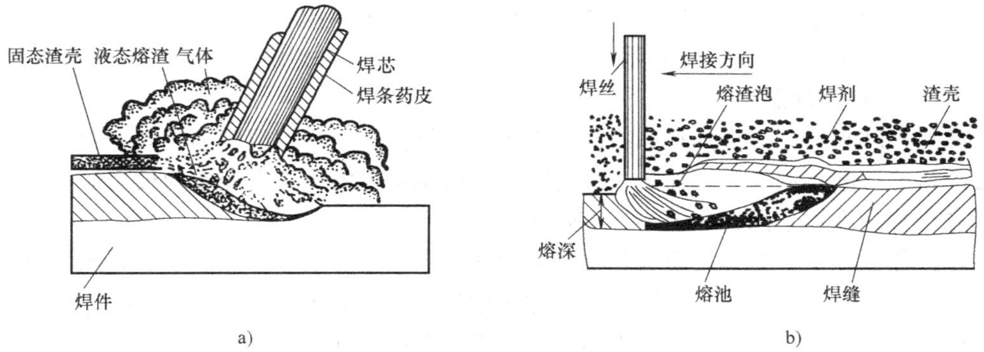

图 8-17　电弧熔焊冶金

a）焊条电弧焊冶金　b）埋弧焊冶金

$MnO \cdot SiO_2$ 等熔渣，使钢中的 C、Mn、Si 等大量烧蚀。由于熔池体积小（仅 2～3cm^3），液态金属停留时间短（仅 10s 左右），各种化学反应难以达到平衡状态。

当熔池迅速冷却后，焊缝中化学成分不均匀，气体和杂质来不及浮出溶池，部分氧化物、熔渣残存于焊缝金属中，致使焊缝产生气孔和夹渣等缺陷，从而降低其力学性能。

8.2.1.2　冶金质量及措施

熔焊冶金过程中若无任何措施，将会使焊缝合金元素含量和力学性能均低于母材，而导致焊件性能降低或在工作中断裂。因此为保证焊缝质量，必须采取有效措施来改善焊接质量，主要对熔池金属进行保护、对焊缝金属添加合金元素等。

（1）造成气渣保护　由于电弧和熔池均暴露于空气中，为了减少有害元素进入熔池，必须采用机械保护措施，如采用焊条药皮、埋弧焊粒状焊剂、CO_2 及氩保护气体等，使电弧空间的熔滴和熔池与空气隔绝，防止空气进入熔池。

此外，焊前还需清除焊件坡口表面及其两侧附近的锈皮、水、油污等，并同时烘干焊条、去除水分或将焊丝表面等清理干净。

（2）渗入合金元素　在熔池结晶时渗入合金元素以保证焊缝的化学成分，如在焊条药皮或粒状焊剂中加入 Mn-Fe、Si-Fe、Ti-Fe、Al_2O_3 等合金剂，或在焊丝内加入 Si、Mn、Ti、Al 等合金元素。

焊缝结晶时合金元素可直接过渡到熔池中，以弥补熔池中有用合金元素的蒸发和烧损，甚至会增加焊缝中某些合金元素的含量，以提高焊缝的力学性能。

（3）脱除有害杂质　钢铁材料焊接时，在药皮或焊剂中加入 Mn-Fe、Si-Fe、Ti-Fe、Al_2O_3 等脱氧剂，脱硫、磷剂（Mn-Fe、$CaCO_3$）和脱氢剂（CaF_2），最大限度地除去有害杂质 O、S、P、H，从而保证和调整焊缝化学成分，其反应如下：

$Mn + FeO \rightarrow MnO + Fe$　　　$CaCO_3 \rightarrow CaO + CO_2\uparrow$

$Si + 2FeO \rightarrow SiO_2 + 2Fe$　　　$CaO + FeS \rightarrow CaS + FeO$

$MnO + FeS \rightarrow MnS$（渣）$+ FeO$　　　$2Fe_3P + 5FeO \rightarrow P_2O_5 + 11Fe$

非铁金属焊接时，焊缝表面需使用熔剂除去有害杂质，常用溶剂有 QJ301 和 QJ401 等。

8.2.2　熔焊组织与性能

焊接是局部加热过程，焊缝及近缝区的母材在高温电弧作用下，均要经历加热和冷却的热循环过程，而引起焊接接头组织性能的变化，从而影响焊接质量。焊接接头包括焊缝和焊接热影响区两个部分，如图 8-18 所示。

8.2.2.1 焊接热循环温度

焊接热循环是指在焊接加热和冷却过程中，焊接接头上某点温度随时间变化的过程。焊接电弧沿接缝逐渐移动、局部加热、移走冷却，使接头上各位置点经历的最高加热温度、加热时间和冷却速度均不同，如图 8-18a 所示。

在焊接热循环中，对焊接质量起重要影响的参数主要有最高加热温度、高温停留时间和冷却速度等。各点距焊缝中心越远，最高加热温度越低，到达该点最高温度所需时间越长，故各点内金属经受不同规范的热处理而产生的组织性能不同。

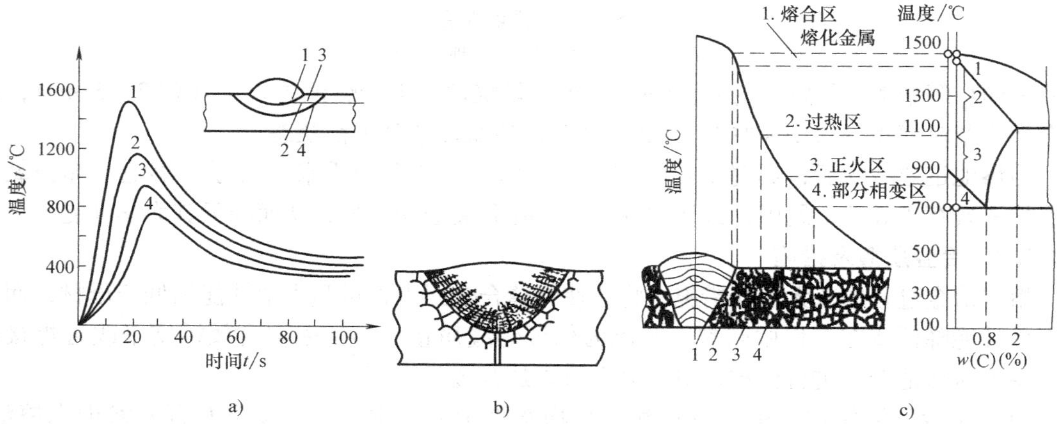

图 8-18　焊接接头温度与组织的关系

a）焊缝区各点温度变化　b）焊缝柱状枝晶　c）低碳钢焊接接头组织变化

8.2.2.2 焊接接头组织及性能

（1）焊缝组织与性能　焊接热源移去后，熔池液体金属迅速冷却结晶。结晶时由于熔池底壁垂直方向散热较快，因而常以熔池底壁上许多未熔化的半个晶粒开始为核，并垂直于底壁熔合线向熔池中心生长而形成柱状树枝晶，如图 8-18c 所示。

焊缝组织是从液体金属结晶的铸态组织，晶粒粗大、组织疏松，但由于熔池小、冷速快，形成的柱状晶粒比较细小，再加上焊条药皮的渗合金和保护等作用，焊缝金属中的 Si、Mn 等合金元素含量高于母材，所以焊缝金属的性能可不低于母材。

（2）热影响区组织与性能　热影响区是指焊缝附近因热源作用而发生组织和性能变化的区域，亦称为近缝区。一般钢材的热影响区均包含熔合区、过热区、正火区和部分相变区，如图 8-18b 所示。

熔合区是焊缝和母材交界区，亦称半熔化区，焊接过程中加热温度最高达 1400 ~ 1539℃，部分金属被熔化，结晶后组织中既有未熔化仅受热长大的粗晶粒，还有部分新结晶的铸态组织。低碳钢的熔合区很窄，一般约为 0.1 ~ 1mm，但它在很大程度上决定着焊接接头的性能。

过热区紧靠着熔合区，被加热温度范围为 1100 ~ 1400℃，晶粒受热急剧长大，甚至产生过热组织，冷却后为粗大的结晶组织，使该区塑性和冲击韧度明显下降，是热影响区中力学性能最差的部位，单层电弧焊过热区的宽度通常为 1 ~ 4mm。

正火区金属的加热温度在重结晶温度以上，一般为 910 ~ 1100℃。金属组织全部发生了重结晶，冷却后得到晶粒较细小并均匀的正火组织，因而力学性能较好。焊条电弧焊时，正火区的宽度约为 1 ~ 2mm。

部分相变区最低加热温度在再结晶温度以上，即 727 ~ 910℃之间且一般宽约 0.5 ~ 1mm，只有部分组织发生重结晶转变，使晶粒细化，还有部分组织未转变。因此该区组织晶粒大小不均，力学性能相对稍差。

低碳钢的热影响区性能一般问题不大，但易淬火钢的热影响区将会因冷速过快而产生淬硬组织，使力学性能严重降低，尤其是熔合区和过热区的性能最低，甚至会引起裂纹。因此在焊接过程中应尽量减小热影响区的宽度。

8.2.2.3　影响熔焊接头性能的因素

影响熔焊接头性能的因素主要有焊接材料、焊接方法和焊接工艺等。焊接材料主要指电弧焊采用的焊条、焊丝和焊剂等，焊接熔化后成为焊缝金属的组成部分，因此填充材料质量会直接影响到焊缝成分及性能。

采用不同焊接方法时，热源温度高低和热量集中程度不同，热影响区尺寸大小和接头组织粗细不等，接头性能也不同（见表 8-2）。同时不同焊接方法的保护效果不同，获得的焊缝金属纯净度（硫、磷等含量）不同，致使焊缝性能也不同。

采用同一焊接方法时，不同焊接参数获得的热影响区尺寸大小和接头性能也不同。一般情况下，在以保证焊接质量为前提时，压低焊接电弧、增加焊接速度、减小焊接电流，将均可减小焊接热影响区。

确定焊后热处理工艺时，对于碳素钢与低合金结构钢的埋弧焊件，焊后需用正火处理来消除热影响区，而对于重要钢结构件则可选用焊后退火或回火来消除热影响区。

表 8-2　不同焊接方法焊接低碳钢时热影响区的平均尺寸数值

焊接方法	过热区宽度/mm	热影响区总宽度/mm	焊接方法	过热区宽度/mm	热影响区总宽度/mm
焊条电弧焊	2.2 ~ 3.5	6.0 ~ 8.5	气焊	21	27
自动埋弧焊	0.8 ~ 1.2	2.3 ~ 4.0	电渣焊	18 ~ 20	25 ~ 30
钨极氩弧焊	2.1 ~ 3.2	5.0 ~ 6.2	电子束焊	—	0.05 ~ 0.75

8.2.3　熔焊应力与变形

熔焊过程中焊件内会产生残余应力，应力严重时，会使焊件发生变形或开裂。若变形量过大，焊件则因无法矫正而报废。因此在设计和制造焊接结构时，必须先弄清焊接应力与变形产生的原因及规律，再采取减少应力和变形的有效措施。

8.2.3.1　应力与变形产生的原因

焊接过程中，焊件局部受到不均匀的加热和冷却，是产生焊接应力与变形的根本原因。现以平板为例进行说明，如图 8-19 所示。

（1）热应力与伸长变形　焊接加热时，焊缝和近焊缝区金属被加热到很高温度，离焊缝越远则温度愈低，因此焊件各个区中因温度不同，将产生大小不等的纵向膨胀。若各区域金属能自由伸长，则伸长量分布如图 8-19a 中虚线所示。

但由于焊缝中心部分的高温金属，因伸长而受到两侧低温金属牵制产生压应力，两侧低温金属产生拉应力。并且，当压应力超过金属屈服极限时，产生压缩塑性变形；当压应力与拉应力趋于平衡时，则使整块钢板实际伸长量为 ΔL。

（2）焊接应力与收缩变形　焊件冷却过程中，由于焊缝中心部分在高温下已经产生了压缩塑性变形，不能再恢复原状，并若能自由收缩时，冷到室温应较其他区域缩得更短些，如图 8-19b 中虚线位置。但实际钢板各部位收缩相互牵制，只能如实线所示整体缩短 $\Delta L'$，同时焊缝中心金属受到拉应力、两侧金属受到压应力并互相平衡，这些应力焊接后残留在金属内部，则称为焊接应力。

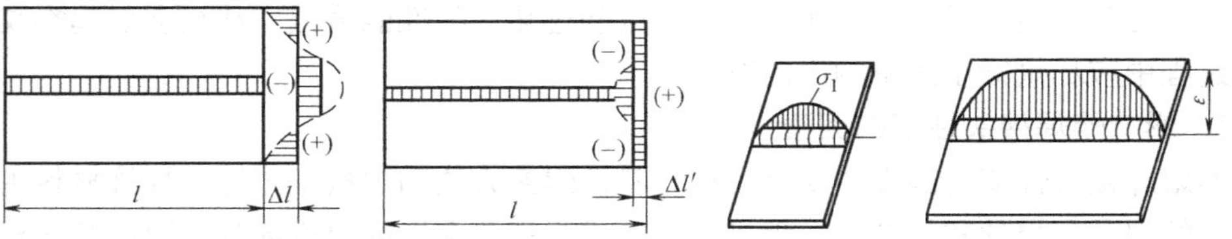

a)　　b)　　c)

图 8-19　平板对接焊时的应力与变形

a）焊接加热时　b）冷却过程中　c）不同长度平板对接焊缝中应力变化

在焊接过程中，若焊件厚度较薄并能较自由伸缩时，则焊后焊件的变形较大而焊接应力较小。反之，若焊件厚度、长度或刚度均较大，各部分不能自由伸缩，则焊后焊件的变形较小而焊接应力较大，如图 8-18c 所示。

8.2.3.2　熔焊变形基本形式

在焊接过程中，由于接头形式、焊件厚薄、焊缝长短、焊件形状及焊缝位置等因素，均会使焊件出现各种不同形式变形，对结构造成不同程度的影响。通常按焊件产生变形的形状不同，可分为以下五种变形基本形式，见表 8-3。

表 8-3　熔焊变形基本形式及原因

接头形式	变形形式	图示	产生变形的原因
对接 I 形	波浪变形		薄板在焊接应力（主要是焊缝区压应力）作用下失稳而造成的变形
对接 V 形	角变形	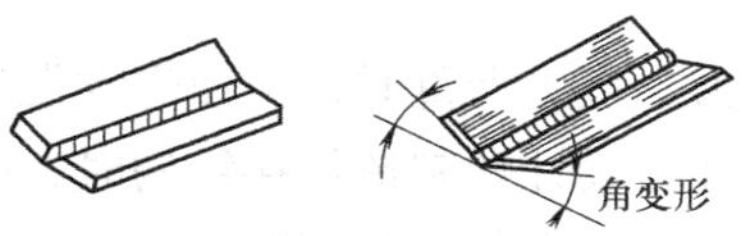	由于焊缝截面形状上、下不对称，焊缝横向收缩沿板厚方向分布不均匀而引起的角度变化
对接双 V 形	收缩变形	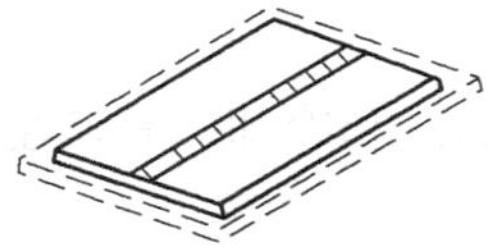	由于焊缝及其附近金属纵、横向受热膨胀和冷却收缩所引起的纵、横向尺寸缩短变形
T 形接头	弯曲变形	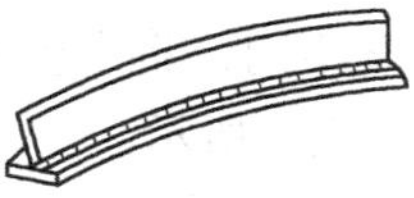	由于焊缝位置布置不对称，焊后收缩不匀而引起焊件向焊缝或刚度大的一侧弯曲变形

（续）

接头形式	变形形式	图示	产生变形的原因
工形或 L形接头	扭曲变形	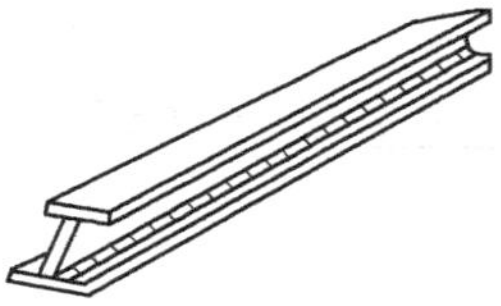	由于焊缝在构件横截面上布置的不对称或焊接工艺不合理，使工件沿纵向产生扭曲变形

8.2.3.3 防止变形的工艺措施

（1）选择合理的焊接顺序　对于开双V形坡口的厚大断面构件对接焊，应双面交叉对称施焊；对称断面的工字梁和矩形梁焊接应对称交叉焊，如图8-20a所示。长焊缝焊接可采用如图8-20b所示的分段退焊、跳焊或从中间向两端施焊。

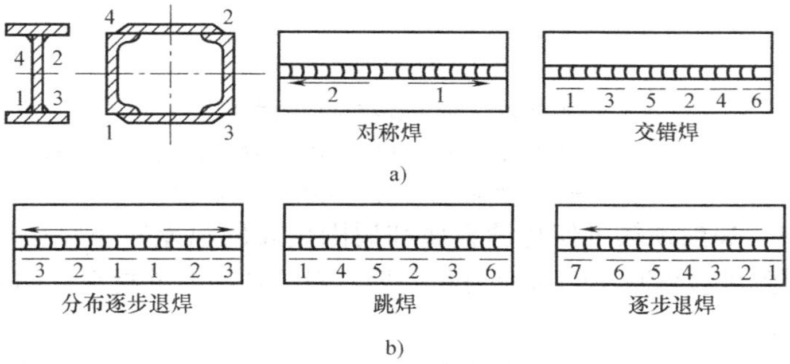

图8-20　合理的焊接顺序

a）对称断面梁　b）长直焊缝

（2）采取反变形法　反变形法是指在焊前装配时，先将平板焊件处于与焊接变形相反方向变形的位置（见图8-21a），或在焊前将工形梁的上、下翼板反向预压成一定角度成反变形状，然后再组装焊接（见图8-21b），均抵消焊接变形。

实践表明，两种工件采用的反变形法切实可行，但需要预测好反变形量的大小，尤其是工形梁翼板的反压弯角度应加以控制，不可太大和过小。

（3）采用刚性固定法　刚性固定法是指焊前将自身刚度不足的构件，采用强制措施或借助于刚度强的夹具，强行固定夹紧，起到限制和减小焊后变形程度的作用。用此方法时，需要在焊件完全冷却后，才能撤除固定夹具。

常用的刚性固定法较多，多用于局部易产生波浪变形的薄板焊接，可采用在焊件四周临时定位焊固定于工作台上，并用重物加压于焊缝两侧（见图8-21c），待焊缝完全冷却后，再去除压块和定位焊点，以减少焊件的变形量。

对于整体易产生弯曲变形的工形梁焊接，则需焊前用螺栓或楔口夹具，将两翼板紧固或楔紧在平台上，利用平台和夹具的刚度增加工形梁的刚度，以达到减少焊后弯曲变形和角变形的目的，如图8-21d所示。

但刚性固定法会产生较大的焊接残余应力，故只适用于塑性较好的低碳钢薄板结构件，对淬硬性较大的钢材不能使用，以免焊后断裂。

8.2.3.4 消除应力的工艺措施

消除应力的根本措施是焊前预热和焊后热处理，各种材料温度可参考表8-4确定。

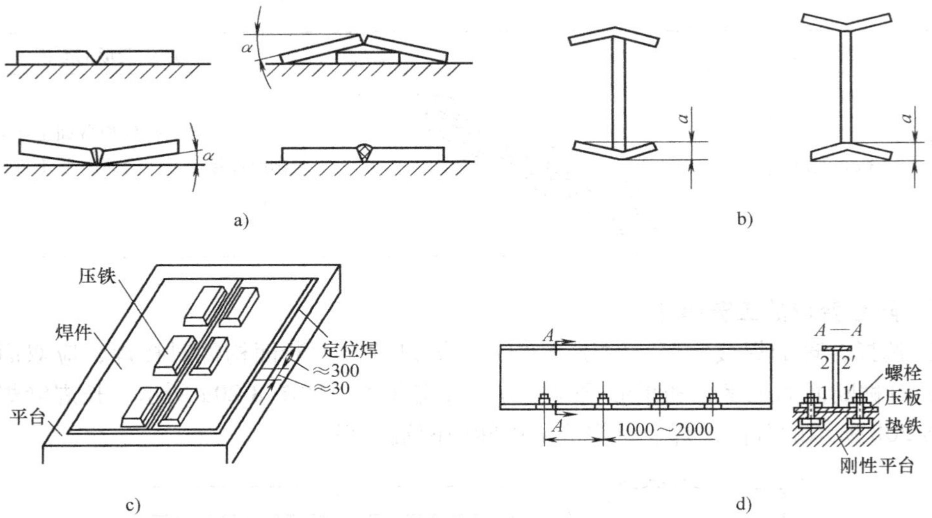

图 8-21　防止焊接变形的措施

a）平板焊接变形与反装反变形法　b）工字梁焊接变形与预弯反变形法

c）薄板刚性固定法　d）工字梁刚性固定法

（1）焊前预热　焊前预热可使焊缝金属和周围金属的温差减小，在焊后又可较均匀地同时冷却收缩，因此可显著减小焊接应力和变形。对于塑性差的材料，如中碳钢、铸铁、特殊钢等通常采用此法。

（2）焊后热处理　最常用的方法是对焊件进行去应力退火，即将焊件均匀加热到 600 ~ 650℃，保温 2 ~ 3h，再随炉缓冷至 200℃ 出炉空冷。这种办法一般可消除焊接残余应力 80% 左右，大多用于重要件或精密构件的消应力处理。

对于塑性稍差的碳素钢、低合金钢、特殊钢等，不仅要求焊前烘干焊条、清理焊件并预热 100 ~ 150℃，及合理的焊接参数及冷却速度，还要求焊后及时加热到 200 ~ 350℃、保温 2 ~ 6h 进行消氢、消应力处理。

表 8-4　各种金属材料焊前预热与焊后热处理温度/℃

焊前预热				焊后热处理			
碳当量 C_E（%）	温度/℃	材料种类	温度/℃	材料种类	温度/℃	材料种类	温度/℃
<0.4	一般构件不用预热	低碳钢	不用预热	低碳与低合金钢	580 ~ 680	镁合金	250 ~ 300
		低合金高强钢	150 ~ 200	奥氏体钢	850 ~ 1050	钛合金	550 ~ 600
0.4 ~ 0.6	100 ~ 200	耐热钢	200 ~ 250	铝合金	250 ~ 300	铌合金	1100 ~ 1200
>0.6	200 ~ 370	特殊性能钢	200 ~ 250	16MnR	690 ~ 710	15CrMo	680 ~ 720

注：含钒低合金钢在 600 ~ 620℃ 回火后塑性、韧性下降，热处理温度宜选在 550 ~ 560℃。

8.2.4　焊接材料与性能

8.2.4.1　焊条及性能

（1）焊条组成及作用　焊条由焊芯和药皮两部分组成。焊芯起导电和填充金属作用，其化学成分和杂质含量直接影响焊缝质量，因此应符合国标要求（见表 8-5），具有低含碳量、低含硫、磷量和一定合金含量，以弥补焊接过程中合金元素的烧损，保证焊缝金属具有良好塑性及韧性，而减少焊接裂纹。

焊条药皮由矿石、铁合金、有机物和化工产品等组成，并按其组成成分和性质不同，分为钛型、钛钙型、钛铁矿型、氧化铁型、纤维素型、低氢钠型、石墨型等类型。通常使用的结构钢焊条多采用钛钙型配方。

表 8-5 几种常见焊丝的牌号和成分（摘自 GB/T 14957—1994）

牌 号	化学成分（质量分数,%）							用 途
	C	Mn	Si	Cr	Ni	S	P	
H08A	≤0.10	0.30~0.55	≤0.03	≤0.20	≤0.30	≤0.03	≤0.03	一般焊接结构
H08E	≤0.10	0.30~0.55	≤0.03	≤0.20	≤0.30	≤0.02	≤0.02	重要焊接结构
H08MnA	≤0.10	0.80~1.10	≤0.07	≤0.20	≤0.30	≤0.03	≤0.03	埋弧焊焊丝
H10Mn2	≤0.12	1.50~1.90	≤0.07	≤0.20	≤0.30	≤0.035	≤0.035	
H08Mn2SiA	≤0.11	1.80~2.10	0.65~0.95	≤0.20	≤0.30	≤0.03	≤0.03	CO_2 焊焊丝

焊条药皮中含有一定量引弧、稳弧、造气、造渣和稀释等物质，可利于引弧和保证电弧连续燃烧，并可产生气体（CO）隔绝空气，保护熔滴、熔池和凝固金属不被氧化和氮化，从而使焊缝具有一定化学成分和力学性能。

另外，药皮中还含有大量的铁合金等物质，焊接时可进行脱氧、脱氢、脱硫磷和渗合金。特别是碱性焊条药皮中的氟石，还可与氢反应生成稳定的 HF 气体，从而防止氢进入熔池而形成氢气孔或氢脆。

（2）焊条分类及型号 焊条按用途分为十大类（见表 8-6），按熔渣性质分为两大类，熔渣以酸性氧化物 SiO_2、TiO_2 等为主的焊条为酸性焊条，而熔渣以碱性氧化物 $CaCO_3$ 和氟石 CaF_2 为主的焊条则为碱性焊条。

表 8-6 焊条国标型号分类与旧牌号分类对照表

国标型号（按化学成分分类）			国内牌号（按用途分类）			
国标编号	分类	代号	类别	分类	代号	
					字母	汉字
GB/T5117—1995	碳钢焊条	E	一	结构钢焊条	J	结
GB/T5118—1995	低合金钢焊条	E	一	结构钢焊条	J	结
			二	钼和铬钼耐热钢焊条	R	热
			三	低温钢焊条	W	温
GB/T983—1995	不锈钢焊条	E	四	不锈钢焊条	G	铬
					A	奥
GB/T984—2001	堆焊焊条	ED	五	堆焊焊条	D	堆
GB/T10044—2006	铸铁焊条	EZ	六	铸铁焊条	Z	铸
—	—	—	七	镍及镍合金焊条	Ni	镍
GB/T3670—1995	铜及铜合金焊条	TCu	八	铜及铜合金焊条	T	铜
GB/T3669—2001	铝及铝合金焊条	TAl	九	铝及铝合金焊条	L	铝
—	—	—	十	特殊用途焊条	TS	特

碳钢焊条型号按 GB/T5117—1995 规定，由熔敷金属的抗拉强度、药皮类型、焊接位置及焊接电流种类编制。如 E4303、E5015、E5016 等。“E”表示焊条，前两位数字表示熔敷金属抗拉强度（MPa）最低值。

第三位数字表示焊条的焊接位置，“0”、“1”表示焊条适用于全位置焊接，“2”表示焊条适用于平焊及平角焊，“4”表示焊条适用于向下立焊。第三位和第四位数字组合表示焊接电流种类及药皮类型，如“03”为钙钛型药皮、交流或直流正反接，“15”为低氢钠型药皮、直流反接，“16”为低氢钾型药皮、交流或直流反接。

（3）碱性焊条与酸性焊条比较　在同一强度等级的结构钢焊条中，碱性焊条焊缝的塑性和韧性比酸性高得多（见表 8-7），由于碱性焊条焊缝金属中有益元素（如 Mn）比酸性多，有害元素（如 S、P、H、O、N）比酸性少，并且药皮中有较多的 CaO 和 CaF_2 等强脱硫、脱磷、脱氢物质，故焊缝抗裂性好。

表 8-7　碱性焊条与酸性焊条的焊缝力学性能比较

焊条型号	焊条牌号	药皮类型	力学性能及韧性试验值				力学性能实测结果值		
			σ_b/MPa	$\sigma_{0.2}$/MPa	δ_5/%	A_{KV}/J	σ_b/MPa	$\sigma_{0.2}$/MPa	A_{KV}/J
E4303	J422	钛钙型	420	330	22	27（0℃）	440～500	220～320	80～140
E4315	J427	低氢型	420	330	22	27（－30℃）	460～540	250～330	200～280
E5003	J502	钛钙型	490	410	20	27（0℃）	520～580	200～300	80～140
E5015	J507	低氢型	490	410	22	27（－30℃）	520～580	240～320	160～240

同时，碱性焊条焊缝金属中还含有微量钛元素，使焊缝金属组织较细小。但碱性焊条的工艺性较酸性焊条差，焊接时飞溅大，脱渣性稍差，并且对锈、油、水的敏感性大，焊缝容易产生气孔，烟尘中还含氟化氢等较多的有毒物质。

碱性焊条适用于裂纹倾向大、塑性和韧性要求高的重要结构的焊接，如锅炉、压力容器、桥梁和船舶等。使用时一般用直流电源，焊接前必须严格烘干（350～400℃烘干 2h）焊条，并清洁焊件接头表面。焊接时采用小电流、不摆动（或小摆动）、短弧焊，还要通风良好，尤其是在容器内焊接时。

（4）焊条的选用原则　低碳钢和低合金结构钢件选用时，应根据其抗拉强度等级，按“等强”原则选用相同强度等级的焊条，并同时考虑焊缝金属的韧性和塑性。例如，Q345（16Mn）的 σ_b 为 520MPa，应选用 E5003、E5015、E5016 等焊条。

对于承受交变载荷和冲击载荷的重要结构件、大刚度结构件或在低温复杂环境下工作的焊接件，均应选用低氢碱性焊条；对于碳含量较高、裂纹倾向大的中碳钢，也可选用低氢型焊条或具有良好塑韧性的不锈钢焊条。

然而，焊接不锈钢、耐热钢和非铁金属件时，则应根据母材化学成分及类型，选择相同成分及类型的焊条，以保证焊缝金属成分与母材相同。对于用酸性焊条与碱性焊条均可满足性能要求的件，应尽量选用价格较低的酸性焊条。

8.2.4.2　焊丝焊剂及其性能

焊丝与焊剂是埋弧焊和电渣焊的焊接材料。焊丝的作用相当于焊芯，焊剂的作用相当于焊条药皮。在焊接过程中，焊剂能隔离空气，使焊缝金属不受空气侵害，同时对焊缝金属起类似焊条药皮的一系列冶金作用。因此，焊缝金属的化学成分和力学性能主要由焊丝和焊剂来决定。

自动焊剂按其主要化学成分，分为锰型和硅型两大类。锰型按其主要含量又可分为高锰型［w（MnO）>30%］、中锰型［w（MnO）为 15% ~30%］、低锰型［w（MnO）为 2% ~15%］、无锰型［w（MnO）<2%］四种。

硅型按其主要含量也可分为高硅型［w（SiO_2）>30%］、中硅型［w（SiO_2）=10% ~30%］、低硅型［w（SiO_2）<10%］，以及硅钙型、氟型等焊剂（见表 8-8）。强度高、成分均匀，不吸收水分，适用于大量生产或有特殊要求的焊接件。

表 8-8　国产焊剂类型、用途及配用焊丝

类型	焊剂牌号	配用焊丝	配用电流种类	焊剂用途
无锰高硅	HJ130	H10Mn2	交、直流	低碳钢，低合金钢如 Q345（16Mn）等
	HJ131	Ni 基焊丝	交、直流	镍基合金薄板结构
无锰中硅	HJ150	2Cr13、3Cr2W8 及铜相应焊丝	直流	轧辊、磨煤机辊、叶片等
无锰低硅	HJ172	15Cr11CuNiWV 相应焊丝	直流	高铬铁素体热强钢等
低锰高硅	HJ230	H08MnA，H10Mn2	交、直流	低碳钢及低合金钢
	HJ260	Cr19Ni9 型焊丝	直流	不锈钢及轧辊堆焊
低锰中硅	HJ250	H08MnMoA、H08Mn2MoA H08Mn2MoVA	直流	Q390（15MnV）、18MnMoNb、14MnMoV、14MnMoVB 等
中锰高硅	HJ330	H08MnA，H08Mn2，H10Mn2A	交、直流	Q235、15g、20g 和 16Mn、15MnVTi 等
中锰中硅	HJ350	含锰钼硅镍低合金钢相应焊丝	交、直流	低合金高强度钢
高锰高硅	HJ430	H08A，H10Mn2A，H10MnSiA	交、直流	碳钢结构及低合金钢
	HJ431	H08A，H08MnA，H10MnSiA	交、直流	低碳钢及低合金钢
	HJ433	H08A	交、直流	低碳钢
硅钙型	SJ301	H08MnA，H08MnMoA，H10Mn2	交、直流	低合金结构钢

8.2.4.3　焊件材料及性能

（1）焊件材料焊接性评定　焊接性是指在一定焊接工艺条件下，获得优质焊接接头的难易程度，也是评定焊接接头中出现各种裂纹及其他缺陷的可能性。通常按碳当量法评定焊件材料的焊接性。

碳当量试验法是将钢中各种合金元素，按其对产生裂纹影响的程度折合成相当的含碳量，用以估计钢材产生焊接裂纹的倾向。钢随含碳量和合金元素含量增加，淬硬倾向增大，产生冷裂纹的倾向也增大。

碳钢及低合金结构钢常用的碳当量计算公式为：

$$C_E = C + \frac{Mn}{6} + \frac{Cr + Mo + V}{5} + \frac{Ni + Cu}{15}$$

式中　C、Mn、Cr、Mo、V、Ni、Cu 为钢中该元素含量的百分数。

C_E <0.4% 时，钢材的淬硬倾向不明显，焊接性优良；

C_E =0.4% ~0.6% 时，钢材的淬硬倾向逐渐明显，可焊性较差，需采用适当的温度焊前预热和焊后缓冷的工艺措施；

$C_E>0.6\%$时，钢材的淬硬倾向大，焊接性差，需采用较高的预热温度和严格的工艺措施，焊后需进行适当的热处理。

（2）碳素结构钢的焊接性　低碳钢中碳的质量分数低（≤0.25%）、塑性好、冷裂倾向小，焊接性良好，焊前一般不需预热，焊后也不需热处理。但在低温（-5℃以下）焊接大刚度焊件时，应适当考虑焊前预热。同时对于厚度大于50mm的低碳钢结构，焊后仍应进行热处理以消除焊接残余应力。

中碳钢中碳的质量分数为0.25%~0.6%，随含碳量增加，焊接性逐渐变差，焊缝中易产生热裂，热影响区易产生淬硬组织甚至产生冷裂，常采用焊条电弧焊并选用抗裂性好的低氢型焊条焊接，焊前烘干焊条并预热（150~250℃）焊件，并将坡口尽量开成U形，焊后缓冷以防止焊接缺陷的产生。

高碳钢与中碳钢基本相似，由于含碳量更高，使可焊性变得更差，应采用更高的预热温度、更严格的工艺措施才可进行焊接。实际高碳钢的焊接主要用于焊件的修补。

（3）低合金结构钢的焊接性　低合金结构钢中强度级别较低（$\sigma_S<392$MPa）的Q295（09Mn2）、Q345（16Mn）和Q390（15MnV）等，合金含量少、碳当量低（$C_E<0.4\%$），焊接性能良好，一般不需预热。但当板厚较大或环境温度较低时应预热。这类钢主要用于压力容器、锅炉、桥梁、船舶、车辆等，一般采用焊条电弧焊和埋弧焊。

强度级别较高的低合金钢（$\sigma_S\geqslant392$MPa），淬硬、冷裂倾向增加，焊接性较差，焊前需预热（预热温度可参考有关资料或经验确定），焊件和填充材料表面需严格清理并烘干，同时还需选用低氢型焊条和合理的焊接顺序。

（4）铸铁的焊接性　由于铸铁中含S、P杂质多，焊接过程中产生热裂纹的倾向很大，再加上焊后冷却速度快，不利于石墨化，且C、Si等元素的大量烧损，使焊接接头极易产生白口及淬硬组织，塑性很差，焊接应力很大，会造成边焊边裂，使焊接过程难以继续进行，因此铸铁的焊接性差，不宜作焊接结构件，而只适宜采用气焊、焊条电弧焊作热源补焊铸铁件，补焊方法一般可分为热焊法和冷焊法。

热焊法是在焊接前将焊件整体或局部预热到650~700℃，施焊过程中保持铸件温度不低于400℃，焊后缓冷或再将焊件加热到600~650℃进行去应力退火。热焊法能有效地防止白口和裂纹的产生，但其生产率低、成本高、劳动条件差，用焊条电弧焊时要采用碳、硅含量较低的EZC型灰铸铁焊条和EZCQ铁基球墨铸铁焊条。

冷焊法是焊接前焊件不预热或只进行较低温度（400℃以下）的预热，依靠焊条调整焊缝的化学成分防止产生白口组织和裂纹。冷焊时常用低碳钢焊条E5016、高钒铸铁焊条EZV、纯镍铸铁焊条EZNi、镍铜铸铁焊条EZNiCu。

（5）铜及铜合金的焊接性　铜及铜合金的焊接性比低碳钢差得多，焊接过程中由于导热性好、热容量大，母材和填充金属不能很好熔合，易造成焊接缺陷。并且液态铜可溶解大量氢，等凝固时溶解度急剧下降而来不及逸出生成气孔。

铜在高温时还极易氧化，其氧化物与铜形成低熔点共晶体分布在晶界上，易引起热裂纹。并且纯铜及铜合金线膨胀系数大，凝固时收缩率大，导致焊接应力与焊接变形比较严重，甚至会使接头开裂。

铜及铜合金通常采用氩弧焊、气焊或钎焊焊接，焊前需预热，焊后要进行热处理。气焊黄铜一般用轻微氧化焰，采用含Si焊丝，焊接时熔池表面可生成氧化硅薄膜，以阻碍锌的蒸发并能防止氢的溶入。

（6）铝及铝合金的焊接性　铝及铝合金焊接性能差，极易氧化成熔点高（约 2050℃）、密度大（3.85g/cm^3）的 Al_2O_3 覆盖在铝液表面，阻碍铝的导电和熔合并易产生夹渣。液态铝溶氢能力强，凝固时降低则导致焊缝形成气孔。

铝及铝合金常采用氩弧焊、气焊等方法焊接。焊前需严格清除焊件和焊丝表面的氧化膜与油污，并在焊接过程中不断用焊丝挑破熔池表面的氧化膜，以避免夹渣。气焊时采用熔剂的焊件，焊后应仔细冲洗，以防止熔剂对焊件继续腐蚀。

8.3　焊接工艺拟定

焊接工艺拟定是根据零件结构尺寸、技术要求、生产批量及使用性能等条件，合理确定焊缝及接头形式、绘制焊接工艺图（见图 8-22）等，并依图选择焊接方法、焊接材料及工艺规范，绘出焊接接头及坡口形式简图及装焊顺序简图。

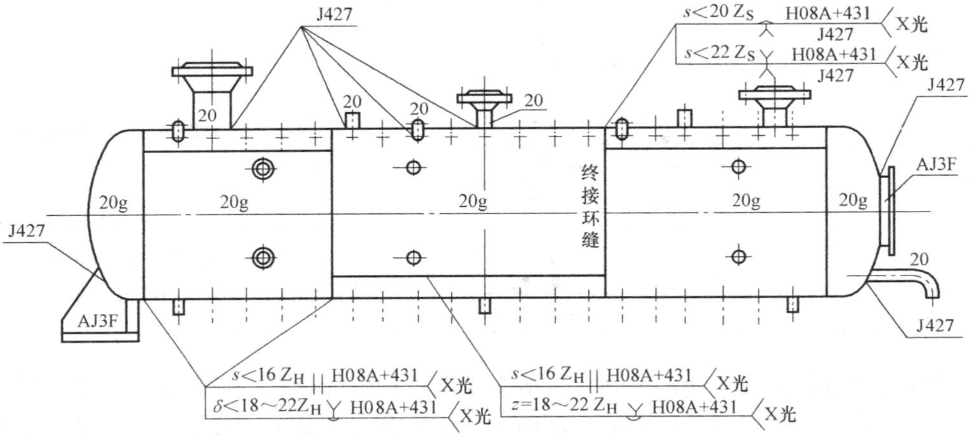

图 8-22　20g 汽包焊接工艺图

8.3.1　接头形式确定

熔焊接头基本型式有对接接头、搭接接头、T 形接头和角接头四种形式。选用时应根据焊件的结构形状、被焊部位厚度或相对厚度、使用条件及施焊方法等，对照表 8-9 所示基本形式合理确定。焊缝是构成接头的主体部分，通常有对接焊缝和角接焊缝两种形式，应根据焊件受力状态合理选择。

表 8-9　熔焊接头及焊缝基本型式及特点

接头形式	焊缝形式	图示	特点及应用
对接接头	卷边对接	 δ=1～3	对接焊缝热影响区小，应力分布较合理，除特殊要求外，一般应尽量选用，并根据板材厚度，适当选取对接接头的六种焊缝形式 对于不能翻转和内径较小的容器、管道及筒体，对接焊缝必须采用 V 形或 U 形坡口才能保证焊接质量 V 形和双 V 形坡口可气割、等离子切割或切削加工，U 形和双 U 形坡口需刨切或铣切
	平板对接	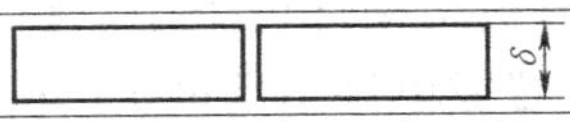 δ=3～8	
	V 形坡口对接	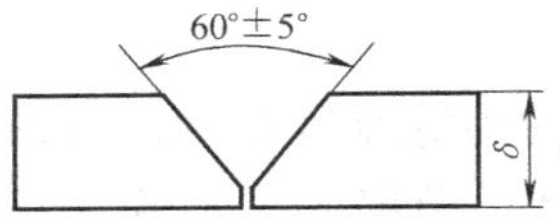 60°±5° δ=3～26	

（续）

接头形式	焊缝形式	图示	特点及应用
对接接头	U 形坡口对接	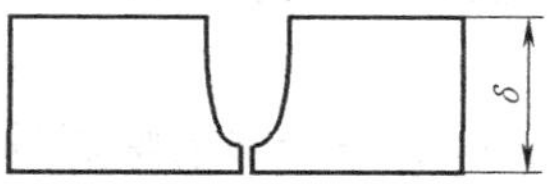	对接焊缝热影响区小，应力分布较合理，除特殊要求外，一般应尽量选用，并根据板材厚度，适当选取对接接头的六种焊缝形式 对于不能翻转和内径较小的容器、管道及筒体，对接焊缝必须采用 V 形或 U 形坡口才能保证焊接质量 V 形和双 V 形坡口可气割、等离子切割或切削加工，U 形和双 U 形坡口需刨切或铣切
	双 V 形坡口对接	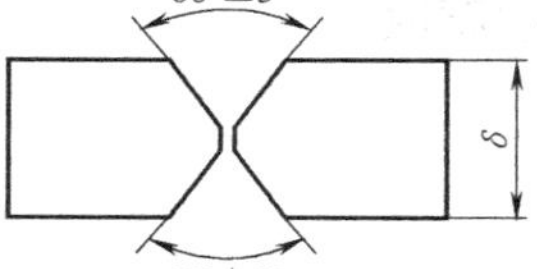	
	K 形坡口对接	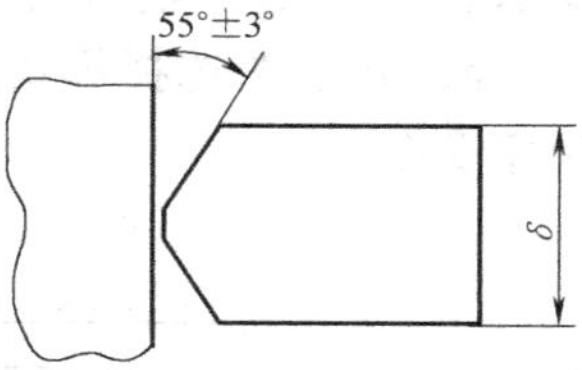	
搭接接头	角接焊缝		受力不大的平面连接与空间结构，以及异种金属的连接件等
角接接头 T 形接头	角接焊缝	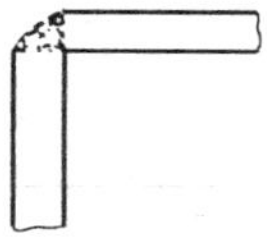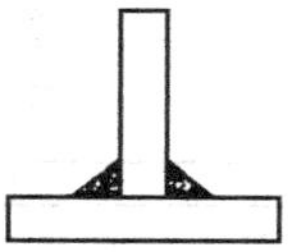	多用于箱形构件上，双面焊缝从内部加强角接头和开坡口角接头等。对于较厚的板，可根据受力情况开 K 形坡口确保焊透

对接焊缝承载能力强，施焊方便，一般多采用这种接缝形式，尤其是重要受力焊缝应尽量选用。而搭接接头的两焊件不在同一平面上，应力分布不均匀，疲劳强度较低，受力产生附加弯矩，不是焊接结构的理想接头，一般应避免采用。

角接接头和 T 形接头焊缝承载能力比对接更强，是最理想的电弧焊接头，也是应用最广泛的焊缝，尤其是接头成直角或一定角度连接时，必须采用这两类焊缝。

8.3.2 焊接方法选择

焊接方法很多，每种方法都有其适用范围，选择时应根据焊接方法的特点、焊件材料的焊接性及焊缝空间位置、焊件形状尺寸及接头形式、生产批量及使用要求等综合考虑后，参照表 8-10 确定。

8.3.2.1 低碳钢和低合金钢焊接方法

由于这两类钢的焊接性能良好，几乎可用所有的焊接方法，一般可按板厚要求选择。

（1）薄板结构件焊法　焊缝无密封要求的薄板结构件可采用点焊，焊缝有密封要求的薄壁容器可采用缝焊，焊缝短且处于不同空间位置或单件小批量生产构件，可采用焊条电弧焊，可焊接板厚为 2mm 以上的各种金属结构件。

（2）中厚板结构件焊法　板厚为 6 ~ 30mm 的中等厚度焊件，需采用焊条电弧焊、埋弧焊或气体保护焊，尤其是 CO_2 气体保护焊，高效、节能、成本低、变形小，是最佳的焊接方法。但氩气成本较高，一般不必采用氩弧焊。

（3）大厚件、大截面件焊法　对于 35mm 以上的大厚度件、大批量生产的长直焊缝和环焊缝，可采用自动埋弧焊；但对于特大厚度、大截面的轴及立柱件则需采用电渣焊，可以小拼大，实现以焊代锻、以焊代铸的工艺方法。

8.3.2.2　合金钢、不锈钢和非铁金属焊接方法

合金钢、不锈钢和非铁金属等重要焊件，一般应采用氩弧焊易保证焊接质量，其中铝及铝合金和黄铜焊件，在单件生产或无氩弧焊设备时，也可采用气焊方法，并采用氧乙炔中性正常火焰作热源。

实际生产中，由于气焊设备简单、成本低，至今仍广泛被应用，它不仅适于焊接有色金属结构件，还可焊接低碳钢薄板结构、补焊铸铁件、火焰钎焊、局部加热矫正变形、以及对大型钣金结构进行局部消应力处理等。

8.3.2.3　稀有金属和高熔点金属焊接方法

稀有金属和高熔点金属的焊件，一般厚度时可采用等离子弧焊、真空电子束焊或窄间隙脉冲氩弧焊；而微型箔件则应选用微束等离子弧焊或脉冲激光点焊等。

表 8-10　常用焊接方法的选用

焊接方法及特点		焊件材料	厚度/mm	焊缝空间位置	接头主要形式	焊件特点及工作条件	应用特点
气焊	热影响区宽、变形大	碳素钢、低合金钢	≤2	全位置	对接、卷边接	要求耐热性、致密性及受力不大	生产率比电弧焊高
		铸铁	—	平焊	对接、堆补焊		铸件缺陷和损坏零件
		铜及铜合金	≤14	平焊	对接、堆补焊	不重要、受力不大的薄板结构	纯铜、黄铜用氧化焰
		耐热钢、不锈钢	<2	全位置	对接		只适用奥氏体钢
		铝及铝合金	0.5～10	平焊	对接、卷边接		厚板需预热
焊条电弧焊	热影响区较小、变形小	碳素钢、低合金钢	≥1.2	全位置	各种接头形式	各种载荷下工作，要求坚固、致密焊缝、较高力学性能	焊接性良好
		铜及铜合金	≥1	平焊	对接、卷边接		需选用相应焊条
		耐热钢、不锈钢	≥1.5	全位置	对接		易生冷脆和冷裂
		铝及铝合金	3～8	平焊	对接		厚板需预热
埋弧焊	热影响区小、变形小	碳素钢、低合金钢	≥4	平焊	对接、T形及搭接		焊接性良好
		铜及铜合金	≥6		对接		厚度>16mm 需预热
		耐热钢、不锈钢	>6		对接、T形及搭接		只适用奥氏体钢
		铝及铝合金	>6		对接		3～20mm 厚不开坡口
氩弧焊 TIG	热影响区小、变形小	铝、铜、钛、镁、不锈钢、耐热钢	0.5～30	全位置	各种接头形式	要求致密、耐蚀和耐热、力学性能高	直流反接或交流
氩弧焊 MIG			1.0～75	平焊	对接		直流反接，需预热
CO_2 焊	热影响区小、变形小	低碳钢、低合金钢	1～50	全位置	对接、搭接、T形接、卷边接	要求致密性、耐腐蚀和耐热性	比焊条电弧焊效率高，质量好，成本低
等离子弧焊	热影响区小、变形小	碳素钢、低合金钢	≤6	平焊	对接	一般焊接方法难以焊接的金属和合金	适于超薄板，对接或卷边接和端接
		铜及铜合金	≈2.4				
		不锈钢	2～8				
		铝及铝合金	1～10				
		钛及其合金	>12				<12mm 可双面成形

（续）

焊接方法及特点		焊件材料	厚度/mm	焊缝空间位置	接头主要形式	焊件特点及工作条件	应用特点
激光焊	深宽比为:(5~6):1无变形	不锈钢	5~10	平焊、横焊	对接、搭接、角接	能焊接金属、石英、陶瓷、玻璃、塑料等	镍铬不锈钢焊丝
		铝、铜及铜合金	2.0				硅铝丝、铜及磷青铜
		钛及钛合金	3.2				用氩气保护焊
电阻对焊	热影响区小、变形小	碳素钢、低合金钢	≤ϕ20	平焊	对接	接头质量比闪光焊低	—
		铝、铜及铜合金	≤ϕ8				纯铜的焊接较困难
闪光对焊		碳素钢、低合金钢	>ϕ20	平焊	对接	对接轴、管、型钢等零件，如自行车车圈、链环等	钢可与黄铜等焊接
		铝、铜及铜合金	>ϕ8				铝与钢、纯铜、黄铜
		不锈钢	—				不锈钢与合金钢可焊
点焊及缝焊		碳钢、低合金钢	2.5~10	全位置	搭接	要求坚固焊缝	焊件厚度比小于1:3
		铜及铜合金	<1.5				纯铜焊接性差
		不锈钢	≤6				奥氏体钢焊接性好
		铝及铝合金	≤4				铝的焊接性较差
钎焊	各种热源均可使用	各种金属	—	平焊	搭接、斜对接、套接	难以焊接和对强度要求不高的焊件	强度可通过搭接长度改变，可焊复杂件

8.3.3 焊接材料选择

焊接材料包括焊条、焊丝和焊剂等很多种类，选择恰当与否将直接影响焊接质量和经济效益。通常不仅应根据焊件化学成分、力学性能、抗裂性能、耐蚀性及高温性能等要求，还应根据焊件结构形状、工作条件、受力情况及设备等综合考虑，以选择相应焊接材料种类、型号及牌号。

8.3.3.1 按焊件力学性能选材

结构钢焊件主要根据焊缝金属强度、塑性和韧性等力学性能要求选择相应焊接材料。

低碳钢和低合金结构钢焊件，为保证焊缝与母材力学性能相等，应按“等强”原则，选择与母材相同强度等级的焊接材料，例如 Q235A、20 和 Q345（16Mn）等一般结构件，可选用 E4303、E5015 焊条或 H08A、H08MnA 焊丝配 HJ431 焊剂。

低合金中强钢焊件［如 Q390（15MnTi）和 Q420（15MnVN）等］，要求选用相应强度等级的碱性低氢型焊条 E5515、E5516 或高碱度焊剂 HJ350 配 H08Mn2SiA、H08MnMoA 焊丝，并烘干焊条和焊剂、清理焊件，调整焊接参数以控制热影响区冷却速度，焊前预热 100~150℃，焊后及时加热 200~350℃，保温 2~6h 消氢消应力处理。

中碳钢和受力复杂的低合金高强钢焊件（如 45 和 25CrMnSi、14MnMoVB 等），要求选用塑性好的碱性低氢型焊条 E6016-D_1 或高碱度焊剂 HJ250 配 H08Mn2MoVA 焊丝，以便获得塑性好、冲击韧度高、低温性能好、抗裂能力强的焊缝。

铸铁件补焊可选用塑性和抗裂性好的纯镍或镍合金基焊芯铸铁焊条，以防止焊缝白口组织和裂纹并便于机加工，如灰铸铁薄壁件加工面选 JBTZNi-8（Z308）焊条，而其重要面及球墨铸铁选用 JBTZNiFe-8（Z408）焊条。

8.3.3.2 按焊件化学成分选材

不锈钢、耐热钢和有色金属材料焊接，应根据焊件的化学成分选择焊接材料。

（1）不锈钢件焊接　根据不锈钢件工作温度及腐蚀介质，应选用与焊件成分相近的焊接材料。耐腐蚀要求不高的 18-8 型不锈钢，可选用 E0-19-10-16（A102）或 E0-19-10-15（A107）焊条。耐腐蚀要求较高且工作温度低于 300℃ 的 18-8 型不锈钢，可选取 E0-19-10Nb-16（A132）或 E0-19-10Nb-15（A137）焊条。

抗硫酸、有机酸等腐蚀要求的 18-12-Mo2 型不锈钢，可选用 E0-18-12Mo2-16（A212）或 E0-18-12Mo-16（A022）焊条。然而，高温抗氧化性好的 25-13、25-20 型不锈钢，可选用 E1-23-13-16（A302）或 E1-23-13-15（A307）焊条。

耐磨和抗腐蚀要求的马氏体不锈钢，可选用 E2-26-21-16（A402）或 E2-26-21-15（A407）焊条，并随焊接方法选用相应成分焊丝，如 18-8 型不锈钢埋弧焊，可选用 H0Cr22Ni10 焊丝配 HJ260 碱性低氢型焊剂，氩弧焊可选用 H0Cr19NiTi 焊丝。

（2）耐热钢件焊接　在高温（$<600℃$）和轻腐蚀介质中工作的珠光体耐热钢（15CrMo 和 2.25Cr-1Mo），应选用 E5515-B2（R307）、E6000-3（R400）和 E6015-B3 焊条，或相应成分铬钼钢焊丝配 HJ251 焊剂。氩弧焊时，应选用保证焊缝成分与焊件成分相同类型的焊丝。焊前预热 250～350℃，焊后回火 720℃左右。

（3）非铁金属件焊接　焊条电弧焊焊接铜及铜合金时均选用低氢型焊条，纯铜选用 TCu 焊条、铜硅合金选用 TCuSi 焊条、铜铝合金选用 TCuAl 焊条。氩弧焊时，纯铜选用 HS201、黄铜选用 HS221 或 HS224 焊丝。

焊条电弧焊焊接铝及铝合金时均选用盐基型焊条，纯铝选用 TAl 焊条、铝锰合金选用 TAlMn 焊条。氩弧焊时，纯铝选用 HS301 焊丝、铝锰合金 3A21 选用 HS321 焊丝、铝镁合金 5A05 选用 HS331 焊丝、硬铝 2A06 和锻铝 6A02 选用 HS311 焊丝。

若焊件材料含 S、P 等杂质量较高时，也同样必须选用抗裂性较好的碱性低氢型焊条。

8.3.3.3 按焊件使用性能及条件选材

当焊件在动载荷、冲击载荷或高温、高压等恶劣条件下工作时，均对焊接材料的冲击韧度及塑性等要求很严格。对于这些重要结构的焊接，均应选用冲击韧度、断后伸长率、强度等较高的碱性低氢型焊条或焊剂。

例如，20、25 等优质低碳钢，对于工作条件一般的焊接结构，可选用 E4303 和 E4301 等酸性焊条，而对于工作中受冲击、振动的重要焊接结构，则应选用 E4316、E4315 和 E5016 等碱性低氢型焊条。当焊件在腐蚀性介质中工作时，应根据介质种类、浓度、温度等，选择相应耐蚀性焊接材料。

8.3.4 焊接参数确定

8.3.4.1 焊条电弧焊焊接参数

焊条电弧焊规范主要包括选择焊条直径、焊接电流、电弧电压、焊接速度及层数。

（1）焊条直径的选择　焊条直径的选择主要根据焊件厚度、接头形式、焊缝位置及焊接层数等选择。焊件厚度越大，要求焊缝尺寸也越大，则需选用直径大一些的焊条，表 8-11 为平焊对接时焊条直径的选择。

表 8-11 焊条直径的选择

焊件厚度/mm	≤1.5	2	3	4~7	8~12	>13
焊条直径/mm	1.6	1.6~2	2.5~3.2	3.2~4	4~5	4~5.8

在厚板对接多层焊时，底层焊缝所用焊条直径一般不超过 4mm，以后几层可适当选用大直径焊条，角接和搭接可选用比对接稍大直径的焊条。立焊、横焊及仰焊时，焊条直径一般不超过 4mm，以免熔池过大、铁液下流、使焊缝成形变坏。

（2）焊接电流的选择 焊接电流的大小主要取决于焊条直径和焊件厚度，平焊低碳钢和低合金钢件时，可参考表 8-12 所列数据选择，也可按公式计算得出。焊接电流 I 与焊条直径 d 的关系是：

$$I = (30 \sim 50)\ d$$

应当指出，上式只是一个大概的焊接电流范围，在实际施焊时，还要考虑焊件厚度、焊缝位置、接头形式、施焊环境温度等因素，一般通过试焊或经验确定。当然过大的焊接电流易使药皮失效或烧穿焊件，太小则会焊不透，且生产率低。

表 8-12 焊接电流与焊条直径的关系

焊条直径/mm	1.6	2.0	2.5	3.2	4	5	6
焊接电流/A	25~40	45~65	50~80	100~130	160~210	200~270	260~300

（3）焊接层数的选择 在焊件厚度较大时，考虑到焊缝厚度对金属塑性和焊缝质量的影响，通常需采用多层焊，每层厚度应小于 4~5 mm。当每层厚度等于焊条直径的 1.2 倍时，生产率较高且易操作。因此，可近似计算如下：

$$\text{层数}\ n \approx \frac{\delta}{d}$$

式中 δ——焊件厚度，单位为 mm；

d——焊条直径，单位为 mm。

（4）电弧电压和焊接速度 电弧电压主要取决于弧长，一般弧长控制在 1~4mm 之间，相应电弧电压会在 16~25 V 之间，否则电弧过长会引起电弧不稳定，金属飞溅，焊缝成形不良、产生气孔，且热影响区较大。在保证焊透且焊缝成形良好的前提下，应尽量快速施焊，且焊件越薄，焊接速度应越快。

8.3.4.2 埋弧焊焊接参数

埋弧焊焊接参数主要包括选择电弧电压、焊接电流、焊丝直径、焊接速度和焊丝伸出长度等，选择这些焊接参数的原则是电弧稳定、焊缝形状和尺寸符合要求、表面成形好无缺陷。通常，焊接电流增大，可使焊缝熔深和余高显著增加。

但是，电弧电压升高却使焊缝熔宽增加，熔深和余高略有减小，并出现未焊透和咬边等。同时焊接速度增大，会使弧热减小，熔深、余高及焊缝宽度均减小，并会造成未焊透及边缘未焊合等。焊丝直径增大，弧热增加，缝宽增加而熔深稍微减小。

因此，应正确选择各焊接参数，若采用 I 形坡口对接、单面焊双面成形工艺，其焊接参数可参考表 8-13 选择，至于双面焊、T 形接头及角焊缝“水平”位置焊接参数可查阅有关专业手册选择。

表 8-13 在焊剂垫上对接接头单面埋弧焊焊接的焊接参数

板厚/mm	装配间隙/mm	焊接电流/A	电弧电压/V		焊接速度/（cm/min）
			交 流	直 流	
10	3~4	700~750	34~36	32~34	50
12	4~5	750~800	36~40	34~36	45
14	4~5	850~900	36~40	34~36	42

注：焊丝直径均为5mm。

8.3.4.3 气体保护焊焊接参数及工艺规范

（1）CO_2 焊焊接参数　由于 CO_2 气体保护焊的保护介质来源丰富、价格低廉，电流密度大，生产效率高，广泛应用于中等厚度以下的低碳钢和低合金钢焊接。主要焊接参数和工艺规范有电弧电压、焊接电流、焊接速度、气体流量及焊丝直径等，见表 8-14。

表 8-14 钢的 CO_2 气体保护焊对接平焊焊接参数

板厚/mm	装配间隙/mm	焊丝直径/mm	焊丝伸出长度/mm	焊接电流/A	电弧电压/V	焊接速度/(cm/min)	气体流量/(L/min)	备注
1~1.5	0.3~0.5	0.8~1.0	6~12	35~70	18~21	42~50	7~8	单面焊，双面成形，反面放铜垫
2~3	0.5~0.8	1.2	12~14	95~105	21~22	50	8	
4~6	0.8~1	1.2	12~15	110~150	24~19	50~25	8~15	
9~12	0~1.5	1.6	15~20	340	33.5	45~50	20	—

（2）氩弧焊焊接参数及工艺规范　熔化极氩弧焊主要焊接参数和工艺规范有焊接电流、电弧电压、焊接速度及氩气流量等。在不同位置焊接不同厚度的铝及铝合金板时，选用的焊接电流及焊接速度范围则不同，如图 8-23 所示。

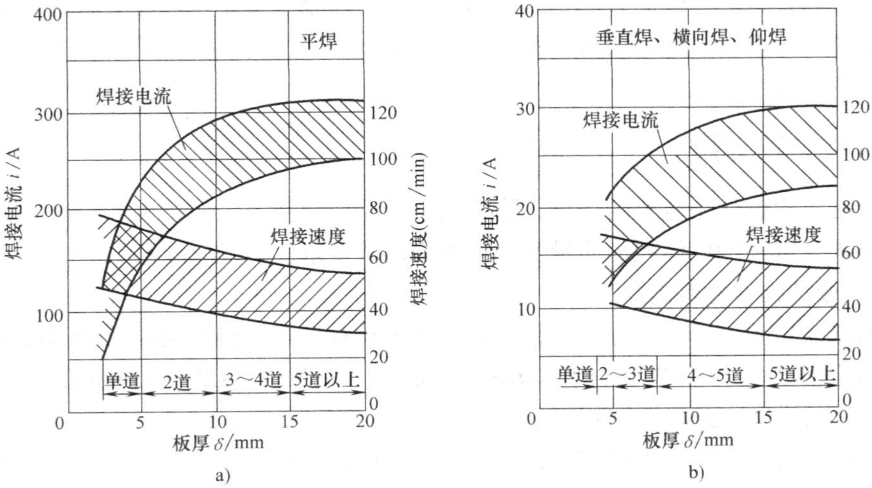

图 8-23 铝板熔化极半自动氩弧焊焊接参数及工艺规范（对接）

a）平焊 b）垂直焊 、横向焊、仰焊

通常，焊接电流和电弧电压的选择最为关键，其可决定电弧形态及熔滴过渡形式。例如焊接铝及铝合金时，电弧电压一般选得低一些，可使熔滴呈“亚射流过渡”，金属飞溅少、焊缝成形好，焊接缺陷也较少。

同时，为了保证充足的氩气流量，氩弧焊焊枪喷嘴口径一般选为20mm左右，并将氩气流量控制在30~60 L/min范围内，且将电源极性选为直流反接，不仅使电弧稳定、减少飞溅，而且还可清除铝焊缝表面的氧化膜。

8.3.4.4 焊接热处理工艺规范

（1）焊前预热温度　碳钢和低合金钢焊前预热温度，通常按钢碳当量范围确定。当碳当量小于0.40%时，焊前不预热；当碳当量等于0.40%~0.60%时，焊前可预热100~200℃；当碳当量大于0.60%时，焊前则预热200~370℃。

（2）焊后热处理　常用金属材料焊后均需消应力热处理，各种金属材料的焊后处理温度范围见表8-15，而珠光体耐热钢则需进行高温回火热处理，并且材料成分不同，焊后回火温度范围也不同，见表8-16。

表8-15　各种金属材料焊后消除应力热处理温度

材　料	碳素钢及中碳低合金钢	奥氏体钢	铝合金	镁合金	钛合金	铌合金	铸铁
温度/℃	580~680	850~1050	250~300	250~300	550~600	1100~1200	600~650

注：含钒低合金钢在600~620℃回火后塑性、韧性下降，热处理温度宜选在550~560℃。

表8-16　珠光体耐热钢焊前预热和焊后回火温度　　（单位：℃）

材料牌号	16MnR	12CrMo	15CrMo	20CrMo	12Cr1MoV	10CrMo910
焊前预热	200~250	200~250	200~250	200~350	200~250	200~300
焊后回火	690~710	680~720	680~720	650~680	710~750	700~775

8.4 焊接结构设计

焊接件结构设计时，既要考虑到结构的强度和工作条件等使用性能要求，还要考虑到结构的材料选择、焊缝布置、焊接接头及坡口形式设计等，力求焊接质量好，焊接工艺简便，生产率高，成本低。

8.4.1 焊件材料选择

选材是结构设计中重要的一环，除应满足载荷、环境等工作条件外，还必须满足焊接工艺性能要求，以及构件体积、质量及成本等方面的要求。

8.4.1.1 一般结构件材料选择

设计承载能力要求不高的焊件时，应尽量选用具有良好焊接性能的低碳钢和强度等级低的低合金结构钢（$C_E<0.4\%$），例如Q235A、Q345（16Mn）、Q295（09Mn2）等（见表8-17）。若条件允许时，还可适当选用低合金钢代替碳素钢。

低合金钢既可适于各种焊接方法，又可节省钢材、减轻结构质量，还可延长结构使用寿命。并由于其塑性良好，焊接应力影响较小，变形易矫正，在一般情况下焊接时，还不需采用特殊工艺措施，即可获得优质焊接接头。

8.4.1.2 承重结构件材料选择

在设计强度要求高的重要焊接结构时，应尽量选用强度等级较高的低合金结构钢，例如15CrMo、Q420（15MnVN）和18MnMoNb等。

由于这类钢含碳量也较低，焊接性能虽然比低碳钢差些（见表 8-17），但只要采用合适的焊接材料及工艺，也能获得满意的焊接接头。一般焊接工艺措施为焊前预热 100 ~ 150℃，焊后立即进行消应力等热处理。

表 8-17 常用钢材焊接性分类

焊接性等级	钢的牌号	特征
良好	低碳钢：碳的质量分数小于 0.25%，如 Q235、Q255、10、15、20、25 等；低合金钢：15Cr、20Cr、Q345（16Mn）、20Mn、15CrV 等	焊接参数、结构尺寸允许有大的变动，仍可获得高质量接头
一般	中碳钢：碳的质量分数为 0.25 ~ 0.40%，Q275、30、35 等。低合金钢；20CrMnSi、20CrV、30Cr 等	裂纹倾向较小，调整焊接参数即可获得优良接头，厚板结构预热 150℃
不好	中碳钢：碳的质量分数为 0.40 ~ 0.55%，40、45、50 等。低合金钢；30CrMo、35CrMn、30CrMnSi、40Cr	裂纹倾向大，仅靠调整参数很难获得优质接头，大多需预热 150℃
低劣	碳素钢：碳的质量分数大于 0.55%，65、70，各种高碳工具钢。低合金钢：35CrMnSi、45Mn2、50Mn、55Cr、60Si2 等	裂纹倾向极大，需严格控制工艺条件，焊前预热 200 ~ 450℃，焊后热处理

8.4.1.3 异质结构件材料选择

（1）异质钢结构件选材　采用不同强度和性能的钢材拼焊而成的复合结构件中，由于各组成零部件的钢号、状态及化学成分不同，选材时必须考虑两种不同钢材的焊接性。若焊接结构为低合金钢体系，如 Q235A + Q345（16Mn），20 + Q345（16Mn），Q235A + Q295（09MnV）等，则会因其化学成分、物理性能和金属组织比较相近，焊接时困难不大，一般要求接头强度大于被焊钢材的最低强度。

若焊接结构为低合金钢和不锈钢、珠光体耐热钢和不锈钢的焊接，如 Q345（16Mn）+ 1Cr18Ni9Ti、15CrMo + 1Cr18Ni9Ti 等，由于二者化学成分、显微组织和物理性能不同，焊接性能也不同，焊接时要求焊接材料选择和工艺拟定均较严格，既要求接头强度，还要求接头成分和组织都必须满足使用性能要求。

（2）异种金属连接件选材　焊接结构由性能差别大的异种金属构成，如低碳钢与纯铜、低碳钢与铝合金等，由于二者化学成分、物理性能和金属组织等差别很大，焊接性能很差，不能用熔焊方法获得满意的接头，只能用钎焊才能焊在一起，但钎焊强度低、成本高，因此仅适用于一般连接件。

8.4.1.4 型材和管材优先选择

焊接结构应尽量选用型材和管材，以便于减少焊缝数量、保证焊件质量及简化焊接工艺，并有利于增加结构强度和刚度。对于形状较复杂的结构，可考虑采用铸 - 焊、锻 - 焊或冲 - 焊结构。图 8-24 所示为合理选材减少焊缝的例子。

8.4.2 焊缝位置设计

焊接结构件中的焊缝布置与产品质量、生产率、成本及工人劳动条件等都有密切关系，合理的焊缝位置是获得优质焊件的关键。

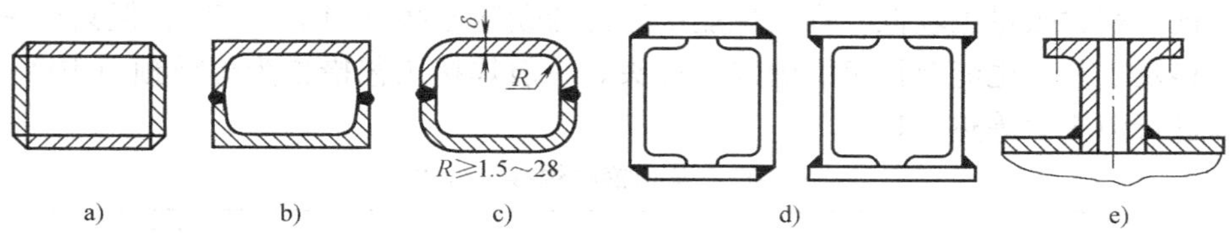

图 8-24 方形梁及法兰的型材选择

a）钢板焊接 b）槽钢焊接 c）弯曲钢板焊接 d）槽钢与钢板组合焊 e）铸钢法兰焊

8.4.2.1 焊缝分散布置设计

焊接结构中，若焊缝密集或交叉布置，则将会使焊接热影响区反复加热，而导致金属材料严重过热、组织恶化、接头性能严重下降。同时在焊接残余应力的作用下，极易引起断裂。因此，焊缝布置应尽可能分散。

图 8-25d～图 8-25f 所示为不合理改为合理的焊缝布置，且使焊缝与焊缝之间的距离，一般应大于 3 倍钢板的厚度并不小于 100mm。

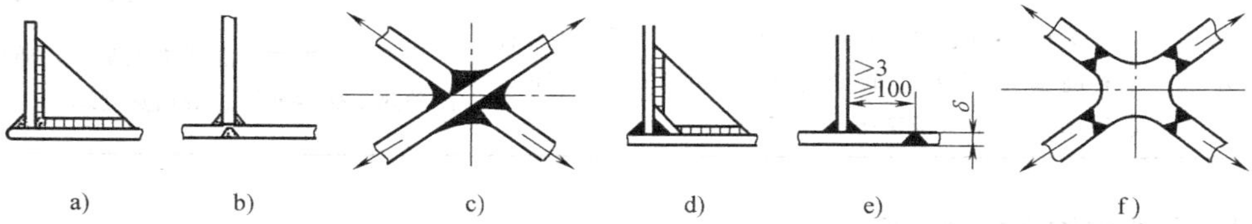

图 8-25 焊缝分散布置的设计

a)、b)、c) 不合理，d)、e)、f) 合理

同时，焊缝长度和焊缝截面也应尽量减少，以便减少焊接加热面积和焊接残余应力及变形，既保证接头性能，又降低焊接材料成本，提高生产率。对于无密封要求的构件，可设计为断续焊缝或利用型钢和冲压件，以减少焊缝，但需综合比较结构的质量要求、各种加工方法的成本以及加工条件的可能性。

8.4.2.2 焊缝对称布置设计

如图 8-26c～图 8-26g 所示，焊缝设置应尽量对称，并最好处于水平位置、是同时或对称施焊，以便减少焊接应力和变形。否则，若按图 8-26a 和图 8～26b 所示的设计方案将会产生较大的应力和变形。

8.4.2.3 便于焊接操作设计

焊缝设置应便于焊接操作，以满足焊条伸入及运条、半自动气体保护焊电极伸入及运动等需要。如图 8-27a～图 8-27c 所示焊件中的内侧焊缝，焊条无法伸入、焊接操作困难，是不合理的焊缝布置，若改成图 8-27d～图 8-27f 后，施焊则比较方便。

对于自动熔焊、点焊和缝焊焊缝的布置，应考虑便于焊丝或电极的伸入、运丝和放置焊剂等需要，如自动埋弧焊焊接头应考虑施焊时是否能存放焊剂（见图 8-28d），点焊与缝焊接头应考虑电极伸入是否方便，如图 8-28e 和图 8-28f 所示。

此外，焊缝应尽量放在水平位置，尽可能避免仰焊焊缝，减少横焊焊缝，以减少或避免大型构件的翻转。良好的焊接结构设计，还应尽量使全部或大部焊接部件能在焊前一次装配点固，以便简化焊接工艺、提高生产效率。

8.4.2.4 避开最大应力位置设计

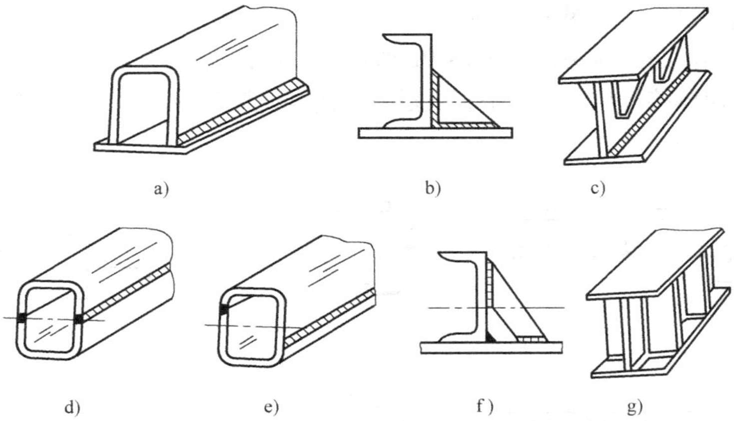

图 8-26　焊缝对称布置设计

a)、b) 变形较大　c)、d)、e)、f)、g) 变形较小

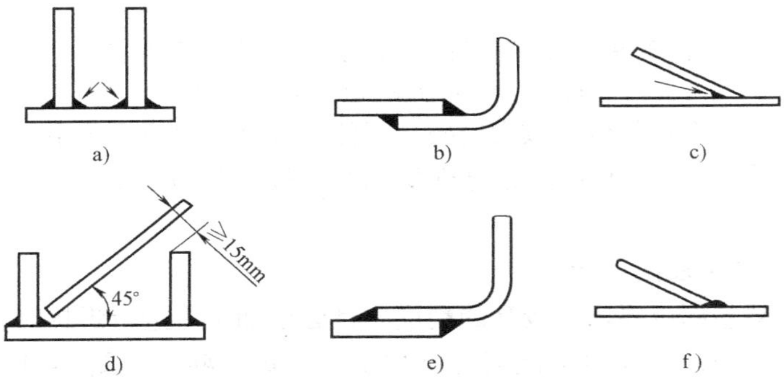

图 8-27　焊缝位置便于焊条电弧焊的设计

a)、b)、c) 不合理　d)、e)、f) 合理

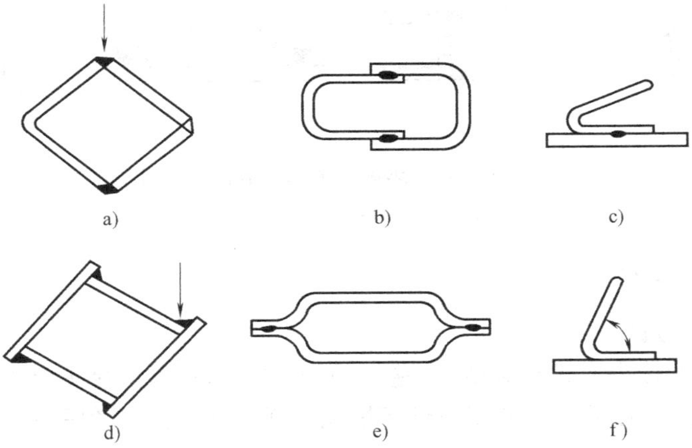

图 8-28　便于自动焊及点焊和缝焊的设计

a) 放焊剂困难　b)、c) 电极难伸入　d)、e)、f) 操作方便

对于受力较大较复杂的焊接结构件，在最大应力和应力集中的位置不应该布置焊缝。例如，大跨度的焊接钢梁，对于板料的拼料焊缝位置，应尽量避免设置在梁的中间，而宁可采

取增加一条焊缝的设计，如图 8-29d 所示。

对于压力容器的凸形封头，如图 8-29b 所示，应将无折边封头改成图 8-29e 所示的碟形封头，使封头与筒体接缝位于一水平直线段，从而可使焊缝避开应力集中的转角位置。水平直线段应不小于 25mm 为宜。

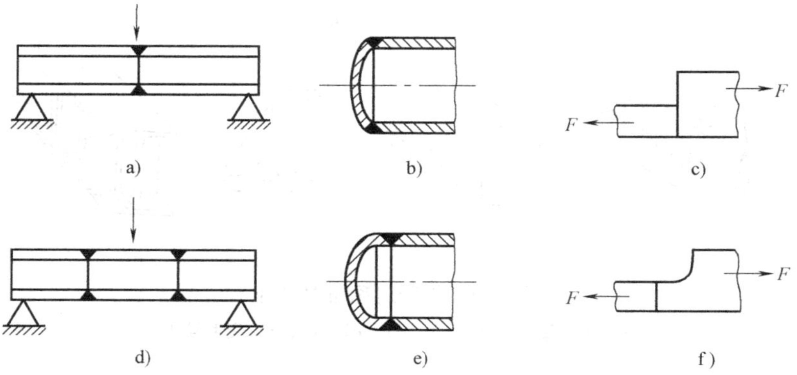

图 8-29 焊缝避开最大应力与应力集中位置的设计

a)、b)、c) 不合理 d)、e)、f) 合理

在构件截面有急剧变化的位置或尖锐棱角部位，极易产生应力集中，应避免在此处布置焊缝，如图 8-29c 所示，应将其截面有急剧变化的部位，改为图 8-29f 所示的过渡截面较为合理。

8.4.2.5 远离机械加工表面设计

若焊接结构在某些部位要求有较高的精度，且必须加工后进行焊接时，为避免加工精度受到影响，焊缝位置的设计应尽可能离开已加工表面远一些。如图 8-30c 和图 8-30d 所示，焊接轮毂件和管配件的焊缝位置较合理。

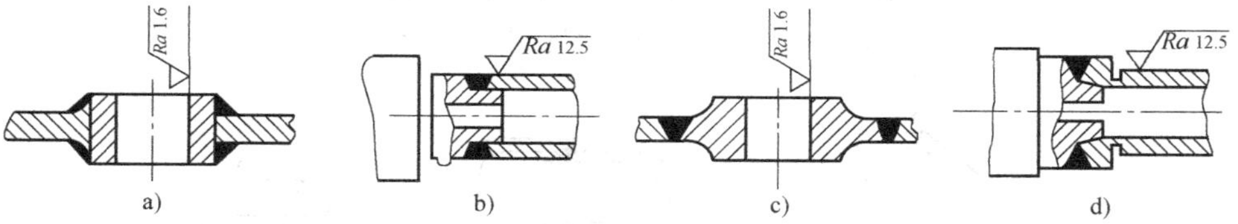

图 8-30 焊缝远离机械加工表面的设计

a)、b) 不合理 c)、d) 合理

8.4.3 焊接接头设计

8.4.3.1 接头形式设计

焊接结构常用的接头形式有对接、搭接、角接和 T 形接等。接头形式应根据焊接结构形状、焊件厚度、焊缝强度要求及施工条件等情况选择，并应首先考虑易于保证焊接质量和尽量降低深产成本。

（1）卷边接头的选用 对于薄板气焊或钨极氩弧焊，为避免烧穿或省去添加填充焊丝，常采用卷边接头、卷边锁接头或卷边搭接头、卷圆搭接头等，如图 8-31 所示。

（2）对接接头的选用 对接接头受力比较均匀，是应用最多的接头形式，尤其对于熔焊成形的重要受力焊缝，更应该尽量选用。如各种锅炉、压力容器、船体、飞机、车辆等结

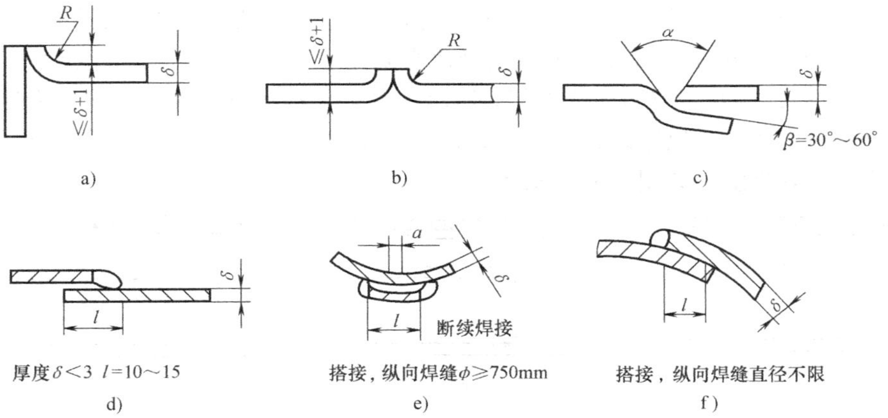

图 8-31　薄板的各种卷边接头形式

a）单卷边接头　b）双卷边接头　c）卷边锁接头

d）单卷边搭接头　e）卷圆搭接头　f）双卷边搭接头

构的受力焊缝，通常采用对接接头。

如图 8-32a 所示，蒸压釜封头采用对接接头时，虽然机械加工费时费工，但接头部位容易焊透，便于保证焊接质量，且易于用射线探伤照相法检查是否存在未焊透、裂纹、夹渣、气孔等焊接缺陷，是正确的接头设计方案。

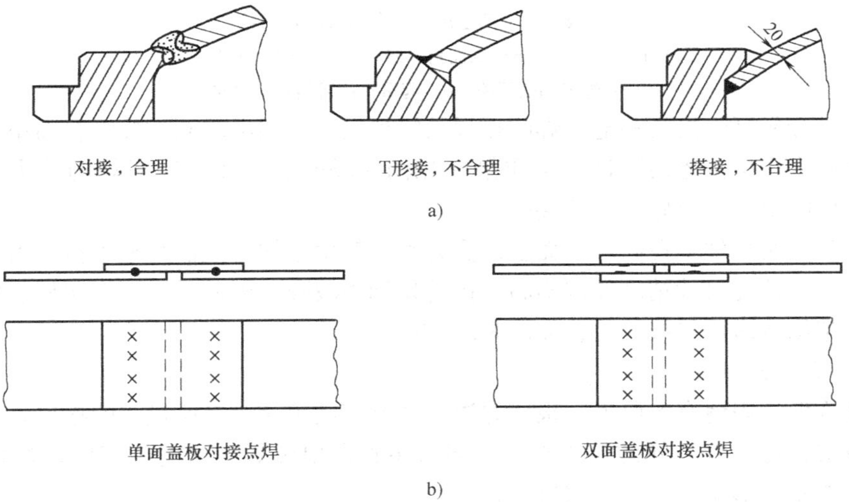

图 8-32　熔焊与压焊的对接接头形式

a）蒸压釜封头熔焊接头形式比较　b）薄板结构点焊对接接头

然而，若采用图 8-32a 中所示的 T 形接和搭接接头，虽然机械加工较简单，但接头处均不易焊透，且应力集中较大，还不易用射线探伤检查焊接质量。因此采用这两种接头形式不合理，不能确保接头的焊接质量。

角接与 T 形接头受力情况比对接接头复杂，但接头成直角或一定角度连接时，对于熔焊重要受力构件，则必须采用这两类接头形式。若采用气焊同种金属结构时，一般也多采用对接接头和角接接头形式。

此外，对于电阻对焊的接头，由于受焊件尺寸和截面的限制，也只好采用对接接头，但对于电阻点焊和缝焊薄板结构，若采用对接接头时，则必须增设垫板辅助施焊，如图 8-32b 所示。

（3）搭接接头的选用　搭接接头的接缝通常采用正面角焊缝、侧面角焊缝、正面与侧面联合焊缝等形式，如图 8-33a 和图 8-33b 所示。对于承载力要求大的结构，为使角焊缝根部和焊趾处的应力集中得以减缓，将接头应力均匀分布，可在搭接部位开孔，并采用正面角焊缝 + 塞焊或槽焊焊缝，如图 8-33d 所示。

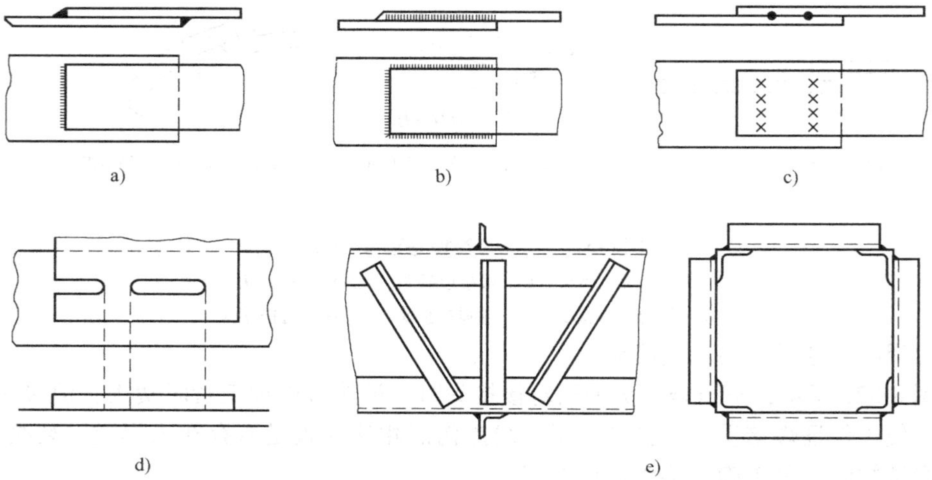

图 8-33　搭接接头焊缝形式及应用

a）正面角焊缝　b）侧面角焊缝　c）薄板点焊搭接接头

d）塞焊缝和槽焊缝　e）起重机吊臂熔焊搭接接头

对于异种金属钎焊接头和电阻焊的点焊及缝焊接头，因考虑到对接结合面小，承载能力较差，也必须采用搭接才易保证接头质量（见图 8-33c），至于电阻对焊的接头，由于受焊件尺寸和截面的限制，只好用对接接头。

搭接接头因两焊件不在同一平面上，受力时会产生附加弯矩而影响承拉能力，且耗费金属。但对下料和装配尺寸精度要求不高，抗剪切能力较强，因此对于厂房屋架、桥梁、起重机吊臂等桁架结构多用搭接接头，如图 8-33e 所示。

8.4.3.2　坡口形式设计

坡口是为保证焊缝有效厚度、根部焊透、并能容纳填充金属所设制的接口。若采用不同的电弧焊方法，可设置不同的接头形式。当采用相同电弧焊方法时，若所焊焊件的厚度不同，则可选择不同形状和尺寸的坡口形式。

（1）焊条电弧焊　焊条电弧焊焊件板厚小于 6mm 时，一般不开坡口。但重要结构件板厚等于 3mm 时则需开坡口，并需根据板厚及结构要求开设 V 形、U 形、双 V 形和双 U 形等坡口形式，如图 8-34 所示。

V 形和 U 形坡口只需一面焊，可焊到性较好，但焊后角变形和焊条消耗量均较大。双 V 形和双 U 形坡口两面施焊，受热均匀，变形较小，焊条消耗量较少，但必需两面均可焊到，有时会受到结构形状限制。

U 形和双 U 形坡口根部较宽，允许焊条伸入与运条，容易焊透，而且焊条消耗量也较小，但因坡口形状复杂，比 V 形和 X 形坡口需用的坡口加工成本高，V 形和 X 形坡口常用气割、碳弧气刨或切削加工，而 U 形和双 U 形必需用切削加工，因此一般只在重要的受动

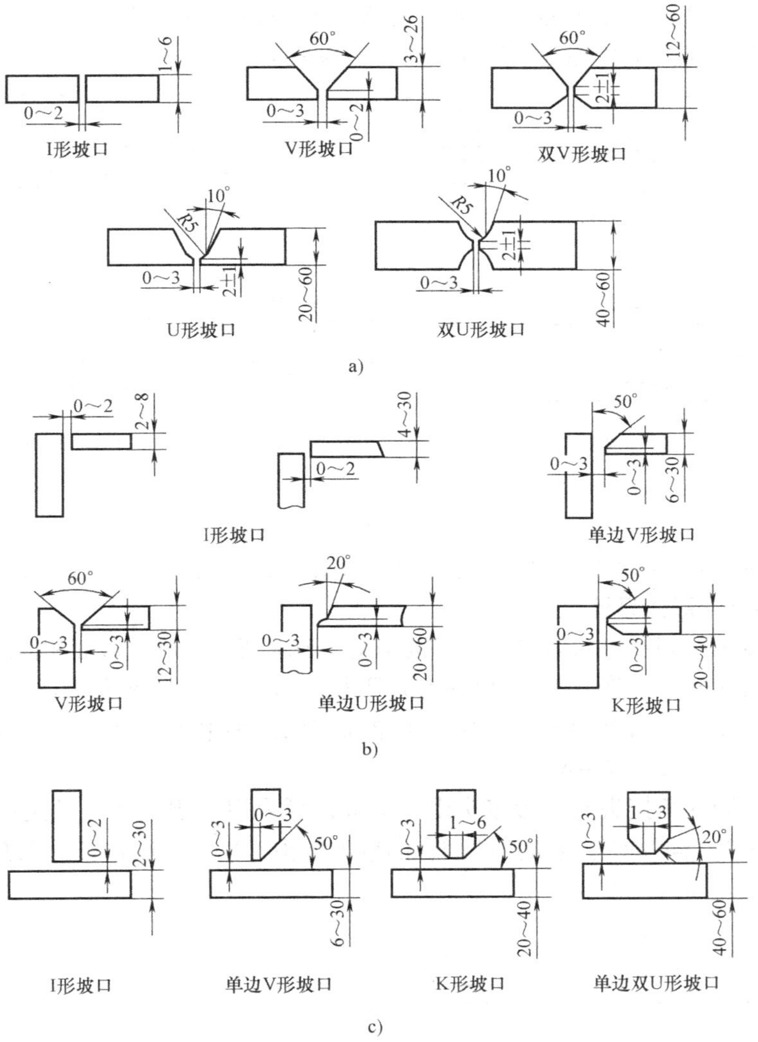

图 8-34　焊条电弧焊接头及坡口形式

a）对接接头坡口形式　b）角接接头坡口形式　c）T 形接头坡口形式

载的厚板结构中采用。

坡口形式设计时，一定要根据板厚、质量要求、坡口加工方法和焊接工艺的可行性等综合考虑确定，一般要求焊透的受力焊缝，能双面焊时均采取双面焊，首先保证焊接质量，其次才考虑生产率和成本。

（2）自动埋弧焊　埋弧焊接头形式与焊条电弧焊基本相同，但由于埋弧焊选用电流大，熔深大，所以平焊缝且板厚小于 14mm 时，可采用 I 形对接接头、不开坡口、单面焊一次焊透，如图 8-35a 所示。

当板厚超过 14mm 时，可不开或开小 V 形坡口，打底焊或加永久性垫板单面焊透（图 8-35b）。但对于板厚超过 20mm 的锅炉与压力容器，则需开设 V 形坡口双面焊，也可采用焊剂垫与铜垫板、或锁底坡口等单面焊透，如图 8-35c 所示。

对于大型筒体焊接时，筒体的纵缝、环缝和筒体与封头的环缝，均必须开设双 V 形坡口，尤其是重要的高温高压容器还必须开设双 U 形坡口。坡口角度应比焊条电弧焊小些，一般为 45° ~ 60°，钝边应比焊条电弧焊大些，一般取 7 ~ 10mm。

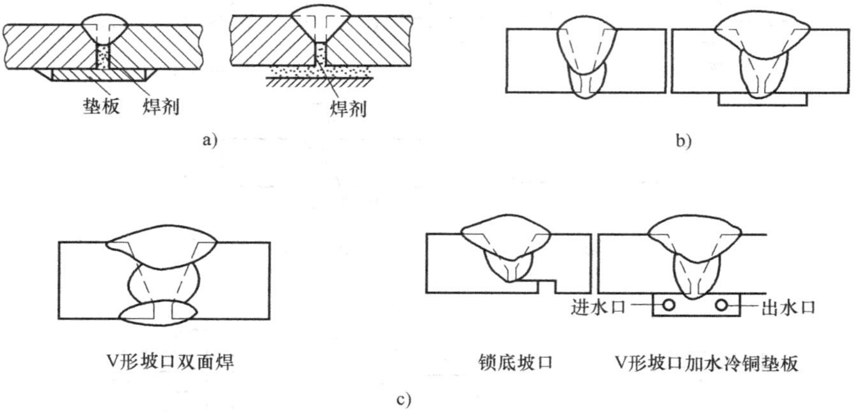

图 8-35 埋弧焊接头及形式

a) I 形对接头与钢垫板和焊剂垫 b) 小 V 形坡口打底焊和加垫板焊 c) V 形坡口和锁底坡口焊

8.4.3.3 接头过渡形式设计

为使焊接接头两侧加热均匀以保证焊接质量，要求两侧板厚或截面相同或相近，尤其是不同厚度金属对接时，允许厚度差（$\delta - \delta_1$）不得超过规定值（见表 8-18）。否则，若双面超过 2（$\delta - \delta_1$）时，应在较厚板料上加工出单面或双面斜边的过渡形式，如图 8-36a 所示，斜边过渡长 $L \geqslant (3 \sim 4)(\delta - \delta_1)$。

钢板厚度不同的角接头与 T 形接头受力焊缝，可采用开槽或凸台过渡形式接头（见图 8-36b 和图 8-36c）。同样对于管板穿孔结合的熔焊接头，也可采取在板侧端开凹槽过渡形式的 T 形接头，如图 8-36d 所示。

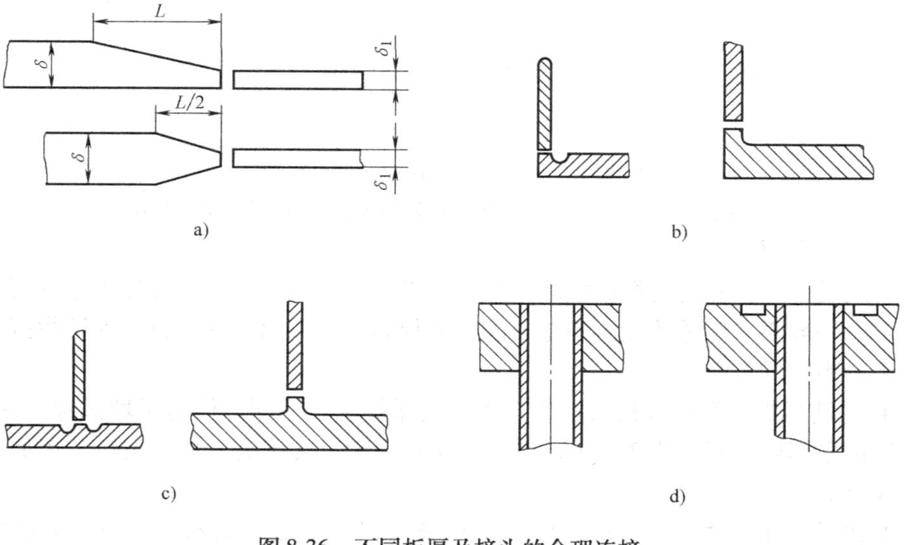

图 8-36 不同板厚及接头的合理连接

a) 对接接头的过渡形式 b) 合理的角接头过渡形式

c) 合理的 T 形接头过渡形式 d) 管板接头不合理改合理过渡

气焊同种金属一般多采用对接头和角接头，焊接小于 2mm 的薄板时，为避免烧穿，可采用卷边接头。其他焊接方法的接头形式，一般可根据各种焊接方法特点，参考焊条电弧焊接头形式进行设计。

表 8-18　不同厚度钢板对接允许厚度差　（单位：mm）

较薄板厚度 δ_1	≥2~5	>5~9	>9~12	>12
允许厚度差（$\delta-\delta_1$）	1	2	3	4

8.4.4　机械焊接结构

工程结构梁、容器等焊接结构，一般仅要求接头具有足够强度，而各种动力及传动机械的底座、机身、立柱等焊接结构件，不仅要求具有足够强度、较高刚度和减振性，还要求具有一定几何精度和尺寸稳定性。因此，除应满足一般结构设计要求外，还必须满足刚度和减振性等特殊要求。

8.4.4.1　结构材料选择

由于机器结构要求按刚度条件设计，所以其形状复杂，轮廓尺寸较大，且工作应力较低，实测机床床身和立柱的工作应力仅为 10~30MPa，只相当于低碳钢许用应力的 10%~20%，因此这类焊接结构选用低碳钢便可满足强度要求。

通常根据机械结构各部位的性能要求，选用最适合的材料制成由多种金属组合而成的整体结构件。例如，切削机床的焊接床身，可采用低碳钢板作材料，而导轨面则可选用硬度高、耐磨性好的合金材料，或通过粉末喷涂向导轨面喷涂一层高耐磨性材料。这种组合结构件，既可保证使用性能要求，又可节省材料，降低成本。

常用的 35、45 等中碳钢，宜制造强度较高的机器零件，但其焊接性能较差，不宜制造焊接结构件。一般选用强度相当、焊接性能好的低合金结构钢［Q345（16Mn）等］作焊接结构件，既可提高零件的承载能力，又便于焊接成形。

但在机器工作时，即使在较大的冲击、振动载荷作用下，也不允许产生超过容许限度的弹性变形，亦即要求结构具有足够的动刚度。因此，除需选择合理的焊件材料外，还需在设计时采取合理的截面结构以提高机器的动刚度。

8.4.4.2　结构框架设计

焊接结构可根据结构使用性能要求，灵活选择截面形状、板厚和接头形式，从而简化结构，提高承载能力，减少尺寸和质量。同时根据结构的用途及载荷性质，确定结构的强度、刚度等主要性能要求。

（1）采用封闭形截面　例如床身的主要变形是由切削力所引起的弯曲变形，因此保证床身具有足够的抗弯强度是设计焊接床身的关键。

由材料力学可知，当材料一定时，结构的抗弯强度主要取决于截面性质，若采用圆筒形、方框形、三角形、箱格形等截面（见图 8-37a）结构，则可具有较高的扭转刚度和抗弯性能，并在焊接工艺上也容易实现。

（2）设置加强肋板　为了提高焊接结构的抗弯刚度，通常在开式结构中设置加强肋，并将肋板平行于弯曲平面设置成纵向结构形式。但若采用横向肋板设置时，则对提高抗弯刚度和抗扭刚度作用不大，如图 8-37b 所示。

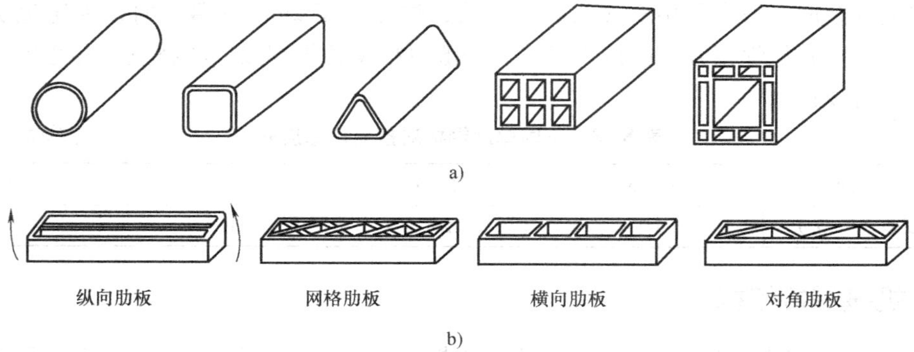

图 8-37 封闭形截面结构与加强肋形式

a）封闭形简单箱形和箱格形截面结构 b）加强肋板形式

机床结构通常采用45°对角肋板和网格肋板加强的箱形结构，既能显著提高床身的抗扭刚度，也能提高其抗弯刚度。若采用带有加强边框和低侧壁的对角肋板结构，不仅箱内空间较大以容纳安装零件，还具有良好的刚度。

（3）采用双层壁板结构 双层壁板结构是指内外壁均采用较薄的钢板，在层间布置肋板，如图 8-38a 所示的 Z 形壁板结构。采用这种双层板焊接结构代替厚板，既可提高结构的刚度，又可节省材料，减轻结构的自重。

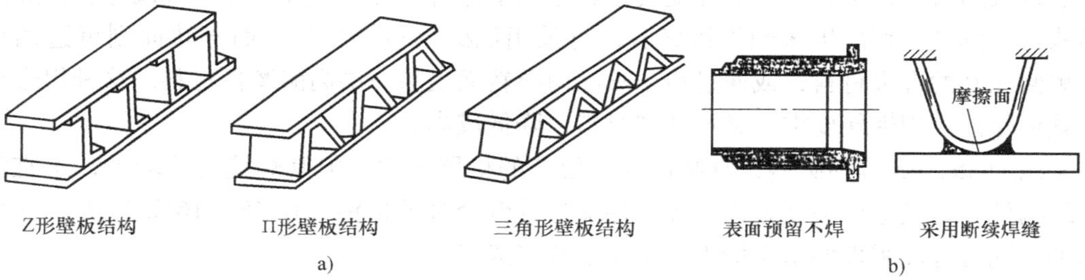

图 8-38 双层壁板结构和减振结构

a）双层壁板结构 b）利用摩擦阻尼减振的设计

（4）采用阻尼减振结构 用铸铁件制成的机械机构具有优良的减振性，而焊接结构多用轧制型材或锻钢件，铸铁的减振性比钢好，若要获得不低于铸铁件减振性的焊接结构，则必须从结构设计上采取相应的措施。

例如，某些结构可利用自身的摩擦阻尼作用提高减振性，如图 8-38b 所示，设计时根据结构受力情况，在构件接头附近预留一定表面不焊，通过焊缝收缩使这些面紧密接触并产生一定的压紧力。当结构受力产生弹性变形时，利用接触面微量相对运动产生摩擦阻尼来消耗振动能量，从而达到减振的效果。

此外，采用断续焊缝时，由于未焊部分接触面间产生摩擦阻尼，也能在一定程度上提高结构的减振性，在大型封闭截面的焊接结构中，填入易吸振物质（如膨胀混凝土等）也可提高结构的减振性。

8.4.4.3 结构焊缝布置

机器结构上的焊缝主要有对接焊缝和角焊缝两种。根据焊缝传递载荷情况，可分为工作焊缝和联系焊缝（见图 8-39a）。工作焊缝与被连接元件串联，它可起传递全部载荷的作用。

而联系焊缝与被连接元件间并联，它可主要起元件之间的相互联系作用，所能承受的应力比工作焊缝小得多。

（1）对接焊缝设计　承受冲击、交变载荷的重要工作焊缝，一般应设计成对接焊缝。焊后能对焊缝进行加工，使之与母材平齐或光滑过渡。而受拉伸载荷的焊缝，其尺寸应按最大载荷计算，应布置在结构刚性较好的部位。

对于受压缩载荷的接头，应使压应力主要由接头接触面传递，可将焊缝设计成 T 形接头联系焊缝，如图 8-39b 所示。

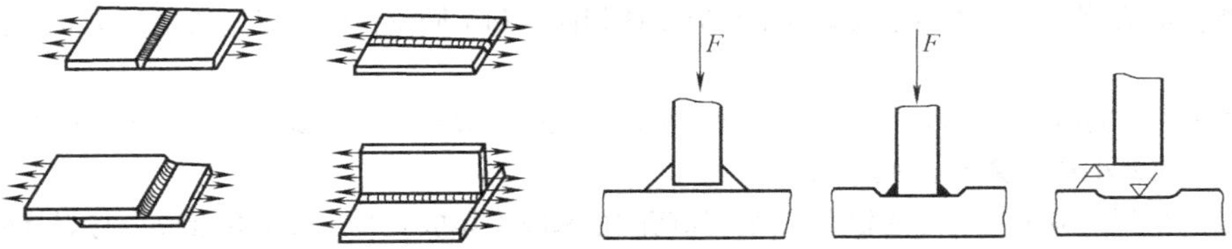

a)　　b)

图 8-39　焊缝形式与 T 形接联系焊缝

a）工作焊缝与联系焊缝　b）受压的 T 形接头

（2）角接焊缝设计　机身、立柱、箱体等机器结构多采用角焊缝，且多数情况下焊缝承受应力并不大，为防止因焊接应力过大引起裂缝或变形，角焊缝的焊角尺寸 K 不宜过大，工作焊缝为 $4 \leqslant K \leqslant 0.375\delta$、联系焊缝为 $4 \leqslant K \leqslant 0.25\delta$。

式中，δ 为被连接板的厚度（mm）。若为不等厚板连接，δ 值为较薄板的厚度。当两板的厚度差较大时，为避免因厚板冷却过快而产生焊接裂纹，K 值应不小于较薄板的厚度。

（3）肋板焊缝设计　机械结构内部筋板的连接一般为联系焊缝，宜采用间断焊缝。但结构外表面的焊缝，为避免应力集中和疲劳裂纹，需设计成小焊脚连续焊缝。

（4）关键部位细节设计　实践证明，许多焊接结构发生灾难性事故，通常与关键部位的细节设计不当有关。例如，在梁的受拉翼缘上，即使存在少量的堆焊焊缝，也会使结构的疲劳极限下降 1/3 左右。因此承受动载荷结构的受拉面上，应避免出现垂直于拉应力方向的横向焊缝。

液压挖掘机支承耳板与主体结构用角焊缝连接（图 8-40a），若将耳板周围的焊缝全部焊满，则 A、B 处焊缝出现横向应力集中，使结构支承力下降。若将耳板两端尖角切去，使

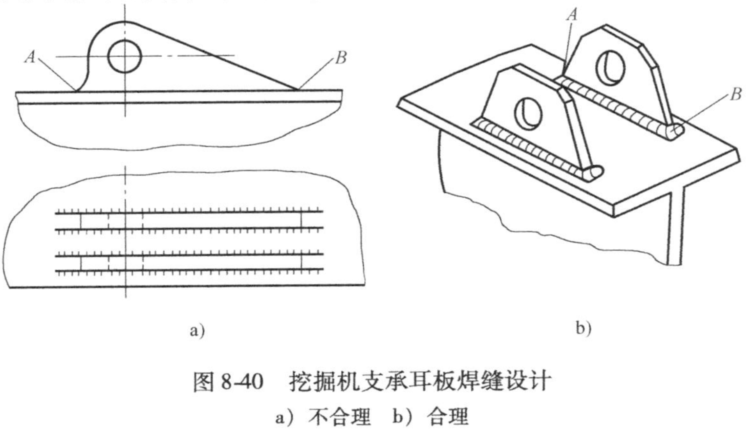

a)　　b)

图 8-40　挖掘机支承耳板焊缝设计

a）不合理　b）合理

纵向角焊缝延长一段距离并逐渐降低高度，与母材平滑过渡，则可大大提高结构的疲劳强度和承载能力，如图 8-40b 所示。

8.4.4.4 结构焊后热处理

机械结构焊后要进行低温退火处理，以清除焊接残余应力。对于形状复杂、精度要求高的重要结构，应在粗加工后再进行一次退火处理。

思考练习题

1. 熔焊热源有哪些？熔焊冶金与炉内冶金有哪些相同点和不同点？保证焊缝质量的主要工艺措施是什么？
2. 熔焊接头包括那两大部分？何谓焊接热影响区？低碳钢焊接时各有哪些区域？各区域的组织和性能如何变化？如何减小和消除焊接热影响区？
3. 试述产生焊接应力和变形的根本原因。如何防止和减少焊接变形？减少焊接应力与焊接变形的措施有哪些不同？
4. 怎样矫正焊接变形？拼接大块薄钢板时，为减少焊接应力与变形，应采取哪些合理的焊接顺序？
5. 优质焊条的药皮起什么作用？为什么药皮成分中一般均有锰铁？在各种自动焊中，用什么物质代替药皮的作用？
6. 焊接 20、Q345（16Mn）、Q390（15MnV）、15CrMo、1Cr18Ni9Ti 钢时，各应选择什么样的焊条？何谓酸性焊条？
7. 何谓碱性焊条？二者差异何在？焊接时应怎样选用？
8. 焊条电弧焊各种位置焊接时运条和收尾如何控制？焊接参数如何确定？焊缝位置、接头及坡口形式各有哪几种？
9. 埋弧焊有几种方法？与焊条电弧焊比较，埋弧焊的工艺规范有何特点？
10. 氩弧焊与 CO_2 气体保护焊有何异同？氩弧焊的主要应用范围是什么？
11. CO_2 焊的冶金有什么特点？CO_2 气体保护焊最适于焊接那些材料？
12. 试说明点焊、缝焊、对焊、摩擦焊的焊接过程特点和应用范围。
13. 氧乙炔焊的火焰种类及应用以及焊接工艺和应用特点是什么？
14. 高能束焊接包括哪几种方法？等离子弧形成原理是什么？
15. 等离子弧焊、激光焊和电子束焊各有哪几种常用的方法？

第 9 章　机械零件材料及工艺选择

导读　本章主要介绍机械零件（简称零件）毛坯种类及材料选择、典型零件材料及工艺选择、零件热处理工艺拟定以及常用零件机械材料及工艺选择等。

本章重点是常用零件坯料选择原则及依据、各类零件改性和成形工艺拟定以及热处理工艺的拟定，难点是零件性能分析及坯料选择以及热处理工艺路线的拟定，要点是各种常用零件和典型零件的材料及工艺选择等。

9.1　零件种类及材料选择

零件种类及材料选择是机械设计和制造的主要任务，直接决定零件的制造质量、使用性能、生产周期及成本等，因此必需根据零件的受力状态、工作温度及环境以及可能失效的形式等条件，选择能满足使用性能要求、保证一定使用寿命且能满足成形工艺性能要求的零件种类，以便能制造出优质价廉的零件。

9.1.1　零件毛坯种类及分析

9.1.1.1　常用毛坯种类及特点

毛坯是指根据零件或产品所要求的形状、工艺尺寸等制成的待加工金属坯件，主要通过铸造、锻造、冲压、焊接等方法获得，也可以直接截取各种型材获得。这里主要分析铸造、锻造和焊接方法获得的毛坯。

零件常用毛坯有铸件、锻件（包括挤压、轧制的零件毛坯）、冲压件、焊接件及型材（包括板材、管材、棒材、线材和各种截面的原材料）等五大类，其制造方法、主要成形特点、金属组织及性能、零件结构特征及主要适用范围等，见表 9-1。

表 9-1　常用零件毛坯制造方法的特点及应用

毛坯种类 / 比较内容	铸造	锻造	冲压	焊接	轧、压、拔
	铸件	锻件	冲压件	焊接件	型材
成形特点	液态流动成形	固态塑性成形	同锻件	液、固态扩散结合成形	同锻件
对原材料工艺性能要求	流动性好，收缩率低	塑性好，变形抗力小	同锻件	低碳量，塑性好，液态下化学稳定性好	同锻件
常用材料	灰铸铁、球墨铸铁、中碳钢及铝合金、铜合金等	中碳钢及合金结构钢	低碳钢及非铁金属薄板	低碳钢、低合金钢、不锈钢及铝合金等	低碳钢、中碳钢、合金钢、铝合金及铜合金等
毛坯组织特征	晶粒粗大、疏松、杂质排列无方向性	晶粒细小、致密呈方向性排列	组织细密，可产生流线及冷变强化	焊缝区铸态组织，熔合及过热区粗大晶粒	同锻件

（续）

毛坯种类 / 比较内容	铸造	锻造	冲压	焊接	轧、压、拔
	铸件	锻件	冲压件	焊接件	型材
力学性能	灰铸铁件力学性能差，球墨铸铁、可锻铸铁及铸钢件较好	比相同成分的铸钢件好	变形后强度、硬度提高，结构刚度好	接头的力学性能可达到或接近母材	同锻件
结构特征	形状一般不受限制，可以相当复杂	形状一般较铸件简单	结构轻巧，形状可以较复杂	尺寸、形状一般不受限制，结构较轻	形状简单，横向尺寸变化小
材料利用率	高	自由锻件低	较高	较高	较低
生产周期	砂型铸造较短	自由锻件短	复合冲压件较短	较短	短
生产成本	较低	较高	低	较高	高-
适宜生产批量	单件、成批（砂型铸造）	自由锻单件小批量	大批量	单件、成批	成批大量
主要适用范围	灰铸铁件用于受力不大或承压及振为主的零件，铸钢件用于重载复杂件，如机架、箱体、阀体等	用于强度和韧性较高的传动零件和工模具	用于以薄板成形的各种零件	主要用于制造各种金属结构，部分用于制造零件毛坯	形状简单的零件
应用举例	机架、床身、底座、工作台、导轨、变速箱、泵体、阀体、带轮、轴承座、曲轴、齿轮等	主轴、传动轴、曲轴、连杆、齿轮、凸轮、螺栓、弹簧、模具等	车身覆盖件、仪器及电器壳、零件、箱体壳等薄金属件	锅炉、容器、管道、各种构架、桥梁、车身、船体、飞机构件、重型机架、立柱等	光轴、丝杠、螺栓、螺母、销子等

9.1.1.2 零件毛坯成形分析

（1）成形原理及特点分析　“流动成形”是各种毛坯成形的基本原理，“液态流动成形”是铸造、熔焊和钎焊毛坯的成形原理。铸造是利用炼好的熔融液态金属流动充满型腔成形为铸件，熔焊是利用电弧热熔化金属液态流动填满焊缝结晶成熔焊件，而钎焊则是利用金属钎料熔化液态流动及原子扩散渗入缝隙结合为钎焊件。

“固态流动成形”是锻压和压焊毛坯的成形原理，锻压是利用高温加热的固态金属或常温固态薄板，在压力作用下塑性流动成形为锻件或冲压件。而压焊则是利用高温局部加热的焊件接头金属，在压力作用下塑性流动成形为压焊件。

铸件成形方便，形状可以比较复杂，但须由铸型型腔控制。锻件成形困难、形状较简单，并需由工人技术或锻模控制。焊接方法比较灵活，焊接结构可以相当复杂和相当大，但形状需由焊件及其装配方式控制，见表9-2。

同时，热加工毛坯均需考虑温度对尺寸的影响，铸造模样或型腔尺寸应比铸件尺寸放大一个收缩余量，锻造模膛尺寸应比锻件尺寸放大一个收缩余量，焊接结构的尺寸也应考虑焊后收缩变形的影响而预留适当余量。

表 9-2　毛坯成形原理比较

成形方法		成形原理	形状控制	尺寸控制	结构特点
铸造		液态金属流动	铸型型腔	模样放大收缩余量	可以比较复杂
锻造		固态金属塑性流动	锻模及工人技术	坯料质量、尺寸、模膛放大余量	较简单
焊接	熔焊	液态金属流动并结晶	焊件及其装配	焊件及其装配，考虑收缩变形	可特别大
	压焊	固态金属塑性流动并结晶	焊件及其装配	焊件及其装配	较简单
	钎焊	钎料结晶及原子扩散	焊件及其装配	焊件及其装配	可特别复杂

（2）成形质量及效益分析　从表 9-1 中可知，毛坯类型不同，所表现出的各种特征及质量也不同，并且每种类型的毛坯随成形方法和材料不同也有很大差异。例如，铸件中一般砂型铸造件的晶粒粗大而疏松，但压力铸造薄壁铸件的晶粒细小而致密，一般铸铁件的力学性能差，但一些球铁件的强度和屈强比（σ_s/σ_b）可超过碳钢锻件。

锻件中自由锻成形件金属冷却快、产生的氧化皮多且金属流动成形困难，预留加工余量较大，材料利用率较低。但是精密锻造的锻件和冷挤压件，其金属是在模膛内塑性流动成形，故可基本实现零件的最终成形，材料利用率也很高。

同时，生产周期的长短与零件尺寸、复杂程度和具体加工方法等很多因素有关。铸件因其工序多，模锻件和挤压件因其模具制造复杂，均使它们的生产周期较长，但小而简单的铸件、模锻件和冲压件的生产周期可以很短。

然而，一般焊接结构件下料后拼焊起来即可完成，即便再增加一些煨弯、滚圆等预成形工序，生产周期也很短。但大型和特殊焊接结构件的生产周期可以长达数月甚至更长的时间，如大型船体、飞机等大型结构件。

（3）成形材料工艺性分析　毛坯材料在满足使用性能要求前提下，应考虑采用某种工艺方法的可行性和经济性，例如，铸造液态金属的流动性及收缩性与浇不足、冷隔、缩孔、缩松、变形及裂纹等铸件缺陷密切相关。

同样，锻造固态金属的变形能力（塑性）和变形抗力与模锻力不足、裂纹等锻件缺陷密切相关。焊接接头金属的强度、塑性及韧性、冷弯角以及产生裂纹的倾向性，与焊接结构变形、裂纹等焊接缺陷密切相关。

通常，在毛坯材料和成形方法确定后，为防止产生上述各种相应的毛坯缺陷，一般均需采用比较严格的相应工艺措施。例如，铸造需严格控制浇注温度和凝固顺序，锻造需控制锻造温度范围，焊接需焊前预热相应温度、焊后缓冷等。

（4）结构形状工艺性分析　结构形状工艺性是指毛坯的结构形状在满足使用性能要求前提下，应考虑采用某种工艺方法的可行性和经济性，见表 9-3。

表 9-3　毛坯结构形状工艺性比较

成形方法	适应金属工艺性原则	适应工艺方法原则
铸造	壁厚合理均匀、壁间逐步过渡连接、大平面倾斜	减少分型面、型芯及活块，设置结构斜度及圆角
锻造	形状应与金属的锻造性能相适应	避免倾斜、曲面交接、肋及凸台，薄壁与高肋，模锻件还应具有合理分模面、简单、对称
焊接	形状应与金属的焊接性能相适应	焊缝布置便于操作、避开应力集中部位、避免焊缝密集与交汇等

铸件结构形状应适应金属铸造性能要求，使其壁厚均匀、形状对称、壁间逐步过渡连接，并将大平面倾斜设计，以减少变形和铸造应力。同时，还必须与铸造工艺相适应，而尽量减少分型面、型芯及活块，并设置结构斜度和圆角。

锻件结构形状应适应金属锻造性能要求，对于锻造性能差的锻件，其结构形状应尽量简单，以保证锻件成形。同时，还应适应锻造工艺要求，自由锻件结构形状应避免倾斜、曲面交接、肋及凸台等，模锻件结构形状应具有合理的分模面、形状简单并对称、且截面不薄和宽度不窄等。

焊接结构形状应适应金属焊接性能要求，优先选用焊接性能好的材料，以简化焊接工艺。同时，还应适应焊接工艺要求，合理布置焊缝以便于操作，尽量避开应力最高部位和应力集中部位，以免焊缝密集与交汇等。

9.1.2 零件选材原则及依据

在机械零件设计时，材料是选择毛坯成形方法的首要依据，材料状态和性质不同，所应选用的毛坯成形方法也不同，为获得满足使用性要求且成本低廉的毛坯成形方案，应根据选材的基本原则及依据，首先选出合理的毛坯材料。

9.1.2.1 零件毛坯选材原则

零件毛坯选材的根本原则，不仅应考虑材料的生产成本最低、性质适用性最强、最能适应零件的工作条件，使零件经久耐用，而且还要有较好的毛坯成形工艺性和经济性。只有满足这三项基本原则时，所选择的材料才为合理材料。

（1）适用性原则　适用性原则即首先满足零件的使用性要求，既要保证零件的形状尺寸、加工精度、表面粗糙度等外部质量，又要保证零件的化学成分、金属组织、力学性能及物理化学性能等内部质量，同时还要保证其适宜的可成形性。

如图 9-1 所示，机床主轴、手柄和齿轮均为关键零件。主轴尺寸形状和加工精度要求很高，受力复杂且在长期使用中只允许很微小变形，因此应选用具有良好综合力学性能的 45 或 40Cr 调质钢锻件毛坯，经切削加工和热处理制成。而手柄则采用低碳钢圆棒料或普通灰铸铁件为毛坯，经切削加工即可完成，不需热处理。

机床齿轮通过齿面上狭小接触面传递动力，齿面承受很大接触应力和摩擦力，要求齿面具有高硬度和高耐磨性，同时齿根承受较大弯曲应力及交变应力，要求其材料具有较高疲劳极限、足够强度和韧性，以防受冲击和振动开裂。总之，应选用具有良好综合力学性能的 45、40Cr 中碳调质钢锻件毛坯，经切削加工和热处理制成。

再如燃气轮机叶片和风扇叶片，尽管同是具有空间几何曲面形状的叶片，但前者要求采用优质合金钢，经精密铸造和严格切削加工及热处理制成，要严格控制其尺寸微量偏差和内部质量，而扇叶则采用低碳钢薄板冲压成形即可。

（2）经济性原则　经济性原则即指所选零件制造成本（即材料费、耗能费、工资费）最低、加工费用合理、附加费用较低等，但市场竞争力最强且价格较好。通常在满足零件使用要求前提下，比较各预选方案的经济性择优选用。

在生产形状不太复杂的大型板架结构时，采用价格便宜的 10 ~ 25 钢材焊接结构比铸铁结构成本低。但在生产形状复杂的机床床身时，无论从减振、消声和自润滑等性能要求出发，还是从成形特点和原材料价格低廉出发，均应选用灰铸铁最佳。

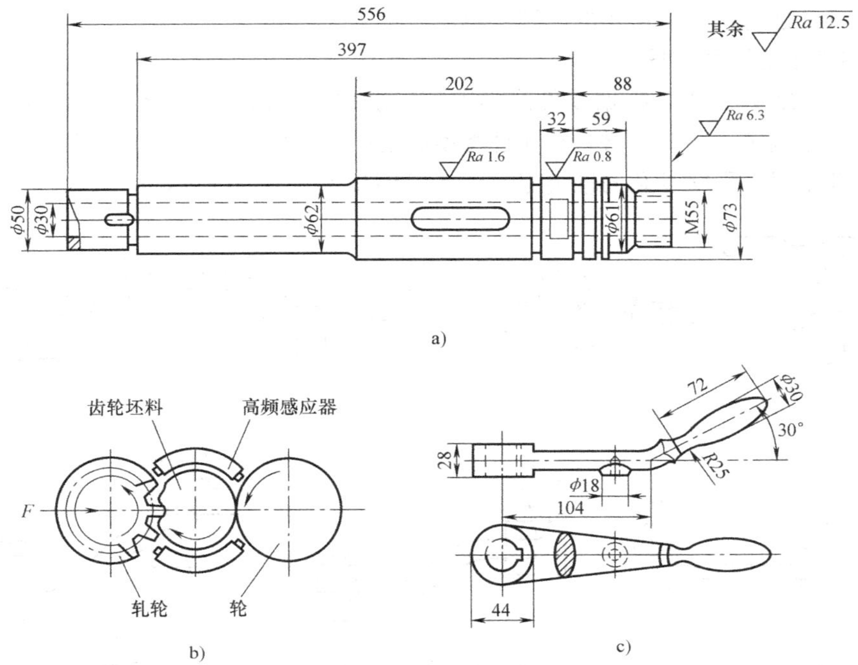

图 9-1　机床上的零件

a）车床主轴零件及尺寸　b）齿轮锻轧成形及表面淬火　c）机床手柄零件及尺寸

但对于受力复杂且重要的桥梁、车辆及压力容器等钢结构，则应尽量选用低合金高强钢型材，如 09Mn2、Q345（16Mn）等，不仅能保证使用性能要求，还能相对减薄壁厚以减少整体结构的自重、节省材料，从而降低成本。

在生产齿轮、传动轴及键销等机械零件时，若选用 35～50 钢自由锻毛坯费用一般较低，但原材料消耗和加工费等均比模锻件高，致使整个成本升高。然而，若采用“以铸代锻”的 Z35CrMnSi 等铸件时，反而可简化工艺并降低成本。

在拟定碳钢齿轮的热处理工艺时，若选退火工艺时加工费用相对价格为 1，则调质处理则为 2.5、高频淬火为 5、渗碳处理为 6、渗氮处理可高达 38。对于同一个轴类零件，当耐磨性能满足要求时，采用调质后高频淬火比调质后渗氮要便宜得多。

对于耐腐蚀件，采用碳钢进行表面涂层工艺代替不锈钢，成本可降低很多。制造内腔较大的零件时，采用铸造或旋压成形均比实心锻件切削成形要便宜。对于形状复杂的零件若能采用焊接结构，可比整体锻造、机械加工更为方便。

（3）适应性原则　适应性原则即应适应于实际生产条件，根据使用要求和制造成本所确定的生产方案是否能实现，还必须考虑企业的实际生产条件，只有实际生产条件能够实现的生产方案才是合理方案。

若本企业不能满足毛坯制造方案要求，不能在预期内实现毛坯的制造计划，则应考虑与其他企业协作的可能性。在进行生产条件分析时，应打破自给自足的小生产观念，而拓宽生产协作的视野，多提出几个方案以供从中优选。

上述选材原则之间既相互影响又相互制约，且主次地位也随实际情况变化而变化，致使选材成为一个复杂的技术经济问题，但总的原则是应综合考虑，全面衡量，拟出几个不同方案分析比较，才能选出适合使用的工程材料。

9.1.2.2 零件毛坯选材依据

（1）零件的使用条件　根据零件的类别、用途和工作条件及其形状、尺寸和设计技术要求，即可基本确定选用何种材料和何种类型的毛坯。例如，汽车和拖拉机曲轴、连杆都是具有空间弯曲轴线、形状复杂的轴类零件，如图 9-2a 和图 9-2b 所示。

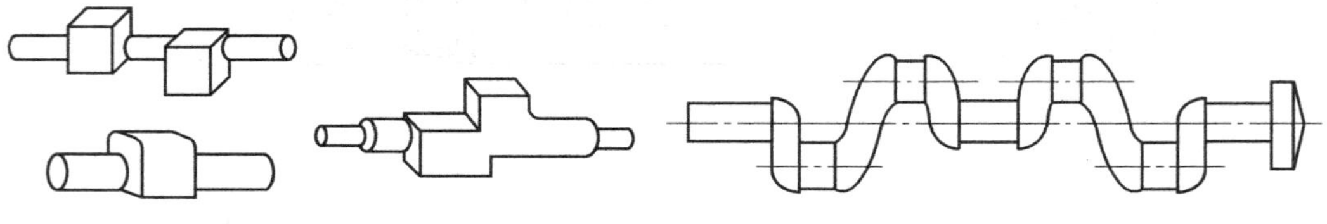

a)

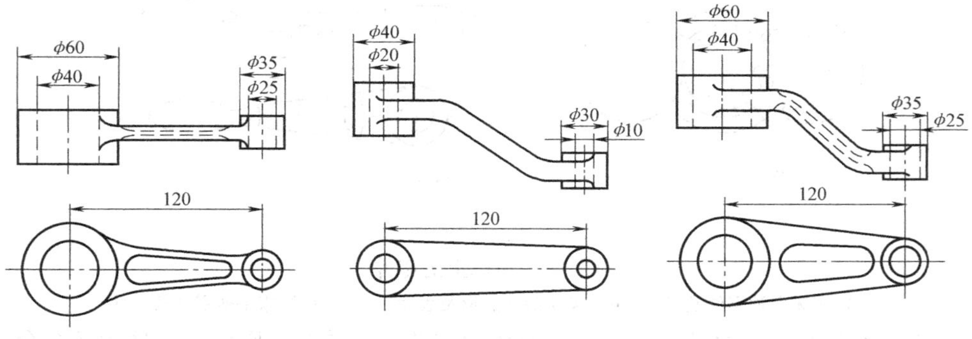

b)

图 9-2　汽车和拖拉机曲轴及连杆

a）各种汽车和拖拉机曲轴　b）各种内燃机连杆

这类零件在常温下工作，但需承受交变弯曲和冲击载荷，应具有良好的综合力学性能，可参照已有的生产经验和资料，选用 40、45 等中碳调质钢或 40Cr、35CrMo 等中碳低合金高强钢的锻件或 QT600-3 和 QT700-2 等球墨铸铁件。

再如机床床身（见图 9-3），以承受压应力和弯曲应力为主，为保证机床工作稳定性，应有较好的刚度和减振性，同时为容易获得复杂的结构形状，应选用 HT150 或 HT200 灰铸铁件，如图 9-3a 和图 9-3b 所示。

然而，大型桁架结构的立柱一般由型钢和钢板焊接而成，如图 9-3c 所示，对于少数重型机械机身或组合机床床身，则可选用中碳铸钢、合金钢件或铸-焊联合结构，立柱下端由盖板、端板、肋板和底板等组合成柱脚（见图 9-3d），各零件单独组装后焊接，有利于焊后矫正，可提高结构的刚度。

（2）零件的生产批量　生产批量对于选择毛坯的制造方法影响很大。一般单件、小批量生产时，铸件选用手工砂型铸造方法，锻件采用自由锻或胎模锻锻造方法，焊接件则以焊条电弧焊或半自动焊方法为主，薄板零件则采用钣金钳工成形方法。

但在成批大量生产且有条件时，则可分别相应采用铸件机器造型、锻件模锻成形、焊接结构件自动埋弧焊或自动与半自动气体保护焊成形、薄板零件用板料冲压法成形。

在一定条件下，生产批量也可影响毛坯的类型。如上述的机床床身，一般情况下均采用铸件毛坯，但在单件生产条件下，由于其形状复杂，造型、制芯等工作耗费材料和工时很

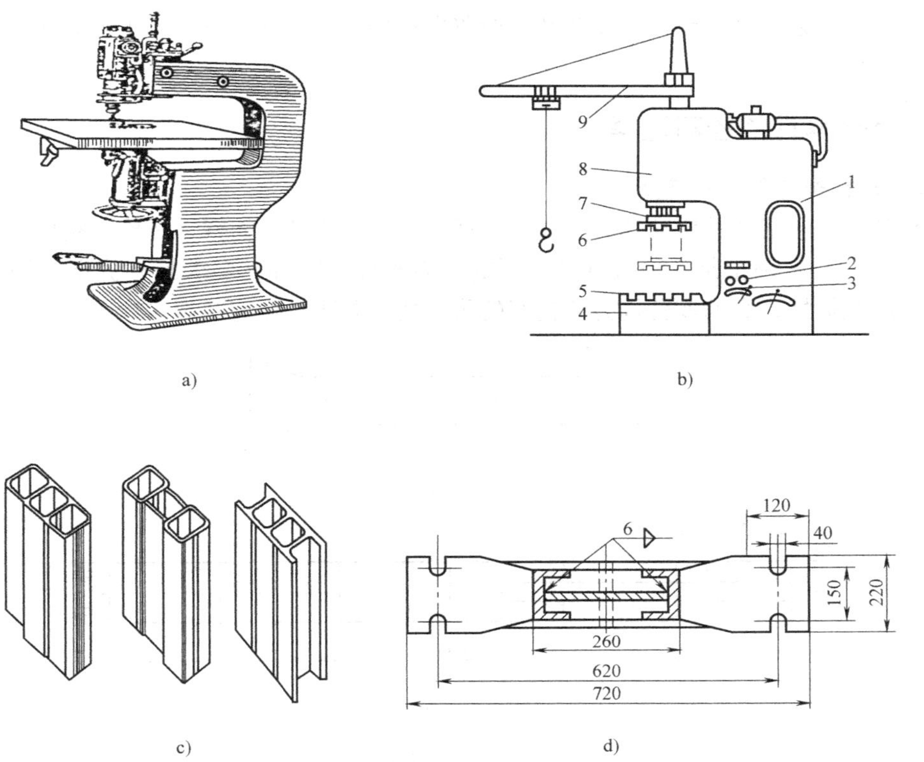

图 9-3　各种形状和结构的机床床身

a）铸铁件铣床床身　b）铸铁件折弯机机身　c）型钢焊接立柱　d）组合机床焊接床身

1—床身　2—压力表　3—操纵器　4—底座　5—工作台

6—压力头　7—活塞　8—工作缸　9—悬臂吊杆

多，经济上往往并不合算。若采用焊接件，则可能大大降低生产成本，缩短生产周期，但焊接件的减振、耐磨性能不如铸铁件。

（3）零件的生产条件　制定生产方案必须与具体的生产条件相结合，才能兼顾适用性和经济性原则，才能保证生产方案切实可行。在一般情况下，应充分利用本企业现有条件完成生产任务，若现有条件满足不了产品生产要求时，可适当改变毛坯的生产方式，适当改造现有设备条件，扩建厂房，更新设备或与厂外协作。

机械零件的加工工艺比较复杂，常用的加工方法有铸造成形、锻压成形、焊接成形、切削加工以及改性处理。从工艺性出发，若设计的是铸件，最好选用共晶成分的合金，如机器底座或箱体即选用铸造性能良好的灰铸铁。

若设计的是锻件、冲压件，最好选用塑性好的合金，如汽车传动轴锻件选用低合金结构钢，汽车车身冲压件则选用低碳钢。若设计的是焊接结构件，则应选用低碳钢或低合金结构钢，而铜合金、铝合金及钛合金的焊接性能稍差。

在机器制造生产中，制造高强度及大截面、形状复杂的零件，需选用合金钢。选材时还应考虑金属的切削加工性能。铝、镁合金的切削加工性能最好，而奥氏体不锈钢、高速钢和耐热合金的切削加工性能最差。

通常在确定所选用材料的同时，应根据零件材质、结构及技术要求，确定所需要的成形及加工方法和工艺，确定热处理工艺及表面改性处理工艺，并按各加工工艺顺序编制成零件加工工艺路线。

9.1.3 各类零件的坯料选择

9.1.3.1 轴杆类零件坯料选择

轴杆类零件包括各种传动轴、丝杠、光杆、连杆、拨叉、摇臂、螺栓、阀杆及大型立柱（见图9-4）等，一般都是各种机械中重要的受力和传动零件，要求具有优良的综合力学性能，即高的强韧性、高的疲劳抗力和良好的耐磨性，以防止疲劳断裂。

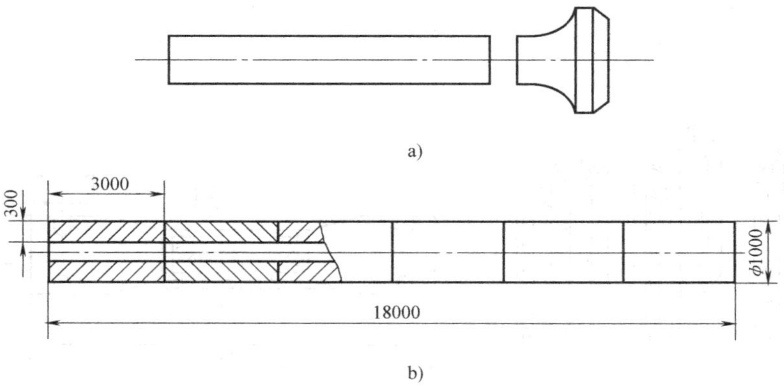

图9-4 轴杆类零件的毛坯

a）汽车排气阀焊接毛坯 b）水压机立柱铸-焊毛坯

轴杆类零件的结构特点是其轴向（纵向）尺寸远大于径向（横向）尺寸，除直径无变化的光轴外，各种轴杆类零件几乎均采用锻件为毛坯，应选用30～50中碳钢，其中45钢使用最多，经调质后具有较好的综合力学性能。

合金钢具有比碳素钢更好的力学性能和淬透性能，可在承受重载并要求减轻零件质量和提高轴颈耐磨性等情况下才使用，如40Cr、40CrNi、30CrMnTi、35CrMnSi、35CrMo、45Mn2V、40CrMnMo等合金调质钢。而负荷大的主轴，则应采用20Cr、20CrMnTi、30CrMnTi、20MnVB等合金渗碳钢锻件作毛坯。对于负荷小的主轴，可采用20、25低碳钢再经扩渗处理即可满足高性能要求。

某些异形截面或弯曲轴线的轴也可采用高强度铸铁或球墨铸铁作毛坯，如QT450-10、QT500-5、QT600-3等。例如，柴油机发动机的曲轴、凸轮轴等零件，通常选用以铁代钢的球墨铸铁QT400-18、QT450-10、QT500-7等。

在有些情况下，也可采用锻-焊或铸-焊相结合的方式制造轴杆类零件毛坯，如图9-4a所示为焊接成形的汽车排气阀，若选用合金耐热钢15CrMo阀帽与普通碳钢Q235A阀杆焊接成一体，可节约合金耐热钢材料。

图9-4b所示为上海重型机器厂制造的120000kN水压机立柱，采用铸-焊结构，该立柱每根净重80t，若采用整体铸造或整体锻造均不易实现，而采用中碳铸钢ZG35分段铸造，并经粗加工后再用电渣焊拼焊成整体毛坯。

9.1.3.2 轮盘类零件坯料选择

轮盘类零件是用以传递扭矩、改变传动方向或速度的重要机械零件，其轴向尺寸一般小于径向尺寸，或两个方向尺寸相差不大，并在各种机械中的工作条件和使用要求差异很大，因此它们所用的毛坯种类及材料性质也各不相同。

属于这类零件的有各种齿轮、带轮、飞轮、手轮、模具、端盖、联轴器、液压缸及轴承套等。若以齿轮为例（见图 9-5），工作时齿根承受较大交变弯曲应力，齿面承受较大接触应力和摩擦力，运转中两个啮合轮齿间相互滚动和滑动，还承受较大冲击力。因此要求齿轮必须具有良好综合力学性能，即齿面部具有较高硬度和耐磨性，齿心部具有足够强韧性，齿根部具有较高抗弯疲劳强度。

中小齿轮一般应选用 30、40、45 等中碳钢锻造毛坯（见图 9-5a），大批量生产时可采用 40、45、40Cr 等热轧或精密模锻毛坯，采用正火或调质处理。单件或小批量生产直径小于 100mm 小齿轮时，可采用 30 圆钢自由锻造毛坯，如图 9-5b 所示。然而，仪器仪表中的小齿轮，则可采用冲压件作毛坯。

重要机械上使用的齿轮可选用 40Cr、40CrNi、40MnB、35CrMo 等合金结构钢锻件，并采用调质处理。承受较大冲击载荷的齿轮，可选用 20Cr、20CrMnTi 等合金渗碳钢锻件，轮齿部分需进行渗碳或碳氮共渗、氮化处理。

大型复杂结构齿轮（>400mm）锻造困难，可选用铸钢 ZG200-400、ZG230-450 或球墨铸铁 QT400-18、QT450-10 铸造毛坯（见图 9-5c），也可采用低碳钢 Q235A 或 20 钢焊接毛坯，待加工后再渗碳处理，如图 9-5d 所示。

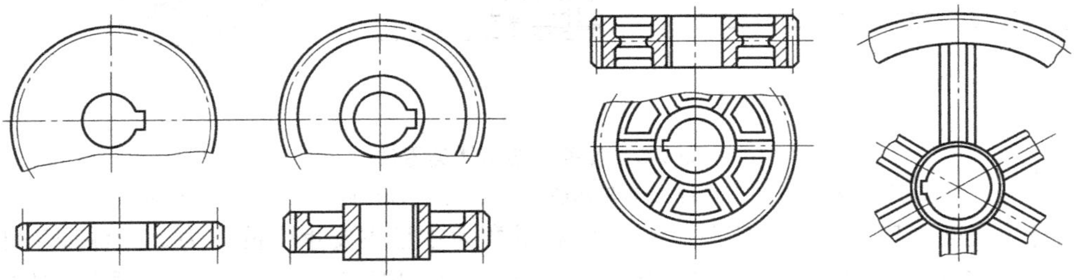

a)　b)　c)　d)

图 9-5　不同类型的齿轮毛坯

a）锻造毛坯　b）圆钢毛坯　c）铸造毛坯　d）焊接毛坯

在低速运转且受力不大或者在多粉尘环境下开式运转的齿轮，也可采用灰铸铁 HT250、HT300、HT350 或球墨铸铁 QT600-3、QT700-2 等铸造毛坯。受力不大或无润滑条件下工作的齿轮，还可选用尼龙、聚碳酸脂等塑料制造。

各种模具毛坯，均需采用合金钢锻造而成。热锻模常选用 5CrMnMo、5CrNiMo 等热作模具钢，并经淬火和中温回火处理。冲压模常选用 Cr12、Cr12MoV 等冷作模具钢，并经淬火和低温回火处理。

若要求零件为轻质结构件，应选择密度小、强度高、耐蚀性好的铝合金或某种工程塑料，如风机轮、叶轮或飞机上的高强度零件等。但若要求零件弹性及密封性好并减振时，则应选择高弹态和优良伸缩性的橡胶材料。

橡胶能在 $-50\sim150$℃宽温度范围内处于高弹态和优良伸缩性，如 4001 耐热橡胶板或 3302-1 酚醛层压板等。但橡胶制品长期使用易“老化”出现变色、发粘、发脆及发硬等现象，失去原来的使用价值，在使用时应注意。

9.1.3.3 机体类零件坯料选择

机体类零件是机器中很重要的一类支撑和连接零件，包括各类机械的机身、底座、支架、齿轮箱、变速箱、轴承座、阀体、泵体、内燃机缸体、缸套等。这类零件大多数形状及结构较复杂，需承受压应力且受力不大，要求具有较好的刚度、密封性和减振性，通常需选用灰铸铁件作毛坯，如图 9-6 所示。

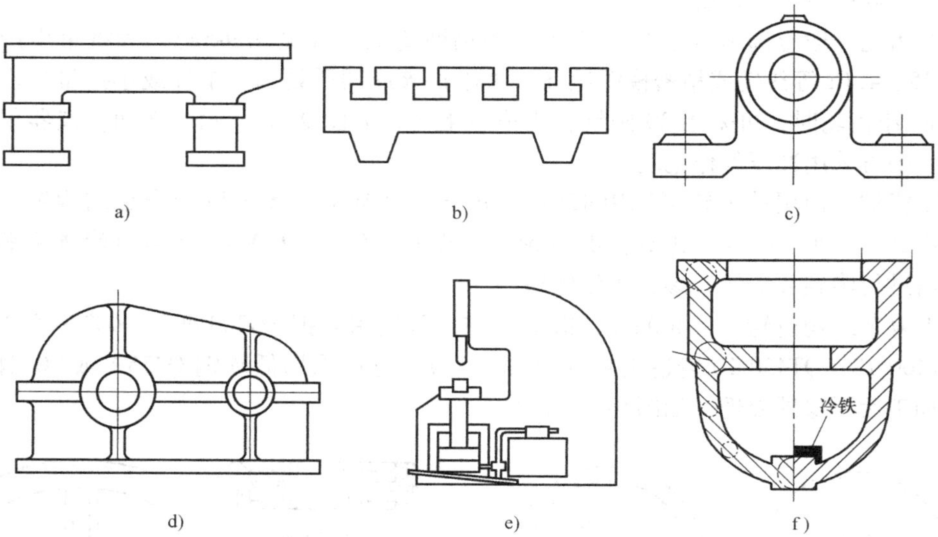

图 9-6 各种机架箱体类零件

a）机床床身 b）工作台 c）轴承座 d）减速箱 e）折弯机机身 f）阀体

机身、支架、底座等基础零件，以承压和承弯为主且主要承受静压力，为保证工作稳定性，需具有较好刚度和减振性，多选用灰铸铁 HT100、HT150。而工作台、导轨和缸体等，则以耐磨为主而需选用硬度较高的珠光体孕育灰铁 HT300、HT350。

重型机械机身及汽轮机机体等，同时承受压、拉、弯及冲击力联合作用，可选用 ZG230-450、ZG270-500、ZG35CrMnSi 等中碳铸钢或合金铸钢件，个别特大型机身还可采用铸钢－焊接联合结构。但受力较大且形状简单，还可选用型钢焊接而成。

齿轮箱、变速箱、进给箱、阀体、泵体等零件，一般受力不大，仅要求具有较好刚度和密封性，多选用铁素体灰铸铁 HT100。受力不大且要求自重轻或导热性好的箱体，可选用铸造铝合金件 ZL101、ZL102 等。受力很小且要求自重轻时，还可选用尼龙等工程塑料。有时尽管受力较大，但形状简单时，也可选用 Q235 型钢焊接而成。

零件尺寸决定于刚度条件时，除保证零件结构有较大刚度外，还应选择高塑性及高弹性模量碳钢或合金钢，如车体、船体等。若零件尺寸决定于耐磨耐蚀条件时，则应选择强度高、自润滑性能好、耐磨损、耐腐蚀的 MC 尼龙和聚砜等材料。

机体类零件的最终使用性能，很大程度上取决于改性热处理。碳素钢的淬透性差、强度较低，加热时容易过热而晶粒长大，淬火时容易变形与开裂。因此制造高强度及大截面、形状复杂的机体，还需要选用合金结构钢。

9.2　典型零件材料及工艺选择

9.2.1　带轮材料及工艺

带轮是各种减速箱或传动装置的重要组成零件，为满足这类零件的使用性能要求，可设有不同的外径、孔径、宽度及传递功率，同时为获得所需规格尺寸及质量要求的毛坯，可选择多种成形方案和相应结构方案。

9.2.1.1　小带轮的材料及工艺

（1）圆钢棒料轮坯　对于直径小于100mm 的小带轮，可采用 45 钢圆钢棒料直接车削成形。若不要求减轻质量时，还可设计成实心圆柱形（见图 9-7a），且带轮的外圆、V 带槽及轴孔均可直接采用车削成形。

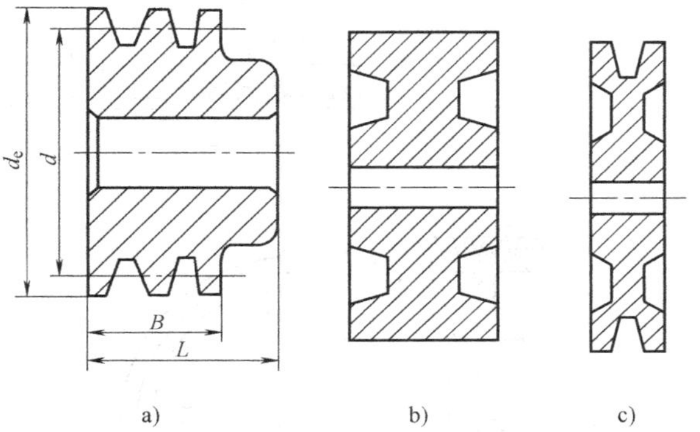

图 9-7　小带轮结构及毛坯种类
a）铸铁小 V 带轮　b）实心铸钢带轮　c）塑料 V 带轮

（2）灰铸铁铸造轮坯　如图 9-7b 所示，带轮的中心孔和两端面环形凹腔，均可采用型芯铸出，而 V 带槽则不铸出，以留待车床加工。两端面的环形凹腔，可避免厚壁造成的液体金属积聚多、冷凝慢，而产生缩孔和晶粒粗大等缺陷。

若采用收缩率较大的铝铸件，更应设计成带环形凹腔结构的毛坯。通常灰铸铁（HT150、HT200）带轮所允许的最大圆周速度为 25m/s，若其速度更高时，则可采用铸钢或钢板冲压后焊接成形。

（3）尼龙塑料浇铸轮坯　目前许多小型轻载的 V 带轮多采用工程塑料（MC 尼龙）浇铸而成（见图 9-7c），当其批量足够大、且塑料模具制造成本分摊到每个零件上的数额不大时，完全可以采用这种材料作毛坯。这时结构可设计得更为轻巧，连 V 带槽也可以在铸塑中一次成形。因其摩擦因数大，常用于机床或矿山机械中。

以上三种方案技术上都是可行的，但其耗料量、耗用工时量、成本和制品合格率均不相同，可进行可靠性和经济性的比较，择优选取。

9.2.1.2　中大型带轮坯材料及工艺

对于外径为 300mm 左右的中型或大型带轮，则不能采用上述结构。由于直径较大，既不能直接车出，又使加工余量太大而浪费材料，并且选材范围也受到限制，选不到合适尺寸的棒料，所以一般均用铸造或焊接方法制造。

（1）灰铸铁铸造轮坯　为减轻带轮质量并避免壁厚产生铸造缺陷，对于外径不大于 300mm 的带轮，可设计成腹板式带轮（见图 9-8a）。但对于外径大于 300mm 的带轮，则可将其设计成单层偶数或奇数轮辐式更为合适，如图 9-8b 所示。

这两种结构的带轮一般可选用珠光体灰铸铁材料 HT250 或孕育灰铸铁 HT300、HT350

并用砂型铸造法制坯，并在落砂清理、检验合格后及时进行去应力处理。

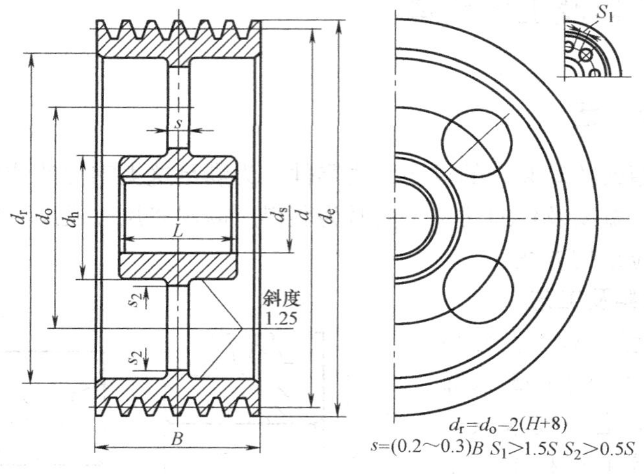

a)

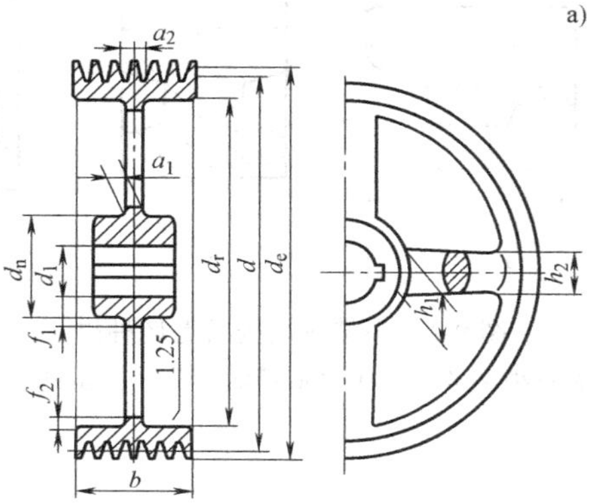

b)

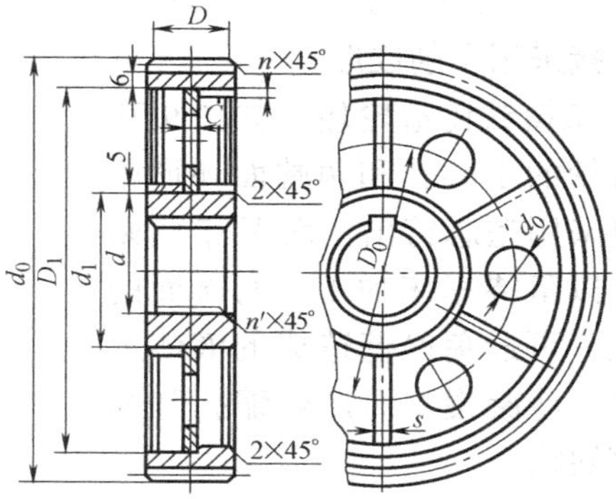

c)

图 9-8 大中型带轮结构设计

a）腹板式铸造带轮 b）轮辐式铸造带轮 c）轮辐式焊接带轮

腹板式带轮铸造时，若采用整模造型，其木模制造较容易、也较牢固，但当带轮外径更大时，腹板质量仍然显得太重，因此设计成轮辐式结构的带轮较为轻便，并为节约木模材料和制模工时，还可采用刮板造型。

当带轮宽度和外径（ >500mm）很大时，也可设计成双层腹板或双层轮辐式结构，且腹板上孔的数目或轮辐数目一般均为偶数，以使质量减轻的同时仍能对称分布。但轮辐数目也有奇数，其优点是当带轮铸件冷却时，收缩受阻较小，不易开裂。但使质量分布不对称、转动不平衡，只能在低转速时使用。

若高转速运行时，最好将轮辐截面设计成椭圆形，轮辐形状呈弯曲的 S 形，轮辐数目选为偶数，以便使带轮冷却时，可借助轮辐本身的微量变形自减缓内应力，以防止轮辐断裂。但其木模结构复杂、易损坏，所以实际上 S 形轮辐使用不多。

通常将轮辐轴线仍设计成直线形，并采用偶数轮辐即可。但双层辐板或双层轮辐结构的带轮，不能再用刮板造型法制造带轮铸件的铸型，而必须采用预加工好的模样用分模造型法制造铸型，且需增加一个环形型芯。

（2）低碳钢焊接轮坯　中型或大型带轮在单件小批量生产情况下，还可采用焊接结构的带轮（见图 9-8c），焊接结构设计不同于铸件，应考虑到焊接结构预成形及焊接工艺特点，如轮辐截面不应设计为难成形的椭圆形，而应设计成圆形、环形或其他型材的截面形状，轮缘内壁和轮毂外壁不应设有结构斜度等。

同时，焊件材料、焊缝位置及接头形式应选择合理，尤其是双层轮辐结构的带轮，应将轮缘选用 45 钢、轮毂和轮辐选用 Q235 钢，焊缝应避免交叉且对称布置，焊脚高度和宽度应小，焊接材料应具有较好的塑性，焊接顺序应合理安排，并应焊前适当预热一定温度，焊后高温回火和去应力处理等。

上述焊接结构与铸造结构可作经济性分析比较，择优选取。

9.2.2　圆柱齿轮材料及工艺

圆柱齿轮毛坯结构与带轮相近，按其尺寸规格及使用性能要求，可分为锻造毛坯、铸造毛坯、焊接毛坯和塑料毛坯四大类，一般按毛坯方法设计齿轮。为获得所需规格尺寸及质量要求的毛坯，可选择相应成形方案及结构。

9.2.2.1　小齿轮坯材料及工艺

（1）圆钢棒料齿轮坯　对于直径小于 100mm 的小齿轮毛坯，可选用 30、45 圆钢棒料直接在铣床或车床上制出。由于一般轧制钢材内部的纤维组织有一定方向性，所以用圆钢棒料加工的齿轮，在受力时容易沿着纤维方向断裂，且强度较差，因此只适用于形状简单、精度低和小负荷的小齿轮。

（2）圆钢锻造齿轮坯　对于小齿轮的毛坯，也可采用切割下料的 45、40Cr 圆钢棒料，在空气锤上直接镦粗而锻造出毛坯，然后再用冲子冲制出轴孔，并在车床和铣床上依次加工出端面、轮毂和轮齿。这种方法可改变棒料原来纤维组织的方向，有利于提高齿轮的强度，增大其承载能力，所以适用于精度要求高或负荷重的齿轮。

（3）非铁材料挤压齿轮坯　对于很小的齿轮毛坯，根据其用途及使用性要求，也可采用纯铜 T1、T2 等棒料、纯铝 1070A、1060 棒料或塑料，在压力机上直接挤压成形为毛坯。这种方法成形后可达到少切削或无屑加工，因此一般适用于表面尺寸精度高、表面粗糙度值小、低噪声、小负荷和高转速的齿轮坯。

9.2.2.2　小型齿轮坯材料及工艺

这类齿轮是指直径约为 200mm 以下的小型齿轮，通常在机械传动中被设计成与轴连成一体，即齿轮轴（见图 9-9a），一般选用 45 调质钢圆棒料，先经切割下料成所需尺寸规格，放入炉中加热至始锻温度 1200℃，再在空气锤上锻造成毛坯。

这类毛坯一般需锻造成实心结构形状，锻造成形后必须先进行完全退火、正火和去应力处理，然后再在车床、铣床和磨床上依次进行粗加工、淬火、精加工而成。

9.2.2.3　中大型齿轮坯材料及工艺

（1）中型圆柱齿轮锻造轮坯　这类齿轮顶圆直径 $d_c \leqslant 500$mm 且为形状简单的中型齿轮，适合在空气锤上锻造成形毛坯，通常采用圆盘式腹板结构（见图 9-9b），并选用半成品钢坯料 ZG230—450、ZG270—500、ZG35CrMnSi 等中碳铸钢或合金铸钢通过自由锻或模锻成形，再依次进行各种机械加工。

（2）大型圆柱齿轮铸造轮坯　这类齿轮齿顶圆直径为 400 ~ 1000mm 且形状复杂，这类

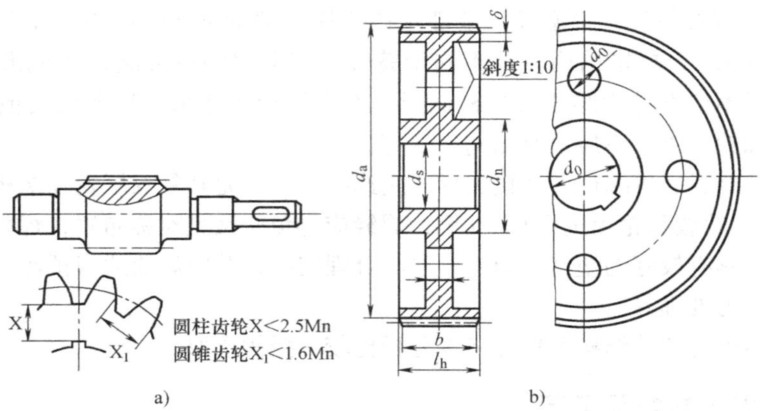

图 9-9 齿轮轴与辐板式圆柱齿轮

a）齿轮轴 b）辐板式锻造圆柱齿轮

大型齿轮坯再用锻造方法制造比较困难，而多采用铸造方法（见图 9-10），常用材料为铸钢或耐磨合金铸铁，一般为 ZG270—500、ZG35CrMnSi 或在普通灰铸铁基础上加入 Cu、Mo、V、N、Ti、B 等合金元素，以进一步提高耐磨性。

铸造圆柱齿轮毛坯通常制成十字形剖面轮辐，如图 9-10 所示，椭圆形剖面轮辐常用于轻载齿轮，十字形和 T 字形剖面轮辐常用于中等载荷，工字形剖面轮辐则用于重载齿轮。在生产中通常将耐磨合金铸铁齿轮用于开式低速传动装置，将铸钢齿轮或以球墨铸铁替代铸钢齿轮而用于高速传动装置。

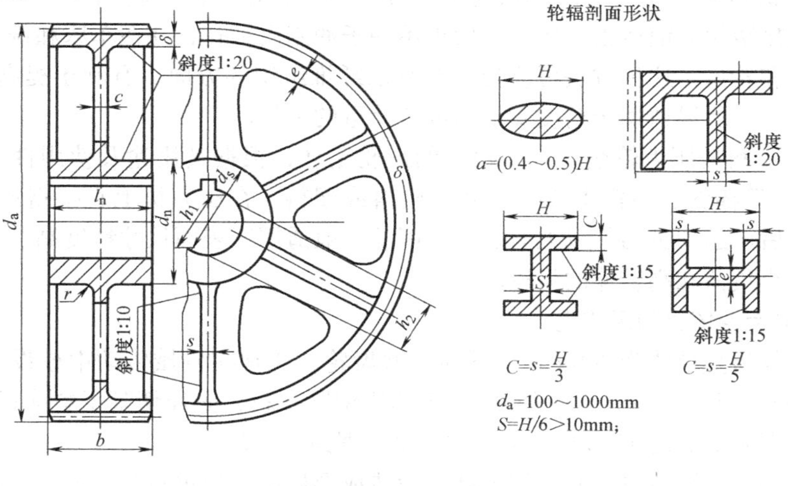

图 9-10 轮辐式铸造圆柱大齿轮

（3）大型圆柱齿轮焊接轮坯 对于单件或小批量生产的大齿轮，为缩短生产周期和减轻齿轮质量，有时也采用焊接齿轮结构，但其结构设计不同于铸造齿轮，而基本同于前面讲的焊接 V 带轮的结构要求，焊成后再机械加工轮齿和轴孔等，如图 9-11 所示。

大型圆柱齿轮轮坯材料一般选用轧制型材作为坯料，也可选用低碳钢 Q235A 作为坯料，同时选用焊条电弧焊、交流电源、E4303 或 E4316 焊条。焊接成形的毛坯经消应力处理后，先进行机械加工再经渗碳、渗氮或渗金属等满足其使用要求。

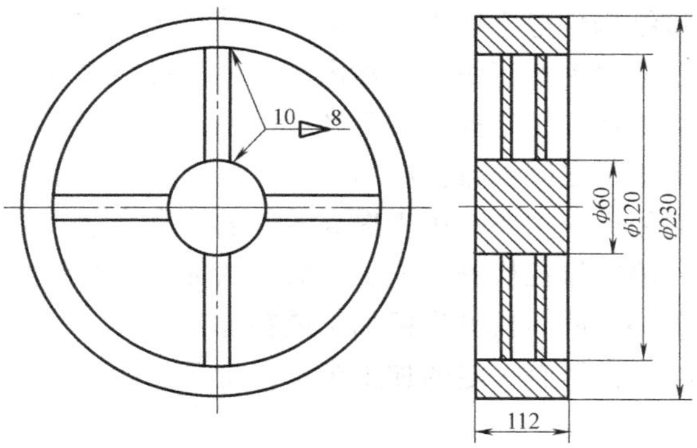

图 9-11　双层轮辐式焊接圆柱大齿轮

9.3　零件热处理工艺拟定

热处理工艺与材料之间应相互适应，材料性能除与化学成分有关外，还与热处理工艺、表面处理工艺及使用环境有关。当材料选定后，采用不同改性工艺及工序，可使材料获得不同使用性能，因而工艺拟定应与选材同时考虑。

9.3.1　热处理工序确定

在零件加工过程中，为保证所设计零件的质量要求，并顺利完成切削加工，必须合理确定材料预备热处理及最终热处理工艺方法，以及其在工艺流程中的位置。对于不同钢材，可选用的热处理工艺及其流程见表 9-4。

表 9-4　不同钢种热处理工艺的选用

序号	钢材类别	状态	预备热处理（后续粗加工）	最终热处理（后续精加工）	钢号举例	工件举例
1	低碳钢	热轧供货	—	—	10	垫圈
2		锻造	正火	—	20	一般结构件
3		锻造	正火	淬火 + 低温回火	20Cr	一般结构件
4		锻造	正火	渗碳 + 淬火 + 低温回火	20CrMnTi	齿轮
5	调质钢	热轧供货	—	—	40	一般结构件
6		锻造	正火	—	40	一般结构件
7		锻造	正火	调质①	50	轴
8		锻造	正火	调质① + 高频表面淬火 + 低温回火	40Cr	轴、齿轮
9		锻造	正火	调质① + 渗氮	38CrMoAl	轴
10	弹簧钢	冷拔	冷卷	去应力退火	65Mn	小螺旋弹簧
11		热轧	热卷	淬火 + 中温回火	50CrV	大螺旋弹簧
12	工具钢	锻造	正火 + 球化退火	淬火 + 低温回火	T10	车刀
13		锻造	正火 + 球化退火	淬火 + 高温回火	W18Cr4V	拉刀

① 调质处理也可作为预备热处理代替正火，而最终热处理时不再进行调质处理。

（1）预备热处理工序拟定　预备热处理包括退火、正火、调质等，其工艺位置一般安排在铸件、锻压件和焊接结构件等毛坯生产之后、半精加工之前。

退火和正火一般用于改善毛坯组织，消除内应力，为最终热处理作准备。其工艺位置一般安排在毛坯生产之后、机械加工之前，即毛坯成形→退火或正火→机械加工。

另外，还可在各切削加工之间安排去应力退火，用于消除切削加工的残余应力。

调质即是淬火加高温回火，主要是用于提高零件的综合力学性能，或为最终热处理做好组织准备，其工艺位置一般安排在机械粗加工之后，精加工或半精加工之前，即毛坯生产→退火或正火→机械粗加工→调质→机械半精加工或精加工。

另外，调质前必须将工件留有一定的加工余量，待调质后若工件产生较大变形时，则需增加校正工序。

（2）最终热处理工艺拟定　最终热处理包括淬火、回火及扩渗处理等。零件经最终热处理之前，其硬度一般较高，难以进行切削加工，所以其工艺位置应尽量靠后，一般安排在机械半精加工之后，磨削加工之前。

淬火的作用是为了充分发挥材料的潜力，极大幅度地提高材料硬度和强度。但由于淬火后获得组织硬度高，塑性差，脆性大，在交变载荷和冲击载荷作用下极易断裂，因此钢经过淬火后一般很少直接使用。

同时，还由于淬火组织稳定性差，在室温下即易缓慢分解，产生体积变化而导致工件变形。所以，淬火后的零件必须及时回火，以便获得稳定的回火组织，从而得到材料最终使用时的组织及性能，并根据不同的使用要求，确定不同的回火工艺规范。

淬火和回火工艺一般安排在机械半精加工之后、磨削之前，即下料→毛坯生产→退火或正火→机械粗加工→调质→机械半精加工→淬火和回火→磨削。

另外，整体淬火前一般不进行调质处理，而表面淬火则一般必须进行调质，用以改善工件心部的力学性能。

（3）渗碳或渗氮工艺拟定　渗碳或渗氮是最常用的化学热处理方法，见表9-5。当工件某些部位不需要渗碳或渗氮时，应在设计图样上注明，以便于采取防渗措施，并在渗碳或渗氮后淬火前去掉该部位的渗碳层或渗氮层。

表9-5　常用钢材离子渗氮工艺技术要求

钢号	预先热处理	工艺规范		技术要求		备注
		温度/℃	时间/h	硬度 HV	深度/mm	
40Cr	正火或调质	510±10	8~10	500~650	0.30	—
38CrMoAlA	调质	520~560	12.5	950~1100	0.40~0.45	二段渗氮
W18Cr4V	淬火+回火	490±10	—	—	0.05~0.06	无化合物层，层深用金相法测定
W18Cr4V	淬火+回火	530±10	950~1100	—	0.02~0.05	—
Cr12	—	—	8	900~960	—	—
3Cr2W8V	调质	520	6	850~1000	—	100℃淬火，600℃回火二次
3Cr2W8V	淬火+回火	520	6	>1050	0.20~0.30	—

渗碳或渗氮工艺位置安排为下料→毛坯生产→退火或正火→机械粗加工→调质→机械半精加工→去应力退火→粗磨→渗碳或渗氮→研磨或精磨。另外，零件不需渗碳或渗氮的部位也应采取防护措施或预留防渗余量。

离子渗氮工艺应按渗氮件的性能要求、形状尺寸等确定，一般真空容器的工作压力为 50～100Pa，工作电压为 400～1100V，电流密度为 0.5～20mA/cm^2，加热功率密度为 0.7～5W/cm^2，渗氮温度为 480～570℃，渗氮时间常取 2～10h，见表 9-5。

9.3.2　改性工艺路线确定

9.3.2.1　零件的工艺路线

（1）齿轮的工艺路线　如图 9-12a 所示，45 钢齿轮靠近齿根部位有 6 个 ϕ35mm 孔。若先加工出孔后，再进行高频淬火，将会使靠近 ϕ35mm 孔处的节圆直径产生变形。因此，只能在齿轮加工后先高频淬火，再进行 6 孔钻削加工。

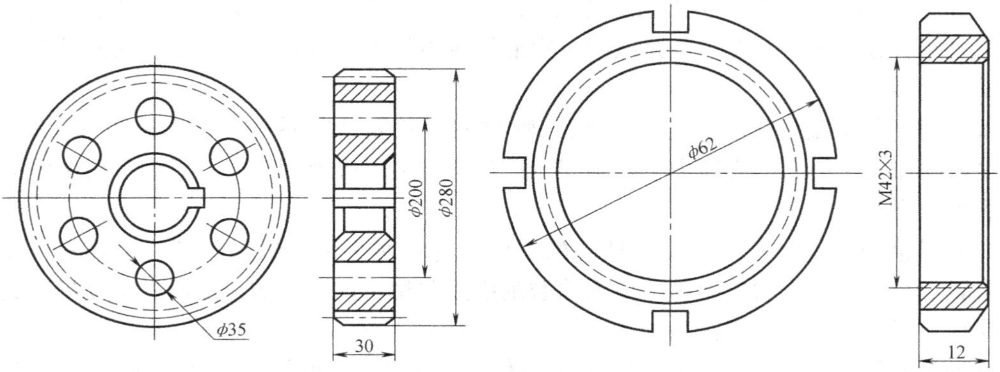

图 9-12　齿轮与螺母零件形状及尺寸
a）45 钢齿轮　b）45 钢锁紧螺母

实践表明，凡需要高频淬火的齿轮、长轴套、垫圈等零件，若在允许在情况下，最好将齿轮、长轴套的内孔、键槽，以及垫圈上的孔，均留到高频淬火之后再进行拉削、插齿、铣削、钻孔等加工，从而可减少变形并保证零件的精度。

（2）锁紧螺母的工艺路线　图 9-12b 所示为锁紧螺母，原设计选用 45 钢，按技术要求 4 个槽口部分硬度为 35～40HRC。当槽口、内螺纹等全部加工后，再整体淬火和回火，以使槽口硬度达到规定的技术要求，但其内螺纹易产生变形，不能保证其精度。

若先进行热处理后再进行机械加工，则又因硬度太高而不利于切削加工，因此必须修改其技术条件和调整工艺路线，并使协调后的工艺，既能满足槽口的硬度要求，又能保证内螺纹的精度要求。

调整后的工艺路线为：切割下料→调质处理（25～30HRC）→加工槽口→槽口部位高频淬火（35～40HRC）→加工内螺纹。

（3）镶条的工艺路线　如图 9-13 所示，镶条按设计要求选用 20Cr 钢，渗碳层深度为 1.3～1.7mm，淬火和回火后硬度为 56～62HRC。由于其一侧面设有配作孔，还要求在渗碳后必须将配作面的渗碳层切除，结果两面的含碳量不同，淬火时体积变化不同。

若渗碳面含碳量较高，则淬火后表面残余压应力较大，而配作面去碳层后含碳量较低，则残余压应力较小，结果造成很大的变形，且校直困难而影响磨削加工，因此为减少变形而改变其工艺路线为：切割下料两件材料→粗加工→渗碳→开切口→淬火和回火→切成两件→磨

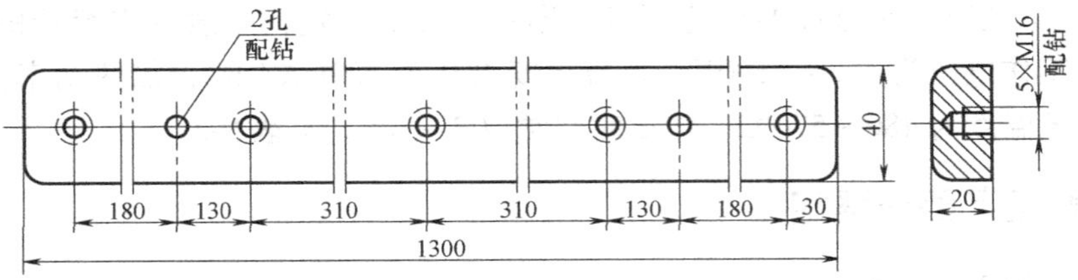

图 9-13　20Cr 钢镶条形状及尺寸

削及配作。

9.3.2.2　零件的穿插工序

（1）精密类零件　某些精密机械零件在切削加工或磨削加工过程中，由于机械力造成的内应力而引起变形时，在工艺路线中可穿插消应力处理或时效处理工艺，使其处于稳定状态以减小变形。

（2）细长轴类复杂零件　常见的细长轴类和形状复杂的零件，在机械粗加工成形后，为消除切削加工所引起的内应力，必须安排一道去应力退火处理工序，以便在后续淬火时避免变形和开裂。

（3）精磨类零件　生产中需要精磨的零件，如精密主轴、精密丝杆、量具等，在热处理粗磨后，一般需安排时效处理，以消除磨削应力并稳定尺寸，防止随后发生变形。其中量具还要在加工完毕后再进行深冷处理。

对于精密丝杆，有时还需采用先进行整体淬火和回火，再将螺纹磨削成形的工艺路线，可保证其精度并防止开裂。

各类零件的热处理工艺路线及穿插工序安排见表 9-6。

表 9-6　机械零件热处理技术条件及工艺路线安排

零件名称	选用牌号	热处理技术条件	加工工艺路线
齿条	45 钢	退火，硬度 > 170HBW	下料→锻造→正火→机械加工
尾锥套	45 钢	淬火和回火，硬度 40 ~ 45HRC	下料→锻造→正火→机械粗加工、半精加工→淬火和回火→磨削
汽车半轴	40Cr 钢	调质或正火，硬度 187 ~ 241HBW；中频感应加热表面淬火，杆部和花健 ≥ 52HRC，淬硬层深 4 ~ 6mm；凸缘与杆部过渡圆角处淬硬	下料→锻造→调质或正火→校直→粗加工、半精加工→中频感应加热表面淬火、回火→校直→磨削
锥度塞规	T12 钢	淬火和回火至硬度 60 ~ 64HRC	下料→锻造→球化退火→粗加工、半精加工→淬火和回火→稳定化处理→粗磨→稳定化处理→精磨
滚轮	20Cr	渗碳淬火，渗碳层深 0.9mm，淬火和回火至硬度 56 ~ 62HRC	下料→车削外圆至尺寸，并将两端面留防渗余量→铣槽→渗碳→车两端面至尺寸、钻内孔、去渗碳层→淬火和回火→配钻内孔
磨床主轴	38CrMoAlA	渗氮，渗氮层深度 0.5mm，硬度 > 850HV	下料→锻造→退火→粗车→调质→检验组织→精车→铣键槽→去应力退火→粗磨外圆→渗氮（键槽处除外）→磁力探伤→磨螺纹及精磨

9.4　常用机器零件材料及工艺选择

9.4.1　螺旋起重器零件材料及工艺

如图 9-14a 所示为螺旋起重器，其承载能力为 4t，通常在检修车辆时用其将车架顶起，以便更换轮胎、轴承等零件。使用时，依靠手柄带动螺杆在螺母中转动，以便推动托杯顶起重物，而与螺杆配合的螺母则固定在支座上。

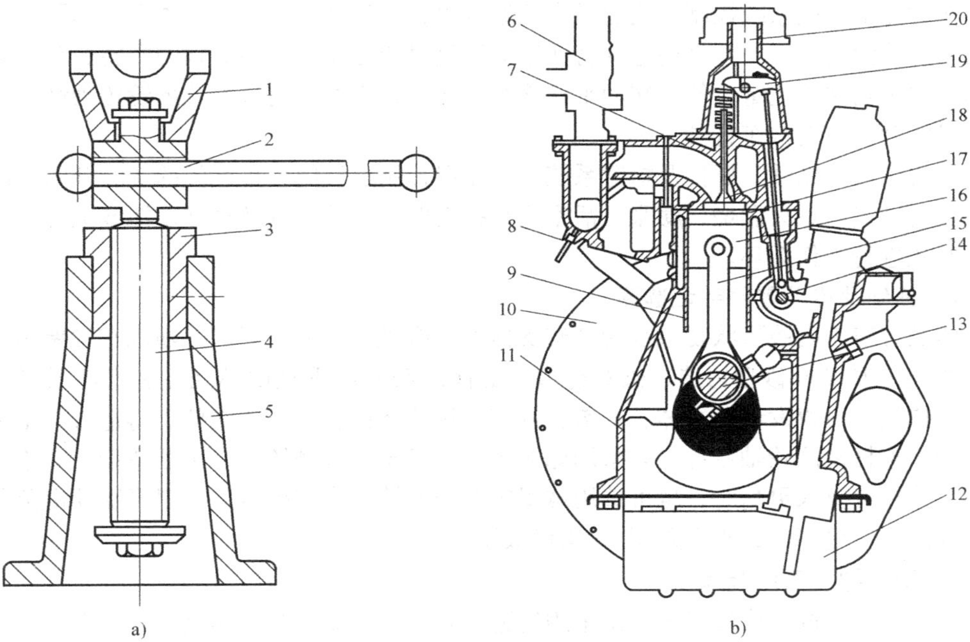

图 9-14　机器零部件结构简图

a）螺旋起重器简图　b）小型汽油发动机简图

1—托杯　2—手柄　3—螺母　4—螺杆　5—支座　6—汽化器　7—缸盖　8—火花塞　9—气缸　10—离合器罩　11—缸体　12—油底壳　13—曲轴　14—凸轮轴　15—连杆　16—活塞　17—活塞环　18—气门　19—摇臂　20—油杯

支座是起重器的基础零件，承受静载压应力，其具有锥度和内腔，结构形状较复杂，通常宜选用灰铸铁材料 HT200、用砂型铸造手工造型成形。

螺杆工作时，沿轴线方向承受压应力，螺纹承受弯曲应力和摩擦力，受力情况较复杂，但毛坯结构形状较简单规则，宜选用中碳钢材料如 45 钢等，采用锻造方法成形。

螺母工作时受力情况与螺杆类似，但为了保护贵重的螺母，宜选用较软的材料如青铜 ZCuSn10Pb1，并用砂型铸造和内设型芯方法铸出外廓和内孔。

托杯工作时直接支撑起重物，需承受较大压应力，其内部具有空腔、上端具有凹槽，结构形状较复杂，宜选用灰铸铁材料 HT200、用砂型铸造手工造型成形。

手柄工作时尽管承受弯曲应力，但受力不大，且结构形状较简单，可直接选用碳素结构钢材料 Q235A 钢，在圆钢棒料上截取即可。通常为了便于手工操作，需将手柄两端再加工成球形截面形状。

9.4.2 汽油发动机零件材料及工艺

9.4.2.1 组成结构及工作原理

如图9-14b所示，汽车小型汽油发动机的主要支承件是缸体和缸盖。缸体内有气缸、带活塞环及活塞销的活塞、连杆、曲轴及轴承。缸体右侧面有凸轮轴，背面有离合器壳、飞轮等，底部为油底壳。缸盖顶部有进、排气门、挺杆、摇臂、机油滤清器，右上部为配电器，左上部为汽化器及火花塞。

工作时先由配电系统控制汽化器及火花塞点火，使气缸内的可燃气体燃烧膨胀，以产生很大的压力使活塞下行，并借助连杆将活塞的往复直线运动转变为曲轴的回转运动，同时通过曲轴上的飞轮储蓄能量，使其转动平稳连续。然后，再通过离合器及齿轮传动结构，即可使发动机的动力驱动汽车行驶。

发动机中的凸轮轴、挺杆及摇臂系统，是用以控制进气门、排气门的实时开闭，以便周期性地实现进气、点火燃烧、膨胀、活塞下行推动曲轴回转，以及再推动活塞上升、排气等连续不断地进行工作循环。

9.4.2.2 基础及传动零件毛坯选择

缸体及缸盖为内腔形状复杂且为基础支撑件，有吸声减振性要求，随汽车发展多为批量生产，故选用HT200砂型铸造、机器造型，缸体还需采用垂直雨淋浇注和底注成形。但若摩托车、快艇或飞机发动机缸体、缸盖，则需选用铸造铝合金压铸或低压铸造成形工艺。

曲轴、连杆及凸轮轴零件，多采用球墨铸铁QT500-7砂型铸造、机器造型。对于小型零件毛坯尺寸精度要求更高时，也可选用球墨铸铁壳型铸造或熔模铸造。但当受冲击负荷较大且力学性能要求更高时，则需采用45钢模锻制坯。

9.4.2.3 动力零件毛坯选择

汽车活塞最普遍的成形工艺，是采用铸造铝合金ZL102进行金属型铸造成形。对于船用或舰艇用大型柴油发动机活塞以及飞机发动机用活塞，通常均采用铝合金低压铸造成形，以达到较高的内部致密度和力学性能。

活塞环是箍套在活塞外圆表面的环槽中，并与气缸壁直接接触进行滑动摩擦的零件，要求具有良好的减摩和自润滑特性，并能承受活塞头部点火燃烧所产生的高温和高压，而且其本身形状为薄片环形件，一般多采用经过孕育处理的孕育铸铁HT250及砂型铸造、机器造型成形工艺。

摇臂承受频繁的摇摆及气门挺杆的作用力，应有一定力学性能和抗疲劳强度，并且与挺杆接触的头部要求耐磨，同时除孔需机械加工外，外形基本不加工，故要求毛坯形状和尺寸精度较高，一般多选用铸钢ZG200-400精密铸造成形。

离合器壳及油底壳均系薄壁件，油底壳受力要求低，但要求铸造性能好，可采用灰铸铁，而离合器壳多选用孕育铸铁或铁素体球墨铸铁，它们均用砂型铸造、机器造型。要求质量轻时，可用铸造铝合金，选用压力铸造和低压铸造，还可用薄钢板冲压成形。

飞轮应能承受较大的转动惯量，应有足够的强度，一般采用孕育铸铁或球墨铸铁砂型铸造、机器造型成形。但对于高速发动机（如轿车发动机）上的飞轮，由于其转速高，则需选用45钢闭式模锻成形。

进气门承受温度不高，一般用 40Cr 钢材，而排气门则需在 600℃ 以上的高温下持续工作，多采用含氮的耐热钢，并选用冷轧粗圆钢进行电镦头部法兰，再用模锻的终锻模成形。然而先进工艺是用热轧粗圆钢进行热挤压成形工艺。

9.4.2.4　辅助零件毛坯选择

曲轴轴承及连杆轴承均属滑动轴承，多采用减磨性能优良的铸造铜合金（如 ZCuSn5Pb5Zn5 等），用离心铸造或真空吸铸等工艺，或采用轧制成形的铝基合金轴瓦组合成形。

汽化器是形状十分复杂的薄壁件，且铸造后不需切削加工即可直接使用，因此对毛坯的精度要求高，多采用铸造铝合金压力铸造成形。

此外，发动机还使用金属以外的其他材料，如缸盖与缸体密封垫是用石棉板冲压成形，多种密封圈是采用橡胶压塑成形，在一些无油润滑工作条件下的活塞环，可用自润滑性能良好的聚四氟乙烯塑料压制及烧结成形，要求耐磨、耐热的气门座圈，还可用粉末冶金压制成形等。

由上例可知，发动机上的零件几乎包括了本教材中所叙述的全部材料成形工艺，是选择材料及其成形工艺的典型实例。

9.4.3　承压液压缸缸体材料及工艺

如图 9-15a 所示，承压液压缸材料为 45 钢，工作压力为 15MPa，要求水压试验压力为 3MPa（30 个大气压），批量为 200 件/年。两端法兰接合面及内孔要求切削加工，加工表面不允许有缺陷，其余外圆面等不需加工。缸体毛坯选择分析如下。

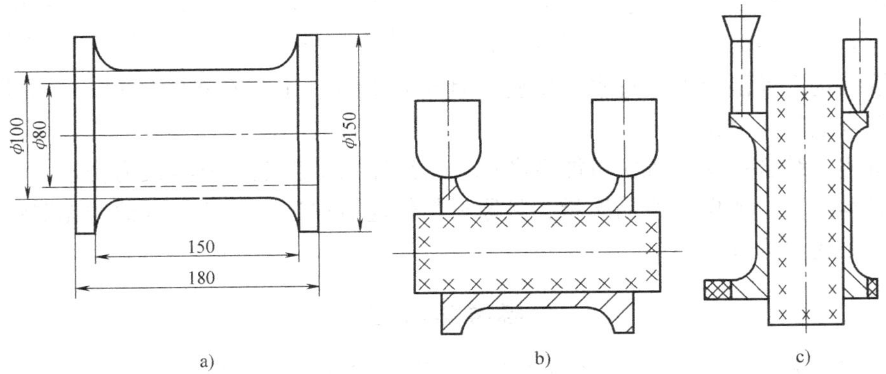

图 9-15　承压液压缸及其铸造方案

a）承压液压缸　b）砂型铸造水平浇注　c）砂型铸造垂直浇注

9.4.3.1　钢材或铸钢材料制坯

（1）圆钢制坯选择　直接选用 φ150mm 的 40 钢圆钢料坯，经切削加工成形，可全部通过水压试验，但材料利用率低，切削加工工作量大，生产成本高。

（2）铸钢制坯选择　选用 ZG270—500 铸钢材料砂型铸造成形，可以水平浇注或垂直浇注，如图 9-15b 所示，水平浇注时在法兰顶部安置冒口。该工艺简单、内孔铸出、切削加工工作量小，但内孔质量较差，冒口费钢液，且水压试验合格率低。

垂直浇注时在上部法兰处安置冒口，下部法兰四周安置冷铁（见图 9-15c），以便使之定向顺序凝固。这种方案可使缩孔和缩松问题有所改善，内孔质量较好，但工艺比较复杂，并仍不能全部通过水压试验。

9.4.3.2 钢坯或钢材模锻制坯

（1）模锻件毛坯选择 选用40钢坯模锻成形时，将料坯加热至始锻温度后放入锻模模膛内，可有立放和卧放两种方法。当料坯在模膛内立放时，能锻出带连皮的孔，如图9-16a所示，但不能锻出法兰，使外圆面的切削加工工作量增大。

当加热后的料坯在模膛内卧放时，能锻出法兰，但不能锻出内孔，使内孔的切削加工工作量增大，如图9-16b所示。模锻件的内在质量好，并能全部通过水压试验。然而模锻设备较昂贵、模具成本较高。

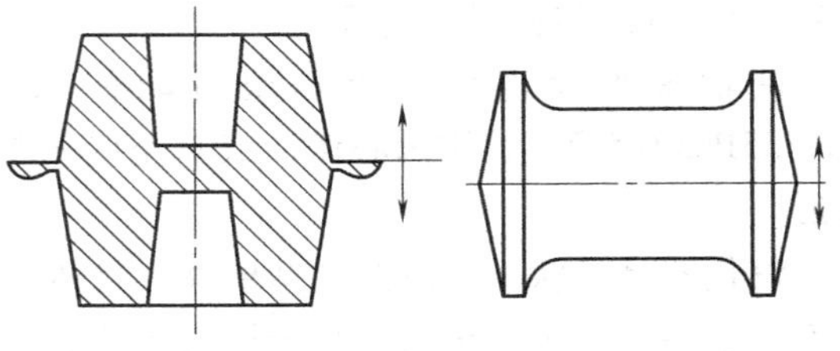

图9-16 承压液压缸模锻毛坯
a）立放 b）卧放

（2）胎模锻件毛坯选择 选用40钢坯料加热后镦粗、冲孔、带芯轴拔长，然后在胎模内带芯轴锻出法兰，如图9-17a所示。这种方法与模锻相比，既能锻出内孔，又能锻出法兰，并能全部通过水压试验，且模具成本不高，但生产效率低。

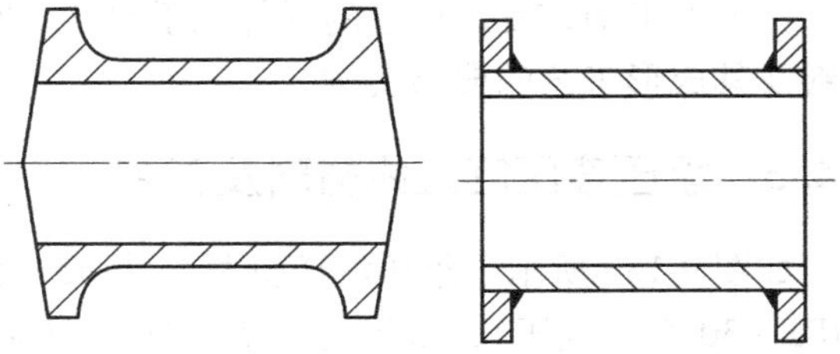

图9-17 承压液压缸胎模锻和焊接结构毛坯
a）承压液压缸胎模锻毛坯 b）承压液压缸焊接结构毛坯

9.4.3.3 焊接结构毛坯选择

选用40钢无缝钢管，在其两端按承压液压缸尺寸焊接上40钢法兰，如图9-17b所示。焊接结构毛坯能全部通过水压试验，且材料最省、工艺准备时间短，不需特殊设备，但难以获得合适的无缝钢管。

综上所述，结合批量与现实可能性考虑，采用胎模锻件毛坯方案最为合理，不需特殊设备、胎模成本不高、能保证产品质量，且原材料供应有保证。但若有合适的无缝钢管，则采用焊接结构毛坯更为理想。

思考练习题

1. 零件毛坯有哪些成形方法？为什么说“流动成形”是描述工件成形的基本原理？
2. 在各类零件中分别举出1~2个零件，试分析如何选材和选择毛坯制造方法。
3. 为什么轴杆类零件一般采用锻件，而机架类零件多采用铸件？
4. 为什么齿轮多用锻件，而带轮、飞轮多用铸件？
5. 在什么情况下采用焊接方法制造零件毛坯？
6. 内燃机连杆起承上启下的连接作用，工作时主要承受拉力，要求整个截面有足够的抗拉强度、屈服强度、疲劳强度和一定的冲击韧度。

（1）试选用何种材料和何种毛坯？理由是什么？

（2）试拟定所选毛坯的成形工艺。

（3）试分析毛坯成形质量及特点。

7. 如图9-18所示为机床齿轮与汽车发动机缸体，机床齿轮需承受拉压应力、剪切应力、扭曲应力、振动冲击力及摩擦力，发动机缸体除承受拉压应力外，还需承受高压、高温及疲劳等条件要求，因此针对使用性能要求：

(1) 试分别选择两种零件的制造材料及相应牌号。

(2) 试分别选择两种零件的毛坯成形方法及热处理方法。

(3) 试分别选择两种零件在制造过程中需穿插的热处理方法。

(4) 试分别拟定两种零件的制造工序及加工工艺路线。

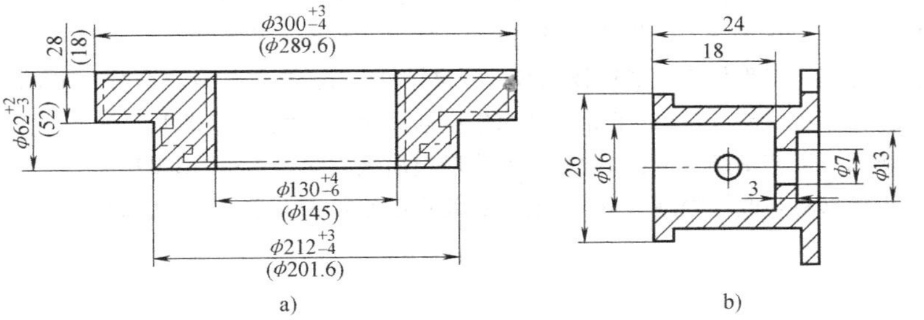

图 9-18　轮套类毛坯及零件

a) 齿轮坯锻件图　b) 气缸体零件图

8. 如图 9-19 所示为万能磨床内圆磨头主轴，工作中主要承受交变弯曲应力和交变扭转应力，同时还要承受振动力和冲击力，尤其是轴颈部分还要再承受摩擦磨损阻力。该轴直径最大处为 ϕ32mm，长 302mm。现要求：

(1) 试选择该轴的材料及毛坯种类。

(2) 试拟定毛坯成形工艺及后续处理工艺。

(3) 试述轴颈部分从表面到心部处理后的组织变化。

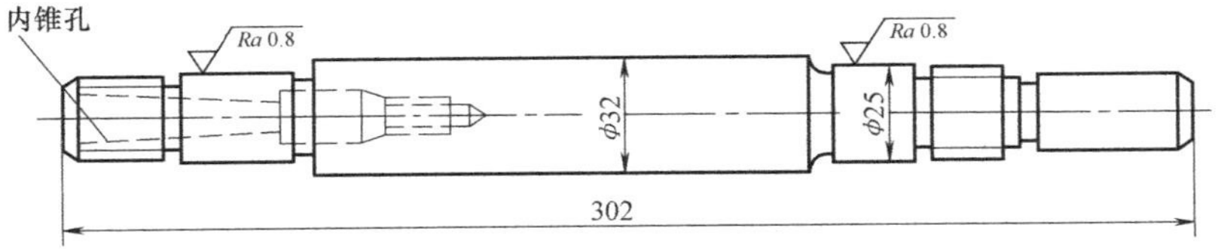

图 9-19　M120W 万能磨床内圆磨头主轴

参考文献

[1] 王爱珍．工程材料及成形技术［M］．北京：机械工业出版社，2003.

[2] 机械工程手册编委会．机械工程手册［M］．北京：机械工业出版社，1994.

[3] 中国机械工程学会焊接学会．焊接手册［M］．北京：机械工业出版社，1992.

[4] 吕广庶，张元明．工程材料及成形技术基础［M］．北京：高等教育出版社，2001.

[5] 王爱珍．机械工程材料［M］．北京：北京航空航天大学出版社，2009.

[6] 王爱珍．热加工工艺基础［M］．北京：北京航空航天大学出版社，2009.

[7] 王爱珍．工程材料与改性处理［M］．北京：北京航空航天大学出版社，2006.